"十三五"国家重点出版物出版规划项目
材料科学研究与工程技术系列

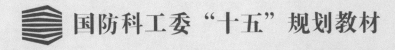
国防科工委"十五"规划教材

信息功能材料学

赵连成　国凤云　等编著

哈尔滨工业大学出版社
HARBIN INSTITUTE OF TECHNOLOGY PRESS

内容简介

本书系国防科工委"十五"重点图书。全书内容包括:绪论、半导体材料、光纤通信材料、光电显示材料、信息存储材料、信息获取材料、信息功能陶瓷材料、非线性光学晶体材料、固体激光材料。叙述了各种信息功能材料的物理原理、材料制备、性能表征、主要应用及近期进展。

本书可作为高等学校材料学、材料化学与物理、应用化学、材料化学等专业的研究生、本科高年级学生的教材或教学参考书,亦可供从事信息功能材料研究的相关人员阅读。

图书在版编目(CIP)数据

信息功能材料学/赵连城,国凤云等编著. —哈尔滨:哈尔滨工业大学出版社,2004.12(2019.7 重印)
ISBN 7-5603-1888-2

Ⅰ.信… Ⅱ.①赵… ②国… Ⅲ.电子材料:功能材料 Ⅳ.TN04

中国版本图书馆 CIP 数据核字(2004)第 064809 号

信息功能材料学

责任编辑	王桂芝 黄菊英
封面设计	卞秉利
出版发行	哈尔滨工业大学出版社
社　　址	哈尔滨市南岗区复华四道街 10 号 邮编 150006
传　　真	0451-86414749
网　　址	http://hitpress.hit.edu.cn
印　　刷	哈尔滨市道外区铭忆印刷厂
开　　本	787mm×960mm　1/16　印张 36.5　字数 792 千字
版　　次	2005 年 7 月第 1 版　2019 年 9 月第 6 次印刷
书　　号	ISBN 978-7-5603-1888-2
定　　价	78.00 元

(如因印装质量问题影响阅读,我社负责调换)

国防科工委"十五"规划教材编委会

(按姓氏笔画排序)

主　任：张华祝
副主任：王泽山　陈懋章　屠森林
编　委：王　祁　王文生　王泽山　田　蒔　史仪凯
　　　　乔少杰　仲顺安　张华祝　张近乐　张耀春
　　　　杨志宏　肖锦清　苏秀华　辛玖林　陈光祸
　　　　陈国平　陈懋章　庞思勤　武博祎　金鸿章
　　　　贺安之　夏人伟　徐德民　聂　宏　贾宝山
　　　　郭黎利　屠森林　崔锐捷　黄文良　葛小春

总　　序

　　国防科技工业是国家战略性产业,是国防现代化的重要工业和技术基础,也是国民经济发展和科学技术现代化的重要推动力量。半个多世纪以来,在党中央、国务院的正确领导和亲切关怀下,国防科技工业广大干部职工在知识的传承、科技的攀登与时代的洗礼中,取得了举世瞩目的辉煌成就。研制、生产了大量武器装备,满足了我军由单一陆军,发展成为包括空军、海军、第二炮兵和其它技术兵种在内的合成军队的需要,特别是在尖端技术方面,成功地掌握了原子弹、氢弹、洲际导弹、人造卫星和核潜艇技术,使我军拥有了一批克敌制胜的高技术武器装备,使我国成为世界上少数几个独立掌握核技术和外层空间技术的国家之一。国防科技工业沿着独立自主、自力更生的发展道路,建立了专业门类基本齐全,科研、试验、生产手段基本配套的国防科技工业体系,奠定了进行国防现代化建设最重要的物质基础;掌握了大量新技术、新工艺,研制了许多新设备、新材料,以"两弹一星"、"神舟"号载人航天为代表的国防尖端技术,大大提高了国家的科技水平和竞争力,使中国在世界高科技领域占有了一席之地。党的十一届三中全会以来,伴随着改革开放的伟大实践,国防科技工业适时地实行战略转移,大量军工技术转向民用,为发展国民经济作出了重要贡献。

　　国防科技工业是知识密集型产业,国防科技工业发展中的一切问题归根到底都是人才问题。50多年来,国防科技工业培养和造就了一支以"两弹一星"元勋为代表的优秀的科技人才队伍,他们具有强烈的爱国主义思想和艰苦奋斗、无私奉献的精神,勇挑重担,敢于攻关,为攀登国防科技高峰进行了创造性劳动,成为推动我国科技进步的重要力量。面向新世纪的机遇与挑战,高等院校在培养国防科技人才,生产和传播国防科技新知识、新思想,攻克国防基础科研和高技术研究难题当中,具有不可替代的作用。国防科工委高度重视,积极探索,锐意改革,大力推进国防科技教育特别是高等教育事业的发展。

高等院校国防特色专业教材及专著是国防科技人才培养当中重要的知识载体和教学工具,但受种种客观因素的影响,现有的教材与专著整体上已落后于当今国防科技的发展水平,不适应国防现代化的形势要求,对国防科技高层次人才的培养造成了相当不利的影响。为尽快改变这种状况,建立起质量上乘、品种齐全、特点突出、适应当代国防科技发展的国防特色专业教材体系,国防科工委全额资助编写、出版200种国防特色专业重点教材和专著。为保证教材及专著的质量,在广泛动员全国相关专业领域的专家学者竞投编著工作的基础上,以陈懋章、王泽山、陈一坚院士为代表的100多位专家、学者,对经各单位精选的近550种教材和专著进行了严格的评审,评选出近200种教材和学术专著,覆盖航空宇航科学与技术、控制科学与工程、仪器科学与工程、信息与通信技术、电子科学与技术、力学、材料科学与工程、机械工程、电气工程、兵器科学与技术、船舶与海洋工程、动力机械及工程热物理、光学工程、化学工程与技术、核科学与技术等学科领域。一批长期从事国防特色学科教学和科研工作的两院院士、资深专家和一线教师成为编著者,他们分别来自清华大学、北京航空航天大学、北京理工大学、华北工学院、沈阳航空工业学院、哈尔滨工业大学、哈尔滨工程大学、上海交通大学、南京航空航天大学、南京理工大学、苏州大学、华东船舶工业学院、东华理工学院、电子科技大学、西南交通大学、西北工业大学、西安交通大学等,具有较为广泛的代表性。在全面振兴国防科技工业的伟大事业中,国防特色专业重点教材和专著的出版,将为国防科技创新人才的培养起到积极的促进作用。

党的十六大提出,进入二十一世纪,我国进入了全面建设小康社会、加快推进社会主义现代化的新的发展阶段。全面建设小康社会的宏伟目标,对国防科技工业发展提出了新的更高的要求。推动经济与社会发展,提升国防实力,需要造就宏大的人才队伍,而教育是奠基的柱石。全面振兴国防科技工业必须始终把发展作为第一要务,落实科教兴国和人才强国战略,推动国防科技工业走新型工业化道路,加快国防科技工业科技创新步伐。国防科技工业为有志青年展示才华,实现志向,提供了缤纷的舞台,希望广大青年学子刻苦学习科学文化知识,树立正确的世界观、人生观、价值观,努力担当起振兴国防科技工业、振兴中华的历史重任,创造出无愧于祖国和人民的业绩。祖国的未来无限美好,国防科技工业的明天将再创辉煌。

前　言

　　20世纪60年代以来,以信息技术为先导,新材料技术为基础,新能源技术为支柱的高科技及其产业化纷纷成为世界各国跨世纪发展战略的重点。由此,极大地促进了信息技术的进步。其中,信息技术领域的核心技术发展过程经历了电子技术、微电子技术、光电子技术,目前正向光子技术迅猛发展。

　　进入21世纪,信息技术及其产业规模日趋发展壮大,已成为衡量一个国家经济发展、科技进步和国防实力的重要标志,并对人类的生产和生活产生了重大影响。毋庸置疑,21世纪必将是信息时代。

　　广义上讲,一切具有信息产生、检测、转换、传输、存储、处理和显示等功能的材料均可称为信息功能材料。可以说信息功能材料是信息技术发展的先导和基础。20世纪70年代初,当石英光纤的损耗降到 20 dB·km^{-1}时,光纤通信才得以实现;GaAs、InP、HgCdTe等化合物半导体材料的研制成功导致了新型激光器和光探测器的出现……这些事实表明,材料性能的每一次重大改进,无疑都会促进信息技术的飞跃。可见信息功能材料对信息技术的发展乃至其产业化的重大作用。因此,在高等院校中开设"信息功能材料"方面的课程,加强高水平人才的培养,壮大我国从事信息功能材料领域研究和开发的科技队伍,同样是一项具有战略意义的举措。鉴于目前国内外该领域的论著尚少,尤其是适合本科生、研究生教学使用的教材甚为匮乏的局面,《信息功能材料学》的编著实乃当务之急。

　　需要指出的是,信息功能材料学是一门多专业、跨领域的综合学科。它的研究内容几乎涉及所有的前沿科学,而它的应用又渗透到信息技术的所有领域,如计算机技术、微电子技术、通信技术、传感技术、激光技术、光纤技术、红外技术、人工智能技术等。目前,信息功能材料的发展可谓日新月异,新成果不断涌现,难以在有限的篇幅中全面介绍。作者自2001年春季以来在哈尔滨工业大学为本科生和研究生开设和讲授"信息功能材料"课程。这本《信息功能材料学》是在所用讲义的基础上,经修改、补充完成的。本书所编著的内容，主要是选择那些在信息技术中起重要基础作用的材料或材料体系加以简明、系统地论述。同时，对当前各种新型信息功能材料的研究和发展的前沿资料也有较为完整、详细的介绍。书中汇集了大量国内外学者的研究成果，也包含作者几年来教学和科研工作的结晶。作者力图做到：基本概念清晰，内容深入浅出，易于理解。既有基本原理的阐述和必要的理论分析与讨论，也有典型应用举例，还有国内外近期发展现状与趋势的反映，并力求总览全局。

本书的绪论部分全面综述了信息功能材料的发展概况和发展趋势；第一章半导体材料，主要介绍了元素半导体材料、化合物半导体材料、非晶态半导体材料等；第二章光纤通信材料，主要介绍了石英光纤材料、非氧化物玻璃光纤材料、特种光纤材料等；第三章光电显示材料，主要介绍了发光显示材料、受光显示材料等；第四章信息存储材料，主要介绍了磁存储材料、光盘存储材料、全息存储材料；第五章信息获取材料，主要介绍了元素半导体光电材料、Ⅲ-Ⅴ族和Ⅳ-Ⅳ族化合物半导体光电材料、非制冷型红外探测器材料等；第六章信息功能陶瓷材料，主要介绍了功能陶瓷材料、电子信息功能陶瓷材料、信息功能陶瓷材料等；第七章非线性光学晶体材料，主要介绍了有机非线性光学晶体材料、无机非线性光学晶体材料等；第八章固体激光材料，主要介绍了激光晶体材料、激光玻璃材料等。

本书编写人员有：赵连城、国凤云、李美成、费维栋、蔡伟、王福平、宋英、甄西合。其中绪论、第七章由赵连城编写；第一章由费维栋编写；第二章由国凤云编写；第三、第五章由李美成编写；第四章由甄西合编写；第六章由王福平、宋英编写；第八章由蔡伟编写；全书由赵连城、国凤云统稿。

本书可作为高等学校材料物理与化学专业及相关专业的研究生、本科高年级学生的教材或教学参考书，亦可供从事信息功能材料研究的科研工作者和工程技术人员及相关人员阅读。限于作者水平，书中疏漏和不足之处在所难免，敬请读者批评指正。

作 者
2004年10月

目 录

绪论 ··· 1
   0.1 信息功能材料是信息技术发展的基础 ·· 2
   0.2 信息功能材料发展概况 ·· 3
   0.3 信息材料产业发展概况 ··· 17
   参考文献 ·· 21

第一章 半导体材料 ··· 23
   1.1 半导体材料的基本特性 ··· 23
   1.2 半导体材料制备技术 ·· 50
   1.3 锗、硅半导体材料 ··· 53
   1.4 化合物半导体材料 ··· 63
   1.5 非晶态半导体 ··· 76
   参考文献 ·· 80

第二章 光纤通信材料 ·· 82
   2.1 概述 ·· 82
   2.2 光在光纤中的传输原理 ··· 82
   2.3 光纤的传输特性 ··· 111
   2.4 石英通信光纤材料 ·· 121
   2.5 特种光纤材料 ·· 133
   2.6 光纤材料在光纤技术中的主要应用 ··· 150
   参考文献 ··· 159

第三章 光电显示材料 ·· 161
   3.1 概述 ··· 161
   3.2 光电显示物理基础 ·· 161
   3.3 光电显示材料和器件的基本特性 ·· 180
   3.4 发光显示材料 ·· 184
   3.5 受光显示材料 ·· 213
   3.6 光电显示材料的发展前景 ·· 246
   参考文献 ··· 248

第四章 信息存储材料 ... 250
4.1 磁存储材料 ... 250
4.2 光盘存储材料 ... 266
4.3 全息存储材料 ... 284
参考文献 ... 321

第五章 信息获取材料 ... 323
5.1 概述 ... 323
5.2 光电材料的物理基础 ... 323
5.3 光电探测器材料的基本特性 ... 346
5.4 元素半导体光电材料 ... 354
5.5 Ⅲ-Ⅴ族化合物半导体光电材料 ... 359
5.6 Ⅳ-Ⅳ族化合物及其它化合物半导体光电材料 ... 375
5.7 非制冷型红外探测器材料 ... 388
参考文献 ... 396

第六章 信息功能陶瓷材料 ... 399
6.1 功能陶瓷材料的结构基础 ... 399
6.2 电子信息功能陶瓷的基本性能 ... 408
6.3 功能陶瓷的制备工艺 ... 426
6.4 信息功能陶瓷材料 ... 435
参考文献 ... 461

第七章 非线性光学晶体材料 ... 463
7.1 概述 ... 463
7.2 晶体的非线性光学基础 ... 464
7.3 非线性光学晶体材料 ... 477
7.4 非线性光学晶体的应用 ... 518
参考文献 ... 532

第八章 固体激光材料 ... 535
8.1 固体激光材料物理基础 ... 535
8.2 基质与激活离子 ... 541
8.3 激光晶体 ... 543
8.4 激光玻璃 ... 565
参考文献 ... 571

绪 论

当今,人类社会正进入空前发展的新时期。自20世纪60年代以来,高科技及其产业化蓬勃兴起。世界各国政府都纷纷调整发展战略,把高科技及其产业化作为21世纪发展战略的重点。争夺的科技制高点包括6个技术群,从其作用和地位看,是以信息技术为先导,新材料技术为基础,新能源技术为支柱,沿微观领域向生物技术拓展,沿宏观领域向空间技术和海洋开发技术拓展。这些技术应用之广泛、地位之重要是前所未有的。信息技术是一种多层次、多专业的综合技术。一切与信息的收集、处理、存储、传输乃至应用有关的各种技术均可称为信息技术,包括计算机技术、微电子技术、通信技术、传感技术、制导技术、光纤技术、激光技术、红外技术、人工智能技术等。这些单元技术都在高速发展着,并且相互促进、渗透、覆盖、影响,促使信息高技术迅速发展,从而对整个社会、经济、军事等一切方面的发展产生巨大而深远的影响。人们已越来越清楚地看到,一些发达国家正是依靠先进的信息科学技术的推动,把自己国家从后工业化时代逐步推向先进的信息时代。

信息是资源,正确地利用信息可以极大地提高劳动生产率,提高人类的生活质量。冷战结束后,世界发达国家争夺的重点已转移至信息领域,从而有了因特网和信息高速公路的蓬勃发展。

当前信息的发展以多媒体化和数字化为主要特征。信息的多媒体化使人们需要处理的不仅是数据、文字,还有声音和图像等。在计算机中,信息的长短以字节(byte,本书中用 B 替代)表示,通常一个字节有 8 位(bit,本书中用 b 替代)。一页 A4 文件约为 2 KB;一张 A4 黑白照片约为 40 KB;一张 A4 彩色照片约为 5 MB;播放 1 min 的 VHS(家用录像系统)质量的全活动图像(FMV)约为 10 MB;播放 1 min 广播级的 FMV 约为 40 MB。图0.1所示为全球信息量增长趋势,

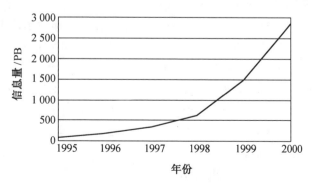

图0.1 全球信息量增长趋势

由图可见信息量的发展速度很快。进入21世纪,人们要处理、传输和存储太位(Tb,即 10^{12}b)级的超高容量信息和太位每秒(Tb·s^{-1})级的超高速信息流,以及超级高频(太赫,THz,即 10^{12}Hz)响应。因此,人类进入了太位信息时代,即 3T 时代。随着计算机、网络和通信的结合,信息技术已成为社会运作的核心。

0.1　信息功能材料是信息技术发展的基础[1,2]

信息功能材料是指具有信息产生、传输、转换、检测、存储、处理和显示等功能的材料,按照它们在信息技术中的功能,主要分为以下几类:

① 信息检测和传感(获取)材料;
② 信息传输材料;
③ 信息存储和显示材料;
④ 信息运算和处理材料。

信息功能材料是信息技术发展的基础。要实现信息技术的飞跃,信息功能材料必须先行。例如,电子信息材料包括微电子材料、光电子材料、传感材料、磁性材料、电子陶瓷材料等。这些基础材料及其元器件产品支撑着通信、计算机、信息家电与网络技术等现代信息技术的发展,并渗透到国民经济和国防科技的各个领域。如以硅为代表的集成电路材料是集成电路产业的基础。集成电路产业以其发展迅速、渗透力强、附加值高而成为国民经济中具有战略重要性的基础产业,其产业规模和技术水平已成为衡量一个国家经济发展、科技进步和国防实力的重要标志。光电子技术是现代信息技术的重要组成部分,光电子产业的兴起和发展无不以光电子材料的发展为基础。又如 GaAs、InP 等化合物半导体材料的研制成功导致了新型激光器和光探测器的出现。20 世纪 70 年代初,当石英光纤的损耗降到 20 dB·km^{-1}时,光纤通信才得以实现。现今 80%的信息传输由光纤完成,其网络技术的进步和普及在人类信息社会中正在发挥着巨大作用。

20 世纪以来,信息技术是依靠电子学和微电子学技术发展的,如通信是从长波到微波,存储是从磁芯到半导体集成,运算使用的器件从电子管发展到以大规模集成电路为基础的电子计算机等。从技术发展阶段看,目前人类正处于电子信息时代,其特征是信息的载体为电子。电子技术,特别是微电子技术,仍然是当前信息技术发展的支撑技术。

随着近代高容量和高速度信息技术的发展,电子学和微电子学技术表现出一定的局限性,而光作为信息载体,频率高(10^{11} ~ 10^{14}Hz,比电子通信载频频率高 10^3 倍),容量大,响应快,使信息技术的发展实现了新的突破。光学和电子学技术的结合,产生了跨世纪的光电子技术,相应地出现了大量的光电信息材料。

今后将更加注意光子的作用,继光电子学之后,光子学技术发展已成为必然趋势,并已受到世界各国的重视。从电子学到光电子学和光子学是跨世纪的发展。对于今后信息材料的发展来说，可以认为，微电子材料是最重要的信息材料，光电子材料是发展最快的信息材料，而光子材料是最有前途的信息材料。

0.2 信息功能材料发展概况

信息技术的发展在很大程度上依赖于信息材料和元器件的进步，信息功能材料是信息技术发展的先导和基础。

一、信息处理技术和材料

以大规模集成电路(LSIC)为基础的电子计算机技术是目前信息处理的主要技术，由于对电子计算机处理信息的速度和容量的要求越来越高，因此对计算机处理器(CPU)的速度和内存的要求也随之提高。相应地，对集成电路芯片集成度的要求也日益提高。

目前硅集成电路竞争的焦点是动态随机存储器(DRAM)芯片，提高它的密度可使成本降低，并使信息处理速度增加，小型系统的信息存储容量增大。20世纪70年代至今，IC芯片的集成度(每个芯片上集成的器件数)大体每18个月翻一番(Moore定律)，其特征尺寸大体每3年缩小近30%，一般认为，在一个硅圆片上集成250个以上芯片时，从性能价格比看，经济上才比较合理。因此，随着集成度的提高，管芯面积增大，相应地要求晶片的直径也越来越大(表0.1)。

表0.1　半导体动态随机存储器容量与硅单晶的发展

参　　数	1998年	1999年	2000年	2005年	2014年
容量/GB	0.064~0.128	0.256	1~4	10~20	256
光刻线宽/μm	0.3~0.2	0.18	0.15	0.1	0.010
硅单晶直径/mm	200	300	350	400	450
缺陷尺寸/μm	<0.12	<0.05	<0.03	<0.01	—
表面粗糙度/nm	<1	<0.5	<0.3	<0.2	—
x(氧)	$\leqslant 10^{10}$	$\leqslant 10^{9}$	$\leqslant 10^{8}$	$\leqslant 10^{7}$	—

一般以动态随机存储器(DRAM)的容量来代表芯片的集成度，用微处理器(MPU)芯片的主频来衡量IC芯片能达到的速度。目前0.25 μm的CMOS(互补型金属氧化物半导体)技术已经进入生产化，生产256 MB的DRAM采用300 mm直径的硅片。此外，随着特征尺寸的缩小、集成度的提高和芯片面积的增大，对硅单晶的完整性提出了更高的要求，这是因为硅材料中缺陷的平均密度和IC成品率成倒指数关系。同时，对硅片局域平整度的要求也越来越高，如0.35 μm工艺中，要求22 mm×22 mm区域内不平整度小于0.23 μm，而0.18 μm工艺中，要求22 mm×32 mm区域内不平整度小于0.12 μm。

以硅材料为核心的集成电路在过去 40 年里得到了迅速发展,占集成电路的 90% 以上。自 1958 年硅集成电路器件问世以来,其集成度提高了 10^6 倍,单位价格下降为原来的 $1/10^6$。这主要是靠光刻线宽缩小和成品率的提高。单晶硅片的尺寸增大和质量提高起着十分重要的作用。今后,随着信息处理技术的发展,对单晶硅片的尺寸、缺陷尺寸、表面粗糙度和杂质含量等要求将不断提高。可以预见,今后它的核心地位仍不会动摇。

对硅材料的要求首先是增大尺寸,以满足经济性要求。现在 8 in 片已经普遍用于生产,目前正向 12 in 过渡,预计 2007 年前 18 in 硅片将投产,27 in 的硅单晶研制正在筹划中。但是硅片尺寸增大,会引起缺陷密度增高和均匀性变差,以致 IC 成品率大幅度降低,这是发展大尺寸硅单晶的难点。因此,一方面要求控制硅片的微小结构缺陷,缺陷尺寸大于特征尺寸的 1/3 即为有害,故随集成度的提高,对缺陷控制更严,20 ~ 300 nm 的空位团即可引起光散射断层和流动图形缺陷。另一方面还要求控制硅材料中的氧含量及其均匀性,防止氧化物沉淀,通常可通过快速热处理(RTA)方法避免。

目前,大规模集成电路以 MOS 为主流技术。21 世纪将实现深亚微米(0.1 μm)硅微电子技术。美国 IBM 公司已经实现了 0.12 μm 技术生产,预计 2007 年将实现 0.07 μm(64 GB,DRAM,9×10^7 个晶体管·cm^{-2})技术生产。器件的最小沟道长度将缩小至 30 ~ 50 nm,栅氧化层厚度为 2 nm。这种情况将带来一系列由器件工作原理和工艺技术引起的问题,如强场效应、绝缘氧化物量子隧穿、沟道掺杂原子统计涨落、互联时间常数与功耗及光刻技术等,这些问题一般称之为硅微电子技术的"极限"[3]。

理论分析指出,20 ~ 30 nm 左右将是硅 MOS 集成电路线宽的"极限"尺寸。这不仅是指量子尺寸效应对现有器件特性影响所带来的物理限制和光刻技术的限制问题,更重要的是将受到硅、SiO_2 自身性能的限制。目前,人们正在寻找高 K 介电绝缘材料(如用 Si_3N_4 等来替代 SiO_2),以及低 K 介电互联材料(如用 Cu 代替 Al 引线)和采用系统集成芯片(system on a chip)技术等来提高超大规模集成电路(ULSI)的集成度、运算速度和功能。1998 年出现了绝缘层上硅材料 SOI(silicon on insulator)。这种材料推动了微电子技术的进一步发展。与硅材料及其器件相比较,SOI 材料避免了器件与衬底间的寄生效应,具有高的开关速度、高密度、抗辐射、无闭锁效应等。与 CMOS 技术相比,其性能比提高约 35%,是世界各国争相发展的材料技术[4]。

然而,硅将最终难以满足人类不断增长的对更大信息量的需求。因此,人们正在寻求发展新材料和新技术,如以 GaAs、InP 和 GaN 等为基的化合物半导体材料,特别是半导体纳米结构材料(二维超晶格、量子阱、一维量子线和零维量子点材料)和 Si 基半导体异质结构材料等。

线宽小于 0.1 μm 时已与电子的德布罗意数相近。电子在此种器件内部的输运和散射会呈现量子化特性,因而设计器件时要利用量子力学理论。制作这种固体量子器件采用Ⅲ - Ⅴ族化合物半导体材料(易获得高晶体质量和原子级平滑界面的异质结构材料和高的电子迁移率),但考虑到缺乏理想的绝缘介质和顶层表面暴露于大气而导致的氧化或杂质污染等,人们又把希望转向发展硅基材料体系。近年来随着高质量 GeSi/Si 材料的研制成功和走向实用化,为发展硅基固态纳米电子器件开辟了新的途径。

当计算机的浮点运算速度高于 10^{10} 次·s^{-1} 时,电信号速度要受到 RC 弛豫时间的限制,并将产生时钟"歪斜"、互联拥挤、电信号自身干扰等问题。这时就需要考虑光信息处理。因为光信息处理速度快,可以充分发挥并行处理的优点,能在低功耗下进行多路和二维处理。因此,应用光互联集成回路可以解决上述因浮点运算速度过快所引起的问题,目前正在发展光电混合型信息处理器和全光型信息处理器。

光子学器件大多立足于Ⅲ-Ⅴ族化合物半导体材料,因为制造光子学器件需要高质量和结构完整的材料,利用材料的量子尺寸效应,做成量子阱、量子线和量子点材料。若载流子仅在一个方向上受到约束,在另外两个方向上可以自由运动,称为量子阱(QW)材料;若载流子仅在一个方向可以自由运动,而在另外两个方向上受到约束,称为量子线(QWR)材料;若载流子在三个方向上的运动都受到约束,称为量子点(QD)材料。随着材料维度的减少,量子尺寸效应、量子干涉效应、量子隧穿效应以及库仑阻塞效应等表现得越来越明显,这些效应构成了新一代固态量子器件的基础。

近年来在发展这类新型半导体材料方面取得的重要进展主要有如下几个方面。

(1) 大直径 Si 衬底上生长 GaAs 获得突破

Si 和 GaAs 两者的晶格常数差别大,热膨胀系数失配,长久以来难以在 Si 衬底上生长优质的 GaAs 外延膜。2001 年摩托罗拉公司的科学家借助在 Si 和 GaAs 之间生长一层钛酸锶($SrTiO_3$)的界面层,攻克了这一难题。研究表明,在 Si 衬底上生长厚层 $SrTiO_3$ 时,氧分子扩散到 Si 和 $SrTiO_3$ 界面处,并与下层的硅原子键合,在硅与钛酸锶之间产生一个非晶界面层,使 $SrTiO_3$ 的晶格常数弛豫,从而与 GaAs 的晶格匹配得很好。实验中,首次在晶格常数不同的衬底材料上生长出高质量的单晶薄膜。当时预计 2003 年这项技术可以达到实用化。目前他们还正在开发于 Si 衬底上生长 InP 和 GaN 外延膜的技术。大直径 GaAs/Si 复合片的研制成功,不仅给以 GaAs 和 InP 为代表的化合物半导体产业带来挑战,而且因其价格低廉,可克服 GaAs、InP 大晶片易破碎和导热性能差等缺点,以及可与目前标准的半导体工艺兼容等优点而备受关注。它使得光电子器件和微电子器件集成在一个芯片上,实现了人们长期以来的梦想。

(2) 自支撑 GaN 衬底制备技术的进展

GaN 基Ⅲ族氮化物,因其在短波长光电子器件(紫、蓝和绿光)和高温、高频及大功率微电子器件与电路等方面的广泛应用而备受重视,是目前国际上研究的热点。遗憾的是,以 GaN 为代表的Ⅲ族氮化物至今无合适的衬底材料,只能生长在与其晶格失配很大的蓝宝石、SiC、Si 或 GaAs 衬底上,大晶格失配引起高缺陷密度,严重影响器件性能,难以扩大应用。人们一直试图用各种生长技术制备大尺寸的块状 GaN 晶体,但进展不大,目前最大尺寸仅 1 cm 左右。一种方法是采用氧化物气相外延(HVPE)技术,首先在蓝宝石或 GaAs 衬底上生长厚度约 0.5~1.0 mm 的 GaN 外延膜,然后通过激光剥离将其与衬底分开,获得所谓自支撑 GaN 衬底。这项技术的成功与应用,将对 GaN 基激光器、高温微电子器件和电路研制起着重要的推动作用。

(3) 半导体氧化物纳米带与器件[5,6]

用无催化、控制生长条件的氧化物粉末热蒸发技术,已合成 ZnO、SnO$_2$、In$_2$O$_3$、GaO$_3$ 等半导体氧化物纳米带,呈高纯、结构均匀的矩形截面单晶体,几乎无缺陷、无位错,宽度约 20~300 nm,宽厚比约为 5~10,长约数毫米。这种半导体氧化物纳米带是一个理想的材料体系,可以用于研究载流子维度受限的输运现象和基于它的功能器件制造。

此外,光电子技术中的变频、调制、开关、偏转是光信息处理不可缺少的元件,这些功能的实施主要是靠通过非线性光学介质的光信号(强度、相位、偏振等)随外加电、声、磁、光场的变化来实现的。目前应用的非线性光学晶体材料主要有两类:一类是无机非线性光学晶体材料,如 LiNbO$_3$、KDP(磷酸二氢钾)、BBO(偏硼酸钡)等;非线性半导体材料,如 GeAs、Ge、CdTe 等;另一类是目前正在兴起的有机非线性光学晶体材料,如尿素、LAP(磷酸精氨酸)等。

以图像为对象的光信息处理已进行多年,它利用傅里叶光学变换原理,进行光模拟并列处理,容量大和速度快是它的主要优点,但精度不高和通用性不强是其主要缺点。光学空间运算中的关键元件为空间光学调制器,它随二维光信息输入的不同,介质材料的光学特性(如复式折射率等)随之变化,产生体衍射光栅,从而具有空间分布的光调制作用。常用介质材料为非线性光学材料,如液晶、非线性有机薄膜(NPP 等)、非线性晶体(B$_{12}$Si$_{20}$、BaTiO$_3$ 等)以及 Si/PLZT 等。目前空间光调制器在速度、分辨本领、稳定性等方面尚有待提高,为了克服这些缺点,需要发展高性能的光折变材料。

光学数字计算希望把数字计算和光的并行处理兼容起来,其开关、存储和逻辑等功能的关键元件是光学双稳态器件,所用非线性介质材料主要为半导体,如 InSb、ZnSe、CdS、GaAs、InGaAs 等。用多量子阱结构可大大地提高非线性效应。如 GaAs/AlGaAs 做成皮秒(ps)开关(500 ps),其功率只有 40 pW~6.1 μW;Hg$_{1-x}$Cd$_x$Te/CdTe 量子阱材料开关能量仅为 10^{-15} J。

二、信息传递技术和材料

20 世纪 80 年代以来,移动电话、卫星通信、无线通信和光纤通信已形成立体通信网。宽带化、个人化、多媒体化的综合业务数字网(ISDN)发展迅速,有线通信始终是量大面广的通信手段。由于因特网和多媒体技术的迅速发展,近几年数字通信量正以每年 35% 的速度上升。

20 世纪 70 年代,低损耗熔石英光纤和长寿命半导体激光器的研制成功,使光通信成为可能。以光子作为信息载体,用光纤通信代替电缆和微波通信是 20 世纪通信技术的重大进步。光纤传输不仅损耗比电缆低,而且传输损耗不随传输速率升高而增大,如图 0.2 所示。

光纤通信容量大、质量轻、占用空间小、抗干扰、保密性强,低损耗光纤是关键材料。20 世纪 70 年代前,大部分玻璃的光学损耗都超过 1 000 dB·km^{-1}。1970 年,美国康宁玻璃公司拉制出世界上第一根损耗低于 20 dB·km^{-1} 的光纤,使人们看到了光纤通信的曙光。1978 年开始的第一代光纤通信光缆长 10 km,最高传输速率 100 Mb·s^{-1}。三年之后,第二代光纤通信应用了单模光纤和处于熔石英光纤最低色散波长(1.3 μm)的半导体激光器和探测器,光信号可以在光纤内以匀速传播,传输容量增加近 10 倍。第三代光纤通信应用熔石英光纤的最低损耗波长(1.55 μm),配上同样波长的半导体激光器,使无中继传输距离和传输容量又提高几倍,光纤损耗降至 0.2 dB·km^{-1}。到 2000 年,世界光纤通信的铺设速度达到 1 000 m·s^{-1}(相当于 3 马赫),光纤网在全球迅速扩展,信息高速公路建设进入高潮。光纤通信系统发展阶段及其主要进展见表 0.2。

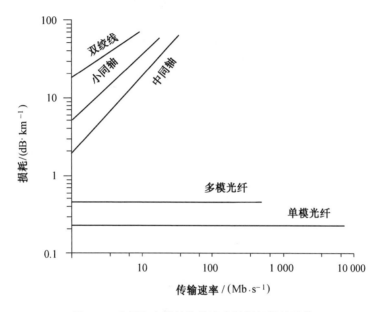

图 0.2 光纤和电缆的传输速率及损耗特性比较

表 0.2 光纤通信系统发展阶段及其主要进展

参 数	第一代 短波长	第二代 长波长	第三代 长波长	第四代 超长波长
波长/μm	0.83	1.3	1.55	2~5
光纤	熔石英	熔石英	熔石英	氟化物玻璃
激光器	GaAlAs	InGaAsP	InGaAsP	AsGaInSb
探测器	Si	Ge, InGaAsP	InGaAsP	AsGaInSb HgCdTe
损耗/(dB·km^{-1})	2~3	0.5~1	0.1~0.3	0.001~0.1
传输距离/km	~10	~30	~100	>500
发展阶段	工业生产	工业生产	工业生产	开发

20世纪末发明了光纤放大器,特别是半导体激光器光泵的掺铒光纤放大器(EDFA)。由于光信号直接放大,放大率达到30 dB以上,且不受信号偏振方向的影响,有很好的保真度,这项技术很快就达到实用化。另一项有重大实用价值的是波分复用(WDM)技术,即同一路光纤中传输若干个不同波长的光信号。用外调制的分布反馈激光器(DFB)以达到高的信号传输率,用光纤宽带耦合器将 n 种波长的激光信号耦合入一条公用传输光纤,在信号终端用光纤光栅滤光器分离出 n 个波长的载波激光,再用检波器将信号分离出来,如图0.3所示。这种波分复用技术使信息传输率增加了 n 倍,在光子集成回路中再加入宽增益频带的掺铒光纤放大器,就可形成高容量(100 Gb·s^{-1})和无中继长距离(大于 100 km)传输的光纤通信系统,被称为第四代光纤通信[7]。应用非氧化物玻璃光纤可实现超长波长、超长距离的无中继放大光纤通信,被称为第五代光纤通信[8]。

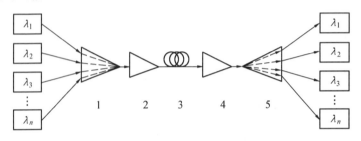

图0.3 波分复用(WDM)光纤通信网示意图
1—外调制分布反馈激光器;2—光纤宽带耦合器;
3—传输光纤;4—光纤光栅滤光器;5—检波器

光纤通信的发展方向为增长中继距离(大于 100 km)和增大传输容量。为此,需进一步降低光纤的损耗(小于 0.1 dB·km^{-1}),使工作波长向长波方向移动,以降低瑞利散射损耗和红外多声子吸收,第一、二、三代光纤以熔石英玻璃为基础,红外透过限为 2 μm,第四代光纤以氟化物玻璃为基础,工作波长为 2~5 μm。

为降低噪音和增加容量,发展相干光通信是关键。目前采用的光纤通信系统用脉冲强度调制和直接接收,相干光通信用频率或相位调制和外差接收,以充分利用光频的极宽频带,并要求激光光源频率和相位十分稳定,因此,需要用单频(调谐)窄线宽激光器作光源,保偏熔石英光纤作传输媒质,传输距离达 1 000 km。

长距离光纤通信中,要求增加激光器的输出功率和在中继站用光直接放大器,目前发展为用半导体激光管光泵的掺杂光纤激光器和放大器。掺稀土离子的熔石英光纤、氟化物玻璃光纤和单晶石榴石(YAG)光纤分别可产生 1.3 μm(Nd^{3+}:YAG,氟化物玻璃)、1.56 μm(Er^{3+}:YAG,熔石英玻璃,氟化物玻璃)、2.7 μm(Er^{3+}:YAG,氟化物玻璃)的激光和放大作用。

发展新材料始终是光通信中的核心问题。由于光纤纤芯中的能量密度很高,可以产生受激布里渊散射、受激拉曼散射、四波混频、自相位调制等非线性现象,使光信号受到损伤和干扰。近年来,有人研制出有效面积大的新型光纤,如真波光纤(true wave fiber)、叶状光纤(leaf fiber)等,试图提高光纤的利用率。此外,光纤中的色散对高速信号也有严重的影响。要想提高光纤传输的容量,就要求克服光纤的色散,如采用色散补偿光纤等。随着波分复用技术的提高,要求光纤放大器材料能满足高的宽频带增益的需要,并能应用于不同的通信窗口(1.3 μm、1.55 μm等)。此外,还有高稳定波长的半导体激光器(MQW-DFB-LD)材料、光滤波器(如光纤光栅、干涉滤波器、光栅波导阵列等)材料、高速光调制器(如 $LiNbO_3$ 调制器、EA 半导体吸收型光调制器等)材料,以及各种光无源器件(光耦合器、色散补偿器等)材料。总之,要发展新的光纤通信系统,必须首先发展光学器件和光学材料。

三、信息存储技术和材料[1,6]

在信息产业发展的历史中,计算机一直占据重要地位,从 20 世纪 80 年代开始,计算机的发展主要体现在中央处理器(CPU)芯片性能的提高和改进上,全球风起云涌的 CPU 大战使芯片的速度和效率得到大幅度提高。进入 20 世纪 90 年代以来,人们的注意力转向通信和数据共享方面,以因特网为代表的网络革命大大扩展了计算机的应用领域。随着信息量的急剧增多,计算机面临的最大挑战是如何更有效地存储和管理越来越多的信息和数据。专家预言,信息产业发展的下一个浪潮将发生在存储领域,21 世纪将是以信息存储为核心的计算机时代。

随着信息化时代的到来,从国民经济、国防建设到人们的日常生活都离不开各种信息的存储、记录和交换。特别是在现代战争中,以美国为首的西方国家利用先进的科学技术,已经实现了从电子战到信息战的过渡,使各种武器系统的命中率大大提高。所谓信息战,即是以计算机为主要武器,以覆盖全球的计算机网络为主战场,以攻击对方的信息系统为主要手段的战争,其核心是对信息的获取和反获取、利用和反利用的斗争。因此,如何快速、准确地获取和安全快速地记录、存储、交换、发送各种信息,已成为制胜的关键因素。可见,信息存储在国民经济建设和国防现代化等方面均具有非常重要的作用。

20 世纪 60 年代初,激光出现以后,人们热心于光全息存储,认为光全息具有存储密度高,可再现三维立体图像和照片的每一点都存储了整个物体的信息等特点。因此发展了银盐和非银盐感光材料和电光晶体(如 $LiNbO_3:Fe$ 和 $BaTiO_3:Fe$ 等)的实时记录材料。但是在灵敏度和存取速度上与要求还相差很远,特别是还难以同计算机连接。所以,长期以来信息存储还是采用磁存储和半导体动态存储元件。

通常,数字信息存储的要求是高存储密度、高数据传输率、高存储寿命、高擦写次数,以及设备投资低和信息位价低。

目前电子计算机所用的二进位数据存储中,内存储多用半导体动态存储器(DRAM),它的提取时间短(ns),容量一般为 512 Mb,外存储大多数采用磁记录方式,有磁带、软磁盘、硬磁盘等。图 0.4 示出了各种存储元件的性能比较。随着磁记录材料和磁盘制备工艺的改进,存储密度有了很大提高。以硬磁盘为例,1975~1990 年,面存储密度提高了两个数量级,数据率也提高了好几倍(表0.3)。

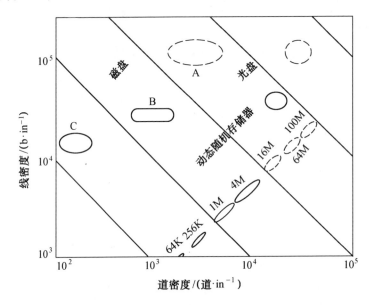

图0.4 各种存储器的记录密度

表0.3 硬磁盘技术的进展

参 数	1992年	1995年	1998年	2000年	2003年
存储容量/GB	0.6	0.9	5~10	10	50~100
存储密度/$(Gb \cdot in^{-2})$	0.1	0.5~0.8	2~4	4~6	10~20
传输速率/$(Mb \cdot s^{-1})$	16	100	150	300~400	400~500
存取时间/ms	30	20	10	6	4~5
飞行高度/nm	160		40		15

提高磁存储密度主要依赖于改进磁介质材料。在20世纪70年代主要是将磁性氧化物(如$\gamma - Fe_2O_3$)涂布在塑料薄膜和金属薄片上制成磁带和磁盘,存储密度比较低,每平方英寸只有几兆位。后来,改进了磁性氧化物的磁矫顽力,采用超细磁性氧化物粉末以及薄膜氧化物磁头,使存储密度有所提高,80年代达到每平方英寸几百千位的水平。为了进一步提高磁盘的存储密度,采用了垂直磁化记录的方式,盘面用真空溅射磁性氧化物(如Fe_2O_3、CoO等),使5.25 in垂直磁化记录的磁盘的存储量每面可大于100 MB。但是,随着磁盘存储密度的提高,要求磁头的尺寸越来越小(~10 μm),磁头与磁盘的间隙也越来越小(0.2~0.3 μm)。因而,对磁盘驱动器的精度和磁盘的盘基动态变形的要求很高,这是在磁盘发展中的主要障碍。90年代以后,硬磁盘存储密度的提高主要是因为采用了连续磁性薄膜介质,用磁控溅射的方法制备

薄膜,因此,减小了颗粒间界面,采用的主要磁性合金为CoCrPt、CoCrTa等,使磁存储的位密度有很大提高,达到10^5 b·in^{-2}以上。同时采用薄膜磁头,减小磁头和磁盘的距离,从而增加了道密度(约10^4 道·in^{-1})。如果要把硬磁盘的存储密度提高到1 Gb·in^{-2}以上,则还需研究高矫顽力(大于240 kA·m^{-1})的连续纵向纳米晶粒磁性介质。采用纳米晶可以使记录和读出的噪音降低,但带来了热稳定性问题。为了实现磁垂直存储,要求磁性介质具有高的磁晶各向异性($K_v > 0.4$ J·cm^{-3})。

由于感应写入和磁电阻读出双元磁头、多元多层低噪声薄膜介质等技术的应用,磁盘的面密度年增长率达到60%,10年增加100倍,使商品化硬磁盘的面密度达3.0~3.5 Gb·in^{-2},同时单位成本迅速下降,2002年约为0.003美元·MB^{-1},同时体积不断减小,现已出现25 mm(340 MB)的硬盘,可用于电子照相机中。

硬磁盘发展的下一个目标是面密度达100 Gb·in^{-2}。一般认为40 Gb·in^{-2}以上时,由于颗粒尺寸减小而出现超顺磁现象,会使记录位元的磁化状态不稳定。为了突破这一障碍,一方面需要采用垂直磁记录技术,使位单元磁化方向垂直于介质记录表面,这样随着记录密度的增加,自退磁场减小,有利于实现高密度。另一方面还需要采用图形介质记录技术,用纳米制造技术将介质中的磁性材料制造成孤立的纳米结构,每一单元尺寸与磁畴大小相当,使每一个记录位元在孤立的材料单元中,实现超高密度记录。

光盘存储技术是20世纪70年代发展起来的,80年代便在声视领域内促成了激光唱片(包括声响唱片CD和激光视盘LD)和激光唱机产业的兴起。其发展之快出乎预料。

与磁存储技术相比,光盘存储技术的主要优点有以下几方面。

① 存储寿命长。其存储寿命一般在10年以上,而磁存储一般只能保存3~5年。

② 非接触式读、写和擦。因为光头与光盘间约有1~2 mm的距离,光头不会磨损或划伤盘面,因此,光盘可自由更换。而高密度的磁盘机,由于磁头飞行高度只有几个微米,更换磁盘比较困难。

③ 信息的载噪比(CNR)高。光盘的载噪比可达到50 dB以上,而且经多次读写不降低,因此,光盘多次读出的音质和图像的清晰度是磁带和磁盘无法比拟的。

④ 存储密度高。光盘存储密度可达329 MB·in^{-2},而磁盘的最高面密度为40 MB·in^{-2},前者为后者的10倍,130 mm磁光盘的存储容量为600 MB。

⑤ 信息位的价格低。由于光盘的存储密度高,而且只读式光盘(如CD或LD唱片)可以大量复制,因而信息位价格是磁记录的几十分之一。

不足之处是光盘机(或称驱动器)比磁带机或磁盘驱动器要复杂一些,因此价格还比较高。

可以预测,今后10年内磁存储和光盘存储仍为高密度信息外存储的主要手段,高性能硬盘(1 Gb·in^{-2},100 Mb·s^{-1})主要是计算机联机在线存储,以计算机专业使用为主。高性能光盘(0.5 Gb·in^{-2},10 Mb·s^{-1})为脱机可卸式海量存储和信息分配存储,以消费使用为主。

光盘存储技术的发展在很大程度上取决于存储介质材料的发展。特别是可录和可擦重写的光盘驱动器(或称光盘机)的结构取决于存储介质的存储机理,如磁光型或相变型等。短波长记录的高密度光盘存储介质大概有以下几类。

(1) 磁光存储介质

有希望能实用化的短波长磁光存储介质包括以下3种。

① 按成分调制的金属多层膜(典型的如 Pt/Co 多层膜)。这种调制多层膜形成单轴磁各向异性,可以垂直存储,在短波长(约为 400 nm)时,磁克尔角可达 $0.3° \sim 0.5°$,矫顽力 H_c 可达 80 $kA \cdot m^{-1}$(Pt/Co)和 160 $kA \cdot m^{-1}$(Pd/Co)。

② 近年来发展起来的掺杂 MnBiAl。在波长为 450~750 nm 时具有很大的磁光品质因子,经多年努力,以 MnBiAl 为基础的薄膜已能进行垂直记录。

③ 稀土掺杂的钇铁石榴石薄膜。这种薄膜的克尔角或法拉第角的极大值出现在波长 500 nm 处,经进一步掺入 Cu,薄膜的 H_c 也得到提高,可达到 80 $kA \cdot m^{-1}$。所以,可以实现垂直存储。

(2) 相变型存储介质

相变型光盘材料主要利用在热作用下晶态 – 非晶态转变,对这类材料的要求是相变温度低、可逆稳定性好、晶态和非晶态的反射率相差大。

相变型存储介质的载噪比(SNR)正比于记录点和周围的反射率对比度($\Delta R/R$)。几种典型的无机相变材料如 Ge – Te – Sb、In – Sb – Ag – Te 等,它们的晶态与非晶态复式折射率差值在短波长范围仍较大,但还可应用。这类介质已经获得一系列可喜的实验结果。

随着光子学技术的进展,目前的光热记录方式将向光子记录方式发展。21 世纪的超高密度、超快速光存储主要向以下几个方面发展。

① 利用近场光学扫描显微镜(NSOM)进行超高密度信息存储。这种存储的关键在于实用化的小于光衍射极限的光点的产生及探测、光学头与记录介质间小于波长间距的控制和近场区域瞬逝光与各类存储介质相互作用下的存储机理。

② 运用角度多功能、波长多功能、空间多功能与移动多功能等的全息存储代替聚焦光束逐点存取的方式。这种全息存储可以作为缓冲海量信息存储,存储密度可达到 1 639 $Gb \cdot in^{-3}$,它的关键在于探索对激光有快速响应和有长存储寿命的光子存储材料。

③ 发光三维存储技术(如光子引发的电子俘获三维存储光盘和光谱烧孔存储等高密度光存储),21 世纪初有可能研制出使用次数达百万次的多层电子俘获三维光盘,能高速和高密度地执行读、写、擦功能,实现能在室温下烧孔存储的光谱烧孔多维存储[9]。

四、信息显示技术和材料

自 20 世纪初出现阴极射线管(CRT)以来,它一直是活动图像的主要显示手段。传统的阴极射线发射材料,如红色($Y_2O_2S:Eu$)、蓝色($ZnS:Ag$)和绿色($ZnS:(Cu,Al)$)发光材料,还需提高纯度,以提高显示的亮度和色彩的质量。

近二三十年来,平板显示技术有了较快的发展。它的主要优点是避免了 CRT 的庞大体积。平板显示技术主要指液晶显示技术(LCD)、场致发射显示技术(FED)、等离子体显示技术(RDP)和发光二极管显示技术(LED)等。在高清晰度电视、可视电话、计算机(台式或可移动式)显示器、车用及个人数字化终端显示等应用目标的推动下,显示技术正向高分辨率、大显示容量、平板化和大型化方向发展。CRT 将与各种平板显示器形成竞争局面。

液晶显示的主要优点是低功耗、低工作电压、小体积和易于彩色化,属非自发光型显示。不足之处是显示视觉小、对比度和亮度受环境的影响较大、响应速度慢。目前以有源矩阵型(AML)、双端装置型(TTD)和薄膜晶体管(TFT)液晶显示器为主,其中 TFT-LCD 的对角线尺寸已可做到 30 in 和 40 in。液晶材料一直是人们关注的对象,已从双扭向列型(TN)液晶发展到超双扭向列型(STN)液晶。为提高响应速度,又开发了铁电型(FE)液晶,其响应时间在微秒级。铁电液晶的稳定性差,但可用分支法(side-chain)来改进。目前也倾向开发稳定性较高的反铁电液晶。

场发射显示(FED)是将真空微电子管应用于显示的技术。它兼顾了 CRT 和 LCD 的优点,视角宽、功耗低、响应速度快、光效率和分辨率高。目前的应用受到显示面积较难扩大的限制,只能用在较小的显示器上。用类金刚石材料作冷阴极和稀土离子掺杂的氧化物作发光材料,推动了 FED 的发展。

等离子体显示(PDP)的出现较 FED 稍晚。由于 PDP 电极发射面积比 FED 容易做大,因此可做成大屏幕的显示器。它的不足之处是驱动电压高、功耗大。FED 和 PDP 的发光材料、电极材料以及电介材料(低熔点玻璃等)均需不断改进和提高,从而提高发光效应和发光亮度,降低功能,实现全色化和多级灰度显示等。

进入 21 世纪后,平板显示器的布局大致为:LCD 主要用于小屏幕、袖珍携带式;平板 CRT 用于中屏幕彩色显示;PDP 用于大屏幕、壁挂式显示。

发光二极管(LED)显示技术出现较早,但由于价格高、制成大面积列阵比较困难,主要应用于大型显示板,作为规模生产的较大显示器发展比较缓慢。近年来电致发光的有机材料(OLED)有了新的进展。它容易制成列阵,所以比较引人注目。主要分为两类[10,11]:一类是有机分子(如 Alq_3 和双胺),可用蒸镀法制成异质结构,在 10 V 电压下有大于 1% 的量子效率;另一类是共轭聚合物聚对苯乙炔(PPV),可用溶液旋镀法制成,在小于 10 V 的电压下也可获得 1% 的量子效率。图 0.5 表示这两类有机材料的化学分子结构和器件结构。

有机发光材料是 21 世纪很有前途的显示器材料,但仍需要在发光亮度、量子效率、稳定性和耐用性、膜层减薄及寻找蓝色和红色发光材料方面不断提高和改进。

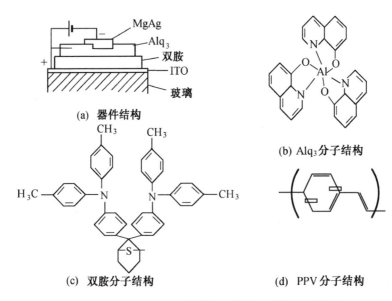

图 0.5 有机发光二极管材料的化学分子结构和器件结构

五、信息获取技术和材料

一般来说,获取信息主要使用探测器和传感器,目前的主要技术手段是光电子技术。

1. 探测器材料

按光电转换方式不同,光电探测器分为光电导型、光生伏特型(势垒型)和热电偶型。同时,根据探测的光子波长不同,又分为狭能隙半导体材料(红外)和宽能隙半导体材料(可见和近紫外)。狭能隙半导体材料主要是铝盐、HgCdTe 和 InSb 等,宽能隙半导体材料以 Si、Ge 和 GaN、AlN 等为主。

近期光电探测器材料的重要进展有两个方面:一是用超晶格(量子阱)结构提高了量子效率、响应时间和集成度;二是制成了探测器阵列,可以用于成像探测。两者结合的典型例子为可以制成探测灵敏度极高的 HgCdTe 红外焦平面阵列(FPA),并已成功用于红外遥感、成像等方面。

2. 传感器材料[12]

目前应用于传感器的材料主要有半导体传感器材料和光纤传感器材料。需要指出的是,低维材料的传感器体积小,实用性好。

半导体传感器材料在外场(光、热、电、磁等)作用下引起半导体的性能发生变化,由此获得外场的信息。这就要求材料的敏感性和重复性要好。对压力敏感的半导体材料,有压阻半导体材料,在受压力影响时产生电阻变化,如 Si、Ge、InSb、GaP 等;有靠压电效应的 Ⅱ-Ⅵ 和 Ⅲ-Ⅴ 族半导体化合物,以及压电陶瓷(以 $BaTiO_3$ 为代表)等。对热敏感的半导体材料,又可分为正温度系数(NTC)和负温度系数(PTC)材料。此外,还有靠磁电阻效应和霍耳效应将磁场强度转换成电信号的磁敏半导体材料。

还要指出的是,由于材料吸收了环境气体、水分和生物分子而改变了材料的表面状态和结构,因而产生性能的变化。这种材料往往是不同的变价氧化物,如 SnO_2、ZnO、Fe_2O_3、Cr_2O_3、V_2O_5 等,也有一些是 Si、Ge 等材料的二极管和场效应晶体管,构成了气敏、湿敏、生物敏等传感器。

近年来,发现一些金属有机化合物(如酞菁、卟啉、胡萝卜素等)具有优良的传感性能,通过分子组装可以发展成很敏感的传感器材料。

光在光纤传输时,在受外场作用时能引起振幅、位相、频率和偏振态的变化。采用低损耗的长光纤,可以积累外场引起的光学变化,以此提高对外场的敏感性;也可以制成特殊结构的光纤材料,如旋光材料、保偏光纤、椭圆双折射光纤、掺杂和涂层光纤等,以加强其对外场变化的敏感性。光纤已成功地应用于制作压力、磁场、温度、电压等传感器。

六、激光材料和光功能材料

1. 激光材料[1,13]

激光使人们有了一个高亮度的相干光源,它对信息技术的发展起了很大的推动作用。信息技术的几个重要环节都离不开激光器。今后将会迅速发展的激光器主要是半导体激光器、半导体激光光泵的固体激光器、可调谐固体激光器、光纤激光器和光纤放大器。因此,要相应地开发新的激光材料。

半导体激光器对信息技术的发展具有重要作用。由于有了低阈值、低功耗、长寿命和快速响应的半导体激光器,才使光纤通信成为现实,并以 $0.8~\mu m$、$1.3~\mu m$ 和 $1.55~\mu m$ 的激光光源形成三个光通信的窗口。由于有了高功率单模半导体激光器,才使光盘存储技术实用化,并且目前高密度光存储技术的发展是以半导体激光波长的缩短(从 $0.8~\mu m$ 到 $0.65~\mu m$ 再到 $0.5~\mu m$)为标志,形成三代光盘存储技术。多量子阱器件、高密度垂直腔面发射器件、量子级联器件、微腔辐射与微腔光子动力学器件的发展可以不断降低激光阈值,并提高激光转换效率与输出功率,扩展波段,改善模式,压缩线宽,实现激光光源的阵列化和集成化。令人关注的是短波长(蓝绿光)半导体激光器和长波长(红外 $2\sim10~\mu m$)半导体激光器的进展。GaN 是能够获得最短波长的半导体激光器材料,因为禁带宽度为 $3.4~eV(360~nm)$。寻找合适的衬底材料和生长结构完整的 GaN 薄膜至今仍是研究的关键,此项工作近年来已有新突破。表 0.4 列出了 GaN 半导体激光器的性能。它已应用于高密度光存储的短波激光光源。另一个进展是通过量子阱中的量子级联而发展的中远红外半导体激光器。它可以替代比较复杂和庞大的激光固体参量振荡器和放大器及气体激光器,在红外遥感、环境检测等方面有重要用途。

高功率半导体激光器作为固体激光器的泵浦源近年发展很快。单模单频半导体激光器输出已达瓦级,而多模半导体激光器和阵列的输出已达千瓦。它们大部分采用多量子阱(MQW)

多层膜结构。多层膜的设计和制备很关键,开发新的衬底材料和热沉积材料也很重要。

表 0.4　GaN 半导体激光器的性能(1998 年 4 月)

参　　数	数　　值	参　　数	数　　值
阈值电流/mA	16	工作电压/V	4.5
输出波长/nm	380～440	最大输出功率/mW	400(室温)
调制频率/GHz	3.5	寿命/h	10 000(估计)
脉冲宽度/ps	300	最短波长/nm	370(几年后)

由于有了高功率半导体激光器作光泵源,最近出现了高效和高质量的固体激光器,例如,输出功率为 10 W、倍频波长为 530 nm 的掺 Nd∶YAG 和 Nd∶YVO$_4$ 的激光器,输出功率为 35.5 W、波长为 1.1 μm 的单模 Yb^{3+} 掺杂固体激光器等。由于这些半导体光泵的固体激光器体积小、工作稳定、激光效率高,可在空间和水下的通信、探测、目标跟踪和制导等方面起重要作用。

可调谐固体激光器对探测大气污染、环境保护及空间探测等方面十分重要,可使人们获得大气和外层空间的信息。近年来,各种掺过渡元素离子的激光晶体(如掺 Ce^{3+}、Eu^{3+} 等),借 4f→5d 间的能级跃迁,可以在可见光至紫外波段产生可调谐激光。以掺钛蓝宝石(Ti^{3+}∶Al$_2$O$_3$)为主的可调谐激光晶体,现在已成为固体调谐激光器的核心。飞秒(10^{-15} s)激光器的出现,使台式激光器可以产生太瓦(10^{12} W)级激光。为避免激光材料损伤和获得高的增益,晶体的结构完整性以及杂质和缺陷的研究显得十分重要。为覆盖更宽的可调谐波长范围,开发新的可调谐激光晶体也很关键。

改善光纤放大器一直是光纤通信中的关键问题,特别是在目前采用波分复用技术有效地扩大了通信容量的情况下,更希望有增益带宽较大的光纤放大器。在 1.55 μm 通信窗口,除了改进掺铒(Er^{3+})的熔石英光纤放大器(EDFA)外,还要寻找新的基质玻璃,如目前在掺 Er^{3+} 的碲酸盐玻璃中获得了宽增益带的良好结果。在 1.3 μm 通信窗口,人们还不断地改进掺 Pr^{3+} 的光纤放大器,如采用低声子能量的非氧化物玻璃(如以 InF$_3$ 为基础的氟化物玻璃和以 Ga$_2$S$_3$ 为基础的硫化物玻璃),获得了更高的增益系数。

在光纤激光器方面,研究的目标是应用双光子吸收频率上的转换机制在光纤中获得短波长的激光输出。泵浦的光源可采用近红外高功率半导体激光器。这种光纤集成的激光器在信息领域是很有用的。为提高能量转换效率,光纤玻璃基质也采用低声子的非氧化物玻璃。

2.光功能材料

在光电子学技术中频率变换(二倍频、三倍频、光参量振荡和光参量放大)元件、调制元件、Q 开关、锁模都是十分重要的,是光通信、光存储和光信息处理中不可缺少的元件。如表 0.5 中所指出的,元件的不同功能依赖于材料的不同性能。

表 0.5 光功能材料元件的功能和材料性能

元件功能	材料性能
光纤和薄膜开关	高的三次非线性光学常数 $\chi^{(3)}$
Bragg 光栅	高的光致折变(photorefraction)
调制器	高的 $\chi^{(3)}$、$\chi^{(2)}$、声光系数、电光系数
二倍频和光参量振荡	高的 $\chi^{(2)}$
隔离器	高的磁光系数、$\chi^{(3)}$、声光系数

以往这类材料主要是无机非线性光学晶体,如 KTP、BBO、LBO、LiNbO$_3$、K(Ta,Nb)O$_3$ 等。目前还在不断地开发新的非线性光学晶体材料,并要求它们具有高的非线性光学系数和激光损伤阈值,以及高的光学透过率和宽的透过波段等。在光子学器件中,今后的材料将以薄膜和纤维形态为常见,以便于集成化,体材料可能并不太多见。20 世纪 80～90 年代对有机非线性光学材料又有了进一步研究,并且在电光波导调制器方面有了很好的结果,如埋入型聚酰亚胺可在 225℃下稳定工作 1 000 h,并可在 60 Hz 频率上调制[14]。

三次非线性光学材料很多。一些高密度玻璃具有高的声光系数,可作为声光玻璃,如碲酸盐玻璃和硫系玻璃,也可作为最常用的声光调制器。高折射率铝玻璃具有高的逆磁性,而稀土离子(如 Ce^{3+} 和 Tb^{3+})含量高的玻璃具有高的顺磁性,既可作为磁光玻璃,也可作为大尺寸的磁光隔离器和磁光玻璃光纤,还可作为光通信线路上的隔离器。

半导体量子点掺杂的玻璃和有机-无机杂化形成的复合玻璃均具有较高的非线性光学系数,而且容易制成薄膜,这些是近年来很活跃的研究领域[15]。

近年来开发了两种对锁模、调制和频率变换起了很大作用的元件。一种是半导体饱和吸收阱(SESAM),由半导体多量子阱组成,选择不同的半导体材料可以制成适用于不同波长的 Q 开关和锁模器。例如,用 SESAM 可产生 6.5 fs 的 Ti:Al$_2$O$_3$ 超短脉冲、50 fs 的 Cr:LiSAF 激光和 56 ps 的 Nd:YVO$_4$ 激光等[16]。另一种是将非线性光学晶体进行周期极化(Periodically Poled),形成微米或亚微米的超晶格。已经制成的周期极化的铌酸锂(PPLN)和 RPKTP 元件应用于倍频、参量振荡及调制等方面,取得了良好的结果。

0.3 信息材料产业发展概况

信息技术产品中材料与元器件是很难分开的,尤其是薄膜材料,往往是多层膜即构成器件。具有规模生产的信息材料和元件产业大致可分为以集成电路为基础的微电子技术产业和以光通信、光存储、光电显示为基础的光电子技术产业。

半导体集成电路芯片是微电子技术的主流产品。电子信息产业的机型升级、产量增加、应用范围扩大、性能价格比提高均依赖于半导体集成电路产业的发展,世界国民生产总值的增值部分的 65% 与集成电路有关,现代电子设备中的半导体约占 20%(价值比)。全球电子通信半导体市场值超过 2 000 亿美元,95% 的器件为硅材料生产,集成电路 99% 为硅制造,世界硅片年产量超过 60 亿 in^2。近几年,用 0.15 μm 制备工艺生产的 1~4 GB 存储容量的动态随机存储器(DRAM)芯片是产品的代表,也是世界各大公司的主攻产品。以铜代铝作布线和用氮化物代替二氧化硅作为绝缘层,可能是今后 IC 生产工艺上的两大革新。1998 年世界半导体芯片产值为 1 346 亿美元,之后每年以 18% 的速度上升,至 2000 年已突破 2 000 亿美元。我国 1997 年为 40 亿美元产值,之后每年大约以 37% 速度上升,到 2000 年达到 150 亿美元,占世界市场近 10%。

计算机的外部设备主要为显示器和外存储设备。在线外存储介质主要为硬磁盘。在计算机存储市场中,光盘当然也是一种重要的外存储介质。图 0.6 示出了前几年硬磁盘、闪存储器和各种光盘的市场发展情况。从图可以看到,由于 CD-R 光盘可以代替软磁盘,所以上升的速度很快,1998 年已达到 4 亿张。1999 年底 CD-R 光盘生产又猛增至 17 亿张。而其它光盘与磁盘的上升速度是十分相似的。

近年来,迅速发展的网络已成为企业和个人获取各种信息的主要渠道,这也就要求存储介质的容量更大。另外,网络计算、数据采集等都需要下载数据和存储数据,这也提高了人们对容量的要求。1997~2001 年全球数据存储市场值约以 35% 的速度迅速增长,产生了 1 000 亿美元的市场。我国国内随 PC 机和网络的普及,存储介质需求上升,但缺少具有自主知识产权的产品,国际厂商已瞄准了我国的巨大市场,这已引起我国对信息存储的重视。

进入 21 世纪后,无论是家用信息显示(电视机),还是专业信息显示(计算机信息显示器),CRT 仍然是主要产品。2000 年全球产量为 2.6 亿只,产值约千亿美元,平板显示器发展也很迅速,2001 年产值约 400 亿美元。

光电子产业以光显示、光存储、光通信和输出输入设备(或称硬拷贝)为支柱产业。目前,国际上公认光电子产业以日本最为发达,1999 年日本光电子产业的总产值为 610 亿美元。其中五大类技术产品的产值分别为:161 亿美元(光存储);115 亿美元(光输出和输入装置);136 亿美元(光电显示,不包括 CRT);106 亿美元(光通信);40 亿美元(激光)。光电子技术系统、设备和元件产值的比例为 1:6:3,光电子设备中主要为光盘,其次为输出输入设备;而光电子元件中以显示元件为主。这就是日本光电子产业的大致结构。

美国光电子工业发展协会(OIDA)曾统计了 1996~2000 年以来全球光电子技术产业的市场值,如表 0.6 所示,至 2000 年约达 1 800 亿美元。与当时全球钢铁产业相当,与微电子产业比较接近。光学与光电子材料、元件约占 20%,但是光盘未计入材料、元件中,而是计算在光存储产品中。另外,光电显示器也占 12%,因此,材料和元件在整个光电子产业中约占 30% 以上。

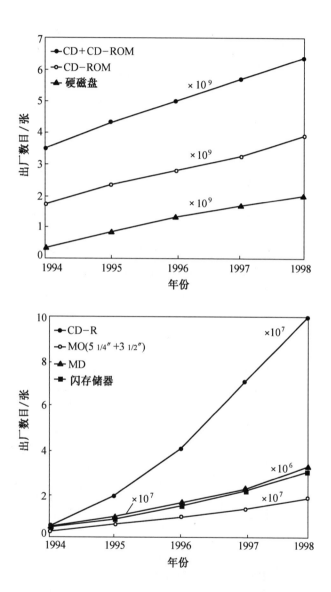

图 0.6 1994~1998 年存储介质的容量发展

(来源于 Understanding and Solution)

表0.6 世界光电子技术产业各分项市场值统计及预估   百万美元

产品类别	1996年 市场值	1997年 市场值	1997年 增长率/%	1998年 市场值	1998年 增长率/%	2000年 预估
光电材料与元件	6 757	7 626	12.85	8 620	13.04	11 337
光电显示器	12 552	15 431	22.94	17 511	13.48	24 491
光学元件与器材	12 645	15 020	18.78	16 926	12.69	21 120
光输出与输入	40 048	42 711	6.65	46 742	9.44	52 094
光存储	14 519	18 129	24.86	20 204	11.45	25 312
光通信	14 659	18 397	25.50	22 858	24.25	33 033
激光及其它光电应用	5 751	6 795	18.17	7 685	13.10	9 180
合计	106 931	124 109	16.06	140 546	13.24	176 568

注:资料来源于OIDA。

表0.7为1995年全球各地区光电市场概况,由表可见,北美地区是光电子技术产业最主要的市场,其次为欧洲地区和日本,三个地区约占全球的80%,其它地区主要为亚洲。近两年来亚洲的市场发展很快,特别在显示器、光盘和光盘机、输入与输出设备以及光电材料和元件方面,估计占市场销售量的30%以上。

表0.7 1995年全球各地区光电市场概况   百万美元

产品项目	北美地区	欧洲地区	日本	其它地区	合计
光电材料及元件	4 260(26%)	2 130(13%)	6 390(39%)	3 640(22%)	16 420(100%)
光学器材	1 285(39%)	923(28%)	659(20%)	428(13%)	3 295(100%)
光信息(光存储及输入输出)	19 209(38%)	12 639(25%)	7 582(15%)	11 121(22%)	50 551(100%)
光通信	3 829(37%)	3 321(33%)	2 235(22%)	839(8%)	10 224(100%)
激光及其它光电应用	1 896(40%)	1 375(29%)	1 185(25%)	284(6%)	4 740(100%)
合计	30 479(36%)	20 386(24%)	18 051(21%)	16 276(19%)	85 192(100%)

注:资料来源于OIDA。

美国光电子工业发展协会(OIDA)对21世纪的光电子产业发展的预测如图0.7所示。在光电显示中包括CRT,因此,光电显示占的比重特别大。

光电子技术的重大突破主要产生于美国,可以说在光电子技术的研究和发展方面美国均走在世界的前列。但美国在光电子产业的形成方面却不及日本,这主要是因为日本比较注重生产技术和家用市场的开发。巨大的投资产生了巨大的效益。到目前为止,日本在半导体激光器、激光打印机、液晶显示器、光盘等方面的产业一直处于世界领先地位。美国OIDA在对比了美国和日本的光电子技术发展情况后,认为美国首先要在光电显示、光通信和光存储产业中要加强生产技术的发展,光通信产业要注意市场开发,光电显示要加强制造业,光存储要加强研究开发。美国现已制定出了5年、10年、15年和20年的发展规划,正在奋起直追。

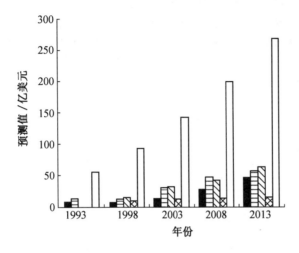

图 0.7 光电子技术产业的跨世纪预测

■ — 其它; □ — 光存储; ▨ — 光通信; ▧ — 光输出输入设备; □ — 显示

我国光电子技术产业起步较晚,但近年来发展比较快。1993年的总销售额只有3~4亿人民币,1995年达到30亿元人民币。随着家庭消费品日益升温,如CD、VCD光盘及光盘机、音响、视频设备等用量的剧增,1998年达到500亿元人民币(不包括电视机),2001年达到千亿元人民币。

在我国,数字化信息产业的发展,除依靠国家信息基础建设外,民用消费市场也是很主要的一部分。预计在数字化信息产品中PC计算机及外部设备、个人数字通信设备、数字化电视机、数字化音视设备将分别有千亿元以上人民币的市场前景。这也是信息材料和元件的市场发展方向。

参 考 文 献

1　干福熹.信息材料.天津:天津大学出版社,2000
2　李成功,傅恒志,于翘,等.航空航天材料.北京:国防工业出版社,2002
3　王占国.硅微电子技术"极限"的对策.大自然探索,1998,17(66):5~10
4　林成鲁,张茜.SOI——二十一世纪的微电子技术.功能材料与器件,1999(5):1~7
5　Pan Z W, Dai Z R, Wang Z L. Nonbelts of semiconducting oxides. Science, 2001, 291(9): 1947~1949
6　曾汉民.高技术新材料要览.北京:中国科学技术出版社,1993
7　干福熹.光子学的发展对当代信息技术的影响.中国科学院院刊,1998(4):268~271

8　干福熹.超长波长红外光纤通信.济南:山东科学技术出版社,1993
9　干福熹.数字光盘存储技术.北京:科学出版社,1998
10　吴诗聪.液晶显示器的发展近况.光通讯,1998(73):14~18
11　严宏赛,罗雪梅,沈永嘉.聚合物电致发光.功能材料,1998,29(6):578~582
12　焦正,张耀华.多层薄膜气敏材料研究概况.功能材料,1998,29(5):458~461
13　电子信息材料咨询研究组编著.电子信息材料咨询报告.北京:电子工业出版社,2000
14　Verbiesst T, Burland D M, Jurich M C, et al. Organic optical waveguide modulator. Science, 1995, 268(3):1641
15　Gan F X. Optical nonlinearity of hybrid and nanocomposite materials prepared by Sol-Gel method. J. Sol-Gel Science and Technology, 1998, 13:559~563
16　Keller U. Solid state lasers for ultrashort pulse generation. Tech. Digest of "Solid State Lasers: Materials and Application". Tianjin, 1997, THD-1:122

第一章 半导体材料

半导体材料是一类非常重要的信息功能材料,具有极为广泛的应用。与半导体材料相关的各种器件是现代信息产业的重要硬件基础,而且在现代工业的其它领域也发挥着重要作用,超大规模集成电路的广泛应用便是其中最为典型的实例之一。

半导体材料之所以具有广泛的应用,是因为半导体材料具有独特的物理性质。半导体的性质取决于半导体的电子结构(特别是能带结构)和半导体中电子的运动规律。当半导体与半导体、金属或绝缘体接触时,会产生各种物理效应,这些物理效应对外部条件(如光照、温度、电场或磁场等)非常敏感,人们利用这些效应和特性制造出了各种具有不同功能的器件。可以毫不夸张地讲,没有半导体及其相关技术的发展,就没有现代信息产业。

本章将在简要阐述半导体材料物理基础之后,介绍各种常见半导体的物理性质及应用。

1.1 半导体材料的基本特性

一、半导体的电子结构

1. 半导体的能带结构

半导体的实际能带结构是非常复杂的,能带的具体形状因半导体种类的不同而有很大差别。本征半导体的能带结构可大致分为两类:其一是价带顶与导带底直接对应,称为直接带隙半导体,如图 1.1(a)所示;其二是价带顶与导带底不直接对应,称为间接带隙半导体,如图1.1(b)所示。

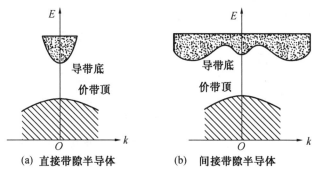

图 1.1 半导体能带结构示意图

在众多半导体(据统计有 4 000 种之多)中,具有金刚石结构(如 Si、Ge 等)和闪锌矿结构(如Ⅲ-Ⅴ族化合物半导体)的半导体应用最为广泛。这两类晶体结构均属面心立方晶体,它们的倒易点阵和第一布里渊区的形状是相似的,为了方便起见,在表示它们的能带结构时,第一布里渊区中的某些特殊点一般用大写字母标记。图 1.2 是面心立方晶体第一布里渊区的示意图,图中所给出的晶向实际上是倒易矢量的方向。图中各特殊点的意义如下。

Γ:倒易空间的坐标为(0,0,0),倒易原点,即第一布里渊区的中心;

L:倒易空间的坐标为(1/2,1/2,1/2),即第一布里渊区边界与〈111〉倒易矢量的交点;

X:倒易空间的坐标为(0,0,1),即第一布里渊区边界与〈100〉倒易矢量的交点;

K:倒易空间的坐标为(3/4,3/4,0),即第一布里渊区边界与〈110〉倒易矢量的交点。

利用这些特殊点可以在倒易空间中很方便地描述具有金刚石结构和具有闪锌矿结构的半导体能带之特征。

2. n 型和 p 型半导体

当向半导体中引入与半导体元素原子价不同的代位式杂质时,半导体的性质、载流子的类型和密度等均要发生较大的变化。半导体的人工掺杂已经成为设计半导体性质和制备半导体器件的重要方法。半导体掺杂工艺主要有扩散和离子注入等方法。当向半导体中掺杂高价杂质时,杂质原子提供的价电子数目多于半导体原子,多余的价电子很容易进入导带而成为电子载流子,半导体的电导率也随之增加,这种提供多余价电子的掺杂称为施主掺杂。当向半导体中掺杂低价杂质时,杂质原子提供的价电子数目少于半导体原子,很容易在价带中形成空穴,半导体的电导率同样

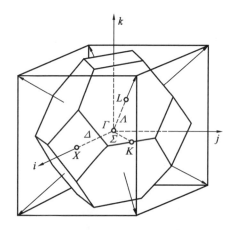

图 1.2 面心立方晶体的第一布里渊区示意图

随之增加,这种掺杂称之为受主掺杂。施主掺杂的半导体称为 n 型半导体,受主掺杂的半导体称为 p 型半导体。硅是一种极为重要的半导体材料,在电子技术中占有重要地位。这里我们以 Si 为例讨论半导体的施主掺杂和受主掺杂。

首先分析施主掺杂。Ⅴ族元素原子未满壳层有 5 个价电子,可以同 Si 形成代位式固溶体,为此可以作为 Si 半导体施主掺杂的元素。这里以 Si 中掺 P 为例,讨论半导体的施主掺杂。图 1.3 为 Si 中掺 P 后的共价网络示意图。注意,Si 的晶体结构是立体的,这里的平面图只是示意而已。从图中可以发现,每个 Si 原子与周围 4 个 Si 原子形成 4 个共价键。当 P 原子取代 Si 原子后,P 原子的 5 个价电子中 4 个价电子同周围 Si 原子形成 4 个共价键外,尚有一个"多余的"价电子,在图 1.3 中用 ⊙ 表示。由于 P 为 +5 价,当 P 同其周围的 4 个 Si 原子形成 4 个共价键以后,相当于带 1 个正电荷的离子,记为 P^+。所以,这个多余的价电子同 P^+ 存在库仑吸

引作用,可以形成一个相对稳定的束缚态。这个束缚态使 P 原子提供的多余价电子做局域化运动,不能直接参与导电。但是,由于受到 P^+ 周围共价键上电子的屏蔽作用,两者的库仑吸引作用很弱,相应的束缚态也非常不稳定,电子⊙很容易从这个弱的束缚态中电离出来。由于 Si 的价带已经全部填满,电离出来的电子⊙只能填充在导带底部,而成为电子载流子。由于 Si 中掺 P 以后可以更容易地提供电子载流子,称这种掺杂为施主掺杂,称上述的束缚态能级为施主能级,一般用 E_d 表示。

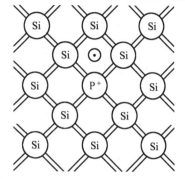

图 1.3 Si 中掺 P 后的共价网络示意图

由于电子施主能级跃迁至导带远比电子从价带跃迁至导带的本征跃迁容易,所以向 Si 中进行施主掺杂以后,可以显著提高半导体的电导率。一般称未被电离的施主为中性施主,反之则称为电离施主。由上面的分析可知,施主能级一定在导带底能级的下方,且由于中性施主离子和电子之间的束缚态很弱,通常施主能级 E_d 靠近导带底的能级 E_c,如图 1.4 所示。可以用类氢原子模型,近似计算施主能级。由量子力学可知,氢原子的势能函数为 $-e^2/(4\pi\varepsilon_0 r)$,能级为

$$E_H = -\frac{E_0}{n^2} \qquad n = 1,2,3,\cdots \tag{1.1}$$

式中 E_0——氢原子基态的电离能,$E_0 = 13.6$ eV。

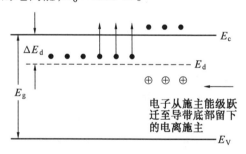

图 1.4 施主能级和施主电离示意图

由于施主能级的束缚态中电子同离子之间的库仑相互作用实际上受到了共价电子的严重屏蔽,作为一种近似处理方法,可以假设施主提供的多余电子是在相对介电常数为 ε_r 的介质中运动,此时势能函数 V_d 可以表示为

$$V_d = -\frac{e^2}{4\pi\varepsilon_r\varepsilon_0 r^2} \tag{1.2}$$

这样,就可以将施主的束缚态近似理解成有效质量为 m_e^*、位能函数如式(1.2)所示的类氢离子。由于施主的束缚态很弱,只有基态是稳定的,注意到施主电离以后电子要填充在导带底附

近,所以容易得到

$$E_c - E_d = \frac{m_e^*}{m_e} \frac{E_0}{\varepsilon_r} \quad (1.3)$$

式中 m_e——氢原子中电子在质心坐标系中的有效质量(由于电子的惯性质量远小于质子的惯性质量,所以可以用电子的惯性质量 m_0 代替 m_e)。

对于施主掺杂的半导体而言,电子很容易从施主能级跃迁至导带(施主电离,图1.4),所以施主掺杂半导体的主要载流子是导带上的电子(有时称为多数载流子或多子),而价带顶部的空穴则是少数载流子(有时称为少子),称这类半导体为 n 型半导体。

下面以 Si 中掺 B 为例分析半导体的受主掺杂。第Ⅲ主族的元素 B、Al、Ga、In 均为 3 价,小于 Si 的原子价,且它们均可与 Si 形成代位式固溶体,所以,向 Si 中掺杂第Ⅲ主族元素杂质可以实现受主掺杂。图 1.5 为 Si 中掺 B 后的共价键网络示意图。由于每个 B 原子只能提供 3 个价电子,若 B 原子同周围的 4 个 Si 原子全部形成共价键时,必然在其它某个键上存在一个电子空位,这个空位相当于一个带正电荷的粒子,图 1.5 中用

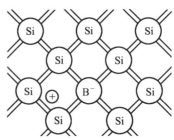

图 1.5 Si 中掺 B 后的共价键网络示意图

⊕表示。这个空位如果在 Si 中是非局域化的,那么它一定是在价带的顶部,所以粒子⊕实际上就是前面讨论过的空穴。

当 B 与其相邻的 Si 原子均形成共价键以后,B 实际上相当一个带负电的离子,用 B⁻ 表示。这样,空穴⊕就与 B⁻ 离子之间存在一种比较弱的库仑相互作用,可以形成一个比较弱的束缚态。该束缚态能级称为受主能级,用 E_a 表示。受主的中性态(即束缚态)意味空穴占据了能级 E_a,其电离态是空穴跃迁至价带顶部,相当于电子从价带顶部跃迁至能级 E_a,所以,E_a 略高于价带顶能级 E_V。图 1.6 为受主能级及受主电离示意图。

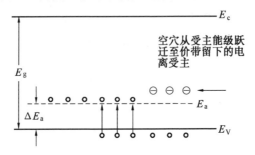

图 1.6 受主能级及受主电离示意图

类似于施主能级的讨论,可以用类氢原子模型近似计算受主能级,即

第一章 半导体材料

$$\Delta E_a = E_a - E_V = \frac{m_h^*}{m_e}\frac{E_0}{\varepsilon_r} \tag{1.4}$$

式中　m_h^*——空穴的有效质量。

由于电子从价带顶部跃迁至受主能级(在价带顶附近留下空穴)非常容易,所以,对半导体进行受主掺杂同样会有效提高半导体的电导率。在受主半导体中,主要载流子是价带顶附近的空穴,而导带底附近的电子是少数载流子,受主掺杂的半导体称为 p 型半导体。

以上介绍的两种掺杂杂质能级距导带或价带都比较近,一般称这类杂质为浅能级杂质。有些杂质的杂质能级距离导带或价带比较远,称这种杂质为深能级杂质。有些掺杂既可以提供施主,也可以提供受主。在后面介绍不同半导体时再叙述这些杂质。

3. 半导体中的载流子分布

(1) 热平衡载流子的统计分布

首先来分析导带上电子载流子的统计分布。由费密-狄拉克(Fermi-Dirac)统计分布函数可知,温度 T 下,导带上的电子数 $N(T)$ 为

$$N(T) = \int_{E_c}^{E_t} f(E) g_c(E) \mathrm{d}E \tag{1.5}$$

式中　E_t——导带顶的能量;
　　　$g_c(E)$——导带上的态密度;
　　　$f(E)$——费密-狄拉克分布函数。

$$f(E) = \frac{1}{1 + \exp\left(\dfrac{E - E_F}{k_B T}\right)} \tag{1.6}$$

式中　E_F——费密能级(实际上是电子的化学位);
　　　k_B——玻耳兹曼(Boltzman)常数。

在一般温度下,导带上的电子主要集中分布在导带底部,可以对上述问题进行适当简化处理。首先,式(1.5)的积分上下限可以改为 $0 \sim \infty$;其次,在导带底部,可以将等能面看成在 k 空间中是各向同性的,这样导带的态密度可以通过自由电子的态密度[1]得到,将电子质量换成电子的有效质量稍加修改,即可得到

$$g_c(E) = \frac{V}{2\pi^2}\left(\frac{2m_e^*}{\hbar^2}\right)^{3/2}(E - E_c)^{1/2} \tag{1.7}$$

还可以得到

$$n = \frac{2N_c}{\sqrt{\pi}}F(x_F) \tag{1.8}$$

式中　n——导带上的电子浓度;
　　　$F(x_F)$——费密积分;

N_c——导带上的等效电子密度。

$$F(x_F) = \int_0^\infty \frac{\sqrt{x}}{1+\exp(x-x_F)}dx$$

$$x_F = \frac{E_F - E_c}{k_B T}$$

$$N_c = 2\left(\frac{m_e^* k_B T}{2\pi \hbar^2}\right)^{3/2}$$

对于导带是非简并的情况,如果 $E_c - E_F \gg k_B T$,导带上的电子密度可以近似用玻耳兹曼统计分布率表示为

$$n = N_c \exp\frac{-(E_c - E_F)}{k_B T} \tag{1.9}$$

利用同样的方法,注意到空穴的统计分布为 $1-f(E)$,可以得到价带上空穴的密度

$$p = N_V \frac{2}{\sqrt{\pi}} F\left(\frac{E_V - E_F}{k_B T}\right)$$

$$N_V = 2\left(\frac{m_h^* k_B T}{2\pi \hbar^2}\right)^{3/2} \tag{1.10}$$

式中 N_V——空穴的等效密度。

同样,对于价带是非简并的情况,若 $E_F - E_V \gg k_B T$,有

$$p = N_V \exp\frac{-(E_F - E_V)}{k_B T} \tag{1.11}$$

由式(1.9)和式(1.11)可以得到

$$np = N_c N_V \exp\frac{-(E_c - E_V)}{k_B T} = N_c N_V \exp\frac{-E_g}{k_B T} \tag{1.12}$$

式中 E_g——半导体的禁带宽度,$E_g = E_c - E_V$。

式(1.12)表明,对于一个给定的半导体,导带上电子浓度与价带上空穴浓度的乘积为常数,仅仅取决于半导体的禁带宽度。式(1.12)常被称为质量作用定律(mass action law)。

应当指出,以上讨论适用于平衡载流子的情况。除此之外,在推导过程中并未对载流子的来源做任何限制,所以,以上结论对本征半导体和杂质半导体都是适用的。

(2) 本征半导体的热平衡载流子分布

对于本征半导体而言,导带上的电子全部来源于价带上电子向导带的本征激发,导带上的电子浓度与价带上的空穴浓度必然相等,令其为 n_i,即

$$n = p = n_i \tag{1.13}$$

利用式(1.12)可以得到

$$n_i = (N_c N_V)^{1/2} \exp\frac{-E_g}{2k_B T} \tag{1.14}$$

利用式(1.8)~(1.11)可以得到本征半导体费密能级与温度的关系

$$E_F = \frac{E_c + E_V}{2} + \frac{3}{4} k_B T \ln\left(\frac{m_h^*}{m_e}\right) \quad (1.15)$$

当 $T = 0$ K 时，费密能级 E_F 为

$$E_F = \frac{1}{2}(E_c + E_V) \quad (1.16)$$

以上两式表明，绝对零度下的费密能位于禁带中央，随着温度的升高，费密能级逐渐增加。上面给出的是整个导带或价带上的载流子浓度。载流子在能带中不同能级的分布实际是由态密度和费密-狄拉克分布函数共同决定的。由式(1.7)可知，态密度在价带顶或导带底为零，而后随着能量离开价带顶或导带底逐渐增加，如图1.7(a)所示；而费密-狄拉克分布函数则如图1.7(b)所示；最终载流子在能带上的分布如图1.7(c)所示。

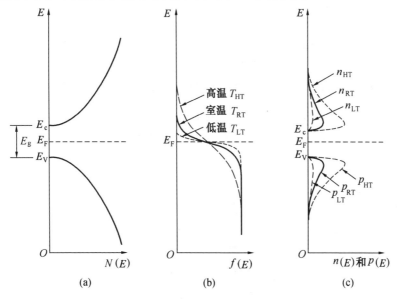

图1.7　温度对本征半导体载流子密度在能带中的分布的影响

禁带宽度不仅对载流子的浓度有重要影响，而且对能带上载流子的分布同样有重要影响。图1.8为禁带宽度对本征半导体载流子密度在能带中的分布的影响。从图中可以看出，载流子在不同能级上的分布实际上是由态密度和费密分布函数共同决定的。由图1.8(c)可以看出，能隙越窄，空穴载流子越集中分布在价带顶部附近，电子越集中分布在导带底部附近。

(3) 杂质半导体的热平衡载流子分布

杂质半导体的载流子浓度来自于本征激发和杂质电离两个部分。这里我们着重分析n型半导体的情形，对于p型半导体，只给出结论，其具体过程读者可以根据n型半导体的情况自行推证。

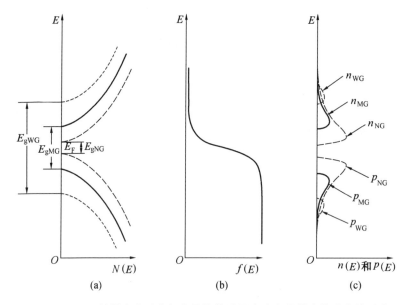

图1.8 禁带宽度对本征半导体载流子密度在能带中的分布的影响

对于 n 型半导体,着重分析导带上电子载流子的浓度,价带上空穴的载流子浓度仍然由以上分析给出。由于导带上的电子载流子的浓度是本征激发和施主电离两者共同贡献的,所以可得电中性方程

$$n = N_d^+ + p \tag{1.17}$$

式中　N_d^+——电离施主的浓度;

　　　p——价带上空穴的浓度。

N_d^+ 实际上等于施主浓度与被电子占据(未被电离)的施主浓度的差,则利用费密-狄拉克分布可以得到

$$N_d^+ = N_d \left[1 - \frac{1}{1 + \frac{1}{\beta} \exp \frac{E_d - E_F}{k_B T}} \right] \tag{1.18}$$

式中　N_d——施主浓度。

式(1.18)是在费密-狄拉克分布函数中引入了一个因子 β,一般情况下,$\beta = 1/2$。引入因子 β 的原因是基于以下理由。虽然杂质能级可由自旋相反的两个电子占据,但是施主能级的束缚能很小,当两个电子同时占据同一施主能级时,电子间的库仑排斥作用使杂质能级的束缚态极为不稳定,所以取 $\beta = 1/2$。由式(1.18)可以得到

$$N_d^+ = \frac{N_d}{1 + 2\exp\dfrac{E_F - E_d}{k_B T}} \tag{1.19}$$

因为在式(1.8)~(1.11)的推导过程中,并未对载流子的来源做具体限制,所以结合前述结论,由电中性方程(1.17)可知,在温度不是太高时,近似有

$$N_c \exp\left(-\frac{E_c - E_F}{k_B T}\right) = \frac{N_d}{1 + 2\exp\dfrac{E_F - E_d}{k_B T}} + N_V \exp\left(-\frac{E_F - E_V}{k_B T}\right) \tag{1.20}$$

式(1.20)中惟一的未知变量是费密能级 E_F,所以可以求出各种给定温度下的 E_F 值。一旦求出费密能级,就可以利用式(1.9)求出导带上电子载流子的浓度。一般情况下,式(1.20)没有解析解,只能给出数值解。图1.9所示为 Si 中费密能级与温度和杂质浓度的关系。

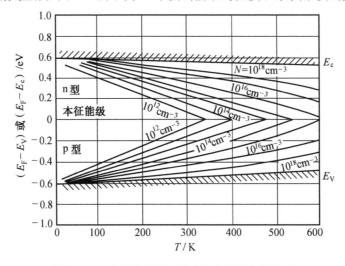

图 1.9 Si 中费密能级与温度和杂质浓度的关系

当温度很低时,式(1.20)中最后一项可以忽略,于是近似得到

$$E_F = \frac{1}{2}(E_c + E_d) + \frac{1}{2} k_B T \ln\left(\frac{N_d}{2N_c}\right) \tag{1.21}$$

当 $T = 0$ K 时,费密能级位于导带底和施主能级的中央,随着温度的增加,费密能级逐渐增加。

对于 p 型半导体,价带中的空穴浓度来自于本征跃迁和受主电离两部分,电中性可以写做

$$p = N_a^- + n \tag{1.22}$$

式中 p——价带中空穴的浓度;
N_a^-——电离受主的浓度;
n——导带中电子载流子的浓度。

利用与 n 型半导体相似的方法可以计算 p 型半导体的费密能级,进而利用式(1.11)计算 p 型半导体中价带上的电子浓度。p 型半导体中的费密能级与温度及杂质浓度的关系也示于图 1.9 中。

(4) 非平衡载流子

当半导体承受外界作用时,除热平衡载流子以外,还将产生非平衡载流子。例如,在光照和电场的作用下,都将在半导体中引入非平衡载流子。p－n 结工作就与非平衡载流子的注入和抽取有关。这里主要介绍用光照射半导体时产生非平衡载流子及载流子的复合过程。

若用光子能量大于禁带宽度的光照射半导体时,价带中的电子就可以跃迁至导带,形成非平衡载流子,此时导带上的电子载流子和价带上的空穴载流子的浓度为

$$\left.\begin{array}{l} n = n_0 + \Delta n \\ p = p_0 + \Delta p \end{array}\right\} \tag{1.23}$$

式中 n_0 和 p_0——热平衡电子和空穴载流子的浓度。

在上述过程中,光照在导带上产生的电子必然同价带上所留下的空穴相等,所以有

$$\Delta n = \Delta p \tag{1.24}$$

很显然,非平衡载流子的产生使载流子的浓度增加,半导体的电导率也相应随之增加。例如,实验发现,当用合适的光照射半导体时,半导体的电导率增加,一般称这部分增加的电导率为光电导,利用这一现象可以制成光敏元件。

当停止光照时,导带上的非平衡电子载流子就要向价带跃迁,称这一过程为复合过程。实验证实,复合过程不能在光照停止以后瞬间完成,表明非平衡载流子有一定的寿命。非平衡载流子的复合过程一般可以分为直接复合和间接复合两种过程。

直接复合过程是指电子直接从导带跃迁至价带的过程。这一过程是本征半导体中最重要的复合过程。

间接复合过程是指导带上的非平衡电子载流子首先跃迁到导带和价带之间的某个能级,然后再跃迁至价带。如前所述,半导体掺杂以后,就会在禁带中引入杂质能级,表面和晶体缺陷也可以引入附加能级,从而贡献于非平衡载流子的间接复合过程。

二、半导体的电学性质

1. 载流子的漂移运动及电导率

在外电场的作用下,半导体中的载流子就要受到电场力的作用,从而获得一定向的漂移速度。电子的漂移方向与电场的方向相反,空穴的漂移方向与电场方向相同,从而在半导体中形成电流,如图 1.10 所示。无疑可以认为半导体的电导率是电子和空穴电导率之和。

半导体中载流子的定向漂移运动是载流子在外电场的作用下被加速而获得的,由于各种各样的散射作用,载流子的加速运动不能无限制地进行,所以,当温度一定时,在一定的电场强度 E 下,载流子的定向漂移运动的平均速度为一常数,且有

$$\overline{v_e} = -\mu_e E$$
$$\overline{v_h} = \mu_h E \qquad (1.25)$$

式中 $\overline{v_e}$ 和 $\overline{v_h}$ ——电子和空穴的平均定向漂移速度；

μ_e 和 μ_h ——电子和空穴的迁移率（$m^2 \cdot (V \cdot s)^{-1}$）。

电子和空穴的迁移率并不相等，在一般情况下，电子迁移率要比空穴迁移率大。

如果载流子的电荷为 e，浓度为 ρ，则依据电流密度的定义，可知电流密度 J 为

$$J = \rho e v \qquad (1.26)$$

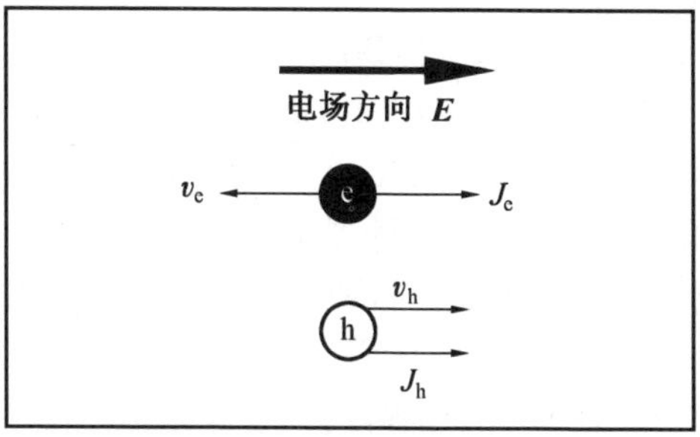

由于半导体的电流密度是电子载流子和空穴载流子共同贡献的，所以半导体的电流密度为

$$J = J_e + J_h = (ne\mu_e + pe\mu_h)E \qquad (1.27)$$

式中 J_e 和 J_h ——电子载流子和空穴载流子的电流密度；

n 和 p ——电子和空穴的浓度。

由微分欧姆定律 $J = \sigma E$ 可得，半导体的电导率为

$$\sigma = (ne\mu_e + pe\mu_p) \qquad (1.28)$$

图 1.10 半导体中电子和空穴的定向漂移运动和电流示意图

对于 n 型半导体，半导体电导率主要以电子的电导率为主；p 型半导体的电导率则以空穴的电导率为主；对于本征半导体而言，电子载流子的浓度与空穴载流子的浓度相等，$n = p = n_i$，电子和空穴载流子对电导率的贡献均是不能忽略的，此时

$$\sigma_i = n_i e(\mu_e + \mu_h)$$

2. 电导率的主要影响因素

由式(1.28)可以看出，半导体的电导率是由载流子的浓度和载流子的迁移率共同决定的，所以分析半导体的电导率或电阻率（电导率的倒数）需从载流子浓度和载流子的迁移率两个方面去考虑。

（1）载流子的浓度

由上述分析可知，对于本征半导体来说，载流子的浓度仅与温度有关，当温度增加时本征半导体的载流子浓度因本征激发而增加。对于杂质半导体而言，载流子的浓度由半导体的掺杂浓度和温度共同决定。对于一定掺杂浓度的半导体而言，温度对载流子浓度有很大的影响，图 1.11 为典型的杂质半导体载流子浓度与温度的关系曲线。图中 AB 区间内，载流子浓度随温度的升高

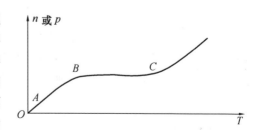

图 1.11 半导体载流子浓度与温度的关系曲线

而增加,对应于杂质(施主或受主)电离,随温度的升高,电离杂质的浓度逐渐增加,所以载流子的浓度也随之增加。当杂质全部电离而本征激发又很弱时,半导体内载流子的浓度几乎不随温度变化而变化,此时对应于图 1.11 中 BC 段的情况。当温度高于点 C 以后,半导体的本征激发随温度升高而越来越强烈,与之对应,半导体的载流子浓度随温度的升高而增加。

上面仅仅分析了半导体载流子浓度与温度关系的一般规律,不同半导体各个温度区间的范围也不尽相同。对于特定的半导体,其载流子浓度与温度的关系应当按载流子的统计分布规律做具体计算。

(2) 载流子的散射

载流子在电场的作用下的定向漂移运动受两个因素制约:一是载流子在电场作用下的加速运动;另一个是载流子所受到的各种散射作用,这种散射运动改变电子的运动方向,使电子的加速运动受到限制,当两者达到平衡时,载流子获得了一个不变的平均定向漂移速度。若载流子受到两次散射的平均时间间隔为 τ(称为弛豫时间),那么,从半经典力学的观点可以得出

$$e|\boldsymbol{E}|\tau = m^* \bar{v} \tag{1.29}$$

式中 $\boldsymbol{E}$——电场强度;

e——载流子电荷;

m^*——载流子的有效质量;

$\bar{v}$——载流子的平均定向漂移速度。

结合式(1.25)可以得到,载流子的迁移率可以表示为

$$\mu = \frac{e\tau}{m^*} \tag{1.30}$$

式(1.30)对电子载流子和空穴载流子都是正确的。可见,当载流子的有效质量(取决于能带的形状)一定时,弛豫时间 τ 是影响载流子迁移率最重要的因素。由弛豫时间的定义可知,弛豫时间是由载流子所受的散射概率决定的,散射概率越大,载流子的迁移率就越小。散射概率一般定义为单位时间内载流子所受到的散射的次数。可以证明[2],对于某一种散射机制而言,弛豫时间 τ 和散射概率 P 的关系为

$$\tau = \frac{1}{P} \tag{1.31}$$

在半导体中,载流子所受的散射主要有两种:一种是电离杂质对载流子的散射;一种是晶格振动引起的载流子散射。另外,由于晶体缺陷,合金元素也可能引起载流子的散射。一般情况下,各种散射机制同时起作用,则总的散射概率为

$$P = \sum_i P_i \tag{1.32}$$

则总的弛豫时间为

$$\frac{1}{\tau} = \sum_i \frac{1}{\tau_i} \tag{1.33}$$

式中 τ_i——第 i 种散射的弛豫时间。

那么,载流子的迁移率可以表示为

$$\frac{1}{\mu} = \sum_i \frac{1}{\mu_i} \tag{1.34}$$

式中 μ_i——第 i 种散射机制决定的载流子迁移率。

应当指出,在上面的讨论中没有对载流子的种类进行任何限制,所以,上面给出的公式对电子载流子和空穴载流子都是正确的。

电离杂质对载流子的散射机制如图 1.12 所示。当施主或受主杂质电离以后,杂质原子就成了带正电或带负电的杂质。当载流子运动到电离杂质附近时,就会受到电离杂质的散射,这种散射机制与卢瑟福(Rutherford)散射机制十分类似,所以有时也称这种散射为电离杂质的卢瑟福散射。可以证明,电离杂质的弛豫时间和载流子迁移率的关系为

$$\mu_i \propto \tau_i \propto N_i^{-1} T^{3/2} \tag{1.35}$$

式中 N_i——电离杂质的浓度。

图 1.12 电离杂质对载流子的散射机制示意图
⊖—电子;⊕—空穴

晶格振动对载流子的散射作用[3]比较复杂,声学波振动和光学波振动对载流子的散射作用也不相同。对于声学波振动,其关系为

$$\mu_s \propto \tau_s \propto T^{-3/2} \tag{1.36}$$

对于光学波振动而言,只有纵光学波振动对载流子的散射作用才是主要的,一般关系为

$$\mu_0 \propto \tau_0 \propto \left[\exp\left(\frac{\hbar \omega_l}{k_B T}\right) - 1\right] \tag{1.37}$$

式中 ω_l——纵光学波格波的角频率。

(3) 电阻率与温度的关系

电阻率是半导体的重要性质之一。从以上的分析可以发现,半导体的电阻率不仅受到载流子浓度的影响,同时还要受到半导体中载流子散射的影响。对于本征半导体而言,由于没有电离杂质的散射作用,载流子的浓度也仅仅由本征激发所决定。当温度升高时,本征激发急剧增加,载流子的浓度也迅速增加。一般情况下,本征半导体的电阻率随温度的升高而单调下降。

对于杂质半导体而言,载流子的浓度不仅由本征激发提供,杂质电离同样会引起载流子浓度的增加。另一方面,电离后的施主或受主还将成为载流子的有效散射中心。所以,杂质半导体的电阻率与温度的关系比较复杂。图 1.13 示意性地给出了杂质半导体的电阻率与温度的关系。图中 AB 温度区间(与图1.11中的 AB 区间对应)温度比较低,本征激发概率很低,载流子的浓度主要由杂质电离所提供,此时,载流子的散射概率因温

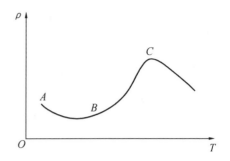

图 1.13 杂质半导体电阻率与温度的关系

度比较低而较弱,所以半导体的电阻率(ρ)随温度的升高而有所降低。图中 BC 温度区间(与图 1.11 中的 BC 区间对应)杂质基本电离,而本征激发仍然比较少,载流子的浓度基本几乎不随温度的升高而增加。但是在此温度区间,载流子的散射作用比较强,且随温度的升高而增加,所以在此温度区间,半导体的电阻率随温度升高而增加。当温度高于点 C 以后,本征激发越来越强烈,载流子的浓度随温度升高而增加,载流子的浓度成了控制半导体电阻率的主要因素,最终表现出电阻率随温度的升高而下降。

三、半导体的光电性质

1. 光吸收

光在许多介质中传播时都要发生强度衰减现象,这种光强度的衰减现象是由介质对光的吸收造成的。在一定的波长范围内,半导体通常有强烈的光吸收现象,其吸收系数可达 10^5cm^{-1}。从物理机制上讲,半导体中引起强烈的光吸收是由于电子从较低能级跃迁到较高能级造成的。下面分析半导体中主要的光吸收机制。

(1) 本征吸收

半导体价带上的电子吸收光子的能量以后跃迁至导带所引起的光吸收称为本征吸收。本征吸收的条件是入射光子的能量不小于半导体的禁带宽度,即

$$\hbar\omega \geq E_g \tag{1.38}$$

式中　ω——入射光的角频率。

一般称 $\omega_0 = E_g/\hbar$ 或 $\lambda_0 = hc/E_g$ 为半导体的本征吸收限。当入射光的频率小于 ω_0,或波长大于 λ_0 时,本征吸收不能发生。当入射光的频率高于吸收限后,随光的频率的增加或波长的减小,本征吸收迅速增强,图 1.14 为在 5 K 温度下 InSb 的吸收系数与光子能量的关系曲线。曲线在 x 轴上的截距为该种半导体的带隙。

半导体的本征光吸收是由价带上的电子跃迁至导带造成的。这种跃迁可以分为直接跃迁和间接跃迁两种。图 1.15 为直接跃迁引起光的本征吸收的示意图。在直接跃迁中,仅涉及入射光子和跃迁电子之间的相互作用。我们知道,虽然 $\hbar k$ 不是电子的真实动量,但是,当描述

电子在外部作用下的动量变化时,可以看做是 $\hbar \boldsymbol{k}$ 的变化。在电子跃迁过程中,不仅要满足能量守恒条件,还要满足动量守恒条件,这是量子力学的结论。所以,在直接跃迁过程中必然满足以下条件

$$E_f - E_i = \hbar \omega \tag{1.39}$$

$$\hbar \boldsymbol{k}_f - \hbar \boldsymbol{k}_i = \hbar \boldsymbol{k}_p \tag{1.40}$$

式中　E_i 和 E_f——跃迁前电子在价带上和跃迁后在导带上的能量;
　　　$\boldsymbol{k}_i$ 和 $\boldsymbol{k}_f$——跃迁前电子在价带上和跃迁后在导带上的波矢;
　　　$\boldsymbol{k}_p$——光子的波矢。

由于光子的动量与电子的准动量相比非常小,可以忽略,所以式(1.40)可以简化为

$$\boldsymbol{k}_f - \boldsymbol{k}_i = 0 \tag{1.41}$$

也就是说,在直接跃迁过程中,电子的波矢不发生变化,这是动量守恒的必然结果。直接跃迁如图 1.15 所示。

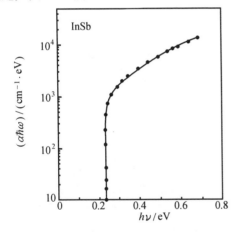

图 1.14　在 5 K 温度下 InSb 的吸收系数与光子能量的关系曲线

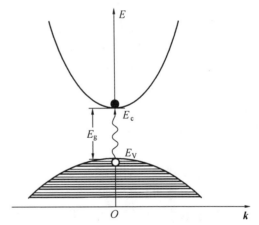

图 1.15　直接跃迁引起光的本征吸收的示意图

间接跃迁如图 1.16 所示,间接跃迁一般发生在间接带隙半导体中。在间接跃迁过程中,电子在跃迁前后波矢不相等,也就是说,电子从价带跃迁至导带时不仅能量发生了变化,而且动量也发生了变化。电子能量发生了变化是吸收光子造成的。但由于光子的动量很小,所以电子在跃迁过程中动量发生变化必然有其它作用参与才能实现,否则动量守恒条件就会被破坏。分析表明,电子的间接跃迁过程中涉及声子的产生或吸收过程,电子的动量变化是由于声子的动量提供的。这样,间接跃迁的能量和动量守恒条件可以表示为

$$E_f - E_i = \hbar \omega \pm \hbar \omega_q \tag{1.42}$$

$$\hbar \boldsymbol{k}_f - \hbar \boldsymbol{k}_i = \hbar \boldsymbol{q}$$

式中 ω_q——声子的频率;
q——声子的波矢。

一般说来,当光子的能量足够大时,直接跃迁和间接跃迁都可能发生,但直接跃迁的概率要比间接跃迁大很多。这主要是因为间接跃迁不仅涉及电子和光子的相互作用,还涉及电子和声子的相互作用。

(2) 激子吸收

如果光子的能量小于禁带宽度,价带上的电子吸收了光子能量以后不足以跃迁至导带,但是,这个离开价带上的带负电电子可以同留在价带上的带正电的空穴形成一个较弱的束缚态,这个由电子-空穴对组成的束缚态称为激子。激子的能级可以用类氢原子模型予以近似计算。将价带上的电子跃迁至激子束缚态所引起的光吸收称为激子吸收。显然激子的束缚态能级位于禁带中。激子的吸收机制如图 1.17 所示。激子的束缚能量很小,很不稳定,只有在低温测量半导体的吸收曲线时,才可以观察到激子吸收峰。

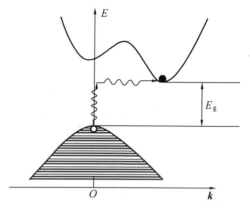

图 1.16 间接跃迁引起光的本征吸收示意图

(3) 杂质吸收

束缚在杂质能级上的电子和空穴,发生跃迁所引起的光吸收称为杂质吸收。杂质吸收可以是施主上的电子获得光子能量跃迁至导带引起的;也可以是受主上的空穴获得光子的能量跃迁至价带引起的。对于浅能级杂质半导体而言,杂质吸收所对应的光子能量很低(波长很长),一般在远红外区。杂质吸收机制如图 1.17 所示。

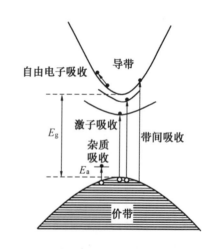

图 1.17 半导体的各种光吸收机制示意图

(4) 自由载流子吸收

由固体物理的知识可以知道,在一个能带中,电子的能级也是分离的,只不过是能级间隔很小而已。价带上的空穴或导带上的电子可以在其所在能带的能级间发生跃迁,从而产生光吸收,这种光吸收为自由载流子光吸收。由于能带内的能级间隔非常小,所以自由载流子的光吸收谱基本上是连续的,而且其光吸收主要集中在长波波段。导带上自由电子载流子引起光吸收机制如图 1.17 所示。

(5) 声子吸收

声子吸收也称晶格振动吸收。当光照射到半导体上时,光子可以转化成晶格振动的能量,从而引起光吸收。由于晶格振动可以用声子加以描述,所以晶格振动引起的光吸收也称声子吸收。

由上述分析可知,半导体的各种吸收机制所对应的光子能量是不同的。利用这一现象可以扩大半导体光吸收的波长范围或频率范围,图 1.18 是半导体吸收光谱的示意图[4],图中示意性地给出了各种吸收机制所对应的波长范围。

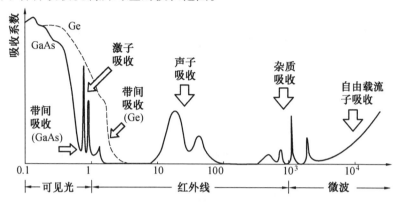

图 1.18 半导体吸收光谱示意图

2. 光电导

在上述半导体光吸收机制中,除声子吸收机制以外,都将产生额外的载流子,由于半导体的电导率与载流子的浓度成正比,所以光照可以引起半导体电导率的增加,这部分增加的电导率一般称之为光电导。在没有光照的情况下,半导体的电导率为

$$\sigma_0 = e(n_0\mu_e + p_0\mu_h) \tag{1.43}$$

式中 n_0 和 p_0——没有光照时半导体中电子和空穴载流子的浓度。

当有光照射到半导体上以后,电子载流子和空穴载流子分别增加 Δn 和 Δp(一般称为光生载流子),则光电导为

$$\Delta\sigma = e(\Delta n\mu_e + \Delta p\mu_h) \tag{1.44}$$

对于本征激发引起的光电导,必然有 $\Delta n = \Delta p$,若令 $b = \mu_e/\mu_h$,进而有

$$\frac{\Delta\sigma}{\sigma} = \frac{(1+b)\Delta n}{bn_0 + p_0} \tag{1.45}$$

式(1.45)表达的实际上是光电导的灵敏度。应当指出,尽管光一直连续照射,光生载流子也不能连续不断地增加,因为,光生载流子是非平衡载流子,无论是光生电子载流子还是光生空穴载流子都具有一定的寿命,各种复合过程是不可避免的。当光电导达到稳态时,实际上光生载流子的产生过程和复合过程达到了动态平衡。对于本征光电导,如果光引起的单位体积内电子-空穴对的速率为 g,光生电子载流子和空穴载流子的寿命分别是 μ_e 和 μ_h,那么,$\Delta n = g\mu_e$,$\Delta p = g\mu_h$,则

$$\Delta\sigma = eg(\mu_e\tau_e + \mu_h\tau_h) \tag{1.46}$$

上面讨论的是本征光电导,实际上杂质吸收涉及杂质的电离过程,也要引起光电导。由于杂质能级比带隙要小,不能引起本征光电导的远红外光,却可以引起杂质光电导。另外,由于杂质的浓度一般很低,所以杂质光电导比本征光电导要弱得多,有时,只有在低温下才能检测到杂质光电导。

利用半导体的光电导,可以制造光电器件,图1.19是一种典型的光电器件的基本电路原理图。在只有本征光电导的情况下,如果不考虑图1.19中的端面效应,则图1.19所示的光电器件的光电流为[4]

$$\Delta I(\omega) = \frac{\Delta \sigma SV}{l} = eglS(\mu_e \tau_e + \mu_h \tau_h)\frac{V}{l^2} \tag{1.47}$$

式中 glS——整个样品体积内电子-空穴对的产生速率。

光电器件具有广泛的应用,例如,在玻璃衬底上蒸发PbS和PbSe多晶薄膜,可以制备本征型光电导器件,其检测精度高,可以在室温下使用,目前已经被广泛应用。

四、半导体的界面特性

当半导体与半导体、金属、电介质相互接触时,就会形成界面,这些界面因相互接触的固体的不同而表现出各种不同的物理特性,利用这些特性可以制备出各种各样的半导体器件。现在绝大部分半导体器件与以下4种接触相关,即p-n结、半导体-金属界面、半导体-电介质界面和半导体异质结。半导体界面特性是由界面或结区的能带结构决定的,这里着重介绍各种半导体界面的能带结构。

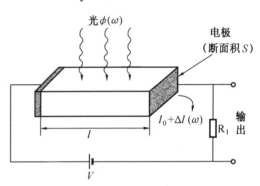

图1.19 一种典型的光电器件的基本电路原理

1. p-n结

由同一种本征半导体形成的p型半导体和n型半导体在晶格完全匹配的情况下相互接触就形成了p-n结。n型半导体的多数载流子是导带上的电子(称为多子),而少数载流子是价带上的空穴(称为少子);p型半导体的多子是价带上的空穴,而少子是导带上的电子。由前述讨论可知,n型半导体的费密能级高于p型半导体的费密能级,当两种半导体相互接触时,n型半导体中的电子就要向p型半导体中扩散,同样p型半导体中的空穴向n型半导体扩散。这种扩散不能无限进行下去,因为扩散的结果是在界面附近,n区和p区的电中性被破坏,在结区n型半导体一侧剩下了电离的施主,而在p型半导体一侧则留下了电离的受主,如图1.20所示。此时,

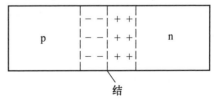

图1.20 p-n结的空间电荷区

在界面附近便形成了一个电场,其方向由 n 指向 p。这个电场是由于 p 和 n 型半导体的费密能级高度不同,由载流子的自发扩散形成的,所以称此电场为 p-n 结的自建电场。很显然自建电场将使电子由 p 到 n 和空穴由 n 到 p 做漂移运动。当载流子在自建电场作用下的漂移运动和载流子因费密能级不同的扩散运动达到动态平衡时,使在 p-n 结界面附近建立了平衡的空间电荷区。

下面分析 p-n 结的平衡能带结构。由杂质半导体的费密能级分析可知,n 型半导体的费密能级靠近导带底部,而 p 型半导体的费密能级靠近价带顶部,在接触前,二者的费密能级相差很大,如图 1.21(a)所示。接触后,随着 n 型半导体中电子载流子向 p 型半导体中扩散和 p 型半导体中空穴载流子向 n 型半导体中扩散,n 型半导体的费密能级逐渐降低,p 型半导体的费密能级逐渐升高,最后,两者的费密能级达到一致。由于费密能级实际上是电子的化学位,所以当两者的费密能级相同时,载流子扩散的动力消失了,最终形成了稳定的能带结构,如图 1.21(b)所示。

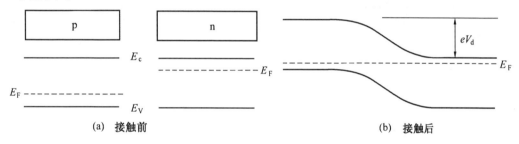

图 1.21　p-n 结接触前后的能带示意图

p-n 结平衡后,实际上在结区两端建立起了一个势垒(eV_d),如图 1.21(b)所示。可以证明,势垒的大小为

$$eV_d = k_B T \ln \frac{N_d N_a}{n_i^2} \tag{1.48}$$

将式(1.14)代入式(1.48),可以得到

$$eV_d = k_B T \ln \frac{N_d N_a}{N_c N_V} + E_g \tag{1.49}$$

可见,提高禁带宽度,或增加杂质浓度的乘积,均使 p-n 结势垒高度增加。

在外加电场的作用下,通过 p-n 结的电流取决于电子载流子能否由 n 区注入到 p 区,空穴载流子能否由 p 区注入到 n 区。当在 p-n 结两端施加正向偏压时,即 p 型半导体上的电势高于 n 型半导体上的电势,外加电场与自建电场方向相反,p-n 结势垒减小,p-n 结的空间电荷区变薄,如图 1.22(b)所示。由于外加电场降低了 p-n 结势垒,载流子的漂移运动和扩散运动之间的平衡被破坏,电子载流子从 n 区注入到 p 区,空穴从 p 区注入到 n 区;由于电子载流子在 p 区以及空穴在 n 区均为少子,所以这一现象称为少子注入。在正向偏压的情况下,电子载流子可以源源不断地从n区扩散至p区,空穴也可以从p区源源不断地扩散至n区,p-n结处于正向导通状态。

当p-n结两端施加反向偏压时,即n型半导体的电势高于p型半导体的电势时,外加电场的方向与自建电场的方向相同,p-n结的空间电荷区增厚,如图1.22(c)所示。此时,载流子的扩散运动被限制,载流子只能在外电场的作用下做漂移运动。由外电场的方向可知,做漂移运动的载流子是空穴从n到p,而电子从p到n,由于空穴是n型半导体的少子,电子是p型半导体的少子,所以漂移电流很小,而且在一定电压下即可达到饱和。

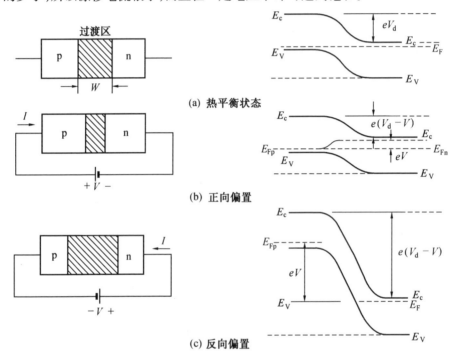

图1.22 偏压对p-n结空间电荷区及能带结构影响示意图

p-n结的直流电流-电压曲线(直流 $I-V$ 特性曲线)如图1.23所示。可以证明,p-n结的电流密度可以表示为

$$J = J_s \left[\exp\left(\frac{eV}{k_B T}\right) - 1 \right] \tag{1.50}$$

由图1.23可以发现,p-n结在正向偏压的情况下,电流随电压的增加急剧增加,即p-n结处于正向导通状态。当p-n结处于反向偏压时,电流密度很小,且随外加电压的增加迅速达到饱和,此时p-n结处于反向截止状态。图中反向偏压 V_B 是p-n结的击穿电压。

p-n结的上述整流特性具有极为重要的应用,利用p-n结制备的二极管是重要的半导体元件。在实际应用中,p-n结不能由两个半导体直接接触来实现,一般是通过向p型半导体做 n 型掺杂,或向 n 型半导体做 p 型掺杂来实现。

2. p-n 结的光生伏特效应

如果 p-n 结的一侧半导体很薄,例如,在 p 型半导体表面覆盖一层很薄的 n 型半导体,当光子的能量大于半导体的禁带宽度的光照射到 p-n 结上时,则可以产生伏特效应。这里简单分析 p-n 结光生伏特效应的原理。p-n 结的光生伏特效应的原理图如图 1.24 所示,图中被照射的一侧是很薄的 n 型半导体。由于 p-n 结很薄,光可以照射到结区,甚至是半导体的内部。由半导体的光吸收机制可以知道,当入射光光子

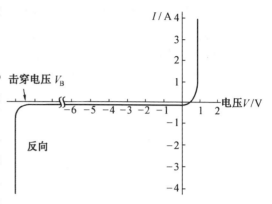

图 1.23 p-n 结的直流 $I-V$ 特性曲线

能量大于禁带宽度时,在 p-n 结两侧的半导体中要形成光生电子-空穴对。由于 p-n 结的自建电场是由 n 指向 p 的,在自建电场的作用下,由于光照而产生的非平衡载流子可以在复合以前穿过结区,即电子载流子从 p 区的导带被自建电场扫向 n 区的导带,而空穴从 n 区的价带被自建电场扫向 p 区的价带。此时,相当于 p 区为正电势,n 区为负电势,p-n 结处于正向偏压状态。在开路状态下,就会形成光生电动势,当有负载而形成回路时,就会有电流通过负载,只要光的照射不停,负载上就会有源源不断的电流,这就是 p-n 结的光生伏特效应。p-n 结的光生伏特效应的最常见的应用就是太阳能电池。

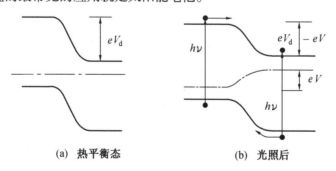

(a) 热平衡态   (b) 光照后

图 1.24 p-n 结光生伏特效应原理示意图

3. 半导体和金属界面

由于半导体费密能级和金属费密能级的不同,半导体和金属接触可以形成具有肖特基(Schottky)势垒的整流接触和没有整流作用的欧姆接触。这里以 n 型半导体和金属接触为例讨论这两种类型的接触。

若 n 型半导体和金属的功函数为 W_s 和 W_m,且 $W_m > W_s$,由于功函数是真空能级与费密能级电势差,当半导体和金属接触后,两者真空能级相同,所以金属的费密能级低于半导体的

费密能级。此时,n 型半导体中的电子载流子就会因费密能级比金属的高而向金属一侧扩散,使得界面附近 n 型半导体一侧留下了电离施主,随着电子扩散的进行,金属费密能级逐渐增高,半导体的费密能级逐渐下降,当两者的费密能级相等时,电子的扩散就停止了。由图 1.25 可以看出,热平衡后,界面处半导体的电势高于金属。势垒的高度为

$$eV_d = W_m - W_s \tag{1.51}$$

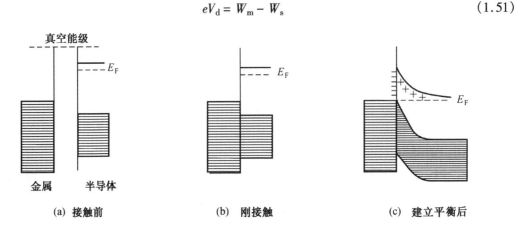

图 1.25 半导体 – 金属层流接触前后的能带结构

很明显,这种界面势垒可以起到与 p–n 结相似的整流作用。当外加电场的方向是由金属指向 n 型半导体时,即金属的电势高于 n 型半导体的电势,即是向肖特基势垒施加正向偏压。当肖特基势垒处于正向偏置时,n 型半导体中的多数载流子(电子)就会源源不断地注入金属中,形成正向导通电流。当对其施加反向偏压时,势垒高度增加,自由空穴从半导体一侧抽取至金属一侧,由于空穴是 n 型半导体的少数载流子,故只能形成很小的反向电流。所以,当半导体与金属接触形成肖特基势垒时,具有与 p–n 结相似的整流效应。

如 n 型半导体的功函数大于金属的功函数,即 $W_m < W_s$,金属的费密能级高于半导体的费密能级,金属和半导体接触后,金属中的自由电子就会扩散,这种扩散直至半导体和金属的费密能级相等为止。此种情况接触前后的能带结构如图 1.26 所示,图中可以发现,此时,没有势垒产生。从图 1.26 中可以看出,无论施加何种偏压,此时的半导体 – 金属界面都是导通的,故称这种半导体与金属接触为欧姆接触。

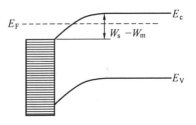

图 1.26 半导体欧姆接触前后的能带结构

金属和半导体接触究竟是整流接触(形成肖特基势垒)还是欧姆接触,取决于半导体和金属功函数的相对大小。表 1.1 给出了一些常见金属的功函数[4],如果知道了半导体的功函数,

就可以判定金属和半导体接触的物理特性。

表 1.1　一些常见金属的功函数

金属	测量值范围/eV	平均值/eV	金属	测量值范围/eV	平均值/eV
Mg	2.74～3.79	3.46	Cd	3.68～4.49	4.08
Al	2.98～4.36	4.20	Sn	3.12～4.64	4.11
Cu	3.85～5.61	4.47	Mo	4.08～4.48	4.28
Zn	3.08～4.65	3.86	Au	4.0～5.2	4.58
Ni	3.67～5.24	4.84	W	4.25～5.01	4.63
Ag	3.09～4.81	4.23	Pt	4.09～6.35	5.48

4. 半导体异质结

具有不同禁带宽度的半导体相互接触所形成的结称为异质结。异质结界面两侧的半导体的多数载流子(p 型半导体或 n 型半导体)可以相同,也可以不相同,一般分为同型异质结和反型异质结两种。例如,由 n 型 Ge 和 n 型 GaAs 所形成的异质结,即为同型异质结,记为 n－nGe－GaAs,或记为(n)Ge－(n)GaAs。p 型 Ge 与 p 型 GaAs 形成同型异质结,则记为 p－pGe－GaAs,或(p)Ge－(p)GaAs。常见的同型异质结有 n－nGe－Si、n－nGe－GaAs、n－nSi－GaAs、n－nGaAs－ZnSe、p－pSi－GaP、p－pPd－Ge 等。反型异质结就是一侧为 p 型半导体,一侧为 n 型半导体,其记法与同型异质结相似。常见的反型异质结有 p－nGe－Si、p－nSi－GaAs、p－nSi－ZnS、p－nGaAs－GaP、n－pGe－GaAs、n－pSi－GaP 等。

半导体异质结在能带结构上具有下面两个显著特点。

首先,由于界面两侧半导体的禁带宽度不同,导致能带上出现突变。图 1.27 示出了具有

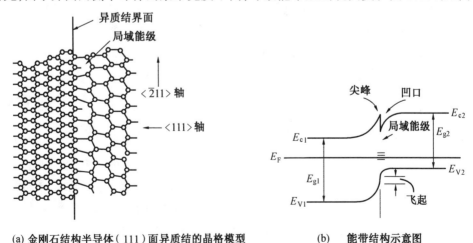

(a) 金刚石结构半导体(111)面异质结的晶格模型　　(b)　能带结构示意图

图 1.27　半导体异质结示意图

金刚石结构的两个半导体以(111)为界面所形成的异质结。从图中可以看出,在异质结达到热平衡以后,在导带上形成"尖峰"和"凹口"两种能带突变,而在价带上则形成了"飞起"这种能带突变。

其次,由于界面两侧半导体晶体结构、点阵常数、膨胀系数等的不同,在异质结界面或界面附近可能存在悬挂键、各种晶体缺陷和杂质浓度不均匀等缺陷,它们可以在异质结界面处形成局域能级。图1.27示出了由界面悬挂键形成的局域能级。

异质结除具有同p-n结相似的整流等作用以外,还具有许多独到的性能特点,例如,结区的能带"飞起"可以提高少数载流子的注入效率。对于同型异质结,如果禁带宽度合适,具有对多数载流子进行控制的整流作用。同时,异质结的"窗口"效应有重要的应用,例如,在图1.26中所示的能带结构中,光子可以通过宽禁带层(光子能量小于宽禁带能隙),而在窄禁带宽度一侧被吸收(光子能量大于窄禁带能隙),这一效应可以提高太阳能电池的效率。另外,半导体异质结在半导体激光器上有极为重要的应用。

5. MIS 结构

金属(Metal)-绝缘体(Insulator)-半导体(Semiconductor)结构称为 MIS 结构。如果绝缘体是氧化物(Oxide),则称为 MOS 结构,如图1.28所示。例如,在半导体 Si 上首先制备一定厚度的氧化硅层,然后再沉积一层金属,就构成了典型的 MOS 结构。MIS 结构或 MOS 结构是场效应晶体管的基础,也是现行超大规模集成电路的基础,因此,具有重要的理论意义和十分广泛的应用。这里以 p 型半导体为例讨论在外加电场作用下 MIS 结构界面的载流子分布特性。

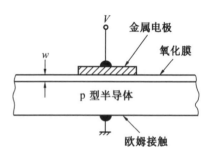

图1.28 MOS 结构示意图

为简单起见,这里仅讨论忽略界面态的理想情况。当对金属和半导体施加负电压时(金属的电势低于 p 型半导体的电势),在外电场的作用下,半导体的能带向下弯曲,如图1.29(a)所示。在外电场的作用下,p 型半导体价带上的空穴向界面处迁移,界面处形成空穴载流子的堆积。

当施加正电压时(金属的电势高于 p 型半导体的电势),在外电场的作用下,半导体的能带向上弯曲,界面处 p 型半导体价带上的空穴浓度远低于半导体内部的浓度,形成界面处的空穴耗尽层,如图1.29(b)所示。当正电压继续增加时,p 型半导体导带上的少数电子载流子向界面处迁移,如图1.29(c)所示。此时,界面处价带上富集了大量的电子载流子,就像界面处的半导体成了 n 型半导体一样,所以称此时的半导体界面层为反型层。

读者可以自行讨论由 n 型半导体构成的 MIS 结构在各种电压下的半导体表面势和空间电荷分布。

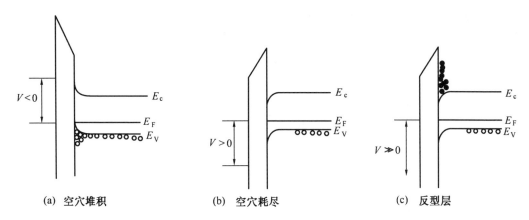

图 1.29 由 p 型半导体构成的 MIS 结构在各种电压 V 下的空间电荷分布

● —电子;○—空穴

五、半导体的磁学性质

1. 霍尔效应

将通有电流的导体或半导体放在均匀磁场中,如果电场的方向与电流方向垂直,导体中就会在垂直与磁场和电流方向上产生电场,这就是我们熟知的霍尔效应(Hall's Effect)。

为了方便起见,首先讨论只有电子载流子的半导体的霍尔效应。假定电流方向沿 x 方向,电流密度为 J;匀强磁场 B 为 z 方向。由于电子载流子在 x 方向的速度为 $v_x = J/ne$,在磁场中电子要受到洛伦兹力的作用,其方向沿 y 方向,如图 1.30(a)所示[5]。在洛伦兹力的作用下,在垂直于 y 的样品端面上就会形成电荷累积,形成霍尔电场。电子受到两个力的作用,一是磁场中的洛伦兹力;一是霍尔电场中的电场力。达到平衡时,必然是洛伦兹力和电场力相等,所以有

$$eE_y = -eBv_x = -\frac{BJ}{n} \tag{1.52}$$

则

$$E_y = -\frac{J}{ne}B = R_H B \tag{1.53}$$

且

$$E_H = -\frac{J}{ne} \tag{1.54}$$

式中 R_H——霍尔系数,对于电子载流子而言,其数值为负。

霍尔电场的存在,总的电场是引起电流 I 的电场(沿 x 方向)与霍尔电场的矢量和,则电流方向与总的电场方向不同,两者之间夹角称为霍尔角,霍尔角的正切为

$$\tan\theta_e = -\frac{E_y}{E_x} \tag{1.55}$$

由于 $v_x = \mu_e E_x$,利用式(1.55),可以得到电子载流子的霍尔角,即

$$\tan \theta_e = \mu_e B \tag{1.56}$$

参考图 1.30(b),可以得到空穴载流子的霍尔系数和霍尔角

$$R_H = \frac{1}{pe} \tag{1.57}$$

$$\tan \theta_h = \mu_h B$$

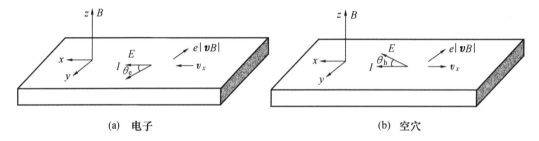

(a) 电子　　　　　　　　　　　(b) 空穴

图 1.30　两种载流子的霍尔效应示意图

图 1.31 为霍尔效应测量原理示意图,一般称图中因霍尔电场引起的电压为霍尔电压,记为 V_H,且有

$$V_H = \frac{R_H I B}{t} \tag{1.58}$$

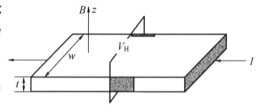

图 1.31　霍尔效应测量原理示意图

式中　R_H——霍尔系数;

　　　I——电流;

　　　t——样品厚度。

一般情况下,半导体中既存在电子载流子,也存在空穴载流子,总的霍尔系数可以表示为

$$R_H = \frac{1}{e} \frac{p\mu_h^2 - n\mu_e^2}{(p\mu_h + n\mu_e)^2} \tag{1.59}$$

对于本征半导体($n = p$),或在高温下,本征激发所产生的载流子是半导体中的主要载流子时($n \approx p$),由于电子载流子的迁移率大于空穴的迁移率,所以霍尔系数为负。

对于 n 型半导体,电子载流子浓度始终大于空穴载流子的浓度,又因为电子的迁移率大于空穴的迁移率,所以 n 型半导体的霍尔系数始终为负。

对于 p 型半导体,空穴载流子的浓度大于电子载流子的浓度,但是电子载流子的迁移率大于空穴的迁移率,所以当温度升高时,p 型半导体的霍尔系数的符号可能发生变化。在较低温度下,电子载流子密度很小,霍尔效应主要由空穴载流子贡献,霍尔系数为正值。当温度升高

时,本征激发的概率越来越大,电子载流子的浓度越来越大,霍尔系数则可能由正值变为负值。

霍尔效应有广泛的应用。利用霍尔效应不仅可以判断半导体的主要载流子的类型,还可以研究半导体中的载流子迁移率。另外,利用霍尔效应可以制造霍尔器件。

2. 半导体的磁阻效应[6]

将半导体置于磁场中时,半导体的电阻会增加,这种效应称为半导体的磁阻效应。磁阻效应分为物理磁阻效应和几何磁阻效应,前者主要是由于载流子在磁场作用下做螺旋运动,导致载流子散射概率增加而引起的电阻增加现象;后者主要是由于样品的形状引起的电阻增加现象。

在磁场中由于霍尔角的存在,电流方向与总电场方向并不在一个方向上,由于洛伦兹力和外电场力的共同作用,如果载流子的速度所引起的洛伦兹力刚好与霍尔电场所引起的电场力相平衡,可以认为载流子在磁场中做如图 1.32 所示的螺旋运动。这种螺旋式运动导致载流子的散射概率增加,迁移率下降,电阻率增加。这就是物理磁阻效应的最主要机制。

另外,载流子不可能具有单一的速度,而是存在一种分布,也就是说,尽管平均速度的载流子所受的洛伦兹力与霍尔电场力相平衡,但半导体内部尚存在速度(影响洛伦兹力)与霍尔电场不平衡的载流子,它们在磁场中运动时要发生偏转,同样导致电阻率增加。

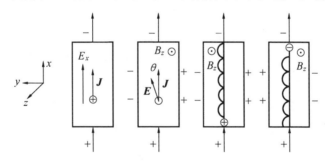

图 1.32　载流子所受的洛伦兹力和霍尔电场力相平衡时载流子的运动示意图

无论是测量上,还是在磁阻器件上,都需要将半导体和金属欧姆接触形成电路。由于金属是等势体,电场方向在金属与半导体界面处总是与金属表面相垂直,从而导致半导体中的电流在金属表面附件发生弯曲。如果半导体样品在电流方向上很薄,金属表面附近电流弯曲,就相当增加了样品的长度,所以引起电阻增加,这是几何磁阻产生的主要物理机制。图 1.33 为半导体几何磁阻效应产生的示意图。在图 1.33(a)中,由于样品在电流方向上很长($l/b \gg 1$),几何磁阻效应不明显,而在图 1.33(b)中,电流方向上的样品很短($l/b \ll 1$),几何磁阻效应比较明显。图 1.33(c)所示的结构称为科比诺圆盘(Corbino's disk),其几何磁阻效应最明显。

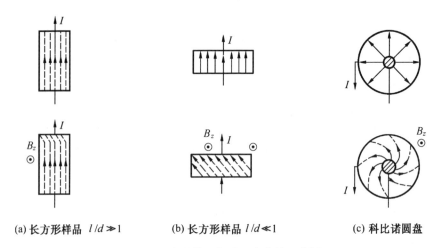

(a) 长方形样品 $l/d \gg 1$ (b) 长方形样品 $l/d \ll 1$ (c) 科比诺圆盘

图 1.33 半导体几何磁阻产生的示意图

1.2 半导体材料制备技术

半导体器件性能和集成度的提高,对半导体材料的质量提出了越来越高的要求。一般来说,半导体材料应具有高的纯度和低的缺陷密度。随着电子工业的迅速发展,半导体材料的制备技术水平不断提高。例如,Si 单晶的尺寸不仅变大,其纯度也逐渐提高,其杂质浓度可低于 10^{-12},其位错密度则可低于 $10^3 \mathrm{cm}^{-3}$。

半导体材料的种类很多,如元素半导体(Ge、Si 等)、化合物半导体(GaAs、InP 等),但其形式一般为块状单晶体和薄膜两种。本节主要介绍半导体块状单晶和半导体薄膜材料的制备技术。

一、块状单晶的生长技术

块状半导体单晶制备技术中,广泛应用的是切克劳斯基(Czochralski)方法,又称提拉法,如图 1.34 所示。在该方法中,半导体原材料由坩埚加热变成熔融液体。在熔池上方温度较低处放置一个籽晶,在晶体生长过程中,籽晶和坩埚一起缓慢旋转,而且,籽晶连同生长的单晶缓慢向上运动。通过工艺参数等的调整,可以生长出质量较好的单晶。切克劳斯基方法生长单晶的典型速度为每分钟几毫米,用这种方法生长的 Si 单晶直径可超过 30 cm。

另一种生长半导体大块单晶的方法是布里奇曼(Bridgeman)方法,又称坩埚下降法。布里奇曼方法与切克劳斯基方法相似,只是籽晶周围存在温度梯度,而且籽晶的温度在熔点以下。

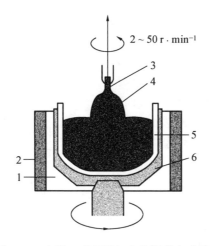

图 1.34 生长 Si 单晶的切克劳斯基方法示意图
1—惰性气体(Ar);2—加热器;3—Si 籽晶;4—Si 单晶;5—SiO_2 坩埚;6—石墨基座

二、半导体薄膜制备技术

薄膜的制备技术很多,发展速度也很快,其中气相沉积方法在半导体薄膜制备技术中占有重要地位。本节介绍 3 种典型的气相沉积技术。

1. 磁控溅射

磁控溅射是溅射方法的一种,由于其溅射速率高、薄膜生长速度快而得到了广泛重视,其原理如图 1.35 所示。真空室中一般充以一定压强的 Ar 气,在靶和基片间高压的作用下,Ar 原子发生电离,由于靶片相对于基片为负电压,所以 Ar^+ 向靶面运动并被加速,高能 Ar^+ 与靶面原子相碰撞,将靶原子轰击出来,进入真空室,并沉积到基片上。磁控溅射是在靶的后方放置永久磁体或电磁线圈,从而造成磁力线先穿出靶面,然后变成与电场方向垂直,最后返回靶面的分布。在磁场的作用下,溅射产生的二次电子不能直接飞向阳极,而是近似做摆线运动。在这种运动中电子不断与气体分子碰撞并使气体电离,从而气体电离速率大大提高,与此同时,二次电子的速度也逐渐减慢而成为低能电子。这些低能电子在磁场作用下漂移到阴极附近的辅助阳极上被吸收,基片并未受到高能电子的轰击,所以基片上可以保持较低的温度。

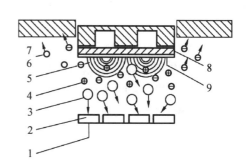

图 1.35 磁控溅射原理示意图
1—基片架;2—基片;3—溅射粒子;4—正离子;5—磁力线;6—电子;7—真空室壁;8—阴极;9—靶材

2. 分子束外延

外延生长一般是在单晶衬底（基片）上生长一层单晶薄膜。如果薄膜与衬底具有相同的化学成分，称为同质外延（如在单晶 Si 表面上生长 Si 薄膜）；如果薄膜的化学成分与衬底不同，则称为异质外延（如在单晶 Si 表面上外延生长 GaAs 薄膜）。外延生长一般是在超高温真空（UHV）下进行的，真空一般低于 10^{-8} Pa。分子束外延（MBE）装置原理如图 1.36 所示。源材料一般置于一个有很小出口的容器内，源材料加热后气化（也可用脉冲激光或电子束等将欲外延生长的物质气化），由于 UHV 的作用，气化的源物质分子从容器的小孔射出。在 UHV 的作用下，源分子不仅可以获得一定的速度，而且其自由程可达数米，从而形成平行的分子束沉积到基片的表面上。

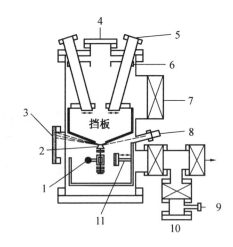

图 1.36　典型 MBE 系统示意图

1—束流监测离子计；2—衬底架；3—RHEED 屏；4—观察窗；
5—MBE 源；6—水冷的热绝缘子；7—UHV 泵；8—电子枪；
9—低真空泵；10—样品入口；11—样品交换机构

MBE 可以制备质量很高（结晶完美）的单晶薄膜，一般要求基片表面要平滑而清洁。为了监控薄膜的生长过程，MBE 系统中常要配置一系列附件。例如，质谱仪、俄歇谱仪（AES）、低能电子衍射（LEED）、反射式高能电子衍射（RHEED）、X 射线光电子谱（XPS）和紫外光电子谱（UPS）等等。

3. 金属有机化学气相沉积

金属有机化学气相沉积（MOCVD）是化学气相沉积（CVD）的一种，是制备化合物半导体薄膜的理想方法。它的基本原理是：使用 H_2 将有机化合物送入反应室，在加热的条件下使有机化合物分解而后沉淀到基片（衬底）上，图 1.37 给出的便是其基本原理图。

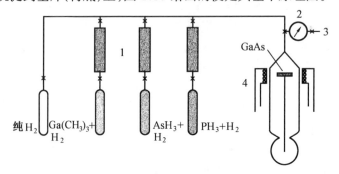

图 1.37　MOCVD 设备示意图

1—过滤器；2—压强计；3—真空泵；4—射频加热器

用 MOCVD 方法制备 Si 薄膜的一般反应为

$$SiH_4 \xrightarrow{\triangle} Si + 2H_2 \uparrow \quad (1.60)$$

制备 GaAs 薄膜的反应为

$$Ga(CH_3)_3 + AsH_3 \longrightarrow 3CH_4 \uparrow + GaAs \quad (1.61)$$

1.3 锗、硅半导体材料

由于锗和硅都是共价晶体,较强的共价键决定了锗和硅的力学性质硬而脆,且易于发生解理断裂。锗和硅的一般物理性质见表 1.2[7]。

表 1.2 锗和硅的一般物理性质

物 理 性 质	Ge	Si
密度/(g·cm^{-3})	5.327	2.333
晶体结构	金刚石($Fd3m$)	金刚石($Fd3m$)
点阵参数/nm	0.565 75	0.542
熔点/℃	936	1 410
膨胀系数/10^{-6}K^{-1}	61(0~300℃)	4.2(10~25℃)
热导率/[W·(m·K)$^{-1}$]	58.62(298 K)	8 374(298 K)
弹性系数/GPa	C_{11}:129 C_{12}:58.8 C_{44}:67.3	C_{11}:167 C_{12}:65.2 C_{44}:79.6
德拜温度/K	360	650
室温电阻率/(Ω·m)	50	2.3×10^5

从表中可以看到,硅的室温电阻率比锗的室温电阻率要高,由于锗和硅都是Ⅳ族元素,但锗的原子序数比硅大一个周期,所以锗的金属性强于硅的金属性是易于理解的(电阻率小)。

一、锗和硅的能带结构

由于半导体能带结构自身的复杂性,以及测量方法和理论模型精确性的限制,给出精确的半导体能带结构是困难的,有关半导体能带结构更为精细的结构也在不断更新。尽管如此,有些半导体能带结构的基本特征在定性或半定量分析半导体的性质方面还是令人满意的。

因此,所给出的锗和硅的能带结构并不具有精确的定量意义,本章后面给出的其它半导体的能带结构亦为图 1.38 所示的结构。由图 1.38 可以发现,锗和硅的能带结构有如下特点。

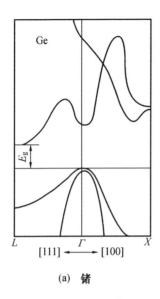 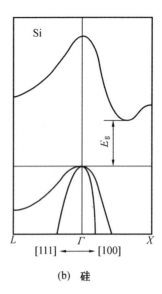

(a) 锗　　　　　　　　　　　(b) 硅

图 1.38　锗和硅的能带结构

① 二者的价带形状十分相似,价带的极大值均在布里渊区中点(点 Γ)。两种半导体的价带均为两个,其中能量较高的能带的曲率较小。按有效质量理论,其上空穴的有效质量较大。能量较低的能带的曲率较大,对应的空穴有效质量较小。但是,锗的两条价带是分开的,而硅的两条价带在布里渊区中心是重合的,即是简并的。

② 两者都是间接带隙半导体,即导带的最低点与价带最高点所对应的 k 值不相等。锗的带隙明显小于硅的带隙,锗的导带最低点在倒易空间(k 空间)的$\langle 111 \rangle$方向的点 L,$k=\langle 111 \rangle$,由晶体的对称性可知,$\langle 111 \rangle$有 8 个等价方向,所以在第一布里渊区中,有 8 个等价的导带最低点。硅的价带最小值位于倒易空间的$\langle 100 \rangle$方向(即 Δ 方向上),所对应的电子波矢为 $k=\langle \frac{3}{4} 00 \rangle$。由于$\langle 100 \rangle$有 6 个等价方向,所以在第一布里渊区中,硅的导带有 6 个等价的最低点。

③ 作为一种近似,锗和硅价带顶部附近的等能面可近似地看成各向同性的。依据有效质量理论,两者价带顶部附近空穴的有效质量可以近似地认为是各向同性的,即标量。

④ 两者导带最低点附近的等能面不能看成是各向同性的。图 1.39 为锗和硅带底附近等能面在第一布里渊区的结构。锗的 8 个等价的导带底附近的等能面为旋转椭球,其长轴方向(即椭球的旋转轴)为$\langle 100 \rangle$方向。硅的 8 个等价的导带附近的等能面是以$\langle 111 \rangle$为旋转轴的旋转椭球。由于两者的导带底附近的等能面为旋转椭球,故其上电子的有效质量有两个分量,沿椭球长轴方向的有效质量称为纵向有效质量,记为 m_1^*;垂直于椭球长轴方向的有效质量称为

横向有效质量,记为 m_t^*。锗和硅的有效质量列于表 1.3 中[8]。

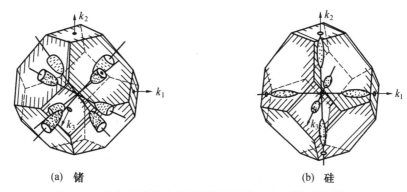

图 1.39　锗和硅导带底附近等能面在第一布里渊区的结构

表 1.3　锗和硅的能带结构参数

半导体	带隙 E_g/eV	价带顶附近空穴的有效质量		导带底附近电子的有效质量	
		重空穴	轻空穴	m_l^*	m_t^*
Ge	0.67(300 K) 0.75 (0 K)	0.28 m_0	0.044 m_0	1.6 m_0	0.08 m_0
Si	1.12(300 K) 1.17(0 K)	0.49 m_0	0.16 m_0	1.0 m_0	0.2 m_0

注:m_0 是电子的惯性质量。

二、锗和硅的杂质和缺陷

1.杂质能级

半导体掺杂是改变半导体电学性质的重要手段,也是制作半导体器件的主要工艺。在半导体不同部位进行不同种类的掺杂不仅可以制作半导体器件,也可以实现器件集成化。如1.1节所述,杂质可以在禁带中引入杂质能级。按杂质提供电子还是提供空穴,可以将半导体中的杂质分为施主和受主两大类。按杂质在禁带中的位置和杂质的性质(施主或受主),可以将杂质分为浅能级杂质和深能级杂质两种。若施主能级与导带底能量相差很大(或受主能级与价带顶能量相差很大),则称之为深杂质能级,反之则称为浅杂质能级。

一般说来,只有杂质的化学价与半导体本体原子化学价的差为 1 时,才能形成真正的浅杂质能级。所以锗和硅的浅能级杂质为Ⅲ族和Ⅴ族杂质,其中Ⅲ族杂质在锗和硅中是受主杂质,Ⅴ族杂质是施主杂质,它们掺入锗或硅中后分别形成 p 型或 n 型半导体。锗和硅中掺杂Ⅲ和Ⅴ族杂质所形成的浅杂质能级数值列于表 1.4 中[9]。

表 1.4　锗、硅中的浅杂质能级

半导体	施主($E_c \to E_d$)/eV			受主($E_a \to E_c$)/eV			
	P	As	Sb	B	Al	Ga	In
Ge	0.012	0.013	0.009 6	0.01	0.01	0.011	0.011
Si	0.045	0.049	0.039	0.045	0.057	0.065	0.16

按 1.1 节所述的杂质能级的类氢原子模型可知,对同一种半导体而言,杂质能级主要取决于导带或价带上电子或空穴的有效质量。如表 1.4 所示,除 In 的受主能级以外,其它与类氢原子模型定性地符合。

由于浅能级杂质掺杂可以使锗和硅成为 p 型或 n 型半导体,所以浅能级掺杂在半导体器件中具有广泛的应用。许多半导体器件(包括集成电路)均与半导体的浅能级掺杂相联系。

当半导体的本体原子化学价与杂质原子化学价的差大于 1 时,一般可以形成深能级。锗、硅最重要的深能级杂质是过渡族元素。在某些情况下,一种杂质既可以形成施主,也可以形成受主,有时在锗、硅中掺入一种杂质可以形成若干个杂质能级。如 Au 掺入 Ge 中,可以形成 3 个受主能级,1 个施主能级。Au 的基态原子组态为 $3d^{10}4s^1$,Au 进入 Ge 晶体中形成代位式固溶体后,只有当接受 3 个电子后,才能与其近邻的 4 个 Ge 原子形成饱和的共价键,所以当 Au 原子接受 1~3 个电子时,均形成深能级受主;而当 Au 的 $4s^1$ 电子进入价带成为电子载流子时,它又形成施主能级。表 1.5 给出了硅中掺杂某些过渡族元素所形成的深能级的实验值[10]。

表 1.5　硅中过渡族元素杂质能级　　　　　　　　　　　　　　　eV

杂　质	Zn	Cu	Ni	Co	Fe	Mn	Cr	V	Ti
组　态	$d^{10}s^2$	$d^{10}s^1$	d^8s^2	d^7s^2	d^6s^2	d^5s^2	d^5s^1	d^3s^2	d^2s^2
杂质能级	0.6(a) 0.31(a)	0.52(a) 0.37(a) 0.24(a)	0.82(a) 0.23(a)	0.62(a) 0.52(a) 0.35(a)	0.40(d)	0.53(d)	0.74(d)		

注:括号中的 a 和 d 分别表示受主和施主;能级以价带顶为能量原点。

从表 1.5 中可以看出,硅中掺 Zn、Cu、Ni、Co 时,形成多个受主能级;硅中掺 Fe、Mn、Cr 时,形成单一深施主能级;掺 V 和 Ti 时,外层电子直接进入导带,不形成杂质能级。一般而言,深能级杂质的浓度很低,在硅中只能达到 $10^{18} \sim 10^{19}$ m^{-3} 的浓度。所以深能级杂质对载流子浓度的影响不大,但它们可以成为载流子的复合中心或俘获中心,从而减少载流子的寿命。快速开关器件中要求载流子寿命较短,深能级杂质在此方面有重要应用。

2. 晶体缺陷

在半导体中存在各种各样的晶体缺陷是不可避免的,它们对任何半导体的性质都产生影响。由于硅和锗在技术上的重要性,人们对其中缺陷形成及其对性能的影响有一定的理解。由于人们对缺陷芯部的精细结构的了解有限,或者更准确地说在理论上研究晶体缺陷的物理效应是困难的,这里扼要介绍硅和锗中空位和位错对半导体性质的影响[11]。这方面的研究进展请读者参阅有关文献[12]。

硅中空位附近的原子构型和电子结构都比较复杂,而且随样品退火处理而发生变化。在未发生弛豫以前,每个空位最近邻的4个原子都有一个未成对电子,故倾向接受电子而成为受主。发生弛豫以后,则空位倾向于形成施主[13]。

位错引起的杂质能级比较复杂,例如,锗中的位错既可起到受主作用又可起到施主作用。如刃型位错,位错线上的不饱和悬挂键若获得电子,则表现为受主;若失去悬挂键上的电子,则起施主作用。另外,位错在锗和硅中既可形成浅能级,也可形成深能级。

虽然锗和硅中位错引起的杂质能级比较复杂,但其可以引起杂质能级是肯定的,因此位错对半导体中载流子的寿命有重要的影响。图1.40为位错密度对锗和硅半导体载流子寿命的影响[11]。

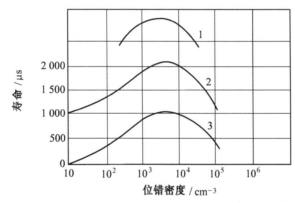

图1.40 位错密度对锗和硅半导体载流子寿命的影响

1—n-Ge 的电阻率为 2 Ω·cm;2—n-Ge 的电阻率为 40 Ω·cm;3—p-Si 的电阻率为 150 Ω·cm

三、锗、硅的电输运性质

半导体的电输运性质是由载流子的数目和种类以及载流子的运动规律决定的。载流子的数目受杂质浓度、能带结构、光照、外场、温度等的影响。载流子的运动行为集中体现在载流子的迁移率上,从微观上看,迁移率是由载流子所受到的散射机制决定的。虽然有效质量对迁移率有影响(见式(1.30)),但有效质量主要取决于半导体的能带结构,所以,对于一个特定的半导体而言,有效质量可视为常数。这里主要介绍锗和硅的载流子浓度和迁移率及温度对电输运性质的影响。

1. 热平衡载流子浓度

载流子浓度不仅与杂质浓度有关,而且还与温度有关。在较低温度下,本征激发可以忽略,载流子浓度主要由电离杂质数目决定;而在高温下,本征激发占主导地位,载流子浓度主要由本征激发概率和杂质浓度（高温下可以认为杂质全部电离）决定。锗和硅平衡本征载流子浓度与温度的关系如图1.41所示。从图中可以看出，锗和硅中载流子浓度与式(1.30)符合得相当好。另外，硅中平衡本征载流子浓度随温度增加的速度要比锗来得快。

对于本征锗和硅而言，平衡载流子的浓度与温度的关系比较简单，仅仅由本征激发决定。表1.6给出了300 K下锗和硅平衡本征载流子浓度及相关物理参数，可见在室温下硅的平衡本征载流子浓度比锗要低3个数量级，这实际上是硅的带隙比锗的带隙大的缘故，较宽的带隙要降低本征激发的概率。

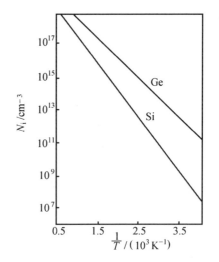

图1.41　锗和硅平衡本征载流子浓度与温度的关系

表1.6　300 K下锗和硅平衡本征载流子浓度及相关物理参数

半导体	E_g/eV	N_c/cm^{-3}	N_v/cm^{-3}	N_i/cm^{-3}
Ge	0.67	1.05×10^{19}	5.7×10^{18}	2.4×10^{13}
Si	1.12	2.8×10^{19}	1.1×10^{19}	1.5×10^{10}

掺杂半导体的载流子浓度受杂质浓度、杂质电离概率及本征激发的影响，平衡载流子的浓度与温度的关系比较复杂。但是，对于有实际意义的浅能级杂质(p型或n型)半导体而言，情况比较简单。因为浅能级杂质半导体中的杂质极易电离，在稍高的温度范围内，杂质几乎全部电离，这时，多数载流子的浓度几乎就等于杂质浓度与本征载流子浓度N_i的和。所以很容易借助于图1.41和浅能级杂质掺杂浓度计算浅能级掺杂锗和硅中的多子浓度。由于掺杂几乎不影响少子的浓度，掺杂的锗和硅中少子的浓度完全可从图1.41中的N_i获得。

在半导体的实际应用中，有时会在p（或n）型半导体上再掺杂施主（或受主）形成n（或p）型半导体。例如，在p-Si上进行n型掺杂制作p-n结。此时问题虽然复杂，但可以进行一定的简化分析。现在以p型半导体上进行n型掺杂为例对其载流子浓度进行分析。若$N_d - N_a \gg N_i$，可以认为所有的受主能级全部为施主上的电子所填充，此时，$N_d - N_a$就相当于有效施主浓度。图1.42给出了各种$N_d - N_a$下，锗中的电子（多子）和空穴载流子浓度与温度的关系[5]。图中的平台区，意味着有效施主全部电离，此时载流子的浓度几乎不随温度变化而变化；温度升高后，本征激发开始对载流子浓度有贡献，所以图1.42中的多子-电子载流子的浓度在高温度区间随温度的升高而急剧增加。比较图1.41和图1.42可以发现，在多子增加的温度区间,两者给出的趋势是一致的。

2. 载流子迁移率

对于特定的半导体,影响载流子迁移率的主要因素是载流子的散射机制和散射概率。影响锗、硅半导体中载流子迁移率的主要因素是电离杂质散射和声学晶格振动散射。表 1.7 给出了纯净锗和硅中本征载流子在 300 K 下的迁移率。由表可见,硅的电子和空穴迁移率均比锗低。无论是锗还是硅,电子载流子的迁移率都明显高于空穴载流子的迁移率,这是绝大多数半导体的共同特征。300 K 下锗和硅半导体载流子迁移率与杂质浓度的关系如图 1.43 所示[14]。可以看出,在两种半导体中,电子和空穴载流子的迁移率均随掺杂浓度的增加而下降。这是由于在特定温度下,晶格振动所激发的声学波声子数目是一定的,晶格振动对载流子的散射几乎是不变的,影响锗和硅载流子迁移率的主要因素是电离杂质的散射。所以当杂质浓度提高时,在电离杂质电离概率一定的情况(温度一定)下,电离杂质的浓度随杂质浓度增加而增加,从而载流子的迁移率随半导体掺杂浓度的提高而单调下降。

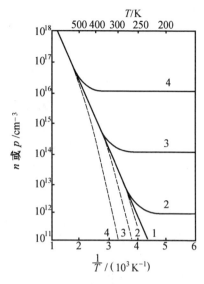

图 1.42 锗中 n 或 p 与温度的关系
(实线为 n;点线为 p)

1—$N_d - N_a = 0$ cm^{-3};2—$N_d - N_a = 10^{12}$ cm^{-3};
3—$N_d - N_a = 10^{14}$ cm^{-3};4—$N_d - N_a = 10^{16}$ cm^{-3}

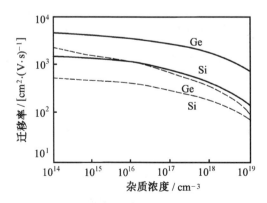

图 1.43 300 K 下锗和硅半导体载流子迁移率与杂质浓度的关系
(实线为电子;点线为空穴)

信息功能材料学

表1.7　300 K下纯净锗和硅中本征载流子的迁移率

半导体	电子迁移率/[cm^2·(V·s)$^{-1}$]	空穴迁移率/[cm^2·(V·s)$^{-1}$]
Ge	3 900	1 900
Si	1 350	500

在不同掺杂浓度下,硅中电子和空穴迁移率与温度的关系如图1.44[14]所示。可见载流子的迁移率大体上是随温度的提高而下降,这主要是温度越高,晶格振动对载流子的散射越强烈造成的。当掺杂浓度很高时,载流子迁移率随温度升高,减小趋势变缓,这主要是掺杂浓度较高时,电离介质对载流子的散射起主导作用。

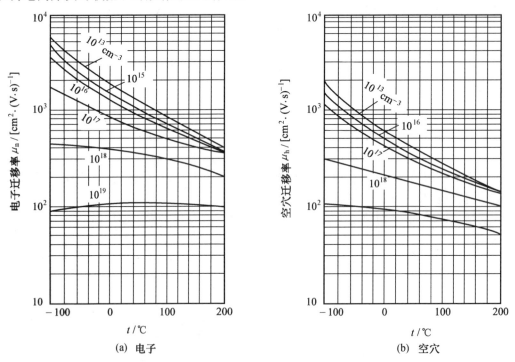

图1.44　硅中电子和空穴迁移率与温度的关系

四、$Si_{1-x}Ge_x$ 半导体

硅和锗都是Ⅳ族元素,可以形成连续的代位式固溶体,对于体块材料,$Si_{1-x}Ge_x$ 为无序固溶体。与纯 Si 和 Ge 相比,$Si_{1-x}Ge_x$ 半导体有许多特殊的性质,由于 $Si_{1-x}Ge_x$ 的晶格常数随 x 的增加而增加,使得 SiGe/Si(硅上外延生长 $Si_{1-x}Ge_x$)薄膜应变异质结成为可能,因此得到了广泛的研究。由于 $Si_{1-x}Ge_x$ 与 Si 的晶格错配可以很大,在错配应变存在的情况下,$Si_{1-x}Ge_x$

的性质可以有较大的变化,本节除介绍体块 $Si_{1-x}Ge_x$ 的性质以外,还介绍了应变 $Si_{1-x}Ge_x$ 的一些性质。

1. $Si_{1-x}Ge_x$ 的一般性质[15]

Si 和 Ge 都是金刚石结构,化学性质相近。温度高于 -103℃时,Si 和 Ge 形成连续的代位式固溶体,其相图如图 1.45 所示。当温度高于 -103℃时,Si-Ge 可以形成两相 Si 和 Ge 的混合物。Si-Ge 合金是具有强分凝特性的二元合金,在合金凝固过程中,Si 组分很容易偏析分凝出来,所以要采取特殊的工艺才能制备出均匀的 $Si_{1-x}Ge_x$ 固溶体,实验发现,均匀的 $Si_{1-x}Ge_x$ 固溶体在热力学上是很稳定的。在 175~925℃温度范围内,对 $Si_{1-x}Ge_x$ 固溶体退火几个月,未发现任何相变和分解现象。也就是说,尽管 Si-Ge 是强分凝二元系,但一旦形成了均匀固溶体,该固溶体就是稳定的,这为 $Si_{1-x}Ge_x$ 半导体的应用奠定了基础。

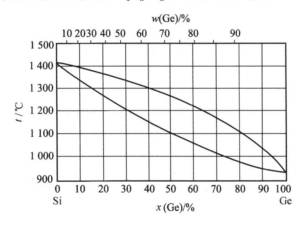

图 1.45 $Si_{1-x}Ge_x$ 二元合金相图

Si 和 Ge 的晶体结构均为金刚石结构,二者形成 $Si_{1-x}Ge_x$ 均匀固溶体后,其晶体结构仍然为金刚石结构。由于 Ge 的原子半径大于 Si 的原子半径,当 x 增加时,晶格常数近乎线性增加。$Si_{1-x}Ge_x$ 晶格常数 a 与 Ge 的摩尔分数的关系为[16,17]

$$a(x) = 0.002\,733x^2 + 0.019\,92x + a_{Si} \tag{1.62}$$

式中 a_{Si}——纯硅的晶格常数,$a_{Si} = 0.543\,10$ nm。

在利用 MBE 生长的 $Si_{1-x}Ge_x$ 薄膜上观察到了 $Si_{1-x}Ge_x$ 有序相[18]。这种有序相是一种沿 ⟨111⟩方向的双层堆垛结构,最近的实验工作表明,有序相的出现是薄膜生长引起的,而不是平衡现象,其形成详细机理尚不清楚。

$Si_{1-x}Ge_x$ 的热膨胀系数对 $Si_{1-x}Ge_x$ 异质结的应力和应变有重要影响。图 1.46 给出了线膨胀系数 α 与成分和温度的关系[15],即随 Ge 的摩尔分数的增大而下降;随温度的提高而增大。

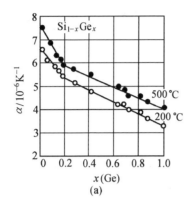
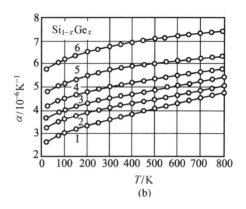

图 1.46 $Si_{1-x}Ge_x$ 线膨胀系数 α 与组分和温度的关系

1—Si；2—x(Si) = 79.7%；3—x(Si) = 64.9%；4—x(Si) = 40.2%；5—x(Si) = 15%；6—Ge

由于 Si–Si 和 Ge–Ge 均采用 sp^3 共价键合，且两者的共价键十分相似，而 $Si_{1-x}Ge_x$ 固溶体的离子键特性很低，所以可以用混合法则来计算 $Si_{1-x}Ge_x$ 的弹性系数，即

$$C_{ij}(x) = C_{ij}(Si)(1-x) + C_{ij}(Ge)x \qquad (1.63)$$

式中 $C_{ij}(x)$——固溶体的弹性常数；

$C_{ij}(Si)(1-x)$ 和 $C_{ij}(Ge)x$——纯锗和纯硅的弹性系数，如表 1.2 所示。

2. $Si_{1-x}Ge_x$ 的能带结构[19,20]

当 Ge 的质量分数大于 85% 时，$Si_{1-x}Ge_x$ 的能带结构同锗的能带结构很相似。导带的最低点在倒易空间的 {111} 点；当 $x < 0.85$ 时，$Si_{1-x}Ge_x$ 的能带同硅相似，导带最低点在 ⟨100⟩ 方向上。$Si_{1-x}Ge_x$ 间接带隙与成分的关系如图 1.47 所示，随 x 的增大，带隙逐渐减小，$x = 0.85$ 处的突变表明能带结构从类 Si 向类 Ge 的转变。随温度的增加，$Si_{1-x}Ge_x$ 间接带隙呈下降趋势，如图 1.48 所示。

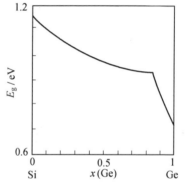

图 1.47 $Si_{1-x}Ge_x$ 间接带隙与成分的关系

对于外延生长的 $Si_{1-x}Ge_x$ 薄膜而言，$Si_{1-x}Ge_x$ 与衬底（一般为 Si 或 Ge）有很大的晶格错配，因为 Si 和 Ge 的晶格失配度为 4% 之高。这种晶格错配会在外延生长的薄膜中引起很大的应力。实验证实，在 Si 衬底上外延生长的 $Si_{1-x}Ge_x$ 薄膜中，存在双轴压应力，在这种错配应力的作用下，$Si_{1-x}Ge_x$ 薄膜中存在很大的应变。此时，$Si_{1-x}Ge_x$ 的能带结构要发生很大变化，其间接带隙与图 1.47 所示的情况有很大差别，使得人们不仅可以利用成分来设计材料的能带结构，还可以利用应变来控制材料的能带结构，进而实现材料和器件性能的人工设计。这正是应变异质结和超晶格为人们所重视的原因。

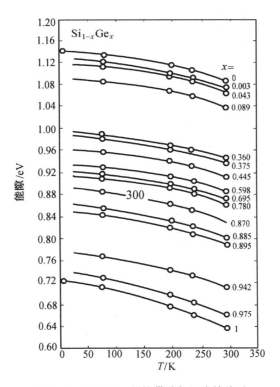

图 1.48 $Si_{1-x}Ge_x$ 间接带隙与温度的关系

1.4 化合物半导体材料

尽管硅在集成电路及某些半导体器件中是最重要的半导体材料,但是硅有其自身难以克服的缺点,例如,硅中的载流子迁移率较低,间接带隙的能带结构也使其在光电、发光器件上的应用受到限制。正是因为上述原因,化合物半导体的研究和应用都取得了重大进展。特别是薄膜技术的发展和应用,克服了体块化合物半导体成分控制难等缺点,化合物半导体材料的应用也越来越广。

化合物半导体的种类较多,有二元和多元化合物半导体。在二元化合物中又可分为Ⅲ-Ⅴ族化合物半导体、Ⅱ-Ⅵ族化合物半导体、Ⅳ-Ⅳ族化合物半导体等。本节主要介绍几种典型的化合物半导体。

一、Ⅲ-Ⅴ族化合物半导体

1. 概述

Ⅲ族元素和Ⅴ族元素按一定比例组成的化合物半导体,称为Ⅲ-Ⅴ族化合物半导体。除

BN、GaN、InN 等少数Ⅲ-Ⅴ族化合物的晶体结构为纤锌矿结构外,大部分Ⅲ-Ⅴ族化合物均为闪锌矿结构,这两种晶体结构如图 1.49 所示。

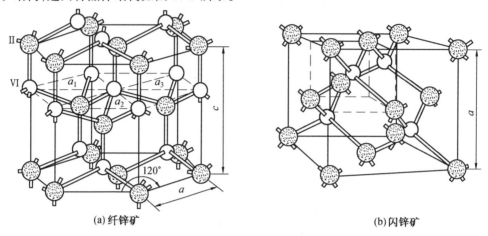

图 1.49 纤锌矿和闪锌矿晶体结构示意图

由于大部分Ⅲ-Ⅴ族化合物半导体的晶体结构都是闪锌矿结构,这里以闪锌矿晶体结构为例分析Ⅲ-Ⅴ族化合物半导体中化学键的一些特点及其对半导体性质的影响。

组成Ⅲ-Ⅴ族化合物的两个元素原子的电负性不同,所以Ⅲ-Ⅴ族化合物的化学键中含有一定的离子键成分,是共价键和离子键共存的混合键型晶体。但由于两种元素的电负性差别不大,Ⅲ-Ⅴ族化合物的化学键仍以共价键为主,所以大部分Ⅲ-Ⅴ族化合物半导体都是闪锌矿结构。详细分析成键的细节是困难的,一般认为在Ⅲ-Ⅴ族化合物半导体成键时,Ⅴ族原子外层的 5 个电子中,有一个电子给予Ⅲ族原子,此时,无论是Ⅲ族原子还是Ⅴ族原子,外层都是 4 个电子,从而都形成 sp^3 杂化。

由于Ⅴ族原子对电子的吸引能力比Ⅲ族原子强,所以两个Ⅲ、Ⅴ族原子间的化学键上的电子云有向Ⅴ族原子偏聚的现象。这种现象称为"极化现象"。很显然,Ⅲ-Ⅴ族化合物半导体中两种原子间的电负性差别越大,极化现象就越严重。极化现象对Ⅲ-Ⅴ族化合物半导体的解理性质有重要影响。对于金刚石结构的 Si 和 Ge 而言,其解理面为{111},因为{111}面原子间距大,结合较弱,易于发生解理。但对于具有闪锌矿结构的Ⅲ-Ⅴ族化合物半导体而言,〈111〉方向上的键全部为异类原子键合,由于离子键的作用,使得异类原子键合强度很高,{111}面不能成为解理面,而代之以{110}面为解理面。

另外,闪锌矿晶体的空间群为 $F\bar{4}3m$,不存在反演中心,例如,[111]和[$\bar{1}\bar{1}\bar{1}$]两个方向上的物理性质不是等价的,也就是说具有闪锌矿晶体是极性晶体。

Ⅲ-Ⅴ族化合物半导体中的极性对半导体的腐蚀行为和晶体生长都有很重要的影响[21]。

Ⅲ-Ⅴ族化合物半导体的某些主要性质见表 1.8,从中可以发现,许多Ⅲ-Ⅴ族化合物具有直接带隙能带结构,直接带间跃迁可以大幅度提高半导体的光电转换效率,使有些半导体的载流子迁移率很高。这些性能是 Ge 和 Si 半导体所不具备的。

表 1.8 Ⅲ - Ⅴ族化合物的某些主要性质

名称	结构	晶格常数/nm	禁带宽度/eV		密度/(g·cm^{-3})	迁移率(300 K)/[cm²·(V·s)$^{-1}$]		熔点/℃	介电常数	折射率
			0 K	200 K						
AlP	ZB	0.546 25		2.45	2.38			2 000	11.6	3.4
GaP	ZB	0.544 95		2.26(I) 2.73(D)	4.13	110	70	1 467	11.1	3.34 (0.54 μm)
InP	ZB	0.586 50		2.25(I) 1.34(D)	4.787	3 000	150	1 070	12.35	3.45 (0.59 μm)
AlAs	ZB	0.566 11		2.13(I) 2.40(D)	3.595	200	300	1 740	10.9	4.3 (0.5 μm)
GaAs	ZB	0.564 19		1.428	5.307	8 000	400	1 238	13.18	5.025 (0.55 μm)
InAs	ZB	0.505 80	0.4	0.36(D)	5.66	22 600	200	943	14.55	4.558 (0.52 μm)
AlSb	ZB	0.613 55		1.62(I) 2.22(D)	4.26	200	300	1 080	14.4	1.4 (0.78 μm)
GaSb	ZB	0.609 40	0.8	0.70(D)	5.613	2 000	800	712	15.69	2.82 (1.8 μm)
InSb	ZB	0.647 80	0.3	0.18	5.775	100 000	1 700 750	525 536	17.72	3.22 (0.59 μm)

注:ZB—闪锌矿结构;(I)—间接带隙;(D)—直接带隙。

2. GaAs 的能带结构和性质

(1) GaAs 的能带结构

图 1.50(a)给出了 GaAs 的能带结构[22,23],关于 GaAs 的能带结构不同文献报道的略有差异,但不妨碍讨论半导体的一般性质,况且精确的能带结构的建立也是困难的。GaAs 的价带有 3 个能带,图 1.50 中的价带 V_1 是重空穴价带,价带 V_2 是轻空穴价带,V_3 是由于自旋-轨道耦合而分裂成的能带。其中,重空穴价带 V_1 的带顶稍许偏离布里渊区的中心(点 Γ)。轻空穴带上的空穴具有较小的有效质量,而重空穴带上的空穴具有较大的有效质量(0.45 m_0)和较低的迁移率。

GaAs 的导带的最低点也位于点 Γ,表明 GaAs 为直接带隙半导体。另外,导带上除位于点 Γ 的最低能谷外,在 L_6 和 X_6 处还分别有两个能谷,也就是说 GaAs 的导带是多能谷的。在导带能谷的附近,等能面均可看成是各向同性的球面,其上电子的有效质量是标量。GaAs 导带

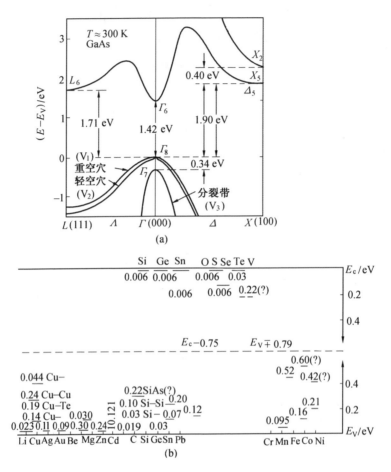

图 1.50 GaAs 能带结构和不同杂质能级示意图

注:图中"?"表示没经过准确确定

上的 3 个能谷上电子的有效质量和迁移率见表 1.9。可见,除点 Γ 的最低能谷上的电子具有较小的有效质量和较高的迁移率外,其它两个能谷上的电子的有效质量较大,迁移率很低。

表 1.9 GaAs 导带能谷上电子的有效质量和迁移率

性 能	L_6 能谷	Γ 能谷	X_6 能谷
有效质量	0.55 m_0	0.067 m_0	1.2 m_0
迁移率/$[cm^2 \cdot (V \cdot s)^{-1}]$	920	6 000 ~ 8 000	175

(2) GaAs 中的杂质

与单质元素半导体相比,GaAs 中的杂质能级比较复杂,研究得也不是十分深入。一方面,

GaAs 单晶制备技术要比单质元素半导体单晶难得多,另一方面,GaAs 自身的复杂性也为其中杂质性质的研究带来了难度。GaAs 中 Ga 是三价元素,As 是五价元素。显然,杂质取代 Ga 和取代 As 时引起的杂质能级是不同的。图 1.50(b)给出了实验上测得的 GaAs 半导体中的杂质能级图[24]。

在 GaAs 中可以形成的浅能级施主的杂质主要有Ⅵ族元素 Se、S、Te 等。Se、S、Te 等Ⅵ族元素进入 GaAs 晶格后取代 As 原子形成代位式固溶体。由于 Se、S、Te 外层有 6 个价电子,比 As 的价电子多 1 个,所以 Se、S、Te 等可以作为浅能级施主是易于理解的。

可以在 GaAs 中形成浅能级受主的杂质主要有Ⅱ族元素 Zn、Be、Mg、Cd 等。这些杂质可以取代 Ga 而形成代位式固溶体。由于Ⅱ族元素原子的价电子比 Ga 少 1 个,它们在 GaAs 中起受主作用,形成受主能级是易于理解的。

Ag 和 Cu 原子与 GaAs 形成代位式固溶体也可起到受主杂质作用,但受主能级均比较深,有时尚可形成不止一个受主能级。Au 的受主能级较浅,比价带顶能级高 0.09 eV。深能级杂质可以大幅度降低 GaAs 的导电性,甚至可以使 GaAs 变成绝缘体。

Ⅳ族元素(Si、Ge、Sn、Pb)均可以形成代位式固溶体。它们取代 Ga 则为施主,取代 As 则为受主。有时它们既可以取代 Ga 又可取代 As,从而既可形成施主能级,又可形成受主能级。

Ⅲ族元素取代 Ga、Ⅴ族元素取代 As 不引入杂质能级,称它们是中性杂质,中性杂质对 GaAs 的电学性质影响不大。

(3) GaAs 的电学性质

GaAs 禁带宽度大,载流子迁移率很高,所制备的半导体器件工作速度快。这里介绍与 GaAs 多能谷相关的一些电学性质。前已述及,GaAs 的导带有 3 个能谷,其中点 Γ 的最低能谷具有很高的电子迁移率。在无外电场或电场强度不大时,n 型 GaAs 中的电子载流子主要处于点 Γ 的能谷中。此时,由于较大的电子迁移率,GaAs 的电阻率较低。如果外加电场大于阈值电场强度时,电子可以从 Γ 处的能谷向 L_6 能谷转移,称为能谷间的散射,伴随能谷间散射发射或吸收光子,能谷间散射机制如图 1.51 所示。可以想像,电场强度越大,能谷间散射概率越大,从 Γ 能谷转移到 L 能谷中的电子数目也就越大。

由于能谷 L 上电子的迁移率很小,从 Γ 能谷向 L 能谷转移电子就意味着半导体的电导率下降。而且电场强度越大,电流密度也就越小,这就是所谓的负阻效应。读者可以自行证明。

$$\frac{dJ}{dE} = ne\frac{d\bar{v}_d}{dE} \tag{1.64}$$

式中　$\dfrac{dJ}{dE}$——微分电导;

　　　E——电场强度;

　　　n——电子密度;

　　　$\bar{v}_d$——电子的平均漂移速度。

GaAs 中电子平均漂移速度 $\bar{v}_d$ 与外电场强度的关系如图 1.52 所示。当电场强度小于 E_2 时,电子的漂移速度由 Γ 能谷的迁移率决定,当电场强度高于阈值强度后,电子开始发生能谷间散射,电子的迁移率降低,平均漂移速度下降,微分电导为负值;当电场强度大于 E_2 时,电子全部转移到 L 能谷中,电子的漂移速度由 L 能谷中电子迁移率决定。利用负微分电导可以制作微波振荡管。

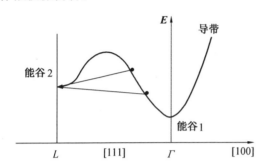

图 1.51 GaAs 中能谷间散射示意图   图 1.52 GaAs 中电子平均漂移速度 $\bar{v}_d$ 与外电场强度的关系

(4) GaAs 半导体的应用

GaAs 的禁带宽度大,工作温度高,适合制作大功率器件。由于电子迁移率高,有效质量小,用 GaAs 制作的半导体器件工作速度快,噪声很低。GaAs 在制作微波器件上也有广泛的应用,如耿氏二极管、肖特基二极管、变容二极管、隧道二极管、雪崩二极管等。

由于 GaAs 为直接带隙半导体,光电转换效率和发光效率都非常高。所以 GaAs 适合于制作太阳能电池、发光二极管和半导体激光器。GaAs 的光吸收系数高,适合于制作红外探测器件。

另外,GaAs 是半导体材料而且还具有绝缘性质,这在半导体集成电路的集成技术上有很多方便之处,所以 GaAs 是集成电路制造中极有前途的半导体材料。

3. GaP 的能带结构及性质

(1) GaP 的能带结构

GaP 的能带结构如图 1.53 所示,GaP 的价带顶同样处于点 Γ,即布里渊区中心,其中一个是重空穴价带,一个是轻空穴价带。与同 GaAs 一样,GaP 导带也具有多能谷特征,共有 3 个能谷,分别在〈111〉方向(记为 L_c)、点 Γ_c 和〈100〉方向(记为 X_c)。有关 3 个能谷之间的导带细节未在图 1.53 中示出。GaP 的带隙由价带顶和 X_c 能谷最低点之间的能带差决定,所以 GaP 是间接带隙半导体。另外,L_c 能谷仅比 X_c 能谷高 0.1 eV。

(2) GaP 中的杂质

GaP 中的施主杂质和受主杂质的形成规律与 GaAs 中的情况很相似,具体列于表 1.10 中,表中杂质元素符号的下脚标表示该种杂质进入 GaP 晶格后取代的是 Ga 原子还是 P 原子。

表 1.10 还列出了等电子陷阱的能级，下面来阐述等电子陷阱的意义及其形成机制。当向 GaP 中掺杂与其中一个组元同族的杂质时，由于杂质在成键电子数目上和基质原子相同，此类杂质基本上是中性的。但由于杂质和基质原子在原子序数、共价半径和电负性上的差别，杂质原子可以俘获某种载流子而成为带电中心，一般称此带电中心为等电子陷阱。显然，只有杂质原子与基质原子在共价半径和电负性上差别很大时，才能形成等电子陷阱。N 取代 GaP 中 P 时，N 的共价半径小于 P，而电负性却大于 P，所以 N 很容易俘获电子而成为负电中心。Bi 取代 GaP 时，则可以俘获空穴而成为正电中心。等电子中心可以再俘获半导体中与之反号的载流子形成所谓束缚激子。由于束缚激子的束缚能较小，激子很容易发生辐射跃迁。事实上束缚激子的跃迁同直接跃迁很相似，所以其发光效率得以大大提高。

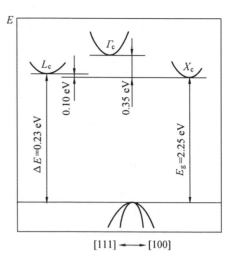

图 1.53 GaP 能带结构示意图

表 1.10 GaP 晶体中的杂质能级

类型	元素	能级/eV	
		E_c	E_V
施主	S_p	−0.104	
	Se_p	−0.102	
	Te_p	−0.0895	
	Si_{Ga}	−0.082	
	Sn_{Ga}	−0.065	
	O_p	−0.896	
受主	C_p		+0.041
	Co		+0.41
	Cd_{Ga}		+0.097
	Zn_{Ga}		+0.064
	Mg_{Ga}		+0.054
	Be_{Ga}		+0.056
	Si_p		+0.203
	Ge_p		+0.30
等电子陷阱	N	−0.008	
	Bi		+0.038
	Zn−O	−0.30	
	Cd−O	−0.40	
	Mg−O	−0.15	

另外,等电子配合物也可以形成等电子陷阱,例如,Zn-O、Cd-O 和 Mg-O 均可以在 GaP 中形成等电子配合物进而形成等电子中心,其中,Zn、Cd 和 Mg 原子替代 Ga,O 原子替代 P。

(3) GaP 半导体的应用

当向 GaP 中掺入可以形成等电子陷阱中的杂质时,束缚激子辐射复合作用同直接跃迁很相似,使得 GaP 的发光效率大幅度提高,所以掺杂的 GaP 特别适合于制作发光二极管。而且,通过不同杂质的掺杂,其发光波长(颜色)也可以发生变化。如较低浓度 N 掺杂可以制作绿光发光二极管;掺 Zn 和 O 的 GaP 可以制作红光发光二极管;而向 GaP 中做高浓度掺杂后可以制作黄光发光二极管。此外,GaP 也可以制作雪崩二极管。

4. InSb 的能带结构和性质

图 1.54 为 InSb 能带结构示意图,InSb 的价带共有 3 个,其中 V_1 是重空穴价带,V_2 是轻空穴价带,V_3 是自旋的轨道耦合而分裂出的价带。InSb 导带底附近的等能面是球面,室温下有效质量 $0.135 m_0$ 随能量增加,$E-k$ 曲线迅速下降。InSb 可以看做是直接带隙半导体,因为导带的极底点也位于布里渊区的中心。InSb 的带隙是所有Ⅲ-Ⅴ族化合物半导体中最小的。

由于过窄的禁带宽度,InSb 不太适合于制作像 p-n 结这样的器件,但 InSb 适合制作红外检波器、高灵敏度光电池以及红外线滤光器(波长范围为 2.0~7.5 μm)。

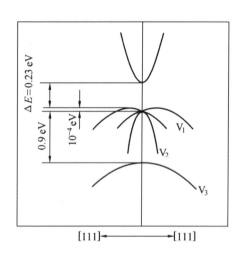

图 1.54 InSb 能带结构示意图

5. GaN 的能带结构和性质

(1) 基本性质

目前,有关 GaN 半导体材料及器件的研究得到十分广泛的重视,特别是其优异的光电子学性质,引起人们极大兴趣[25,26]。GaN 可以形成纤锌矿和闪锌矿两种晶体结构(图 1.49),常见的是具有纤锌矿晶体结构的 GaN。纤锌矿 GaN 是直接带隙半导体,这是 GaN 半导体作为重要的光电子学器件的基础。GaN 的能隙很大,300 K 下 E_g 为 3.39 eV。电子有效质量为 $(0.20 \pm 0.02) m_0$,电子的迁移率为 600 $cm^2 \cdot (V \cdot s)^{-1}$。GaN 的物理性质列于表 1.11 中[27]。GaN 具有良好的化学稳定性,在室温下不溶于水、酸和碱。GaN 的化学稳定性使得在制作 GaN 器件过程中无法应用湿法刻蚀工艺,现在主要利用等离子体工艺进行刻蚀。

表 1.11 纤锌矿 GaN 的物理性质

物 理 性 质	数　　值
晶格常数(300 K)/nm	$a = 0.3189$ $c = 0.5185$
带隙能量/eV	$E_g(300\ K) = 3.39$ $E_g(1.6\ K) = 3.50$
带隙温度系数(大于 180 K)/(eV·K^{-1})	$dE_g/dt = -6.0 \times 10^{-4}$
带隙压力系数(300 K)/(eV·MPa^{-1})	$dE_g/dp = 4.2 \times 10^{-5}$
膨胀系数(300 K)/K^{-1}	$\Delta a/a = 5.59 \times 10^{-6}$ $\Delta c/c = 3.17 \times 10^{-6}$
热导率/[W·(cm·K)$^{-1}$]	$k = 1.3$
折射率	$n(1\ eV) = 2.33$ $n(3.38\ eV) = 2.67$
介电常数	$\varepsilon_0 = 9.5$ $\varepsilon_\infty = 5.35$
电子有效质量	$m_e^* = (0.20 \pm 0.02)m_0$

(2) GaN 的掺杂

Si 和 Ge 取代 Ga 可以实现 GaN 的施主掺杂[28],可获得的电子浓度范围分别为 2×10^{19} cm^{-3}和$7 \times 10^{16} \sim 1 \times 10^{19}$ cm^{-3}。在一般情况下,对 GaN 进行受主掺杂比较困难。对于 GaAs 和 GaP 而言,均可以利用Ⅱ族元素取代 Ga 来实现受主掺杂,但常规掺杂 Mg 的 GaN 是高阻材料。研究表明[29],利用低能电子束辐照处理掺 Mg 的高阻 GaN 薄膜,使其变成导电 GaN 以后,才能获得高空穴浓度的 p 型 GaN。将掺 Mg 的 GaN 样品在 700℃ N$_2$ 气氛中退火,也能获得 p – GaN[30]。

(3) GaN 的应用

由于 GaN 是直接带隙半导体,带间辐射复合效率很高,又因为 GaN 及其合金带隙覆盖了红光到紫外光的光谱范围,GaN 系列材料是较理想的短波长发光器材料。用 GaN 制作的蓝色和绿色发光二极管(LED)性能十分优异。GaN 多量子阱蓝色激光器也十分令人感兴趣。

另外,GaN 系材料在紫外探测器及高温、大功率场效应管等方面的应用前景也十分广阔。

6. 三元Ⅲ – Ⅴ族化合物固溶体[31]

前面主要介绍了几种典型的二元Ⅲ – Ⅴ族化合物半导体的能带结构和一些重要性质,其应用相当广泛,有些应用是 Ge、Si 半导体所不及的。二元Ⅲ – Ⅴ族化合物半导体可以通过再引入Ⅲ族或Ⅴ族元素原子,形成三元或四元Ⅲ-Ⅴ族化合物固溶体。由于利用成分可以改变固溶体的点阵常数和能带结构,可对多元Ⅲ-Ⅴ族化合物固溶体的性能在很大范围内进行设计,在许多领域,特别是在光电子学方面有很重要的应用。

(1) $GaAs_{1-x}P_x$ 半导体

在 $GaAs_{1-x}P_x$ 化合物中,P 取代 GaAs 中 As 的位置,可以将其看成是 GaAs 和 GaP 构成的二元固溶体。由 GaAs 和 GaP 的能带结构可知,GaAs 和 GaP 在能带结构上有许多相似之处。两者价带很相似,导带都是多能谷的,分别在点 Γ、X 有一个导带能谷,但是 GaAs 为直接带隙半导体,GaP 为间接带隙半导体。$GaAs_{1-x}P_x$ 的能带结构介于 GaAs 和 GaP 的能带结构之间,导带也在点 Γ、X 处有能谷。对应于价带到 Γ 能谷的跃迁为直接跃迁;对应于价带到 X 能谷的跃迁为间接跃迁。两种带隙与成分 x 的变化关系如图 1.55 所示。随 P 含量的增加(x 增加)直接带隙和间接带隙的宽度均增加,但直接带隙宽度随 x 增加速度大于间接带隙的增加速度,当 $x > x_c \approx 0.46$ 时,$GaAs_{1-x}P_x$ 半导体转变为间接带隙半导体,即转变为类 GaP 的能带结构。当能带结构转变为间接带隙时,$GaAs_{1-x}P_x$ 辐射跃迁概率和发生效率均大大降低。由于 $GaAs_{1-x}P_x$ 主要用于发光二极管,所以在一般情况下,$x \approx 0.4$。

另外也可以向 $GaAs_{1-x}P_x$ 中引入等电子中心(如掺 N),利用束缚激子的辐射复合来发光。此时,x 可以大于 0.46,而且随 x 的变化可以实现发光颜色的变化。

(2) $Ga_{1-x}Al_xAs$ 半导体

在 $Ga_{1-x}Al_xAs$ 半导体中,Ga 和 Al 具有相似的化学特性,可以将 $Ga_{1-x}Al_xAs$ 看成是 GaAs 和 AlAs 的固溶体,其能带结构与 GaAs 的能带结构相类似,如图 1.56 所示。当 x 增加时,$Ga_{1-x}Al_xAs$

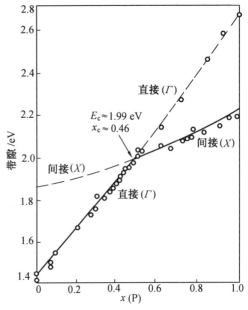

图 1.55 $GaAs_{1-x}P_x$ 的带隙随 x 的变化关系

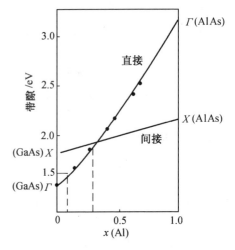

图 1.56 $Ga_{1-x}Al_xAs$ 的带隙随 x 的变化关系

的能带结构逐渐向 AlAs 过渡,由于 AlAs 是间接带隙半导体,所以当 $x > 0.31$ 时,$Ga_{1-x}Al_xAs$ 的能带特征由类 GaAs 的直接带隙转变为类 AlAs 的间接带隙。

$GaAs_{1-x}P_x$ 可以制作发光效率高的红色发光二极管,也可以制作在室温下连续工作的半导体激光器。

二、Ⅱ-Ⅵ族化合物半导体

1. 概述

Ⅱ-Ⅵ族化合物半导体是周期表Ⅱ副族和Ⅵ主族元素构成的半导体,其中Ⅱ族元素主要有 Zn、Cd 和 Hg,Ⅵ族元素主要有 S、Se 和 Te。Ⅱ-Ⅵ族化合物半导体中Ⅱ族元素和Ⅵ族元素的电负性差别较大,所以化合物的离子键成分较大。作为半导体材料而言,Ⅱ-Ⅵ族化合物的重要特点是,它们都是直接带隙半导体,这决定了它们在光电器件上应用的优势。另外,在三元固溶体中,通过第三组元的加入及其含量的控制可调节禁带宽度(如 $Cd_xHg_{1-x}Te$),以其制造的光电器件的工作波长范围可以进行设计和选择。Ⅱ-Ⅵ族化合物的缺点是其内部点缺陷密度大,且易引起载流子补偿作用,很难制备 p-n 结,这一缺点限制了其应用范围。

另外,某些Ⅱ-Ⅵ族化合物半导体的单晶制备比较困难,但由于薄膜技术的发展,为克服这一困难创造了条件。现在,人们可以用外延技术在合适的衬底上制备出质量很好的Ⅱ-Ⅵ族化合物半导体薄膜。本节主要介绍几种典型的Ⅱ-Ⅵ族化合物半导体的性质及应用。

在Ⅱ-Ⅵ族化合物中,除氧化物外,大部分化合物半导体的晶体结构为闪锌矿和纤锌矿结构。Ⅱ-Ⅵ族化合物半导体的禁带宽度相差比较大,如 HgTe 的能隙为 0.3 eV,而 ZnS 的能隙为 3.7 eV。另外,Ⅱ-Ⅵ族化合物半导体的载流子迁移率也有较大差别。所以,在不同的应用场合应选取不同的半导体材料。

2. Ⅱ-Ⅵ族化合物半导体中的点缺陷

Ⅱ-Ⅵ族化合物半导体中离子键成分较大,两种原子的电子亲和力相差很大,点缺陷(主要间隙原子和空位)对材料的性能有很大影响。以空位为例,不同的空位引起的作用不同,既可以起施主作用,也可以起受主作用。这里扼要介绍空位和间隙原子的作用及其对Ⅱ-Ⅵ族化合物半导体性质的影响。

为讨论问题方便起见,将Ⅱ-Ⅵ族化合物半导体记为 MX,其中 M 代表 +2 价的金属原子,X 代表 -2 价的Ⅵ族原子。在 MX 晶体中,M^{2+} 和 X^{2-} 离子是相间排列的,图 1.57 在平面内示意地画出了两种离子排列规律及空位的形成。当 X 原子缺失而形成空位时,记为 V_X。V_X 空位相当于 X 原子所占据位置拿走了一个中性原子,由于未形成空位时,X 要提供两个电子,所以 V_X 空位相当于具有两个电子的负电中心。这两个电子易于被激发而进入导带,因此,V_X 相当于施主。当 V_X 给出电子时,就相当于一个正电中心,记为 V_X^+(给出 1 个电子)和 V_X^{2+}(给出 2 个电子)。

当 M 原子形成空位时(记为 V_M),相当于空位处失去了 2 个电子,故 V_M 可以认为是 2 个带正电的空穴,空穴很易激发到价带,V_M 起受主的作用。V_M^{1-} 和 V_M^{2-} 分别代表 1 个和 2 个空穴。

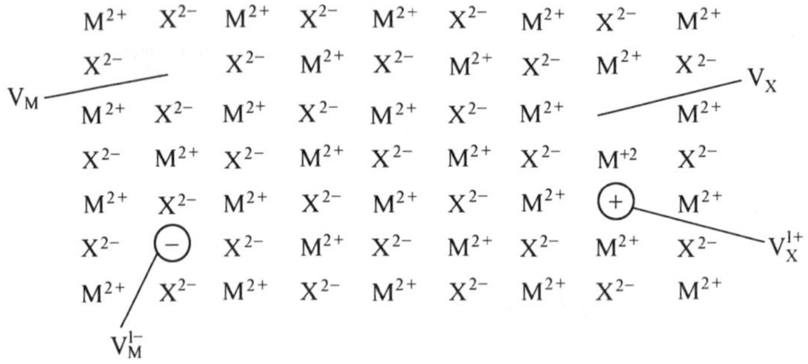

图 1.57　Ⅱ - Ⅵ族化合物半导体中空位及激发态示意图

3. Ⅱ - Ⅵ族化合物半导体的能带结构

表 1.12 给出了具有闪锌矿结构的Ⅱ - Ⅵ族化合物半导体的一些性质。由表可见,随原子序数的不同,Ⅱ - Ⅵ族化合物半导体的能带结构差别还是相当大的。尽管它们都是直接带隙半导体,却原子序数越大,禁带宽度越小。应当指出,Ⅱ - Ⅵ族化合物薄膜的性质与块体材料有差别,在研究薄膜材料时,表 1.12 中的数据仅供参考。

表 1.12　具有闪锌矿结构的Ⅱ - Ⅵ族化合物半导体的一些性质

性　质	ZnS	CdS	HgS	ZnSe	CdSe	HgSe	ZnTe	CdTe	HgTe
晶格常数/nm	0.541	0.583	0.582	0.566	0.605	0.608	0.608	0.648	0.643
带隙/eV	3.6	2.4	2.0	2.7	1.7	0.6	2.3	1.6	0.3
$\mu_n/[cm^2 \cdot (V \cdot s)^{-1}]$		140	150		200		100	600	
$\mu_h/[cm^2 \cdot (V \cdot s)^{-1}]$			1.5		15		7	100	

(1) CdTe 的能带结构

图 1.58 是 CdTe 能带结构示意图。CdTe 的价带有 3 个,其中能量较低的价带是由自旋 - 轨道分裂出来的。较高的 2 价带,一个是重空穴价带,一个是轻空穴价带。CdTe 的导带只有一个能谷,其带底位于点 Γ_6,与价带顶处于同一点,CdTe 为直接带隙半导体。室温下带隙为 1.5 eV。

(2) HgTe 的能带结构

图 1.59 是 HgTe 能带结构示意图。HgTe 同样有 3 个价带,且在点 Γ 是不重叠的,即是非简并的。HgTe 的导带也是单能谷的,为直接带隙半导体。HgTe 能带的显著特点是带隙很小,在室温下导带和最高价带甚至相重叠,带隙为 - 0.15 eV,所以在室温下具有半金属的性质。

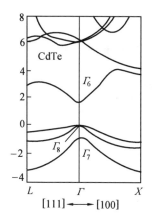

图 1.58 CdTe 能带结构示意图

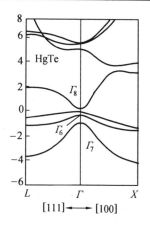

图 1.59 HgTe 能带结构示意图

(3) $Cd_xHg_{1-x}Te$ 半导体的能带结构

如图 1.60 所示,当 x 较小时,$Cd_xHg_{1-x}Te$ 的能带结构是类 HgTe 的;而当 x 很大时,$Cd_xHg_{1-x}Te$ 的能带结构是类 CdTe 的;当 $x<0.14$ 时,$E_g<0$,导带和价带重叠,是半金属性质的;当 $x>0.14$ 时,$E_g>0$,导带和价带分开,$E_g>0$,是半导体性质的。能隙 E_g 与成分 x 的关系示于图 1.61。

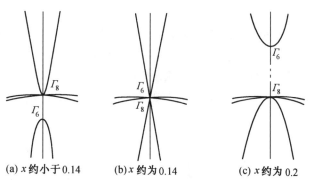

(a) x 约小于 0.14　　(b) x 约为 0.14　　(c) x 约为 0.2

图 1.60 $Cd_xHg_{1-x}Te$ 能带随 x 变化示意图

(4) Ⅱ-Ⅵ族化合物半导体的应用

HgTe、HgSe 和 $Cd_xHg_{1-x}Te$ 均可以制作霍尔器件,尤其是 $Cd_xHg_{1-x}Te$ 制作霍尔器件时,阻值及输出电压温度系数低。另外,$Cd_xHg_{1-x}Te$ 可以用来制作红外探测器,由于其窄带隙可以通过成分调解,$Cd_xHg_{1-x}Te$ 可用来制作 1~40 μm 各种波长的红外探测器,特别是可以制造 8~14 μm 大气透明窗口探测器。

无汞的 Ⅱ-Ⅵ族化合物半导体的带隙较大,又是直接带隙,所以可以用来制造可见光、紫外光,甚至是 X 光的探测器,也可用来制作各种波长下的光敏电阻。CdS 常用来制造太阳能电池,另外,ZnS、ZnSe 也可用来制造电致发光器件。

总之,Ⅱ-Ⅵ族化合物在光电器件中的应用很广泛,特别是薄膜技术的发展,这种应用会越来越广泛。

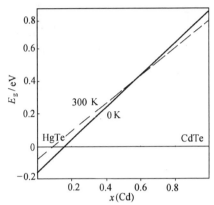

图 1.61　$Cd_xHg_{1-x}Te$ 的能隙 E_g 与 x 的关系

1.5　非晶态半导体

与晶体的结构不同,非晶体中原子排列是长程无序的,不具有像晶体那样的平移周期性。图 1.62 为晶态和非晶态固体原子排列的二维示意图。在晶态中原子做规则排列,而非晶态中原子排列失去了长程有序,只有短程内的有序分布。非晶固体中的原子无序决定了其特殊的能带结构和性质。非晶态半导体具有许多优异的性质,在光电器件、电路器件中都有非常重要的应用。

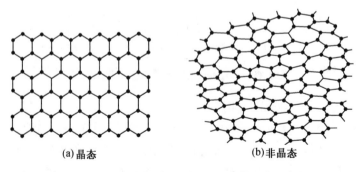

(a) 晶态　　　　　　　　　　(b) 非晶态

图 1.62　晶态和非晶态固体原子排列的二维示意图

不同的材料体系、不同成分的非晶态半导体的非晶态形成能力有很大差别,其制备工艺也有所不同。现在研究较为深入和应用比较多的非晶态半导体是非晶硅半导体和硫属非晶半导体。非晶硅半导体主要是用气相冷凝方法制备膜材料,而硫属非晶半导体,既可以用气相冷凝方法制备,也可以用熔体快淬方法制备。

一、非晶态半导体的一般性质

1. 非晶态半导体的能带结构

在晶态固体中,由于严格的晶格周期性,单电子波函数可用布洛赫函数来描述,正因为布洛赫电子在周期性势场的作用下,引起了能带结构,也就是说,晶态固体中是电子的扩展行为引起能带的。在非晶态固体中,由于原子的长程无序,固体中不存在周期性势场。这种结构无序引起频繁的电子散射,电子波函数在几个原子间隔内就失去了相干性。由于动量的不确定性,波矢 k 不再是好量子数。所以,不能在 k 空间描写非晶态固体的能带结构。一般用态密度和能级 E 的关系描述非晶体固体的能带结构。

非晶态的能带理论主要是莫特(Mott)等人发展起来的[32,33]。在非晶固体中,尽管成分和拓扑学无序可以引起电子的局域态,但是,由于短程有序存在对这种电子局域化的限制,电子的扩展态依然是存在的。扩展态存在不同的能量区间,如图 1.63 所示,与晶带半导体相似,称能量较低的扩展态为价带,称能量较高的扩展态为导带。由于在非晶态固体中,电子具有很强的局域化特征,除了扩展态以外,还存在定域态。定域态存在于价带或导带的尾部,故称为尾态。图 1.63(a)中 E_c 到 E_A 和 E_B 到 E_V 间的阴影部分就是定域态(尾态)。

现在分析 E_c 和 E_V 的意义。由于 E_c 和 E_V 是扩展带边缘,处于扩展态中的电子是可以导电的。虽然,定域态中的电子也可以导电(后面论述),但在绝对零度下,局域态上的电子全部被限制在定域态中不能迁移。即在导带中,$T = 0\ \text{K}$ 时

$$E > E_V \neq 0$$
$$E < E_c = 0$$

E_c 为导带的迁移率边。同理,E_V 是价带的迁移率边。而在 $E_V < E < E_c$ 范围内,绝对零度时,电导率 $\sigma = 0$。所以,非晶半导体中能隙实际上是迁移率隙。

对于实际半导体而言,总是存在各种各样的缺陷,例如,非晶态半导体中的原子周围的价键不可能全部是饱和的,即存在悬挂键。悬挂键可以束缚电子而引起新的局域带。这种局域态既可以是施主(E_d),也可以是受主(E_a),如图 1.63(b)所示。

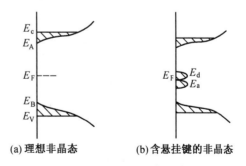

图 1.63 非晶半导体的能带模型

实验证明,在非晶态半导体中,费密能级 E_F 常常被钉扎在能隙(迁移率隙)中间,且随温

度变化不大,如图 1.63 所示。

2. 非晶态半导体的导电机制

首先,来分析扩展态电子的导电行为。当温度足够高时,电子可以被激发到导带的迁移率边 E_c 以上而对电导有贡献。容易理解,这种跃迁的电子越多,电导率也就越大。扩展态电子对电导率的贡献为[9]

$$\sigma_1 = \sigma_{\min}\exp\frac{-(E_c - E_F)}{k_B T} \qquad (1.65)$$

式中　E_c——迁移率边的能量;

　　　E_F——费密能;

　　　$\sigma_{\min}$——扩展态开始导电时的电导率;

　　　σ_1——电导率,与具体的无序结构有关。

实验证明,扩展态电子的迁移率很小,其电导率也相应很低,这主要是由于电子受到长程无序原子的剧烈散射造成的。

下面来分析定域态电子的导电机制。

前面已经指出,在非晶态半导体中存在大量的定域态电子,借助于热激活、隧道效应和原子热振动,定域态电子可以从一个定域态中心跃迁到另外一个定域态中心,从而在电场作用下形成定向漂移运动而对电导率有贡献。这种在定域态上通过跃迁而实现导电的机制如图 1.64 所示。

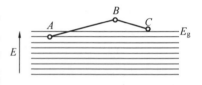

图 1.64　定域态电子跃迁导电机制

这种跳跃式导电又可分为以下三种情况:一是费密能级附近定域态间跳跃电导率,记为 σ_1;二是极低温度下变程跳跃电导率,记为 σ_2;三是带尾定域态电导率,记为 σ_3。非晶态半导体电导率与温度倒数的关系如图 1.65 所示。

3. 非晶态半导体的光吸收特性

如前所述,非晶态固体不存在原子的长程有序,波矢 k 不再是描述电子的好量子数。所以,在讨论非晶态半导体的光吸收问题时,不必考虑电子跃迁的动量守恒条件。也就是说,只要入射光子能量合适,电子就可以从较低能量的量子态跃迁到能量较高的量子态(如果该量子态未被其它电子所占据)。可以认为,在非晶态半导体中,不存在间接跃迁引起的吸收。这是非晶态半导体重要的光电子特性。

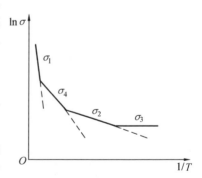

图 1.65　非晶半导体电导率与温度倒数的关系

前面讨论了非晶态半导体能带结构的一般特点,从中可以看出,非晶态半导体的光吸收除本征吸收外,还存在扩展态 – 局域态间的电子跃迁引起的吸收。与晶态半导体相比,非晶半导体还存在激子吸收、声子吸收和杂质吸收等。

图 1.66 为典型非晶态半导体的光吸收曲线示意图。图中高频吸收区"A"对应于电子从价带向导带跃迁所引起的本征吸收。"B"区吸收系数 α 与光子频率(能量)成指数关系,故称之为指数吸收区。一般认为,此区对应于电子从价带扩展态至导带带尾态,或价带带尾态到导带扩展态跃迁而引起的吸收。"C"区为弱吸收区,有可能是带尾态间跃迁造成的,但尚有争议。

在图 1.66 中,由 A 区和 B 区交点对应的光子能量(图中虚线)就是非晶态半导体禁带宽度,也称光学带隙,记为 E_{opt}。

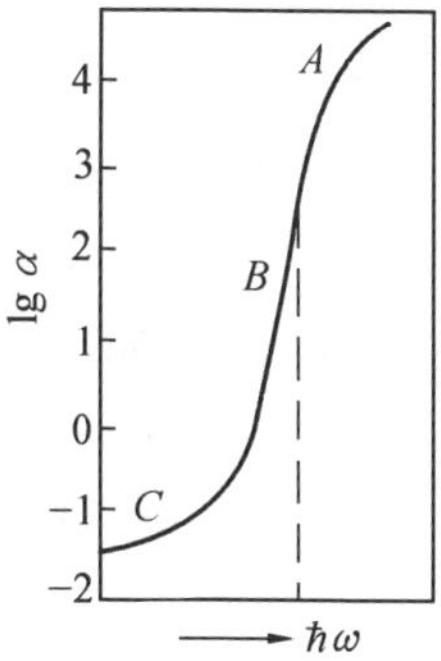

图 1.66 典型非晶态半导体的光吸收曲线示意图

二、a-Si:H 非晶 Si 半导体

未掺杂的非晶硅由于电阻太大难于广泛应用。1971 年后,斯皮尔(Spear)等人用辉光放电分解 SiH_4 制备氢化非晶硅(记为 a-Si:H)后[34],非晶硅半导体的应用才越来越受到重视。在 a-Si:H 中,由于 H 对非晶硅中悬挂键的饱和作用,缺陷浓度大大降低,a-Si:H 的性能得到了很大程度的改善。实验发现,在 a-Si:H 中,H 的摩尔分数为 10% 左右时,其性能最好。

1. a-Si:H 的制备

通常情况下是在某种衬底上制备 a-Si:H 薄膜,主要利用辉光放电分解硅烷(SiH_4)方法制备 a-Si:H 薄膜。该种方法实际上是等离子体强化的化学气相沉积。借助于等离子辉光放电将通入反应的硅烷分解,并产生组成物复杂的等离子体,如离子、中性粒子、活性基团和电子等,它们在衬底上发生化学反应形成 a-Si:H,总的反应方程式为

$$SiH_4 \longrightarrow a-Si:H + H_2 \tag{1.66}$$

在辉光放电法制备 a-Si:H 薄膜时,可向反应室中加入少量磷烷、砷烷和乙硼烷等,实现 a-Si:H 的掺杂。当然,也可通过离子注入方法实现 a-Si:H 的掺杂。

2. a-Si:H 的性能

(1) 电子性能

未经掺杂的 a-Si:H 一般是弱 n 型的,掺入 B 以后,可使 a-Si:H 的半导体类型向 p 型转化。当 B 掺入量较少时,由于 B 对 a-Si:H 中的电子载流子的补偿作用,可以使 a-Si:H 变为本征型的。当 B 含量继续增加时,a-Si:H 为 p 型半导体。随 B 含量的增加,a-Si:H 电导率逐渐增加(在一定 B 浓度范围内)。在 a-Si:H 中掺入 P 可以实现 n 型掺杂,且 a-Si:H 电导率随 P 掺杂浓度的提高而增加(在一定 P 浓度范围内)。

应当注意的是,当掺杂浓度很高时,由于合金化等原因,a-Si:H 的电导率可能下降。

(2) a-Si:H 的光电性能

尽管 a-Si:H 与其它半导体一样,其光吸收行为同图 1.66 所示的一般规律相似,但光吸

收曲线具体形状与 a-Si:H 能带的具体细节有关[35]。图 1.67 给出了 a-Si:H 吸收系数与光波波长的关系,图中还给出了太阳辐射光谱曲线和单晶硅的吸收曲线。由图 1.67 可以发现,在太阳光谱峰值附近,a-Si:H 的吸收系数比单晶硅高一个数量级。所以,a-Si:H 作为太阳能电池材料具有很大的优势。a-Si:H 高的吸收系数是由于在非晶态中光吸收均是由直接跃迁引起的,不必满足动量守恒条件。

由于 a-Si:H 的光吸收系数比较大,所以 a-Si:H 的光电导率比较大。

3. a-Si:H 的应用

由于 a-Si:H 的光吸收系数在太阳光谱峰值附近很大,所以 a-Si:H 半导体特别适用于制作太阳能电池。另外,由于 a-Si:H 可以在制备薄膜过程中方便地进行高浓度掺杂,其 p-n 结的性能也十分优异,这不仅使 a-Si:H 太阳能电池性能优异,也可以制作其它光电器件。

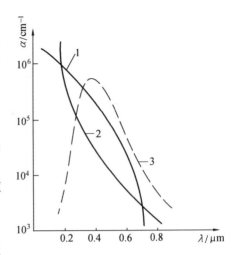

图 1.67 非晶硅的光吸收曲线
1—非晶;2—晶态;3—太阳光谱

另外,在一定的组成范围内,元素周期表中Ⅵ族元素如 S、Se、Te 能与 As、Ge、Si、Tl、Pb、P、Sb 和 Bi 等的一种或几种形成非晶态物质。这种以Ⅵ族元素为主体的非晶态半导体,称为硫属化合物非晶半导体[35]。硫属非晶半导体主要有 As_2S_3、As_2Se_3、AsTeGeSi、TeGeSSb、GeTeSeAs 等。硫属非晶半导体不仅具有良好的光吸收和光发射特性,而且还具有开关效应和存储特性。这些特性使得硫属非晶半导体在发光、存储等方面具有重要作用。

参 考 文 献

1　黄昆原著,韩汝琦改编.固体物理学.北京:高等教育出版社,1988
2　(美)Yu P,(德)Cardona M.半导体材料物理基础.贺德衍译.兰州:兰州大学出版社,2002
3　黄昆,谢希德.半导体物理学.北京:科学出版社,1958
4　(日)滨川圭弘编著.半导体器件.彭军译.北京:科学出版社,2002
5　Smith R A. Semiconductors. London: Cambridge University Press,1978
6　刘恩科,朱秉升,罗晋升,等.半导体物理学.西安:西安交通大学出版社,1998
7　李言荣,恽正中.电子材料导论.北京:清华大学出版社,2001
8　顾秉林,王喜坤.固体物理学.北京:清华大学出版社,1989
9　方俊鑫,陆栋.固体物理学(下).上海:上海科学技术出版社,1981
10　夏建白.现代半导体物理.北京:北京大学出版社,2000
11　李言荣,恽正中.电子材料导论.北京:清华大学出版社,2001
12　(英)施罗特尔 W.半导体的电子结构和性能.甘骏人,夏冠群译.北京:科学出版社,2001

13　Watkins G D. In deep centers in semiconductor. New York: Gordon and Breach, 1986

14　刘恩科,朱秉升,罗晋生,等.半导体物理学.西安:西安交通大学出版社,1998

15　(德)Herzog H, Kasper E.硅锗的性质.余金中译.北京:国防工业出版社,2002

16　de Gironcoli S, Giannozzi P. Structure and thermodynamics of Si_xGe_{1-x} alloys from ab initio MonteCarlo simulations. Phys. Rev. Letter, 1991, 66: 2116~2119

17　Fabbri R, Cembali F, Servidori M, et al. Analysis of thin-film solid solutions on single-crystal silicon by simulation of X-ray rocking curves: B – Si and Ge – Si binary alloys. J. Appl. Phys., 1993, 74: 59~69

18　Ourmazd A, Bean J C. Observation of order-disorder transitions in strained-semiconductor systems. Phys. Rev. Letter, 1985, 55: 765~767

19　Braunstein R, Moore A R, Herman F. Intrinsic optical absorption in Germanium-Silicon alloys. Phys. Rev., 1958, 109: 695~710

20　Weber J, Alonso M I. Near-band-gap photoluminescence of Si – Ge alloys. Phys. Rev. B., 1989, 40: 5683~5693

21　周永溶主编.半导体材料.北京:北京理工大学出版社,1992

22　Aspnes D E. GaAs lower conduction band minima: Ordering and properties. Phys. Rev. B., 1976, 14: 5331

23　Blakmore J G. Solid state physics. London: Cambridge University Press, 1985

24　Milness A G. Deep imparities in semiconductors. New York: John Wiley and Sons, 1973

25　宋登元,王秀山.GaN材料系列的研究进展.微电子学,1998,28(2):124~128

26　曹传宝,朱鹤孙.氮化镓薄膜及其研究进展.材料研究学报,2000,14(增刊):1~4

27　Stritess, Morkoc H. GaN, AlN and InN: A review. J. Vac. Sci. Tech., 1992, B10: 1237

28　Nakamura S, Mukai T, Seno M. Si and Ge-doped GaN film grown with GaN buffer layers. Jpn. J. Appl. Phys., 1992, 31: 2883

29　Amano H, Kito M, Hiramatsa, et al. P-type Conduction in Mg-doped GaN Treated with low energy electron irradiation (LEEBI). Jpn. J. Appl., Phys., 1989, 28: L2112

30　Nakamura S, Isawa N, Seno M, et al. Hole compensation mechanism of p-type NaN films. Jpn. J. Appl. Phys., 1992, 31: 1258

31　曲喜新,杨邦朝,姜节俭,等编著.电子薄膜材料.北京:科学出版社,1997

32　Mott N F, Davis E A. Electronic process in non-crystalline materials. Second Edition. Oxford: Clarendon Press, 1979

33　Davis E A, Mott N F. Conductivity, optical absorption and photoconductivity in amorphous semiconductor. Phil. May., 1970, 179(22): 903~922

34　Spear W E, leComber. Investigation of the localized state distribution in amorphous Si film. J. Non-Crystal Solids, 1972, 8~10: 727~738

35　(美)布罗德斯基 M H.非晶态半导体.朱琼瑞译.北京:国防工业出版社,1985

第二章 光纤通信材料

2.1 概　　述

1966年,英国标准电信研究所的华裔科学家高锟博士论证了石英玻璃光纤的传输损耗可降到 $20\ dB\cdot km^{-1}$(当时水平为 $1\ 000\ dB\cdot km^{-1}$)甚至更小的可能性。1970年,美国康宁(Corning)玻璃公司成功地拉制出世界上第一根损耗低于 $20\ dB\cdot km^{-1}$ 的单模石英光纤。这使人们确认光导纤维完全能胜任光通信的传输媒质,实现光纤通信,由此揭开了人类通信史的新篇章。20世纪80年代初,光纤的传输损耗在 $1.55\ \mu m$ 时已降至 $0.2\ dB\cdot km^{-1}$。目前,$10\ Gb\cdot s^{-1}$ 的系统已经商品化,而最高速率超过 $Tb\cdot s^{-1}$ 的光纤通信实验系统也已问世。世界光纤年产量已达 $6\times 10^7\ km$ 以上,铺设的光纤总长度已超过 $2\times 10^8\ km$,通信光纤主要材料是 SiO_2,密度是 $2.2\ g\cdot cm^{-3}$,光纤外径只有 $125\ \mu m$,每千米重 $27\ g$,单位长度的质量仅为同轴电缆的几千分之一。每根光纤的通信容量达到几千万甚至上亿条话路[1~3]。

光纤除上述损耗低、频带宽、信息容量大、体积小、质量轻等优点外,还具有如下独特优点:光纤传输过程没有电磁泄露,这不仅有利于保密,而且避免了线路的串扰;光纤传输过程不受外界电磁辐射的影响,可以在马达附近、核试验现场等恶劣环境下使用;经特殊设计的光纤,其传输光束的振幅、相位、偏振状态、波长等物理量可受外界环境调制而变化,通过相干光检测可得到极高的检测灵敏度,因而,光纤已作为传感介质广泛用于工业自动控制、军用侦察等领域[4~6]。

可以说,石英材料制成的光纤系列已成为人类信息社会的重要基石。

2.2 光在光纤中的传输原理

一、光波导与光纤

光波导是指将光波约束在其中并能定向传播的器件,通常其结构有多种形状,如圆柱形、平面形、矩形等,如图2.1所示。它们的共同特点是中央介质的折射率比周围介质高,利用光在两种介质界面上的全反射来约束光波,从而实现光在中央介质中的定向传输。

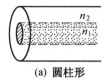 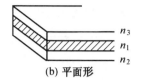 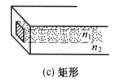

(a) 圆柱形　　(b) 平面形　　(c) 矩形

图 2.1　各种光波导

光纤是一种介质光波导。如图 2.2 所示,光纤可视为圆柱形光波导,分两个同轴区,内层为折射率高的纤芯,外层为包层,两者之间有良好的光学接触界面。

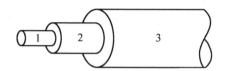

图 2.2　光纤的典型结构

1—纤芯；2—包层；3—缓冲涂覆层

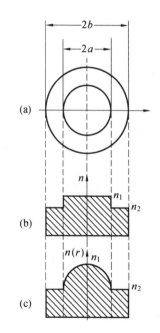

按纤芯折射率不同,光纤可分为阶跃折射率型光纤(简称阶跃光纤 SIF, step index fiber)和梯度折射率型光纤(简称渐变光纤或梯度光纤 GIF, graded index fiber)两种。图 2.3 表示了这两种光纤的横截面折射率分布。图 2.3(a)是光纤的横截面图,纤芯直径为 $2a$,包层直径为 $2b$。图 2.3(b)表示阶跃光纤的横截面折射率分布,其中 n_1 是纤芯折射率,分布是均匀的,其值略高一些；n_2 是包层的折射率,分布也是均匀的,其值略低一些。图 2.3(c)表示渐变光纤的横截面折射率分布,包层中折射率为 n_2,是均匀的,但在纤芯中折射率是半径 r 的函数 $n(r)$,其分布由包层起逐渐增大,并在纤芯中心处达到最大值 n_1。

按光纤传输特性不同,光纤又可分为单模光纤和多模光纤两大类。如图 2.4 所示,当光纤中只传输一种模式时,叫做单模光纤。单模光纤的纤芯直径极小,约在 $2a = 2 \sim 12\ \mu m$ 范围,纤芯-包层 的相对折射率差也小, $\Delta = (n_1 - n_2)/n_1 = 0.000\ 5 \sim 0.01$。当光纤中传输的模式是多个时,则称多模光纤。多模光纤的纤芯直径较大,芯径约在 $2a = 50 \sim 500\ \mu m$ 范围,纤芯-包层 的相对折射率差大, $\Delta = 0.01 \sim 0.02$。

图 2.3　光纤横截面折射率分布

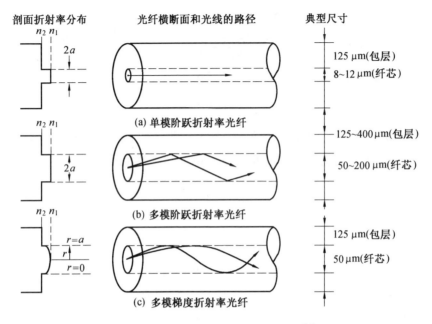

图 2.4 单模和多模光纤结构示意图[7]

二、阶跃折射率光纤中光线传输

1. 子午光线的传播

如图 2.5 所示,通过光纤中心轴的任何平面都称为子午面,位于子午面内的光线被称为子午线。图中 n_1、n_2 分别为纤芯和包层的折射率,n_0 为光纤周围媒质的折射率。

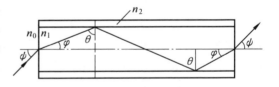

图 2.5 子午光线的全反射传播

子午光线传播的条件是入射到纤芯和包层分界面上的入射角应满足全反射条件,即 $\theta \geq \theta_c$,θ_c 为临界角,或 $\varphi \leq \varphi_c$,相应的入射端面上的入射角 $\psi \leq \psi_c$,即

$$\sin\theta_c = \frac{n_2}{n_1} \qquad \theta > \theta_c = \arcsin\left(\frac{n_2}{n_1}\right) \tag{2.1}$$

或

$$\sin\varphi_c = \sqrt{1-\left(\frac{n_2}{n_1}\right)^2} \tag{2.2}$$

由于子午光线在光纤中传播的轨迹是一条平面折线,所以光线在光纤中经过的路程长度(称为光路)一般都大于光纤的长度。由图 2.5 中的几何关系,可推导出单位长度的光纤中,其光路长度 $s_子$ 和全反射次数 $\eta_子$ 分别为

$$s_子 = \frac{1}{\cos \varphi} = \frac{1}{\sin \theta} \qquad (2.3)$$

$$\eta_子 = \frac{\tan \varphi}{2a} = \frac{1}{2a \tan \theta} \qquad (2.4)$$

式中　a——纤芯半径；

　　　φ——子午光线和光纤中心轴的夹角；

　　　θ——光纤内壁上的全反射角。

因此,长度为 L 的光纤中,其总光路长 $s'_子$ 和总全反射次数 $\eta'_子$ 分别为

$$s'_子 = Ls = \frac{L}{\cos \varphi}$$

$$\eta'_子 = L\eta = \frac{L \tan \varphi}{2a}$$

上述关系式说明,子午光线在光纤中传播的光路长度与纤芯直径无关,仅取决于光线在入射端面上的入射角 φ、光纤所处媒质的折射率 n_0 和光纤纤芯的折射率 n_1；全反射次数除与上述参数有关外,还与纤芯直径成反比。

2. 斜光线的传播

光纤中不在子午面上的光线均称为斜光线,它与光纤轴线既不相交也不平行,光路轨迹为空间左(右)螺旋折线,和光纤中心轴线等距,其几何关系如图 2.6 所示。

α、φ、γ 三个角度之间的关系如下：

$HT \perp OT$，则 QT 垂直于 KHT 平面。这样,△QTH、△QKT、△QKH 均为直角三角形。在△QTH 中,有

$$\cos \gamma = \frac{QT}{QH} \qquad QT = QH \cos \gamma$$

在△QKH 中,有

$$\sin \varphi = \frac{QH}{QK} \qquad QK = \frac{QH}{\sin \varphi}$$

在△QKT 中,有

$$\cos \alpha = \frac{QT}{QK} = \cos \gamma \sin \varphi \qquad (2.5)$$

显然,光线在光纤内壁上发生全反射时 α 是不变的,由于 $\sin \alpha = n_2/n_1$，由此可得到斜光线的全反射条件为

$$\cos \gamma \sin \varphi = \sqrt{1 - \left(\frac{n_2}{n_1}\right)^2} \qquad (2.6)$$

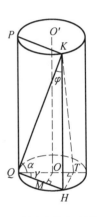

图 2.6　斜光线的全反射传播

KQ—入射斜光线,与光纤轴 OO' 不共面；H—K 在光纤横截面(或端面)上的投影；φ—斜光线与光纤轴间夹角；α—斜光线在光纤内壁上的入射角；γ—轴倾角,即斜光线在光纤内壁上入射点处横截面上的投影 QH 与入射点处法线 QT 之间的夹角

因此,在光纤中可以传播的斜光线必须满足

$$\cos \gamma \sin \varphi \leqslant \sqrt{1-\left(\frac{n_2}{n_1}\right)^2} \tag{2.7}$$

用光纤端面上的入射角代替折射角,则为

$$\cos \gamma \sin \psi \leqslant \frac{1}{n_0}\sqrt{n_1^2 - n_2^2} \tag{2.8}$$

由图2.6中几何关系可推导出单位长度光纤中斜光线的光路长度 $s_{斜}$ 和全反射次数 $\eta_{斜}$ 分别为

$$s_{斜} = \frac{1}{\cos \varphi} = s_{子} \tag{2.9}$$

$$\eta_{斜} = \frac{\tan \varphi}{2a \cos \gamma} = \frac{\eta_{子}}{\cos \gamma} \tag{2.10}$$

上述式说明,在 φ 角相等的情况下,斜光线和子午光线在光纤中的光路长度相同;而斜光线的全反射次数总比子午光线的多,它和轴倾角 γ 密切相关。从图2.6中 $\gamma=0$ 时对应子午光线的情况可以看出,式(2.10)与式(2.4)完全一致。

3. 光纤传输模式的特性

光纤中的传输模式是指其中光波场,即电磁场的分布状态。为说明光纤的电磁场分布情况,用图2.7(a)所示的 z 轴表示光纤纵轴方向,即光波传播方向,x 轴与 y 轴组成的平面表示

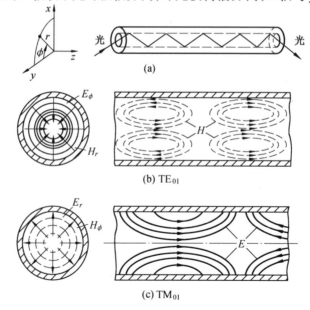

图2.7 阶跃光纤中的 **TE**、**TM** 类模式的分布[8]

光纤的横截面，r 代表光纤的径向，ϕ 代表圆周的方向。

横电模：如图 2.7(b)所示，在横截面上有电场(E_ϕ, E_r)分量，而在传输方向上没有电场分量($E_z=0$)，只有磁场分量($H_z \neq 0$)，这种模式称为横电模，简称为 TE_{mn} 波。

横磁模：如图 2.7(c)所示，在横截面上有磁场(H_ϕ, H_r)分量，而在传输方向上没有磁场分量($H_z=0$)，只有电场分量($E_z \neq 0$)，这种模式称为横磁模，简称为 TM_{mn} 波。

TE_{mn} 和 TM_{mn} 的注角：m 表示电场或磁场在圆周角 ϕ 方向分量的波节数，即光沿圆周角 ϕ 方向出现的暗区的个数；n 表示电场或磁场沿半径方向分量的波节数，即光沿半径方向出现的暗区个数。例如，图 2.7(b)中 TE_{01} 模式，$m=0$ 表示电场 E_ϕ 沿 ϕ 方向没有变化，观察它的图像，在 ϕ 方向没有出现光斑；$n=1$ 表示电场沿半径方向的分量出现一个波节点，在光纤中心处出现一个暗区。说明在光纤的横截面圆周角 ϕ 方向上，电场强度无变化，在沿半径方向上电场分量有一个波节。另据电磁场理论可推知，此时在纤芯横截面内电力线是一组圆，而磁力线是一组直线。TM_{01} 模式两个注角的解释同上，其场形分布如图 2.7(c)所示。

混合模：TE_{mn} 和 TM_{mn} 模式仅仅是两种特例。实际上电磁场分布还有许多复杂的模式分布，不但在光纤横截面上电场 E_ϕ、E_r 或磁场 H_ϕ、H_r 都不为零，而且在纵轴方向上电场 E_z 和磁场 H_z 也可能都不为零，这时光纤中传输的模式就是 TE 与 TM 模式的混合，称混合模。当纵轴方向的电场分量占优势、磁场很弱时，混合模记为 EH_{mn}；反之，磁场分量占优势、电场很弱时，混合模记为 HE_{mn}。

粗略地讲，光纤中的模式可分为传导模(也叫传输模)和辐射模两大类。传导模在纤芯内传播，能够从光纤输入端传播到输出端，而辐射模会在传播途中从光纤的包层辐射到光纤以外，造成辐射损耗。由于光纤的弯曲、波导结构的缺陷等，会造成传导模和辐射模之间的模式转换。

三、梯度折射率光纤中的光线传输

1. 子午光线的传播

如图 2.8 所示，将光纤分为若干阶梯状薄层，可以认为各层的折射率一定，以便采用类似前述的均匀折射率方法处理。入射到纤芯中央折射率最高处的三束光线在各层界面上按折射定律产生折射，并依次进入折射率较低的薄层中，入射角逐渐减小。光线①入射角最大，大于临界角 φ_c，经各界面折射后，进入包层中，形成辐射模；光线②入射角较光线①小，经数次折射后，可在某一界面满足全反射条件而被折回，趋向中心高折射率层，以至光线与轴向之间夹角变大，到达某一界面后再次被折回，重复上述过程，因此，光束以传输模形式被限制在纤芯内传播；光线③的入射角比光线②更小，因此，将在比光线②更靠近光纤中心轴的界面间重复地进行反射，并沿轴向传播。

梯度折射率光纤中子午线的传播轨迹形状取决于纤芯折射率的径向分布。正弦曲线就是其中一种特殊的子午光线，可以证明纤芯折射率取如下分布时，传播光线轨迹为正弦曲线。即

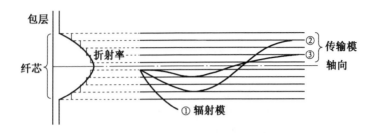

图2.8 梯度折射率光纤中光的传播

$$n(r) = n(0)\left[1 - \frac{(Ar)^2}{\cos\varphi}\right]^{\frac{1}{2}} \tag{2.11}$$

式中 $n(0)$——光纤轴上的折射率；

$n(r)$——离轴距离 r 处的折射率，$A = \sqrt{2\Delta}/a$；

φ——光线与轴的夹角。

不同入射角的光线沿轴向传播轨迹的周期不同，因而不能完全会聚于一点，如图2.9(a)所示。如果要求其完全会聚于一点(图2.9(b))，则纤芯沿径向的折射率分布应为双曲正割分布，即

$$n(r) = n(0)\operatorname{sech}(Ar) \tag{2.12}$$

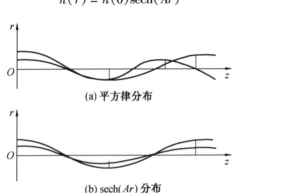

图2.9 子午线周期与折射率分布关系

2. 斜光线的传播

在梯度折射率光纤中斜光线的传播轨迹为空间曲线。螺旋光线就是梯度折射率光纤中的一种斜光线，可以证明当纤芯折射率分布满足如下分布时，即

$$n(r) = n(0)[1 + (Ar)^2]^{-\frac{1}{2}} \tag{2.13}$$

斜光线的传播轨迹为螺旋线，它在横截面上的投影如图2.10所示。

(a) 椭圆形轨迹　　　　　　　　(b) 螺旋光线

图 2.10　梯度光纤中斜光线传播轨迹投影

螺旋线轨迹的斜光线在行进中与光纤中心轴始终等距离,故其为轴向坐标 z 的周期函数,其周期取决于入射光线的位置和角度。一般情况下,不同入射位置和入射角的斜光线传播所形成的螺旋线,经过一个周期的轴向距离后,不能完全聚焦。

四、光纤的特性参数

1. 相对折射率差

$$\Delta = \frac{n^2(0) - n^2(a)}{2n^2(0)} \tag{2.14}$$

式中　$n(0)$——光纤中心轴处的折射率;

　　　$n(a)$——光纤包层内壁处的折射率;

　　　Δ——表征光被约束在光纤中的难易程度。由下面要讲到的"受光角"和"数值孔径"概念可推知,Δ 越大,越容易将传播光约束在纤芯中。

光纤通信中所用的光纤,一般纤芯的折射率 n_1 略大于包层的折射率 n_2,Δ 极小(小于 1%)。相对折射率差可近似表示为

$$\Delta \approx \frac{(n_1 - n_2)}{n_1} \approx \frac{(n_1 - n_2)}{n_2} \tag{2.15}$$

2. 受光角

通常把允许的最大入射角的 2 倍称为受光角,如图 2.11 所示,可由纤芯和包层界面的全反射条件求出。按折射定律,在入射端面上,有

$$\frac{\sin \psi_{max}}{\sin \varphi_c} = \frac{n_1}{n_0} = n_1 \tag{2.16}$$

在纤芯和包层界面上,有

$$\sin \varphi_c = \sqrt{1 - \cos^2 \varphi_c} = \sqrt{1 - \left(\frac{n_2}{n_1}\right)^2} \approx \sqrt{2\Delta} \tag{2.17}$$

所以

$$\sin \psi_{max} = n_1 \sqrt{2\Delta} \tag{2.18}$$

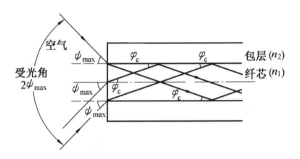

图 2.11 受光角示意图

受光角 $2\psi_{max}$ 表示在这个范围内的入射光,都可在光纤内传播,超出 $2\psi_{max}$ 范围的入射光线,不满足在光纤内传播的条件。当 ψ_{max} 较小时

$$2\psi_{max} \approx 2n_1\sqrt{2\Delta}$$

根据光线传播的可逆性,光从光纤出射时,出射角也应在此范围内。

3. 数值孔径

在阶跃折射率光纤中,对于子午光线传播,其几何关系参见图 2.5。由式(2.2) $\sin\varphi_c = \sqrt{1-\left(\dfrac{n_2}{n_1}\right)^2}$ (式中 $\varphi_c = 90° - \theta_c$),并利用折射定律,有

$$n_0 \sin\psi = n_1 \sin\varphi \tag{2.19}$$

得到

$$n_0 \sin\psi_c = n_1 \sin\varphi_c = \sqrt{n_1^2 - n_2^2} \tag{2.20}$$

由此可见,相应于临界角的入射角反映了光纤集光能力的大小,通常被称为孔径角。

定义

$$NA_m = n_0 \sin\psi_c = \sqrt{n_1^2 - n_2^2} \approx n_1\sqrt{2\Delta} \tag{2.21}$$

为光纤的数值孔径。

对于斜光线传播,其几何关系参见图 2.6。由式(2.8)可得在阶跃折射率光纤中传播的斜光线,应满足

$$n_0 \sin\psi \leqslant \dfrac{\sqrt{n_1^2 - n_2^2}}{\cos\gamma} \tag{2.22}$$

与子午光线的情况类似,定义斜光线的数值孔径为

$$NA_c = n_0 \sin\psi_c = \dfrac{\sqrt{n_1^2 - n_2^2}}{\cos\gamma} \tag{2.23}$$

因为 $\cos\gamma < 1$,所以 $NA_c > NA_m$。

以上是以阶跃光纤为例定义光纤的数值孔径。对于渐变光纤,由于其芯部折射率 $n(r)$ 是

其径向坐标 r 的函数,其横截面不同点处的折射率 $n(r)$ 不一样,从而它的数值孔径值也不一样。因此,对于渐变光纤需用局部数值孔径值 $NA(r)$ 来表示其横截面不同点处的数值孔径,即

$$NA(r) = \sqrt{n^2(r) - n_2^2} = n(r)\sqrt{2\Delta_r} \tag{2.24}$$

式中　$n(r)$——纤芯中离光纤轴心 r 处的折射率;

n_2——包层的折射率;

Δ_r——芯部 r 处与包层间的相对折射率差,$\Delta_r = \dfrac{[n(r) - n_2]}{n(r)}$。

当 $r = 0$ 时,$NA(0)$ 为最大值。因此,对于渐变光纤,其最大理论数值孔径仍可表示为

$$NA(r)_{\max} = NA(0) = \sqrt{n_1^2 - n_2^2} = n_1\sqrt{2\Delta} \tag{2.25}$$

4. 折射率分布函数

以 $n(r)$ 表示距光纤中心 r 处的折射率,则光纤横截面上折射率分布可表示为

$$n(r) = n_1\left[1 - 2\Delta\left(\dfrac{r}{a}\right)^\alpha\right]^{\frac{1}{2}} \qquad 0 < r < a \tag{2.26}$$

$$n(r) = n_1(1 - 2\Delta)^{\frac{1}{2}} \approx n_1(1 - \Delta) \qquad r > a \tag{2.27}$$

式中　$2a$——纤芯直径;

α——折射率分布指数。

$\alpha = 1, 2, 10, \infty$ 时的折射率分布曲线如图2.12所示。当 $\alpha = \infty$ 时,对应光纤为阶跃型光纤;当 $\alpha = 2$ 时,对应光纤为抛物型光纤,或称平方律型光纤;α 范围在2左右,对应光纤为梯度型或渐变型光纤。

5. 归一化频率

定义

$$V = ka(n_1^2 - n_2^2)^{\frac{1}{2}} = kan_1(2\Delta)^{\frac{1}{2}} \tag{2.28}$$

为光纤的归一化频率。

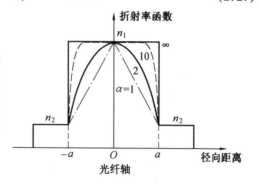

图 2.12　折射率分布曲线

式中　k——真空中的波数;

a——纤芯半径。

可见它与光纤的结构参数 Δ、n_1 和 a 有关,因此,V 又称为光纤的结构参数。光纤的很多特性都与光纤归一化频率 V 有关。比如,按照光在波导中传播的模式理论推导[9],对于一定的光纤结构和光波长,能够传播的传输模式数量是有限的,可用归一化频率表示。

梯度光纤中总的传输模式数

$$N = \frac{\alpha}{\alpha+2}\left(\frac{V^2}{2}\right) \tag{2.29}$$

对于阶跃型光纤,$\alpha \to \infty$,$N_{阶跃} = V^2/2$;对于抛物型光纤,$\alpha = 2$,$N_{抛物} = V^2/4$。

由式(2.28)可以看出,光纤的结构参数 Δ、n_1 和 a 越大,归一化频率 V 就越高,从而光纤中传输模式数量就越多。

另外,理论上一般用 $e^{j(\omega t - \beta z)}$ 来描述沿光纤轴正 z 方向传播的光波的模式,其中 ω 是传输光的角频率,β 称为光波的传播常数或相位常数。光纤中各传输模式的传播常数 β 也与归一化频率 V 有关,如图 2.13 所示。

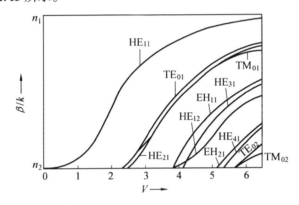

图 2.13 各种模式的 β 与归一化频率 V 的关系

由图 2.13 知,$0 < V < V_1 = 2.405$ 时,光纤中只能传输一个模式的光波,即基模(HE_{11})可以传播,这种光纤称为单模光纤。当 $V > V_1 = 2.405$ 时,光纤中传输模是多个,这种光纤称为多模光纤。

6. 截止波长

如图 2.13 所示,对于确定结构的单模光纤,其基模的光波长无限制,对应 $V_1 = 2.405$ 的光波长为高一阶模式 TE_{01} 的截止波长,称为单模光纤的截止波长 λ_c,由式(2.28)得

$$\lambda_c = \frac{2\pi n_1 a (2\Delta)^{\frac{1}{2}}}{2.405} \tag{2.30}$$

当 $\lambda > \lambda_c$ 时,光纤中传输模式为单模;当 $\lambda < \lambda_c$ 时,光纤中传输模式为多模。

选学内容:光纤传输的波动理论

为全面精确地分析光波导,需采用波动理论。一般的分析方法是从麦克斯韦方程组出发,推导出波动方程,然后对光纤进行分析。

一、基本波导方程

1. 麦克斯韦方程组和波动方程

微分形式的麦克斯韦方程组描述了空间和时间的任意点上的场矢量。对于无源的、均匀的、各向同性的介质,麦克斯韦方程组可表示为

$$\nabla \times \boldsymbol{E} = -\frac{\partial \boldsymbol{B}}{\partial t} \tag{1}$$

$$\nabla \times \boldsymbol{H} = \frac{\partial \boldsymbol{D}}{\partial t} \tag{2}$$

$$\nabla \cdot \boldsymbol{D} = 0 \tag{3}$$

$$\nabla \cdot \boldsymbol{B} = 0 \tag{4}$$

式中　$\boldsymbol{E}$——电场强度矢量;

　　　$\boldsymbol{H}$——磁场强度矢量;

　　　$\boldsymbol{D}$——电位移矢量;

　　　$\boldsymbol{B}$——磁感应强度矢量;

　　　∇——哈密顿算符。

对于无源的、各向同性的介质,有

$$\boldsymbol{D} = \varepsilon \boldsymbol{E} \qquad \boldsymbol{B} = \mu \boldsymbol{H}$$

式中　ε——介质的介电常数;

　　　μ——介质的磁导率。

介质的相对介电常数 ε_r 和相对磁导率 μ_r 以及介质的折射率 n 分别为

$$\varepsilon_r = \frac{\varepsilon}{\varepsilon_0} \qquad \mu_r = \frac{\mu}{\mu_0} \qquad n = \sqrt{\varepsilon_r}$$

式中　ε_0——真空中的介电常数;

　　　μ_0——真空中的磁导率。

光纤材料的磁导率等于真空中的磁导率 μ_0。

麦克斯韦方程组中含有两个未知量($\boldsymbol{E}$ 和 $\boldsymbol{H}$),在分析边界条件问题时很不方便,有必要经下面的数学处理来得到只含有一个未知量的方程。

首先对式(1)两边取旋度

$$\nabla \times \nabla \times \boldsymbol{E} = -\mu_0 \frac{\partial}{\partial t}(\nabla \times \boldsymbol{H})$$

将式(2)代入上式,得

$$\nabla \times \nabla \times \boldsymbol{E} = -\mu_0 \varepsilon \frac{\partial^2 \boldsymbol{E}}{\partial t^2} \tag{5}$$

考虑到有如下矢量恒等式

$$\nabla \times \nabla \times E = \nabla (\nabla \cdot E) - \nabla^2 E \tag{6}$$

将式(6)代入式(5),得

$$\nabla^2 E - \mu_0 \varepsilon \frac{\partial^2 E}{\partial t^2} = \nabla (\nabla \cdot E) \tag{7}$$

由式(3)得

$$\nabla \cdot D = \nabla \cdot (\varepsilon E) = \varepsilon \nabla \cdot E + E \nabla \varepsilon = 0$$

则

$$\nabla \cdot E = -E \frac{\nabla \varepsilon}{\varepsilon} \tag{8}$$

将式(8)代入式(7),得

$$\nabla^2 E - \mu_0 \varepsilon \frac{\partial^2 E}{\partial t^2} = -\nabla \left(E \cdot \frac{\nabla \varepsilon}{\varepsilon} \right) \tag{9}$$

如果介质是均匀的,即$\nabla \varepsilon = 0$,代入式(9),即可得到熟悉的波动方程

$$\nabla^2 E - \mu_0 \varepsilon \frac{\partial^2 E}{\partial t^2} = 0 \tag{10}$$

对于阶跃折射率分布光纤,它的芯层和包层都是均匀介质,式(10)是适用的。对于渐变折射率分布光纤,由于芯层的折射率是随位置变化的,$\nabla \varepsilon$ 不等于零,但光纤的 ε 在一个光波波长距离内变化很小,所以式(10)对渐变折射率光纤也是适用的。

从式(2)出发,经过同样步骤,可以得到磁场强度 H 的波动方程

$$\nabla^2 H - \mu_0 \varepsilon \frac{\partial^2 H}{\partial t^2} = 0 \tag{11}$$

2. 亥姆霍兹(Helmholtz)方程

对于正弦交变电磁场,麦克斯韦方程组为

$$\nabla \times E = -j\omega\mu H$$
$$\nabla \times H = j\omega\mu E$$
$$\nabla \cdot E = 0$$
$$\nabla \cdot H = 0$$

式中 ω——光波角频率。

按照推导式(10)和式(11)同样的步骤,可以得到正弦交变电磁场的亥姆霍兹方程

$$\begin{aligned} \nabla^2 E + k^2 E = 0 \\ \nabla^2 H + k^2 H = 0 \end{aligned} \tag{12}$$

式中 k——波数,即

$$k = \omega \sqrt{\varepsilon \mu} = \frac{\omega}{v} = \frac{2\pi}{\lambda} = \frac{2\pi}{\lambda_0} n = n k_0$$

式中 k_0——真空中的波数。

3. 基本波导方程

主要讨论分析介质波导(光纤)所必需的基本波导方程。选择 z 轴为光波导(光纤)的纵向轴,光波导中的能量沿 $+z$ 方向传播,纵向传播常数为 β,并假定介电常数 $\varepsilon(x,y)$ 只随 x、y 变化而与 z 无关。这种 ε 与一个空间坐标无关的假设能很好地反映光纤的实际情况,并设场随时间的变化是 $e^{j\omega t}$。

波导中的场可以写为

$$\boldsymbol{E} = \boldsymbol{E}_0(x,y)\exp[j(\omega t - \beta z)]$$
$$\boldsymbol{H} = \boldsymbol{H}_0(x,y)\exp[j(\omega t - \beta z)] \tag{13}$$

式中,传播常数 β 是待定的。

把式(13)代入亥姆霍兹方程式(12),可以得到其分量的展开式

$$\left(\frac{\partial H_z}{\partial y} - \frac{\partial H_y}{\partial z}\right)\boldsymbol{a}_x + \left(\frac{\partial H_x}{\partial z} - \frac{\partial H_z}{\partial x}\right)\boldsymbol{a}_y + \left(\frac{\partial H_y}{\partial x} - \frac{\partial H_x}{\partial y}\right)\boldsymbol{a}_z =$$
$$\varepsilon\frac{\partial E_x}{\partial t}\boldsymbol{a}_x + \varepsilon\frac{\partial E_y}{\partial t}\boldsymbol{a}_y + \varepsilon\frac{\partial E_z}{\partial t}\boldsymbol{a}_z \tag{14a}$$

以及

$$\left(\frac{\partial E_z}{\partial y} - \frac{\partial E_y}{\partial z}\right)\boldsymbol{a}_x + \left(\frac{\partial E_x}{\partial z} - \frac{\partial E_z}{\partial x}\right)\boldsymbol{a}_y + \left(\frac{\partial E_y}{\partial x} - \frac{\partial E_x}{\partial y}\right)\boldsymbol{a}_z =$$
$$-\mu\frac{\partial H_x}{\partial t}\boldsymbol{a}_x - \mu\frac{\partial H_y}{\partial t}\boldsymbol{a}_y - \mu\frac{\partial H_z}{\partial t}\boldsymbol{a}_z \tag{14b}$$

将场分量对 t 和 z 的微商代入式(14a)和式(14b),得

$$\frac{\partial H_z}{\partial y} + j\beta H_y = j\omega\varepsilon E_x \tag{15a}$$

$$-j\beta H_x - \frac{\partial H_z}{\partial x} = j\omega\varepsilon E_y \tag{15b}$$

$$\frac{\partial H_y}{\partial x} + \frac{\partial H_x}{\partial y} = j\omega\varepsilon E_z \tag{15c}$$

$$\frac{\partial E_z}{\partial y} + j\beta E_y = -j\omega\mu H_x \tag{16a}$$

$$-\frac{\partial E_z}{\partial x} - j\beta E_x = -j\omega\mu H_y \tag{16b}$$

$$\frac{\partial E_y}{\partial x} + \frac{\partial E_x}{\partial y} = -j\omega\mu H_z \tag{16c}$$

将式(15)和式(16)进行处理,以便以 E_z、H_z 来表示 E_x、E_y 和 H_x、H_y(根据纵向分量来表示横向分量),最终根据纵向分量 E_z 和 H_z 导出方程,然后用这些方程来分析光波导。

将式(16b)代入式(15a),得

$$j\omega\varepsilon E_x = \frac{\partial H_z}{\partial y} + \frac{j\beta}{-j\omega\mu}\left(-j\beta E_x - \frac{\partial E_z}{\partial x}\right)$$

$$\left(j\omega\varepsilon - \frac{j\beta^2}{\omega\mu}\right)E_x = \frac{\partial H_z}{\partial y} + \frac{\beta}{\omega\mu}\cdot\frac{\partial E_z}{\partial x}$$

则两边同乘以 $-j\omega\mu$，即

$$(\omega^2\mu\varepsilon - \beta^2)E_x = -j\left(\omega\mu\frac{\partial H_z}{\partial y} + \beta\frac{\partial E_z}{\partial x}\right) \tag{17}$$

设
$$K^2 = k^2 - \beta^2 \qquad k^2 = \omega^2\mu\varepsilon$$

得
$$E_x = \frac{-j}{K^2}\left(\omega\mu\frac{\partial H_z}{\partial y} + \beta\frac{\partial E_z}{\partial x}\right) \tag{18}$$

用式(15b)和式(16a)、式(16a)和式(16b)、式(16b)和式(15a)分别可得到

$$E_y = \frac{-j}{K^2}\left(\beta\frac{\partial E_z}{\partial y} - \omega\mu\frac{\partial H_z}{\partial x}\right) \tag{19}$$

$$H_x = \frac{-j}{K^2}\left(\beta\frac{\partial H_z}{\partial x} - \omega\varepsilon\frac{\partial E_z}{\partial y}\right) \tag{20}$$

$$H_y = \frac{-j}{K^2}\left(\beta\frac{\partial H_z}{\partial y} + \omega\varepsilon\frac{\partial E_z}{\partial x}\right) \tag{21}$$

如果能求得纵向分量，就可以利用式(18)~(21)求出横向分量。现在根据 E_z 和 H_z 来推导波动方程。

将式(20)和式(21)代入式(15c)，得

$$-\frac{j}{K^2}\beta\frac{\partial^2 H_z}{\partial x\partial y} - \frac{j}{K^2}\omega\varepsilon\frac{\partial^2 E_z}{\partial x^2} + \frac{j}{K^2}\beta\frac{\partial^2 H_z}{\partial x\partial y} - \frac{j}{K^2}\omega\varepsilon\frac{\partial^2 E_z}{\partial y^2} = j\omega\varepsilon E_z$$

两边同乘以 $jK^2/(\omega\varepsilon)$，得

$$\frac{\partial^2 E_z}{\partial x^2} + \frac{\partial^2 E_z}{\partial y^2} + K^2 E_z = 0 \tag{22}$$

同样将式(18)和式(19)代入式(16c)，得

$$\frac{\partial^2 H_z}{\partial x^2} + \frac{\partial^2 H_z}{\partial y^2} + K^2 H_z = 0 \tag{23}$$

式(22)和式(23)是波动方程的变形，并可写成

$$\nabla_T^2 E_z + K^2 E_z = 0 \tag{24}$$

$$\nabla_T^2 H_z + K^2 H_z = 0 \tag{25}$$

式中 ∇_T^2——横向拉普拉斯算子。

$$\nabla_T^2 \equiv \frac{\partial^2}{\partial x^2} + \frac{\partial^2}{\partial y^2} \tag{26}$$

为便于分析横截面为圆形的光波导(光纤)，需将上述方程由直角坐标系转换到圆柱坐标系中。如图1所示，在圆柱坐标系中，E_r 的表达式为

$$E_r = E_x\cos\varphi + E_y\sin\varphi \tag{27}$$

直角坐标系中的 E_x 和 E_y 由式(18)和式(19)给出,并将其代入式(27),得

$$E_r = \frac{-j}{K^2}\left(\omega\mu\frac{\partial H_z}{\partial y}\cos\varphi + \beta\frac{\partial E_z}{\partial x}\cos\varphi + \beta\frac{\partial E_z}{\partial y}\sin\varphi - \omega\mu\frac{\partial H_z}{\partial x}\sin\varphi\right) \tag{28}$$

利用直角坐标与圆柱坐标的关系

$$x = r\cos\varphi \qquad y = r\sin\varphi$$

$$r = \sqrt{x^2 + y^2} \qquad \varphi = \arctan\left(\frac{y}{x}\right)$$

可得

$$\begin{aligned}E_r = \frac{-j}{K^2}\Bigg\{&\omega\mu\left[\frac{\partial H_z}{\partial r}\sin\varphi + \frac{\partial H_z}{\partial \varphi}\left(\frac{\cos\varphi}{r}\right)\right]\cos\varphi + \\ &\beta\left[\frac{\partial E_z}{\partial r}\cos\varphi + \frac{\partial E_z}{\partial \varphi}\left(-\frac{\sin\varphi}{r}\right)\right]\cos\varphi + \\ &\beta\left[\frac{\partial E_z}{\partial r}\sin\varphi + \frac{\partial E_z}{\partial \varphi}\left(\frac{\cos\varphi}{r}\right)\right]\sin\varphi - \\ &\omega\mu\left[\frac{\partial H_z}{\partial r}\cos\varphi + \frac{\partial H_z}{\partial \varphi}\left(-\frac{\sin\varphi}{r}\right)\right]\sin\varphi\Bigg\}\end{aligned} \tag{29}$$

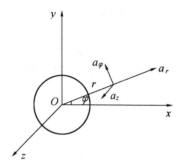

图1 圆柱坐标系

化简式(29),得

$$E_r = \frac{-j}{K^2}\left(\beta\frac{\partial E_z}{\partial r} + \omega\mu\cdot\frac{1}{r}\frac{\partial H_z}{\partial \varphi}\right) \tag{30}$$

同样可得

$$E_\varphi = \frac{-j}{K^2}\left(\frac{\beta}{r}\frac{\partial E_z}{\partial \varphi} - \omega\mu\cdot\frac{\partial H_z}{\partial r}\right) \tag{31}$$

$$H_r = \frac{-j}{K^2}\left(\beta\frac{\partial H_z}{\partial r} - \omega\mu\cdot\frac{1}{r}\frac{\partial E_z}{\partial \varphi}\right) \tag{32}$$

$$H_\varphi = \frac{-j}{K^2}\left(\frac{\beta}{r}\frac{\partial H_z}{\partial \varphi} + \omega\mu\cdot\frac{\partial E_z}{\partial r}\right) \tag{33}$$

此外,变形的波动方程式(22)和式(23)在圆柱坐标中可转换为

$$\frac{\partial^2 E_z}{\partial r^2} + \frac{1}{r}\frac{\partial E_z}{\partial r} + \frac{1}{r^2}\frac{\partial^2 E_z}{\partial \varphi^2} + K^2 E_z = 0 \tag{34}$$

$$\frac{\partial^2 H_z}{\partial r^2} + \frac{1}{r}\frac{\partial H_z}{\partial r} + \frac{1}{r^2}\frac{\partial^2 H_z}{\partial \varphi^2} + K^2 H_z = 0 \tag{35}$$

求解式(34)和式(35)可得到光纤中的 E_z 和 H_z,把它们代入式(30)~(33),便可得到光纤中光波场(电磁场)的完整的描述。

二、阶跃折射率光纤的波动理论

下面用波动理论来分析阶跃折射率光纤,得到在光纤中传播的各种模式的表示方法。讨论各模式的截止条件,引入线性极化模的概念。

用于分析阶跃折射率光纤的几何图形如图 2 所示。

图 2　阶跃折射率光纤几何图形

首先假设光纤包层的半径 b 足够大,以使包层内电磁场按指数幂衰减,并在包层和空气的界面处趋于 0,这样就可以把光纤作为两种介质的边界问题进行分析。

1. 矢量分析法

所谓矢量分析法,就是把电磁场作为矢量场来求解。用这种方法可以精确地分析光纤中的各种模式和各模式的截止条件等。

(1) 特征方程

为了获得阶跃折射率光纤中的模式,必须在光纤的纤芯和包层两个区域内从上面所示的圆柱坐标中的修正波动方程解出 E_z、H_z,然后再求得场的横向分量 E_r、E_φ、H_r、H_φ 的表达式。

由以上分析已知,圆柱坐标中的亥姆霍兹方程为

$$\frac{\partial^2 E_z}{\partial r^2} + \frac{1}{r}\frac{\partial E_z}{\partial r} + \frac{1}{r^2}\frac{\partial^2 E_z}{\partial \varphi^2} + (n^2 k_0^2 - \beta^2) E_z = 0 \tag{36}$$

$$\frac{\partial^2 H_z}{\partial r^2} + \frac{1}{r}\frac{\partial H_z}{\partial r} + \frac{1}{r^2}\frac{\partial^2 H_z}{\partial \varphi^2} + (n^2 k_0^2 - \beta^2) H_z = 0 \tag{37}$$

由于式(36)和式(37)具有相同的数学形式,因此只解式(36),其解对式(37)也有效。

运用分离变量法求解方程式(36),令式(36)的解为

$$E_z(r, \varphi) = A \Psi(r) \Phi(\varphi) \tag{38}$$

式中　A——决定幅度的任意常数;

　　　$\Psi(r)$——r 的函数,它表示 E_z 沿半径方向的变化规律;

　　　$\Phi(\varphi)$——φ 的函数,它表示 E_z 沿圆周方向的变化规律。

将式(38)代入式(36)应用分离变量,可得到含变量 φ 的方程

$$\frac{\mathrm{d}^2 \Phi(\varphi)}{\mathrm{d}\varphi^2} + m^2 \Phi(\varphi) = 0$$

上式的解为

$$\Phi(\varphi) = e^{jm\varphi}$$

可以得到 E_z 沿 φ 坐标按 $e^{jm\varphi}$ 的变化,其中 m 为整数,所以式(38)可以写成

$$E_z(r,\varphi) = A\Psi(r)e^{jm\varphi} \tag{39}$$

将式(39)对 r 和 φ 求导后代入式(36),可得

$$\frac{d^2\Psi(r)}{dr^2} + \frac{1}{r}\frac{d\Psi(r)}{dr} + \left(n^2 k_0^2 - \beta^2 - \frac{m^2}{r^2}\right)\Psi(r) = 0 \tag{40}$$

由此得到 E_z、H_z 在 r 方向的变化满足

$$\frac{d^2 E_z}{dr^2} + \frac{1}{r}\frac{dE_z}{dr} + \left(n^2 k_0^2 - \beta^2 - \frac{m^2}{r^2}\right)E_z = 0 \tag{41a}$$

$$\frac{d^2 H_z}{dr^2} + \frac{1}{r}\frac{dH_z}{dr} + \left(n^2 k_0^2 - \beta^2 - \frac{m^2}{r^2}\right)H_z = 0 \tag{41b}$$

这就是我们熟悉的贝塞尔方程。

下面根据场的物理性质来选择纤芯和包层中的解。

① 在纤芯中 $(0 \leqslant r \leqslant a)$

$$\frac{d^2 E_{z1}}{dr^2} + \frac{1}{r}\frac{dE_{z1}}{dr} + \left(n_1^2 k_0^2 - \beta^2 - \frac{m^2}{r^2}\right)E_{z1} = 0 \tag{42a}$$

$$\frac{d^2 H_{z1}}{dr^2} + \frac{1}{r}\frac{dH_{z1}}{dr} + \left(n_1^2 k_0^2 - \beta^2 - \frac{m^2}{r^2}\right)H_{z1} = 0 \tag{42b}$$

在这个区域场是振荡场。方程(42)的解可选取第一类和第二类贝塞尔函数的组合,即

$$E_{z1} = A'\frac{J_m\left(\frac{ur}{a}\right)}{J_m(u)} + A''\frac{Y_m\left(\frac{ur}{a}\right)}{Y_m(u)} \tag{43a}$$

$$H_{z1} = B'\frac{J_m\left(\frac{ur}{a}\right)}{J_m(u)} + B''\frac{Y_m\left(\frac{ur}{a}\right)}{Y_m(u)} \tag{43b}$$

② 在包层 $(r > a)$

$$\frac{d^2 E_{z2}}{dr^2} + \frac{1}{r}\frac{dE_{z2}}{dr} + \left(n_2^2 k_0^2 - \beta^2 - \frac{m^2}{r^2}\right)E_{z2} = 0 \tag{44a}$$

$$\frac{d^2 H_{z2}}{dr^2} + \frac{1}{r}\frac{dH_{z2}}{dr} + \left(n_2^2 k_0^2 - \beta^2 - \frac{m^2}{r^2}\right)H_{z2} = 0 \tag{44b}$$

在这个区域场是衰减场。方程(44)的解可选取修正第一类和第二类贝塞尔函数的组合,即

$$E_{z2} = C''\frac{I_m\left(\frac{Wr}{a}\right)}{I_m(W)} + C'\frac{K_m\left(\frac{Wr}{a}\right)}{K_m(W)} \tag{45a}$$

$$H_{z2} = D'' \frac{I_m\left(\frac{Wr}{a}\right)}{I_m(W)} + D' \frac{K_m\left(\frac{Wr}{a}\right)}{K_m(W)} \tag{45b}$$

以上式中的参数 u、W 分别称为横向传播常数和横向衰减常数。它们的定义式及与光纤归一化频率 V 的关系式为

$$u = a(k_1^2 - \beta^2)^{1/2} \tag{46}$$

$$W = a(\beta^2 - k_2^2)^{1/2} \tag{47}$$

$$V^2 = u^2 + W^2 = a^2(n_1^2 - n_2^2)k_0^2$$

则

$$V = ak_0\sqrt{n_1^2 - n_2^2} = ak_0 n_1 \sqrt{2\Delta} \tag{48}$$

式中

$$\Delta = \frac{n_1 - n_2}{n_1} \tag{49}$$

由贝塞尔函数特性可知:
当 $r \to 0$ 时

$$Y_m\left(\frac{ur}{a}\right) \to -\infty$$

当 $r \to \infty$ 时

$$I_m\left(\frac{Wr}{a}\right) \to \infty$$

场趋向于无穷是没有物理意义的,所以在式(43)和式(45)中,应令系数 A''、B''、C'' 和 D'' 为 0,即:
① 纤芯中 ($0 \leq r \leq a$)

$$E_{z1} = A' \frac{J_m\left(\frac{ur}{a}\right)}{J_m(u)} \tag{50a}$$

$$H_{z1} = B' \frac{J_m\left(\frac{ur}{a}\right)}{J_m(u)} \tag{50b}$$

② 包层中 ($r > a$)

$$E_{z2} = C' \frac{K_m\left(\frac{Wr}{a}\right)}{K_m(W)} \tag{50c}$$

$$H_{z2} = D' \frac{K_m\left(\frac{Wr}{a}\right)}{K_m(W)} \tag{50d}$$

其柱坐标系中横向分量为:
① 纤芯中 ($0 \leq r \leq a$)

$$E_{r1} = \frac{a^2}{u^2}\left[\frac{m\omega\mu_0}{r}\frac{B'J_m\left(\frac{ur}{a}\right)}{J_m(u)} - \frac{\mathrm{j}\beta u}{a}\frac{A'J'_m\left(\frac{ur}{a}\right)}{J_m(u)}\right] \tag{51a}$$

$$E_{\varphi 1} = \frac{a^2}{u^2}\left[\frac{\mathrm{j}\omega\mu_0 u}{a}\frac{B'J'_m\left(\frac{ur}{a}\right)}{J_m(u)} + \frac{\beta m}{r}\frac{A'J_m\left(\frac{ur}{a}\right)}{J_m(u)}\right] \tag{51b}$$

$$H_{r1} = \frac{-a^2}{u^2}\left[\frac{mn_1^2\omega\varepsilon_0}{r}\frac{A'J_m\left(\frac{ur}{a}\right)}{J_m(u)} + \frac{\mathrm{j}\beta u}{a}\frac{B'J'_m\left(\frac{ur}{a}\right)}{J_m(u)}\right] \tag{51c}$$

$$H_{\varphi 1} = \frac{-a^2}{u^2}\left[\frac{\mathrm{j}n_1^2\omega\varepsilon_0 u}{a}\frac{A'J'_m\left(\frac{ur}{a}\right)}{J_m(u)} - \frac{m\beta}{r}\frac{B'J_m\left(\frac{ur}{a}\right)}{J_m(u)}\right] \tag{51d}$$

② 包层中($r > a$)

$$E_{r2} = \frac{-a^2}{W^2}\left[\frac{m\omega\mu_0}{r}\frac{D'K_m\left(\frac{Wr}{a}\right)}{K_m(u)} - \frac{\mathrm{j}\beta W}{a}\frac{C'K'_m\left(\frac{Wr}{a}\right)}{K_m(W)}\right] \tag{52a}$$

$$E_{\varphi 2} = \frac{-a^2}{W^2}\left[\frac{\mathrm{j}\omega\mu_0 W}{a}\frac{D'K'_m\left(\frac{Wr}{a}\right)}{K_m(W)} + \frac{\beta m}{r}\frac{C'K_m\left(\frac{Wr}{a}\right)}{K_m(W)}\right] \tag{52b}$$

$$H_{r2} = \frac{a^2}{W^2}\left[\frac{mn_2^2\omega\varepsilon_0}{r}\frac{C'K_m\left(\frac{Wr}{a}\right)}{K_m(u)} + \frac{\mathrm{j}\beta W}{a}\frac{D'K'_m\left(\frac{Wr}{a}\right)}{K_m(W)}\right] \tag{52c}$$

$$H_{\varphi 2} = \frac{a^2}{W^2}\left[\frac{\mathrm{j}n_2^2\omega\varepsilon_0 W}{a}\frac{C'K'_m\left(\frac{Wr}{a}\right)}{K_m(u)} - \frac{m\beta}{r}\frac{D'K_m\left(\frac{Wr}{a}\right)}{K_m(W)}\right] \tag{52d}$$

下面根据边界条件来导出特征方程。由电磁场理论可知,在分界面上,电场和磁场的切向分量连续。即 $r = a$ 处,E_z、H_z、E_φ 和 H_φ 应连续。

由 E_z 的表达式(50a)和式(50c)可以看出,当 $r = a$ 时,如 E_z 连续,必有 $A' = C'$。同理,由 H_z 在 $r = a$ 处连续,从式(50b)和式(50d)可得到 $B' = D'$。

在 $r = a$ 处 E_φ 应连续,$E_{\varphi 1} = E_{\varphi 2}$,由式(51b)和式(52b)得

$$\frac{A'}{B'} = -\frac{\mathrm{j}\omega\mu_0}{\beta m}\left(\frac{u^2 W^2}{V^2}\right)\left[\frac{J'_m(u)}{uJ_m(u)} + \frac{K'_m(W)}{WK_m(W)}\right] \tag{53}$$

在 $r = a$ 处 H_φ 应连续,$H_{\varphi 1} = H_{\varphi 2}$,从式(51d)和式(52d)得

$$\frac{A'}{B'} = -\frac{\mathrm{j}\omega m}{\omega\varepsilon_0}\left(\frac{V^2}{u^2 W^2}\right)\Big/\left[n_1^2\frac{J'_m(u)}{uJ_m(u)} + n_2^2\frac{K'_m(W)}{WK_m(W)}\right] \tag{54}$$

由式(53)和式(54)相等,可得到我们所要求的特征方程,即

$$\left[\frac{J'_m(u)}{uJ_m(u)} + \frac{K'_m(W)}{WK_m(W)}\right]\left[\frac{n_1^2 J'_m(u)}{u J_m(u)} + \frac{n_2^2 K'_m(W)}{W K_m(W)}\right] = \frac{\beta^2 m^2}{k_0^2}\frac{V^4}{u^4 W^4} \tag{55}$$

式中

$$k_0 = \frac{\omega}{c} = \omega\sqrt{u_0\varepsilon_0} \qquad V = (u^2 + W^2)^{1/2} = ak_0\sqrt{n_1^2 - n_2^2}$$

由特征方程(55)可知,方程中含有参量 m、a、λ、n_1、n_2 和 β。对于给定的光源和光纤,λ、a、n_1 和 n_2 是已知的。m 是确定贝塞尔函数的参变量,m 取不同的值,代表了不同的模式,所以特征方程中仅有一个未知数 β,它是表征光波传输特性的重要参数。

由特征方程可以求出 β 值。具体求解步骤是:

① 确定已知参量 a、Δ、n_1 和 λ;

② 将 $V = ak_0\sqrt{n_1^2 - n_2^2}$ 和特征方程联立,求出 u 或 W;

③ 从 $u = a(k_1^2 - \beta)^{1/2}$ 或 $W = a(\beta^2 - k_2^2)^{1/2}$,求出 β。

为方便地讨论光纤的色散特性,引入一个被称为归一化传输常数的新参数 b,它定义为

$$b = \frac{\beta^2 - n_2^2 k_0^2}{n_1^2 k_0^2 - n_2^2 k_0^2}$$

b 和其它归一化参数的关系为

$$u = V(1-b)^{1/2} \qquad W = V\sqrt{b}$$

(2) 模式分类

利用前面讨论过的由纵向分量 E_z、H_z 表示的横向分量 E_r、E_φ、H_r、H_φ 的表达式可得

$$E_r = -\frac{j}{K^2}\left[\beta\frac{\partial E_z}{\partial r} + \frac{j\omega\mu_0 m}{r}H_z\right] \tag{56}$$

$$E_\varphi = -\frac{j}{K^2}\left[\frac{jm\beta}{r}E_z - \omega\mu_0\frac{\partial H_z}{\partial r}\right] \tag{57}$$

$$H_r = -\frac{j}{K^2}\left[\beta\frac{\partial H_z}{\partial r} - \frac{j\omega\varepsilon m}{r}E_z\right] \tag{58}$$

$$H_\varphi = -\frac{j}{K^2}\left[\frac{jm\beta}{r}H_z + \omega\varepsilon\frac{\partial E_z}{\partial r}\right] \tag{59}$$

式中
$$K^2 = k^2 - \beta^2$$

由式(56)~(59)可看出:

当 $m = 0$ 时,可以得到两套独立的分量,一套是 H_z、H_r、E_φ,z 向上只有 H 分量,称为 TE 模;另一套是 E_z、E_r、H_φ,z 向上只有 E 分量,称为 TM 模。

当 $m > 0$ 时,z 向上既有 E_z 分量,又有 H_z 分量,称之为混合模。若 z 向上的 E_z 分量比 H_z 分量大,称为 EH_{mn} 模;若 z 向上的 H_z 分量比 E_z 分量大,称为 HE_{mn} 模。下标 m 和 n 都是整数。m 是贝塞尔函数的阶数,称为方位角模数,它表示纤芯沿方位角 φ 绕一圈场变化的周期数。n 是贝塞尔函数的根按从小到大排列的序数,称为径向模数,它表示从纤芯中心($r = 0$)到纤芯与包层交界面($r = a$)场变化的半周期数。

对于特征方程(55),可以认为它包括两个不同的特征方程,一个适用于 HE 模,另一个适用于 EH 模。为了区分这两个特征方程,我们将式(55)展开,并利用式(46)~(51)可得

$$\left[\frac{n_1}{n_2}\frac{J'_m(u)}{uJ_m(u)}\right]^2 + \left[\frac{K'_m(W)}{WK_m(W)}\right]^2 + \frac{J'_m(u)}{uJ_m(u)}\frac{K'_m(W)}{WK_m(W)} + \frac{n_1^2}{n_2^2}\frac{J'_m(u)}{uJ_m(u)}\frac{K'_m(W)}{WK_m(W)} =$$
$$m^2\left[\frac{n_1^2}{n_2^2}\frac{1}{u^2} + \frac{1}{W^2}\right]\left[\frac{1}{u^2} + \frac{1}{W^2}\right] \tag{60}$$

如果 $n_1 \approx n_2$,则式(62)可简化为

$$\frac{1}{u}\frac{J'_m(u)}{J_m(u)} + \frac{1}{W}\frac{K'_m(W)}{K_m(W)} = \pm m\left[\frac{1}{u^2} + \frac{1}{W^2}\right] \tag{61}$$

在分析模式的截止时,式(61)中取负号时,对应 HE 模的特征方程;取正号时,对应 EH 模的特征方程。

(3)模式截止条件

对一个传播模来说,在包层中不衰减,也就是表明该模是传过包层而变成了辐射模,则就认为该传播模被截止了。所以一个传播模在包层中的衰减常数 $W = 0$ 时,表示导模截止。

下面分几种情况来讨论模式的截止条件。

1) $m = 0$

当 $m = 0$ 时,特征方程(55)可以分解成两个方程

$$\frac{J'_0(u)}{uJ_0(u)} + \frac{K'_0(W)}{WK_0(W)} = 0 \tag{62}$$

$$\frac{n_1^2 J'_0(u)}{uJ_0(u)} + \frac{n_2^2 K'_0(W)}{WK_0(W)} = 0 \tag{63}$$

式(62)即为 TE 模的特征方程,式(63)为 TM 模的特征方程。光纤中只存在 TE_{0n} 和 TM_{0n} 模。

截止时,$W = 0$,式(62)变为

$$\frac{J'_0(u)}{uJ_0(u)} + \frac{1}{0}\frac{K'_0(0)}{K_0(0)} = 0 \tag{64}$$

应用贝塞尔函数的递推公式可以证明,当 $u \to 0$ 时,式(64)左边第一项不趋于无穷。因此,为使式(64)成立,必有

$$J_0(u) = 0 \tag{65}$$

式(65)就是 TE 模的截止条件。

当它的第一个根即 $n = 1$ 时,$u = 2.40483$,此时 TE_{01} 模截止;

当它的第二个根即 $n = 2$ 时,$u = 5.52008$,此时 TE_{02} 模截止。

因为截止时 $W = 0$,所以 $V = u$。称此时的 V 为归一化截止频率,简称截止频率。习惯上用 V_c 来表示。

同样分析式(63),当 $W=0$ 时,也可得到必有 $J_0(u)=0$,因此 TM_{0n} 的截止条件和 TE_{0n} 模是一样的,所以截止时两种模式简并。

2) $m=1$

当 $m=1$ 时,光纤中存在 HE_{1n} 和 EH_{1n} 模。

为分析简单起见,我们采用近似公式(61)来分析。

HE_{1n} 模的特征方程可通过对式(61)的右边取负号,并令 $m=1$,即得到

$$\frac{J'_1(u)}{uJ_1(u)} = -\frac{K'_1(W)}{WK_1(W)} - \frac{1}{u^2} - \frac{1}{W^2} \tag{66a}$$

因为

$$J'_1(u) = -\frac{1}{u}J_1(u) + J_0(u)$$

$$K'_1(W) = -\frac{1}{W}K_1(W) - K_0(W)$$

于是式(66a)变为

$$\frac{J_0(u)}{uJ_1(u)} = \frac{K_0(W)}{WK_1(W)} \tag{66b}$$

在 $W \to 0$ 时,式(66b)变为

$$\frac{J_0(u)}{uJ_1(u)} = \frac{K_0(W)}{WK_1(W)} \approx \ln\left(\frac{W}{2}\right) \to \infty \tag{67}$$

这就要求 $J_0(u)=0$。

式(67)就是 HE_{1n} 模的截止条件。

当它的第一个根即 $n=1$ 时,$u=0$,此时 HE_{11} 模截止;

当它的第二个根即 $n=2$ 时,$u=3.83171$,此时 HE_{12} 模截止。

由以上分析可知,HE_{11} 模的截止频率为 0,也就是说,当其它模式截止时它仍能传输,是永远不会截止的,所以称 HE_{11} 模为基模。

EH_{1n} 模的特征方程可通过对式(61)的右边取正号,并令 $m=1$ 而得到。EH_{1n} 模与 $HE_{1,(n+1)}$ 模有着同样的截止频率,故在此不再作分析。

3) $m>1$

当 $m>1$ 时,光纤中存在着 HE_{mn} 模和 EH_{mn} 模。

① HE_{mn} 模的特征方程仍可通过对式(61)右边取负号,即得

$$\frac{J'_m(u)}{uJ_m(u)} = -\frac{K'_m(W)}{WK_m(W)} - \frac{m}{u^2} - \frac{m}{W^2} \tag{68}$$

应用修正贝塞尔函数的关系式

$$K'_m(W) = -K_{m-1}(W) - \frac{m}{W}K_m(W) = -K_{m+1}(W) + \frac{m}{W}K_m(W)$$

得
$$-\frac{K'_m(W)}{WK_m(W)} = \frac{K_{m-1}(W) + \frac{m}{W}K_m(W)}{WK_m(W)} = \frac{K_{m-1}(W)}{WK_m(W)} + \frac{m}{W^2} \tag{69a}$$

对于贝塞尔函数,有
$$J'_m(u) = -\frac{m}{u}J_m(u) + J_{m-1}(u) = \frac{m}{u}J_m(u) - J_{m+1}(u)$$

所以
$$\frac{J'_m(u)}{uJ_m(u)} = -\frac{m}{u^2} + \frac{J_{m-1}(u)}{uJ_m(u)} \tag{69b}$$

将式(69a)和式(69b)代入式(68),得到 HE_{mn} 模特征方程的又一形式为
$$\frac{J_{m-1}(u)}{uJ_m(u)} = \frac{K_{m-1}(W)}{WK_m(W)} \tag{70}$$

可以推出 $W \to 0$ 时, $K_{m-1}(W)$ 和 $K_m(W)$ 的渐近式,近似式为
$$K_m(W) \sim \frac{1}{2}\Gamma(m)\left(\frac{2}{W}\right)^m \qquad m > 0$$

则
$$\frac{K_{m-1}(W)}{WK_m(W)} \sim \frac{1}{2(m-1)}$$

于是式(70)变为
$$\frac{J_{m-1}(u)}{J_m(u)} = \frac{u}{2(m-1)} \qquad m > 1 \tag{71a}$$

如果从严格的公式(60)出发,可以得到
$$\frac{J_{m-1}(u)}{J_m(u)} = \frac{u}{m-1}\frac{n_2^2}{n_1^2 + n_2^2} \qquad m > 1 \tag{71b}$$

利用贝塞尔函数的关系式
$$J_m(u) + J_{m-2}(u) = \frac{2(m-1)}{u}J_{m-1}(u)$$

将上式代入式(71a),即可得 HE_{mn} 模的截止条件
$$J_{m-2}(u) = 0 \qquad m > 1, u \neq 0 \tag{72}$$

必须注意,式中 $u = 0$ 的根应该排除,这是因为当 $W \to 0$ 时,式(70)右边
$$\frac{K_{m-1}(W)}{WK_m(W)} \to \frac{1}{2(m-1)}$$

如果 $u = 0$,则因为 $\lim_{u \to 0} J_m(u) \approx \frac{1}{m!}\left(\frac{u}{2}\right)^m (m > 0)$,此时式(70)左边
$$\frac{J_{m-1}(u)}{J_m(u)} \to \frac{m}{2}\frac{1}{u^2} \to \infty$$

这使式(70)左右不等,因而 $u = 0$ 的根必须排除。

例如:

当 $m = 2$ 时, HE_{21}、HE_{22}、HE_{23}… 由 $J_0(u) = 0$ 的根决定;

当 $m=3$ 时,HE_{31}、HE_{32}、HE_{33}…由 $J_1(u)=0$ 的根决定。

② EH_{mn} 模的特征方程仍可通过对式(61)右边取正号,得

$$\frac{J'_m(u)}{uJ_m(u)} = -\frac{K'_m(W)}{WK_m(W)} + \frac{m}{u^2} + \frac{m}{W^2} \tag{73}$$

利用贝塞尔函数恒等式

$$J'_m(u) = \frac{m}{u}J_m(u) - J_{m+1}(u)$$

$$K'_m(W) = \frac{m}{W}K_m(W) - K_{m+1}(W)$$

式(73)可化简为

$$\frac{J_{m+1}(u)}{uJ_m(u)} + \frac{K_{m+1}(W)}{WK_m(W)} = 0 \tag{74}$$

对于 $m>1$,$W\to 0$,式(74)变为

$$\frac{J_{m+1}(u)}{J_m(u)} = -\frac{2m}{W^2} \to \infty$$

因此 EH_{mn} 模的截止条件必然是

$$J_m(u) = 0 \tag{75}$$

这里仍然要注意,不能取 $u=0$ 的根。

例如:

当 $m=2$ 时,EH_{21}、EH_{22}、EH_{23}…由 $J_2(u)=0$ 的根决定;

当 $m=3$ 时,EH_{31}、EH_{32}、EH_{33}…由 $J_3(u)=0$ 的根决定。

③远离截止时各个模式的情况。重写 HE_{mn} 模和 EH_{mn} 模的特征方程:

HE_{mn} 模 $$\frac{J_{m-1}(u)}{uJ_m(u)} = \frac{K_{m-1}(W)}{WK_m(W)} \tag{76a}$$

EH_{mn} 模 $$\frac{J_{m+1}(u)}{uJ_m(u)} = -\frac{K_{m-1}(W)}{WK_m(W)} \tag{76b}$$

远离截止时,$W\to\infty$,第二类修正贝塞尔函数 $K_m(W)$ 的渐近式为

$$K_m(W) \sim \left(\frac{\pi}{2W}\right)^{1/2} e^{-W}$$

所以式(76a)和式(76b)的右边趋于 0,为使方程左右相等,必有:

HE_{mn} 模 $\quad J_{m-1}(u) = 0$ \hfill (77a)

EH_{mn} 模 $\quad J_{m+1}(u) = 0$ \hfill (77b)

式(77a)和式(77b)分别为远离截止时 HE_{mn} 模和 EH_{mn} 模所满足的条件。

例如,对于 HE_{11} 模远离截止时,有

$$J_0(u) = 0$$

上式的第一个根为 2.404 83,即为 HE_{11} 模在远离截止时的 u 值,所以 HE_{11} 模的 u 值范围在

0~2.404 83之间。

对于TE_{0n}模和TM_{0n}模,从它们的特征方程(62)、(63)出发,应用$W\to\infty$时修正第二类贝塞尔函数的渐近式,可得远离截止时的TE_{0n}模和TM_{0n}模所满足的条件

$$J_1(u)=0 \tag{77c}$$

式(77c)的第一个根为3.831 71,所以TE_{01}模和TM_{01}模的u值范围在2.404 83~3.831 71之间。由式(77)可见,TE_{0n}模和TM_{0n}模在远离截止时也是简并的。

2. 标量近似分析法

(1)特征方程

采用矢量分析法得到的是阶跃折射率光纤中场的严密解,其波动方程和特征方程的精确求解都非常复杂。而在实际的光纤通信中,光纤包层的折射率n_2仅略低于纤芯层的折射率n_1,即它们的相对折射率差$\Delta=(n_1-n_2)/n_1\ll 1$,这样的光纤称之为弱导光纤。在弱导光纤中场的纵向分量和横向分量相比是很小的,电磁场几乎是横向场,电磁场也几乎是线性极化的。此时我们可以用标量近似法来分析阶跃折射率光纤中的模式。在$\Delta\ll 1$的条件下,用标量近似法得到的模式就是线性极化模,称之为LP模。

所谓标量近似,就是把横向电场及磁场作为标量。它们的分量如横向电场E_r和E_φ的振幅都满足标量亥姆霍兹方程。

设纤芯折射率为n_1,波矢量$\boldsymbol{k}_1=n_1\boldsymbol{k}_0$,包层折射率为$n_2$,波矢量$\boldsymbol{k}_2=n_2\boldsymbol{k}_0$,$z$向传播常数为$\beta$,下面的推导中,略去了因子$\exp[j(\omega t-\beta z)]$。

标量亥姆霍兹方程为

$$\nabla_T^2 F+(k^2+\beta^2)F=0 \tag{78}$$

在圆柱坐标系中

$$\nabla_T^2=\frac{\partial^2}{\partial r^2}+\frac{1}{r}\frac{\partial}{\partial r}+\frac{1}{r^2}\frac{\partial^2}{\partial \varphi^2}$$

式(78)对芯层和包层都适用。在芯层和包层中,k^2分别代表k_1^2和k_2^2,芯层和包层中β相等,F代表横向电场或磁场。

令代表横向场的F为

$$F(r,\varphi)=A\Psi(r)e^{jm\varphi} \tag{79}$$

把式(79)代入式(78),应用变量分离法,得

$$\frac{d^2\Psi(r)}{dr^2}+\frac{1}{r}\frac{d\Psi(r)}{dr}+\left(k^2-\beta^2-\frac{m^2}{r^2}\right)\Psi(r)=0 \tag{80}$$

式(80)是贝塞尔方程。求解式(80)时,考虑到在纤芯中场是有限的,在包层中场是沿r方向逐渐衰减的,所以在纤芯和包层中横向场的径向分量可写成

$$\Psi_1(r)=AJ_m\left(\frac{ur}{a}\right) \qquad 0\leqslant r\leqslant a \tag{81}$$

$$\Psi_2(r)=A'K_m\left(\frac{Wr}{a}\right) \qquad r>a \tag{82}$$

式中　J_m——第一类贝塞尔函数；

　　　K_m——修正第二类贝塞尔函数；

　　　u、W——横向传输常数和横向衰减常数。

下面我们来推导特征方程，以便求出 β，讨论截止条件和对模式的分类。

由式(81)和式(82)，应用下面边界条件

$$\Psi_1(a) = \Psi_2(a)$$

$$\left.\frac{d\Psi_1(r)}{dr}\right|_{r=a} = \left.\frac{d\Psi_2(r)}{dr}\right|_{r=a}$$

可得

$$AJ_m(u) = A'K_m(W)$$

$$AuJ'_m(u) = A'WK'_m(W)$$

两式相除，得

$$u\frac{J'_m(u)}{J_m(u)} = W\frac{K'_m(W)}{K_m(W)} \tag{83}$$

这就是我们所要推导的特征方程。

贝塞尔函数有如下递推关系

$$uJ'_m(u) = uJ_{m-1}(u) - mJ_m(u) = -uJ_{m+1}(u) + mJ_m(u)$$

$$WK'_m(W) = -WK_{m-1}(W) - mK_m(W) = -WK_{m+1}(W) + mK_m(W)$$

将递推公式代入式(83)，可得到特征方程为

$$u\frac{J_{m-1}(u)}{J_m(u)} = -W\frac{K_{m-1}(W)}{K_m(W)} \tag{84}$$

或

$$u\frac{J_{m+1}(u)}{J_m(u)} = W\frac{K_{m+1}(W)}{K_m(W)} \tag{85}$$

把式(84)、(85)两边相乘，得到特征方程的另一形式为

$$u^2\frac{J_{m+1}(u)J_{m-1}(u)}{J_m^2(u)} = -W^2\frac{K_{m+1}(W)K_{m-1}(W)}{K_m^2(W)} \tag{86}$$

(2) 模式截止条件

下面根据特征方程(84)来讨论模式的截止问题。由修正第二类贝塞尔函数 $K_m(W)$ 的特性可知：

当 $W \to 0$ 时

$$\lim_{W \to 0} K_0(W) \approx \ln W \to \infty \qquad\qquad m = 0$$

$$\lim_{W \to 0} K_{-m}(W) \approx \lim_{W \to 0} K_m(W) \approx \frac{1}{2}(m-1)!\left(\frac{2}{W}\right)^m \qquad m \neq 0$$

由此可知，当 $W \to 0$ 时，不论 m 值为多少，特征方程(84)的右边恒等于0。此时，方程的左边也应等于0。但 $J_m(u)$ 不会趋于无穷，这就要求 $W \to 0$ 时，$u = 0$ 或 $J_{m-1}(u) = 0$。由贝塞尔

函数的递推公式可以证明,当 $m \neq 0$ 时
$$\lim_{u \to 0} u \frac{J_{m-1}(u)}{J_m(u)} \neq 0$$

而只有 $m = 0$ 时, $u \frac{J_{m-1}(u)}{J_m(u)} = 0$。因此,$W \to 0$ 时的模式截止条件为
$$J_{m-1}(u) = 0 \tag{87}$$

下面来讨论几种 LP 模的低阶模式截止的情况:

1) $m = 0$

当 $m = 0$ 时,存在 LP_{0n} 模,其截止条件为
$$J_{-1}(u) = -J_1(u) = 0 \tag{88}$$

当它的第一个根即 $n = 1$ 时,$u = 0$,此时 LP_{01} 模截止;

当它的第二个根即 $n = 2$ 时,$u = 3.83171$,此时 LP_{02} 模截止。

由上分析可知 LP_{01} 模的截止频率为 0,是永远不会截止的基模。

2) $m = 1$

当 $m = 1$ 时,存在 LP_{1n} 模,其截止条件为
$$J_0(u) = 0 \tag{89}$$

当它的第一个根即 $n = 1$ 时,$u = 2.40483$,此时 LP_{11} 模截止;

当它的第二个根即 $n = 2$ 时,$u = 5.52008$,此时 LP_{12} 模截止。

3) $m = 2$

对于 $m = 2$,存在 LP_{2n} 模,其截止条件为
$$J_1(u) = 0 \tag{90}$$

根据前面所说的理由,$m \neq 0$ 时,u 不能等于 0,所以 LP_{21} 模的截止值是 $J_1(u) = 0$ 的第二个根 3.831 71,其余依此类推。

4) 远离截止时各个模式的 u 值的变化情况

远离截止时,$V \to \infty$,此时 $\beta \to n_1 k_0$,所以 $u = a(n_1^2 k_0^2 - \beta^2)^{1/2}$ 和 $W = a(\beta^2 - n_2^2 k_0^2)^{1/2}$ 相比就很小,于是 $W = (V^2 - u^2)^{1/2}$ 也趋于无穷。

对于修正贝塞尔函数,当 $W \to \infty$ 时
$$K_m(W) \approx \sqrt{\frac{\pi}{2W}} e^{-W}$$

由特征方程式(84)可知,此时方程右边趋于无穷,为使方程左右两边相等,必有
$$J_m(u) = 0 \tag{91}$$

如 $m = 0$

当它的第一个根即 $n = 1$ 时,$u = 2.40483$,是 LP_{01} 模远离截止时的 u 值;

当它的第二个根即 $n = 2$ 时,$u = 5.52008$,是 LP_{02} 模远离截止时的 u 值。

表 1 是几个低阶 LP 模式截止时和远离截止时的 u 值。表中的第一个数字代表截止时的

u 值,第二个数字(箭头后)代表远离截止时的 u 值。

表 1 几种低阶 LP 模式的 u 值范围

m	n		
	1	2	3
0	0→2.4	3.83→5.52	7.01→8.65
1	2.4→3.83	5.52→7.01	8.65→10.17
2	3.83→5.13	7.01→8.41	10.17→11.61

表 2 列出了 HE、EH、LP 模截止与远离截止时的方程。

表 2 模式截止方程

	截止	远离截止
HE 模	$J_{m-2}(u)=0(m>1)$	$J_{m-1}(u)=0$
EH 模	$J_m=0$	$J_{m+1}(u)=0$
LP 模	$J_{m-1}(u)=0$	$J_m(u)=0$

由表 2 可以看出,LP_{mn} 模可以看成是 $HE_{m+1,n}$ 模和 $EH_{m-1,n}$ 模的叠加。例如,LP_{2n} 可以看做是 HE_{3n} 模和 EH_{1n} 模的叠加。因为它们的截止条件都是 $J_1(u)=0$,远离截止条件都是 $J_2(u)=0$。这里要注意:$HE_{m+1,n}$ 模和 $EH_{m-1,n}$ 模的简并仅在截止和远离截止时才成立。当 $0<W<\infty$ 时,只要 $\Delta\neq 0$,$HE_{m+1,n}$ 模和 $EH_{m-1,n}$ 模的传输常数是不一样的,不能简并。但在弱导光纤($\Delta\ll 1$)中,两者的传输常数相差很小,电磁场可以线性叠加。

LP_{mn} 模是由 $HE_{m+1,n}$ 模和 $EH_{m-1,n}$ 模线性叠加而成,其中每个模包括两个正交的线偏振状态,所以 LP_{mn} 模是四重简并。但 LP_{0n} 模的情况比较特殊,因为 $m=0$,$EH_{m-1,n}$ 模的角向阶数是 -1,这是没有物理意义的。所以 LP_{0n} 模仅由 HE_{1n} 模构成,是双重简并。

线性极化模 LP 模与 HE、EH 模之间的关系见表 3。

表 3 LP 模与 HE、EH 模的对应关系

LP 模	$u(V_c)$ 值范围	矢量模	简并度	总模数
LP_{01}	0~2.404 8	HE_{11}	2	2
LP_{11}	2.404 8~3.831 7	$TE_{01}, TM_{01}, HE_{21}$	4	6
LP_{02}	3.831 7~5.135 6	HE_{12}	2	8
LP_{21}	3.831 7~5.135 6	HE_{31}, EH_{11}	4	12
LP_{31}	5.135 6~5.520 1	HE_{41}, EH_{21}	4	16
LP_{12}	5.520 1~6.380 2	$TE_{02}, TM_{02}, HE_{22}$	4	20
LP_{41}	6.380 2~7.015 6	HE_{51}, EH_{31}	4	24
LP_{03}	7.041 5~7.588 3	HE_{13}	2	26
LP_{22}	7.015 6~7.588 3	HE_{32}, EH_{12}	4	30
LP_{51}	7.588 3~8.417 2	HE_{61}, EH_{41}	4	34

2.3 光纤的传输特性

一、光纤的损耗

光纤的损耗导致光信号的衰减,是光纤的一个重要指标,常用衰减常数 $A(\text{dB} \cdot \text{km}^{-1})$ 表示。定义为

$$A = -\frac{1}{L} 10 \lg \frac{P_{\text{out}}}{P_{\text{in}}} \tag{2.31}$$

式中　L——光纤长度;
　　　P_{in}——光纤输入光功率;
　　　P_{out}——光纤输出光功率。

引起光纤损耗的原因很多,归纳起来主要由材料的吸收损耗和散射损耗确定。损耗机理如下。

1. 吸收损耗

吸收损耗是指光传输过程中部分光能转化成热量造成的损失。不同机理引起的吸收损耗均与光纤材料的不同能级状态间量子跃迁有关,如图 2.14 所示。

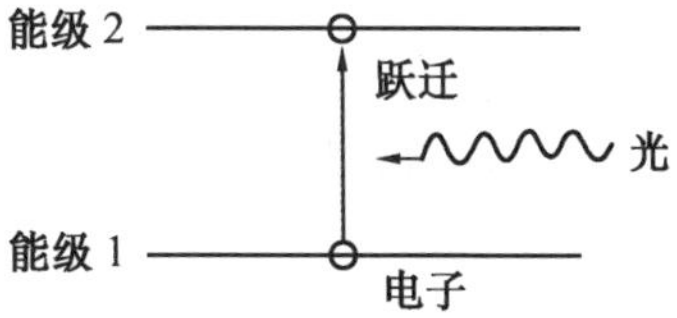

图 2.14　光的吸收现象

(1) 本征吸收

本征吸收指光纤的基质材料本身(如纯 SiO_2 玻璃)的吸收,它决定了材料损耗下限。红外区域本征吸收由组分原子振动产生;紫外区域吸收由电子跃迁产生。熔融硅(Si)、SiO_2 纯介质材料在可见光区的吸收可以忽略,故通信光纤都采用高纯石英玻璃。

(2) 杂质吸收

对于高纯度、均匀的玻璃,在可见和红外区域的本征损失很小。但一些外来元素(如过渡金属正离子 Cu^+、Cr^+、Fe^+、Co^+等)在可见和近红外区域($0.5 \sim 1.1~\mu m$ 波段)有很强的吸收损耗。另外,除金属杂质外,OH^- 离子是另一个极重要的杂质。如图 2.15 所示,水中的 OH^- 吸收峰位于可见

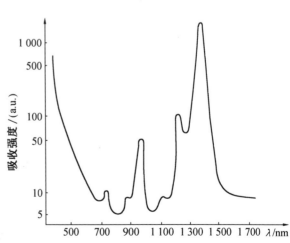

图 2.15　OH^- 吸收谱

(a.u.表示任意单位)

光及近红外,强烈吸收2.73 μm 的红外光,在高次谐波处的 1.38 μm 和 0.95 μm 也依次出现吸收峰。

近年来,消除 OH⁻ 的方法已有显著成效,基本上可以消除 0.95 μm 和 1.38 μm 处的吸收峰,拓宽了通信光纤现有工作窗口。

2. 散射损耗

(1) 本征散射(瑞利散射)

本征散射即瑞利散射是由光纤材料在固化时局部密度起伏引起折射率不均匀而产生的。瑞利散射损耗与光波波长的 4 次方成反比。当入射光波长接近或小于散射体的尺寸时,瑞利散射总存在。光纤材料的本征损失就是由瑞利散射损耗和本征吸收组成的,它给出完全理想条件下材料损耗的下限。

(2) 光波导散射

由于光纤结构不均匀性(芯径起伏、界面粗糙及缺陷)引起传导模的辐射损耗,称为光波导散射损耗,如图 2.16 所示。这种不均匀性主要是在光纤制造过程中产生的。现在的工艺水平可使其损耗降至 $0.02 \text{ dB} \cdot \text{km}^{-1}$。

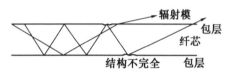

图 2.16 光波导散射损耗示意图

图 2.17 给出了普通单模光纤的损耗曲线。

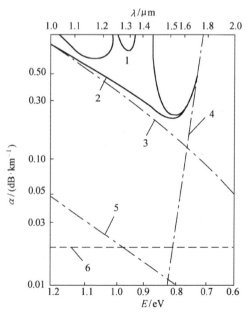

图 2.17 单模光纤的损耗曲线

1—全损耗(测量);2—全损耗(理论);3—瑞利散射;
4—红外吸收;5—紫外吸收;6—波导缺陷损耗

另外，除了上述因光纤制造和光纤材料本身引起的光纤传输损耗之外，光纤的损耗还来源于光纤使用过程中的弯曲，以及构成光纤系统时因光纤连接耦合而产生的损耗[10~13]。

二、光纤的色散

1. 色散现象

如图 2.18 所示，当光纤中输入一个光脉冲，传播一段距离后产生"延迟畸变"（脉冲展宽）的现象称之为色散现象。"延迟畸变"程度决定于光纤折射率分布、材料色散特性、模式分布及光源光谱宽度等[10~12]。

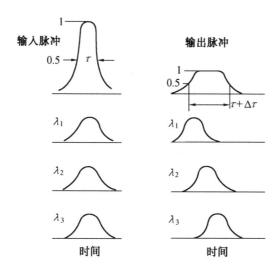

图 2.18 通过色散材料的光脉冲展宽

2. 色散产生的原因

在光纤中，光脉冲信号分解成许多模式分量和频谱分量，人们关心的是光脉冲整体向前传播的速度，即群速 $v_g = d\omega/d\beta$，式中 ω 是光角频率，β 是传播常数。光脉冲传播单位距离所需的时间为 $\tau_0 = \dfrac{1}{v_g} = \dfrac{d\beta}{d\omega}$，式中 τ_0 称为光脉冲的群时延。由于光纤中组成光脉冲的各模式分量和频谱分量的传播常数不同，因而传播速度也不同，导致群时延弥散，从而使光脉冲展宽。

3. 色散的分类

（1）多模色散

多模色散又称模式色散，只存在于多模光纤中。由于多模光纤中存在许多传输模式，各模式之间群速度不同，所以到达光纤出射端的时刻也不同，造成光脉冲展宽，从而产生色散。

（2）材料色散

由于光纤材料的折射率随入射光频率不同而变化，由此产生色散。即同一材料对不同光波长的折射率是不一样的,当非单色光通过光纤传输时,光脉冲要被展宽。

(3) 波导色散

光纤波导结构一定时,即使是同一传输模式,其传播常数也随入射光波长不同而变化,由此产生色散。这是由于传输模的群速度对于光的频率(波长)不是常数,同时光源又有一定宽度(非单色光)的原因。

此外,在单模光纤中还存在特有的偏振色散。这是由于单模光纤中实际上存在偏振方向相互正交的两个基模,当光纤中存在双折射时,这两个正交模式的群时延不同,由此产生色散现象。偏振色散也属于一种模式色散。

4. 色散的表征

根据严格的模式理论,光脉冲沿单位长光纤传播后产生的群时延可表示为

$$\tau_0 = \frac{1}{v_g} = \frac{d\beta}{d\omega} = \frac{d\beta}{d\omega}\bigg|_{\omega=\omega_0} + (\omega - \omega_0)\left(\frac{d^2\beta}{d\omega^2}\right)_{\omega=\omega_0} \tag{2.32}$$

如光源为单色,上式只有第一项,其值因模而异,故引起多模色散;第二项则产生波导色散和材料色散。

光纤的色散或脉冲展宽的量度,可用群时延的差 $\Delta\tau_0$ 来表示,其单位是 $ps\cdot km^{-1}$。可简单地理解为光脉冲在光纤中群速度最快和最慢的光波成分之间群时延的差。这里,以阶跃光纤中子午光线传播为例可做进一步说明。参见图2.5,在长为 L 的光纤中,走得最快的模式(沿光纤中心轴传播的光线)所用的时间为 τ_{min},走得最慢的模式(与光纤中心轴成 $\varphi=\varphi_c$ 角传播的光线)所用的时间为 τ_{max},则最大群时延的差

$$\Delta\tau_{max} = \tau_{max} - \tau_{min} = \frac{L}{c\sin\theta_c/n_1} - \frac{L}{c/n_1} = \frac{L}{n_1c}\cdot\frac{n_1-n_2}{n_2} \approx \Delta L n_1/c$$

显然用弱波导光纤($n_2/n_1 \approx 1, \Delta$ 极小)有助于减小模式色散。

也常用色散系数来表示光纤的色散。色散系数 D 定义为单位线宽光源在单位长度光纤上所引起的群时延的差。它的单位是 $ps\cdot(nm\cdot km)^{-1}$。

$\Delta\tau_0$ 与 D 的关系为

$$\Delta\tau_0 = D\Delta\lambda$$

式中 $\Delta\lambda$——光源线宽(谱宽)。

光纤色散特性直接影响光纤传输带宽,从而限制光纤传输容量或最大中继距离。如单模光纤传输基带带宽 $B(GHz\cdot km)$ 和色散关系可近似表示为

$$B = \frac{443}{\Delta\tau_0}$$

5. 色散大小的比较

(1) 单模光纤的色散

单模光纤的色散由材料色散和波导色散两部分构成。一般材料色散起主要作用。图2.19

所示为一条普通单模光纤的材料色散、波导色散以及总色散随波长的变化规律。在材料色散曲线上有一个色散为零的点(ZMD),当波长超过该点后,材料色散由负变正,而波导色散保持为负值。在略高于 ZMD 点附近,可以找到某波长 λ_0,该波长处材料色散同波导色散相抵消,总色散为零,称为光纤零色散点。

(2) 多模光纤的色散

对多模光纤而言,除材料色散和波导色散外,还有模式色散。总色散大小主要取决于多模色散,其次是材料色散,波导色散常可忽略。多模色散的严格求解比较复杂,当光纤折射率分布指数 α 不同时,其色散情况也不同。理论上近似分析结果表明,当 $\alpha = 2$ 时,模式色散与 Δ^2 成正比,而对所有其它 α 值,模式色散与 Δ 成正比。显然,当 $\alpha = 2$ 时,模式色散最小。图 2.20 给出一个数值模拟结果,由此可见,控制 $\alpha = 1.78 \sim 2.03$,可大幅度降低多模色散。图中 σ_{SI} 表示阶跃型光纤色散,σ_{GI} 表示梯度型光纤色散。

精确的理论分析指出,使模式色散最小的最佳 α 值为 $\alpha_{opt} = 2 - 2.4\Delta$。

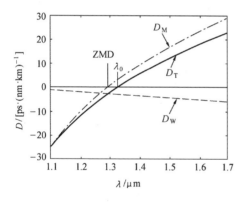

图 2.19 普通单模光纤的材料色散参数(D_M)、波导色散参数(D_W)及总色散参数(D_T)的谱特性[14]

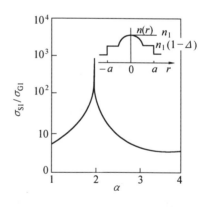

图 2.20 σ_{SI}/σ_{GI} 与折射率分布指数 α 的关系

三、单模光纤的双折射

所谓单模光纤,实际上传输两个正交的基模(HE_{11}^x 和 HE_{11}^y)。在理想光纤中,该两模式有相同的相位常数 $\beta_x = \beta_y$,它们是相互简并的。由于 $\Delta\beta = 0$,它们沿光纤传输时,既可保持线偏振,又不会发生偏振方向的旋转。实际光纤中,由于光纤内部的残余应力和芯径不均匀等内部原因,或者光纤受到弯曲、扭曲及外加电场、磁场等外部原因,将使两模式之间的简并被破坏,$\beta_x \neq \beta_y$,这种现象称为模式双折射。由于存在双折射,两模式的群速度不同,因而会在光纤中引起偏振色散;双折射的存在还会导致光纤输出偏振态不稳定。这些双折射效应都会对光纤通信质量构成严重影响。因此,双折射与偏振态是单模光纤特有而又重要的问题。

双折射可分为3种。如果光纤对两个正交的线偏振光有 $\Delta\beta \neq 0$，称为线双折射；如果光纤对两个左右旋转的圆偏振光有 $\Delta\beta \neq 0$，称为圆双折射；如果光纤对两个正交的线偏振光和两个左右旋转的圆偏振光都有 $\Delta\beta \neq 0$，称为椭圆双折射，这种现象很复杂，本书不讨论。

一般用模双折射，又称归一化双折射率 B 来表示单模光纤双折射的大小，其定义为

$$B = \frac{\Delta\beta}{\beta_{xy}} = \frac{\beta_x - \beta_y}{\frac{1}{2}(\beta_x + \beta_y)} \qquad (2.33)$$

式中　$\Delta\beta$——两正交模式相位常数之差$(\mathrm{rad \cdot m^{-1}})$，$\Delta\beta = \beta_x - \beta_y$。

普通单模光纤的 B 值在 $10^{-5} \sim 10^{-6}$ 范围。当 $B < 10^{-6}$ 时，称为低双折射光纤；当 $B > 10^{-5}$ 时，称为高双折射光纤。

1. 光纤的线双折射

引起光纤线双折射的原因很多，主要可分为两类：一类是光纤截面的非圆性变形，例如光纤芯子的椭圆度；另一类是光纤横向的不对称应力，例如由于弯曲、侧向不均匀应力所引起的应力不对称，从而产生折射率不对称分布。前者叫做几何双折射或形状双折射，后者叫做应力双折射。

(1) 几何双折射

几何双折射是由于光纤截面的非圆性引起的。其中最典型的是纤芯的椭圆度引起的双折射。当纤芯直径不均匀时，沿长轴 a（设为 x 方向）和短轴 b 方向（设为 y 方向）振动的两线偏振基模 HE_{11}^x 和 HE_{11}^y 的相位常数 $\beta_x \neq \beta_y$，产生线双折射。其双折射率 $\Delta\beta_l$ 可由下式估算

$$\Delta\beta_l \approx \frac{e^2}{2}\left(\frac{\Delta}{2}\right)^{3/2} \qquad (2.34)$$

式中　e——纤芯的椭圆度，$e = \left[1 - \left(\frac{b}{a}\right)^2\right]^{1/2}$；

　　　Δ——光纤相对折射率差。

由上式可见，由于芯子的椭圆度 e 和光纤的相对折射率差 Δ 的增大都受到限制，因此，仅靠通过加大或减小光纤芯子椭圆度的方法来获得高或低双折射光纤都是十分困难的。

(2) 应力双折射

应力双折射是通过光弹效应引起的。光纤材料本身是各向同性的介质，因而不同偏振方向的光场所遇到的折射率是相同的。但当光纤受力时，便引起了弹性变形，通过光弹效应，该形变又引起折射率的变化，使材料变为各向异性，从而产生双折射。光纤中应力双折射的大小可按下述分析方法求出。

在弹性限度内，应变和应力遵守胡克定律。设光纤在 x、y、z 三个方向受到的正应力为 σ_1、σ_2、σ_3，则三个方向的应变 δ_1、δ_2、δ_3 由下式决定，即

$$\begin{bmatrix} \delta_1 \\ \delta_2 \\ \delta_3 \end{bmatrix} = \begin{bmatrix} S_{11} & S_{12} & S_{13} \\ S_{21} & S_{22} & S_{23} \\ S_{31} & S_{32} & S_{33} \end{bmatrix} \begin{bmatrix} \sigma_1 \\ \sigma_2 \\ \sigma_3 \end{bmatrix} = \begin{bmatrix} S_{11} & S_{12} & S_{12} \\ S_{12} & S_{11} & S_{12} \\ S_{12} & S_{12} & S_{11} \end{bmatrix} \begin{bmatrix} \sigma_1 \\ \sigma_2 \\ \sigma_3 \end{bmatrix} \qquad (2.35)$$

式中 S_{ij}——一个二阶张量。

$$S_{ij} = \begin{cases} 1/E & i = j \\ -\mu/E & i \neq j \end{cases}$$

式中 μ——材料的泊松比;
E——杨氏模量。

由于形变将引起材料折射率的变化。光纤受力后,材料折射率由 n 变为 $n + \Delta n$。Δn 可近似表示为

$$\Delta n \approx -\frac{n^3}{2}\Delta\left(\frac{1}{n^2}\right) \tag{2.36}$$

$\Delta\left(\frac{1}{n^2}\right)$ 与形变关系可通过光弹效应建立联系,即

$$\begin{bmatrix} \Delta\left(\frac{1}{n^2}\right)_1 \\ \Delta\left(\frac{1}{n^2}\right)_2 \\ \Delta\left(\frac{1}{n^2}\right)_3 \end{bmatrix} = \begin{bmatrix} P_{11} & P_{12} & P_{13} \\ P_{21} & P_{22} & P_{23} \\ P_{31} & P_{32} & P_{33} \end{bmatrix}\begin{bmatrix} \delta_1 \\ \delta_2 \\ \delta_3 \end{bmatrix} = \begin{bmatrix} P_{11} & P_{12} & P_{12} \\ P_{12} & P_{11} & P_{12} \\ P_{12} & P_{12} & P_{11} \end{bmatrix}\begin{bmatrix} \delta_1 \\ \delta_2 \\ \delta_3 \end{bmatrix} \tag{2.37}$$

式中 P——光弹系数,也是一个二阶张量。

对于石英玻璃

$$P = \begin{cases} 0.12 & i = j \\ 0.27 & i \neq j \end{cases}$$

基于上述关系式可推导出,当光纤存在应力时,若两正交横方向之间的应力差为 $\Delta\sigma$,则在该方向上两线偏振模的折射率之差为

$$\Delta n = \frac{n^3}{2E}(1+\mu)(P_{12} - P_{11})\Delta\sigma \tag{2.38}$$

与此相应的光纤线双折射率 $\Delta\beta_l$ 为

$$\Delta\beta_l = K_0\Delta n = \frac{\pi n^3}{\lambda E}(1+\mu)(P_{12} - P_{11})\Delta\sigma \tag{2.39}$$

对于石英光纤,纤芯折射率 $n = 1.456$,$E = 7.0 \times 10^{10}$ Pa,$\mu = 0.17$。

2. 光纤的圆双折射

光纤对左旋和右旋圆偏振光有不同的相位常数,称为圆双折射。引起单模光纤圆双折射主要有法拉第磁光效应引起的场致圆双折射和在扭转作用下由光弹效应产生的应力双折射。

(1)场致圆双折射

如果沿光纤的轴向施加外磁场 B,则通过光纤的偏振光的偏振方向将发生旋转。注意法拉第旋光效应具有旋向不可逆性,即不管光波传输方向如何,迎着磁感应强度方向观察,偏振光总按顺时针方向旋转。旋转角为

$$\Omega = VBL \tag{2.40}$$

式中　V——光纤材料的费尔德(Verdet)常数,它是材料磁光特征量;
　　　L——光纤长度。

理论上根据 Ω 可推导出圆双折射率,即

$$\Delta\beta_R = \beta_R - \beta_L = 2VB \tag{2.41}$$

式中　β_R、β_L——右旋和左旋圆偏振光的相位常数。

常温下对于石英材料,当光波长 $\lambda = 0.63\ \mu m$ 时,$V = 0.016\ 6\ Gs\cdot cm$。

(2) 扭转产生的圆双折射

将光纤绕其中心轴转动,如图 2.21 所示,由于剪切应力的作用,会在光纤中引起圆双折射(左、右旋圆偏振光在光纤中传播速度不同引起的双折射现象)。理论上可以证明,在扭曲光纤中不再存在 x(或 y)方向的线偏振光,而存在左(或右)旋圆偏振光。

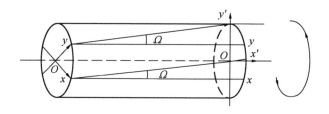

图 2.21　光纤的扭转

扭转产生的圆双折射率为

$$\Delta\beta_R = \beta_R - \beta_L = \frac{1}{2}n^2(P_{12} - P_{11})2\pi N = g2\pi N \tag{2.42}$$

式中　g——常数,对于石英光纤,g 的理论值 $g_{理论} = 0.16$,g 的实验值 $g_{实验} = 0.14$;
　　　N——每米长光纤的扭转圈数。

四、单模光纤的偏振态

1. 偏振态的变化

根据电磁场理论,描述偏振光的电场强度矢量 E 可分解为 E_x、E_y 两个分量,其瞬时值为

$$E_x = E_{x0}\cos(\omega t + \varphi_x)$$
$$E_y = E_{y0}\cos(\omega t + \varphi_y)$$

两分量的振幅比 $R = E_{y0}/E_{x0}$,相位差 $\varphi = \varphi_y - \varphi_x$。根据 R、φ 的不同,可得到线偏振光、圆偏振光和椭圆偏振光。也就是说,偏振光的偏振态可完全由 R、φ 决定。R 有时也用另一参数 δ 表示,$\delta = \arctan R$。

单模光纤中存在某种双折射时,沿光纤横截面 x、y 方向偏振的两正交基模 HE_{11}^x、HE_{11}^y 在

光纤轴向 z 方向传播一段距离后,将产生相位变化之差 $\varphi = \Delta\beta z$,从而使光纤偏振态沿光纤轴向呈周期性的变化。偏振态的具体演化过程,可借助于偏振光学中的琼斯(Jones)矩阵法[7,9]推导出。下面就这一方法给出的相关结果做一般性的介绍。

(1) 单模光纤中有线双折射

单模光纤中有线双折射时,设存在着均匀线双折射率 $\Delta\beta_l$,线双折射的快慢轴(所谓光纤双折射轴可视为光纤横截面上相互正交的两个轴,两个线偏振光的偏振方向如与它们平行,将产生最大的相位差 $\Delta\beta$,这两个轴就定义为快轴和慢轴)分别与 x、y 轴重合。如在光纤输入端 ($z=0$ 处)射入一束电场强度为 E_1,与 x 轴夹角为 α_0 的线偏振光,则光纤中 z 处的电场强度 E_2 与 E_1 之间的关系可通过 Jones 矩阵变换得到,即

$$[E_2] = [J][E_1] = E_1 \begin{bmatrix} \cos\alpha_0 \exp\left(j\frac{\Delta\beta_l z}{2}\right) & 0 \\ 0 & \sin\alpha_0 \exp\left(-j\frac{\Delta\beta_l z}{2}\right) \end{bmatrix} \quad (2.43)$$

其中,光纤中的 Jones 矩阵

$$[J] = \begin{bmatrix} \exp\left(j\frac{\varphi}{2}\right) & 0 \\ 0 & \exp\left(-j\frac{\varphi}{2}\right) \end{bmatrix}$$

E_2 的 y 分量与 x 分量的振幅比和相位差分别为 $R = \tan\alpha_0$,$\varphi = \Delta\beta_l z$。由此可求得光纤中偏振态随传播距离 z 变化的情况。图 2.22 为线偏振光沿光纤轴向传播一个周期的演化过程。

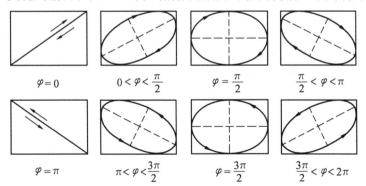

图 2.22 线偏振光沿光纤轴向的演化

(2) 单模光纤中有圆双折射

单模光纤中有圆双折射时,对入射光偏振态的影响可做如下简略分析。

设输入的线偏振光沿 x 方向偏振,此时电场强度 E_1 可分解成一对等幅的左旋和右旋圆偏振之和,即

$$[E_1] = \frac{1}{2}\begin{pmatrix}1\\-j\end{pmatrix} + \frac{1}{2}\begin{pmatrix}1\\j\end{pmatrix}$$

沿光纤传播 z 长度后,由 Jones 矩阵变换可得到 z 处的电场强度 E_2 与 E_1 之间的关系为

$$[E_2] = [J][E_1] = \begin{bmatrix}\cos\dfrac{\beta_R - \beta_L}{2}z\\ \sin\dfrac{\beta_R - \beta_L}{2}z\end{bmatrix}\exp\left[-j\dfrac{\beta_R + \beta_L}{2}z\right] =$$

$$\begin{bmatrix}\cos\Omega\\ \sin\Omega\end{bmatrix}\exp\left[-j\dfrac{\beta_R + \beta_L}{2}z\right] \tag{2.44}$$

其中,光纤中的 Jones 矩阵

$$[J] = \begin{bmatrix}\cos\Omega & -\sin\Omega\\ \sin\Omega & \cos\Omega\end{bmatrix}$$

$$\Omega = \frac{\beta_R - \beta_L}{2}z = \frac{\Delta\beta_R}{2}z$$

可见,线偏振光通过圆双折射光纤后仍为线偏振光,但其偏振方向旋转了 Ω 角度。若 $\beta_R > \beta_L$,则 $\Omega > 0$,说明迎着光传输方向看去,偏振光的电矢量端点沿逆时针方向旋转;反之沿顺时针方向旋转。

2. 偏振色散

由于存在双折射,单模光纤中传输的两正交基模 HE_{11}^x、HE_{11}^y 的相位常数 β_x、β_y 不同,从而引起偏振色散。设这两个模式在光纤中传输单位长度所用的时间各为 τ_x、τ_y,则单位长度上产生的群时延的差为

$$\Delta\tau_0 = \tau_x - \tau_y = \frac{d\beta_x}{d\omega} - \frac{d\beta_y}{d\omega} = \frac{d\Delta\beta}{d\omega} \tag{2.45}$$

若光在光纤中 x、y 方向的等效折射率为 n_x、n_y,则

$$\beta_x = K_0 n_x = \frac{\omega n_x}{c} \qquad \beta_y = K_0 n_y = \frac{\omega n_y}{c}$$

因此

$$\Delta\tau_0 = \frac{1}{c}\frac{d[\omega(n_x - n_y)]}{d\omega} = \frac{n_x - n_y}{c} + \frac{\omega}{c}\frac{d(n_x - n_y)}{d\omega}$$

通常上式中第二项远小于第一项(对于一般石英玻璃,在近红外区的色散很小,有 $\dfrac{dn}{d\omega} \ll \dfrac{n}{\omega}$),故上式可简化为

$$\Delta\tau_0 \approx \frac{n_x - n_y}{c} = \frac{\Delta\beta}{\omega} \tag{2.46}$$

可见,偏振色散与光纤的双折射率 $\Delta\beta$ 成正比。

当光纤中由于某些原因(如芯子椭圆度大,内应力强等)存在较大双折射时,偏振色散可达

几十皮秒每千米,这便限制了光纤通信中单模光纤的传输带宽。

2.4 石英通信光纤材料

一、石英光纤的构造和制备

1. 石英光纤的基本构造

参见图 2.2,石英光纤的基础材料是二氧化硅,密度约为 $2.2\ \mathrm{g\cdot cm^{-3}}$,熔点约为 1 700 ℃。纤芯材料的主要成分是高纯度二氧化硅(SiO_2),纯度高达 99.999 9%,另有极少量掺杂材料,如二氧化锗(GeO_2),用于提高纤芯的折射率。纤芯直径一般在 5~50 μm 之间。包层材料一般是纯净二氧化硅,其折射率一般比纤芯折射率低百分之几。若是多包层光纤,则包层中会掺杂少量硼或氟材料来降低折射率。包层直径为 125 μm,包层外面的涂覆层是高分子材料(如环氧树脂、硅橡胶等),旨在增强光纤的柔性和机械强度,光纤外径为 250 μm。

2. 石英光纤的制备

石英光纤的生产原料多数是液态卤化物,有四氯化硅($SiCl_4$)、四氯化锗($GeCl_4$)和氟里昂(CF_2Cl_2)等。它们在常温下是无色透明的液体,有刺鼻气味,易水解,在潮湿空气中强烈发烟,有毒性和腐蚀性,氧化反应和载运气体有氧气(O_2)和氩气(Ar)等。表 2.1 列出制备石英光纤常用的几种化学试剂的性能指标。为保证光纤质量并降低损耗,要求原材料中含的过渡金属离子、氢氧根等杂质的质量比不应高于 10^{-9} 量级,为此,需对大部分卤化物进一步提纯。

表 2.1 制备石英光纤常用的几种化学试剂的性能指标

名称	形态	相对分子质量	相对密度	熔点/℃	沸点/℃	主 要 性 能
$SiCl_4$	液态	169.9	1.50	-70	57.6	1. 均有腐蚀性,有刺鼻的气味 2. 易水解,在潮湿的空气中强烈发烟,并放出热量
$GeCl_4$	液态	214.4	1.879(-20℃时)	-49.5	83.1	
$POCl_3$	液态	153.21	1.675	2	105.3	
BCl_3	液态	117.17	1.434	-107	12.5	
BBr_3	液态	250.54	2.65	-46	90.8	
$AlCl_3$	液态	133.34	1.31(液态)	194(固态)	180(液态)	
SF_6	气态	146.06	—	—	—	SF_6 的密度为 $0.727\ \mathrm{g\cdot mL^{-1}}$,熔化热 5 028.3 J·mol⁻¹,升华热 23 616.6 J·mol⁻¹
CF_4	气态	78.004	1.62(-130℃时)	-184	-128	
Cl_2	气态	70.9	—	—	-102	
$SOCl_2$	液态	118.97	1.64	—	77	

制造石英光纤主要包括两个过程,即制棒和拉丝。为获得低损耗的光纤,整个过程都要在超净环境中进行。制造光纤时先要熔制出一根玻璃棒,玻璃棒的芯包层材料都是石英玻璃。

表2.2是几种常用的单组分光学玻璃的物理性能。纯石英玻璃的折射率约为1.457,为满足光在纤芯中的传输条件,必须使纤芯中的折射率稍高于包层的折射率。为此,在制备芯玻璃时均匀掺入少量的比石英折射率稍高的材料。这样制成的玻璃棒叫光纤预制棒。实践证明,少量适度掺杂剂的加入,并不明显地影响玻璃材料的损耗和色散。

现有多种制备光纤预制棒的工艺[15,16],属化学气相工艺法的有:改进的化学气相沉积法(MCVD,modified chemical vapor deposition);等离子体激活化学气相沉积法(PCVD,plasma activated chemical vapor deposition);轴向气相沉积法(VAD,vapor phase axial deposition);外气相沉积法(OVD,outside vapor phase deposition)。

表2.2 几种光学玻璃成分的主要特性

名 称	相对分子质量	光折射率	膨胀系数/K^{-1}
SiO_2	44.09	1.457	5.5×10^{-7}
B_2O_3	69.62	1.450	100×10^{-7}
P_2O_5	141.95	1.500	140×10^{-7}
GeO_2	104.59	1.48~1.50	60×10^{-7}

属非气相工艺的方法有:多组分玻璃熔融法;溶胶-凝胶(Sol-Gel)法;机械成型法(mechanical shaped perform)。

当今工业生产大都采用气相沉积法来制备优质石英玻璃光纤。下面对常用的几种气相沉积方法做简单的介绍。

(1) 改进的化学气相沉积法(MCVD)

MCVD法制备光纤预制棒的工艺如图2.23所示。其特点是在石英反应管(也称衬底管、外包皮管)内沉积内包层和芯层的玻璃,整个系统是处于封闭的超提纯状态。它是目前制作高质量石英系光纤中比较稳定可靠的方法。

MCVD法中发生的反应主要为

$$SiCl_4 + O_2 \xrightarrow{高温} SiO_2 + 2Cl_2 \uparrow \tag{2.47}$$

$$GeCl_4 + O_2 \xrightarrow{高温} GeO_2 + 2Cl_2 \uparrow \tag{2.48}$$

$$2CF_2Cl_2 + SiCl_4 + 2O_2 \xrightarrow{高温} SiF_4 + 4Cl_2 + 2CO_2 \uparrow \tag{2.49}$$

将$SiCl_4$、O_2送入正在旋转着的高纯石英管内,同时用氢氧焰喷灯对它加热。将喷灯沿石英管的轴向往复移动、均匀加热,管体温度达1 400~1 600℃,送入管内的气体便起反应,使SiO_2一层一层地沉积在管的内壁上,然后再送入$SiCl_4$、O_2、$GeCl_4$,且重复上述操作,则在其空心处附着SiO_2-GeO_2,它的折射率比SiO_2高,便形成纤芯。掺杂既可提高石英的折射率,亦可降低其折射率,视掺杂剂种类不同而效果各异。通常,普通单模光纤掺有摩尔分数约3%的

GeO_2,相应的纤芯折射率提高约 0.4%;而 SiF_4 可以降低纤芯的折射率。图 2.24 中列举了几种常见掺杂试剂对石英折射率的影响。

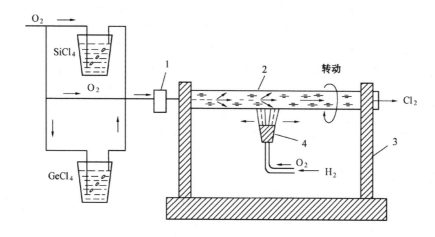

图 2.23　MCVD 法制备光纤预制棒
1—活动接头;2—石英反应管;3—玻璃车床;4—喷灯

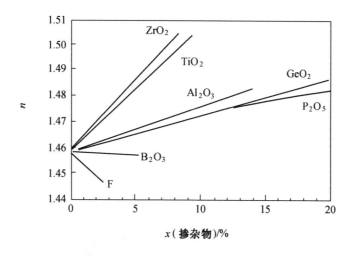

图 2.24　含不同掺杂剂的石英的折射率

气相沉积过程完成后,石英管内壁生长了预期厚度的包层材料及芯材料。石英管内径缩小但仍是空心管,还需缩棒(烧缩)过程。加热该石英玻璃管(温度在 1 700～1 900 ℃)使之塌陷,收缩成一根实心棒,称为预制棒。

(2) 等离子体激活化学气相沉积法(PCVD)

PCVD 法与 MCVD 法工艺相似,都是采用管内气相沉积工艺。PCVD 法是把 MCVD 法中的氢氧火焰加热系统改换成微波腔体加热。它的原理是把中小功率(数百瓦到千瓦级)的微波能(例如 2 450 MHz)送入谐振腔中,使谐振腔中的石英管内的低压气体受激产生辉光放电来实现加温氧化沉积玻璃。该法的特点是石英管内气体放电时,管内工作物质(高纯氧气和气态的 $SiCl_4$、$GeCl_4$ 等物质)的电子、原子和分子远离热平衡状态,电子温度可在 10 000 K,而原子和分子的温度可维持在几百开甚至室温。所以这是一种非等温等离子体。

PCVD 工艺的优点:不用氢氧火焰加热沉积,沉积温度低于相应的热反应温度,反应管不易变形;控制性能好,由于气体电离不受反应管的热容量限制,所以微波加热腔体可以沿反应管做快速往复运动,沉积层厚度可小于 1 μm,从而制备出芯层达千层以上的接近理想分布的折射率剖面,以实现宽的带宽、光纤的几何特性和光学特性重复性好的及高的沉积效率(对 $SiCl_4$ 的沉积效率接近 100%)和快的沉积速度,利于降低生产成本,适于批量生产。

(3) 轴向气相沉积法(VAD)

VAD 法制作光纤预制棒的工艺如图 2.25 所示。把经过提纯的化学试剂(如 $SiCl_4$、$GeCl_4$、$SiHCl_3$ 等)以气态送入氢氧火焰喷灯,使之在氢氧火焰中水解,生成石英(SiO_2)玻璃微粒粉尘。这些粉尘被吹附到种子石英棒的下端并沉积下来,这样沿轴向就生长出由玻璃粉尘组成的多孔粉尘预制棒。这种粉尘多孔预制棒被向上提升,通过一管状的加热器,被烧结处理,熔缩成透明的光纤预制棒。

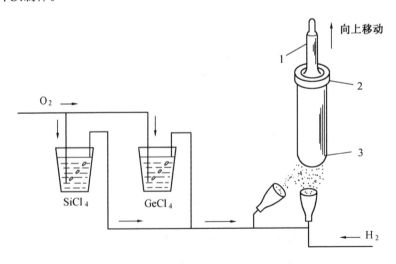

图 2.25 VAD 法制作光纤预制棒的工艺
1—种子石英棒;2—环状加热器;3—多孔预制棒

VAD 法中形成玻璃的化学反应式为

$$SiCl_4 + H_2O \xrightarrow{\text{高温氧化}} SiO_2 + 2HCl + Cl_2 \uparrow \qquad (2.50)$$

$$GeCl_4 + H_2O \xrightarrow{\text{高温氧化}} GeO_2 + 2HCl + Cl_2 \uparrow \qquad (2.51)$$

VAD 法的特点有如下几点。

① 靠大量的载送化学试剂($SiCl_4$、$GeCl_4$ 等)的气体通过氢氧火焰,大幅度地提高氧化物粉尘(SiO_2)的沉积速度。沉积速度比 MCVD 法要快 5~10 倍。

② 一次性形成相当于纤芯和包层组成的粉尘棒,然后对粉尘棒分段熔融,并通入氦气、氯气以及氯化亚砜($SOCl_2$)进行脱水处理。脱水处理的效果很好,可使光纤玻璃中的 OH^- 质量分数降到 1×10^{-9} 左右,所以它适合于制备长波长低损耗光纤。

用 $SOCl_2$、Cl_2 进行化学脱水处理的反应式为

$$(Si-OH) + SOCl_2 \longrightarrow (Si-Cl) + HCl + SO_2 \qquad (2.52)$$

$$H_2O + SOCl_2 \longrightarrow 2HCl + SO_2 \qquad (2.53)$$

$$2Cl_2 + 2H_2O \longrightarrow 4HCl + O_2 \qquad (2.54)$$

脱水处理的实质就是把玻璃中的 OH^- 置换出来,因为反应生成的 $(Si-OH)$ 键的基本吸收波长在 25 μm 附近,不在石英光纤工作的 0.5~2 μm 的波长区。

③ VAD 法对制备光纤所需的环境洁净度要高些,但它适合于批量生产,现在 VAD 法的一根棒可拉成 100 km 以上的光纤。

④ 用 VAD 法制备的多模光纤,在折射率分布的截面上无中间凹陷,它的带宽比 MCVD 法的要高些。最低损耗可达 0.25~0.5 $dB \cdot km^{-1}$。

⑤ 该法缺点是工艺程序多,对产品的总成品率有一定影响,成本是 OVD 法的 1.6 倍。

(4) 外气相沉积法(OVD)

OVD 法制备光纤预制棒的原理与 VAD 法是相同的,其工艺如图 2.26 所示。OVD 法的沉积顺序正好与 MCVD 法相反,它是先沉积芯层,后沉积包层。它可以用来制造多模光纤、单模光纤、大芯径高数值孔径光纤、单偏振光纤。沉积中能熔融成玻璃的掺杂剂也很广,例如,除常用的掺杂剂 GeO_2、P_2O_5、B_2O_3 以外,甚至还可用 ZnO、Ta_2O_5、PbO_2、Al_2O_3 等掺杂材料。OVD 法生产出来的低损耗、高带宽的光纤性能都超过了 MCVD 法和 VAD 法所生产的光纤性能。

OVD 法的沉积过程需要先有一根芯棒。如芯棒是用氧化铝陶瓷或高纯石墨制成的,则沉积过程是先沉积芯层,后沉积包层;如芯棒是一根合成的高石英玻璃时,这时沉积只需要沉积包层材料即可。最后的工艺是把沉积出来的疏松的管棒材放入烧结炉中脱水处理,烧结成透明的预制棒。脱水处理过程与 VAD 法一样。

OVD 法的优点是能生产大型的预制棒,每一根预制棒可重达 2~3 kg,可拉制 100~200 km 的光纤;不需要高质量的石英管做套管;棒芯中 OH^- 的质量分数很小,可小于 1×10^{-8};由于是中心对称沉积,光纤几何尺寸精度高;能进行大规模的生产,生产成本低。此工艺在国际上被广泛采用。

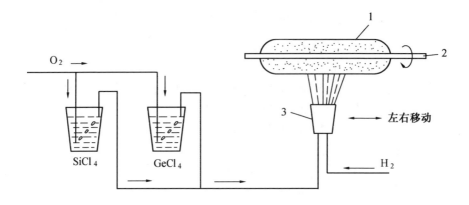

图 2.26　OVD 法制备光纤预制棒的工艺
1—烧结玻璃体；2—芯棒；3—喷灯

最后简单介绍光纤拉丝工艺过程。如图 2.27 所示，将预制棒放入 2 000 ℃ 高温的石墨拉

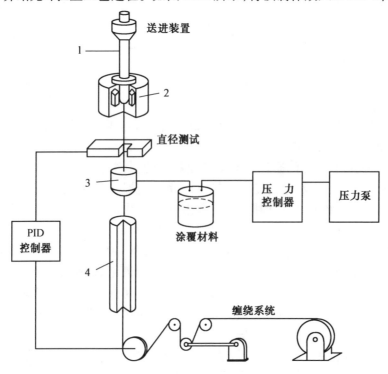

图 2.27　光纤拉丝工艺
1—预制件；2—加热体；3—涂覆器；4—管式炉

丝炉中加温软化，处于熔融状态，由牵引轮控制拉丝进度，使光纤拉细到要求尺寸。光纤中的芯和包层的厚度比例及折射率分布与原始的光纤预制棒材料完全一样。在炉下方有一台测径装置实时测量光纤直径，控制预制棒送给速度和牵引轮的拉丝速度。这样拉出的裸光纤十分脆弱，极易折断。因此，拉丝同时要进行涂覆。在裸光纤外表面涂上硅橡胶、聚乙烯之类保护层，工艺上称一次被塑，可以大大改善光纤的柔性，提高光纤的机械强度。

3. 石英光纤的抗拉强度

石英裸光纤的抗张力不足 1 N，极易断裂，但由于有涂覆层作用，光纤比同样粗的钢丝的抗拉强度还要大 1 倍。理论上，外径为 125 μm 的石英光纤能承受的抗张力为 300 N。实际上，光纤表面或内部不均匀性普遍存在，不可避免地存在污染和裂纹，这使得光纤的断裂强度大为降低（约为理论值的 1/4）。石英光纤可绕性好，弯曲半径允许小至 5 mm 左右。但涂覆层却降低了光纤的耐热性，一般仅能在 $-40 \sim 50℃$ 之间工作。石英光纤不溶于水，但会由于吸潮而受到侵蚀，导致微裂纹扩大而降低力学性能。目前，采用密封碳涂覆光纤已能有效阻止氢的扩散、减缓光纤疲劳，并能有效消除光纤表面的微裂纹，增强抗拉强度，从而大大提高光纤寿命。一般石英光纤预期使用寿命在 10 年以上。

二、石英光纤的损耗特性

1. 吸收损耗

（1）本征吸收损耗

本征吸收损耗的一部分是红外吸收损耗，来源于石英材料中 Si—O 键在波长 9 μm、12.5 μm、21 μm 的分子振动吸收，吸收带尾延伸到 1.2 μm 波长，对通信波长造成的损耗值远小于 0.1 $dB·km^{-1}$；另一部分是紫外吸收损耗，来源于石英材料的电子转移吸收，吸收的中心波长在 0.16 μm 处，吸收谱延伸至 1 μm 附近，对 0.85 μm 处的短波长通信有一定影响；掺杂剂（如 GeO_2、P_2O_5、B_2O_3 等）也会形成附加损耗。

（2）杂质吸收损耗

杂质吸收损耗主要包括金属离子（Fe、Cu、V、Cr、Mn、Ni、Co 等）和 OH^- 离子的吸收损耗。当金属离子的质量浓度在石英光纤中降到 $10^{-6} mg·L^{-1}$ 以下时，可以基本消除它们在光纤通信波段的吸收损耗；OH^- 离子是光纤损耗增大的重要来源。OH^- 离子振动的基波波长位于 2.73 μm 处，它的高次谐波波长（1.39 μm）正好位于通信窗口内，现代工艺已能基本消除此吸收峰。

（3）原子缺陷吸收损耗

原子缺陷吸收损耗主要是指石英材料受到热辐射或光辐射激励时引起的吸收损耗。这个损耗可以忽略不计。

2. 散射损耗

(1) 瑞利散射损耗

瑞利散射损耗是本征散射损耗。石英光纤制备过程中,SiO_2 材料处于高温熔融状态,分子处于无规则的热运动。在冷却固化时,这种随机的分子位置就在材料中"冻结"下来,形成物质密度的随机不均匀性,从而引起光纤材料的折射率分布不均匀。这些不均匀,犹如尺度很小的颗粒,远小于入射光波长。当光通过光纤时,有些光子就要受到它的散射,形成了瑞利散射损耗。瑞利散射损耗与入射光波长 λ^4 成反比。随着波长变短,散射损耗迅速增大,限制了石英光纤应用到更短的光通信波段($\lambda < 0.8 \ \mu m$ 以下);波长越长,散射损耗越小,这也就是目前光通信波长要向长波段发展的主要原因。石英光纤的瑞利散射损耗可估算为

$$A_{rs} = \frac{A(1+B\Delta)}{\lambda^4} \tag{2.55}$$

式中　A、B——与石英及掺杂材料有关的常数。对掺锗的石英单模光纤,$A = 0.63$,$B = 180 \pm 35$。

(2) 波导结构散射损耗

波导结构散射损耗是指在石英光纤制备过程中造成波导结构不规则,导致模式间互相耦合,或耦合成高阶模进入包层或耦合成辐射模辐射出光纤,从而产生的光损耗。

(3) 非线性效应损耗

当光纤中传播的光功率较大时,还会诱发受激拉曼散射和受激布里渊散射,从而产生光损耗。

3. 弯曲损耗和涂覆层造成的损耗

弯曲损耗包括宏弯损耗和微弯损耗。宏弯损耗是指由于光纤放置(比如将光纤松绕在滚筒上或沿墙角铺设)时产生大尺度弯曲,光在光纤中传播时不再满足全反射条件,使一部分光能变成高阶模或从纤芯中辐射出来,引起损耗。当弯曲半径过小时,这种损耗不能忽略。实验结果表明,当光纤弯曲半径 R 与纤芯直径 $2a$ 之比,$R/2a < 50$ 时,光纤透光量已开始下降;$R/2a \approx 20$ 时,光纤透光量已开始明显下降,说明大量光能已从光纤包层逸出。图 2.28

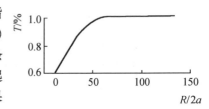

图 2.28　光纤透光率与弯曲半径关系的实验曲线

是光纤透光率随弯曲半径变化的一个典型的测量结果。不同光纤,宏弯损耗不同,一般认为当弯曲曲率半径大于 10 cm 时,这种损耗可以忽略。

微弯是指光纤对它的直线状态发生随机的小幅度的偏离。它是在光纤的制作、成缆、敷设、光纤在低温环境下运作而产生的。微弯产生微弯损耗,主要指由于光纤材料与套塑层温度系数不一致,形变不均匀,从而造成高阶模和辐射模损耗。另外,由于光纤中导模(尤其是高阶模)的功率有相当一部分是在涂覆层中传播,而涂覆层的损耗是很高的,这就带来导模的功率

损失。

4. 石英光纤损耗的谱特性

石英材料光纤总损耗的谱特性如图 2.29 所示。由 OH^- 三个吸收峰划分出三个低损耗波段。这三个低损耗波段分别被称为短波长窗口(第一窗口)和长波长窗口(第二窗口和第三窗口)。0.85 μm 的第一窗口是最早开发的,因为首先研制成功的半导体激光器(GaAlAs)的发射波长刚好在这一波段。随着光纤工艺的改进、OH^- 离子含量的减小和对光纤损耗机理了解的加深,发现长波长窗口具有更小的损耗。因此,1.3 μm 和 1.55 μm 窗口损耗受到重视并已取得迅速发展,其中 1.55 μm 处的理论最小损耗值为 0.15 dB·km^{-1},是现代光纤通信发展的波长范围。

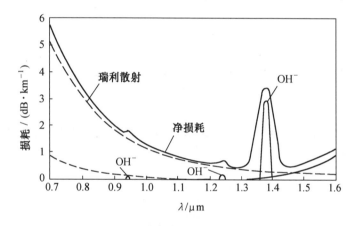

图 2.29 石英材料光纤总损耗的谱特性

普通单模光纤在 1.3 μm 和 1.55 μm 窗口的损耗分别是 0.35 dB·km^{-1} 和 0.2 dB·km^{-1}。目前报道的世界上最好的硅系光纤是日本的 Z 光纤,损耗在 1.55 μm 波长处已降至 0.154 dB·km^{-1},接近极限。

近年来,1.39 μm 波长处的 OH^{-1} 离子吸收已被大幅降低,从而使 1.28~1.68 μm 两通道窗口连通,出现一个近 400 nm 宽的低损耗窗口,为波分复用大容量通信提供了可能。

三、石英光纤的色散特性

现代光通信中基本上都使用单模光纤。单模光纤色散中无多模色散,主要是材料色散和波导色散。

1. 材料色散

图 2.30 为石英光纤的折射率(n)及群折射率(n_g)随传输光波长的变化关系曲线。

材料色散系数 D_M 的大小一般由 $n_g - \lambda$ 曲线的斜率决定。D_M 可表示为

$$D_M = \frac{2\pi}{\lambda^2}\frac{dn_g}{d\omega} = \frac{1}{c}\frac{dn_g}{d\lambda} = -\frac{2\pi c}{\lambda^2}\beta^2 \approx -\frac{\lambda}{c}\frac{d^2 n}{d\lambda^2} \tag{2.56}$$

对于纯石英材料,当 $\lambda = 1.273\ \mu m$ 时,$dn_g/d\lambda = 0$,此时 $D_M = 0$,该波长称为零材料色散波长(λ_{ZMD})。图 2.31 为 SiO_2 材料的材料色散系数 D_M 随波长 λ 变化的关系曲线。

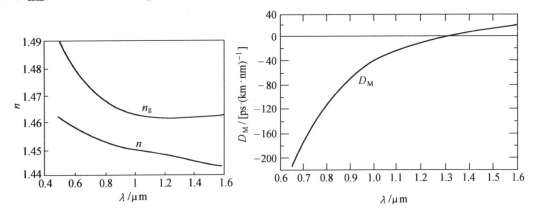

图 2.30 石英光纤的折射率及群折射率随传输光波长的变化关系曲线

图 2.31 SiO_2 材料的材料色散系数 D_M 随波长 λ 变化的关系曲线

对于掺杂材料,零材料色散波长 $\lambda_{ZMD}(\mu m)$ 随掺杂浓度稍有变化。例如:
对于掺锗的石英材料

$$\lambda_{ZMD} = 1.273 + 5.8 \times 10^{-3} m \tag{2.57}$$

对于掺磷的石英材料

$$\lambda_{ZMD} = 1.273 + 1.16 \times 10^{-4} m \tag{2.58}$$

式中 m——掺杂浓度。

由上式可见,掺杂能使零材料色散波长变化,但变化很小。因而靠增加掺杂浓度来变化零材料色散波长,作用甚微。

2.波导色散

由于波导结构不同,使同一模式的光脉冲因频率(波长)不同而产生群时延。波导色散系数可表示为

$$D_W = -\frac{n_1 \Delta}{c\lambda} V \frac{d^2(Vb)}{dV^2} \tag{2.59}$$

式中 b——归一化相位常数,可由 $\beta = k[n_2 + (n_1 - n_2)b]$ 求得。

波导色散 D_W 随光纤折射率分布情况不同而变化。图 2.32 为单模阶跃光纤 $V\frac{d^2(Vb)}{dV^2} - V$ 的关系曲线。

由图 2.32 可见,通过归一化频率 V 和相对折射率差 Δ 的适当选择,可以控制波导色散 D_W 大小,进而控制光纤的总色散。由波导色散 D_W 和材料色散 D_M 叠加后可得单模光纤的总色散 $D_T = D_M + D_W$。因此,利用这一特性可设计在某一特定波长(或某一特定波段)色散为零的光纤。图 2.33 为石英阶跃单模光纤的色散特性。

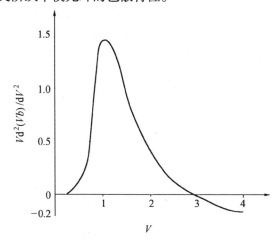

图 2.32　单模阶跃光纤 $V\dfrac{d^2(Vb)}{dV^2} - V$ 的关系曲线

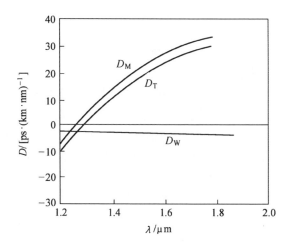

图 2.33　石英阶跃单模光纤的色散特性

从图 2.33 可见,调节光纤参数(波导结构)可以使波导色散在需要的波长范围内抵消材料色散,使光纤的零色散波长 λ_{ZMD} 变化。如前所述,材料掺杂对零色散波长影响不大,因而改变光纤零色散波长的途径在于增加波导色散。理论上减小光纤芯子半径 a,可使波导色散增加,

但是 a 值减小不仅使光纤连接时的耦合损耗明显增大,而且由于减小 a 时必须增大 Δ(为保持 V 不变),这将使光纤损耗增大。这一点在单模光纤设计时要特别考虑。

目前,经特殊设计光纤折射率分布函数得到的色散位移光纤(DSF,dispersion shifted fiber)、真波光纤(TWF,true wave fiber)和大有效面积光纤(LEAF,large effective area fiber),它们的零色散波长 λ_{ZMD} 分别被移到 $1.55\ \mu m$、$1.53\ \mu m$ 和 $1.51\ \mu m$ 处,与最低损耗波长相重合。从而同时得到低损耗和低色散的光纤,以满足长距离、大容量光纤通信的需要。

光纤中色散在 $\lambda < \lambda_{ZMD}$ 范围为负值,称正常色散区;在 $\lambda > \lambda_{ZMD}$ 范围为正值,称反常色散区。图 2.34 为几种单模光纤的总色散曲线。

四、石英光纤的非线性特性

1. 非线性效应产生的原因

光纤中非线性起因于材料中束缚电子在外加电磁场(光场)的作用下产生非简谐运动,导致电偶极子的感应极化矢量 P 和电场矢量 E 不成正比。可表示为

$$P = \varepsilon_0 [\chi^{(1)} E + \chi^{(2)} EE + \chi^{(3)} EEE + \cdots] \tag{2.60}$$

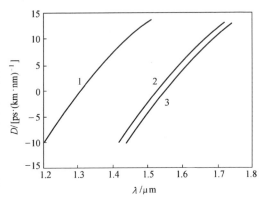

图 2.34 几种单模光纤的总色散曲线
1—普通单模光纤(SMF);2—真波光纤(TWF);
3—色散位移光纤(DSF)

式中 ε_0 ——真空电容率;
$\chi^{(j)}(j=1,2,3,\cdots)$ ——介质极化率。

一阶极化率 $\chi^{(1)}$ 代表对 P 的主要贡献,决定了材料的线性折射率。二阶极化率 $\chi^{(2)}$ 可引起二次谐波效应及光学和频效应,由于石英光纤材料具有对称分子结构,因此 $\chi^{(2)}$ 趋近于零,故一般不出现二阶非线性效应。光纤中最低阶非线性效应来自三阶极化率 $\chi^{(3)}$,它能导致产生自相位调制(SPM,self-phase modulation)、交叉相位调制(CPM,cross phase modulation)、三次谐波或四波混频(FWM,four wave mixing)、受激布里渊散射(SBS,stimulated brillouin scattering)、受激拉曼散射(SRS,stimulated raman scattering)以及非线性折射和光孤子等现象[17]。

石英材料的非线性折射率系数 $n_2(cm^2 \cdot W^{-1})$ 比一般非线性介质要低两个数量级左右,约为

$$n_2 = \frac{3\chi^{(3)}}{8n} \approx 3.2 \times 10^{-6} \tag{2.61}$$

因此,块状石英介质的光学非线性现象很弱,在光功率密度很高时才会产生。由于光纤的波导特性,光束的模场半径很小且在数千米传输中不变,所以产生光学非线性现象所需的功率阈值比块状材料小几个数量级。通常在几毫瓦的光功率下(普通半导体发光二极管输出范围),即可观察到非线性效应。光纤的非线性系数表示为

$$\gamma = \frac{n_2 \omega_0}{c\, A_{\text{eff}}} \tag{2.62}$$

式中　ω_0——光频率；

　　　c——真空中的光速；

　　　A_{eff}——有效面积。

一般条件下，γ 在 $2 \sim 30\ \text{W}^{-1} \cdot \text{km}^{-1}$ 范围内变化。

2. 非线性效应的影响

光纤中非线性效应对光通信系统中光信号的传输有害。例如，拉曼散射和布里渊散射以及四波混频过程限制了光纤的通信容量，并导致波分复用系统中信道间串扰。但光纤中非线性效应也有可利用的一面。例如，在单模光纤中利用拉曼效应产生新的频率，实现拉曼光放大；通过自相位调制可以压缩光脉冲，并借助于光克尔效应实现光信号的全光处理；由非线性产生的孤子传输，有可能引起光纤通信的重大变革。

2.5　特种光纤材料

一、偏振保持光纤

一般的轴对称单模光纤，可以同时传输两个线偏振正交模式或两个圆偏振正交模式。若光纤是完全的轴对称形式（几何形状为理想圆，折射率分布均匀），这两个正交模式在光纤中将以相同的速度向前传播，因而在传播过程中偏振态不会变化。实际的光纤由于或多或少同时存在着非轴对称性和弯曲，因而两正交模式在传播过程中会发生耦合，其结果使光波的偏振态在传播过程中发生变化，并且会产生偏振色散。因此，一般的单模光纤不能用于传输偏振光。另外，在相干光通信中，检波性能对信号光和本振光的偏振状态很敏感，任何偏振面扰动都会引进附加噪声，虽然有多种控制单模光纤偏振面状态的方法，均难以长期稳定工作。为此，发展了高双折射光纤和低双折射光纤[7,18]两类保偏光纤。

1. 高双折射光纤

（1）构造原理

高双折射光纤实现偏振保持的设计思想是，在制造光纤时有意引进比残余双折射大 3 个数量级的应力双折射，使残余双折射或扰动引起的双折射都无法改变主应力方向，导致偏振面互相垂直的两正交模式耦合很弱，从而使光纤具有一定保偏能力。高双折射光纤的典型结构如图 2.35 所示。

（2）制作工艺

制作不同结构的光纤，方法各异。限于篇幅，仅简要介绍以下几种方法。

① 领结型高双折射光纤预制棒制造可采用气相腐蚀法，如图 2.36 所示。即先用 MCVD 法沉积几层轻掺杂氟磷缓冲层，再沉积几层掺杂硼硅酸盐玻璃层，然后加热石英管，同时向管

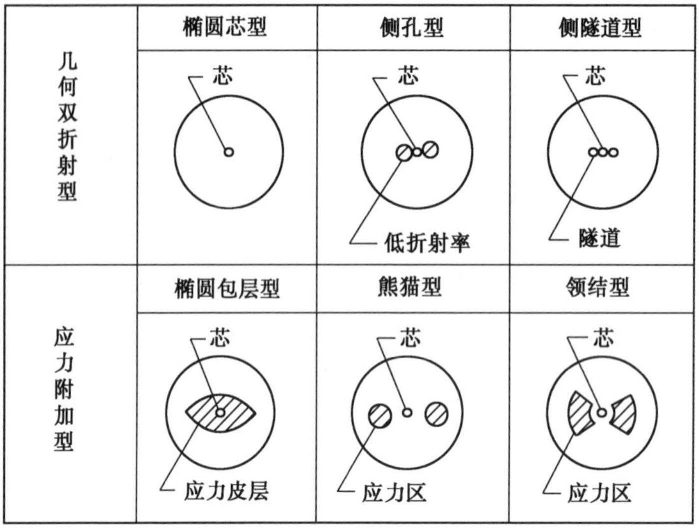

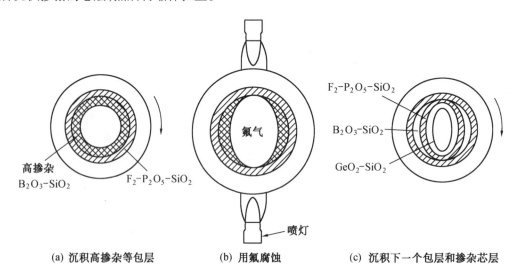

图 2.35 高双折射光纤的典型结构

内通含氟气体,使石英管被加热部分内壁上的硼硅酸盐层腐蚀,接着再沉积下一个氟磷包层,最后沉积掺锗的芯层,然后再缩棒拉丝。

(a) 沉积高掺杂等包层　　(b) 用氟腐蚀　　(c) 沉积下一个包层和掺杂芯层

图 2.36 气相腐蚀法

② 椭圆包层型光纤的制作采用石英管或预制棒研磨法,如图 2.37 所示。即用 MCVD 法在沉积包层和纤芯之前,先将石英衬底管相对两侧边磨扁平状,然后沉积硼硅酸盐包层和纯石英纤芯或掺杂纤芯,利用高温缩棒时,表面张力使预制棒外表面呈圆形而包层呈椭圆形。也可

先制成预制棒,再把预制棒相对两侧磨平,再拉成光纤。

③ 熊猫型光纤制作采用管套棒法,如图 2.38 所示。即把 7 根预制棒集成一束插入石英衬底管中,7 根棒中 4 根为纯石英棒,2 根为掺铝或硼的应力棒,1 根为掺锗的纤芯棒,再加温到大约 2 100 ℃后拉丝成预制棒。该方法也可制作领结型光纤。

④ 在光纤预制棒上先采用超声波在芯两侧扩孔或在填充材料后拉丝技术可用来制造侧孔型结构、侧隧道型结构光纤。

目前,在各种类型高双折射光纤中,经过性能、工艺和成本等方面的综合比较,侧孔型、侧隧道型、椭圆心型等相继被淘汰,而只剩下应力附加型(亦称应力致偏型)中的三种结构,即椭圆包层型、熊猫型和领结型。这三种保偏光纤各有自身的优缺点,而且早已实用化。

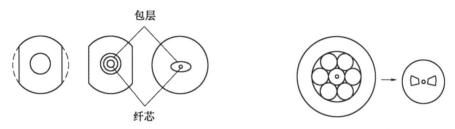

图 2.37　石英管研磨法　　　　　　　图 2.38　管套棒法

这里简单说明附加应力双折射产生的机理。例如,制作椭圆包层光纤时,通常芯区掺锗,包层掺硼。由于掺杂材料不同,使芯区和包层具有不同的热膨胀系数。在拉制光纤时,光纤材料从熔融温度 T_g 降到室温 T_a。在此过程中,由于芯区和包层热缩性不同而产生内应力。又由于椭圆包层这一几何形状的不对称因素,所产生的内应力是各向异性的,因而通过光弹效应在芯区引起双折射。熊猫型光纤和领结型光纤中附加应力的产生与此同理,所不同的是施加应力区(也称应力元)几何结构各异。总之,不管采取什么结构形式,只要芯区、包层材料热膨胀系数不同,且结构上存在不对称性,即可产生应力双折射。

掺有杂质的 SiO_2 材料的热膨胀系数 $S(n)$ 可用下式计算,即

$$S(n) = nS_d + (1-n)S_0 \tag{2.63}$$

式中　n——杂质的量;

　　　S_0 和 S_d——纯 SiO_2 材料和掺杂材料的热膨胀系数。

SiO_2 及常用掺杂材料的热膨胀系数值见表 2.3。

表 2.3　SiO_2 及常用掺杂材料的膨胀系数值

参　数	SiO_2	GeO_2	B_2O_3	P_2O_5
膨胀系数/K^{-1}	5.5×10^{-7}	6×10^{-6}	10×10^{-6}	14×10^{-6}

已有理论推导出领结型、熊猫型和椭圆包层型保偏光纤的双折射表达式分别为

$$\left.\begin{aligned}B &= B_{\mathrm{m}} \times \frac{2}{\pi}\sin 2\varphi\left[\ln\left(\frac{a}{b}\right)-\frac{3}{4}(a^4-b^4)\right]\\ B &= B_{\mathrm{m}} \times \frac{1}{2}\left[4\times\left(\frac{a-b}{a+b}\right)^2-\frac{3}{4}(a^2-b^2)\right]\\ B &= B_{\mathrm{m}} \times \left(\frac{a-b}{a+b}\right)\left[1-\frac{3}{2}ab(a+b)^2\right]\end{aligned}\right\} \qquad (2.64)$$

上面一组式中等号后面的第一项 B_{m} 是相同的,它是应力元的材料组分及掺杂浓度、芯区和应力元材料热膨胀系数差、温度差 $\Delta T = T_{\mathrm{g}} - T_{\mathrm{a}}$ 等参数的函数,可通过光弹效应求出;第二项与应力元的几何形状有直接关系,a、b 为应力元归一化长轴、短轴。

由此可以看出,应力附加型保偏光纤中应力元的结构设计对纤芯中双折射大小的影响至关重要。此外,应力元的几何形状还关系到纤芯中应力场的均匀性,它决定了保偏光纤性能的优劣。

2. 低双折射光纤

(1) 构造原理

制作低双折射光纤的设计思想是尽量降低光纤的双折射。途径有两种。

① 纤芯为理想的圆形,以降低光纤的形状双折射。

② 减少纤芯的剩余应力,以降低光弹各向异性引起的双折射。

(2) 制作工艺

① MCVD 法。此法使纤芯近于理想圆形(椭圆度小于 0.1%),在掺杂和制作工艺上尽量减少残余应力。文献报道用此法制作的光纤,其模双折射的最佳结果是 4.5×10^{-9}。

② 旋转法。指在拉丝过程中,一边拉丝、一边旋转预制棒的方法。此法制成的光纤称为旋光纤(spun fiber),其模双折射值为 4.3×10^{-9}。这种方法由于在拉丝期间光纤处在高温黏性状态,不存在大的剪切应力,因此没有圆双折射。通过调整拉丝时的旋转螺距 P 与未旋光纤的拍长 L_{p} 的比值,可以降低光纤内部的形状双折射和应力双折射,当 $P \ll L_{\mathrm{p}}$ 时,旋转预制棒可使任何光纤变成低双折射光纤,这时的光纤实际上可看成各向同性。

③ 扭转法。指对已拉制好的普通光纤进行扭转,使它具有高的圆双折射。用这种圆双折射补偿光纤固有的和非固有的线双折射,可使光纤不变地传输圆偏振光。此种光纤称为扭光纤(twisting fiber),其模双折射值可降到 1.2×10^{-7},但温度稳定性差。

3. 保偏光纤的特征参数

(1) 拍长 L_{p}

由于双折射,两正交偏振光的相位差沿光纤变化,从而使合成光的偏振态沿光纤周期性变化。偏振态完成一个周期变化(相位差变化 2π)对应的光纤长度,称为拍长。可表示为

$$L_{\mathrm{p}} = \frac{2\pi}{\Delta\beta} = \frac{\lambda}{nB} \qquad (2.65)$$

式中　n——光纤材料的折射率。

设 $n_1 \approx n_2 = n$，n_1 和 n_2 分别为光纤芯和包层的折射率。拍长越短，说明双折射越大，保偏能力越强。一般高双折射光纤 L_p 之值为 1~10 mm。

对于低双折射光纤，习惯用两模间的相位延迟（retardation）δ 来表征其模双折射，δ 定义为

$$\delta = \frac{\beta_x - \beta_y}{l} \tag{2.66}$$

式中　l——产生 $\Delta\beta = \beta_x - \beta_y$ 的光纤长度。

目前低双折射光纤 δ 的最佳值为 $1(°)\cdot m^{-1}$。

(2) 消光比 η 和功率耦合系数 h

当线偏振光的偏振方向按 HE_{11}^x 模的振动方向注入双折射光纤时，经过光纤传输后，在出射端出现了 HE_{11}^y，说明在 HE_{11}^x 的传播过程中，偏振状态发生了变化。通常用消光比 η(dB) 表示偏振状态恶化的程度，其定义为

$$\eta = -10 \lg \frac{P_x}{P_y} \tag{2.67}$$

式中　P_x、P_y——光纤出射端 HE_{11}^x 和 HE_{11}^y 两正交模的平均功率。

消光比的大小反映了光纤保偏能力的强弱，也说明两偏振态之间能量耦合情况。η 是一个可直接测量的量。

从导波耦合理论可以推出 $P_x/P_y = \tanh(hl)$，此处 hl 为双曲线正切函数的变量，l 为光纤长度，h 为功率耦合系数，它决定于光纤本身的特性[19]。η、h 越大，光纤保偏能力越强。

4. 高、低双折射光纤的性能

由于应用目的不同（如光纤通信领域、光纤传感技术领域），对保偏光纤性能的要求各有侧重。表 2.4 给出几种典型保偏光纤的性能参数。

表 2.4　几种典型保偏光纤的性能参数

光纤的类型	双折射 B	保偏参量 h/m^{-1}	损耗/(dB·km^{-1})	波长/μm
椭圆包层型	7.2×10^{-4}	1.2×10^{-6}	5	0.63
熊猫型	3.15×10^{-4}	0.5×10^{-6}	0.25	1.55
领结型	4.8×10^{-4}	1×10^{-6}	1	1.55
椭圆芯型	4.2×10^{-4}	30×10^{-6}	85	0.85
	4.0×10^{-4}	10×10^{-6}	2.5	1.3
侧孔型	0.5×10^{-4}	1×10^{-6}	5	1.15
侧隧道型	0.7×10^{-4}	—	—	1.06
旋光纤	4.3×10^{-9}	—	—	1.3
扭光纤	1.2×10^{-7}	—	—	1.15

5. 保偏光纤的应用

国际上20世纪70年代末开始研制保偏光纤,其主要目的是用于下一代光纤通信——相干光通信。尽管相干光通信有着普通光纤通信无法比拟的优点(如在相干光通信中采用的是相干光检测方式,理论上光纤传输采用相干光检测要比目前普通光纤通信系统中大量应用的直接强度检测的灵敏度高近20 dB等),但是,受各种技术限制,至今尚未实用化。在目前普通光纤通信系统中,保偏光纤被大量用于各种光器件的尾纤。另外,用于光通信网络中的各种类型基于保偏光纤的光无源器件,如保偏耦合器、保偏起(去)偏器、保偏波分复用器等等,有的已问世,有的正在研发中[20~22]。

现阶段保偏光纤主要用于光纤传感技术领域,被广泛用于制作各种干涉型光纤传感器。特别是在光纤陀螺和光纤水听器等高精尖军用传感器上,保偏光纤是核心传感元件[23~25]。

二、特定波段光纤

1. 红外光纤

超长距离海底通信需要超低损耗光纤,目前石英光纤在 1.55 μm 的传输损耗达 0.19 $dB \cdot km^{-1}$,已接近 0.14 $dB \cdot km^{-1}$ 的理论极限。但非硅基红外玻璃材料的本征损耗只有 $10^{-1} \sim 10^{-3}$ $dB \cdot km^{-1}$,为进一步降低传输损耗,人们便开发了红外玻璃光纤。为制备低损耗的红外光纤,要求材料满足:

① 本征吸收位于短波长区,材料能隙宽,对红外透明;
② 晶格吸收位于红外区域以外;
③ 散射损耗要小;
④ 使用的红外波长要接近材料的零色散波长;
⑤ 杂质吸收损耗要小;
⑥ 材料能形成稳定的玻璃态。

目前用于制造红外光纤的主要材料有重金属氧化物玻璃、氟化物玻璃和硫属化合物玻璃[26]。

(1) 氟化物红外光纤

对于氟化物红外光纤的研究自20世纪70年代开始,它被认为是最有前途、最有希望用于超长距离无中继光纤通信的材料体系。根据理论估算,氟化物玻璃光纤的理论损耗在 2.5 μm 附近约为 0.001 $dB \cdot km^{-1}$,比石英光纤的最低理论损耗低1~2个数量级,红外波长可延伸到 4~6 μm,预计无中继距离可达 10^6 km,并且色散系数小,零色散点在 1.50~2.0 μm 之间。研究表明,以氟锆酸盐玻璃($ZrF_4 - BaF_2$)和氟铪酸盐玻璃($HfF_4 - BaF_2$)为基础的两玻璃体系性能稳定,适合拉制光纤。表2.5给出某些典型氟化物玻璃的主要性质,其中为便于比较,也给出了石英玻璃的相应性质。

表 2.5　氟化物玻璃的物理化学性质

物理化学性质	氟化物的化学组成				
	$ZrF_4(57\%)$ $BaF_2(34\%)$ $LaF_3(5\%)$ $AlF_3(4\%)$	$AlF_3(35\%)$ $YF_3(15\%)$ $MgF_2(10\%)$ $CaF_2(20\%)$ $SrF_2(10\%)$ $BaF_2(10\%)$	$ThF_4(28.3\%)$ $YbF_3(28.3\%)$ $ZnF_2(28.3\%)$ $BaF_2(15\%)$	BeF_2	SiO_2
透光范围/μm	0.2~7.5	0.2~7.0	0.3~9	0.2~4	0.2~3.5
密度/(g·cm^{-3})	4.62	3.87	6.43	1.99	2.20
折射率 n_D	1.519	1.427	1.54	1.275	1.458
转变温度/℃	300	425	344	250	1 100
熔点/℃	520	730	665	545	1 710
膨胀系数/10^{-7}℃$^{-1}$	157	149	151	40	5.5
零色散波长/μm	1.7	1.6	1.8	1.1	1.3
化学稳定性	好	更好	更好	差	极好

注:表中的"%"数为摩尔分数。

目前氟化物光纤的损耗一般在 1 dB·km^{-1} 左右,其损耗谱见图 2.39。氟化物光纤的总损耗主要由吸收损耗和光散射两部分组成。氟化物玻璃的本征损耗主要来源于红外多声子吸收。据理论计算,氟化物玻璃的本征吸收损耗约为 0.003 dB·km^{-1}。可见目前的损耗主要是杂质吸收损耗。所以红外光纤制造技术中,仍面临着进一步减小散射和杂质吸收的基本问题。对损耗有较大影响的杂质有 Fe^{2+}、Co^{2+}、Ni^{2+}、Cu^{2+} 和 Nd^{3+} 等阳离子,以及 OH^- 等阴离子。若采用化学气相纯化和升华等方法,提高氟化物原料的纯度,使阴、阳离子杂质的摩尔分数控制在 5×10^{-10} 以下,且消除亚微米散射,预期以 ZrF_4 为基础的氟锆酸盐玻璃光纤在 2.55 μm 波长处最低损耗可达到 0.035 dB·km^{-1}。在太空中制造的掺 Zr、Ba、La、Al、Np 五种元素的氟化物玻璃光纤(ZBLAN),损耗已降到 0.001 dB·km^{-1},可称无损耗光纤,比石英光纤最低理论损耗值小,但离氟化物玻璃的最低理论损耗值仍有较大差距。

通常氟化物玻璃光纤制造方法分为四步:原料纯化、玻璃熔化、制棒和拉丝。对选定的玻璃系统,关键步骤是纯化和制棒技术。

为获得 OH^- 等杂质含量少的氟化物玻璃,比较有效的方法是采用化学气相沉淀法制备氟化物玻璃。其原理与制备石英玻璃的改进化学气相沉积法(MCVD)相似,即用挥发性的金属有机化合物作原料在适当条件下与含氟气体反应,在一定衬底上沉积,形成所需要的卤化物玻璃薄膜。具体反应式为

$$Zr(OC_4H_9)_4 + 4HF \longrightarrow ZrF_4 + 4C_4H_9OH \tag{2.68}$$

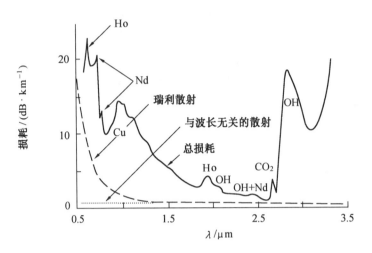

图 2.39 110 m 氟化物玻璃光纤的总损耗谱

$$Ba(C_{10}H_{19}O_2)_2 + 2HF \longrightarrow BaF_2 + 2C_{10}H_{20}O_2 \tag{2.69}$$

氟化物玻璃熔体的黏度极小,光纤通常用预制棒法在高于玻璃软化温度下拉制。预制棒可用三种浇注法制得,其示意图如图 2.40 所示。

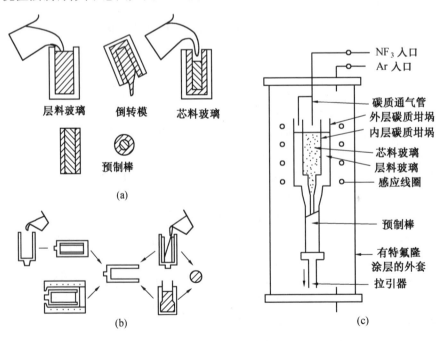

图 2.40 三种制备氟化物玻璃光纤预制棒方法

图 2.40(a)是早期采用的制造玻璃包层氟化物玻璃预制棒的二次浇注方法。先将层料玻璃注入预热的模子中,待玻璃部分凝固后倒出中心部分的玻璃熔体,再浇入芯料玻璃熔体,退火后就可获得所需的预制棒。

图 2.40(b)是对上述工艺改进后的目前常用的离心浇注方法。先将层料玻璃熔体注入预热的模子中,然后将模子以 3 000 r·min^{-1} 的速度高速转动,借助离心力得到厚度均匀、同心度极好的包层玻璃管,再浇入芯料玻璃熔体,退火后就可获得折射率分布均匀的光纤预制棒,包层的厚度也可严格控制。

图 2.40(c)是从熔体直接拉制预制棒的连续浇注工艺方法。其优点是避免了上述两种方法中层料玻璃经历了冷却-加热-冷却的过程中容易在芯-包层界面析出微小晶体的缺陷。其方法是,光纤芯料和包层料玻璃分别在碳质双坩埚的内层和外层坩埚中熔化,熔化结束后将熔体冷却至拉制温度,然后将碳质底座以一定速度下降,即可获得外表面和芯-包层界面十分均匀的预制棒。

用上述方法制得的光纤预制棒,可采用通常的方法拉制成光纤,但应采用必要的保护措施,防止预制棒表面与大气中水气反应。同时也应选择合适的炉温分布,使光纤预制棒在再加热过程中避免析晶,以使光纤拉制过程中新增加的损耗降低到最小。

(2) 硫系玻璃光纤

20 世纪 80 年代初为探索新一代超低损耗通信光纤和用于传输高功率 CO 激光(5.3 μm)和 CO_2 激光(10.6 μm)的传能光纤,考虑到硫系玻璃具有比氟化物玻璃更宽的透红外性能和更好的成玻璃能力,人们对硫系玻璃开始了系统、深入地研究。目前主要材料的成分有:As-S,Ge-Se,Ge-As-Se,Ge-Se-Te,Ge-As-Se-Te 等。典型的 As-S 和 Ge-S 二元系玻璃的部分物理性质见表 2.6。

表 2.6 硫化物玻璃的物理性质

性能	As_2S_3	GeS_3
密度/(g·cm^{-3})	3.20	2.5
折射率	2.41	2.113
透光范围/μm	0.6~11	0.5~11
转变温度/℃	182	260
软化温度/℃	205	340
晶化温度/℃	—	500
膨胀系数/K^{-1}	24×10^{-6}	25×10^{-6}

硫系光纤是目前惟一具备光子能量低、非辐射衰弱速率低和红外透过谱区宽等特点的光纤材料。其主要特点是:

① 折射率高,一般为 2.4;
② 光谱区宽,从可见光一直延伸至 20 μm;
③ 损耗大(目前工艺水平所致);
④ 非线性系数大(比石英材料要高出两个数量级);
⑤ 在光通信谱区有很大的负色散;
⑥ 在可见光谱区有光敏性。

硫系玻璃光纤的制备通常包括原料的纯化、玻璃熔制和拉制光纤等阶段。制备硫系玻璃光纤的原料都是超纯单质,但为除去原料表面的氧化物及吸附的其它杂质,在使用前仍需进一步纯化处理。然后在干燥的手套箱内将原料粉碎并按一定配比混合,再放置在清洗过的石英玻璃安瓿内,最后在真空中进行封接。

玻璃熔制是在 800~1 000 ℃下进行,在熔制过程中安瓿应不停地摆动或旋转,以促进各组分间的反应和均匀化。熔制结束后将安瓿从炉内取出淬冷。这其中,安瓿清洗工艺、熔制温度和淬冷条件对光纤损耗都会有很大影响。

硫系玻璃光纤是在流动的惰性气体保护下拉制的,包皮材料为折射率较低的硫系玻璃或聚全氟乙丙烯。也采用低膨胀硼硅酸盐玻璃制成的双坩埚装置从熔体中直接拉制玻璃包皮的 As-S 系硫系玻璃光纤。与预制棒法拉制的光纤相比,双坩埚法制备的光纤具有更平滑的芯皮料界面,该法适合于拉制长光纤,但对玻璃抗失透性能要求更高。

近年来,人们还对用化学气相沉积法(CVD)和溶胶-凝胶法(Sol-Gel)制备硫系玻璃和光纤进行了探索性研究,但用这两种方法得到的玻璃往往含有较高的含氢杂质。

图 2.41 给出了几种典型的硫系玻璃光纤的损耗特性。

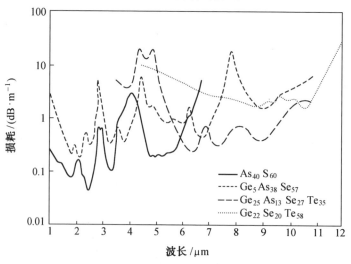

图 2.41 几种硫系玻璃光纤的损耗谱

由图 2.41 可见，$As_{40}S_{60}$ 玻璃光纤损耗最低，其值为 35 $dB·km^{-1}$，位于 2.44 μm。该光纤在 CO 激光波长 5.3 μm 附近的损耗为 0.2 $dB·m^{-1}$。以它为代表的硫化物玻璃光纤在 1～6 μm 波段有较低的损耗。硒化物玻璃光纤的透光范围可扩展到 9 μm，而要获得在 CO_2 激光波长 10.6 μm 处损耗较低的光纤，则需要在硒化物玻璃中掺入一定量的碲。图 2.41 中 $Ge_{22}Se_{20}Te_{58}$ 玻璃光纤在 10.6 μm 处损耗约为 1 $dB·m^{-1}$。

图 2.41 中还说明，现有的硫系玻璃光纤在整个波段内存在着许多由杂质引起的吸收带。杂质吸收主要来源于氧化物、氢化物和 OH^{-1} 等。含氢杂质的吸收带一般位于 6 μm 以下，6 μm 以上的吸收带来自含氧杂质。实验表明，硫系玻璃光纤的本征吸收很高，是光纤损耗的主要来源之一，也是它不能成为超低损耗通信光纤的主要原因。硫系玻璃光纤中非本征散射损耗主要来自于析晶、气泡、组分的不均匀和其它夹杂物。

受工艺限制，目前硫系多模光纤在 2.4 μm 处损耗为 0.047 $dB·km^{-1}$，硫系单模光纤损耗略大，约为 1 $dB·km^{-1}$。另外，硫系玻璃光纤已被用于光器件的研制。例如，利用硫系光纤的非线性可大大降低光开关阈值，开关速率可达 100 GHz；大的负色散性可用做色散补偿器件；可见光区的光敏性可用于制作光纤光栅。

(3) 硫卤化物玻璃光纤

硫卤化物玻璃光纤的研究始于近几年，其玻璃可分为两类：一类是以硫系元素和卤素（如硫和氯等）为主要组分的玻璃，对光波长在 13 μm 以下波段具有较高的透射性能，与硫系玻璃相近；另一类是以碲、硒、碘和溴为主要组分的玻璃，对光波长在 18 μm 以下的波段均具有较高的透射率。

在第二类玻璃中，Te – X(X 为 Cl、Br 或 I) 二元系统就能形成玻璃或具有较大的成玻璃倾向，并随第三元组分硒或硫的掺入，其成玻璃的性能更好，从而使该类玻璃在结构和性能上既不同于硫系玻璃，也不同于重卤化物玻璃，且具有不易析晶、高的抗水性和很宽的透光范围等特点。

硫卤化物玻璃光纤的制造工艺过程与硫系玻璃的制造工艺过程相似，只不过是其玻璃熔化的温度和光纤拉制温度较后者低。

图 2.42 是 $Te_3Se_4I_3$ 玻璃光纤的损耗谱，可见其在 8～11 μm 的范围内都具有较低的损耗。另外，CO_2 激光传输试验的初步结果表明，这种光纤可承受高达 40 $kW·cm^{-2}$ 功率密度而不产生损伤。

(4) 晶体光纤和空芯光纤

红外晶体光纤和红外空芯光纤主要用于近红外和中红外波段传输光能，尤其是传输大功率光能的光纤。

原则上红外晶体材料均可用于制备晶体光纤。但实际上受目前制造工艺水平的限制，只有少数几种材料才被研制成晶体光纤。选择材料时，主要考虑低损耗、低色散、宽透光范围、机械性能稳定和无毒等要求。目前尚无一种材料满足上述全部要求，所以只能按具体用途来选择光纤材料。现在人们主要选择了氧化物和卤化物两类红外晶体材料。氧化物熔点较高,透射窗口较窄($0.3 \sim 3.5~\mu m$),制备困难。而卤化物透射窗口宽($0.2 \sim 50~\mu m$),熔点低,容易制备。表2.7给出几种红外材料的性能参数。

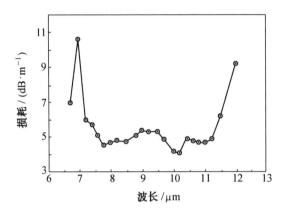

图2.42　$Te_3Se_4I_3$ 玻璃光纤的损耗谱

表2.7　一些红外晶体材料的主要性能

材　料	损耗/ ($dB \cdot km^{-1}$)	透明区域/ μm	折射率	熔点/ ℃	硬度/ ($kg \cdot mm^{-2}$)	杨氏模量/ ($GN \cdot m^{-2}$)	溶解度(20℃)/ [$g \cdot (100~g~H_2O)^{-1}$]
KCl	1×10^{-4} ($5~\mu m$)	$0.2 \sim 20$	1.47 ($10.6~\mu m$)	776	7	30	34.7
KRS－5	1×10^{-2} ($10.6~\mu m$)	$0.6 \sim 40$	2.37 ($10.6~\mu m$)	414	40	15.85	5×10^{-2}
KRS－13	3×10^{-2} ($10.6~\mu m$)	$3 \sim 15$	2.21 ($10.6~\mu m$)	412	15		3×10^{-5}
AgCl	2×10^{-2} ($10.6~\mu m$)	$2 \sim 20$	1.98 ($10.6~\mu m$)	457	9.5	20	2×10^{-4}
AgBr	4×10^{-2} ($10.6~\mu m$)	$3 \sim 15$	2.25 ($10.6~\mu m$)	419	7		1.8×10^{-5}
CsI	5×10^{-3} ($10.6~\mu m$)	$0.2 \sim 50$	1.74 ($10.6~\mu m$)	621	很软	5.3	85.5
Al_2O_3	2×10^{-2} ($3~\mu m$)	$0.3 \sim 3.5$	1.71 ($3~\mu m$)	2 040	2 000	355	不溶

卤化物红外晶体光纤材料主要有铊的卤化物、银的卤化物及碱金属的卤化物。铊的卤化物红外晶体光纤包括 TlBr、TlBr – TlI(KRS – 5)、TlBr – TlCl(KRS – 6)等晶体光纤。它们对 CO_2 激光波段(10.6 μm)吸收很小,但有剧毒、易断、制作和使用均有一定困难。银的卤化物红外晶体光纤包括 AgCl、AgBr 和 AgCl – AgBr(KBS – 13)等晶体光纤。它们对 2~30 μm 光区吸收很小、不潮解、无毒、延展性好,缺点是在紫外光和可见光的直接照射下会发黑,红外传输性能比 KRS – 5 稍差。碱金属卤化物的红外晶体光纤包括 KCl、KBr、KCl – KBr、CsBr 和 CsI 等晶体光纤。

红外晶体光纤的制备方法不同于石英(非晶体)光纤和大块晶体生长的方法。制备多晶光纤的方法有挤压法和滚压法,制备单晶光纤的方法有改进的导模法、改进的下拉法、Bridgeman 法、熔区移动法和激光加热基座生长法(LHPG)等。下面扼要介绍几种主要制备方法。

1) 挤压法

挤压法是用晶体棒作原料,放入容器内加热使之软化,然后加大压力使其经由直径适当的喷头压出以形成晶体光纤。此法已生长出 TlBr、KRS – 5 等多种晶体光纤,长度可达几十厘米,直径为 75~1 000 μm,直径波动为 3%,生长速率为几厘米每分钟至几十厘米每分钟。挤压法制备多晶光纤设备简图如图 2.43 所示。

2) 滚压法

滚压法是挤压法的变形。它是用中间开有半圆槽的两个扎筒挤压晶体棒以缩小晶体光纤的直径。每次挤压可以使晶体光纤直径减少 10%左右。

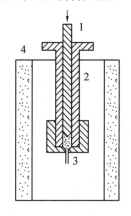

图 2.43 挤压法制备多晶光纤设备简图

1—压塞;2—压筒;3—模孔;4—电炉

3) 改进的导模法

改进的导模法是把晶体原料放在一根开口向上的 U 形管内加热熔化来生长晶体光纤的方法。U 形管一端粗,一端细,细端有一个直径适当的喷嘴,喷嘴外部有一个微型加热炉,炉的上方有一个水冷系统(图 2.44)。生长时从粗端加入大气压,使熔体从喷嘴流出,用籽晶向上提拉,即可得到单晶光纤。此法中,晶体生长区的温度和固液界面的位置控制的好坏,直接影响光纤直径起伏和表面光洁度。此法已生长出 AgBr 等单晶光纤,直径为 35~750 μm,长度可达 10 m 以上,生长速率已达 2 mm·min^{-1}。

4) 改进的下拉法

改进的下拉法是把晶体原料放入加热坩埚内加热熔化,熔体经过位于此坩埚底部的毛细管及管下部的成型坩埚向下流出,用籽晶向下引拉即可生长出单晶光纤。此法中,精确控制加热坩埚、毛细管、成型坩埚和悬浮熔区的温度是至关重要的。此法已生长出 KRS – 5、KCl、KBr、CsI 等多种单晶光纤,直径为 500~2 000 μm,长度达 3 m,生长速率为 5~30 mm·min^{-1}。

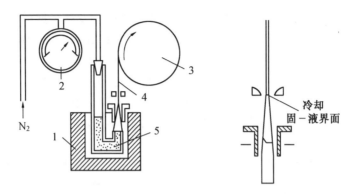

图 2.44 改进的导模法制备单晶光纤设备简图
1—炉子;2—压力表;3—鼓轮;4—纤维;5—熔化材料

5) 熔区移动法

熔区移动法是用晶体棒通过由加热线圈形成的高温区,采用先熔化再结晶的方法生长单晶光纤。晶体棒首先在熔区内部被局部熔化,然后再逐渐离开熔化区时,其温度缓慢降低,并进行再结晶,从而把多晶源棒生长成为等径的单晶光纤。此法已生长出 KRS-5、AgCl、AgBr 等单晶光纤,生长速率可达 $10~\text{mm}\cdot\text{min}^{-1}$。

据报道,目前采用上述工艺方法制作的晶体红外光纤取得的进展是:芯壳结构卤化钾多晶光纤,其损耗为 $0.1~\text{dB}\cdot\text{m}^{-1}$,传输功率约为 100 W;CsI 单晶光纤的损耗为 $0.3~\text{dB}\cdot\text{m}^{-1}$;KRS-5 多晶光纤的传输能量密度可达 $50~\text{kW}\cdot\text{cm}^{-2}$ 等。

红外空芯光纤是以空气为纤芯,与其它类红外光纤相比,空芯光纤可传输更大的光功率(激光损伤阈值高),稳定性好,耦合效率高(端面无反射),红外透光范围更宽。目前红外空芯光纤主要有以下 3 种结构。

① 金属(圆形和矩形)波导。金属波导是利用金属表面的高反射率传输红外光,材料为铝、金、铜等。

② 电介质波导。电介质波导是利用电介质的镜面高反射或全内反射传输红外光,材料有 GeO_2 和蓝宝石等。

③ 混合型(金属内衬-层电介质)波导。混合型波导是为了减少反射损耗,在金属波导表面喷镀一层电介质材料。

2. 紫外光纤

随着激光医疗技术以及紫外激光器的发展,迫切需要研制能传输紫外光的光纤。一般光纤对紫外光透过性能都很差。石英玻璃在紫外波段的透过率较高,但由于其折射率较高,而且难于找到折射率比石英玻璃更低的玻璃材料作光纤包层。用低折射率的聚合物作包层可制成石英芯和塑料涂层的紫外光纤。

光学塑料在紫外波段有较好的透光性能,例如,聚甲基丙烯酸甲酯(PMMA)对 0.25～0.29 μm 的紫外光,其透过率高达 75%,远比普通光学玻璃(透过率仅为 0.6%～1%)高。表 2.8 给出几种光学塑料的主要物理化学性能。利用光学塑料制作的塑料光纤可传输紫外光。

表 2.8 几种光学塑料的主要物理化学性能

性　能		聚甲基丙烯酸甲酯	聚苯乙烯	聚硫酸酯
密度/(g·cm^{-3})		1.17～1.20	1.04～1.09	1.20～1.40
抗冲击强度/(kg·cm^{-2})		～10	≥12～16	65～70
抗压强度/(kg·cm^{-2})		773～1 336	810～1 120	830～1 350
洛氏硬度		M80～100	M65～90	M75～90
熔点/℃		85	85	125～149
脆化温度/℃		～-100	-30	-100～-135
膨胀系数/℃$^{-1}$		7×10^{-5}	7×10^{-5}	6.6×10^{-5}
成型收缩率/%		—	0.4～0.7	0.5～0.8
吸水率/%		0.3～0.4	0.03～0.05	0.09～0.13
长期使用温度/℃		～76	～93	-50～120
最高工作温度/℃		～90	～100	～140
体电阻率/(Ω·cm)		10^{18}	$>10^{16}$	8×10^{6}
电击穿强度/(V·mm^{-1})		500	500	400
介电常数	60 Hz	3.7	2.6	2.9
	6×10^6 Hz	2.2	2.45	2.88

制作塑料光纤的芯材料主要是聚甲基丙烯酸甲酯和聚苯乙烯(PS)。如果芯材料采用折射率 $n_d=1.49$ 的聚甲基丙烯酸甲酯,涂层可以采用折射率 $n_d=1.40$ 左右的含氟聚合物。如果芯材料采用 $n_d=1.58$ 的聚苯乙烯,涂层就可以用聚甲基丙烯酸甲酯。

为了制备低损耗塑料光纤,原料的精制、聚合和光纤的拉制全在密封的净化条件下进行,其工艺过程如图 2.45 所示。

原料通过主蒸馏器和副蒸馏器在真空条件下精制,并在聚合容器中聚合。然后,将聚合容器加热到一定温度,并在一定气氛(氩气或氮气)和压力下由喷嘴拉出塑料纤维,在经过涂敷后可获得塑料光纤。塑料光学纤维与玻璃光学纤维的比较见表 2.9。

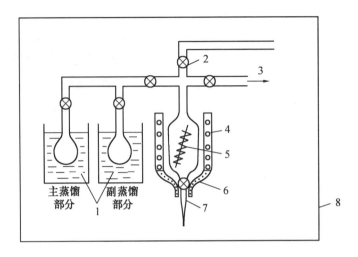

图 2.45 制备塑料光纤的装置原理图
1—加热水浴;2—活塞;3—真空泵;4—加热器;5—搅拌器;
6—次级加热器;7—喷嘴;8—密封系统

表 2.9 塑料光学纤维与玻璃光学纤维的比较

性能	塑料光纤	玻璃光纤
光学性能	光吸收系数一般为 0.008～0.001 8 cm^{-1},实验室公认的最低损耗为 20 $dB·km^{-1}$(650～680 nm 波段),接近一般玻璃光吸收 紫外和远红外透光性能好	光吸收系数一般为 0.000 02～0.000 01 cm^{-1},实验室中熔融硅的最低损耗不大于 0.2 $dB·km^{-1}$(1.5 μm 波段),相应的吸收系数小于 10^{-6} cm^{-1} 远红外波段透光性能好
热学性能	使用温度一般小于 100℃,个别可短时间在 200℃下工作	多组分光纤可用于 300℃,石英光纤可用于 400℃,塑料涂层玻璃光纤可用于 150℃以下
力学性能	柔软性能好,耐弯曲,耐冲击,光纤直径一般不小于 50 μm,作导光束用的塑料单纤维直径可大于 2 mm,这时的柔软性能仍很好	单纤维直径一般为 5～160 μm,大于 100 μm 的光纤就不能弯曲,易折断
化学稳定性	在化学药品的侵蚀下,易着色、变质或老化	优良
耐辐射性	较差	差
加工性能	制作温度低,加工工艺简单	制作需要高温(如石英光纤需要 1 900℃),工艺复杂
相对密度	相对密度小,一般在 1 左右,因而质量轻	相对密度大,一般在 2.4 左右,因而较重
成本	原料便宜,易于大量生产,成本低	原料较贵,可大批生产,成本高

目前也在研制蓝宝石紫外光纤,它以钠钙硅酸盐玻璃做包层。另外,液芯光纤也可在紫外波段使用,这种光纤是用石英管拉制成光纤包层,管中充以透紫外光的液体构成纤芯,它对紫外光的透过性能良好。

三、稀土掺杂光纤

稀土掺杂光纤是采用某种工艺技术将钕、铒和钇等稀土元素离子掺入光纤中,使光纤产生特殊功能。自 1985 年英国南安普顿大学研制出掺铒光纤[27]并首先制成掺铒光纤放大器以来[28],稀土掺杂光纤及其放大器、激光器的研究得到迅速发展,目前已在光纤通信领域发挥越来越重要的作用。

1. 掺稀土元素光纤制造工艺

经多年的研究,掺稀土元素光纤制造工艺技术日趋成熟,现已开发了气相掺杂技术和液相掺杂技术[29],掺杂的稀土元素离子种类在不断增加,其中有钕(Nd^{+3})、铒(Er^{+3})、钇(Y^{+3})、钬(Ho^{+3})、铕(Eu^{+3})和铽(Tb^{+3})等。

在石英光纤中掺稀土元素的载流子腔法属气相掺杂技术,其工艺过程简述如下。

如图 2.46 所示,一个腔室位于预制棒的前端,气体可以通过这个腔室。将高纯度的稀土元素卤化物晶体导入这个腔室。晶体中含有晶化水,所以,首先要在腔室中通过加热进行干燥,并在气体(例如 Cl_2)存在的情况下加热到 1 000 ℃以上使其熔化。这样一个熔融层形成在室的内壁上。光纤的包层用常规的 MCVD 工艺制作,不过在晶化过程中带入的稀土元素要通过 SF_6 气体腐蚀而去除。将腔室加热到 1 000 ℃,同时通入适当的反应气体,例如 $SiCl_4 - GeCl_4 - O_2$,使其通过腔室而沉积到预制棒中形成纤芯。主加热器用于沉积,最后预制棒进行烧缩、拉纤。这种工艺掺杂浓度不能很高,而且不能混掺。

在石英光纤中掺稀土元素的溶液法属液相掺杂技术,与气相掺杂技术相比,具有设备简单、掺杂浓度高并可混掺的优点。其工艺过程简述如下。

如图 2.47 所示,选用常规的 MCVD 工艺制作光纤的包层。然后在 1 250 ℃下沉积纤芯,形成纤芯未烧结层(例如 $SiO_2 - GeO_2$)。未烧结的纤芯材料是多孔的。将沉积后的石英管浸泡于一定浓度的稀土元素氯化物的溶液中约数小时,使其进入到未烧结层之中,然后进行干燥、氧化,在 $Cl_2 - He - O_2$ 气体流中,使多孔层玻璃熔凝成致密的透明的纤芯层,这样可避免残留 OH^- 离子,以降低吸收损耗。最后将石英管烧结、塌陷并拉制成光纤。此种工艺技术已被国内外广泛采用。

2. 稀土掺杂光纤的损耗特性

稀土掺杂光纤在可见光及近红外波段有非常高的吸收损耗(大于 3 000 $dB \cdot km^{-1}$)。这是由于稀土元素离子对该区域的光子呈现强烈的吸收效应。但在目前光通信用的波长区域却具备相当低的损耗值(在 1.3 μm 处,小于 2 $dB \cdot km^{-1}$)。图 2.48 给出掺钕和掺铒离子单模光纤的半对数损耗曲线。

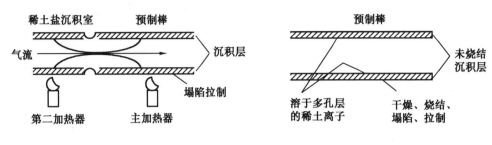

图 2.46 载流子腔法示意图　　　　图 2.47 溶液法示意图

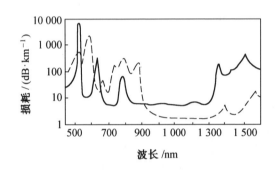

图 2.48 掺钕(虚线)和掺铒离子(实线)单模光纤的半对数损耗曲线

3. 稀土掺杂光纤的应用

光纤放大器是稀土掺杂光纤的最具代表性应用之一。主要有 1.5 μm 用掺铒光纤放大器和 1.3 μm 用掺钕光纤放大器,已在光纤通信的多种环节投入使用;光纤激光器是稀土掺杂光纤的另一重要应用领域。国内外均已研制成功全光纤环形激光器。光纤激光器比半导体激光器更具优越性,如阈值低、增益高、热效应甚微、制造过程经济。光纤激光器保持通信光纤特有的低损耗,而且完全与现有单模光纤通信系统兼容;另外,稀土掺杂光纤还可用于制造高灵敏度磁场传感器、电流传感器和分布式温度传感器[30]。

2.6　光纤材料在光纤技术中的主要应用

在信息领域,光纤技术主要涉及信息的传播和采集两方面,前者属光纤通信技术,后者属光纤传感技术。这两种技术对光纤性能的要求既有相同点,又有不相同点。光纤通信技术对光纤的要求主要是其损耗、色散值。而光纤传感技术对光纤的要求则是多方面的,有的需要测出光强的调制信号;有的则需要检测其相位或偏振的调制信号;而且不少情况下需要传输的模拟信号会在传输过程中发生畸变;有的则需要对光纤进行特殊处理,如增敏或去敏处理等。

一、在光纤通信技术方面的应用

光纤通信现在已经实用化。早期多模光纤通信系统使用几年后,如今已被容量更大、通信距离更远的单模光纤通信系统所取代,并获得了广泛实用。目前,光纤通信仍以惊人的速度向更高级阶段发展,如相干光光纤通信、孤子光纤通信和超长距离波段(2~5 μm)红外光纤通信系统等也都在研制中。

如图 2.49 所示,光纤通信系统主要由发出端的电端机、光端机、光源、光缆(光纤)和接收端的光检测机、光端机、电端机构成。电端机的作用是对来自信息源的信号进行处理,例如,模数变换、多路复用等的处理,这是常规的通信设备。电信号通过发端机的光端机调制光源,把电信号变成光信号,通过光纤(光缆)传输到远方,再由接收端的光检测器、光端机,把来自光纤的光信号还原成电信号,经放大、整形,再生恢复原形后,输入到电端机。对于长距离的光纤通信系统,还需要中继器,其作用是把经过长距离光纤的衰减和畸变后的微弱光信号放大、整形,再生成一定强度的光信号,继续向前输送。由此可见,光通信系统对光纤材料的要求主要是损耗低、色散小,它决定了光纤通信系统中无中继能传输的最大距离以及信号的传输速率。

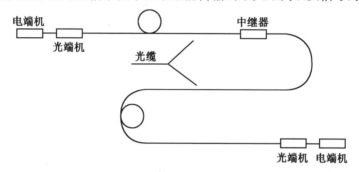

图 2.49 光纤通信系统简图

目前,为克服随着光纤的传输速率的高速化、大容量化出现的光纤损耗、色散、非线性现象严重影响光纤通信系统的质量,人们正将光纤的工作波长由 0.85 μm 向 1.31 μm 和 1.55 μm 的长波长方向发展。为降低损耗、色散和克服非线性现象,已研制出了常规型单模光纤、色散位移型单模光纤、非零色散位移型单模光纤、色散平坦型单模光纤和色散补偿型单模光纤。

1.常规单模光纤(G652 光纤)

常规单模光纤的零色散波长在 1 310 nm 附近,在 1 550 nm 处衰减最小,但有较高的正色散(大约 +18 ps·(nm·km)$^{-1}$),工作波长既可选用在 1 310 nm,又可选用在 1 550 nm。这种光纤常称为"标准"光纤,是最为广泛使用的光纤。该光纤于 1983 年开始商用,在世界各地敷设数量已高达 7×10^7 km 之多。

该光纤有两种主要的折射率剖面结构,简单阶跃匹配包层型和下凹内包层型,如图 2.50

所示。

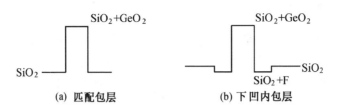

图 2.50 常规单模光纤折射率分布

匹配包层型光纤性能稍差。一般采用掺杂 Ge 来提高纤芯折射率,掺杂过多,会增加散射损耗,因此相对折射率差 Δ 值偏低(约为 0.3%),光纤抗弯特性稍差。

下凹内包层型光纤性能较好。一般它的内包层中掺少量 P_2O_5 和较多的 F 产生下凹折射率,这样只要在纤芯中掺少量的 Ge,就能获得较大的总相对折射率差,$\Delta = \Delta^+ + \Delta^-$。高的 Δ 就能大大改善光纤的抗弯性、损耗。同时这种结构有四个设计自由度(匹配包层仅为两个),通过适当选择 Δ^+、Δ^- 和芯、包层直径,能使光纤截止波长、零色散波长、模场直径等最佳化。

常规型单模光纤的色散如图 2.51 所示。绝大多数信号传输系统都采用常规单模光纤。这些系统包括在 1 310 nm 和 1 550 nm 工作窗口的高速数字和 CATV(cable television)模拟系统。然而,在 1 550 nm 波长的大色散成为高速系统中这种光纤中继距离延长的"瓶颈"。

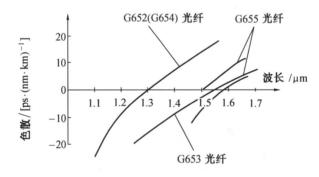

图 2.51 常规光纤和色散位移光纤的色散

2. 色散位移单模光纤(G653 光纤)

色散位移单模光纤的零色散波长在 1 550 nm 附近,在 1 310 nm 处具有较高的负色散。光纤的零色散波长与石英系通信光纤的最低损耗窗口相匹配,是长距离大容量通信系统的理想传输介质。该光纤 1985 年商用,特别适用于单信道数千千米信号传输的海底光纤通信系统。另外,陆地长途干线通信网也已敷设一定数量的色散位移光纤。

色散位移单模光纤的折射率分布的剖面结构如图 2.52 所示。采用分段芯和双台阶芯型,不仅成功地实现了在 1 550 nm 波长低衰减和零色散,而且具有抗弯性能好、连接损耗低等特点。特别是多芯结构的设计自由度多,通过调整光纤的结构参数、折射率分布形状,很容易控制波长色散,实现零色散波长的移动。

图 2.52 色散位移光纤的折射率分布

色散位移光纤的色散如图 2.51 所示。虽然,色散位移光纤特别适用于单信道通信系统,但该光纤在 EDFA(erbium doped optical fiber amplifier)通道进行波分复用信号传输时,存在的严重问题是在 1.55 μm 波长区的色散产生了四波混频非线性,阻碍了波分复用。

3.1 550 nm 最低衰减光纤(G654 光纤)

1 550 nm 最低衰减光纤的折射率分布的剖面结构与常规单模光纤相同,采用简单阶跃匹配包层型和简单阶跃下凹内包层型,如图 2.53 所示。所不同的是选用纯 SiO_2 作为纤芯来降低光纤的衰减,靠包层掺 F 使折射率下降而获得所要的折射率差。

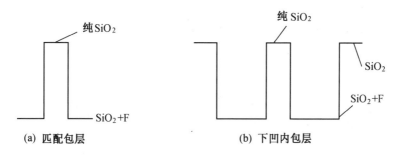

图 2.53 1 550 nm 波长最低衰减光纤的折射率分布

1 550 nm 最低衰减光纤的色散如图 2.51 所示。这种光纤的优点是在 1 550 nm 工作波长处衰减系数极小(约为 0.18 dB·km^{-1}),其抗弯曲性能好。它主要用于远距离无需插入有源器件的无中继海底系统。其缺点是制造特别困难,价格昂贵,且很少使用。

4.非零色散位移光纤(G655 光纤)

非零色散位移光纤是在 1994 年专门为新一代放大的密集波分复用传输系统设计和制造的新型光纤。

非零色散位移光纤的折射率分布的剖面结构如图 2.54 所示。三角芯和双环芯中的第一个环具有可移动零色散波长的作用。这两种剖面结构的外环对实现大有效面积和微弯曲损耗都起着关键作用。两种结构的区别在于,三角芯具有略低的衰减,双环芯则有稍大的有效面积。

非零色散位移光纤的工作波长在 1 540～1 565 nm。光纤的衰减一般为 0.5～0.24 dB·km^{-1},光纤的色散如图 2.51 所示。这种光纤的优点是在 1 550 nm 有一低的色散保证抑制四波混频(FWM)等非线性效应,使其能用在 EDFA 和波分复用结合的传输速率在 10 Gb·s^{-1} 以上的高速系统。

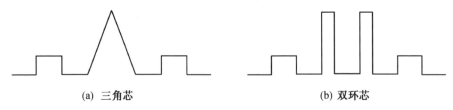

(a) 三角芯　　　　　　　　　(b) 双环芯

图 2.54　非零色散位移光纤的折射率分布

5.色散平坦光纤

1988 年,色散平坦光纤商用化。这种光纤的折射率分布的剖面结构如图 2.55 所示。为了能够在宽波段内得到平坦的小色散特性,人们采用的方法是改变光纤折射率分布。最初色散平坦光纤折射率剖面结构为双包层型。该结构能使光纤两个零色散点分别在 1 310 nm 和 1 550 nm 处,且光纤在 1 310～1 550 nm 波长范围内色散是平坦分布,数值较小。双包层型光纤有内外两个包层,内包层比外包层折射率要小,从而形成了一个折射率下凹的深沟限制了色散的扩展,但缺点是弯曲损耗大。

(a) 双包层　　　　　(b) 三包层　　　　　(c) 四包层

图 2.55　色散平坦光纤折射率分布

三包层型和四包层型是在双包层型基础上发展起来的,它的结构特点是在双包层型的内外包层加入一凸起的折射环,其色散特性和抗弯能力优于双包层型。但是它们结构复杂、制造困难。

色散平坦光纤的工作波长为 1 310～1 550 nm。衰减一般为 0.5～0.4 dB·km^{-1}。光纤的色散如图 2.56 所示。这种光纤可用中心波长更宽的激光器和用工作波长在 1 310 nm 和 1 550 nm 的标准激光器与发光二极管(LED)进行高速传输。但是,其折射率剖面结构复杂、制造难度大,尤其是光纤的衰减大,离实用距离很远。

6. 色散补偿光纤（G65X 光纤）

随着光纤放大器的研究和发展，衰减对光纤通信系统距离的限制已不成问题，而色散却严重阻碍 1 310 nm 零色散单模光纤在 1 550 nm 的升级扩容。为解决这一实际问题，人们研制出了色散补偿光纤。

色散补偿光纤的折射率分布的剖面结构如图 2.57 所示，主要有分段芯型和三包层型等。该光纤的剖面结构设计首要解决的是确定适当的折射率剖面和最佳的结构参数，使这种光纤具有大的负色散，一般要求为 $-50 \sim -150$ ps·(nm·km)$^{-1}$。例如，纤芯折射率呈任意分布的三包层结构。基本结构参数有 6 个，即 3 个半径参数和 3 个折射率差参数，而且纤芯折射率分布选择灵活，完全能满足色散补偿光纤设计的需要。

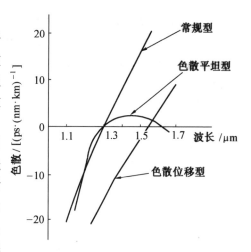

图 2.56 色散平坦光纤的色散

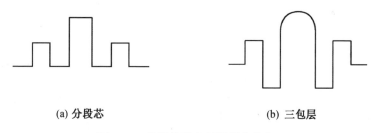

(a) 分段芯　　　　　　　(b) 三包层

图 2.57 色散补偿光纤折射率分布

当 1 310 nm 单模光纤系统升级扩容至 1 550 nm 波长工作区时，其总色散为正色散值，通过在系统中加入很短的一段负色散光纤（色散补偿光纤），即可抵消几十千米常规光纤在 1 550 nm 处的正色散，从而实现业已安装使用常规单模光纤的系统升级扩容至 1 550 nm 高速率、远距离、大容量的传输。至于色散补偿光纤加入给系统带来的衰减完全可由光纤放大器得到补偿。

二、在光纤传感技术方面的应用

20 世纪后 30 年，由于通信、大规模集成电路的飞速发展，光纤材料除了成功地应用在通信干线、接入网传输方面外，在传感器领域也获得了广泛应用，如用于工业自动化监控、桥梁和大楼材料变形测量、环境温度监控、生物化学有害液体和气体含量测定、火箭与核电站控制、远洋轮船与飞机导航等。光纤传感主要基于外部世界各种物理量或化学量的变化引起光纤光学参数（包括相位、偏振态、波长、幅度、模功率分布、光程等）的变化。例如，由于电磁场变化，导

致光波 x、y 方向的相位差改变,从而可用来测量电场、磁场强度;光纤受压或弯曲,引起光纤内芯材料的几何形变,导致光功率变化,可用来测量受力大小和弯曲程度。光纤传感用的材料可分为普通石英材料光纤、各类掺杂(稀土元素)的石英材料光纤,以及各种玻璃晶体材料光纤或光纤棒等。

1. 用于电场、磁场测量

光纤电场、磁场传感材料主要分为两类:一类是纤维状玻璃材料,如石英等全光纤材料(all fiber optic materials);另一类是块状晶体材料(bulk crystal materials),如蓝宝石等晶体光纤。它们的工作原理是基于法拉第磁光效应(faraday magneto optical effect)或克尔电光效应(kerr electro optic effect)。由于电流或磁场的影响,偏振光的偏振方向将发生旋转。目前,下述两类传感器用光纤材料最有发展前景。

(1) 低双折射光纤传感器材料[4]

旋光纤和扭光纤是典型的光纤传感器材料。前者利用其没有圆双折射且形状双折射和应力双折射极低,光纤实际上可看成各向同性,能不变地传输偏振光的特点,后者利用其具有高的圆双折射补偿光纤固有的和非固有的线双折射,可使光纤不变地传输圆偏振光的特点。该传感器具有全光纤(从光源到探测器)、高带宽(从直流到交流频率达到吉赫兹)、大电流(2～20 kA 以上)、耐恶劣环境(低温、核高能辐射)等优点。

(2) F-P 外腔式光纤(external cavity fiber fabry-perot)传感器用晶体光纤材料[31]

F-P 外腔式光纤传感器采用将晶体光纤材料(如 Ga:YIG)嵌入光纤 F-P 腔体中,基于电场在晶体光纤中引起的克尔效应或磁场在晶体光纤中引起的法拉第旋光效应,从而获得高信噪比(54.5 dB)和高灵敏度(优于普通磁场传感器 20 倍以上)。图 2.58 是外腔 F-P 光纤式晶体材料磁场传感器结构示意图。图中 YIG 晶体插入光纤梯度折射率透镜中,通过两边反射镜的耦合将能量输入到光纤或从光纤输出。

图 2.58　外腔 F-P 光纤式晶体材料磁场传感器结构示意图

2. 用于压力、弯曲、旋转测量

该类光纤传感器主要利用光纤几何变形和斯纳格效应(Sagnac effect)引起光纤传输功率分布、光纤光波极化变化,从而可用在大型建筑或桥梁变形的监控及火箭、飞机或轮船的导航等领域。根据材料的物理特性,该类材料可分为以下 3 类。

(1) 几何变形类传感器材料

几何变形类传感器材料主要采用大芯径玻璃光纤。当光纤弯曲时,导致芯内传播的光能量耦合到包层形成辐射模并泄漏出去。一个典型应用例子是英国 Kingston 大学[32]研制的光纤呼吸监测仪。它利用 200 μm 的大芯径玻璃光纤,由于呼吸运动引起光纤弯曲,导致光纤中传输的光能量发生变化。这种传感器改善了现有核磁共振仪图像的质量。拉制这类光纤与拉制普通石英光纤基本相同,不同之处在于控制光纤芯径。

(2) 斯纳格效应类传感器材料

斯纳格效应传感器材料主要采用掺杂石英材料制作的应力附加型保偏光纤。这里介绍两个典型例子。一个是英国 Glasgow Caledinian 大学[33]推出的实用光纤压力传感器(图2.59)。此压力传感器采用双折射光纤环,当光纤环中 L_1 处受压时,由于光纤中传输基模在 x 和 y 方向之间耦合,导致相位差或群时延差,其相移正比例于压力。

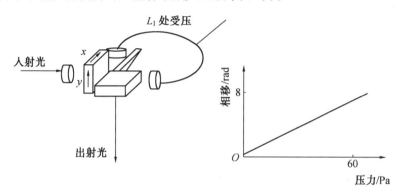

图 2.59 光纤双折射斯纳格环压力传感器示意图

另一个是日本 Tokyo 大学[6]研究的共振型光纤浑天仪(图2.60),俗称光纤陀螺。它采用保偏光纤材料。当光纤共振环平面发生旋转运动时,环内两个旋转方向的极化光绕各自的环旋转一周后,会产生相位差并形成共振,根据共振频率就可获得旋转速度。该类传感器已用在波音777飞机上测量转速。

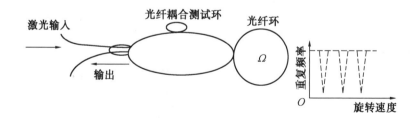

图 2.60 共振型光纤浑天仪示意图

(3) 光栅型传感器材料[34]

图2.61是光纤光栅型压力传感器示意图。这类材料主要利用具有周期性折射率变化的光纤光栅,光栅中心波长受压力发生平移,波长平移量与压力成比例。光纤光栅分为两种,即长周期光纤光栅和短周期光纤光栅。短周期光纤光栅又叫布拉格光栅(FBG, fiber bragg grating)。光纤光栅的制作方法有多种,如紫外线写入法、化学离子腐蚀法及各类物理方法等。目前,比较成功并得到应用的例子是光敏光纤材料。制作方法为在石英光纤中掺入光敏杂质,利用紫外光(如 488 nm 或其倍频光)透过周期性结构的掩膜板照射在光敏光纤上,实现光纤中的折射率沿着光纤传输方向呈周期性分布。

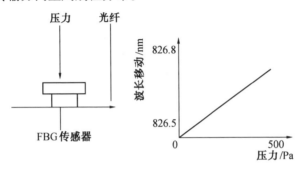

图 2.61　光纤光栅型压力传感器示意图

3.用于温度测量

目前,光纤温度传感器的研制朝两个方向发展,一个方向是高温测量;另一个方向是实用化分布式多点同时温度测量。

高温测量主要采用耐高温的光学材料,如单晶蓝宝石材料(熔点 2 045 ℃)拉制的光纤,可用于 2 000 ℃高温测量[5],测量精度在 1 000 ℃时为 0.2%,并且可以抗电磁干扰和射频辐射。图 2.62 是蓝宝石光纤温度传感器示意图。光纤端头覆盖一层金属、金属氧化物或陶瓷薄膜(如铜、三氧化二铝等),以形成一个准黑体腔,从黑体腔中发射出的能量经滤光片分成两个选定波长,其比值随温度成线性分布,从而被用于温度传感器。

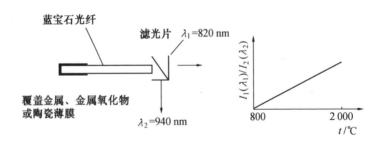

图 2.62　蓝宝石光纤温度传感器示意图

分布式温度传感器是比较实用的多点实时温度监控测量系统。图 2.63 是分布式光纤拉曼散射温度传感器[35]示意图。它利用温度 T 和 T_0 时光脉冲在光纤中激发的拉曼散射光子数的比值来测量温度。图中纵坐标为发射光子数的比值。

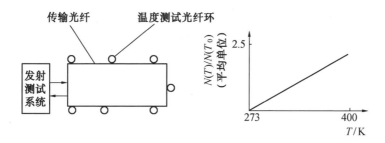

图 2.63 分布式光纤拉曼散射温度传感器示意图

4. 用于生物化学有害气体、液体测量

光纤测量生物化学有害气体、液体时,大多利用液体、气体的分子在近红外波段的光谱吸收特性。这种测量有两类:一类直接采用裸光纤内的光能量受芯层外液体、气体折射率的变化进行测量,但灵敏度不高;另一类将光纤的芯或包层进行化学增敏或去敏处理,现已研制出多点测量 pH 值的系统[36],且灵敏度较高。

参考文献

1 Onaka H, Miyata H. 1.1 Tb/s WDM transmission over a 150 km zero dispersion single mode fiber. OFC'96, Post Deadline Paper, PD19－1～PD19－5

2 Kawanish S, Takara H. 400 Gb/s TDM transmission of 0.98 ps pulses over 40 km employing dispersion slope compensation. OFC'96, Post Deadline Paper, PD24－1～PD24－5

3 Song J, Fan C C. A simplified dispersion limit formula for IM/DD systems and its comparison with experimental results. J. Lightwave Technology, 1995, 13:546～549

4 Yao J, Rogers A J. Optical fiber direct current measurement devices. SPIE Proceedings, Fiber Optic Sensors Ⅴ, Beijing, China, 1996, 2895:17～25

5 Tong L, Shen Y, Xu R, et al. Study on frequency response characteristics of high temperature. SPIE Proceedings, Fiber Optic Sensors Ⅴ, Beijing, China, 1996, 2895:431～434

6 Hotate K. Future evolution of fiber optic gyros. Int. Conf. on Optical Fiber Sensors, Sapporo, May 21～24, 1996:Tu3～S3

7 廖延彪. 光纤光学. 北京:清华大学出版社, 2000

8 卓尚文. 纤维光电子学. 长沙:国防科技大学出版社, 1994

9 叶培大. 光纤理论. 北京:知识出版社, 1985

10 (美)Jeunhomme L B. 单模纤维光学原理与应用. 周洋溢译. 南宁:广西师范大学出版社, 1988

11 (日)大越孝敬. 通信光纤. 刘时衡等译. 北京:人民邮电出版社, 1989

12 刘德森. 纤维光学. 北京:科学出版社, 1987

13 (美)Marcuse D. 介质光波导理论. 刘宏度译. 北京:人民邮电出版社, 1982

14 彭吉虎, 吴伯瑜. 光纤技术及应用. 北京:北京理工大学出版社, 1995

15 干福熹. 信息材料. 天津:天津大学出版社, 2000

16　赵梓森等.光纤通信工程.修订本.北京:人民邮电出版社,1994
17　Agrawal G P. Nonlinear Fiber Optics. New York: Academic Press, 1995
18　李玲,黄永清.光纤通信基础.北京:国防工业出版社,1999
19　白崇恩,刘有信.光纤测试.北京:人民邮电出版社,1998
20　Juichi N, Katsunari O. Polarization-maintaining fiber and their applications. J. Lightwave Technology, 1986, LT4: 1071~1089
21　田文强,梁毅,简水生.保偏光纤无源器件.光通信技术,1995,19(3):230~236
22　Yokohama I, Okamoto K, Noda J. Reproduceable fabrication method for polarization preserving single-mode fiber couplers. J. Lightwave Technology, 1988, 6(7): 1191~1198
23　萧天鹏,何耀基,黄剑平,等.一种全新结构的保偏光纤及其器件.光纤与电缆及其应用技术,1997,1(1):33~37
24　靳伟,廖延彪,张志鹏.导波光学传感器:原理与技术.北京:科学出版社,1998
25　Burns W K. Phase-error bounds of fiber gyro with polarization holding fiber. J. Lightwave Technology, 1986, LT4: 8~14
26　干福熹.超长波长红外光纤通信.济南:山东科学技术出版社,1993
27　Pool S B, Payne D N. Fabrication of low-loss optical fibers containing rare-earth ions. Electronics Letters, 1985, 21: 737~738
28　Mears R J, Reekie L. Low noise erbium-doped fiber amplifier operating at 1.54 μm. Electronics Letters, 1987, 23: 1026~1028
29　聂秋华.光纤激光器和放大器技术.北京:电子工业出版社,1997
30　赵仲刚,杜伯林.光纤通信与光纤传感.上海:上海科学技术文献出版社,1993
31　Wagreich R B, Davis C C. Performance enhancement of a fiber optic magnetic field sensor incorporating an extrinsic Fabry-Perot interferometer. SPIE Proceedings, Fiber Optic Sensors Ⅴ, Beijing, China. 1996, 2895: 11~16
32　Augousti A T, Raza A. A fiber optic sensor for respiration grating in MR scanners. SPIE Proceedings, Fiber Optic Sensors Ⅴ, Beijing, China, 1996, 2895: 272~278
33　Zheng G, Cambel M, Wallace P A, et al. A practical brief ringent fiber Sagnac ring force sensor. SPIE Proceedings, Fiber Optic Sensors Ⅴ, Beijing, China, 1996, 2895: 196~200
34　Rao Y J, Lobo Riberio A B, Jackson D A, et al. Combined spatial and time-division multiplexing scheme for fiber grating sensors with draft compensated phase sensitive detection. Optics Letters, 1995, 20: 2149~2151
35　Zhang Z, He J, Wang W, et al. The signal analysis of distributed optical fiber Raman photon temperature sensor system. SPIE Proceedings, Fiber Optic Sensors Ⅴ, Beijing, China, 1996, 2895: 126~131
36　Wallace P A, Yang Y, Uttamlal M, et al. Characterization of a quasi distributed optical fiber chemical sensors. SPIE Proceedings, Fiber Optic Sensors Ⅴ, Beijing, China, 1996, 2895: 103~108

第三章 光电显示材料

3.1 概 述

将各种形式的信息(如文字、数据、图形、图像和活动图像)作用于人的视觉而使人感知的手段称为信息显示技术。最常用的静止信息的显示手段有打印机、复印机、传真机和扫描仪等,一般称为信息的输出和输入设备。为提高分辨率以及输入和输出的速度,需要发展高灵敏和稳定的感光材料。例如,激光打印机和复印机上感光鼓的材料,目前使用的是无机的硒合金和有机的酞菁染料,一方面需不断完善它们的性能,另一方面还应致力于发展新的感光材料。

20世纪初,阴极射线管(CRT,cathode ray tube)出现以来,一直是活动图像的主要显示手段。CRT技术种类不断增多,性能不断提高,特别在扩大尺寸和提高分辨率方面有显著进展。但值得注意的是,传统的阴极射线发光材料,如红色($Y_2O_2S:Eu$)、蓝色($ZnS:Ag$)和绿色($ZnS:Cu,Al$)发光材料,还需提高纯度,以提高显示的亮度和色彩的质量。

近二三十年来,平板显示技术有较快的发展。与CRT显示技术相比,它的优势主要在于可以避免后者体积过大的问题。平板显示技术主要指液晶显示(LCD,liquid crystal display)技术、场致放射显示(FED,field emission display)技术、等离子体显示(PDP,plasma display panel)技术和发光二极管显示(LED,light emitting diode)技术等。在高清晰度电视、可视电话、计算机(台式或可移动式)显示器、车用及个人数字化终端显示等应用目标的推动下,显示技术正向高分辨率、大显示容量、平板化和大型化方向发展。

3.2 光电显示物理基础

光电子学最重要的物理过程之一是光电子变换。它是指由载有信息的光子群构成的光信号变换为由载有信息的电子群构成的电信号(或反之)的过程。因此,最重要的光辐射与半导体的相互作用表现为两个方面:一方面是半导体对光辐射的吸收和由此引起的半导体性能的变化——光电效应;另一方面是半导体中光辐射的产生及电作用对于发光的激发。

半导体的辐射跃迁是半导体发光的物理基础。但并不是各种辐射跃迁都同时存在于一个由电信号变换为光信号的发光过程中。下面将具体讨论各种辐射跃迁过程的物理本质。另外,由于实际上辐射跃迁的同时可能存在无辐射跃迁过程,半导体的发光效率常常在很大程度上受后者的影响,因此也要对可能存在的俄歇(Auger)复合、表面复合等无辐射复合做简要的讨论。首先回顾光辐射的基本知识。

一、光辐射与光

光辐射是电磁辐射的一种,具有波粒二象性。用光辐射的波动性可以很好地解释光的反射、折射、干涉、衍射和偏振等现象。光辐射又可以看成是不连续的光量子流。用光辐射的粒子性可以很好地解释光的吸收、发射和光电效应等现象。利用光电子元器件实现光电变换时同样存在光辐射在媒体中的传播问题,但更多的是与光辐射和半导体的相互作用有关,因此这里将较多地利用光辐射的粒子性来讨论问题。

光的频率、波长和辐射能都是由发光源所决定的。例如,γ射线是改变原子核结构产生的,具有很高的能量;X射线、紫外辐射、可见光谱都与原子的电子结构的变化相关;红外辐射、微波和无线电波是由原子振动或晶格结构改变引起的低能、长波辐射。图3.1是辐射电磁波谱。由图可知,可见光是眼睛能感知的波长范围很窄的一部分辐射电磁波,其颜色决定于光的波长。白光是各种单色光的混合光。

光辐射频段由紫外辐射、可见光和红外辐射三部分组成。波长小于390 nm的是紫外辐射,波长为390~770 nm的属于可见光,波长大于770 nm的是红外辐射。可见光是指能引起肉眼视觉感应的光辐射。红外及紫外辐射频段有时又分为远、中、近三部分或远、中、近、极四部分。

人们通常所说的光是指可见光。对于光学或光电子学来说,光辐射不仅指可见光,而且还包括紫外及红外辐射。

光与材料发生作用时是以不能再细分的微粒即光量子(或称光子)为单位进行的。光强度的大小与光子数目成正比。光子具有一定的能量 E,它取决于光的频率 ν,即

$$E = h\nu \tag{3.1}$$

式中　h——普朗克常数。

因为大气中的光速近似地与真空中的相等,所以光的波长 λ_0 与能量的关系可以表示为

$$\lambda_0 = \frac{1.24}{E} \tag{3.2}$$

式中　E——能量(eV);

　　　λ_0——波长(μm)。

由式(3.2)可知,光子能量越大,波长就越短。这样,可见光(从红光到紫光)的光子能量范围是 $1.6 \sim 3.2$ eV,通常光辐射的光子能量范围为 $1.24 \times 10^{-3} \sim 1.24 \times 10^{2}$ eV。由于电子伏特是很小的能量单位($1 \text{ eV} = 1.6 \times 10^{-10}$ J),因此光辐射范围内的单个光子能量很小。

光子以光速运动。光子具有一定的运动质量,其大小与光的频率 ν 或波长 λ_0 有关,即

$$m = \frac{E}{c^2} = \frac{h\nu}{c^2} = \frac{h}{c\lambda_0} \tag{3.3}$$

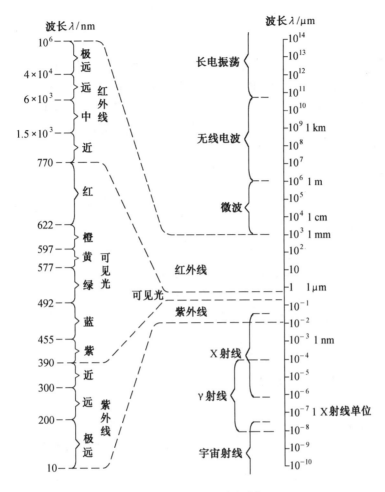

图 3.1 辐射电磁波谱[1]

式中　c——真空中的光速。

同时光子也具有一定的动量 P，即

$$P = \frac{h\boldsymbol{k}}{2\pi} \tag{3.4}$$

式中　h——普朗克常数；
　　　$\boldsymbol{k}$——光子的波矢。

$$P = mc = \frac{h}{\lambda}$$

此外，当光子与其它微观粒子（如电子）相互作用时，应该同时满足能量守恒定律和动量守恒定律，并由此来决定有关的电子跃迁过程。

二、半导体的辐射跃迁

伴随有发射光子的电子跃迁称为辐射跃迁,它是与吸收跃迁相反的过程。当电子从较高能级跃迁到较低能级时,这两个能级的能量差可以以电磁辐射的形式发射出来。在辐射跃迁中作为初态的较高能级和作为终态的较低能级是各式各样的,可以是基本能带能态,也可以是杂质能级,或者一个是能带能态,另一个是杂质能级。各种不同的辐射跃迁机理就是由这些能态的不同情况决定的。

1. 本征辐射跃迁

发生辐射跃迁的前提是系统处于非平衡条件,所以假定某种产生非平衡载流子的激发作用于半导体。首先考虑本征辐射跃迁,通常是指电子从导带至价带的带间辐射跃迁。

根据半导体能带结构的不同,本征辐射跃迁分为直接跃迁和间接跃迁两种。直接带隙半导体带间辐射跃迁时,在导带的初态和价带的终态具有相同的 k 值(图3.2)。对处于受激条件下的半导体,偏离热平衡的净辐射复合率 $\Delta R \propto R$,式中 R 为热平衡时总的辐射复合率。如果假设折射率与 ν 关系不大,则

$$\Delta R \propto \frac{\nu^2 \alpha(\nu)}{\exp\left(\frac{h\nu}{kT}\right) - 1} \tag{3.5}$$

根据上式可以估计辐射强度的相对强弱和发射光谱的特点。对于直接辐射跃迁来说,由于直接带隙半导体的吸收系数较大,因此,与之成正比的辐射强度也应

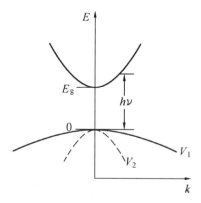

图 3.2 带间直接辐射跃迁

较强。正因为如此,很多发光器件是采用直接带隙半导体制造的。从发射光谱来看,因为 $\alpha(\nu) \propto (h\nu - E_g)^{1/2}$,所以,当 $h\nu \geqslant E_g$ 时辐射强度随 $h\nu$ 按 1/2 次幂上升。但是式(3.5)的分母却决定其近似地按指数式下降。这样,在发射光谱上 $h\nu$ 比 E_g 较大处出现一不对称的峰。应当注意,发射光谱上峰的位置并非就是 $h\nu_m = E_g$(根据计算应是 $E_g + 0.5kT$)处。发射光谱的低能边理论上应在 $h\nu = E_g$ 处截止,但是实际上由于吸收限附近吸收系数的指数式衰减,使得发射光谱上出现相应的低能尾。至于发射光谱的高能尾与温度有关,这是因为温度升高时,非平衡载流子占较高能态的几率增加。

例如,对于掺杂程度不同的 n 型 InAs 带间复合发射光谱,与理论计算的发射光谱曲线相比较,可以看出,当掺杂浓度增加时,辐射峰及高能限移向较高的光子能量方向,这是此时费密能级向导带内移动的结果。在较低光子能量,发射光谱的结构是由其它类型(例如,状态尾和杂质带)的跃迁所引起。

在间接带隙半导体中,可以发生从导带所有被占态至价带所有空态的辐射跃迁。但是为

了满足动量守恒,必须涉及中间过程。可能性最大的中间过程是发射声子,如图 3.3 所示。另一个满足动量守恒的过程是吸收声子。因为可以被吸收的声子数目不多,并且随温度的降低而迅速减小,这种过程在辐射跃迁中并不重要。可是处于高能态的电子发射声子是很可能的,同时发射光子的能量比禁带宽度稍低,而吸收声子时发射光子的能量不低于 $E_g + E_p$,这些光子容易被半导体重新吸收。

与直接跃迁相类似,通过式(3.1)可以估计间接跃迁的发射光谱特点。因为间接带隙半导体的吸收系数大体上与 $(h\nu - E_g)^2$ 成正比,所以发射光谱上 $h\nu \geq E_g$ 时,辐射强度随 $h\nu$ 按平方律上升。同时,在 $h\nu$ 较大时,辐射强度也是随 $h\nu$ 的增加近似地按指数式衰减。因此,在 $h\nu$ 比 $E_g - E_p$ 大 $2kT$(而不是 $h\nu = E_g - E_p$)处出现一辐射峰。

直接跃迁与间接跃迁的比较表明,尽管在能量超过辐射阈值时两者的增长速率不同(后者较快,见图 3.4),但是由于间接跃迁几率要比直接跃迁几率小得多,所以间接跃迁的辐射强度比直接跃迁要弱得多。

半导体对于自己本征辐射的吸收作用称为自吸收或再吸收。显然,自吸收会影响出射的光谱形状。在间接带隙半导体中,直接本征辐射的自吸收是明显的例子。为了与理论曲线相比较,甚至在样品很薄的情况下也必须将本征辐射区辐射强度与波长的关系做必要的修正。

图 3.5 是锗样品(厚 1.3×10^{-3} cm)出射的本征复合发射光谱[2]。曲线 1 是出射光谱的实验曲线,它在 $\lambda = 1.75$ μm($h\nu = E_g \approx 0.7$ eV)处出现一个峰。显然该峰决定于由导带 L 能谷至价带顶的间接辐射跃迁。但是该曲线与理论曲线不符合。利用锗的光吸收数据和罗斯

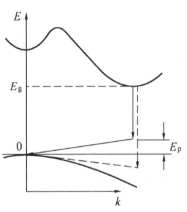

图 3.3 间接辐射跃迁

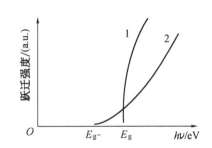

图 3.4 直接跃迁和间接跃迁强度比较
1—直接跃迁;2—间接跃迁

布莱克 - 索莱克关系计算得到的发射光谱曲线,除了波峰外,在 $\lambda = 1.52$ μm($h\nu = 0.81$ eV)处还应该有一个更强的辐射峰。实验曲线 1 对自吸收进行修正后的发射光谱(图 3.5 中曲线 2)与理论曲线一致。在 $\lambda = 1.52$ μm 处的辐射峰只可能是由导带 T 能谷至价带顶的直接辐射跃迁所引起。在向两个能谷激发电子时,可以同时得到直接和间接辐射的复合。从曲线 1 可见,尽管直接跃迁产生的较高能量的光子被强烈地自吸收,但是在样品很薄时,还是可以检测到一部分较高能量的辐射。这是由于直接跃迁几率比间接跃迁几率要高得多的缘故。

2. 激子辐射复合

在光子的作用下价带的电子受到激发但尚不能进入导带成为自由电子,即仍然受到空穴库仑场的作用,形成相互束缚的受激电子－空穴对,对外呈中性,这种彼此相互束缚的受激电子和空穴组成的系统称为激子。如果激子可以在晶体中运动(不形成电流),称为自由激子。如果激子局限于某个中心附近,则称为束缚激子。

(1) 自由激子

如果半导体受到外加激发时形成自由激子,而材料又足够纯净,则在低温时这些自由激子可以以一定的寿命存在。在激子湮没(即复合而消失)时,其能量可以转变为光能即发射光子。这时在发射光谱($h\nu < E_g$ 处)上可以见到窄的辐射谱线。这就是激子辐射复合。

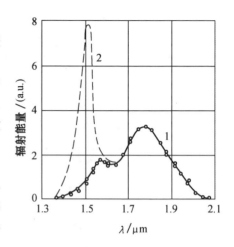

图 3.5 锗样品出射的本征复合发射光谱

辐射跃迁和吸收跃迁一样,必须遵守能量守恒和动量守恒定律。在直接带隙半导体中,自由激子复合通过直接辐射跃迁(图3.6(a))就同时满足能量守恒和动量守恒定律。这时所发射光子的能量为

$$h\nu = E_g - E_x \tag{3.6}$$

式中 E_x——自由激子的束缚能或离解能。

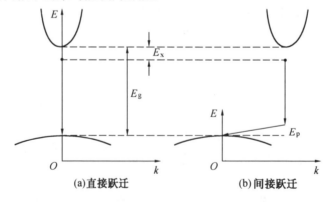

图 3.6 自由激子复合

我们知道,激子可以有许多受激状态,它们的离解能为 $n=1$ 的激子基态离解的 $1/n^2$。在 $n=\infty$ 时离解能为零。这样,自由激子复合所产生的光辐射可以由一系列窄谱线组成。但是随 n 的增加,辐射谱线迅速减弱,同时当存在别的辐射过程时难以分辨出这些 n 大的激子辐射。例如,低温时在高纯的砷化镓光致发光光谱上识别到了 $n=1$ 和 $n=2$ 的自由激子复合辐射谱线,如图3.7所示。

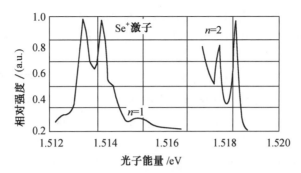

图 3.7　低温时"纯"GaAs 自由激子、Se 束缚激子及自由
载流子复合所决定的光致发光

在间接带隙半导体中,动量守恒要求激子复合跃迁必须附带发射声子(图 3.6(b))。这时所发射光子的能量应为

$$h\nu = E_g - E_x - E_p \tag{3.7}$$

因此,在间接带隙半导体的激子复合发射光谱中没有观察到无声子谱线。

附带发射声子的间接跃迁不仅发生于间接带隙半导体的自由激子复合中,而且也常常发生在大多数直接带隙半导体的自由激子复合中。这是因为,可以在晶体中运动的自由激子具有一定的动能。研究表明,自由激子按动能的分布遵守麦克斯韦-玻耳兹曼统计。自由激子本身的热力学能($E_g - E_x$)通常为电子伏数量级。如果激子的能量全部变为光子能量,则光子的波矢约为 10^5 cm^{-1} 数量级。而最可能的自由激子热动量(甚至低温下)波矢为 $10^6 \sim 10^7$ cm^{-1}。因此,参加无声子直接跃迁的可能是小部分动量极小的激子,而参加发射声子以带走激子热动量的间接跃迁的可以是具有任何动量的激子。间接跃迁中激子的热动量交给声子。在这样的间接跃迁中可以发射一个或多个声子。

我们知道,在声子波矢减少至零时,声学声子能量趋于零值,而光学声子的能量趋于不变值。这种差异对于声子与激子的相互作用具有原则性意义。在直接带隙半导体中,如果自由激子的动量很小,则在其复合时不可能提供大的波矢值,而只能发射波矢可以忽略的光学声子。也正因为光学声子能量随波矢的变化不大,所以在动量不同的激子湮没时,发射的声子实际上可以具有相等的能量。可见光学声子可以适应的波矢范围较宽。因此,如果辐射跃迁时,发射 m 个光学声子,则发射的光子能量为

$$h\nu = E_g - E_x - mh\nu_L \tag{3.8}$$

式中　ν_L——光学声子能量。

显然,m 越大,跃迁几率越低,而相应的辐射谱线越弱。

这样,在直接激子复合的发射光谱中,可能出现由式(3.7)决定的无声子谱线向较长波长方向移动,能量间距为 $h\nu_L, 2h\nu_L, \cdots, mh\nu_L$ 的一系列辐射谱线。

(2) 束缚激子

半导体中存在杂质时,可以形成束缚激子。与自由激子不同,构成这种激子的电子和空穴

局限于杂质中心附近,而不能在晶体中自由运动。受到电离施主或受主束缚的激子可以设想为由空穴与中性施主或电子与中性受主形成。如果在杂质中心同时合并电子和空穴,则形成束缚于中性施主或受主的激子。

束缚激子进行辐射复合时,可以产生相应的辐射谱线。由于束缚激子不能在晶体中运动,其动能接近于零,因此,一般束缚激子的辐射谱线比自由激子的要窄得多。例如,在 GaAs 中束缚于浅杂质的激子谱线宽度约 0.1 meV,而自由激子的约 1 meV。同时,与自由激子不同,束缚激子辐射谱线宽度不随温度变化。

束缚激子的基态能级位于自由激子基态能级之下。这些能级之间的距离等于将激子局限于杂质中心的附加束缚能 E_b。因此,束缚激子复合发射光子的能量为

$$h\nu = E_g - E_x - E_b \tag{3.9}$$

这样,在其它条件相同的情况下,束缚激子的辐射谱线相对于自由激子谱线向波长较长的方向移动。

3. 能带与杂质能级之间的辐射跃迁

(1) 浅跃迁

和浅施主与导带之间或价带与浅受主之间发生的吸收跃迁相反,可以发生电子从导带至电离的浅施主或从电离的浅受主至价带的辐射跃迁,如图 3.8 所示。由杂质电离能决定的发射光子的波长位于远红外区。

已有人观察到锗与浅杂质态有关的辐射复合,但是所检测到的辐射功率很小(3×10^{-12} W),其结果的可靠性仍然受到怀疑。如果在上述浅跃迁中考虑到除了辐射跃迁外,还可能有发射声子的无辐射跃迁,那么检测结果就能得到解释。而且,有时后一种跃迁是主要的。

施主杂质复合截面的计算表明,在 $T = 4$ K 时,n 型锗的辐射跃迁复合截面 $\sigma_t = 4.15 \times 10^{-19}$ cm^2,而发射声子的无辐射跃迁复合截面 $\sigma_n = 5.9 \times 10^{-15}$ cm^2。根据这一计算结果,无辐射跃迁几率要比辐射跃迁几率大得多,它可以成为浅跃迁的主要机理。因此,复合时只有极小部分能量转变为光能。在无辐射跃迁过程中(以施主杂质为例),首先导带的电子被俘获于施主中心较高的受激态,然后再逐步跃迁到较低的能态,在向下每一步跃迁的同时发射声子。

(2) 深跃迁

深跃迁指的是从导带向受主能级或者从施主能级向价带的跃迁,如图 3.9 所示。对于这样的复合,在直接跃迁时发射能量为 $h\nu = E_g - E_i$ 的光子,在间接跃迁时

$$h\nu = E_g - E_i - E_p \tag{3.10}$$

式中　E_i——杂质电离能;

　　　E_p——声子能量。

与导带至价带的本征跃迁相比较,深跃迁的几率要低得多。直接带隙半导体深跃迁辐射复合寿命计算表明,GaAs 在 $T = 77$ K 时,与电离能为 0.04 eV 的受主空穴相复合的电子寿命为

$2.3×10^{-9}$ s(受主空穴浓度为 10^{18} cm^{-3})。在 $T = 20$ K 时,与电离能为 0.006 2 eV 有施主电子相复合的空穴寿命是 $25×10^{-9}$ s(施主浓度为 $5×10^{15}$ cm^{-3})。砷化镓带间复合时,电子最小辐射寿命为 $0.31×10^{-9}$ s。

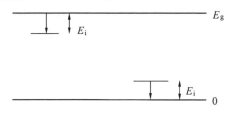

图 3.8 浅跃迁

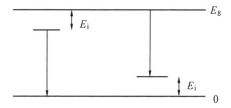

图 3.9 深跃迁

大多数直接带隙半导体的电子有效质量比空穴有效质量小得多,因此施主电离能小于受主电离能。于是可以通过发射光谱上辐射峰的位置来区分两种深跃迁:一种是从导带至受主的辐射跃迁,它产生能量较低($h\nu = E_g - E_a$)的辐射峰;另一种是从施主能级至价带的辐射跃迁,它产生能量较高的辐射峰($h\nu = E_g - E_d$)。对于 $E_g \approx E_a$ 的半导体,为了识别两种不同的深跃迁,必须知道该材料的导电类型,并将辐射强度与杂质浓度相比较。

4. 施主与受主间的辐射跃迁

如果在半导体中既存在施主杂质又存在受主杂质,就有可能发生施主与受主之间的辐射跃迁:被施主束缚的电子和被受主束缚的空穴相复合,同时发射出能量通常低于半导体禁带宽度的光子。这是一种重要的半导体发光机理。尤其是对于间接带隙半导体来说,因为导带至价带的辐射跃迁几率很低(通常比直接带隙半导体要低 4~5 个数量级),所以只能利用与杂质有关的发光机理,其中包括施主与受主间的辐射跃迁。目前有的发光二极管(例如,GaP 发光二极管)正是利用了这种辐射跃迁来发光。

由于这种辐射复合是以同时存在施主和受主杂质为必要条件,而具体的复合过程是在成对的施主与受主之间发生的,所以也常常称为施主 - 受主对辐射复合。图 3.10 为施主 - 受主对的示意图,r 代表施主与受主之间的距离。

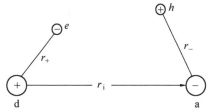

图 3.10 施主 - 受主对示意图

d—施主;a—受主

人们对施主 - 受主对辐射跃迁已做了大量研究。归纳起来,这种辐射机理具有三个重要特征:一是如果施主或受主能级不很深,这种辐射跃迁可以在施主与受主间距离范围很宽的对中发生;二是复合时所发射的光子能量($h\nu = E(r)$)为施主 - 受主对与距离 r 的函数,且随距离的减少而增加;三是辐射跃迁的几率 $W(r)$ 随距离的增加而降低。

这些重要特征所导致的结果是,在发射光谱上表现出特有的光谱结构和特性。例如,在发射光谱上可以同时观察到尖细的分离谱线和宽的辐射带。当激发停止之后,发光衰减时,辐射带的峰随时间而移向较低的能量值。连续激发时,辐射带的峰随激发强度的增加而向较高的能量方向移动。

下面来看温度对该类复合的影响。施主-受主对复合发射光谱的形态和辐射带峰的能量位置也随温度而变化,并且当未见到分离谱线时,这种特性也可用于识别施主-受主对复合光谱。

图 3.11 是温度对 p 型砷化镓样品 $h\nu_m = 1.49$ eV 辐射带形状的影响[2]。由图可见,尽管温度的升高使禁带宽度减少,但仍然使 $h\nu_m$ 移向较高能量值。这种辐射峰位置随温度的移动称为 T-移动。

前面已提到温度对 T-移动的影响,并且用较远的施主-受主对上束缚的电子热逃逸到导带的趋向性较大,以及随后可能被较近施主-受主对俘获,从而发射能量较高的光子来解释。此处 $h\nu_m$ 值随温度的移动同样可以如此解释。

对于砷化镓材料,随温度的升高辐射带峰的高度有所降低(图 3.11 中是将不同温度的辐射带峰分开画,而不是表示强度增加),这是由于高温对能量较高的其它机理的辐射较为有利的缘故。

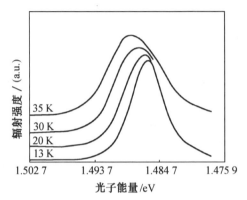

图 3.11 温度对辐射带形状的影响

这样看来,温度和激发强度对于施主-受主对发射光谱具有相似的影响,温度的升高或降低与激发强度增强或减弱引起的辐射峰移动方向是一致的。温度和激发强度产生相同方向的峰移动时,总移动增加,相反则使总移动减少。

三、半导体的无辐射复合

半导体中,在辐射复合的同时也常常发生无辐射复合,并且有些情况下无辐射复合可以是主要的复合过程。有时辐射内量子效率可以比 1 小得多,甚至小得微不足道。相应的自由载流子寿命也比只考虑辐射复合过程时要低几个数量级。例如,室温时理论计算纯锗的辐射复合寿命为 0.3 s,但实际测得寿命为毫秒数量级,有时甚至低于 1 μs。因而在锗中存在无辐射复合过程的可能性比辐射复合至少要大 1 000 倍。

这样,在研究半导体中电子和空穴对的复合问题时,不仅需要考虑辐射复合,而且需要考虑无辐射复合。这不但对研究复合机理具有重要的理论意义,而且对提高材料与器件的辐射效率也有一定的实际意义。

对无辐射复合过程的理解是比较困难的。辐射复合的定义十分清楚,是指在跃迁的过程中伴有发射光子的复合。其由跃迁过程所涉及的初态和终态决定的机理也很清楚。但是无辐射复合却只是比较含糊地指某一种不发射光子的复合过程,至于复合的机理以及能量以什么方式释放,则比较复杂。

无辐射复合的实验研究也比较困难。如果说每一种辐射跃迁机理为发射光的性质带来一定的特征,从而可以进行观测的话,对于无辐射复合,则几乎没有直接的特征可以观察,我们往往只能根据一些间接的数据(例如,辐射效率的降低、载流子寿命的缩短以及复合过程受温度或载流子浓度的影响等)来分析。

半导体的无辐射复合过程主要包括俄歇复合、表面复合和多声子复合等。俄歇复合即碰撞复合。表面复合的表面也可以是广义的,包括晶体内部缺陷或掺杂物的微观内部表面。

1. 俄歇复合

俄歇复合是由三个载流子(如两个电子和一个空穴或两个空穴和一个电子)的相互作用,即发生碰撞所引起。一个电子和一个空穴相复合时,所释放出的能量及动量交给第三个载流子,它可以通过发射声子将此能量耗散,或者引起其它的效应。与碰撞复合相反的过程是碰撞电离。具有足够动能的电子或空穴会产生新的电子–空穴对或使杂质电离。因为有关原子碰撞电离和复合的机理首先由俄歇进行研究,所以资料中把半导体中发生的碰撞复合和电离称为俄歇复合和俄歇电离,或者通称为俄歇效应或俄歇过程。

碰撞复合的具体机理极为繁多,可以设想有很多种类型。原则上任何伴随有发射光子的复合过程都可能有相应的俄歇过程。因为俄歇过程必须涉及与第三个载流子的作用,因此,严格讲这已超出固体能带理论的范围。但是为方便起见,可以有限度地借用能带图,用两个箭头表示俄歇复合:一个箭头表示电子在与空穴复合时的跃迁;另一个箭头表示接受了复合时释放出能量的电子的跃迁(空穴跃迁方向与之相反)。图 3.12 表示这些过程的部分主要类型。图中过程 a 和 b 属于带间复合,导带电子和价带空穴复合时释放的能量在 n 型材料情形(a)时将导带电子激发至较高的

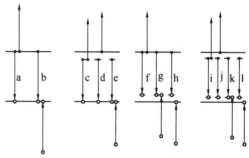

图3.12 半导体的俄歇复合过程

(a、c、d、f、i 及 j 发生在 n 型半导体中,而 b、e、g、h、k 及 l 发生在 p 型半导体中)

能级,而在 p 型材料情形(b)时将电子从价带深处激发上来(或者说将价带空穴激发至较高的能级)。在过程 c、d 和 e 中发生从施主能级向价带的复合跃迁,释放的能量可以使另一施主的电子(c)、导带电子(d)或价带空穴(e)激发。过程 f、g 和 h 是与从导带向受主能级跃迁有关的俄歇复合,复合所释放的能量可将导带电子激发至较高能级(f),也可将另一受主空穴(g)或价带空穴(h)激发至价带深处较高能级。i、j、k 和 l 是从施主能级向受主能级跃迁的复合过程,释放的能量可使另一施主的电子(i)或导带电子(j)激发至导带较高的能级,也可以使另一受主的空穴(k)或价带空穴(l)激发至价带的较高能级。当然可能存在的俄歇复合还不止上述这

些,下面还要谈到另外一些可能的俄歇过程。

通常,半导体中我们感兴趣的价带是由极值相重合的两个带——重空穴价带和轻空穴价带组成。前述的带间复合只涉及重空穴价带的空穴。一般在重掺杂的 p 型半导体中,必须考虑重空穴价带与轻空穴价带间的跃迁。涉及轻空穴价带的俄歇过程中(图 3.13(a)),导带电子与重空穴价带空穴复合(从 1 跃迁至 1′),能量交给另一个重空穴,它向轻空穴价带跃迁(实际为电子从 2 跃迁至 2′)。

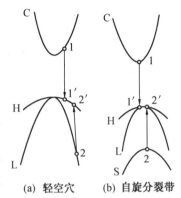

图 3.13 俄歇复合

C—导带;H—重空穴带;L—轻空穴带;
S—自旋分裂带;1、2—初态;1′、2′—终态

在许多半导体中由于自旋－轨道相互作用而发生价带分裂,由此分裂出来的价带称为自旋分裂带。自旋分裂带顶与原来价带顶之间的距离为分裂能 Δ。在有的半导体(例如 InSb)中,分裂能比禁带宽度大得多,这时空穴从重空穴价带向自旋分裂带跃迁的几率很小,因此可以不予考虑。但有些半导体材料的自旋分裂带离开原来价带不远,特别是对于一些 Δ 值小于或接近 E_g 的半导体(例如 GaAs、InAs 和 GaSb 等),涉及自旋分裂带的俄歇复合过程可以起很重要的作用。

有分裂能带参加的俄歇复合可以看做电子－空穴对的复合(图 3.13(b)中从 1 跃迁至 1′)以及第二个空穴得到复合能后向较深的自旋分裂带的跃迁(实际为电子从 2 跃迁至 2′)。

这样,在具有自旋分裂带的 p 型半导体中通常应该考虑涉及轻空穴带和涉及自旋分裂带的两种俄歇过程。两种过程的相对作用大小主要取决于分裂能和禁带宽度的相对大小。对于 $\Delta \gg E_g$ 的半导体,涉及自旋分裂带的俄歇复合几率与涉及轻空穴带的俄歇复合几率相比,可以略去不计。

对俄歇复合的大量研究表明,以下重要的物理现象可以作为判断在半导体中是否发生俄歇复合过程的原则。

(1) 少数载流子寿命随多数载流子浓度的增加而缩短

少数载流子寿命随多数载流子浓度的增加而缩短的现象首先在掺磷、锑和硼的 n 型和 p 型锗单晶中观察到。例如,对于掺硼的 p 型锗,当空穴浓度 p_0 从低值开始增加时,寿命 τ 先为一不变值(约 50 μs);但是当 p_0 超过 1×10^{17} cm^{-3} 时,τ 迅速降低;而在 $p_0 \approx 1 \times 10^{18}$ cm^{-3} 时,τ 下降至约 2 μs。

(2) 少数载流子寿命随非平衡少数载流子浓度的增加而降低

非平衡少数载流子寿命的降低不仅发生在多数载流子浓度增加的时候,而且也发生在因激发强度增高而引起少数载流子浓度增加至很高的时候。例如,缺陷浓度很低的硅样品在受到强烈的光激发(电子－空穴对产生率 $q_1 > 10^{27}$ cm$^{-3} \cdot $s^{-1})时,观察到少数载流子寿命随激发强度即非平衡少数载流子浓度的增加而降低。

(3) 载流子的寿命随温度升高而降低

对于高纯度的半导体,特别在较高温度下载流子的寿命主要由带间复合决定。带间辐射复合所决定的载流子寿命 τ_r 和带间俄歇复合寿命 τ_i 都随 T 的升高而成指数式下降。但是,在适当的温度范围内,俄歇复合过程是主要的,因此,载流子的寿命 τ 由 τ_a 决定。例如,纯度高且结构完善的碲晶体在温度高于 300 K 时,寿命特性受带间复合控制。

(4) 发光的浓度猝灭

由于发光的量子效率决定于辐射跃迁几率与无辐射跃迁几率之比,所以只要俄歇复合过程一开始发生作用,发光效率就会下降。当俄歇过程与辐射复合过程相比占绝对优势时,发光就突然熄灭,称为发光的猝灭。例如在磷化镓中已观察到当施主或受主杂质浓度超过 1×10^{18} cm^{-3} 时,低温光致发光效率迅速下降,即发光因杂质浓度的增加而猝灭。

(5) 发光的温度猝灭

随着温度的升高,自由载流子的动能和碰撞复合几率增加,同时发光量子效率会降低。例如,在重掺杂的 p 型磷化镓样品中就可以观察到这种发光随温度升高而猝灭。

(6) 热发光

上面谈到,在俄歇复合过程中所释放的复合能可以交给导带的电子或价带的空穴。结果这些导带电子或价带空穴跃迁至较高的能级,这样就产生了热电子或热空穴。当然,这些热载流子大部分会以声子的形式逐步释放出能量,热电子在导带中下降,热空穴在价带中上升。但是总存在一定的热载流子与符号相反的载流子直接复合的几率:热电子可以与价带顶附近的空穴相复合,而导带底的电子可以与热空穴相复合。这些复合的结果是可以发射能量高于禁带宽度的光子,这种辐射属于热发光。因此,俄歇复合也可以引起热发光。

(7) 发射俄歇电子

俄歇复合过程产生的热电子可以具有足够的能量克服半导体内部的势垒而向真空中发射,这种电子称为俄歇电子。这样,不仅可以直接对俄歇电子进行观测,而且通过对发射电子速度分布的研究能够得到碰撞复合机理的重要信息。例如,在砷化镓中就可以观察到这种电子发射。

2. 表面复合

实验表明,通常晶体表面层的光致发光效率比晶体深处要低得多,这是由表面上特有的无辐射复合作用——表面复合所引起的。由于表面对于各种发光器件的影响总是不同程度地存在,因此表面复合是一种重要的无辐射复合过程。

我们知道,能带理论本来是对无限大的晶体而言的。当谈到表面时,即意味着晶体中晶格原子的有序排列在界面处发生中断,或者可以将表面视为一种对晶格的强烈扰动。因此,表面处除了局限在体内的能态外,还应该出现表面态。这样,即使对于理想晶体来说,近表面层的能带结构也应与体内的能带结构有显著不同。

实际晶体的表面远不是理想的,它们会有凸点、凹口、吸附原子和未填满原子的晶格结点等。有时半导体表面还覆盖着一薄层氧化膜,这些情况又会引起除上述以外的表面态。这样,可以设想存在两种表面态。一种是仅仅由理想表面引起的,另一种是由实际表面的缺陷、杂质等引起的。虽然氧化层的内部和外部能态并不属于半导体本身,但通常也称之为表面态。

表面能级的位置既可能在禁带中,又可能在允许带中。当然,只有那些位于禁带中的表面态才可能被探测到,而位于允许带中的表面态则被大量的允许能态所淹没。因此,一般认为表面态位于禁带之中。

大量存在的表面态具有俘获载流子的本领,即它们可以作为俘获中心(陷阶)。但并不是所有表面态都是俘获中心,而只有在一定条件下才能表现为俘获中心。这个问题对于实际的半导体表面,即一般情况下半导体和其表面氧化层之间的界面,具有极为重要的实际意义。

关于表面态表现为复合中心的条件和机理目前人们了解得还不够。对于实际的半导体表面来说,这可能与具体表面情况密切相关。例如,在实际锗表面的研究中,提出了形成复合中心的三种主要机理:偶极子机理、质子机理和氧化层破坏机理。前两种机理虽然在一定程度上能够解释在某些情况下俘获中心向复合中心的转变,但都存在一些缺点。它们不能解释另外一些实验结果,特别是无法解释锗-氧化物界面上缺陷的本质及其与氧化物形成条件和性能的关系。根据实际锗表面必定存在氧化层以及复合中心的出现在很大程度上取决于氧化层性质的特点,氧化层的破坏可能是形成锗表面复合中心的机理。通过化学腐蚀、电化学腐蚀和改变电解液 pH 值三种方法的实验研究并结合电子显微镜对表面结构的分析证明,在实际锗表面形成复合中心的必要和充分条件是既要存在氧化层,又要发生氧化层均匀结构的破坏。这种观点较清楚地解释了锗表面复合中心的形成。当然,对于其它情形或其它材料的实际表面,随具体情况的不同,也可能存在其它的形成表面复合中心的机理和条件。

3. 通过缺陷或掺杂物的复合

在实际的半导体内可以含有局部缺陷及微小掺杂物。如果它们像微观内部表面或金属掺杂物那样建立起连续或准连续的能级谱,则可能发生与表面复合相类似的内表面复合。图 3.14 是由局部缺陷或掺杂物建立的局部能态的连续分布模型。离开缺陷或掺杂物(其有效半径为 r_{eff})边缘距离小于载流子扩散长度 L 的电子和空穴将有可能到达该缺陷处,并且通过连续分布的能态进行无辐射复合。这样的模型可以用来解释温度关系不明显的体内无辐射复合以及在低温下"纯净"材料中所发生的无辐射复合。

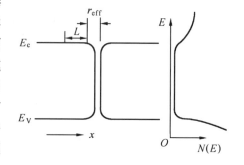

图 3.14 缺陷或掺杂物建立的局部能态的连续分布

4. 多声子复合

无辐射复合可以通过发射声子来实现,这时受激电子的能量转变为晶格振动的能量。但由于在复合跃迁时释放出的能量通常比声子的能量要大得多,因此需要以较高的几率发射出一定数目的声子。这种无辐射复合过程称为多声子复合。

对于电子从导带跃迁到价带和空穴相复合的情况,如果假设禁带中不存在把导带和价带相搭接的连接状态分布,则发射多声子的复合跃迁几率应该很低。

由于一次发射多个声子的几率很低,有人提出通过一连串逐次单声子发射来实现这种无辐射复合的可能性要大些。例如,对于通过复合中心的复合,如果复合中心具有一组激发能级而激发能级之间的距离 ΔE_i 以及最高激发能级与有关能带之间的距离 E_i 小于德拜能级 kT_D,则多声子复合是可能发生的。这里重要的原则性问题是,逐级过程要求复合中心具有以适当间隔分布的足够数量的激发能级。

四、电致发光

物体在温度升高时可以发光。例如,处于红热状态的物体发出红光,处于白炽状态的物体发出白光,这种因自身温度而产生的光辐射称为热辐射。

但也有很多发光现象并不是由于物体温度升高而产生的,这些发光现象有时称为冷发光。1889 年魏德曼(G. H. Wiedemann)首次将"发光"定义为在所给发光体温度下超过热辐射的辐射。这一定义虽然还不够完善但很重要,在光学术语中第一次强调了发光与热辐射的不同之处。

后来人们发现,一些不属于发光的辐射也满足魏德曼关于发光的定义。例如,由光的反射和散射所引起的二次辐射、带电粒子的减速辐射和切连柯夫辐射等。随后瓦维洛夫对魏德曼发光定义做了补充,即在激发停止之后发光应具有一个不等于零的衰减时间(即一定的余晖时间),而且这一持续时间应该比光振动周期长得多。显然,上述反射和散射等类型的辐射在激发停止的同时立即消失。瓦维洛夫关于发光定义的补充也便于将发光与受激辐射区分开来。

这样,发光的完整定义为:超过发光体所处温度下热辐射的辐射,并且这种辐射具有超过光振动周期的持续时间,称为**魏德曼 - 瓦维洛夫发光定义**。

1. 发光的分类

可以按激发停止后发光仍能持续的余晖时间长短把发光分为荧光和磷光两类。通常把余晖时间小于 10^{-8} s 的发光称为荧光,而大于 10^{-8} s 的发光称为磷光。

通常按照激发方法的不同对发光进行分类,主要有以下几种。

(1) 光致发光

光致发光是受入射光的激发而产生。在光激发时,入射光子被半导体吸收,同时产生电子 - 空穴对,然后它们相复合并向外发射出另外的光子。通常所发射光子的能量低于被吸收光子的能量,即发射光谱相对于激发光谱向长波方向移动。这种激发方法具有一定的优点,因为它使得在不易制造电极和构成 p - n 结或不能有效地实现电致发光的材料中能激发光的发射。

(2) 化学发光

某些化学反应中释放的能量可以转变为光能,由化学反应引起的发光过程称为化学发光。生物发光是由生物化学反应引起。例如,萤火虫的发光是由于这种昆虫具有一种叫做荧火素的物质,它在氧化时伴随发光现象。因此,生物发光可以归于化学发光。

(3) 摩擦发光

机械作用所引起的发光称为摩擦发光。机械压力作用下由于压电效应可以形成局部电场,通常约 10^6 V·cm^{-1} 的局部电场是容易实现的。在这样强的局部电场下可以发生齐纳击穿,从而产生电子–空穴对,然后它们复合时可以发射出光子。这样,机械应变能转变为辐射能。

(4) 阴极射线致发光

在高能电子束(阴极射线)作用之下固体的发光为阴极射线致发光。这时入射电子的动能部分地转变成某一波长范围的可见光光能。这种发光常用于显示器件中。

(5) 电致发光

在直流或交流电场直接作用下引起的发光称为电致发光或场致发光。

2. 电致发光的特点

在电场作用下,半导体发光有两种基本形式。第一种形式的电致发光是由于载流子注入晶体中及随后的复合所引起的,这主要发生在直流低电压情形。通常晶体构成 p–n 结。除碳化硅外,磷化镓、磷化铟和砷化镓等Ⅲ–Ⅴ族化合物半导体都可以制成 p–n 结,产生注入式电致发光。第二种形式的电致发光是由于粉末材料在强电场(而且通常是交流电场)作用下通过碰撞电离激发而产生的。属于第二种电致发光材料的例子是硫化锌、硫化镉、硒化锌和硒化镉等Ⅱ–Ⅵ族化合物半导体。但是从电致发光的现象中我们可以看到,无论是第一种还是第二种形式都是直接将电能转换为光能,而没有经过任何别的中间形式能量的转换。因此可以说这是一种最直接的光激发方法。这是电致发光的一个最根本的特点。任何由所加电场的间接作用所引起的半导体发光都不属于电致发光。

由于电致发光是电场直接作用所致,因此这种发光易于实行调制。

电致发光的第二个特点是发光体属于整个电路的一部分,并且有一部分非平衡载流子可以被电场从发光体引出到金属电极或别的非发光材料。这一特点必然对电致发光的量子效率产生影响。

电致发光的第三个特点是样品本身以及样品上电致发光的不均匀性。从电学性能来看,大多数情形的电致发光样品甚至加上电场之前就是不均匀的,因而从光学性能及发光性能来看,也是不均匀的。晶体的不均匀使得加上电压后出现电场强度的不均匀,在电场强度高的地方发生非平衡载流子对的激发过程以及随后的辐射复合过程。

电致发光体中一些强电场区和弱电场区的串联不可避免地会导致它们的相互影响。例如,外加电压沿样品长度的分布既取决于所处温度下这些区域的最初性能,也取决于强光场区域中的电离强度。

电致发光的第四个特点是非平衡载流子的复合过程也像其激发过程一样受到电场的控制。例如,晶体与电极绝缘的极端情形,激发和复合发生在不同时间。因为碰撞电离产生的非平衡电子和空穴在电场作用之下分开向相反方向移动而不能复合,所以只有当电场方向发生改变(如交变电场的另外半个周期)时,才有可能相遇并进行辐射复合。

此外,用交变电场激发电致发光时,由于载流子被周期性地引到表面,因此与光致发光相比较表面陷阱和复合中心的作用增大,这也影响发光量子效率。对于一些外加电场和激发集中区直接位于晶体表面附近的情形,表面状况对电致发光的影响就更大。

3.电致发光的机理

任何一种发光都必须包括非平衡载流子的激发和辐射复合两个过程。各种发光的特点主要由它们激发过程的不同特点所决定。由于电致发光具有其特定的将电场能量加到发光材料上的方法,因此,在研究其发光过程时,自然要将注意力首先放在激发过程上,即研究如何在电场的直接作用下实现对材料激发的机理。至于发光的第二个过程——复合和发射光子,则通常只需考虑电场对复合条件的影响。

使处于电场中的半导体激发的过程或机理可能有若干种。在所有情形下,电场的作用应该促进或使得发光中心直接受到激发,或者使在允许能带中出现附加非平衡载流子。总的说来,可以通过两种主要的方法来增加晶体中的载流子浓度:一种是晶体中已经存在的自由载流子在强电场的直接作用下被加速(提高动能),这些高速电子可以进行碰撞电离激发;另一种是电场向固体(包括晶体–电极系统)中已有的载流子提供势能,从而改变它们的空间分布。

(1) 注入式发光

① 正向偏置的p–n结。正向偏置的p–n结的发光是最典型的注入式发光,许多发光二极管的工作就是基于这一原理。我们知道,在$T \neq 0$时,即使不加电场,样品p区的价带也具有一定数量的空穴,而n区的导带具有电子。但是它们向结区的进一步扩散和复合受到平衡p–n结势垒Φ_b的阻止(图3.15(a))。如果加上正向电压,则使得势垒高度降低而载流子的势能提高,于是可以继续发生载流子的扩散:空穴从p区注入n区,电子从n区注入p区,即有正向电流通过。与此同时,在结附近扩散长度范围内,注入的空穴与n区电子复合而发光。同样地,注入电子与p区空穴复合而发光(图3.15(b))。载流子的扩散和复合使得n区半导体导带电子减少并伴随着p区半导体空穴减少。电子和空穴的减少将分别由电源的负极和正极补充(即注入)。

② 异质结。利用禁带宽度不同的两种半导体构成的异质结也可以控制某一种载流子优先注入发光材料中。禁带较宽的半导体可看成注入载流子之源,而禁带较窄的半导体成为载流子复合区,即发光区。异质结中电子和空穴势垒的不对称性保证了从较宽禁带半导体到较窄禁带半导体注入效率很高。图3.16是异质结的简化示意图。按该图情况,$\Phi_{be} > \Phi_{bh}$,因此加上正向电压V后p区的空穴较易注入n区,并与n区电子相复合而发光,即n区为发光区。因为发射光子的能量$h\nu = E_{g2} - E_{g1}$,所以禁带较宽的p型材料可以作为吸收很弱的透光区。

显然,异质结可以解决同质结中选择最佳掺杂浓度时遇到的一些问题。

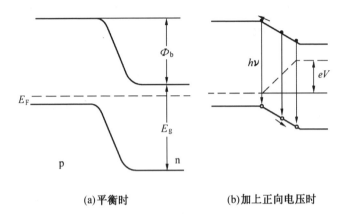

(a)平衡时　　　　　　　(b)加上正向电压时

图 3.15　p-n 结图

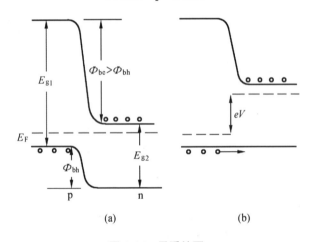

(a)　　　　　　　　　　(b)

图 3.16　异质结图

③ 肖特基势垒。肖特基势垒具有与半导体 p-n 结相类似的特性,它也可以在正向电压的作用之下产生注入式电致发光。图 3.17 表示 n 型半导体和 p 型半导体与金属构成的肖特基势垒。当加上正电压时势垒降低,就有少数载流子(图 3.17(a)情形为空穴,(b)情形为电子)注入,即少数载流子从表面反型层流入体积中,这时,注入的少数载流子可以与半导体的多数载流子相复合而发光。当然在加上正向电压时也同时导致多数载流子从半导体注入金属中,这会降低注入效率和发光效率。可见,采用轻掺杂的半导体是较有利的。

肖特基势垒易于制造,在半导体表面上制造点接触电极或蒸发金属膜即可形成肖特基势垒。薄的金属膜可以同时导电和透光。肖特基势垒可用于研究难以形成 p-n 结的半导体的电致发光。但是由于金属电极的透射性能有限和少数载流子的注入效率较低,显然不如 p-n

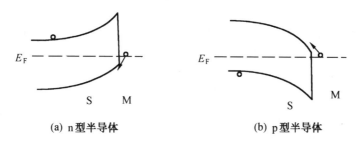

(a) n型半导体　　　　　　　(b) p型半导体

图 3.17　肖特基势垒

(箭头表示正向电压时,少数载流子的注入)

结或异质结那样切实可行。

④ 金属－绝缘层－半导体结构。如果在金属与半导体之间加上一层绝缘体(或氧化物),就形成金属－绝缘(氧化)层－半导体结构,简称 MIS(或 MOS)结构。当在金属与半导体之间加上电压后,金属与半导体相对的面上会充电。这样,半导体的表面一定厚度内形成空间电荷区,表面相对体内有一表面势,同时半导体的能带也发生弯曲。图 3.18(a)表示 p 型半导体、图 3.18(b)表示 n 型半导体的情形。如果绝缘层很薄并且对 MIS 结构加上足够大的正向电压(p 型半导体接负,n 型半导体金属接正),则可以向半导体注入少数载流子。在图 3.18(a)的 p 型半导体中,借助于隧道效应电子从金属注入半导体的导带,该电子可与价带的空穴进行辐射复合。图 3.18(b)的 n 型半导体中,价带电子通过隧道效应进入金属而在半导体中留下空穴,它可与导带的电子进行辐射复合。但是,n 型半导体导带的电子也有较高的几率通过隧道效应而进入金属中,因此向 n 型半导体注入空穴不如向 p 型半导体注入电子有效。

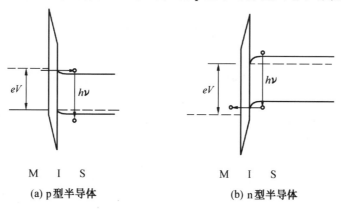

(a) p型半导体　　　　　　　(b) n型半导体

图 3.18　加上电压的 MIS 结构

(2) 碰撞的电离激发

在强电场作用之下半导体中快速电子的碰撞电离可以激发发光现象。这种发光也称为击穿发光或预击穿发光。

如果有自由载流子落入半导体的强电场区(或整块材料、颗粒处于强电场之下),则它们被电场加速并可能达到足以使晶格原子或杂质电离的动能。

被加速的电子与晶格原子或发光中心发生非弹性碰撞作用,同时失去从电场得到的一部分能量。如果每次碰撞损失的能量小于两次碰撞之间由电场所获得的能量,则电子的动能可以逐渐得到增加直至大于 E_g,在这种能量值下出现把能量转交给价带电子或发光中心并产生新载流子的可能性。新载流子与原来电子一样可以被电场加速。在足够强的电场下这些过程的结果可以使载流子数目雪崩般倍增。这时可能会有一部分电子-空穴对(或通过发光中心)复合,并发射出光子。

(3) 隧道效应

在足够强的电场作用之下半导体的能带发生强烈的倾斜,如图 3.19 所示。电场越强,倾斜越甚。根据量子力学原理,价电子可以有一定的几率穿过势垒(对于直接带隙半导体,它等于禁带宽度)进入导带,而同时保持其从电场得到的势能,这就是隧道效应。结果在晶体的不同处将出现自由电子和自由空穴,也就是晶格原子电离之后可以产生电致发光。

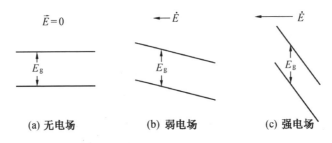

图 3.19 外加电场对半导体能带的作用

3.3 光电显示材料和器件的基本特性

信息显示材料是信息显示技术的基础,其功能就是把人眼睛看不到的电学信号转换成可见的光学信号。100 多年前德国布朗发明了阴极射线管(CRT),从此开始了光电显示时代。一直以来,CRT 占有显示领域的主导地位。但 20 世纪 60 年代以后,集成电路技术使各种电子装置向小型化、轻量化、低功耗化、高密度化方向发展,令 CRT 相形见绌。因为 CRT 是电真空器件,有体积大、笨重、工作电压高、辐射 X 射线等不可克服的缺点,难以向轻便化、高密度化、节能化方向发展,这就促进了平板显示(FPD,flat panel display)技术的发展。

一、显示材料特性

显示材料是指把电信号转换成可见光信号的材料。自然界中许多物质都或多或少可以发光。比较有效的发光材料种类很多,有无机化合物和有机化合物,有固体、液体也有气体,但是,在显示技术中使用的发光材料主要是无机化合物固体材料。从广义角度看,显示材料中也包括显示屏支撑材料——玻璃基板。间接材料有 CRT 的热阴极材料、场致发射显示(FED)的微尖冷阴极材料,液晶显示(LCD)的取向材料、偏振膜等。从材料工作机理上,可以将信息显示材料分为发光显示材料和受光显示材料。

发光显示材料是利用光发射直接进行显示。物质发光过程有激励、能量传输、发光三个过程。激励方式主要有电子束激发、光激发、电场激发等。电子束激发材料有阴极射线发光材料、真空荧光材料、场发射显示材料等;光激发材料有等离子体显示材料、荧光灯材料等;电场激发材料有电致发光材料、发光二极管材料等。无论采用什么方式激发,发光显示材料要辐射可见光。因此,发光材料禁带宽度 E_g 应满足 $E_g \geq h\nu$ 的可见光条件,同时要考虑发光材料的发光特性、性能稳定性、易制备性及成本等问题,具体指标和存在的问题将在后面各节中逐一介绍。

受光显示材料是利用电场作用下材料光学性能的变化实现显示的,通过反射、散射、干涉等现象,对其它光源所发出的入射光进行控制,即通过光交换进行显示。例如,改变入射光的偏振状态、选择性光吸收、改变光散射态、产生光干涉等。材料光电特性变化的陡度、响应速度、电压、功耗等参数直接影响显示器性能。液晶分子具有各向异性的物理性能和分子之间作用力微弱的特点,在低电压和微小功率推动下会发生分子取向改变,并引起液晶光学性能的很大变化。因此,液晶的这些特性可应用到显示技术中。

二、光电显示的分类

光电显示分为投影式、直视式、虚拟式,如图 3.20[3]所示。投影显示中 CRT 和 LCD 投影是主流,投影显示分为前投影和背投影。前投影占据空间大,投影屏幕很大。背投影占据空间小,60 in 以下屏幕多采用背投影。CRT 亮度有限,投影屏幕尺寸不能太大,投影距离可调性差,而且笨重。LCD 投影显示克服了 CRT 投影的不足。虚拟式显示中头盔显示采用在单晶硅上 TFT - AMLCD 微型显示光学放大技术,是一种引人注目的显示方式;全息显示是三维显示,在科学研究和医学方面具有重要应用价值。直视式显示是显示的主体,分为 CRT 显示和 FPD 显示。FPD 显示又分为发光式和受光式。发光式显示美观、视角大、暗处显示效果更好,但发光式主动显示对视觉有刺激,不适于长时间观看显示屏。受光式显示为被动显示,主要代表是液晶显示,其功耗低、亮处显示清楚、对肉眼无刺激,但存在视角小、暗处要求照明等问题。

显示技术主要有两大发展方向,即大屏幕多媒体化和便携式多媒体化。21 世纪的主导产品将是壁挂式、台式高分辨、高亮度多媒体显示器和纸张式轻便多媒体显示器。前者主要以 PDP、PALC 直视式和 LCD 投影式为主,后者主要以 LCD、FED、OEL 为主。未来显示在亮度、分辨率、色彩、功耗等方面要求更高。为满足上述要求,相关材料、显示器件结构设计、器件制作工艺技术等方面也应该有新的改进和新的发展。

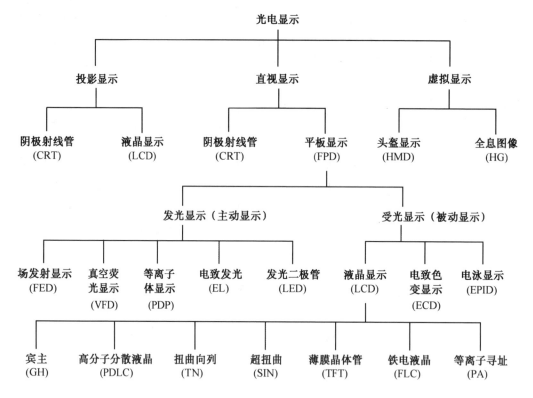

图 3.20 光电显示分类

三、显示器件的基本特征

评价显示器件,要考虑视感特性、物理特性及电学特性。同时,还应考虑制造难易程度和制造成本等。这样,评价显示器件的参数就有几十个。但关键参数有亮度、发光效率、对比度、分辨率、灰度、响应时间和余晖时间、寿命和稳定性、色彩、视角、工作电压和功耗等。

1. 亮度

亮度指显示器件的发光强度。它是指垂直于光束传播方向单位面积上的发光强度,单位为 $cd \cdot m^{-2}$。视感度大的绿光显示器件亮度较高。发光式显示器件和受光式液晶显示器件(采用背照明透射式显示)均采用亮度参数。但受光式、反射式显示器件以反射光的强度表示明亮度。

2. 发光效率

发光效率是指显示器件辐射出单位能量(W)所发出的光通量,单位为 $lm \cdot W^{-1}$。一般发光式显示器件的发光效率为 $0.1 \sim 1.5\ lm \cdot W^{-1}$,其中真空荧光显示发光效率高达 $1 \sim 10\ lm \cdot W^{-1}$。发光效率是衡量发光材料性能的非常重要的参数。

3. 对比度

对比度表示显示部分的亮度和非显示部分的亮度之比。在室内照明条件下对比度达到 5:1 时，基本上就可以满足显示要求。一般主动显示器的对比度(大于 30)比被动显示器的(约 10~30)高。

在 FPD 中采用行和列电极交叉的矩阵显示结构。若显示材料非线性特性差、阈值不明显，则产生行、列电极交叉干扰，使非选通部分发光，降低了对比度。为了提高对比度，人们在材料非线性、周边电路驱动方式、器件结构等方面做了大量研究工作。例如，液晶有源矩阵显示中每个像元与开关元件相结合，使对比度达到 100:1 以上。

4. 分辨率

显示器件分辨率高低有双重含义，即像元密度和器件包含的像元总数。前者为单位长度或单位面积内像元数量，后者为显示器件含有的像元电极数量或像元数量。因受电子束聚焦有限性和发光粉颗粒及发光效率等因素的影响，CRT 分辨率达到 $100 \sim 110$ 像元·in^{-1}(ppi,每英寸像元数)时，再提高就有难度。目前，LCD 分辨率已达到 300 像元·in^{-1}，并且还有进一步提高的潜力。

5. 灰度

表示屏上亮度的等级。以亮度的 $2^{1/2}$ 倍的发光强度的变化划分等级。灰度越高，图像层次越分明，彩色显示中颜色越丰富，图像越柔和。

6. 响应时间和余晖时间

响应时间表示从施加电压到显示图像所需要的时间，又称为上升时间。而当切断电压后到图像消失所需要的时间称为余晖时间，又称为下降时间。发光器件和铁电液晶响应时间一般为微秒量级，TN 液晶响应时间为毫秒量级。一般被动显示($10 \sim 500$ ms)比主动显示的($1 \sim 100$ μs)慢，因为前者基于离子、分子等粒子的运动，而后者基于电子的运动。视频图像显示要求响应时间和余晖时间加起来小于 50 ms，这样才能满足帧频的要求。

7. 寿命和稳定性

发光显示器件初始亮度衰减一半所需时间称为半寿命，一般即指寿命。受光显示器件的主要显示指标保持正常的时间为使用寿命。同时湿度、温度、紫外光等环境状态和稳定性是很重要的参数。液晶显示受液晶相变温度条件限制，不适合用于低温环境。

8. 色彩

显示颜色分为黑白、单色、多色、全色。显示颜色是衡量显示器件性能优劣的重要参数。发光显示以红光、绿光、蓝光三基色加法混色得到 CIE 色度图舌形曲线上任意颜色。复合光光谱丰富程度取决于三基色发光光谱纯度、饱和度以及三基色发光像元的灰度级别。CRT、LCD 及 PDP 可显示几百万种颜色，达到了全色显示要求。液晶显示色彩靠背照明冷阴极灯白光和三基色滤光膜相匹配得到 CIE 色度图舌形曲线饱和区，实现了全色显示。

9. 视角

在受光式被动显示中,观察角度不同,对比度也相应有所不同。在液晶显示中视角问题特别突出。由于液晶分子具有光学各向异性,液晶分子长轴和短轴方向光吸收不同,因而引起对比度不同,但 LCD 采用 MVA(多畴垂直排列)、IPS(共面转换)、ASM(轴对称多畴模式)、光学补偿膜等各种手段,使视角特性达到发光显示视觉。在发光式主动显示中几乎不存在视角问题,因为像元就是光辐射源,光空间分布是均匀的,视角大而均匀。

10. 工作电压和功耗

驱动显示器件所施加的电压为工作电压。工作电压与流过器件的工作电流的乘积为功耗。显示器件的驱动电路采用集成电路,因此,要求工作电压低(限于 40 V 以下)、功耗少,并容易与集成电路相匹配。液晶显示工作电压低于 10 V,功耗为 $1 \sim 10 \ \mu W \cdot cm^{-2}$,最适合与 CMOS 集成电路相匹配,并可用纽扣电池作为电源,广泛用于便携式显示器。

根据上述显示器件的评价参数,把主要光电显示器件性能归纳于表 3.1。

表 3.1 各种光电显示器件性能比较[3]

器 件	大屏幕	全色	视角	空间	分辨率	对比度	功耗	工作电压
CRT	△	◎	◎	×	○	○	△	△
LCD	△ ◎	◎	○	◎	◎	◎	◎	◎
PDP	◎	◎	◎	◎	○	○	△	○
FED	△	◎	◎	◎	○	○	○	○
ELD	○	△	◎	◎	○	△	◎	○
LED	◎	○	◎	◎	△	△	△	◎

注:◎—优,○—良,△—差,×—很差;LCD 的 ◎ 指 LCD 直视显示大屏幕难,投影显示大屏幕容易。

3.4 发光显示材料

一、电子束激发的发光材料

在电子束激发下发光的材料,又称阴极射线发光材料,主要用于电子束管、荧光显示屏的制作。电子束管的用途并不仅限于电视,它还可以用做示波器、雷达以及特殊要求的显示屏,发光亮度高的电子束管还可以用于投影管、飞机上的平视仪及大屏幕显示等。目前,电子束管在显示领域内占有统治地位,使用的发光材料有 50 余种,为了寻找更高分辨率的发光材料以满足特殊显示要求,国内外在新发光材料研究和涂屏工艺方面仍在深入探索中。表 3.2 中给出了不同种类雷达指示管使用的发光材料。表 3.3 列出了飞点扫描管使用的发光材料。

第三章 光电显示材料

表 3.2 雷达指示管使用的发光材料种类[4]

种类	材料	发光颜色	10%余晖/ms
雷达指示管	KMgF:Mn	橙	>250
	$MgSiO_3$:Mn	红	>52
	$ZnS:Ag^+(Zn,Cd)S:Cu$	黄绿	400
夜视雷达管	(KF,MgF_2):Mn	橙	0.22
	$CaSiO_3$:(Pb,Mn)	橙	46
炮控雷达指示管	(ZnF_2,MgF_2)Mn	橙	210
热像雷达指示管	$ZnS:Ag+(Zn,Cd)S:Cu$	紫蓝	5

表 3.3 飞点扫描管使用的发光材料种类[4]

种类	材料	发光颜色	10%余晖/ms
飞点扫描管	ZnO_3:Zn	青白	<0.01
	$(Ca,Mg)_2SiO_3$:Ce	蓝紫	0.000 5
	$ZnO:Zn+(Zn,Cd)S:Cu$	白	0.005 2
	$(Ca,Mg)_2SiO_3$:Ti+P_3	白	0.05

从表 3.2 和表 3.3 中可以看出,用于雷达显示屏的发光材料一般具有长光余晖的特点,而飞点扫描显示的发光材料则要求有短光余晖的特点。表 3.4 中给出彩色显像管常用的几种发光材料。

表 3.4 彩色显像管常用的发光材料[4]

材料	发光颜色	主峰波长/nm	10%余晖/ms
Y_2O_3:Eu	红	611	<1
Y_2O_2S:Eu	红	627	<5
ZnS:(Cu,Ag)	绿	535	<1
ZnS:Ag	蓝	448	<1

1. 阴极射线管 CRT

(1) CRT 荧光粉

目前,阴极射线荧光粉有上百种。阴极射线发光材料具有高的发光效率和各种各样的发射光谱。这些光谱包括可见光区、紫外区和红外区。余晖特性方面有短到 $10^{-7} \sim 10^{-8}$ s 的超短余晖和长到几秒以至更长的极长余晖。它可以在几千伏到几万伏的高电压下被电子束轰击发光,也可以在几十伏的低电压下被电子束轰击发光。

CRT 发光材料的制备工艺可分为原料的制备、提纯、配料、灼烧、后处理等几个部分。

原材料要求有较高的纯度。即使有害杂质的含量极小,也会使发光性能有明显变化。例如,Fe、Co、Ni、Mn 的质量分数不得超过 1×10^{-7},Cu 的质量分数不得超过 5×10^{-8}。

按作用的性质不同,可以把杂质分为猝灭剂、激活剂、共激活剂、敏化剂和惰性杂质。

1) 猝灭剂

猝灭剂是损害发光性能并使发光亮度降低的杂质,又称毒化剂,Fe、Co、Ni 等就是典型代表。

2) 激活剂

对某种特定的化合物起激活作用,使原本不发光或发光很微弱的材料发光,这类杂质叫做该化合物的激活剂。它是发光中心的主要组成部分。如硫化物荧光粉的激活剂元素是 Cu、Ag、Mn 等;稀土荧光粉的激活剂有 Ce、Pr、Nd、Sm、Eu、Tb、Dy、Ho、Er、Tm 等。一种发光材料可以同时含两种激活剂。

3) 共激活剂

共激活剂是与激活剂协同激活基质的杂质,如 ZnS:(Cu,Cl) 中的 Cl^- 就是 Cu 的共激活剂。当 Cu^+ 替换 ZnS 中的 Zn^{2+} 时,Cl^- 都起电荷补偿作用,使 Cu 容易进入基质。

4) 敏化剂

对发光材料来说,某种杂质有助于激活剂引起的发光,使发光亮度增加,这类杂质叫敏化剂。敏化剂与共激活剂的作用效果一样,但两者的作用原理不一样。转换材料 $YF^3:(Yb,Er)$ 中,Yb 是敏化剂,Er 是激活剂,通过 Yb^{3+} 吸收激发能,把能量传给 Er^{3+},使其发光。

5) 惰性杂质

惰性杂质是指对发光性能影响较小、对发光亮度和颜色不起直接作用的杂质,如碱金属、碱土金属、硅酸盐、硫酸盐和卤素等。

色彩是红、绿、蓝三基色混合得到的。这三种基色在 CIE 色坐标图中构成一个三角形,如图 3.21 所示。红、绿、蓝三点越接近曲线边缘,颜色越纯,即颜色越正,色饱和度越好。我国彩色电视的制式是 PAL 制,白场色温为 D_{6500}。三基色材料的色坐标必须符合 PAL 制的要求;同时在保证色标的前提下,每一单色荧光粉的发光效率要高。当激发红、绿、蓝三基色发光粉的三束电流比在显示白场时,要接近 1:1:1。

将 CRT 典型发光粉特性列入表 3.5[5],其中时间等参数达到了各种显示要求。

现以 Y_2O_3:Eu 为例介绍制备工艺。首先,按分子式 $(Y_{0.96}Eu_{0.04})_2O_3$ 配好料,与适量的助熔剂(NH_4Cl,Li_2SiO_3)混磨均匀,装入石英坩埚或氧化铝坩埚中,在 1 340 ℃下灼烧 1~2 h(温度可根据助熔剂的情况适当选择,时间可视装料多少而定),高温出炉,冷至室温,在 253.7 nm 紫外光激发下选粉,用去离子水洗至中性,然后进行包膜处理。因为用 Y_2O_3:Eu 涂屏时,要与聚乙烯醇和重铬酸铵涂覆液混合,若不包膜处理,Y_2O_3:Eu 将被水解而发生化学变化。

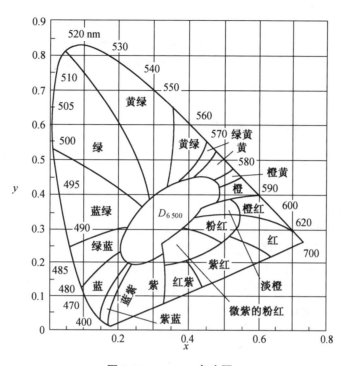

图 3.21 CIE-xy 色度图

表 3.5 CRT 典型发光粉特性

组 分	发光色	主波长/nm	发光效率/(lm·W^{-1})	余晖时间	用 途
ZnS:Ag	蓝	450	21	短	彩色 CRT
ZnS:(Cu,Al)	黄绿	530	17,23	短	彩色 CRT
Y$_2$O$_2$S:Eu^{3+}	红	626	13	中	彩色 CRT
ZnS:Ag	白	450	—	短	黑白 CRT
(Zn,Cd)S:(Cu,Al)	—	560			
Zn$_2$SiO$_4$:Mn^{2+}	绿	525	8	中	示波管,雷达,投影管
Y$_3$(Al,Ga)$_5$O$_{12}$:Tb^{3+}	黄绿	544	—	中	投影管
Y$_2$O$_3$:Eu^{3+}	红	626	8.7	中	投影管
Zn$_2$SiO$_4$:Mn^{2+} As	绿	525	—	长	微机 CRT
γ-Zn$_3$(PO$_4$)$_2$:Mn^{2+}	红	636	6.7	长	微机 CRT

包膜处理方法是:将粉放入硅酸钾和硫酸铝溶液中,混合搅拌几分钟后,静置澄清,取出沉淀,水洗 2~3 次,再加 GeO$_2$ 的饱和溶液充分搅拌(不水洗)。K$_2$O·xSiO$_2$ 中 x = 1.5 左右。反应

式为

$$K_2SiO_3 + Al_2(SO_4)_3 \longrightarrow Al(SiO_3)_3 \tag{3.11}$$

$Al(SiO_3)_3$ 沉淀在 Y_2O_3:Eu 颗粒表面上,GeO_2 表面的作用是防止 Y_2O_3:Eu 在感光胶中水解。

(2) 纳米材料

1) 发光效率[6]

阴极射线发光的能量效率 η 表示为整个发光过程各阶段过程效率的乘积,即

$$\eta = (1-\gamma)(h\nu/E) \cdot S \cdot Q \tag{3.12}$$

式中 γ——背散射因子;

$h\nu$——发射光子的平均能量;

E——形成电子-空穴对的平均能量;

S——由热电子-空穴对到发光中心的能量转换的量子效率;

Q——发光中心内部辐射跃迁的量子效率。

设定 $SQ = 1$。若 γ 和 E 已知,就可得 η 值。E 值与材料禁带宽度有关,一般取禁带宽度 E_g 的 2~3 倍。γ 主要取决于组成发光粉元素的相对原子质量和材料结晶状态。对粉末材料,粉末颗粒边界多次散射,使 γ 值减小。因此,γ 值与颗粒几何因子有关。尤其对高分辨率显示,发光粉颗粒尺寸要小于 5 μm。可见,分辨率和发光率之间的要求是相矛盾的。问题的解决需应用半导体材料技术去提高纯度和微晶完整性并改进发光粉表面形貌等。

2) 发光粉表面电荷负载

当激发电压降至"死电压"以下时,发光消失。"死电压"一般为 1~2 kV。在低电压下发光效率降低,归结于表面形成非发光层(也称"死层")和产生空间电荷。当 FED 器件中占空比为 1/240、电流密度为 500 mA·cm^{-2} 时,发光层库仑剂量比 CRT 大 3 个数量级。因而,FED 发光粉的发光效率更为突出。由于加速电压低、电子穿透能力弱,只有发光层浅表面被激发,增加电流密度,导致发光容易饱和。当前,"线性"最好的 Y_2O_3:Eu^{3+} 在电流密度由 10 mA·cm^{-2} 增至 100 mA·cm^{-2} 时,发光效率降低 60%。同时材料寿命也不能忽略,在高电流密度激发下,发光层表面容易变得粗糙,形成无辐射中心,降低发光效率。至今,材料老化机理尚不清楚。

3) 纳米材料

近几年发展起来的纳米材料有望解决发光粉颗粒尺寸和发光粉表面层无辐射中心的问题[7]。1~10 nm 尺寸的纳米材料就完全能满足 HDTV(高清晰度电视)的高分辨率显示要求。Puvvada 等人[8]在 BCP(苯基氢酚)多孔结构中合成了 ZnS:Mn 纳米发光材料,图 3.22 为 ZnS:Mn 纳米材料的合成方法[3]。首先在 BCP 多孔中合成,然后析出纳米级微粒并进行表面钝化处理。透射电镜和 X 光分析表明,晶粒尺寸为(2.5±0.5) nm,是具有闪锌矿结构的单晶体。因此,ZnS:Mn 纳米荧光屏光材料表面结构完整,在表面层不存在无辐射中心。EPR(电子顺磁共振)测试结果表明,ZnS:Mn 纳米晶粒含有一个 Mn 电子时,量子效率最高(25%)。这些特性表明,纳米材料是有前途的 FED 和 HDTV 发光材料。

近年来提出微波等离子体合成技术,直接在 CRT 和 FED 屏上生长红、绿、蓝三基色纳米发光层。此技术可能推动 HDTV 和 FED 技术的发展。

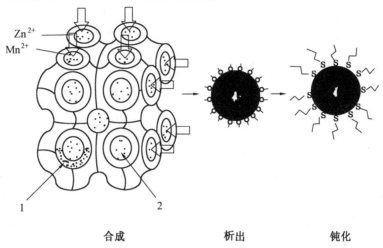

图 3.22 ZnS:Mn 纳米材料的合成方法
1—脂类双层;2—含水孔

(3) CRT 的工作原理

CRT 就是电子射线在真空管中加速和聚焦后照射到荧光体上使其发光,从而显示图像的器件。所谓发光就是将处于低能量状态(基态)的电子激发到高能量状态(激发态),然后被激发的电子从高能量状态返回到低能量状态,将这个能量差以光的形式释放的现象。荧光体内的电子受到加速电子射线的激发而从低能量状态跃迁到高能量状态并伴随发光的现象,被称为阴极发光(cathode luminescence)。

2. FED 发光材料

FED 又称为真空微显示器,这种电子显示器件最早由法国国立研究机构 LETI 在 1986 年公布。1993 年全色的 FED 公开展示,从此 FED 作为新一代薄型电子显示器件备受人们的瞩目。

(1)发光机理

FED 发光机理与 CRT 基本相同,也是电子射线激发发光(阴极发光)。但是,不同的是 CRT 是将阴极加热后产生的热电子发射到真空中,而 FED 不用热阴极。它是将强电场集中在阴极上面的圆锥形发射极上,通过电场使电子发射到真空中,正因如此,取名为 FED。像这样的阴极称为冷阴极。另外,CRT 的每一个电子射线源都使用一个热阴极(彩色的时候为 3 个热阴极),而 FED 是把无数微米尺寸的微小阴极(发射极)配置在平面上,阴极和阳极之间的间隔为 200 μm 至几毫米左右,从而最终实现了平板显示。

FED 除了具有与 CRT 相似的优异图像质量的特点之外,还具有消耗电能低、体积薄等特点。但是,就 CRT 而言,由于它是在高电压(~ 30 kV)下加速电子射线的,所以它具有低电流密度(~ 10 mA·cm^{-2})的特点。相反,FED 的加速电压(~ 500 V)较低,所以它能够以较高的电流密度(100 mA·cm^{-2})获得高亮度。同样的荧光体,在 FED 中使用比在 CRT 中使用时的亮度和寿命等性能好得多。为此,开发出适于低速电子射线激发效率更高的荧光体是人们研究的热点。

(2) 发光材料

在 CRT、FED、VFD 三种光电显示中均使用电子束激发的发光材料,但加速电子束的电压不同。CRT 加速电压为 15~30 kV,FED 为 300 V~8 kV,VFD 为 20~100 V。CRT 采用逐点扫描方式,寻址时间短,约为纳秒量级。而 FED 采用矩阵式逐行扫描方式,寻址时间为几十微秒。因而,FED 大电流并长时间寻址,使发光粉库仑负载很大,FED 粉容易发光饱和并老化。能满足 FED 使用条件的发光粉有 ZnO:Zn、$ZnGa_2O_4$(蓝粉)、$ZnGa_2O_4$:Mn(绿粉)、Gd_2O_2S:Tb(绿粉)、Y_2O_2S:Eu(红粉)。但这些粉的亮度偏低,开发新型 FED 发光粉是 FED 显示的当务之急。目前,人们考虑将传统的发光效率较高的 CRT 硫化物荧光粉用于 FED[9]。但是与 CRT 相比,FED 在比 CRT 低的电压和相对较高的电流密度条件下工作,因此,CRT 硫化物荧光粉用于 FED 时,高速流的电子轰击会增大不稳定性。为了防止硫化物的老化,可采用稳定材料制成的薄膜涂层,例如 MgO、In_2O_3 和多磷酸盐。在 ZnS:(Ag,Cl)蓝色荧光粉上被覆 MgO 和多磷酸盐涂层;在 $SrGa_2S_4$:Eu^{2+} 绿色荧光粉上被覆 MgO 和 In_2O_3 涂层。但研究发现,这样在低电压下会强烈降低发光效率,因此,需要进一步研究涂层条件,以达到最小的发光效率损失并获取最大的稳定性。另外,新近发明的纳米管结构也可以考虑作为 FED 发光材料,对环氧碳纳米管制成的场发射平板显示单元的场发射特性研究显示,有望发现一种高场发射电压的 FED 新型显示器件[10]。

FED 氧化物发光材料优于硫化物材料。在高电流密度激发下,ZnS 基质材料表面粗糙,易老化。另一方面,防止表面电荷的积累,必须考虑发光粉表面的导电性。氧化物材料表面导电性好,因为氧化物材料具有高浓度的氧空位和晶格间阳离子。图 3.23 为 ZnO:Zn 和 $ZnGa_2O_4$ 的热释发光强度曲线[3]。它表明 $ZnGa_2O_4$ 具有高浓度和宽深度范围的陷阱,是氧空位引起的。因此,要注意改善表面导电性能,同时防止增加无辐射发光过程(俄歇过程)。

(3) 冷阴极材料

CRT 和 FED 的主要区别在于阴极结构和材料。前者采用热阴极;后者采用平面阵列的微尖冷阴极(FEA),微尖密度为 $10^6 \sim 10^9$ 微尖·cm^{-2}(每像元对应 1 000 多个微尖),平均电流密度可达 10^3 A·cm^{-2}[11]。在室温下,可利用微尖形成强电场并发射电子。因此,要求微尖材料功函数低、稳定性好、热导率高、击穿电压高等。主要冷阴极微尖材料有金刚石薄膜、硅单晶及金属钼等。金刚石材料具有负的电子亲和势,有效功函数为 0.2~0.3 eV(Si 为 4.5 eV)。所以,金刚石 FEA(场发射阵列)的工作电场强度低,为 10^5 V·cm^{-1},而金属和硅 FED 工作电场强度为 10^7 V·cm^{-1}。金刚石表面状态稳定、击穿电压高(10^7 V·cm^{-1})、热导率高(20 W·$(cm·K)^{-1}$),因

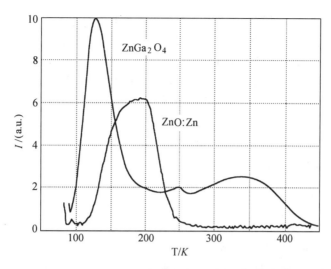

图 3.23 ZnO:Zn 和 ZnGa$_2$O$_4$ 的热释发光强度曲线

此可在低真空度(1.33×10^{-2} Pa)下工作,金刚石膜是最好的微尖材料。

一般用真空蒸发法在硅微尖上包一层金刚石膜制作金刚石 FEA[12],还有用激光沉积法研制纳米晶无定性金刚石膜的 FEA。目前,金刚石的生长技术处于研究开发阶段。随着均匀大面积金刚石膜生长技术的发展,将出现性能更好的 FED。

3. 真空荧光显示(VFD)[13]

VFD(vacuum fluorescence display)是1967年由伊势电子工业公司开发的光电显示器件,主要作为文字和数字的显示器件,广泛应用在家电产品、AV 产品、车载设备和测试设备等方面。VFD 显示的电光特性与 CRT 一样,为阴极发光。只是激发荧光体的方式与 CRT 不同。CRT 是以 10 kV 左右的高电压高速加速的数十微安的电子流激发荧光体;而 VFD 则是以数十伏电压的低速的数十毫安的电子流激发荧光体。在发展初期,VFD 器件的显示色往往为蓝绿色,但最近多色显示的产品也已经获得应用。同时,多位数字显示管也已经替代了实用化初期的一只管对应一位数字的单显示圆管。

(1) 基本原理和结构

当磷光体被低速电子流激发时会产生发光现象。和 CRT 不同的是,VFD 选择性地施加电压于栅极和阳极上。当对涂有氧化材料的阴极加热时,它在近 650℃时发射出热电子。它们被金属网栅极所加速,再轰击阳极的磷光物质而使之发光。

VFD 在结构上类似于三极管,由玻璃面板、阴极(丝)、控制电子流的栅极以及表面涂有磷光物质的阳极和支持该阳极的衬底所组成。图 3.24 表示了 VFD 显示面板截面的基本结构。平板玻璃容器内部是要保持高真空的。前面的玻璃基板的内侧为使电势一定,镀了一层透明导电膜。荧光体中的发光显示一般是从发光亮度高的灯丝一侧观看,因此,人们想尽办法不让灯丝和栅极妨碍视觉辨认。灯丝是将直径 10～20 μm 的钨丝用热电子发射率高的氧化物涂敷而成的。灯丝的使用温度为 600℃左右。栅极具有控制来自灯丝电子的功能,使用了开孔度大的筛网状极薄不锈钢板。阳极上荧光体最好是对于低速电子射线发光效率高的材料,一般使用效率最高、稳定性优异的蓝绿色 ZnO:Zn。ZnO:Zn 的发光效率为 18 lm·W^{-1}。由于其它色材料的电阻率过高,因此,添加具有导电性的氧化铟。面板的制造工艺基本按照厚膜印刷技术进行。

由于 VFD 显示激发电子能量不像 CRT 那样高,所以使用的荧光体材料是有限的。因此,很难像 CRT、PDP 那样将三基色荧光体材料在阳极并列起来进行显示。VFD 的彩色显示一般利用 ZnO:Zn 的宽频响应的发光光谱,并采用一定方式的阳极结构,在透光性阳极下设置彩色滤光片,以彩色滤光片的透过光进行多色显示。在这种情况下,VFD 的显示在一般结构的相反的一侧,称为透视型(透光型)。

(2) 驱动方式

因为 VFD 的结构与三极管类似,所以基本上很难适用于高密度、大面积显示。VFD 所适合的主要显示形态为笔段型。但随着光刻技术的采用、内部结构的改进、多路驱动方式的应用,小规模点阵显示也得以实现。

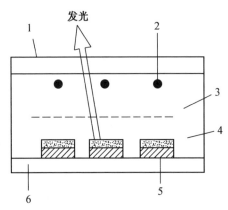

图 3.24　VFD 的基本结构
1—表面玻璃;2—阴极;3—栅极;4—荧光体;
5—阳极;6—玻璃衬底

1) 静电驱动

静电驱动方式用于位数少的数字显示等笔段显示,驱动电压为 10～15 V。典型的应用实例是钟表。因为可以获得较高亮度,所以适合在明亮背景下使用,如用于车载显示器等领域。

2) 动态驱动(时分驱动)

用于位数多的数字的笔段显示,为简化面板内的布线和驱动电流而用动态驱动。这种驱动把栅极作为位数电极进行位数扫描。在时分驱动中,因平均亮度下降,所以驱动电压升高。

3) 点阵显示

点阵显示用于图片、汉字等的复杂显示的驱动方式,如图 3.25 所示,将栅极和阳极作为 X、Y 矩阵电极来用。到目前已开发了 640×400 点级多路驱动矩阵显示器。但为提高分辨率,就要增加扫描线数,那么驱动电压就增加,亮度就下降,这样 VFD 本来的低电压、高亮度特点就完全丧失。因此,这种实用水平的点阵显示的应用还停留在很少几行文字的阶段。

4) 点字符显示

点字符显示是点阵驱动的一种,一般一个文字由 5×7 个点组成,可以把它纵横配制起来显示数百个文字。点字符显示用于数字、罗马字母、日文假名等文字的显示。40 位数、12 行显示的显示器得到广泛应用。

5) 有源矩阵驱动

因为多路驱动点阵显示有上述问题,所以人们尝试用和 LCD 一样的有源矩阵驱动。试制了取景器用小型有源矩阵真空荧光显示管(AM – VFD),因为 VFD 是电流驱动的,所以在其开关元件上采用了能提取电流密度的单晶硅 LSI。并有用多晶硅 TFT 的尝试,但其清晰度、彩色显示、对比度等均比 LCD 差,尚没有达到实用化水平。

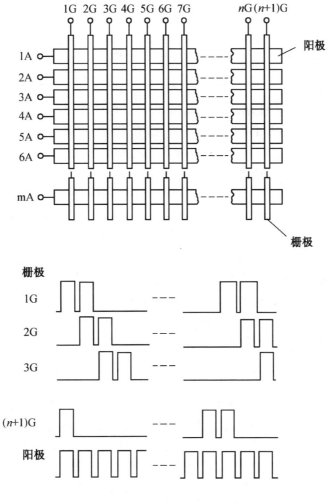

图 3.25 点阵 VFD 的驱动结构

二、电场激发显示材料

在电极为透明导电玻璃的平板电容器中,放进几十微米厚的混有介质的发光粉,然后在两个电极之间加上约百伏电压,就可以从玻璃一面看到发光。通常,用交流电压或直流电压都可能获得场致发光,只是所用的发光材料不同而已。常用的交流场致发光材料见表 3.6。

表 3.6 交流场致发光材料

发光材料	发光颜色	光谱峰值/nm	尺寸小于 10 μm 颗粒所占比例/%
ZnS:Cu	浅蓝	455	>60
ZnS:(Cu,Al)	绿	510	>55
ZnS:(Cu,Mn)	黄	580	>75
(Zn,Cd)(S,Se):Cu	橙	650	>75
ZnS:Cu	蓝	455	>65

常用的直流场致发光材料有 ZnS:(Cu,Mn),亮度约 350 cd·m^{-2},ZnS:Ag 可以发蓝光,(Zn,Cd)S:Ag 可以发绿光,换一下配比可以发红光,在 100 V 电压下激发,亮度约 70 cd·m^{-2}。近年来还研制了以 CaS、SrS 为基质掺杂稀土元素的发光材料。

当前,在场致发光材料中,最受人们重视的是薄膜。薄膜的交流场致发光已经得到应用。1978 年日本发明了 240×320 像元的场致发光薄膜电视。1980 年芬兰人采用原子层外延工艺制造了轻型(340 g)及超薄(9 mm)场致发光显示器,有 512×256 个像元,显示 80 个字符,有效显示面积达到 6.5 m^2。薄膜型场致发光材料不需要介质,而且可以在高频电压下工作,发光亮度高,发光效率可达到 lm·W^{-1} 数量级,同时使用寿命长,达到 10^5 h 以上。目前,由于薄膜厚度仅约 5 μm 左右,这种材料发展的难点是,如何控制工艺条件,如真空度、蒸发源流量、基板温度等,以避免屏上针孔的产生。芬兰人提出的"原子层外延法"制备发光薄膜,通过控制基板温度,采用 Zn 单层原子和 S 单层原子交替蒸涂的方法,有效降低了 ZnS 薄膜层中针孔,避免了屏上针孔,但屏片尺寸则受工艺限制,不可能很大。

1.电致发光材料(EL)

电致发光是指固体在加上电压后发光的现象。从广义上来看,发光二极管(LED)和半导体激光器都可以在这个范畴内加以解释。这样,电致发光包括高电场发光(又称本征发光)和低电场结型发光(也称注入型发光)。前者发光材料是粉末或薄膜材料,后者一般是晶体材料。两者的发光机理和器件结构都有区别。从狭义的角度上来看,LED 和半导体激发器是在电流注入之后因电子和空穴复合而发光的,而 EL 是根据电场引起发光的原理产生发光的现象,所以称它为纯粹 EL。通常,电致发光(EL,electro luminescence)指前者,低电场结型发光器件是发光二极管。现在,有使用无机材料的无机 EL 和使用有机材料的有机 EL,无机 EL 属于纯粹 EL,而有机 EL 属于电流注入型 EL。

(1) 无机电致发光材料

无机EL,又分为使用粉末状荧光体的粉末型EL和使用薄膜状多晶发光体的薄膜型EL。粉末型EL作为平面发光光源和平面显示器件,在20世纪五六十年代人们就对其做过大量的研究,但是现在只有极少部分作为平面发光光源被应用在LCD的背照光中。目前主要使用的是薄膜型EL,所以说到无机EL时通常是指薄膜型EL。

1) 粉末发光材料

ZnS是粉末电致发光的最佳基质材料。这种材料对ZnS纯度要求高,特别是Fe、Co、Ni等重金属杂质的质量分数要求低于$(1\sim3)\times10^{-7}$,同时要求结晶状态好,有较好的分散性和流动性。但结晶状态、颗粒大小等对发光性能有多大影响尚不清楚,是有待于研究的课题。

制备ZnS有硫化氢法、均相沉淀法、气相合成法等。工业化生产主要使用硫化氢法,制备高纯ZnS采用气相合成法,气相合成法制备的ZnS纯度高、结晶状态好,缺点是成本高。

在粉末ZnS材料里,发光特性是由一些特殊的杂质,即所谓激活剂和共激活剂决定的。在交流电场下,Cu是激活剂,Al^{3+}、Ga^{3+}、In^{3+}、稀土元素和Cl、Br、I是共激活剂。发光特性与这些激活剂和共激活剂的元素、浓度、烧结条件等有关。表3.7列出粉末电致发光材料的基本特性和亮度特性。

表3.7 粉末电致发光材料特性[3]

发光材料	发光颜色	λ_{max}/nm	尺寸小于10 μm 颗粒所占比例/%	亮度/$(cd\cdot m^{-2})$	击穿电压/V
ZnS:Cu	浅蓝色	455	>60	19.9	350
ZnS:(Cu,Al)	绿色	510	>55	59.7	350
ZnS:(Cu,Mn)	黄色	580	>50	19.9	350
(Zn,Cd)(S,Se):Cu	橙红色	650	>75	19.9	350
ZnS:Cu	蓝色	455	>65	19.9	350

图3.26表示粉末型EL材料的发光光谱,可见ZnS基质发光粉光谱覆盖可见光波段。表3.7和图3.27表明所有材料均掺入Cu。通过显微镜观察到发光出现在颗粒局部线条上,发光线尾端形成彗星状。当电场极性变化时,彗星尾部始终朝向正电极。掺入ZnS的Cu取代Zn成为受主,与施主Al或Cl等一起形成发光中心。但掺入Cu的一部分占据间隙、位错或双晶界面而形成线状或面状缺陷。这种Cu可能形成Cu_2S,其电导率高于ZnS。结果,施加电压时,Cu_2S端尾部形成高电场,靠正电极端尾发射电子,靠负电极端尾发射空穴。这些自由载流子分别被晶体内施主和受主束缚。受主能级为1.2 eV,施主能级为0.1~0.6 eV。电压极性反转时,施主束缚电子被激发成自由电子。在晶体内迁移过程中,电子与Cu_2S多线状另端处空穴(电压极性反转或正电极附近)复合而发光。同样地,发光始终出现在正电极附近。这样,Cu杂质起两种作用:一是Cu取代Zn成为受主,组成发光中心;二是Cu析出在线缺陷上,形成导

电性发光线。

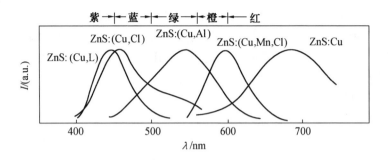

图 3.26　粉末电致发光光谱

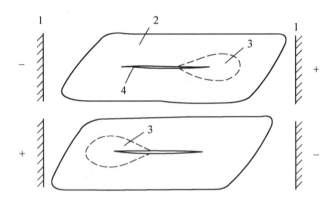

图 3.27　ZnS:(Cu,Cl)粉末交流电致发光的形貌[3]
1—电极；2—荧光粉颗粒；3—发光；4—Cu_xS 针状晶体

在 ZnS 材料中稀土元素可作激活剂，例如 ZnS:(Er,Cu)，谱带半宽度小于 10 nm，发光颜色纯。但是稀土离子半径比锌离子半径大得多，在 ZnS 中溶解度很小，往往得不到好的电致发光。

表 3.7 还表明，ZnS 材料是主要基质材料，覆盖可见光区，发光效率较高，为 14 $lm \cdot W^{-1}$，但亮度、效率、寿命、颜色方面还存在不足。用 Cu 作为激活剂的材料，以红色材料为例，尽管峰值在 650 nm，甚至在 690 nm，但谱带很宽，看起来都是橙色。

2) 薄膜发光材料

将发光体制成薄膜后，在电场作用下发光，称为薄膜电致发光（FEL）。无机薄膜型 EL 的结构非常简单，它是用两个绝缘层将发光层夹住而成三明治的形状并在两侧配置电极后构成的。绝缘层在防止发光层绝缘破坏的同时还具有给发光层加上稳定强电场的功能。薄膜电致发光器件由衬底玻璃板、ITO 电极、0.2~0.3 μm 厚绝缘层、0.5~1 μm 厚发光层、0.2~0.3 μm 厚绝缘层和背金属电极组成。如果将玻璃片另外设置，那么就可以在整体上得到 2 μm 左右非常薄的器件。绝缘层通常使用 SiO_2 和 Si_3N_4 等化合物。发光材料要求覆盖整个可见光范围，禁带宽度大于 3.5 eV,发光层材料一般选用宽禁带 Ⅱ-Ⅵ 族化合物半导体材料,例如,在 ZnS 中掺入起发光中心作用的 Mn 和 Tb 而得到的 ZnS:Mn 和 ZnS:Tb,在 CaS 和 SrS 等碱土类硫化物内掺入起发光中心作用的 Tb、Sm、Tm、Eu、Ce 等稀土类元素,近几年又发现可采用 Zn_2SiO_4 和 $ZnGa_2O_4$ 制成基质材料。表 3.8 列出 EL 基质材料的物理性能。

表 3.8 EL 基质材料的物理性能[3]

晶体结构	ZnS 闪锌矿	CaS 石盐	SrS 石盐	$CaGa_2S_4$ 正交晶系	$SrGa_2S_4$ 正交晶系	$ZnGa_2O_4$ 尖晶石	Zn_2SiO_4 铍石硅
晶格常数/nm	0.540 9	0.569 7	0.601 9	$a = 2.009$ $b = 2.009$ $c = 1.211$	$a = 2.084$ $b = 2.049$ $c = 1.221$	8.37	—
离子性	0.623	≥0.785	—	—	—	—	—
E_g/eV	3.83	4.41	4.30	4.20	4.40	4.40	5.40
介电常数	8.32	7.30	9.40	15.0	1.40	—	—

由于 100~200 V 外加电压的作用,可以产生 10^6 V·cm^{-1} 左右的强电场,绝缘层和发光层的能带结构如图 3.28 所示。在绝缘层和发光层的界面上因晶格失配和晶格缺陷而产生界面

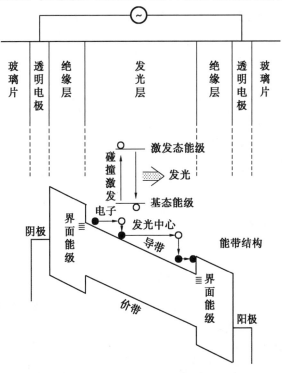

图 3.28 无机薄膜型 EL 的结构和发光原理

能级,被这些界面能级俘获的电子在强电场的作用下因隧道效应而进入发光体的导带内。进入导带内的电子又在强电场的作用下加速,并以很大的动能与发光中心原子碰撞,结果发光中心被激发到高能量状态,当它回到基态时发出光来。

表 3.8 中的材料是传统基质材料和近年来发展的氧化物和硫化物混晶材料。这些材料禁带宽度在 3.83 eV 以上,可见光区透明。可以在这些基质材料中掺入过渡族金属(Mn)或稀土元素(Eu、Tb、Ce)而得到发光中心。

$ZnS:Mn^{2+}$ 是典型的薄膜电致发光材料。ZnS 晶格是由 Zn 和 S 原子组成的闪锌矿晶系,它们的电子结构为

$$Zn: 1s^2/2s^22p^6/3s^23p^63d^{10}/4s^2$$
$$S: 1s^2/2s^22p^6/3s^23p^4$$

其亮度达到实际应用水准。在晶体内 Tb^{3+} 取代 Zn^{2+} 引起过剩正一价电荷,掺入 F^- 离子可以补偿过剩电荷。当 Tb^{3+} 和 F^- 浓度相同时,材料保持电中性,发光效率最高。ZnS 具有直接带隙结构,禁带宽度为 3.7 eV。Mn 原子的电子结构为 $1s^2/2s^22p^6/3s^23p^63d^5/4s^2$。Zn 和 Mn 电子结构很相似,Zn(3d)电子轨道全充满,Mn(3d)电子轨道半充满。Zn^{2+} 和 Mn^{2+} 化学性质相似,容易形成 $Zn_{1-x}Mn_xS$ 固溶体。$Mn(3d^5)$ 电子层作为 Mn 中心内部跃迁的基态,Mn^{2+} 中心形成孤立发光中心,Mn^{2+} 中心发光光谱受 ZnS 晶场影响,发射黄橙光。$ZnS:Mn^{2+}$ 发光效率可达到 $4\sim5\ lm\cdot W^{-1}$,激发频率为 60 Hz,最高亮度 $300\sim500\ mcd\cdot m^{-2}$,是应用最广泛的薄膜发光材料。

表 3.9 列出当前发光效率最高的 FEL 三基色发光材料和白光 FEL 材料。

表 3.9 FEL 材料性能[14]

发光材料	发光颜色	CIE x	CIE y	亮度(60 Hz)/$(cd\cdot m^{-2})$	发光效率/$(lm\cdot W^{-1})$
ZnS:Mn	黄色	0.5	0.50	300	$3\sim6$
$CaS:Eu^{2+}$	红色	0.68	0.31	12	0.2
ZnS:Mn(加滤光片)	红色	0.65	0.35	65	0.8
ZnS:Tb	绿色	0.30	0.60	100	$0.6\sim1.3$
SrS:Ce	蓝色	0.30	0.50	100	$0.8\sim1.6$
$SrGa_2S_4:Ce$	蓝色	0.15	0.10	5	0.2
ZnS:Mn	蓝色	0.15	0.19	10	0.3
SrS:Ce	白色	0.44	0.48	470	1.5

当前超晶格多层结构 FEL 也在研究中,例如,掺 Mn 的 CdTe(2~3 nm)/Zn(3~8 nm),可以观察到它的 Mn^{2+} 3d 能级发光和发光峰值移位。

在显示器中,基本上可以配置成 $X-Y$ 阵列电极。另外,为了进行彩色显示,通常使用以下两个方法:一个是在平面上对每个像素配置 R、G、B 薄膜型 EL 的方法,还有一个是对每个像素在同样的白色 EL 光源上配置 R、G、B 滤色片的方法。但是,一般认为最具前途的 EL 的电子

显示器件是 R、G、B 多层结构的薄膜型 EL。如果制作成多层结构,可以不在平面状态上分离 R、G、B 像素。也就是说,可以在一点上对 R、G、B 进行混色,从而可以期望制造出具有极高分辨率的显示器。

另外,薄膜型 EL 在不发光的时候接近于无色透明的状态,如果在两侧电极上使用 ITO(indium tin oxide)等透明导电膜,看上去就像玻璃板一样。如果窗口本身使用 ELD,或者在窗口上挂上 ELD,则窗口上就会浮现出文字和图像,这个功能已应用到汽车窗口指示器中。

(2) 有机电致发光材料

1987 年 Tang 及其合作者报道了第一个非晶体有机电发光器(OLED)[15],1990 年 Burroughes 及其合作者报道了第一个聚合物电发光器[16]。

有机电致发光(OEL,organic electro luminescence)在显示及照明技术方面已显示出广阔的应用前景。它具有驱动电压低(可与集成电路电压相匹配)、反应时间短、发光亮度和发光效率高以及易于调制颜色实现全色显示等优点,加上有机材料还具有轻便、柔性强、易加工等特点,这都是传统的无机电致发光材料和液晶显示器所无法比拟的。有机电致发光材料可用于超薄大面积平面显示、可折叠的"电子报纸"以及高效率的野外和室内照明器件等,已成为电致发光领域一个新的研究热点。在无机电致发光中如何发出蓝色光是一个难题,但在有机材料中却容易得到高亮度的蓝色光。

1) 有机 EL 的工作原理

图 3.29 是 3 层结构的有机 EL 的基本结构及其能带图[17]。它们的电子输运层、发光层和空穴输运层都是利用两个电极将有机薄膜夹住而形成的。如果给该器件加上正向电压,则电子被注入电子输运层内,并向阳极方向移动而到达发光层。另外,空穴被注入空穴输运层内,并向阴极方向移动而到达发光层。在发光层内载流子(电子和空穴)复合产生单态激子,最后单态激子辐射衰减导致发光。这时,空穴输运层将成为电子的势垒,而电子输运层将成为空穴的势垒,所以电子和空穴将被限制在发光层内,从而可以有效地发光。当器件为 2 层结构时,电子输运层或者空穴输运层将被省略,这时发光层将起到它们的作用。为了提高有机电发光器的稳定性和效率,应使电子和空穴的注入达到平衡。这就要求电极材料的功函(Φ)与电致发光材料的能级相匹配。为此,通常用较高功函的材料做阳极,用较低功函的材料做阴极。最为常用的阳极材料是 ITO,对于大多数有机物来说,它都具有优良的空穴注入性能;最为常用的阴极材料是 Al,虽然它的功函比 Ca、Mg 高,电子注入性能不如 Ca、Mg 好,但它的化学性质比 Ca、Mg 稳定,器件的制作难度较小。

2) 有机薄膜型 EL 的特征

有机薄膜型 EL 的特征有以下几点:一是它可以在比较低的电压(5 V 至几十伏)下工作[18];二是有机物可以进行多种组合,较易控制发光颜色;三是可以得到微秒量级的高速响应。现在的关键问题是提高寿命。

3) 有机电致发光材料特性

有机电发光器的每一个工作过程都与器件所用材料的电子结构密切相关,研究这些材料的电子结构对理解发光机理、提高器件性能及设计新型发光层材料都有重要意义。有机电致发光材料包括有机小分子材料和聚合物材料两大类。

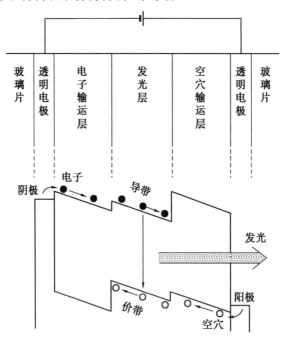

图 3.29　有机 EL 的基本结构和发光原理

通过研究,Sugiyama 等人得出了以下结论[19]:好的空穴注入材料应具有较小的阈值电流 I_{th};好的电子注入材料应具有较大的 I_{th},即大的电子亲和能。好的电致发光材料应有利于空穴和电子的注入,即具有小的 I_{th} 和大的电子亲和能,所以,电致发光材料应具有一个适中的 I_{th} 值,且常常需要载流子注入材料的辅助。图 3.30 列出一些有机电致发光材料。芳香族胺类材料是主要空穴传输材料[20],具有较高的空穴迁移率,且离子化势低、亲电子力弱、禁带宽。多层有机电致发光器件中空穴传输层起电子阻挡层作用。图中 TPD 和 NPB 是典型的空穴传输材料,Alq_3、$BAlq_3$、BeQ_2、DPVBi 等材料是基质材料。其中 Alq_3 是最常用的材料,电子迁移率为 $10^{-5} cm^2 \cdot (V \cdot s)^{-1}$,电致发光响应速度小于 1 μs,一般发光层厚度为 100 nm,驱动电压为 10 V 左右。这些基质材料中掺入少量二苯嵌蒽(Perylene)、香豆素 6(Comarin 6)、QA、MQA、Rubrene、DCJT 等荧光材料而得到较高的发光效率。例如,Alq_3 或 $BAlq_3$ 材料中掺入香豆素 6、QA、DCJT 得到绿光和红光,掺入二苯嵌蒽得到蓝光,DPVBi 基质材料本身就是较好的蓝光材料。由这些材料制成 OEL 器件,其结构为 ITO/HTL/EML(ETL)/MgAg,其中 HTL 指空穴传输层,EML 指发

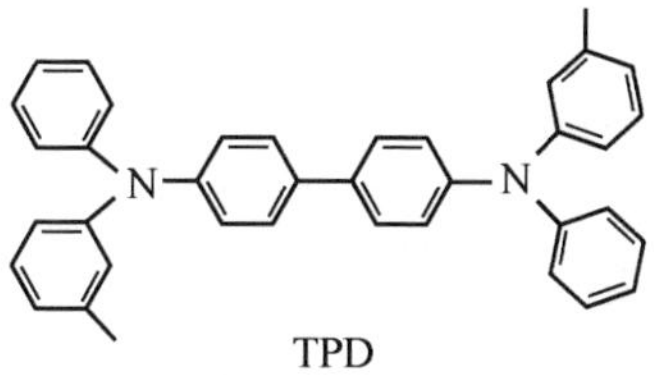

第三章 光电显示材料

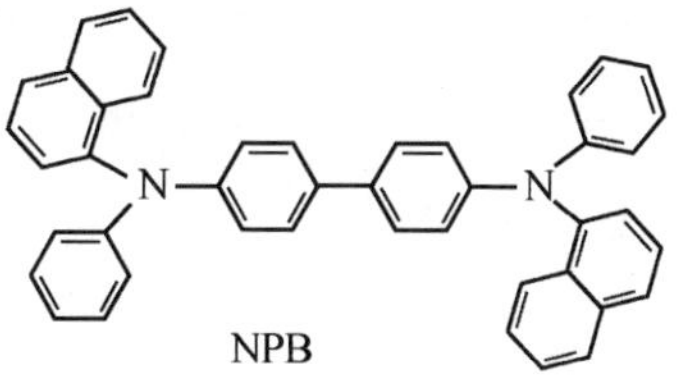

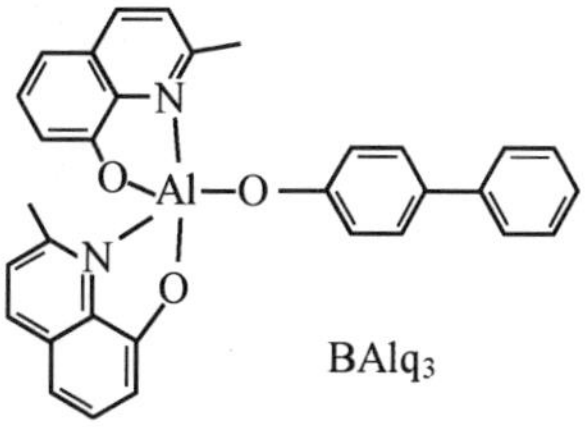

(a) 空穴传输材料

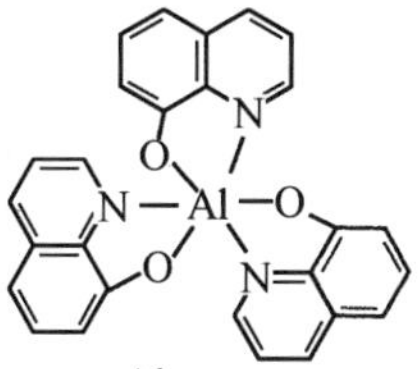

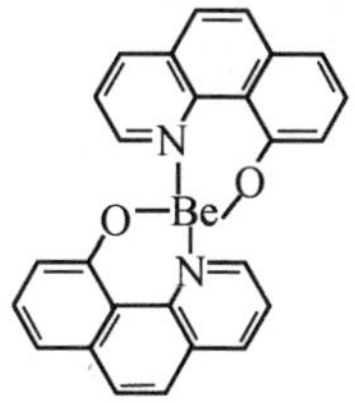

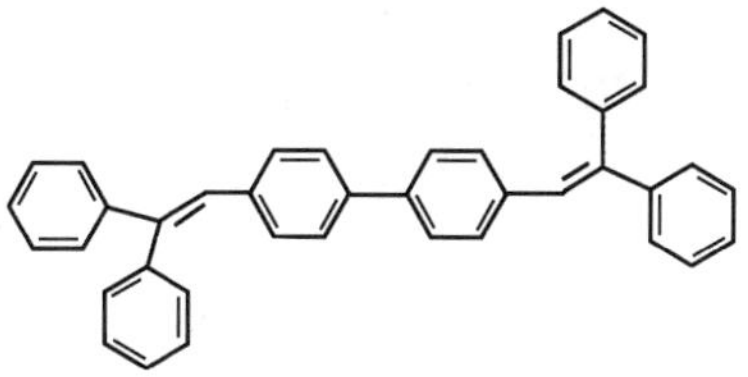

(b) 电子传输/发光材料

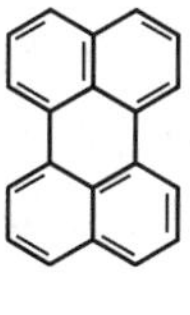

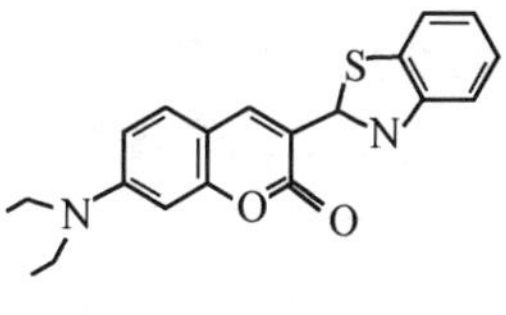

(c) 掺杂剂

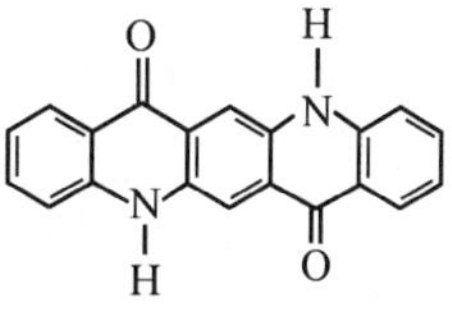

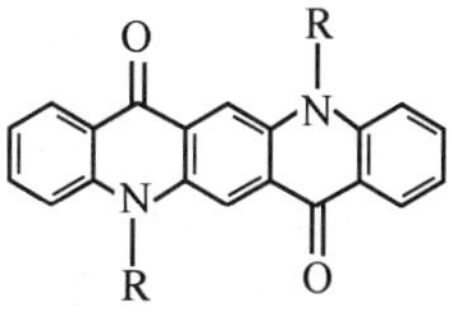

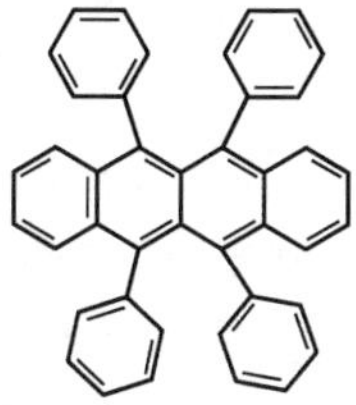

图 3.30 有机电致发光材料

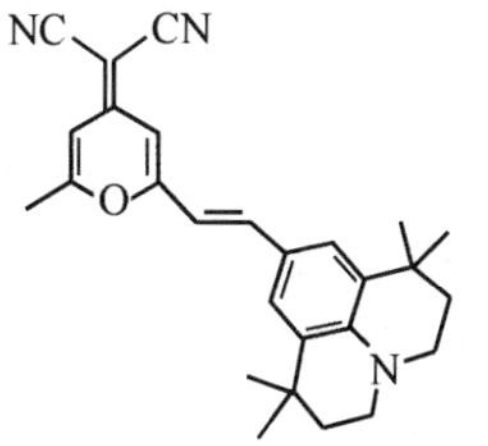

光材料层,ETL 指电子传输层。表 3.10 列出 Alq_3(8-羟基喹啉的 Al 配合物)三基色发光特性。

表 3.10 Alq_3 发光特性[21]

发光颜色	蓝	绿	红
基质材料	$BAlq_3$	Alq_3	Alq_3
掺杂材料	芘	香豆素	DCJT
亮度/(cd·m^{-2})	355	1 980	770
CIEx	0.163	0.263	0.616
CIEy	0.194	0.619	0.381
驱动电压/V	10	8	9
发光效率/(lm·W^{-1})	0.56	3.9	1.3

表 3.10 说明,OEL 发光效率高,绿光色度接近 CRT,但蓝光和红光色度纯度低。这是由于光谱谱带宽,需要调整掺杂浓度,改进半宽度。改进基质和掺杂剂,可提高发光效率。例如,QA 掺入到 BeQ_2 得到绿光,发光效率为 15 lm·W^{-1}。OEL 的半寿命一般几千小时,已具备了应用条件。

OEL 薄膜厚度一般为 100 nm,因而微小厚度不均匀或微晶物等容易引起电击穿,成膜过程中应防止各层膜材料结晶化。还有,面材料与电极直接接触,容易与氧或水分产生化学反应,影响寿命,这是当前 OEL 应用中的难题之一。

有机电致发光材料在短短的几年内取得了许多令人瞩目的进展,对传统的显示材料构成强有力的挑战。日本 Idemitsu Kosan 公司的研究人员成功地研制出具有精细像素的 RGB 有机电发光显示器[22]。他们还成功地研制出具有全部的灰度级(256)及 240×960 的分辨率,视频速度为每秒 60 帧的 5 in 的单色视频显示器。此外,Philips 公司、Uniax 公司及 CDT 公司也都制造出了高效率、高亮度、长寿命的有机电发光器[23]。虽然有机电发光器的性能已经取得了巨大的改进,但仍然还有许多问题有待解决,例如,器件的制作技术(如成膜、封装、全色显示等)、器件效率的进一步提高,器件的操作寿命还需延长等。

2. 发光二极管(LED)

LED 是辐射光的半导体二极管。施加正向电压时,通过 p-n 结分别把 n 区电子注入到 p 区、p 区空穴注入到 n 区,电子和空穴复合发光,把电能直接转化成光能。LED 是能量转换效率较高的固体发光器件,具有小型化(发光芯片为几百微米)、高效率、长寿命、坚固可靠、低电压(~2 V)、低电流(20~50 mA)等特性,LED 已广泛应用于广告、家用电器、车载、交通信号以及信息处理等显示领域中。

20 世纪初,人们认识了注入式发光。1923 年 Lossew 观察了 SiC 注入发光。1952 年研制了 Ge、Si 的 p-n 结发光,1955 年得到了 GaP 的 p-n 结发光。进入 20 世纪 60 年代后,随着半导体材料和器件制造技术的迅速发展,LED 技术步入到应用阶段。1969 年实现了 GaP 红色 LED,

外部发光效率达到 7.2%。近年来,获得了 GaN 系列高亮度蓝色 LED,预示了 LED 多色、彩色显示的前景[24]。

(1) 材料特性和发光机理

LED 是 p-n 结本征发光器件,一般使用单晶或者单晶薄膜材料,发光颜色取决于单晶材料的禁带宽度。若发光在可见区,应有 $E_g \geqslant 1.8\text{ eV}, \lambda \leqslant 700\text{ nm}$。要获得各种颜色的 LED,并且高效率发光,LED 材料应具备 3 个条件:一是容易控制材料的导电性;二是对发射光的透明性好;三是发光跃迁几率高。

1) 容易控制材料的导电性

LED 器件结构核心是 p-n 结。材料必须容易做成 p 型或者 n 型。要制作 p-n 结,需要在高纯度单晶材料中掺入极少量施主或受主杂质,得到 n 型材料或 p 型材料,且这些材料要具有良好的导电性。GaAs、GaP 等 III-V 族材料具有这种性能。在 GaAs 中杂质浓度和化学计量比偏差引起本征缺陷浓度低于 10^{-7}cm^{-3} 时,施主或受主杂质浓度可达到 10^{18}cm^{-3},并得到低电阻 n-GaAs 或 p-GaAs。用液相外延工艺容易制作 p-n 结 GaAsLED。

离子性化学键占主导的宽禁带 II-VI 族材料的导电性难以控制。随着化学键中离子键成分的增加,材料整体保持电中性的能力变强。在掺杂过程中自发形成电中性和缺陷的现象称为自补偿效应。例如,ZnSe 中掺入 Al 施主杂质,增加电子浓度时,自发产生 Zn 空位,补偿电子,结果 ZnSe 导电率变化不明显。黄锡珉等[25]用低温杂质方法在 ZnSe 单晶中掺入 Cu,用激子发射光谱法观察到 ZnSe 中的自补偿现象。图 3.31 所示为 ZnSe 自补偿效应模型。近年来,由于低温下高纯度材料生长技术的发展,在 GaN 系列和 ZnSe 中获得了高亮度蓝色 LED。

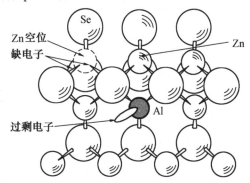

图 3.31 ZnSe 中自补偿效应模型

2) 对发射光的透明性好

半导体和绝缘体材料具有吸收端。当光能量低于吸收端时,光可以透过;当光能量高于吸收端时,光被吸收,不能透过。材料的光吸收端就是该材料的禁带宽度。一般来说,本征发光能量低于禁带宽度约 0.1 eV。图 3.32 为 III-V 族化合物半导体禁带宽度与晶格常数的关系。此图表明,可利用三元系或四元系混晶方法实现在一定范围内禁带宽度可调,因而发光波长范围围较宽。

3) 发光跃迁几率高

LED 注入发光是由 p 区少数载流子-电子和 n 区少数载流子-空穴分别与 p 区多数载流子-空穴和 n 区多数载流子-电子相结合而发光,亦即一对电子和空穴结合辐射 1 个光子。

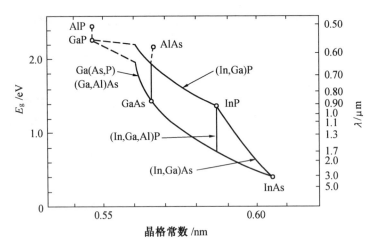

图 3.32 Ⅲ - Ⅴ 族化合物半导体禁带宽度与晶格常数的关系

从能量守恒角度,电子和空穴结合前后动量要守恒,光子本身动量很小,所以要求电子和空穴动量之和接近零。满足这种条件时,光吸收或光辐射过程的跃迁几率高。这个过程称为直接跃迁。不满足上述动量守恒条件时,发光前后能量差传送到晶格,增加晶格振动能。这种发光跃迁过程称为间接跃迁,且跃迁几率远低于直接跃迁。两种跃迁几率完全决定于能带结构。图 3.33 为能带结构模型。由图 3.33(a)可知,直接带的价带顶和导带底处在同一位置,如 GaAs 波数 $k=0$ 状态时,导带底电子跃迁到 $k=0$ 价带顶与空穴相结合,能量全部转化成光能,发光效率高。图 3.33(b)表示间接带、导带底和价带顶不处在同一位置,如 GaP 间接带发光过程必须伴随发射声子过程,导致发光效率低。为了改善发光效率,在 GaP 中掺入 N 原子,形成等电子缺陷,见图 3.33(c)。等电子陷阱束缚激子,通过激子发光,从而提高了发光效率,但发光效率仍低于直接带隙,比间接带隙高。LED 材料应有效率高的发光中心或者复合发光。

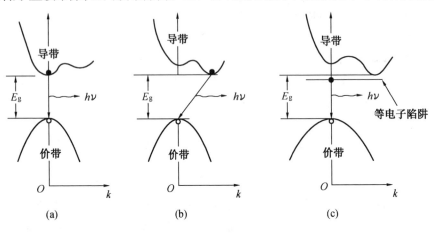

图 3.33 能带结构模型

图 3.34 表示 GaAs 和 GaP 混晶系能带结构变化[3]。直接带隙 GaAs 和间接带隙 GaP 混晶形成三元系时,GaP 的摩尔分数增大,禁带变宽,发光波长向短波移动。同时,GaP 的摩尔分数超过 45% 时,三元系混晶能带结构变成间接带,发光跃迁几率明显降低。

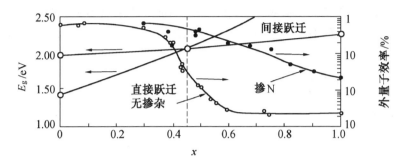

图 3.34 GaP$_x$As$_{1-x}$ 禁带宽度、外量子效率与 x 的关系

(2) 材料制备

LED 衬底材料是单晶体,其中 GaAs、GaP、InP 单晶体已在工业上投放生产,生产时一般采用水平布利兹曼法和液封提拉法。图 3.35 所示的是液封提拉法晶体生长装置。例如,生长 GaP 单晶,用 5N 的多晶作为原料,B$_2$O$_3$ 作为液封材料,N$_2$ 或 Ar 气压为 5~7 Pa,1 460℃ 提拉得到无掺杂 n 型 GaP、载流子浓度为 10^{16} cm^{-3} 的高纯度单晶,或掺入 S(或 Te) 得到 n 型、载流子浓度 10^{17} cm^{-3} 的高纯度单晶,掺 Zn 得到 p 型、载流子浓度为 10^{17} cm^{-3} 的高纯度单晶,位错密度为

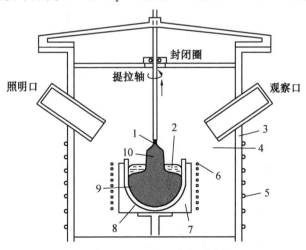

图 3.35 液封提拉法晶体生长装置

1—籽晶;2—B$_2$O$_3$ 熔液;3—高压釜;4—高压惰性气体;5—冷却水管;
6—高频感应圈;7—石墨台;8—坩埚;9—GaAs 熔液

$10^{14} \sim 10^{16}\ cm^{-2}$。为了提高发光效率和寿命,需要进一步降低缺陷密度。

1) 水平布里奇曼法生长 GaAs 单晶

图 3.36 所示为三段温度布里奇曼方法。在水平方向形成温度梯度,石英舟内装入 GaAs 熔液,把石英舟由低温处向高温处移动,生长单晶。GaAs 的熔点为 1 238℃,高温处温度控制在 1 240～1 250℃,石英舟封在石英管内,同时控制 As 分压和 GaAs 化学计量比,通过籽晶生长单晶。

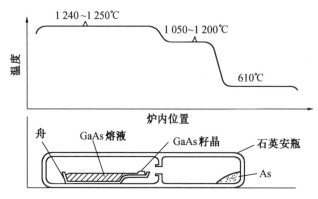

图 3.36 水平布里奇曼方法

2) 外延生长技术

外延生长技术包括液相外延(LPE)、气相外延(VPE)、分子束外延(MBE)、金属有机化合物化学淀积(MOCVD)等。用外延法可在单晶衬底上生长不同材料、不同薄膜厚度的单晶薄膜层。因此,外延工艺是 LED 器件制作的关键工艺。现以 GaAs LPE 为例进行说明。

用 Ga - As 相图说明 GaAs 单晶薄膜生长情况,如图 3.37 所示。由相图可知,GaAs 中 Ga 或 As 过剩均使熔点降低,因此可以用降温法生长外延层。由于 Ga 的蒸气压比 As 的蒸气压低,所以在 Ga 熔液饱和的情况下,外延体系蒸气压低,同时 Ga 过饱和区温度低。因此,一般用 Ga 饱和液生长 GaAs 外延层。图 3.37 中温度由 t_1 降到 t_2 时,液相组分由 C_1 变到 C_2,与差值 S 相当量的 GaAs 析出在衬底上。t_1 和 t_2 的温差决定外延生长量。在相图中选取随 Ga 量的变化而熔点变化缓慢的区域来确定外延条件,容易控制外延层厚度和温度。多层外延生长时,可采用图 3.38 所示的推舟法。每舟里装上准备生长外延层的熔液,由舟 1、2、3 逐次与衬底相接触生长 LED 发光层。

(3) GaN 系蓝光 LED

目前已经制成了发红光的 GaAsP、发绿光的掺 N 的 GaP 以及 GaAlAs 双异质结发光二极管,后者外量子效率达到 16%,在 20 mA 电流下,发光强度达到 2 cd,已能作强光源使用。此外,由于 GaN 和Ⅲ族氮化物材料在短波长蓝光、紫光以及紫外光发射器件和大功率半导体器件方面具有广阔的应用前景,已成为当今发光材料的研究热点。

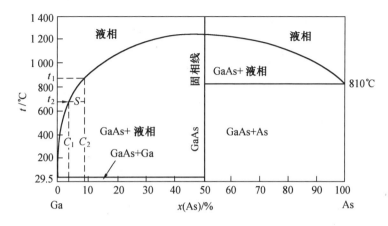

图 3.37　Ga-As 体系的相图

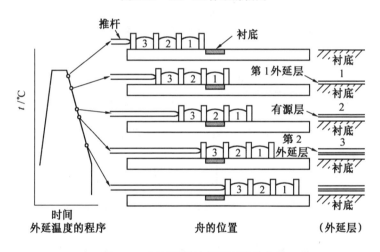

图 3.38　双异质结液相外延的推舟法

GaN 具有宽的直接带隙（E_g = 3.4 eV）、强的原子键、高热导率和强抗辐射能力，不仅是短波长发光材料，也是高温半导体器件的换代材料。但是，在较长一段时间内，很难制备单晶体和 p 型单晶薄膜。用 VPE 法在 Al_2O_3 衬底上生长 n-GaN 膜，然后扩散 Zn 制备绝缘层，得到 MIS 结构的蓝光 LED，发光效率 0.03%，10 mA 时亮度为 10 mcd，但可靠性差、电压高。由于 GaN 单晶制备困难、薄膜晶体质量不高以及缺陷和背景施主浓度过高等原因，限制了这种材料的发展进程。随着半导体薄膜生长工艺的发展，特别是分子束外延、金属有机化合物化学气相淀积（图 3.39）以及 VPE、LPE 技术的发展，给 GaN 系材料带来了生机。图 3.40 所示为 GaN 生长实验装置。为了改善性能，用 MOVPE 法在 Al_2O_3 衬底上生长 ALN 层作为晶格失配缓冲层，得到了质量良好的 GaN 薄膜。

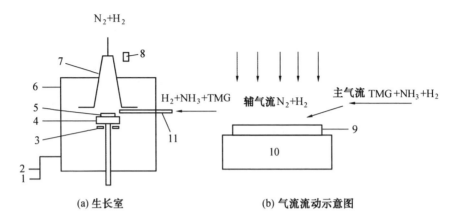

图 3.39 双气流 MOCVD 生长 GaN 装置

1—废气；2—真空泵；3—加热器；4—基座；5—衬底；6—不锈钢生长室；
7—锥形石英管；8—辐射温度计；9—衬底；10—基座；11—石英喷嘴

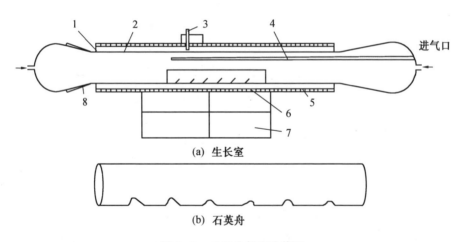

图 3.40 GaN 生长实验装置

1—玻璃纤维塞；2—石英管；3—控温热电偶；4—热偶套管；5—炉丝；
6—石英单元；7—纤维砖；8—石英磨口

20 世纪 90 年代初，Nakamura 等人[26,27]首次用电子束照射方法有效地活化了受主 Mg 杂质，得到低电阻 p-GaN:Mg，电阻率为几十欧姆厘米。后来缓冲层用 GaN 取代 AlN。随后他们又研制成功了 InGaNDH 结构的蓝色 LED，断面结构如图 3.41 所示。它的发光波长为 450 nm，亮度为 2 500 mcd。1995 年又研制成了 2 cd 蓝光(450 nm)LED 和绿光(2 cd,520 nm)LED，InGaN 单量子阱和多量子阱 LED 也相继研制成功，其中，InGaS QWLED 6 cd 高亮度纯绿色和 2 cd 高亮度蓝色 LED 均已研制成功。可以预见，今后与 AlInGaP、AlGaAs 系红色 LED 组合形成高亮度全色显示必将实现。GaN 系发光材料的实用化,预示着以高可靠、长寿命为特征的 LED 时代的到来,日光灯和电灯泡将走完它的历史,LED 彩色化显示的前景一片光明。

图 3.42 是半导体发光二极管发展历程的一个大致记录,也比较清楚地反映了 GaAs 和 GaP 等第二代半导体材料和 GaN 等第三代半导体材料的关系。图中用爱迪生发明的第一只灯泡作为亮度比较标准,以帮助我们了解半导体发光二极管的水平。

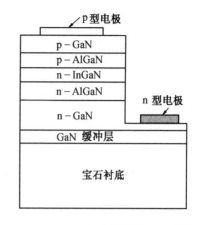

图 3.41　InGaN/AlGaN 双异质结 LED 结构

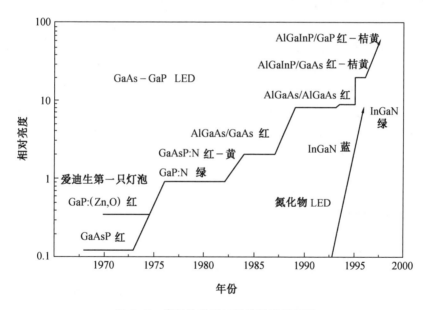

图 3.42　半导体发光二极管的发展历程

三、等离子体显示(PDP)材料

在充有几万帕惰性气体氖的电极阵列间(约 0.1 mm)产生等离子体辉光放电时,会在其交叉点处产生光,其颜色为红橙色。PDP 是自我发光型显示器件,它的发光原理与荧光灯相同。荧光灯是含水银蒸气的真空管,在它的管壁上混合涂上可以发出 R、G、B 三色光的荧光体。由于放电效应,电子和水银处于等离子体状态。在两者碰撞时,水银被激发到高能量状态,当它从高能量状态恢复到低能量状态时,将发射出紫外线。接着,紫外线激发管壁上的荧光体,荧光体回到基态时可以发射出可见光。虽然从 R、G、B 荧光体中分别发射了三种颜色的光,但是混合起来后看上去就成了白色。像这样吸收了短波长光后,处于激发态的原子回到基态时发射出长波长光的现象即为光致发光(photo luminescence)。

PDP 在以下几方面与荧光灯不同:它的放电气体主要是 Xe;它的发光面积按像素尺寸计算约为 0.01~1 mm²,非常小;放电电极间隔为 100~300 μm,非常薄;在彩色显示的时候,R、G、B 是空间分离的,并且以相加混色法表现彩色;气体放电引起了紫外线发射和紫外线激发的光致发光,这两种光致发光引起的可见光区域内的发光机理是相同的,也就是说可以认为它是将 R、G、B 发光的许多微小荧光灯排列在平面制成的。

使用 PDP,除了可以制造薄而大画面的显示器之外,由于它是自我发光型,同 CRT 一样具有较广的视场角和较强的颜色再现性,现在人们寄希望于用它制造高清晰度的大画面悬挂式显示器。但它放电产生紫外线的发光效率较低,消耗电能较大,今后仍需进一步改进。

1.气体材料

PDP 气体材料有 He、Ne、Ar、Kr、Xe 以及 Hg 蒸气等。AC – PDP 用 Ne 气,DC – PDP 用 Ne、Ar、Hg 混合气体。彩色 PDP 用 He:Xe 或 Ar:Hg 混合气体。前者 Xe 辐射 147 nm 紫外光,后者 Hg 辐射 253.7 nm 紫外光。这些紫外光激发 R、G、B 三基色荧光粉。Ne 气体放电辐射橙色光,因此其显示是单色的。在单色 PDP 中掺入 Ar 气或 Hg 蒸气,可降低工作电压。Ne:Ar 混合气放电电压降低,其气体放电工作原理用图 3.43 中的气体能级表示,Ne 原子亚稳激发能级略高于 Ar 离化能。所以,气体放电时,Ar 原子容易电离。电离反应式为

$$Ne + e^- \longrightarrow Ne^* + e^-$$
$$Ne^* + Ar \longrightarrow Ne + Ar^+ + e^-$$

式中　Ne^*——亚稳激发态;

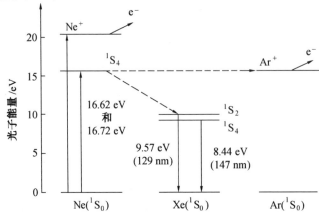

图 3.43　惰性气体能级图

e^-——电子。

这种混合气体称为 Penning 气体。

2. 三基色荧光粉

PDP 使用的荧光粉应满足以下条件：

① 在真空紫外区高效发光；
② 在同一放电电流时，通过三基色荧光粉发光混合获得白色光；
③ 三基色荧光粉具有鲜明的色彩度；
④ 在真空紫外光和离子轰击下稳定性好；
⑤ 涂粉和热处理工艺具有稳定性；
⑥ 余晖时间短。

其中在真空紫外光激发下，发光效率和稳定性是至关重要的参数。通常，彩色 PDP 用 Ne:Xe 混合气体，激发波长为 147 nm。PDP 三基色荧光粉应具有远紫外光且发光效率高，同时要求在紫外光辐照和气体放出离子条件下具有稳定性。因此，宜采用抗紫外的高效氧化物荧光材料。表 3.11 中列出三基色氧化物荧光粉的组成、色彩和相对亮度。绿色发光的 $Zn_2SiO_4:Mn^{2+}$ 发光光谱、发光效率均良好，但余晖长，约 20 ms，有拖影，不适合用于视频动态显示。Mn^{2+} 激发态寿命长，但紫外光激发强度增强时，Mn^{2+} 基态浓度明显减小，容易出现发光强度饱和。电视显示要求余晖短的荧光粉，例如，红色用 $Y_2O_3:Eu^{3+}$，绿色用 $BaAl_{12}O_{19}:Mn^{2+}$，蓝色用 $BaMgAl_{14}O_{23}:Eu^{2+}$。一般，一个激发光子照射一个荧光粉颗粒，辐射一个可见光光子。可是，如果激发光子能量为 8.55 eV，可见光光子能量为 2~2.8 eV，说明能量转换效率（27%）低。因此，要研究高能光子转换材料，即能转换 2 个或更多个低能光子的荧光材料。近年来研究出掺镁氟化物，这种材料在高能光子激发下能产生多个低能光子。

表 3.11 PDP 三基色氧化物荧光粉[7]

发 光 材 料	发光颜色	相对亮度/%
$BaMgAl_{14}O_{23}:Eu^{2+}$	蓝色	23
$(Ca,Sr,Ba)_{10}(PO_4)_6Cl_2:Eu^{2+}$	蓝色	18
$Y_2SiO_5:Ce^{3+}$	蓝色	19
$Zn_2SiO_4:Mn^{2+}$	绿色	100
$BaO \cdot 6Al_2O_3:Mn^{2+}$	绿色	83
$Y_2SiO_5:Tb^{3+}$	绿色	81
$LaPO_4:(Ce^{3+},Tb^{3+})$	绿色	78
$(Y,Gd)BO_3:Eu^{3+}$	红色	35
$Y_2O_3:Eu^{3+}$	红色	32
$YVO_4:Eu^{3+}$	红色	22

近年来，绿色 PDP 粉的性能提高了，发光效率不低于 CRT $Zn_2SiO_4:Mn^{2+}$ 粉，余晖时间满足电视显示要求。将这些粉的相关数据列入表 3.12 中。

表 3.12 PDP 绿色荧光粉

荧光粉	相对量子效率		余晖时间/ms
	147 nm	170 nm	
$(La_{0.87}Tb_{0.13})PO_4$	1.1	1.4	13
$(La_{0.6}Ce_{0.27}Tb_{0.13})PO_4$	1.1	1.5	12
$(Gd_{0.87}Ce_{0.1}Tb_{0.03})PO_4$	1.0	1.1	10
$(Y_{0.6}Ce_{0.27}Tb_{0.13})PO_4$	1.35	1.35	—
$(Gd_{0.6}Ce_{0.27}Tb_{0.13})PO_4$	1.35	1.45	—

表 3.12 中相对量子效率指以 $Zn_2SiO_4:Mn^{2+}$ 效率为基准的相对值，所有材料余晖时间均小于 13 ms，满足视频动态显示要求。这些材料的发光中心吸收远紫外光，并发生两个过程：一是稀土离子 f-d 能级内部跃迁；二是配位金属电荷跃迁或自由电荷载流子在基质材料晶格内跃迁。一般对基质晶体激活发光来说，要保证高的跃迁几率，发光中心能量转换需要满足两个主要条件：直接带隙能带结构；施主能级和受主能级均是浅能级。对 PDP 荧光粉来说，最好是在 6~8 eV 带边吸收中发生所有跃迁。

PDP 荧光粉烧结制作工艺与 CRT 荧光粉和 EL 发光粉相似。

PDP 荧光粉发光效率是 PDP 高分辨率显示和高亮度显示的关键问题。目前人们正在研究开发新型高效 PDP 荧光粉。

3. 基板材料

PDP 是由两块玻璃基板夹着惰性气体和三基色荧光粉构成的。PDP 屏幕尺寸大，再加上制造过程中玻璃基板要经过一系列的厚膜印刷和高温烧结，因此对玻璃基板要求高。通常烧结温度在 450~600℃ 之间，封接温度为 380~400℃，排气最高温度为 350℃。这样，烧结温度高于玻璃应变点，导致玻璃基板产生弯曲、不规则形变和热收缩。例如，对角线为 1 m 的彩色 PDP 中，玻璃基板 20% 的热形变就会产生至少一个像元的完全错位。

当前，PDP 使用日本旭硝子公司 PD 200 和美国康宁公司 CS 25 玻璃。表 3.13 和表 3.14 分别列出 PD 200 和 CS 25 玻璃板特性。

表 3.13 PD 200 和钠钙玻璃性能比较

性能参数	PD 200	钠钙玻璃
膨胀系数/$(10^{-7}K^{-1})$	83	85
应变点/℃	570	511
退火点/℃	620	554
软化点/℃	830	735
密度/$(g \cdot cm^{-3})$	2.77	2.49

表 3.13 数据表明，PD 200 玻璃在热膨胀系数、应变点、退火点、软化点方面均优于钠钙玻璃。另外，PD 200 中碱金属含量低、电绝缘性能好，但密度稍大，因而会导致显示器件的质量增加，这是不可忽视的缺点。

表 3.14　CS 25 和碱性玻璃特性

特性参数	CS 25	标准碱性玻璃
应变点/℃	610	506
退火点/℃	654	545
软化点/℃	848	726
膨胀系数(50~30℃)/($10^{-7}K^{-1}$)	84	85
杨氏弹性模量/(9.8×10^3 Pa)	8.28	7.04
密度/($g\cdot cm^{-3}$)	2.88	2.49
体电阻对数值/($\Omega\cdot cm$)	10.5	6.65

由表 3.14 可见，CS 25 应变点高，很大程度上改善了其热性能，并具有足够大的杨氏弹性模量，使 3 mm 厚玻璃板满足工艺过程的机械强度要求。

3.5　受光显示材料

一、液晶显示材料

1888 年奥地利植物学家 Reinitzer 发现了热致液晶，至今已有 100 多年的历史。所谓液晶是介于晶体和液体之间的中间态。液晶具有晶体的各向异性和液体流动性，又称为流动晶体或液态晶体。一方面，液晶分子结构决定了液晶具有较强的各向异性的物理性能，稍改变液晶分子取向，就会明显地改变液晶的光学和电学性能。另一方面，利用外加电压改变液晶的取向，以改变其双折射、旋光性、圆二色性或者光散射等光学特性而显示信息。液晶的流动性表明，液晶分子之间作用力是微弱的，要改变液晶分子取向排列所需外力很小。例如，在几伏电压和每平方厘米几微安电流下就可以改变向列液晶分子取向。因此，液晶显示具有低电压、微功耗的特点。上述特性使液晶得到了广泛应用。

液晶显示器件(LCD)具有微功率、低驱动电压、可以与 CMOS 电路直接匹配、色调柔和无闪烁、无软 X 射线以及易于实现大规模集成化生产等一系列优点，近年来以 15% 以上的年增长率飞速发展。在液晶显示技术发展过程中，液晶材料起着十分重要的作用，每一种新的显示方式的实现都伴随着新的液晶材料的出现。

1. 液晶分子结构和分类

液晶是有机化合物，它在加热融化过程中经历了一个不透明的混浊状态，继续加热成为透明的液体。因此，它是一种从晶体熔融状态变化为各向同性的液体的一种中间状态，它不具有平移有序特性,但却是取向有序的。这种混浊状态的液体具有液体的流动性,同时又具有晶体的各向异性(如光学各向异性、介电各向异性、介磁各向异性等),故称为液晶(liquid crystal)。

液晶材料在电场作用下不发光,但能形成着色中心,在可见光照射下能够着色,已知的液晶材料都是有机化合物,是一种处于液相和固相之间的中间相材料。根据液晶分子几何形状,可将液晶分为棒状分子、板状分子和碗状分子。板状分子液晶应用于液晶显示器的光学补偿膜,碗状分子液晶目前尚未应用。液晶显示主要利用棒状分子液晶。下面重点介绍棒状液晶。

根据液晶形成的条件和组成,可以将液晶分为热致液晶和溶致液晶两大类。热致液晶的液晶相是由温度变化引起的;溶致液晶是由符合一定结构要求的化合物与溶剂组成的体系,其液晶相与温度和组成有关。

(1) 棒状液晶

棒状液晶分子是由中心部和末端基团组成的。中心部是由刚性中心桥键连接苯环(或联苯环、环己烷、嘧啶环、醛环等)。中心桥键是双键、酯基、甲亚胺基、偶氮基、氧化偶氮基等官能团。这些官能团和苯环类组成电子共轭体系,形成整个分子链不易弯曲的刚性体。末端基团有烷基、烷氧基、酯基、羧基、氰基、硝基、胺基等,末端基直链长度和极性基团的极性使液晶分子具有一定的几何形状和极性。中心部和末端基不同组合形成不同液晶相和不同物理特性。人们认识的液晶有1万多种。当棒状分子几何长度(L)和宽度(d)之比大于4时,才具有液晶相。

(2) 液晶相

热致液晶又可以分为向列相(nematic)、胆甾相(cholesteric)和近晶相(smectic)等,液晶分子结构和分子之间相互作用不同,导致液晶分子取向排列不同[28]。它们的分子排列状态如图3.44所示。

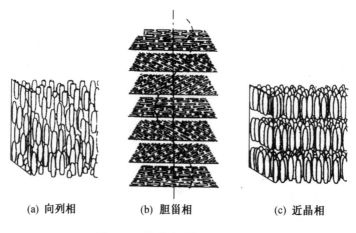

(a) 向列相　　(b) 胆甾相　　(c) 近晶相

图3.44　热致液晶相和分子排列

1) 向列相

向列相液晶棒状分子大体上平行排列,质心位置没有长程有序性,具有类似普通流体的流动性,分子不排列成层状,能上、下、左、右、前、后滑动,只在分子长轴方向上保持相互平行或近于平行,分子间短程相互作用微弱。该类液晶的黏度相对较小,因而在液晶显示中具有较大的用途。

向列相液晶材料分子的取向是长程有序的,分子的重心分布是无规则的,是应用最广泛的液晶材料。如图 3.44(a)所示,在长轴方向上,液晶分子之间平行排列,但分子重心随机分布。如图 3.45 所示,取 δV 小区域,对微观液晶分子尺寸来说,δV 足够大,其区域内液晶分子取向表示为指向矢 n,液晶分子有序度 S 表示为

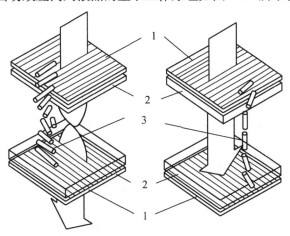

图 3.45 液晶指向矢和有序参数

$$S = \frac{1}{2}(3\langle \cos^2\theta_i \rangle - 1) \tag{3.13}$$

式中 $\langle \cos^2\theta_i \rangle$——$\delta V$ 内 $\cos^2\theta_i$ 的平均值;

θ_i——指向矢 n 和某一个液晶分子长轴之间的夹角。

当液晶分子长轴与 n 完全平行,即 $\theta_i = 0$ 时,$\langle \cos^2\theta_i \rangle = 1$,亦即 $S = 1$。当液晶分子无取向,随面分布时,$\langle \cos^2\theta_i \rangle = 1/3$,$S = 0$。一般向列相 $S = 0.5 \sim 0.6$。目前,常用的向列型液晶有 $N(4-$辛氧基苄叉$)$对氨基腈、对庚甲苯甲酸对氰基苯酚酯和对丁基苯甲酸对氰基苯酚酯等,胆甾型液晶主要有胆甾基壬酸酯等。

向列型液晶的扭曲场效应向列液晶的显示工作原理如图 3.46 所示。

图 3.46 扭曲场效应向列液晶的显示工作原理

1—偏振片;2—玻璃;3—液晶指向矢

2) 胆甾相

胆甾相是向列型液晶的一个特例,可以看做由向列相平面重叠而成,平面内分子互相平行,但层与层之间分子的长轴稍有变化,分子取向是连续扭转的,呈螺旋结构。如图 3.44(b)所示胆甾相液晶分子排列,每分子层内液晶分子排列与向列相一致,每层之间指向矢 **n** 有错位,呈螺旋结构,分子层法线为螺旋轴,螺距 P 表示指向矢旋转 360°所经过的距离。胆甾相可看做向列液晶分子有规则旋转排列的特例,也可以认为是液晶分子倾斜角为 90°的近晶液晶 C^* 相。胆甾相液晶多数是板状液晶。

胆甾相液晶分子中含有一个或一个以上不对称碳原子(手性碳原子),其分子排列成层状,层内分子相互平行,分子长轴平行于层平面,不同层内的分子长轴方向稍有变化,分子沿层的法线方向排列成螺旋状结构。胆甾相液晶的螺旋状结构具有特殊的光学性质,因而在实际应用中具有很大的意义,如选择性反射光在热色显示中有特殊的应用,并且随着温度的变化所显示的颜色也发生变化,可以用来检测物体表面的温度分布以及微波场的温度分布等。此外,在液晶显示器件的制造工艺过程中,为防止反扭曲现象发生,要在液晶中加入少量这类液晶,以改善显示器件的静态特性。向列相液晶适用于扭曲向列液晶显示(简称 TN – LCD,在液晶盒的上、下基片内表面附近的向列相液晶分子沿长轴方向扭曲 90°)、超扭曲向列液晶显示(简称 STN – LCD,在液晶盒上、下基片内表面附近的向列相液晶分子沿长轴方向扭曲 180°~270°)以及有源矩阵液晶显示(简称 AM – LCD,它是一种在显示器件的每个像数上都配置一个开关器件,从而使之成为各像数的寻址完全独立的显示方式)。为了满足各种显示方式的要求,对混合液晶的各种物理、化学参数,如熔点、清亮点(液晶由液晶相转变为各向同性相时的温度)、电阻率、黏度、光学各向异性(液晶的非寻常光折射率 n_e 与寻常光折射率 n_o 的差 Δn,即 $\Delta n = n_e - n_o$)、介电各向异性(液晶分子长轴方向的介电常数 $\varepsilon_{\parallel}$ 与分子短轴方向介电常数 $\varepsilon_{\perp}$ 之差 $\Delta \varepsilon$,即 $\Delta \varepsilon = \varepsilon_{\parallel} - \varepsilon_{\perp}$)、弯曲弹性常数/展曲弹性常数比($k_{33}/k_{11}$)、阈值电压等都有不同的要求。单个液晶化合物是不可能同时满足上述要求的,因而在实际应用中使用的不是单体液晶,而是由多种单体液晶组成的液晶混合物,这些液晶混合物有时含有多达 30 余种单体液晶组分。

3) 近晶相

近晶相液晶是由棒状分子分层排列组成的,层内分子互相平行,其方向可以垂直于层面,也可以与层面倾斜一定的角度。分子质心只在层内无序,具有流动性,其规整性近于晶体,是二维有序。这样液晶分子的取向是长程有序的,分子的重心形成层状结构。图 3.44(c)所示为一种近晶相。其基本特征是液晶分子层状排列,液晶分子长轴与层面垂直或倾斜,或层内规则排列或无规则排列,分成十几相,这些被归纳在表 3.15 中。

在近晶相液晶中,分子排列成层状,层内分子长轴相互平行,分子排列方向可以垂直于层平面,也可以与层平面成倾斜排列。由于分子排列整齐,其规整性接近晶体,并且具有二维有序、分子质心位置在层内无序、可以自由平移等特点,从而具有流动性,即分子在层内可以前、后、左、右滑动,但不能在上、下层之间移动。由于该类液晶的黏度较大,液晶显示中一般不采用这种液晶。

表 3.15 近晶相分类[29]

层面与液晶分子长轴	层内二维无序	六方晶系二维有序			分子长轴倾斜方向
		二维晶体	三维有序		
			小	大	
垂直	SmA	SmB	SmL	SmE	—
倾斜	SmC	SmI	SmJ	SmK	对角线方向
		SmF	SmG	SmH	边方向

例如,SmA 分子长轴垂直于层面,层内无序;SmB 分子长轴垂直于层面,层内有序,同时层之间有相关性的 SmL 和 SmE;SmC 分子长轴倾斜于层面,层内无序;层内有序的分别为 SmI 和 SmF,相邻层有相关的 SmJ、SmG、SmK、SmH。含有手性基液晶分子不仅分子长轴倾斜于层面,且层间向倾斜方向旋转,形成螺旋结构,表示成 SmC*。

2.液晶调制和开关的工作原理

液晶在外观上是具有流动性的浑浊液体,同时还像晶体那样具有光学各向异性,即是同时具有晶体和液体性质的物质。但是,实质上,它是具有棒状或者板状分子结构的有机物质,在与棒状分子的长轴平行和垂直的方向上,或者在与板状分子的板面平行和垂直的方向上,具有不同的折射率(双折射性质)。

在电显示器件中,最常使用的液晶是由简单棒状分子结构组成的向列型液晶。液晶的棒状分子平均地沿着长轴方向排列,但是在微观上因分子运动而导致排列方向摇摆不定,由于分子的折射率不同,光将发生散射,通常看上去是白浊状。为了将这种液晶用于显示器件,需要将棒状分子按照一定的方向排列,通常将它称为定向处理。

液晶显示的主要优点是功耗低(比一般数码管小几十倍),所用电压低(3~6 V),在明亮的环境下对比度和分辨率都不错,缺点是响应速度慢(毫秒级),工作温度范围比较窄,在无光环境下不能显示。液晶显示发展方向是彩色显示,液晶材料产生彩色的方式有以下两种。

① 在外部电场的作用下,使材料的分子排列从初始状态变到另一种状态,材料的光学性质发生变化,通过这种变化改变着色颜色。

② 彩色的形成依靠外界因素。如采用三基色的电子束管作光源、使用双折射薄膜等方式实现彩色显示,此时液晶功能通过以下 4 类组合,可以实现液晶的彩色显示。

ⅰ. 二色性方式。二色性方式通常分为宾主型(GH)及二色性液晶两类,宾主型显示是将沿分子长轴和短轴方向具有对可见光吸收各向异性的二色性染料(宾体)溶于一定取向的液晶(主体)中,加电场后,染料分子随液晶分子改变轴向,从而使染料的可见光吸收也随着改变。

ⅱ. 电控双折射(ECB)。由于折射率的各向异性,液晶中 e 光和 o 光的传输速度不同,两者之间有相位差。液晶盒位于两个正交的偏振片之间,光通过这一组合后,e 光和 o 光互相干涉,于是得到彩色透射光。

ⅲ. 胆甾方式。加电场于胆甾液晶,使其螺距发生变化,从而使一些光学性质(如选择性反射、圆二色散、旋光色散等)发生变化,这些变化构成了液晶彩色显示。

ⅳ. 扭曲向列方式。利用 90°扭曲排列向列液晶盒开关,控制通过色彩的偏振膜、双折射膜、彩色薄膜等的光束来实现彩色显示。

下面举例说明液晶显示(扭曲向列型)的工作原理[30]。

扭曲向列型液晶显示原理如图 3.46 所示,上、下两个玻璃基片内表面的摩擦方向相差 90°(正交),当自然光通过上偏振片后变成线性偏振光时,偏振光的振动方向与偏振片的偏振方向一致,同时也与玻璃基片内表面附近的液晶分子排列方向一致。当通过上偏振片的光进入液晶层后,由于液晶的双折射作用,使线性偏振光分解成 o 光和 e 光,其传播速度不同,但位相相同,因而在任一瞬间 o 光和 e 光合成的结果使偏振光的振动方向发生了变化,光依次通过液晶层后,通过液晶层的光被逐渐扭曲了。由于扭曲向列型液晶显示器件边界条件的限制,当光线达到下偏振片时,其光轴振动方向被扭曲了 90°,与下偏振片的偏振方向一致,因而光线可以通过下偏振片而成为亮场。当加上电场后,介电各向异性为正的液晶分子在电场作用下取向(液晶分子长轴与电场方向一致),扭曲结构消失,通过上偏振片的线偏振光进入液晶层后不再旋转,因而不能通过下偏振片,形成暗场。

为了增大信息显示容量,人们发明了超扭曲向列液晶显示,它将液晶分子的扭曲角从 90°增大到 180°~270°,使电光响应曲线的陡度增大,理论上可以实现 1 000 线以上的显示,而且对比度、视角均比扭曲向列液晶显示好得多。目前,黑白和彩色超扭曲向列液晶显示器已经大量生产,广泛用于快译通、办公室自动化等方面。

由于超扭曲向列液晶显示器件的响应速度较慢、灰度调节较困难,因而还不能用于显示运动图像。人们又发明了有源矩阵液晶显示,目前工艺技术比较成熟并已经形成大批量生产的是非晶硅薄膜晶体管型液晶显示(α-SiTFT-LCD)。薄膜晶体管型液晶显示(TFT-LCD)的特点是在每个像数上配置一个开关器件(三极管),使每个像数的寻址安全独立,从而消除了像数之间的交叉串扰。从原理上说,分时扫描电极数目不再受到限制,能实现几乎 100% 占空比的静态驱动,并能把每个像数上的信号保持一帧的时间,因而确保了高显示质量,即使增加扫描线数,也不会出现视角和对比度变差等问题,此外还能进行灰度调节。近年来薄膜晶体管型液晶显示器件尤其是彩色液晶显示器件已经广泛用于计算机终端显示、电视机以及一些军用仪器仪表显示中。

3. 液晶材料物理性能

液晶分子几何形成、极性官能团位置和极性大小、苯环面以及分子之间相互作用等诸因素决定了液晶物理性能和各向异性。在显示应用中液晶材料主要物理参数有相变温度、黏度、介电常数、折射率和弹性常数等。

(1) 相变温度

对热致性液晶,相变温度确定液晶态存在的温度范围和各相存在的范围。向列相液晶相变温度指晶体转变向列相温度(下限温度)和向列相转变各向同性液态温度(上限温度)。上、下限温度之间就是液晶存在的温度范围。用差热分析和偏光显微镜方法测量液晶相变温度。单体液晶很难满足显示需要的很宽的温度范围,通常采用多组分液晶混合配方实现宽温度液晶。

(2) 黏度

液晶材料的黏度强烈地影响显示器件的电光响应速度,黏度大小与温度有关,随着温度的降低,黏度增加很快,这就是液晶显示在低温下不能正常工作的主要原因,也是液晶显示最严重的缺陷。黏度具有各向异性,向列液晶黏度在指向矢方向上较小。近晶液晶黏度在分子层平行方向上较小。

(3) 介电常数[3]

介电常数是液晶材料的主要电学性能参数,它决定着液晶分子在电场中的行为。液晶介电各向异性参数有:分子长轴向介电常数为 $\varepsilon_{//}$,垂直方向介电常数为 $\varepsilon_\perp$,各向异性值 $\Delta\varepsilon = \varepsilon_{//} - \varepsilon_\perp$。当 $\varepsilon_{//} > \varepsilon_\perp$ 时,为正性(p型)液晶;反之,为负性(n型)液晶。这与主要极性官能团在分子的位置有关。例如,氰基位置不同,分别出现 n 型和 p 型,如图 3.47 所示。温度高于 N-I 相变点,各向异性消失。

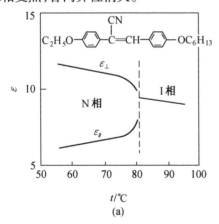
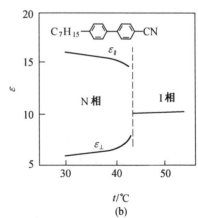

图 3.47 介电各向异性与温度的关系

介电各向异性 $\Delta\varepsilon$ 与有序参数 S 的关系为

$$\Delta\varepsilon = \left(\frac{4\pi}{\varepsilon_0}\right) NhF\left\{\Delta a_e - \left(\frac{F\mu^2}{2K_BT}\right)(1-\cos^3\theta)\right\}S \tag{3.14}$$

式中　h、F——局部电场的修正系数;

N——单位体积内的分子数;

Δa_e——电极化各向异性;

μ——磁导率;

θ——分子长轴与主要极化基团之间的角度。

式(3.14)表明,某一 θ 值为临界值;$\Delta\varepsilon > 0$ 或 $\Delta\varepsilon < 0$,说明 $\Delta\varepsilon$ 值与分子结构有关。此外,$\Delta\varepsilon$ 符号与电场频率、相变有关。

在电场作用下,液晶分子取向的自由能 F_e 表示为

$$F_e = -\frac{1}{2}\varepsilon_0\Delta\varepsilon(\boldsymbol{n}\cdot\boldsymbol{E})^2 \tag{3.15}$$

式中　$\boldsymbol{n}$——指向矢。

对 p 型液晶,$\Delta\varepsilon > 0$ 且 $\boldsymbol{n}$ 和 $\boldsymbol{E}$ 平行时,F_e 最小。因此,p 型液晶分子在电场作用下分子长轴平行于电场方向时最稳定。相反,n 型液晶在分子长轴垂直于电场方向时最稳定。在显示器件被选通时,液晶分子取向重新排列成最稳定状态。

(4) 折射率[3]

在光频率作用下液晶分子电极化引起的介电常数 ε_∞ 和折射率 n 之间的关系为 $\varepsilon_\infty^2 = n$。折射率同样有各向异性。在液晶分子中苯环、联苯环、双重链等组成的中心部 π 电子在分子长轴方向上容易极化。因而,分子长轴方向折射率 $n_{/\!/}$ 大于垂直方向折射率 $n_\perp$。当向列液晶整齐排列时,认为单轴晶体除入射光平行于指向矢以外,均出现双折射。

单轴晶体有两个不同的主折射率 n_o 和 n_e,分别表示寻常光和非寻常光折射率。向列液晶和近晶液晶中,它们的液晶分子的指向矢 $\boldsymbol{n}$ 的方向相当于单轴晶体的光轴。对于与指向矢 $\boldsymbol{n}$ 成垂直或平行振动的入射光,就会产生 $n_\perp$、$n_{/\!/}$ 折射率,则

$$n_o = n_\perp \qquad n_e = n_{/\!/}$$

而且,折射率的各向异性

$$\Delta n = n_e - n_o = n_{/\!/} - n_\perp$$

向列液晶和近晶液晶三维空间上的折射率如图 3.48 所示。对于寻常光表现为球面,而对于非寻常光则表现为旋转的椭圆体。而且,$n_o < n_e$,只有在指向矢的方向上两者才是一致的。通常 $n_{/\!/} > n_\perp$,所以 Δn 为正值。因此,向列液晶和近晶液晶具有正光性。

对于胆甾液晶,因为与指向矢 $\boldsymbol{n}$ 垂直的螺旋轴相当于光轴,所以,当光的波长比螺距大很多时,液晶的主折射率

$$n_o = \left[\frac{1}{2}(n_{/\!/}^2 + n_\perp^2)\right]^{1/2}$$

$$n_e = n_\perp$$

虽然在胆甾液晶中 $n_{/\!/} > n_\perp$ 的关系仍然成立,但 $\Delta n = n_e - n_o < 0$,故胆甾液晶具有负光性。图 3.48(b)表示胆甾液晶对于寻常光和非寻常光折射率的空间分布。

液晶具有折射率的各向异性,由这点可以得到许多有价值的光学特性:

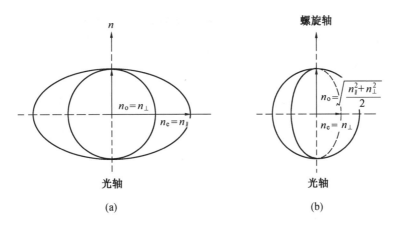

图 3.48 液晶双折射率

① 使入射光前进方向的偏振状态向 n 分子长轴的方向偏转;
② 能改变入射光的偏振状态(线偏振、椭圆偏振、圆偏振)或改变偏振光的振动方向,此特性应用于 TN – LCD 和 STN – LCD 技术;
③ 使入射的左旋、右旋偏振光产生相应的反射或透射。

这些光学特性使液晶具有多种模式。

(5) 弹性常数

在向列液晶情况下,分子沿着指向矢方向平衡,不产生形变恢复力。但破坏分子取向有序时,出现指向矢空间不均匀,使体系自由能增加,产生指向矢形变恢复能。用液晶弹性理论描述液晶宏观物理现象,需要引入液晶弹性形变参数。弹性形变分为展曲形变、扭曲形变和弯曲形变,如图 3.49 所示。三种形变的弹性常数分别为 k_{11}、k_{22}、k_{33}。向列液晶弹性常数为 $10^{-11} \sim 10^{-12}$ 牛顿量级。向列液晶弹性形变能很低,所以,在外场作用下液晶容易形变,液晶显示功耗很小,仅为微瓦量级($\mu W \cdot cm^{-2}$)。

(6) 阈值电压

加电压后液晶显示器件的透光率达到 10% 时的电压称为阈值电压。在一般的笔画型显示中希望阈值电压尽量低,以使其用一个 1.5 V 的电池即可驱动,但在字符、图像显示的多路驱动中却要求有较高的阈值,以便得到陡峭的电光曲线,这样可消除或减少交叉串扰,同时希望阈值电压随温度变化率尽量小。

上述液晶物理性能与液晶分子结构、官能团关系极其密切。实际显示应用中,单体液晶难以满足显示所需要的各种参数指标。因此,采用多种液晶混合以改善和控制液晶工作温度范围、响应特性、阈值陡度、视角、对比度等。图 3.50 表示液晶材料分子结构与液晶材料物理性能、器件参数的关系[31]。

图 3.50 中的连线表示液晶分子中心桥键、取代基、末端基等分子结构基团与材料物理参

数 $\Delta\varepsilon$、ν、k_{33}/k_{11}、Δn、T_{NI}、S 及器件性能(陡度和多路驱动能力、阈值、视角、响应特性、工作温度、对比度)的相互关系。

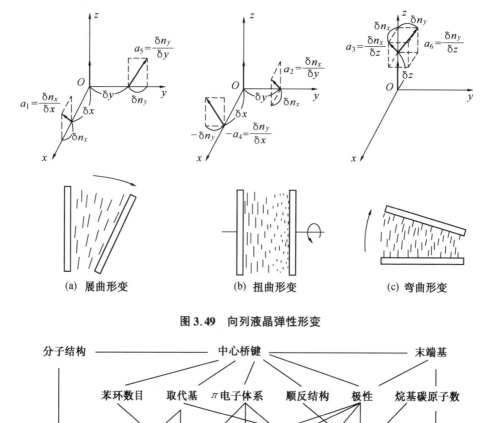

图 3.49 向列液晶弹性形变

图 3.50 液晶材料分子结构与液晶材料物理性能、器件参数的关系

T_g—玻璃化转变温度；T_{NI}—向列相和各向同性液体相转变温度

目前,液晶显示已经得到了广泛的应用。但是在多路驱动的扭曲向列液晶显示中,存在的主要问题是:随着扫描线数的增加,对比度有所下降。为了解决这一问题,可以采用超扭曲向

列液晶显示,但应进一步提高其响应速度。响应速度是与液晶材料的性能密切相关的,通过优化弹性和介电特性以及降低黏度等方法,可以提高响应速度。降低黏度是实现快速响应的有效方法,可以通过在液晶分子中引入含氟基团代替氰基而实现。所以,超扭曲向列液晶显示要求液晶材料具有大的 Δn,同时又具有大的 k_{33}/k_{11} 及小的黏度。

薄膜晶体管型液晶显示的对比度可达 100∶1,响应速度可达 30 ms,视角比超扭曲向列型液晶显示大。为实现这种显示,必须进一步提高响应速度和降低驱动电压,这又是与液晶材料特性密切相关的。为了避免对比度降低,要求液晶材料的电阻率在 10^{12} Ω·cm 以上。此外,高电阻率可以保证显示器件在高光强下使用(如投影显示),因而传统的氰基化合物就不适用了,必须合成各种类型的含氟液晶化合物,这类液晶的最佳特性是在高温下具有高的电荷保持率和极好的紫外稳定性。但是,含氟液晶较小,因而很难降低阈值电压。近年来,人们合成了多种类型的多氟液晶,使降低阈值电压成为可能。含氟液晶的另一个特征是低黏度,可以使响应速度更快。

不同的显示方式对液晶材料的物理、化学特性的要求是不同的。为了满足显示的要求,人们已经合成了多种类型的单体液晶。

4. 液晶材料

常用液晶显示材料有几十种,按中心桥键归纳,主要类型有如下十几种。

(1) 甲亚胺(西夫碱)类[3]

甲亚胺类液晶应用于动态散射(DS)和电控双折射(ECB)模式,表 3.16 中 1 号 MBBA 和 2 号 EBBA 混合液晶具有负介电各向异性($\Delta\varepsilon < 0$)、黏度适中($\nu \approx 35 \times 10^{-6}$ m^2·s^{-1})、双折射率大($\Delta n \approx 0.25$)等特点,因而在 DS 和 ECB 显示模式中广泛应用。表 3.16 中 3 号和 4 号具有 $\Delta\varepsilon > 0$、黏度稍大、介电各向异性值($\Delta\varepsilon = 15 \sim 20$)大、阈值电压低等特点,TN-LCD 初期用此类液晶材料。但西夫碱基容易吸收水分解,稳定性差,未能得到实际应用。

表 3.16 甲亚胺类液晶化合物

序 号	Y—◯—CH═N—◯—Z		相变温度/℃		Δε
	Y	Z	C-N	N-I	
1	CH$_3$O—	C$_4$H$_9$—	22	47	负
2	C$_2$H$_5$O—	C$_4$H$_9$—	37	80	负
3	C$_3$H$_7$—	—CN	65	77	正
4	C$_4$H$_9$O—	—CN	65	108	正

(2) 安息香酸酯类[3]

安息香酸酯类液晶化合物中心部两个苯环之间由酯类连接,其分子结构和典型化合物见表 3.17。这类液晶稳定性好,化合物品种丰富,具有多种性能,混合液晶的主要组分可以得到充分应用。两端均为烷基时，黏度大（$\nu \geqslant 45 \times 10^{-6}$ m^2·s^{-1}）。末端基为氰基时，液晶具有大的正介电各向异性（$\Delta\varepsilon > 20$），应用于低阈值、多路驱动显示。

表 3.17 安息香酸酯类液晶化合物

Y—〇—CO—O—〇—Z

Y	Z	相变温度/℃		$\Delta\varepsilon$
		C–N	N–I	
CH$_3$O—	C$_6$H$_{13}$O—	55	77	负
CH$_3$O—	C$_5$H$_{11}$—	29	42	正
C$_5$H$_{11}$—	C$_5$H$_{11}$—	(33)	(12)	正
C$_6$H$_{13}$—	—CN	45	47	正

注：( )表示单向相变。

(3) 联苯类和联三苯类

联苯类液晶分子中没有连接基团，因而黏度较低，Δn 也较大，在扭曲向列液晶显示中得到了广泛的应用。此外，在调制超扭曲向列液晶显示用混合液晶时也可以添加少量该类液晶以调节混合液晶。

联苯类液晶是正性液晶，是末端基为烷基和烷氧基的氰基联苯液晶化合物。它具有无色、化学性稳定、光化学性能稳定、介电各向异性（$\Delta\varepsilon \approx 13$）及黏度（$\nu \approx 35 \times 10^{-6}$ m^2·s^{-1}）和双折射率（$\Delta n \approx 0.2$）等数值适中的特点，广泛应用于 LCD。表 3.18 列出这类液晶的典型分子结构和性能。

表 3.18 联苯类和联三苯类液晶化合物

Y—〇—〇—Z

Y	Z	相变温度/℃		$\Delta\varepsilon$
		C–N	N–I	
C$_5$H$_{11}$O—	—CN	24	35	正
C$_6$H$_{13}$—	—CN	14	29	正
C$_5$H$_{11}$—	—CN	48	68	正
C$_7$H$_{15}$O—	—CN	54	74	正
C$_3$H$_7$—〇—	—CN	182	257	正

氰基联苯液晶和氰基联三苯液晶配合可增宽温度范围、增大双折射率及改进多路驱动性能。

(4) 环己烷基碳酸酯类

环己烷基碳酸酯类液晶化合物列于表 3.19 中。它们的特点是黏度小、温度范围宽。尤其

表 3.19 中 Z 末端基为烷基、烷氧基时,黏度很小($\nu < 20 \times 10^{-6}$ m²·s⁻¹),是快速响应混合液晶的主要组分。另外,这种液晶 k_{33}/k_{11} 小,可用于多路驱动液晶材料。Z 末端基为氰基时,得到正性液晶,其双折射率小($\Delta n \approx 0.12$),介电各向异性也小($\Delta \varepsilon \approx 8$)。

表 3.19 环己烷基碳酸酯类液晶化合物

Y	Z	相变温度/℃		$\Delta \varepsilon$
		C－N	N－I	
C_4H_9-	$C_6H_{13}-$	26	31	负
$C_5H_{11}-$	$C_5H_{11}-$	37	47	负
C_3H_7-	C_2H_5O-	47	78	负
C_4H_9-	$C_5H_{11}O-$	29	66	负
C_3H_7-	$-CN$	54	69	正

(5) 苯基环己烷基类和联苯基环己烷基类

苯基环己烷基类液晶中的环己烷环为反式构型,这类液晶的黏度比联苯类液晶的黏度小,Δn 和 $\Delta \varepsilon$ 也相对小一些。三环和四环结构的苯基环己烷基类液晶具有较高的清亮点,介晶相温度范围也较宽,常用来提高混合液晶的清亮点。苯基环己烷基类液晶可用来改善混合液晶的低温性能,即能减小其黏度,在宽温液晶中有较多的应用。此外,该类液晶也是超扭曲向列液晶显示用混合液晶的主要成分之一。

将这类液晶化合物列于表 3.20 中。它们的稳定性好,同时具有表 3.19 类液晶低黏度的特点,因此,这类材料是非常有用的 LCD 材料。联苯基环己烷基类液晶向列相－各向同性相(N－I)温度高,用于宽温混合液晶。

表 3.20 苯基环己烷基类和联苯基环己烷基类液晶化合物

Y	Z	相变温度/℃		$\Delta \varepsilon$
		C－N	N－I	
C_3H_7-	$-CN$	43	45	正
$C_5H_{11}-$	$-CN$	30	55	正
$C_5H_{11}-$	$-\bigcirc-CN$	95	219	正

(6) 嘧啶类[3]

嘧啶类液晶分子中含有嘧啶环,该类液晶的 Δn 较大,黏度也较大,用这类液晶调制的混

合液晶 Δn 较大(一般大于0.2)。在调制超扭曲向列液晶显示采用混合液晶时,常常加入少量该类液晶,以调节混合液晶体系的 Δn。

表 3.21 列出典型的嘧啶类液晶化合物。这类液晶具有介电各向异性大($\Delta\varepsilon \approx 8$)、温度范围宽、弹性常数比($k_{33}/k_{11}$)较小的特点,用于宽温度范围、低阈值、多路驱动显示。

表 3.21 嘧啶类液晶化合物

Y	Z	相变温度/℃		Δε
		C－N	N－I	
C_7H_{15}—	—CN	44	50	正
C_4H_9—〇—	—CN	94	246	正
C_6H_{13}—	C_6H_{13}O—	31	60	正
C_6H_{13}—	C_9H_{19}O—	37	61	正

(7) 环己烷基乙基类[3]

表 3.22 所列液晶化合物具有乙基中央桥键的环己烷基类化合物的特点。随末端官能基团不同,介电各向异性或负或正。主要特点是黏度小,尤其两端末端基均为烷基或烷氧基时,黏度很小,为 $v_2 \approx 13 \times 10^{-6}\,\mathrm{m}^2 \cdot \mathrm{s}^{-1}$,弹性常数比 k_{33}/k_{11} 约为 1.0。因此,这类液晶是快速响应的多路驱动材料。

表 3.22 环己烷基乙基类液晶化合物

Y	Z	相变温度/℃			Δε
		C－N(S)	S－N	N－I	
C_3H_7—	C_2H_5O—	21	—	34	负
C_5H_{11}—	C_2H_5O—	18	—	46	负
C_3H_7—	—CN	38	—	45	正
C_5H_{11}—	—CN	30	—	51	正
C_7H_{15}—	—CN	45	—	55	正

(8) 环己烯类[3]

表 3.23 为环己烯类液晶的典型化合物。这类液晶的特点是低黏度和低双折射率($\Delta n \approx 0.08$)。TN－LCD 器件设计用光透射第一极小时,需要这类液晶材料,因为 Δn 值小。

表 3.23 环己烯类液晶化合物

C_nH_{2n+1}—⟨H⟩=⟨⟩—C_mH_{2m+1}

n	m	相变温度/℃		
		C–N	S–N	N(S)–I
3	5	(–11)	12	27
3	7	(29)	36	39
5	3	(4)	21	30

注:( )表示单向相变。

(9) 二苯乙炔类[3]

将烷基烷氧基二苯乙炔类典型液晶化合物列入表 3.24。这类液晶具有双折射率大($\Delta n \approx 0.28$)、黏度小($\nu \approx 20 \times 10^{-6}$ $m^2 \cdot s^{-1}$)、相变温度高(N–I 相变)的特点。设计薄层液晶显示器件时,使用 Δn 值大的液晶材料。

表 3.24 二苯乙炔类液晶化合物

C_nH_{2n+1}—⟨⟩—C≡C—⟨⟩—OC_mH_{2m+1}
          X

n	m	X	相变温度/℃	
			C–N	N–I
3	2	—	89	96
4	2	—	54	80
4	2	F	45	51
5	2	—	62	89
5	2	CH$_3$	42	54

(10) 二氟苯撑类[3]

表 3.25 列出 2,3–二氟苯撑类液晶化合物。这类液晶分子侧链引入两个氟原子,使介电各向异性为负,$\Delta \varepsilon = -2 \sim -6$,同时黏度小,$\nu \approx 15 \times 10^{-6} \sim 35 \times 10^{-6}$ $m^2 \cdot s^{-1}$。这类液晶 Δn 值随中央桥键变化很大,$\Delta n = 0.07 \sim 0.29$。氟原子的引入使弹性常数比($k_{33}/k_{11}$)趋于增大。这类液晶应用于 ECB 和 STN 显示模式。

表 3.25　二氟苯撑类液晶化合物

分子结构	相变温度/℃		$\Delta\varepsilon$	Δn	ν
	C-N	N-I			
C_5H_{11}—◯—COO—◯—OC_2H_5（F,F）	51	63	-4.6	0.09	18
C_3H_7—◯—◯—COO—◯—OC_2H_5（F,F）	87	222	-4.1	0.11	37
C_5H_4—◯—C≡C—◯—OC_2H_5（F,F）	57	61	-4.4	0.25	17
C_3H_7—◯—◯—C≡C—◯—OC_2H_5（F,F）	84	229	-4.1	0.29	27

由于含氟类液晶具有低黏度、适中的 $\Delta\varepsilon$、高电阻率、高电荷保持率等特点，其用途日益广泛，尤其是多氟液晶化合物是超扭曲向列液晶显示和薄膜晶体管液晶显示用混合液晶的主要成分，这些液晶分子中大多含有二环或三环体系，其中至少有一个是饱和的环己烷环。从应用角度看，我们不希望在该类液晶分子中存在着—COO—和 —C≡C— 等增大液晶黏度的连接基团。—CH_2CH_2—常常被用做连接基因，以改善液晶分子的性能。侧向含有两个氟原子的液晶是目前主要的负 $\Delta\varepsilon$ 液晶材料，这些液晶的黏度与其主体液晶的黏度相差不大，能够有效地调节混合液晶的 $\Delta\varepsilon/\varepsilon_\perp$，并可用于需要 $\Delta\varepsilon$ 为负的液晶显示中。

(11) 乙烷类液晶

乙烷类液晶分子中含有—CH_2CH_2—连接基团，该类液晶黏度较小，Δn 和 $\Delta\varepsilon$ 也较小，尤其是三环体系的乙烷类液晶有较大的使用价值。这类液晶的 Δn 随温度的变化率较小，是超扭曲向列液晶显示用混合液晶的主要成分之一。乙烷类的多氟液晶是薄膜晶体管液晶显示用混合液晶的主要成分之一，它具有黏度小、Δn 和 $\Delta\varepsilon$ 适中、电阻率高和电荷保持率高等特点。

(12) 手性掺杂剂[3]

向列液晶掺入具有螺旋结构的手性材料，可以控制 TN-LCD 中液晶分子扭曲方向，防止位错缺陷，同时可以在 SBE 和 STN 显示中控制液晶分子扭曲角度和螺距等。初期手性剂用过胆甾液晶，后来都用人工合成的手性材料。表 3.26 列出典型的手性剂化合物。

表中 $1/Pc$ 表示扭曲力，P 是螺距，c 是手性剂掺杂浓度。螺距随温度变化，因手性剂种类不同，螺距随温度上升而变长或变短。例如，表 3.26 中右旋手性剂(CB-15)和左旋手性剂(S-811)相混合，使螺距具有热稳定性。

表 3.26 典型的手性剂化合物

No	结构式	旋光方向	$\frac{1}{Pc}/\mu m^{-1}$
1 (S)	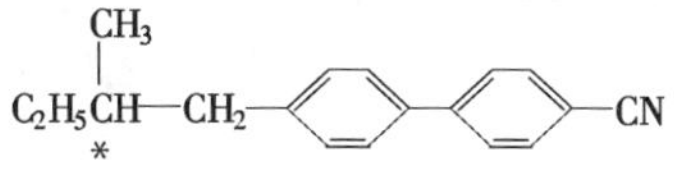 (CB-15)	右	6.6
2 (S)	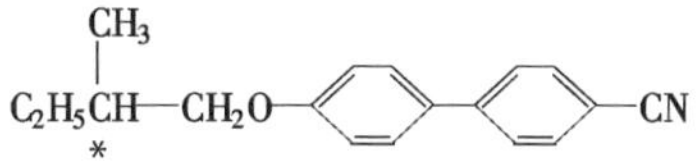 (C-15)	左	1.3
3 (S)	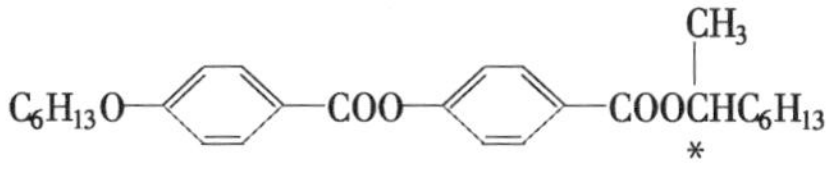 (S-811)	左	1.3
4 (S)	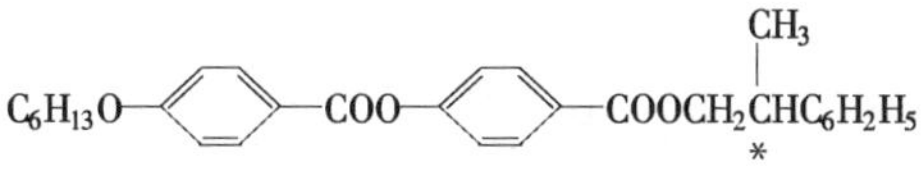 (S-1082)	右	2.8
5 (S)	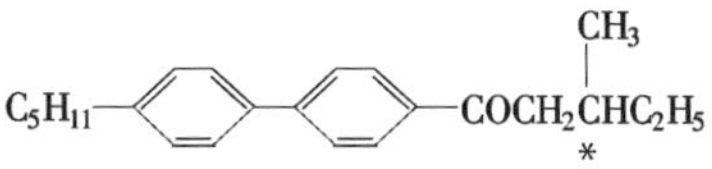 (CM-19)	右	4.1
6 (S)	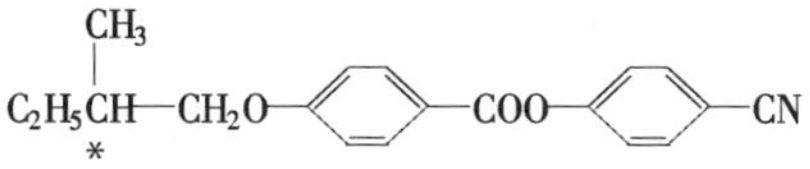 (CM)	左	1.1
7 (S)	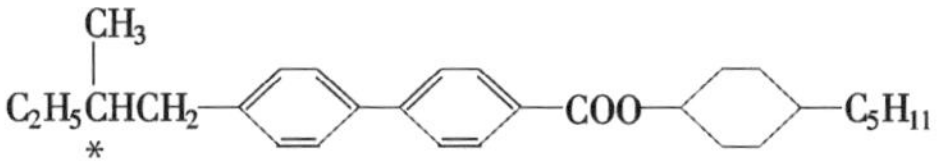 (CM-20)	右	5.5
8 (S)	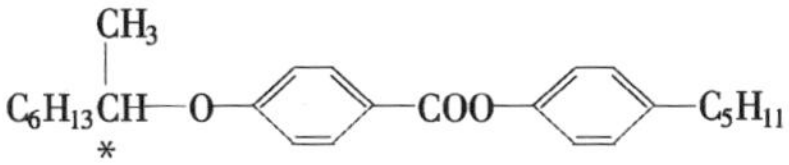 (CM-21)	左	1.2
9 (S)	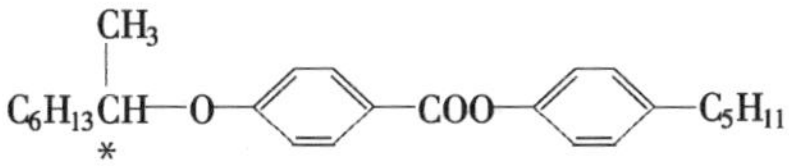 (CM-22)	右	1.2

(13) 铁电液晶材料[3,32]

在某一温度范围内发生自发极化,而且自发极化强度可以因反电场而反向取向的液晶物质称为铁电液晶。它具有与铁磁体相似的磁滞回线,即电磁回线,但并不是所有的液晶都具有铁电性质,只有在液晶分子中含有不对称手性碳原子,并且成为倾斜排列螺旋状结构的液晶,才具有铁电性质。铁电液晶分子具有3个条件:一是分子具有手性基并非是外消旋;二是在分子长轴垂直方向上有永久偶极子;三是具有 S* 相,例如 S_c^*、S_I^* 相等。

铁电液晶具有陡峭的电光锐度特性和良好的双稳态特性,其阈值电压为

$$E_c = \frac{\pi^2 k}{4PP_s} \tag{3.16}$$

式中　P——螺距;

　　　k——弹性常数;

　　　P_s——自发极化。

由上式可以看出,长螺距和高自发极化值的液晶才具有低阈值电压。

另外,黏度(η)对响应时间的影响为

$$\tau = \frac{\eta}{EP_s} \tag{3.17}$$

响应时间取决于黏度、电场强度(E)和自发极化值,通常铁电液晶屏厚度为 $2\sim3~\mu m$,响应时间为微秒量级。

目前人们已合成了 2 000 多种具有这种特性的液晶化合物。铁电液晶分子与向列液晶分子的中央部分结构一致,末端烷基或烷氧基比向列液晶稍长,主要差别在另一末端有间隙部和手性基。表 3.27 和表 3.28 分别列出手性基和间隙部基团。间隙部极性基和手性基不对称碳越靠近,自发极化强度越大。间隙部极性基大小决定介电各向异性的正负性。用 CN 基时,形成负介电各向异性。

表 3.27　铁电液晶化合物的手性基种类

编号	分子结构式	X	n	m	l
(A)	$-C_nH_{2n}-\overset{H}{\underset{X}{C^*}}-C_mH_{2m+1}$	CH_3	$0\sim5,7$	2	
		CH_3	0	3	
		CH_3	0,1	6	
		Cl	1,2,4,5	1	
		Cl	1	2	
		F	1	$4\sim6,8,12$	
		CN	1	1	
		OCH_3	1	2	
(B)	$-C_nH_{2n}-\overset{H}{\underset{X}{C^*}}-C_mH_{2m}(CH_3)_2$	CH_3	1,2	3	
		Cl	0,2	1	
		Cl	1	0	
		F	1	0	

续表 3.27

编号	分子结构式	X	n	m	l
(C)	$-C_nH_{2n}-\overset{H}{\underset{X}{C^*}}-OC_mH_{2m+1}$	CH_3	1	2,3	
(D)	$-C_nH_{2n}-\overset{H}{\underset{X}{C^*}}-C_mH_{2m}-\text{C}_6\text{H}_5$	Cl CF_3	1 0	1 3	
(E)	$-C_nH_{2n}-\overset{H}{\underset{\diagdown_O\diagup}{C^*}}-\overset{H}{C^*}-C_mH_{2m+1}$	—	1	3	
(F)	$-C_nH_{2n}-\overset{H}{\underset{X}{C^*}}-C_lH_{2l}COOC_mH_{2m+1}$	CH_3 CH_3 CH_3	0 0 0	2 1,4 1	0 0 1
(G)	$-C_nH_{2n}-\overset{F}{\underset{CH_3}{C^*}}-COOC_mH_{2m+1}$	—	1	2	
(H)	$-C_nH_{2n}-\overset{F}{\underset{X}{C^*}}-CH_2COOC_mH_{2m+1}$	CF_3	0	2	
(I)	$-C_nH_{2n}-\overset{H}{\underset{X}{C^*}}-C_lH_{2l}-\overset{H}{\underset{CH_3}{C^*}}-C_mH_{2m+1}$	Cl Cl Br F	0.1 1 1 0	2 2 2 2	0 1 0 0

表 3.28 间隙部的种类

编号	间隙部基团	编号	间隙部基团
(A)	—	(F)	—CO—
(B)	—O—	(G)	$-OC_nH_{2n}O-$ ($n=3\sim5$)
(C)	—COO—		
(D)	—OCO—	(H)	—CH=CHO—
(E)	—OCOO—	(I)	—CH=CXCOO— (X = H, CN, Cl, CH_3)

铁电液晶因响应速度快,故广泛用于电视显示、光阀、全息照相存储、光电扫描图形器及光频载波器(即光雷达)、光存储、光通信、光计算机、空间光调制器(spacial light modulators)、光偏转器等领域,这是现代液晶研究的重要课题。但是铁电液晶器件的屏厚度仅为 2~3 μm,这种

器件的制作工艺要求极高,取向技术困难,而且压力或冲击会使液晶分子排列取向混乱,故商品化应用尚待时日。

铁电液晶材料研究集中在增宽 S_c^* 相相变温度区间(目前只能达到 $-20 \sim +60℃$)。化学结构上引进双手性中心及增加强极性基团,使手性液晶的自发极化值达到更高数值。改进结构可使 S_c^* 相的黏度急剧下降,达到快速响应。

(14) 混合液晶材料

上述单体液晶难以全部满足 LCD 器件要求的性能。因此,常采用混合液晶来调节物理性能,以满足器件要求。混合目的随器件种类和特性不同而不同。配制混合液晶时,重要的是积累每种液晶化合物的物理性能数据,掌握器件性能与液晶物理性能的关系,由此确定最佳混合配方。

不同的显示方式对液晶材料特性的要求是不同的,因而液晶材料研究工作的一个重要内容就是调制出满足不同显示方式要求的混合液晶。在调制混合液晶时应同时调节多种物性参数(如相转变温度、介电常数、弹性常数、双折射和黏度等),调节一个参数而不影响另一个参数的值是不可能的,在多数情况下,某些参数随浓度成线性变化,而另一些参数则不然。调制混合液晶时,需要综合考虑上述因素。总体来说,可以具有低熔点和适当向列相温度范围的液晶材料作为混合物的基础。可能有些材料是极性的,另一些材料是非极性的,这样可以改变 $\Delta \varepsilon$,以避免近晶相的形成。选择组分时也应考虑到 Δn 的要求。如果需要低阈值电压的混合液晶,则需加入大 $\Delta \varepsilon$ 的材料。$\Delta \varepsilon / \varepsilon_\perp$ 的调节是非常困难的。加入具有高清亮点的单体液晶能增大混合液晶向列相的介晶相温度范围。所以,在多组分的混合液晶体系中,每个组分对混合液晶的最终性能都有贡献。

随着液晶显示技术的发展,对液晶材料性能的要求越来越高,当前合成新型液晶材料、调制性能优异的混合液晶是液晶材料研究的主要内容。

目前,各种乙烷类及含氟类(尤其是多氟类)单体液晶仍然是超扭曲向列型和薄膜晶体管型液晶显示所用混合液晶中的主要成分,对这些化合物合成工艺技术的改进、提高生产率、降低成本仍然是液晶材料生产中面临的主要问题。研制和生产具有大 Δn、大 $\Delta \varepsilon$ 和 3 -、4 -、5 - 三氟取代等特殊结构与性能的单体液晶化合物以及各种性能优异的手性添加剂是当前液晶材料研究的热点课题。

改进混合液晶的配方、完善混合液晶的性能是液晶材料研究的另一个主要课题。低阈值电压、快响应速度、大视角的液晶显示器件是目前应用的主要显示器件,为此要求混合液晶具有小黏度、大 $\Delta \varepsilon$、适当的 Δn、低阈值电压以及阈电压随温度的变化率低等特点。此外,对于超扭曲向列液晶显示来说,还要求混合液晶的 Δn 随温度的变化率而降低。

5. 取向材料[3]

因为液晶分子之间相互作用力微弱,器件中基板表面状态直接影响液晶分子取向排列,所以,可以利用基板表面涂布取向材料控制液晶分子排列。

取向材料要求具有附着力强、透明、稳定、绝缘性能好等特点。取向剂材料有氧化物、氟化物及高分子材料。由于无机材料涂布工艺复杂，不易流水生产，目前主要采用高分子材料——聚酰亚胺系材料。

聚酰亚胺系取向膜材料的特点是，单体的聚酰胺酸具有良好的可溶性，作为涂布材料容易调节浓度和黏度，可通过固化形成不熔不溶的稳定透明膜。图 3.51 表示聚酰亚胺系高分子的聚合反应路线。图中 R_1 和 R_2 基团结构影响聚酰亚胺的特性。聚酰亚胺系聚合物作为液晶取向剂时，需要选择与显示元件的各种要求及制造工艺要求相匹配的结构。表 3.29 列出聚酰亚胺系取向材料的结构和特点。

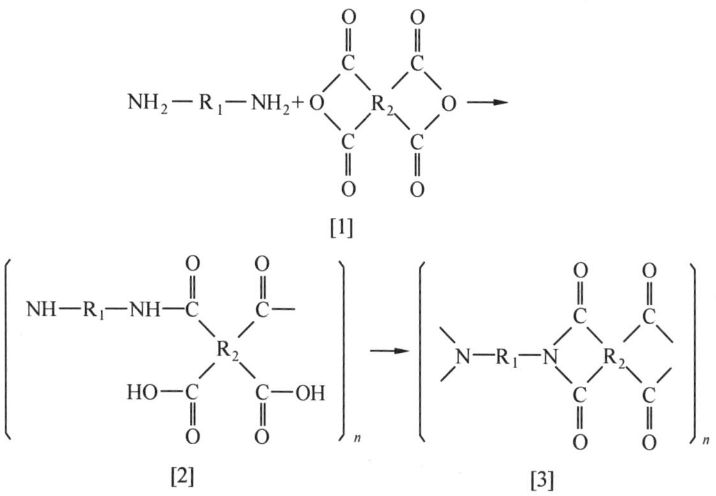

图 3.51 聚酰亚胺系高分子的聚合反应路线

表 3.29 表明，R_1 和 R_2 结构不同，使得聚酰亚胺取向膜热稳定性、附着力、透明性、预倾角及固化温度也不相同。

6. 偏振膜[3]

TN、STN、FLC 等 LCD 器件均是调制偏振光的显示器件，因此偏振膜是不可缺少的材料。偏振膜一般利用双色性、双折射、反射和散射等光学性质。液晶显示用偏振膜是利用高分子膜双色性制作的。

用 PVA（聚乙烯醇）薄膜作偏振膜基片，用湿式延伸法均匀拉伸 PVA 膜，使 PVA 分子按延伸方向排列，同时吸附碘化物或染料，得到偏振基片。为了提高耐热、耐湿性，用硼酸、乙二醛等的交联反应减小 OH 基的聚乙烯化。

为确保偏振膜的寿命和机械强度，偏振基片两面用黏结剂粘贴乙酸纤维薄膜、聚酯膜或聚碳酸酯薄膜，使偏振膜的耐热、耐湿性能提高。这种支撑膜具有无双折射、透明、表面平滑、耐热、耐湿、高机械强度等特点。可在支撑膜中掺入吸收紫外光材料，以改善 LCD 户外使用性能。

表 3.29 聚酰亚胺系取向材料的结构和特点

No.	R_1 的结构	R_2 的结构	特 点
1	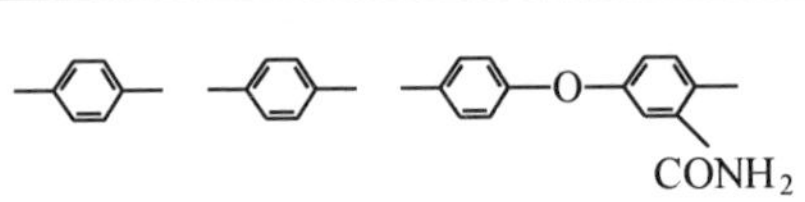 三苯环-O-苯环-CONH$_2$	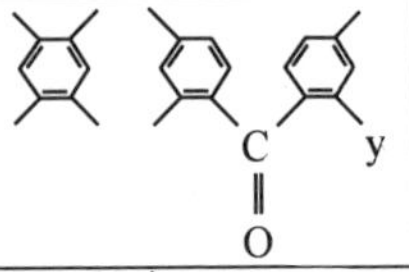 苯环结构-C=O-y	耐热稳定性好 化学稳定性好
2	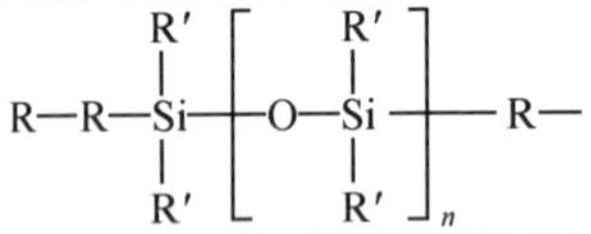 R-R-Si(R')$_2$-O-Si(R')$_2$-R (n)	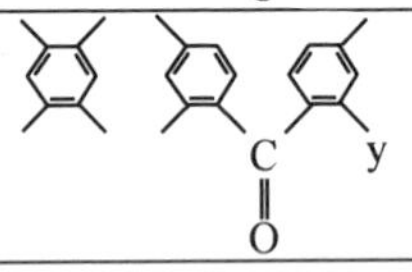 苯环结构-C=O-y	和基板紧密结合好
3	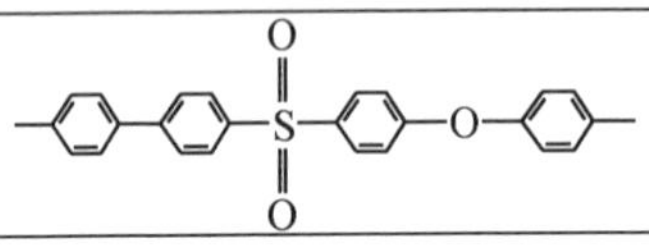 苯环-苯环-SO$_2$-苯环-O-苯环	—	透明性好 稳定性好
4	—	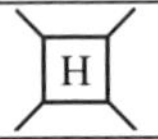 H结构	透明性好 耐化学性好
5	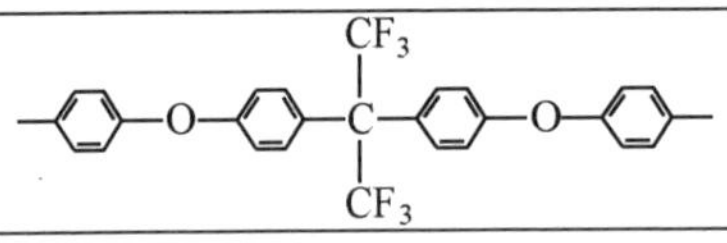 苯环-O-苯环-C(CF$_3$)$_2$-苯环-O-苯环	—	倾角大
6	—	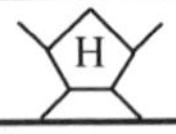 H结构	低温固化性好

7. ITO 玻璃

把 ITO（铟锡氧化物）涂布在平板玻璃上可形成 ITO 玻璃（又称透明导电玻璃）。ITO 玻璃是所有平板显示共用的基板材料。因各种显示器件制造工艺、热处理、加工条件及器件性能等不同，对玻璃基板材料、表面平整度、热和力学性能等要求也不同。下面介绍 LCD 用 ITO 玻璃。

(1) 玻璃基板

TN 和 STN 使用碱石灰玻璃，TFT-LCD 使用无碱玻璃、硼硅玻璃、石英玻璃等。表 3.30 列出玻璃的组分和特性。TN 和 STN 器件制造工艺的最高温度为 450℃，容许伸缩量小于 ±10 μm。表 3.30 中碱石灰玻璃特性满足 TN 和 STN 工艺条件。碱金属（R_2O）对 TFT 影响很大，因此 TFT-LCD 使用无碱玻璃。多晶硅（p-Si）TFT 制作工艺的最高温度为 650℃，所以使用熔融石英玻璃。

LCD 玻璃板厚度有 1.1 mm、0.7 mm、0.5 mm、0.4 mm 等。笔记本电脑 LCD 玻璃板厚度一般为 0.7 mm，移动电话 LCD 玻璃板厚度一般为 0.5 mm 或 0.4 mm。有时用塑料膜取代玻璃板[33]。彩色液晶显示中的彩色滤光片也是一个重要的组件，它直接影响着彩色显示的质量[34]。

TFT-LCD 布线最小图形为 5～10 μm。因此，玻璃板上的缺陷也要求小于 5 μm。TN 和

STN-LCD 玻璃板缺陷规定为小于 50 μm,但 STN-LCD 玻璃板表面波纹凹凸要求小于 0.05 μm,对平整度要求很高。

表 3.30 玻璃的组分和特性

玻璃的种类		碱石灰玻璃 (AS)	中性硼硅玻璃 (AX)	无 碱 玻 璃		
				AN	其它	熔融石英
化学组分 ($w/\%$)	SiO_2	72.5	72	56	49	>99.9
	Al_2O_3	2	5	15	11	30×10^{-6}
	B_2O_3	—	9	2	15	—
	RO	12	7	27	25	—
	R_2O	13.5	7	—	—	2×10^{-6}
热膨胀率(50~200℃)/K		8×10^{-6}	5×10^{-6}	4×10^{-6}	5×10^{-6}	0.5×10^{-6}
畸变点/℃		510	530	660	590	1 070
密度/($g \cdot cm^{-3}$)		2.49	2.41	2.78	2.76	2.20
杨氏模量/10^4Pa		7 300	7 100	8 900	6 900	743 000
泊松比 μ		0.21	0.18	0.23	0.28	0.17
弯曲强度/kPa		670	550	690	650	700
折射率		1.52	1.50	1.56	1.53	1.45
耐热冲击(温度变化量)/℃		85	130	140	150	1 000
水的接触角/(°)		6.7	14.4	29.5	31	—

(2) ITO 膜[35,36]

ITO 膜是透明导电膜,是一种含氧空位的 n 型氧化物半导体材料。ITO 膜主要性能有电阻率、透过率、稳定性及蚀刻特性。ITO 膜电阻率和透过率与氧化铟中锡含量、氧空位浓度及膜厚度有关。随着 LCD 分辨率的提高,在简单矩阵显示中,ITO 电极刻蚀精度要求更高,ITO 膜太厚影响刻蚀精度。一般来说,当膜厚 20 mm 时,电阻值为 100 Ω;膜厚为 67 nm 时,电阻值为 30 Ω;膜厚为 200 nm 时,电阻值为 10 Ω。STN-LCD-VGA 显示中要求 ITO 电阻为 10 Ω 以下,这样 ITO 膜厚 200 nm 以上,给刻蚀工艺带来难度。因此需要研究开发低电阻、高透过率 ITO 膜材料。

制作 ITO 膜的方法有蒸镀法、溅射法、高温熔胶膜法及浸渍烧结法。其中工业大量生产时使用溅射法,即将氧化铟和氧化锡混合物烧结成靶材,在氩气和少量氧气混合气体中向玻璃基板上溅射得到 ITO 膜。在膜厚 20~30 nm 时电阻率为 $2.0 \times 10^{-4} \sim 2.5 \times 10^{-4}$ Ω·cm。在 1 m^2 以上大面积玻璃板上可得到均匀的 ITO 膜。

TN-LCD 主要用于钟表、计算器、仪表、家用电器及通信和办公设备中的笔记本电脑、游戏机、电子记事本、导航仪、掌上电脑、传真机、可视电话等领域。TFT-LCD 主要用于便携式计算机、计算机工作站、电视、摄录机、导航仪、高档游戏机、可视电话等领域。此外,LCD 器件在军用仪器仪表中的应用也日益广泛,如战斗机座舱中的显示仪表、全球定位系统(GPS)等。

二、电致变色显示材料[37]

电致变色(electro chromism)是指在外加电场或电流的作用下物质的光学性能(透过率、反射率或吸收率)在可见光波长范围内产生稳定可逆变化的现象。20世纪30年代就有了关于电致变色现象的报道。到60年代,电致变色现象开始引起了人们的普遍注意,人们逐渐认识到其具有的独特优点和潜在的应用前景。1969年,Deb对WO_3薄膜的电致变色效应等进行了系统研究,并首次提出了WO_3的电致变色"氧空位色心"机理。1973年Schoot研究了紫精液体的电致变色,使电致变色研究达到了一个高峰。

1. 电致变色显示材料

最常使用的电致变色材料是氧化钨膜。作为阴极,它被注入的电子还原,同时由阳极注入阳离子时发生从无色变为有色的着色反应,反之,以它作为阳极时会发生颜色的消褪反应。其化学反应可表示为

$$x M^+ + xe^- + WO_3 \underset{漂白}{\overset{着色}{\rightleftharpoons}} M_x WO_3 \qquad (3.18)$$
$$\text{(无色)} \qquad \text{(蓝色)}$$

式中 M^+——H^+、Li^+、Na^+等离子半径较小的正离子。

实验的电致变色材料必须满足以下的条件:在可见光区有足够强的吸收谱带;颜色条件必须是可逆的,没有副反应;在室温低电压下具有适当的对比度。可以将具有变色特性的固态和液态化合物分为无机和有机两大类,根据变色状态的不同,也可以分为施加电压产生着色的阴极着色材料和加正电压而着色的阳极着色材料。

(1) 无机电致变色材料

具有电致变色特征的无机材料主要是过渡金属氧化物,如WO_3、MoO_3、IrO、Rh_2O_3、NiO_2、Co_2O_3、V_2O_5、Nb_2O_5、TiO_2、MnO_2、CuO、Fe_2O_3、Pt_2O_3、PtO、PdO和RuO等。杂多酸及聚金属氧盐也是一类重要的电致变色材料。下面着重介绍几种研究较多、性能较好的化合物。

1) WO_3和MoO_3

WO_3和MoO_3的单晶状态通常不具有电致变色特性,但其化学计量比和非化学计量比的非晶、多晶及薄膜则具有电致变色特性。WO_3的变色反应见式(3.18)。在晶体中钨原子被六个氧原子环绕,呈八面体配位结构。实际的无定形态则具有三维无序的部分缺氧原子结构。

吸附了水的MoO_3薄膜的电致变色反应为

$$MoO_3 + xH^+ + xe^- \rightleftharpoons H_x MoO_3 \qquad 0 < x < 1 \qquad (3.19)$$
$$\text{(无色)} \qquad\qquad \text{(普鲁士蓝)}$$

$H_x MoO_3$因在870 nm处出现吸收峰而呈现普鲁士蓝。与n型半导体MoO_3不同,p型半导体的氧化铬薄膜特别易于保留吸附的水,发生可逆的电致变色反应,即

$$Cr_2O_3 + xOH^- + xH^+ \rightleftharpoons (H_2O)_x Cr_2O_3 \tag{3.20}$$

采用 WO_3 – Cr_2O_3 和 V_2O_5 – Cr_2O_3 混合物的固体电致变色器件还可以改善功耗和记忆性能。

2) 普鲁士蓝(Prussian blue,简称 PB,即 Fe^{3+} 的亚铁氰化物)

普鲁士蓝是一种同时含有 Fe^{2+} 和 Fe^{3+} 的混合价配合物。有两种普鲁士蓝,溶解的 PB – $KFeFe(CN)_6$ 和不溶解的 PB – $Fe_4[Fe(CN)_6]_3$。在这两者的立方晶格中都含有少量 H_2O。溶解和不溶解这两个名词并不真正表示溶解度,而只是表示其胶溶作用的难易性。这两种形式的 PB 在注入电子并相应地在晶格中嵌入碱金属离子 M^+ 时,会还原而产生透明的 Everitt 盐(ES)。例如,对于溶液中的 PB,其电致变色反应为

$$KFeFe(CN)_6 + K^+ + e^- \rightleftharpoons K_2FeFe(CN)_6 \tag{3.21}$$
(普鲁士蓝 PB)　　　　　　　(无色的 ES)

逆反应则氧化为 PB,而 PB 还可以氧化为黄色的普鲁士黄,即

$$KFeFe(CN)_6 \rightleftharpoons FeFe(CN)_6 + K^+ + e^- \tag{3.22}$$
(普鲁士蓝)　　　(普鲁士黄)

反应式(3.22)的逆反应比反应式(3.21)的慢,而且其反应电势接近普鲁士黄的分解和释出氧的电势。由于阳极着色材料普鲁士蓝能和阴极着色材料 WO_3 组成互补变色系统,因此,它是最常用于灵巧窗的材料。

此外,石墨的碱金属嵌入物(C_6Li、$C_{12}Li$、C_8M、$C_{24}M$、$C_{36}M$ 和 InN 等)薄膜也有电致变色效应。

(2) 有机及配合物电致变色材料

具有电致变色特性的有机材料有紫精(viologen)、稀土酞菁(lanthanide phthalocyanine)、吡嗪(pyrazine)、聚苯胺(polyaninline)以及一些导电有机聚合物等。其变色机理较为复杂,大都涉及电子的得失(即发生了氧化还原反应)和颜色不同的反应物及产物。下述为代表性化合物。

1) 紫精衍生物

常用的紫精衍生物为溴化双庚基紫罗精(diheptyl viologen dibromide)和卤化苄基紫罗精(benzyl viologen halides)。在溶液中它们都离解成二价离子,在阴极能从无色状态还原成蓝紫色氧阳离子自由基。紫精衍生物具有明显的电压阈值和较快的响应速度,开关速度更是高达 $10^8 s^{-1}$。另外,可以改变取代基而得到不同的颜色,提高聚合还可以防止其重结晶,从而延长寿命。

$$R-\overset{+}{N}\diagup\hspace{-2pt}=\hspace{-2pt}\diagdown\overset{+}{N}-R' + e^- \underset{漂白}{\overset{着色}{\rightleftharpoons}} R-\overset{\cdot}{N}\diagup\hspace{-2pt}=\hspace{-2pt}\diagdown\overset{\cdot}{N}-R' \tag{3.23}$$
　　(无色)　　　　　　　　　　(蓝色)

2) 稀土酞菁

稀土酞菁分子结构如图 3.52 所示,其中 Re 为稀土元素。对于三价稀土,一个活泼氢仍留在化合物中,所以分子式可缩写为 $ReH(Pc)_2$,如 $LuH(Pc)_2$、$ThH(Pc)_2$ 等。但最引人注目的是镥

酞菁 LuH(Pc)$_2$，这种真空制备的薄膜本身的颜色为绿色，这种绿色在外加电压下(相对饱和甘汞电极)氧化或还原时会产生电化学反应，即

$$\text{红色} \rightleftharpoons \text{绿色} \rightleftharpoons \text{蓝色} \rightleftharpoons \text{紫色}$$
$$(1.0\text{ V})\quad(0.1\text{ V})\quad(-0.8\text{ V})\quad(-1.2\text{ V})$$
(3.24)

其特点是响应速度快(小于 50 ms)、温度范围宽、功耗小($0.5 \sim 1.5$ mJ·cm^{-1})，但开关的寿命不太长(小于 10^5 次)。

Er 的酞氰化合物和 Co(Ⅱ) 的联吡啶配合物 Co(2,2'-bpy)$_3$(NO$_3$)$_2$ 也存在电致变色效应。

(3) 混合物电致变色材料

将两种以上的不同化合物以适当的配比及恰当的方法混合后，能形成混合物电致变色材料，这是改善电致变色性能的一个重要方法。由此可能改善单组分材料的电致变色性能，例如，可改变最大吸收峰的位置，以使其接近日光光谱或适应人眼的响应峰值(使人安静的绿色光子能量相当于 2.25 eV)。在吸收峰为 1.4 eV(900 nm) 的 WO$_3$ 中，用蒸发法掺入质量分数为 5%、吸收峰为 1.56 eV(800 nm) 的 MoO$_3$ 后，就可

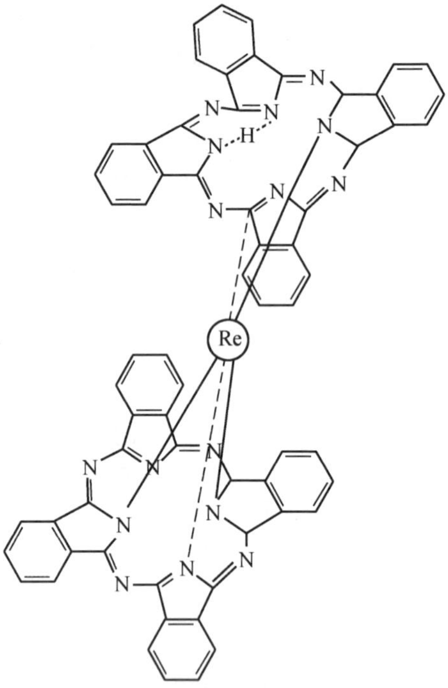

图 3.52　稀土酞菁分子结构

使着色膜的吸收峰最大值升至 2.5 eV(600 nm)。在 WO$_3$ 中加入 MoO$_3$ 还能提高 WO$_3$ 的着色效率，缩短响应时间。已研究过的混合氧化物电致变色材料有 La$_2$O$_3$-WO$_3$、TiO$_2$-WO$_3$、Nb$_2$O$_5$-V$_2$O$_5$、TiO$_2$-CeO$_2$ 等。混合稀土酞菁不仅改善了酞菁的光谱响应曲线，使之更适应人的视觉响应峰值，并且使工作寿命提高至 10^7 次以上。为了克服固体电解质响应慢的缺点，有时采用将变色物质和氢离子导体组装成单层膜的办法来提高响应速度，如在电极间使用 H$_3$PO$_4$(WO$_3$)$_{12}$·29H$_2$O 或 H$_3$PO$_4$(MoO$_3$)$_{12}$·29H$_2$O。

1) 离子导体(或称电解质)

离子导体是电致变色器件中的一个重要组成部分。在基础研究中大都使用液体电解质作为离子导体，因为它的电导率高，因而响应速度快。但是在实用中为了实现薄膜化、易于封装、避免腐蚀，常采用固体快离子导体(FIC, fast ion conductor)。FIC 的离子电导率接近甚至超过电解质熔盐，其特点是具有高浓度的载流子、高浓度空位和间隙位置以及较低的离子活化能。

对用于电致变色材料的离子导体，还特别要求它在有高离子电导率($\sigma_1 > 10^{-7}$ S·cm^{-1})的

同时,还要有低的电子电导率($\sigma_e < 10^{-10}$ S·cm^{-1}),在所要求光谱内有高的透射率或低的反射率、无化学腐蚀、不发生不可逆化学反应和易于制成的薄膜。常用的快离子导体有 RbAg$_4$I$_5$、Na-β-Al$_2$O$_3$、Li-β-Al$_2$O$_3$ 和 Na$_3$Zr$_2$Si$_2$PO$_{12}$ 等。在全固体电致发光器件中也常使用 MgF$_2$、CaF$_2$、SiO、ZrO$_2$、TaO$_5$、Cr$_2$O$_3$ 和 LiF 等介电膜作为离子导体。另外,常使用的还有含有磺酸基的高分子。例如,丙烯酰胺甲基丙烷磺酸聚合物(AMPS)具有很好的化学稳定性和黏着性。

2) 制膜技术

一般使用的电致变色材料为薄膜状态,常用的膜制备技术有物理气相沉积技术(PVD,如真空热蒸发、电子束蒸发、射频磁控溅射和直流磁控反应溅射等)和化学气相沉积技术(CVD,如热分解法、阳极氧化法和溶胶-凝胶法等)。例如,在真空热蒸发法中,将置于钨或钽盘中的 WO$_3$ 粉末用感应炉在约 10^{-3} Pa 真空下加热到 1 000~1 300℃使之升华,则可在作为电极用的玻璃衬底上(加热至 80~120℃)形成一层厚度约为 0.3~1 μm 的 WO$_x$(2 < x < 3)透明膜。物理方法是一种"干法",其缺点是电致变色活性难以控制。目前,人们也在研究温度较低的化学方法,这种方法的特点是简便、不需复杂设备、易于获得好的电致变色特性,但膜的结构比较松散,与衬底黏附不牢,且电致变色层容易带入"轻"元素,如碳等。

2. 电致变色薄膜的表征

电致变色薄膜的表征及研究方法目前在国际上因条件不一而缺乏可比性,但大都根据惯例采用不同的化学、物理和电子方法。例如,常采用物理方法研究其着色效率(单位面积薄膜注入的电荷量所引起的光学密度变化)、响应特性(在方波电压作用下,变色过程中电流随时间的变化)、存储特性(去掉外加电场后薄膜仍能保持其特征的能力,反映其开路记忆能力)、寿命(在方波工作电压下漂白、着色循环工作的次数)、薄膜厚度(椭圆偏振法、触针法)、薄膜成分(AES 和 XPS 谱学法)、薄膜形貌表征(透射电子显微镜)和薄膜结构(X 射线衍射和电子衍射法)等。下面简述电致变色膜的光电特性的表征。

根据比尔-朗伯定律,光强为 I_0 的入射光在透过厚度为 d、浓度为 c 的吸收物质后,其透光率 T 为

$$T = \frac{I}{I_0} = 10^{-\varepsilon cd} \tag{3.25}$$

式中 ε——摩尔消光系数。

光学密度 OD 定义为

$$OD = \lg\left(\frac{I_0}{I}\right) = \varepsilon cd \tag{3.26}$$

忽略厚度方向的变化,则对于表面浓度为 $c_B (= cd)$ 的着色物质,其光学密度(单位面积)为

$$OD = \varepsilon c_B \tag{3.27}$$

若褪色和着色时透过的光强度分别为 I_1 和 I_2,则光学密度的变化为

$$\Delta OD = \Delta OD_1 - \Delta OD_2 = \lg\left(\frac{I_2}{I_1}\right) \tag{3.28}$$

根据经验,着色的程度和消耗的电量成正比,则流过薄膜单位面积的总电流量(称为表面电荷密度)为

$$Q = \int_0^t i\,\mathrm{d}t \tag{3.29}$$

若设总电量对产生着色中心的贡献为系数 β,按照法拉第电解定律,着色材料的表面浓度 c_B 为

$$c_B = \frac{\beta Q}{nF} = \eta Q \tag{3.30}$$

式中 F——法拉第常量(96 500 C·mol^{-1});

η——产生一个着色中心所需的电子数。

由上可见,光学密度变化 ΔOD 正比于 ΔQ。图 3.53 为 ECD 池的 $\Delta OD-Q$ 电光曲线测量装置示意图。

显示器件的对比度(CR)可以表示为

$$CR = \frac{I_0}{I} = \frac{1}{T} \tag{3.31}$$

为了得到适当的对比度,电化学反应中所伴随的电荷转移时间至少要小于 10 ms。器件的可靠性及寿命取决于很多因素。例如,对于紫精体系,若应用的电压过高,则会发生不可逆的次级还原反应而沾污电极;若记忆时间过长,则会因沉积膜的结晶状态发生变化而损害其可擦性。

图 3.54 为常用的电化学 - 光谱测量装置。对于紫外、可见及近红外的光谱,则采

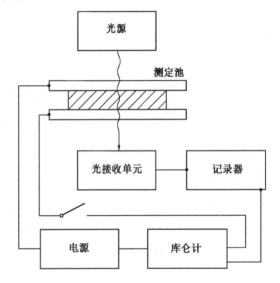

图 3.53 ECD 池的 $\Delta OD-Q$ 电光曲线测量装置示意图

用分光光度计,光致变色器件则放置在光谱仪的样品槽位置,并将其电极和外部电化学装置相连。电化学部分包括恒电位器、函数发生器、库仑计和记录/打印设备,由此可以测量电流(或电荷)- 电势或电流(或电荷)- 时间的曲线。单电极的电势通常是相对于标准甘汞电极(SCE)而言。电池的电压测量值 V 通常是以阴极相对于阳极而言的。

图 3.55 为 WO$_3$ 膜的循环伏安图,其特点是在电势靠近 -0.02 V(相对 SCE)处出现大的阳极峰,而且其阴极电压一直减小到 -1 V 时电流才减为 0。在酸性水溶液中,H$_2$ 的电势接近于反应式(3.18)的电势。利用电极动力学方法还可以测量 Li$^+$ 在此 WO$_3$ 膜中的扩散系数(约为

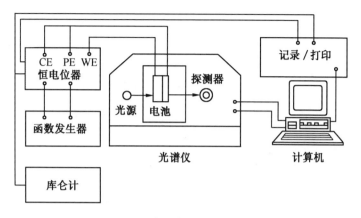

图 3.54 电化学-光谱测量装置

3×10^{-11} cm·s^{-1})。图 3.56 则为 WO$_3$ 膜在不同阴极极化条件下的吸收光谱。在整个可见光谱范围(400~850 nm)内,其光学吸收随阴极极化作用而增加,由于着色的动力学过程受碱金属离子扩散的限制,故着色过程在 WO$_3^-$ 电解质界面开始,并从电解质这一边持续向底物部分进行。原位红外光谱也是一种重要的手段,此方法证实了 WO$_3$ 着色过程形成的 H$_x$WO$_3$ 中包含 H$_2$O 分子。

3. 电致变色机理

着色材料在电场作用下不能发光,但能形成着色中心,对可见光有选择地吸收,所以在可见光照射下材料能够着色。利用由电化学的氧化还原反应引起的物质吸收光谱的变化,这样当反转电压或关掉电源时,材料即褪色,这是着色材料共有的宏观特性。但是,不同着色材料的微观机理是截然不同的。

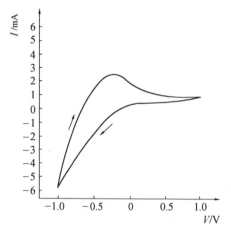

图 3.55 WO$_3$ 膜的循环伏安图

(丙烯碳酸盐的 1 mol·dm^{-3}LiClO$_4$ 溶液,扫描速度为 100 mV·s^{-1})

当电流通过材料时,材料的吸收光谱发生一个持久而又可逆的变化,称为电致着色。它有两种类型:着色或变色只是由电子过程导致;着色或变色只是由化学过程导致,除有电子流外,还有离子电流。这两类着色过程表明,材料的着色过程处于外电场作用下,既有电子电导,又有离子电导注入,在材料中形成着色中心,有选择地吸收可见光。这个过程有存储性,材料着色后,切断电源,材料的颜色可以保存,只有加上反向电压后颜色才消失。其中,电子电导改善吸收状态,而离子电导则保证电荷注入时的电中性及电流的连续性。

有关电致变色的理论很多,有物理(纯物理光学或量子理论)的,也有化学的。下面介绍其

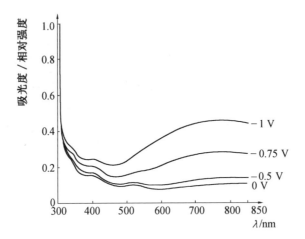

图 3.56 WO₃ 膜在不同阴极极化条件下的吸收光谱

(电解质溶液:丙烯碳酸盐的 $1\ mol\cdot dm^{-3} LiClO_4$ 溶液)

中几种流行的电致变色机理。

(1) 色心模型

在电致变色机理中,缺陷和色心的概念很重要。在自然界,就像不具有理想的真空一样,也不存在理想的晶体。在晶体中有两类熟知的缺陷(图 3.57)。一类是弗仑克尔(Frenkel)缺陷,即一个离子(正离子或负离子)从其正常位置移动到非正常的位置(即间隙位置),结果出现空位(vacancy)与间隙离子这一对缺陷。另一类是肖特基缺陷,即一对带相反电荷的离子移动到晶面而形成一对空位,但不存在间隙物。不论哪种缺陷,整个晶体仍然保持电中性。这些缺陷几乎存在于所有晶体中,因为它们以无序熵增的形式达到热力学稳定。产生空位和间隙缺陷的方式很多,例如,在氯化钠熔融结晶时加入 $CaCl_2$,则每一个 Ca^{2+} 代替晶格中的 Na^+ 时,就

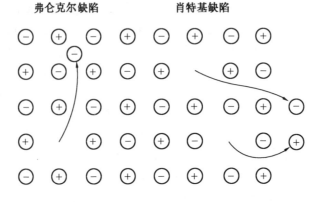

图 3.57 离子晶体中的弗仑克尔缺陷和肖特基缺陷示意图

会附加一个 Na^+ 空位或填隙的 Cl^-，以保持晶格中的电中性。

缺陷本身并不能产生光吸收，从而使材料呈现颜色，例如，纯的 CaF_2 也有缺陷，但它是无色的。在高能辐射源照射下或阳光长期照射下的 CaF 矿会显示出紫色，常认为它形成了色心。图 3.58 表示了不同类型的色心缺陷，所谓的 F 色心是由一个负离子空位和一个被束缚在空位静电场中的电子所形成（F 为德文颜色 Farbe 一词的第一个字母）。

在色心形成过程中有过剩碱金属的情况下，这时首先发生电离，即

$$K \longrightarrow K^+ + e^- \tag{3.32}$$

K^+ 再从内部与卤素离子在表面上晶化，即

$$K^+ + Cl^- \longrightarrow KCl \tag{3.33}$$

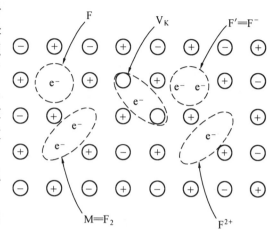

图 3.58　离子晶体中的各种色心缺陷

式（3.32）中多余的电子被俘获在卤素离子空穴形成 F 色心。在电解过程中，F 色心的生成则可看做 K^+ 与阴极的电子以式（3.32）的逆过程结合成 K，然后 K 又依据前述两个化学反应而产生 F 色心。

可以从能带观点来观察色心的显色过程，但也可以用简单的配位场理论加以阐明。一旦在空位处电子被周围阳离子俘获，可将空位看做是配合物的中心原子，电子和它的结合就形成类似配合物中的能级。正是这些能级间的跃迁导致光的吸收，从而显示出色心的颜色。而所谓的漂白作用就可看做是被俘获电子的释放。对于碱金属卤化物，发现其吸收光谱峰（类似于静电理论结果）满足如下经验公式，即

$$E_a = \frac{17.4}{d^{1.83}} \tag{3.34}$$

式中　d——以 Å（1Å = 0.1 nm）为单位的正负离子间的距离。

图 3.58 也展示了其它常见的几种色心。其中 $F' = F^-$ 色心表示俘获了的第二个电子的 F 色心；$M = F_2$ 色心是两个相互作用的相邻 F 色心；F^{2+} 色心是两个相邻的负离子空位，但它们之间只有一个被俘电子。

另一类是所谓的 V 色心，它是由一个正离子空位和一个被束缚在空位上的空穴所构成，即从其正常位置失去离子后产生吸收光的中心。图 3.58 中 V_K 色心就是两个相邻负离子空位之间只有一个（而不是两个）负电荷的色心。

金属钨的价电子组态为 $5d^46s^2$。在研究非晶态氧化钨电致变色现象时，Deb 认为，钨定型晶态 WO_{3-x}（$0 < x < 1$）晶格结构的不完整性使之存在氧空位的正电中心缺陷，它可以俘获从阴极注入的电子而形成 F 色心，使薄膜着色。表面吸附的水在电场作用下分解为 H^+ 和 OH^-，

OH^- 向阴极迁移以补偿电子的注入,保持薄膜的电中性。当改变电源极性而抽取(氧化)薄膜中的电子时,因色心消失而褪色。但 Faughuan 等人还发现,着色是从电解质 WO_3 开始的。这些现象与色心模型相矛盾。实验表明,氧化钨变色薄膜的光学密度差 ΔOD 主要和制膜工艺、晶粒尺寸和膜层孔隙率等因素有关,而与氧空位的增减关系不大。

(2) 电荷转移模型

在这种机理下,颜色变化过程中起作用的是不同原子价的原子之间发生的电荷转移,即通过光的吸收,电子从一种过渡金属离子转移到另一种离子而引起两种离子之间的价态变化,从而导致颜色的变化。这种电荷转移可以发生在不同原子之间,也可以发生在相同原子之间。

由同种元素(一般为金属)以两种不同表现氧化态构成的化合物,通常称为混合价化合物。例如,熟知的深蓝色普鲁士蓝和杂多钨钼蓝都是混合价化合物,应用化学分析电子能谱(ESCA)和穆斯堡尔谱等谱学方法常可确定其不同价态原子的存在,甚至测定其交换速率。

以上面讨论的普鲁士蓝 $Fe_4[Fe(CN)_6]_3 \cdot 14H_2O$ 作为实例,讨论其电致变色机理。该晶体中含有不同价态的 Fe^{2+} 和 Fe^{3+} 离子。若这两种离子在晶体中占据相邻且等同的晶格位置,则电子在 Fe^{2+} 和 Fe^{3+} 之间的转移并不涉及能量的变化,因而也不引起光的吸收。但当这两个不同价态的铁离子处在不等同的八面体晶格位置 A 和 B 上时,实际上 Fe^{2+} 离子是由六个 CN^- 配位体中的碳原子所配位,记为 Fe_A^{2+};Fe^{3+} 离子则为 CN^- 配位体中的氮原子和 H_2O 分子中的氧这总共六个混合配体所配位,记为 Fe_B^{3+}。因此,当一个电子从 Fe^{2+} 转移到 Fe^{3+}(或相反)时,其过程可表示为

$$Fe_A^{2+} + Fe_B^{3+} \xrightleftharpoons{h\nu} Fe_A^{3+} + Fe_B^{2+} \qquad (3.35)$$

显然,这两种状态间有一定的能量差 ΔE,右方能量大于左方能量,从而引起价间电荷转移(IVCT)跃迁的光吸收而呈现蓝色。由于纯 Fe^{2+} 的亚铁氰化物是无色的,而具有 Fe^{3+} 的铁氰化物仅呈现淡黄色,这就很好地说明了式(3.21)和式(3.22)所表达的电致变色过程。

在溶液中常可应用电解的方法得到混合价配合物。其中的金属-金属间相互作用越强时,IVCT 谱带处在越低的能量处,并具有较强的谱峰。金属间作用强度常用耦合常数 V_{ab} 表示为

$$V_{ab} = \frac{2.05 \times 10^{-2} (\varepsilon \nu_{1/2} E)^{1/2}}{r} \qquad (3.36)$$

式中 ε——IVCT 谱峰的消光系数($dm^3 \cdot mol^{-1} \cdot cm^{-1}$);

$\nu_{1/2}$——半高宽(cm^{-1});

E——吸收峰所对应的能量位置(cm^{-1});

r——金属间的距离(nm)。

两个不同金属离子之间的电荷转移可以用蓝宝石作为例子。含有质量分数为万分之几的钛的刚玉(Al_2O_3)晶体是无色的,含有质量分数为万分之几的铁的刚玉也只呈淡黄色,但若这

两种杂质同时存在,则使刚玉呈现鲜艳的深蓝色,这就是著名的蓝宝石(若含杂质氧化铬,则为红宝石)。这是由于杂质 Fe^{2+} 和 Ti^{4+} 取代了 Al_2O_3 中的 Al^{3+}。当 Fe^{2+} 和 Ti^{4+} 处于相邻的 Al 晶格位置上时(约 0.265 nm),它们就可能由于 d_x^2 轨道的重叠而在吸收光后产生电荷转移,即

$$Fe^{2+} + Ti^{4+} \longrightarrow Fe^{3+} + Ti^{3+} \tag{3.37}$$

这个吸收峰的中心位于 588 nm 的黄色光区。除了这种电荷转移吸收峰外,在可见光谱区两端还有来自 $Fe^{2+} \longrightarrow Fe^{3+}$ 的电荷转移吸收、Fe^{3+} 的配体场 d→d 跃迁和 $O^{2-} \to Fe^{3+}$ 的电荷转移跃迁,结果使得除了其互补色蓝色与紫蓝色以外,其它颜色的光都被吸收。

这个模型可以说明一系列的事实,但它仍然只涉及大致过程而未能深入阐明其机理。在这个化学模型的基础上,人们从物理学方面提出了小极化吸收机理、自由电子气体机理等,这些理论各能解释一些实验现象,目前尚缺乏统一的理论模型。

电致变色材料对于建筑、汽车、家电设备和其它电致变色显示器件都很重要,它除了具有轻薄、可用于大面积和多色显示外,还具有下列特点。

① 视角大。由于它不需要偏振片,几乎不存在视角限制,而普通液晶显示器件视角限制在 45°~90°。

② 非发射显示。对比度高,在强光照射下也很容易辨别,长时间观看不会引起人眼疲劳。

③ 容易调节灰度。不同灰度等级的显示可以通过改变外加电场的大小来实现。

电致变色的最大缺点是由于其依赖离子导电而使响应速度较慢(大于 100 ms)。但是它们在另外一些领域中却备受重视。应用镀有变色膜的玻璃材料,可以通过反射和透射以控制太阳的光强,由此发展了具有光学开关作用的电致变色智能窗,它可以动态调节穿透玻璃的辐射能量,以适应季节和每天不同光强的变化。

用电致变色材料制成的无眩反光镜(glare-free mirror)则可以避免强烈的太阳光照射使汽车后视镜产生的令人目眩的反光,它通过改变电致变色材料的吸收率来调节反光镜的反射特性,从而达到强光下无眩的目的。

电致变色材料在电转换和存储、可编程存储电阻器、高分辨平面图像摄像器及其它光电器件中的应用还有待于进一步开拓。

三、电泳着色显示材料

电致着色和电泳着色都是在 20 世纪 70 年代与 LCD 相竞争而研究开发出来的显示方式。两者都是使用液体的显示方式,可以进行类似印刷及在 LCD 很难实现的鲜明的显示。此外,两者之间还有两点类似:一方面,都具有存储作用,人们对此寄予了较大希望;另一方面,都不能适应显示任意图像的点阵显示或彩色显示等新时代的需要,因而均不具备良好的实用性。当然,随着电致变色显示材料和器件基础研究的发展,将来也有可能以新的模式重新崛起。

微细粒子分散在液体中所形成的胶体悬浮液具有双电层,从而使得分散粒子带有正电荷或负电荷。当加上直流电压时,库仑力使悬浮粒子在胶体中运动。电极间溶液(染料溶液)中

分散的带电粒子随着施加电压的特性,按库仑力向一侧透明电极迁移,并附着于电极表面,显示面因粒子的颜色而显色,这就是电泳着色,但作为显示手段,要求这个过程是可逆的。分散粒子用的是白色颜料,溶液则使用加有形成暗背景用染料的二甲苯等有机溶剂。电泳显示有以下特点。

① 在很宽的视角及大范围的环境光照下,它有很高的对比度。

② 在 2.5 V 电压作用下,它的响应速度约几百毫秒,在 50 V 电压作用下约为 10 ms,电流约为 1 $\mu A \cdot cm^{-2}$。

③ 寿命达 10^7 开关次。

④ 至少在几个月内可以控制记忆效应。

一般在电泳显示器中有两部分材料:一部分是悬浮在溶液中的微小(亚微米数量级)色素粒子;另一部分是深色溶液。色素粒子带电,在外电场作用下,从一个电极迁移到另一个电极,关掉电场后,色素粒子就留在这个电极,施加反向电场后,色素粒子又离开这个电极,向反方向移动,颜色又回到原来溶液的颜色。电泳着色的一个重要特点是它的记忆能力,当关掉外加电压后,色素粒子可以留在电极上,停留时间范围可以达到从几秒到几个月。

电泳着色的缺点是分散粒子的凝聚使其寿命受限,写入次数与电致着色差不多,而且驱动电压比较大,大约为几十伏。同样,因为没有阈值特征,所以不适合于矩阵显示。这样,在 LCD 飞速发展的今天,电泳着色和电致着色一样被排除在显示器开发对象之外。

3.6　光电显示材料的发展前景

电子显示技术发展到今天,已从 CRT 显示一枝独秀到了 CRT 与各种平板显示百花争艳的局面。为满足信息化社会对显示技术提出的更高要求,理想的显示技术应具有什么样的性能呢?

它应该满足高亮度、高对比度、高分辨率并有大显示容量、全彩色显示,驱动只需低电压、低功耗,最好显示器件本身与驱动电路连接为一体,是高可靠、长寿命的薄而轻的平板显示。但是,目前形形色色的显示技术中,尚没有一种新的显示技术能实现所有这些要求。然而正是对这些高要求的不断追求,使得新的显示器件被陆续研制出来,原有的技术指标也被一再突破。目前,显示技术正在向以下几个方向发展。

1. 高分辨率、大显示容量

用于计算机辅助设计,辅助制造的图形学应用及高清晰度电视、医用检测、遥感技术等,都要求显示器件有更高的分辨率,同时有更大的显示画面,计算机显示器与 HDTV 要求每帧图像分辨率在 1 000 行以上,像素组在 200 万以上。显示画面尺寸也日趋大型化。目前真空型彩色显像管屏面对角线尺寸最大已达 45 in(1 143 mm),分辨率每帧 1 100 行以上,有源矩阵的液晶显示屏已达对角线 15 in(381 mm)以上,像素 1 152×900 的多种商品。而直视式显示屏幕尺寸最大者当推 PDP,但 CRT 的分辨率仍是最高的。

2. 平板化

传统的 CRT 虽然光电特性优良,但它们是显示器中体积最大的器件,它的功耗大、电压高、体积大而笨重。随着半导体集成电路的发展,能与集成电路匹配的平板显示器件不断出现,这些显示器件虽然在光电性能等方面一时还难与 CRT 匹敌,但它们发展十分迅速,在实现显示器平板化方面对人们有很大的吸引力。目前,屏幕对角线 40 in(1 013 mm)的显像管重达 85 kg,全长 790 mm,而 42 in × 42 in(1 066.8 mm × 1 066.8 mm)的 PDP 仅重几千克,厚约数十毫米。

在小屏幕方面,各种平板显示器(如 LCD、LED 等)更加成熟[38]。兼有平板显示和 CRT 优点的真空微尖荧光显示板和金刚石薄膜荧光显示的出现,给平板显示带来了新的希望。今后,加大屏幕尺寸的同时,在提高分辨率、亮度、对比度、改善视角特性、实现全色显示方面还有许多课题可做。

3. 大型化

目前,室内应用的直视式显示器屏幕尺寸不超过 50 in(1 270 mm),军事指挥、航天、会议、娱乐等室内显示要求更大型的显示器时,常常借助投影显示。多种投影显示中,有源矩阵液晶屏投影显示与 CRT 投影显示有较好的特性,并十分成熟,前者的亮度、对比度优于后者。今后应研究光电特性更好、体积更小的投影显示,以实现室内高分辨率的大屏幕显示。

4. 研制新一代显示器件

在 CRT 走向全盛时期的同时,液晶、电致发光、等离子体等显示器件的相继问世使显示技术的核心器件更加多样化。这些新型显示器件虽有很多优点,但也有不尽如人意之处,这促使人们不断努力,希望研制出全新的器件。新一代的器件应该既具有现行器件的长处,又具有更轻、更薄、光电特性更优良而能耗更节省的特点。一种聚合物彩色显示屏的出现是这种努力的又一进展。1990 年发现的发光塑料是物理学家和化学家合作的成果,这类塑料(如聚苯乙烯及其变体)的奇异性质是有导电性,通电时会发光。科学家们已合成了发不同颜色光的发光塑料,可以产生光谱中的全部彩色光。用它们制作的彩色显示屏轻而薄,坚固但柔韧如纸,可以卷曲而不会受损,功耗小,由于它发出白光,比采用滤光膜的液晶屏明亮,视角更大,而且很适合作为矩阵显示屏,易于实现大型化,是一种具有诱人前景的新型显示器件。目前,这种屏还停留在实验室研究阶段,还有许多问题需要解决,如随使用时间延长,塑料会降解失效等,距离生产出实用化的器件还有很长的路要走。但我们相信,随着技术的进步,新一代显示器件会不断问世,新一代显示技术将使人们耳目一新。

5. 计算机技术、通讯技术与显示技术的结合

迅速发展的计算机技术已经渗透到通讯与各种显示技术的运用之中。例如,如果没有计算机技术的帮助,在医用断层扫描和高保真度传真机的高分辨率彩色显示器上就不可能显示出清晰的图像。

特别应提到的是,电子显示技术、计算机技术和通讯技术的发展,使世界各国纷纷提出了建立"信息高速公路"的计划。所谓信息高速公路就是在整个国家(乃至全世界)范围内,以高容量的新型光纤电缆为信息流通的主干线,通过光纤和多媒体将整个国家(或全世界)的企业、学校、研究所、医院、图书馆、电脑数据库、新闻机构、电视台、会议厅的多媒体连接成交互的网络,向整个国家(乃至全世界范围)提供教育、卫生、商务、金融、文化、娱乐、电子邮件、通信等十分广泛的服务。

参 考 文 献

1 田莳. 材料物理性能. 北京:北京航空航天大学出版社,2001
2 姜节俭. 光电物理基础. 成都:成都电讯工程学院出版社,1986
3 干福熹. 信息材料. 天津:天津大学出版社,2000
4 李成功,傅恒志,于翘,等. 航空航天材料. 北京:国防工业出版社,2002
5 (日)野野坦三郎,山元明. ディスプレイ材料. 东京:大日本图书会社,1995
6 Yamamoto H. CRT phosphors and application to FED phospors. J. SID, 1996, 4(3):165
7 Hines M A, Guyos-Sionnest P. Synthesis and characterization of strongly luminescing ZnS-capped CdSe nanocrystals. J. Phys. Chem., 1996, 100:468
8 Puvvada S, Baral S, Chow G M, et al. Synthesis of polladium metal nanoparticles in the bicontinuous cubic phase of glycerol monooleate. J. Am. Chem. Soc., 1994, 166:2135
9 Souriau J C, Jiang Y D, Penczek J, et al. Cathodoluminescent properties of coated $SrGa_2S_4:Eu^{2+}$ and ZnS:Ag,Cl phosphors for field emission display applications. Materials Science and Engineering, 2000, B76:165~168
10 Deng S Z, Wu Z S, Xu N S, et al. Characterization of a high voltage at panel display unit using nanotube-based emitters. Ultramicroscopy, 2001, 89:105~109
11 Spindt C A, Holl C E. Field emitter arrays for vacuum microelectronics. IEEE. Trans. E-D., 1991, 38:2355
12 Zhirnov V V, Givargizov E I, Plekhanov P S. Field emission from silicon spikes with diamond coating. J. Voc. Sci. Technol., 1995, B13(2):418
13 (日)谷千束. 先进显示器技术. 金轸裕译. 北京:科学出版社,2002
14 Christopher N K. Electroluminescence:An industry perspective. J. SID, 1996, 4(3):153
15 Tang C W, Vanslyke S A. Organic electroluminescent diodes. Appl. Phys. Lett., 1987, 51:913
16 Burroughes K H, Bradly D D C, Brown A R, et al. Light-emitting diodes based on conjugated polymers. Nature, 1990, 847:539
17 (日)滨川圭弘,西野种夫. 光电子学. 于广涛译. 北京:科学出版社,2002
18 Sempel A, Buchel M. Design aspects of low power polymer/OLED passive-matrix displays. Organic Electronics, 2002, 3:89~92
19 Sugiyama K, Yoshimura D. Electronic structures of organic molecular materials for organic electroluminescent devices studied by ultraviolet photoemission spectroscopy. J. Appl. Phys., 1994, 88:4928
20 Borsenberger P M, Fitzgerald J J. Effect of the dipole moment on charge transport in disordered molecular solids. J.

Phys. Chem., 1993, 97:4815

21 Tang C W. An overview of organic EL materials and devices. J. SID, 1997, 5(1):11
22 Hosokawa C, Eida M. Organic multi-color electroluminescence display with fine pixels. Syn. Met., 1997, 91:3
23 Roltman D R, Antoniadis J. Polymers fulfill promise for electroluminescence. Optoelectronics World, 1998, 7:163
24 电子信息材料咨询研究组. 电子信息材料咨询报告. 北京:电子工业出版社,2000
25 Huang X, Igaki K. Growth and exciton luminescence ZnSe, ZnS_xSe_{1-x}. J. Cryst. Grow., 1986, 78:24
26 Nakamura S, Mukai T, Senoh M, et al. Thermal annealing effect on p-type Mg-doped GaN films. Jpn. J. Appl. Phys., 1992, 31:L139
27 Nakamura S, Mukai T, Senoh M. Candela-class high-brightness InGaN/AlGaN double heterostructure blue light emitting diodes. Appl. Phys. Lett., 1994, 64:1687
28 马如璋,蒋民华,徐祖雄主编. 功能材料学概论. 北京:冶金工业出版社,1999
29 (日)吉野胜美,尾崎雅则. 液晶とディスプレイ応用の基础. 东京:コロナ会社,1992
30 沈能珏,孙同年,余声明,等. 现代电子材料技术——信息装备的基石. 北京:国防工业出版社,2000
31 才勇,黄锡民. 显示用液晶材料. 液晶与显示,1997,12(1):49
32 《高技术新材料要览》编委会. 高技术新材料要览. 北京:中国科学技术出版社,1993
33 Park S K, Han J I, Kim W K, et al. Deposition of indium tin-oxide films on polymer substrates for application in plastic-based flat panel displays. Thin Solid Films, 2001, 397:49~55
34 Ram W, Sabnis. Color filter technology for liquid crystal displays. Displays, 1999, 20:119~129
35 曲喜新,杨邦朝,姜节俭,等. 电子薄膜材料. 北京:科学出版社,1996
36 李言荣,恽正中. 电子材料导论. 北京:清华大学出版社,2001
37 游效曾. 分子材料——光电功能化合物. 上海:上海科学技术出版社,2001
38 李健,安忠维,杨毅. TFT-LCD用液晶显示材料进展. 液晶与显示,2002,17(2):10

第四章 信息存储材料

随着信息时代的来临,需要存储和传递的信息量不断地增加,信息存储技术也在不断地发展,这一切都对信息存储材料提出了更高的要求。人们在信息存储方面追求的目标是:存储量大、存储时间短(速度快)、价格低廉。为此,磁存储材料、光盘存储材料和光学全息存储材料成为人们研究的重点。

4.1 磁存储材料

一、磁存储过程和原理[1]

磁存储的发展已有 100 多年的历史。1898 年丹麦人浦尔生(Polsen)在圆柱上缠绕了一根钢丝,钢丝在只有一个头的二极片之间移动,以此来记录和收听声音。这便是最早的录音电话机。1941 年粉末涂覆的磁带磁存储技术问世。20 世纪 70 年代以来,在改进磁存储技术及材料性能的同时,人们发明了新型磁存储材料及磁头材料,发展了磁存储技术,确立了磁泡存储器作为中等存储容量、性能稳定的存储器的主导地位。新的磁存储技术,如垂直磁记录技术、磁光存储技术等正在迅速走向商品化。

1. 磁存储过程

磁存储的模式主要可以分为三种,即水平(纵向)存储模式、垂直存储模式、杂化存储模式。这三种存储模式的磁存储系统都包括以下几个基本单元:存储介质、换能器、传送介质装置以及匹配的电子线路。纵向存储示意图如图 4.1 所示。

磁存储介质是含有高矫顽力磁性材料的薄膜,磁性材料既可以是连续的薄膜,也可以是埋在胶黏剂中的磁性粒子。这种磁化的磁介质(如磁带等)以恒定的速度沿着与一个环形电磁铁相切的方向运动。工作缝隙对着介质,存储信号时,在磁头线圈中通入信号电流,就会在缝隙产生磁场溢出,如果磁带与磁头的相对速度保持不变,则

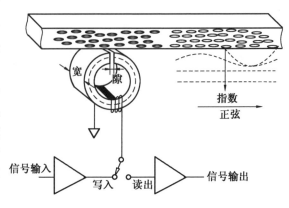

图 4.1 纵向存储示意图

剩磁沿着介质长度方向上的变化规律完全反映信号的变化规律,这就是存储信号的基本过程。记录磁头能够在介质中感生与馈入电流成比例的磁化强度。电流随时间的变化转化成磁化强度随距离的变化而被存储在磁带上。磁化的这种变化在磁带附近产生磁场。如磁带(已存储信息的介质)重新接近一重放磁头,通过拾波线圈感生出磁通,磁通大小与磁带中磁化强度成比例。可见磁头实际上是一种换能器。

利用磁存储方法可以记录许多不同类型的信号。应用最早、最广泛的是记录音频信号。由于其频率低,所以介质运动速度慢。音频记录的主要要求是线性度好和信噪比高。数字磁存储也普遍采用了磁带和磁盘。硬盘驱动器的信号频率高,转速也高,因此要求高的随机存取速度和高的可靠性。视频记录主要是记录图像,其记录通常使用调频信号,采用旋转磁头,这样可以提高磁头与介质之间的相对速度。从原理上讲,所有的记录都可用数字式磁存储方式实现。数字录音已广泛使用,数字录像正在加紧发展并趋于标准化。

图 4.2 表示了三种最基本的磁存储信号形式,其中图 4.2(a)表示加入高频交流偏置电压的音频模拟信号。在音频模拟记录过程中,为了保证良好的线性而使用了高频交流偏置磁场。作为偏置用的高频电流和待记录的信号电流同时输入音频磁头线圈中,以使磁存储介质工作在线性区内。这种磁存储方式称为无磁带磁化方式。在数字式磁存储中,磁介质中的磁化强度分别沿着正方向或负方向取向。与数字编码相对应,构成了数字记录信号,如图 4.2(b)所示。调频信号(FM)用于录像磁存储系统,如图 4.2(c)所示。根据应用情况的不同,信号在记录前后的加工方式会有很大差别。然而,由于介质上所记录的磁化强度的空间变化代表了记录信号随时间变化的规律,因此,磁存储的基本过程是一致的。

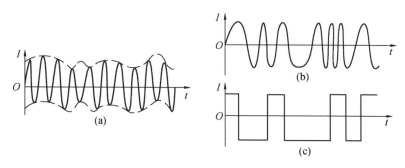

图 4.2 三种最基本的磁存储信号

2. 磁存储原理

(1) 记录场

电感式磁头有两种形式,即环形磁头和单极磁头。在理想条件下计算磁头的记录场时,都是假定环形磁头的缝隙宽度为无限窄,或单极磁头的磁极无限薄。理想的环形磁头所产生的磁场分布如图 4.3(a)所示。这种溢出场的分布是以缝隙为中心,以半圆形分布。磁记录介质逐步向磁头靠近时,将受到不同方向的溢出场的作用;介质刚进入溢出场的区域时,受到垂直方向的磁场作用;到达缝隙的中心附近时,受到纵向磁场的作用;最后又受到垂直磁场的作用。介质离开磁头时,作用磁场很快消失。磁头溢出场的轨迹如图 4.3(b)所示。这种圆形轨迹的直径与介质和磁带之间的空间间隙成反比。

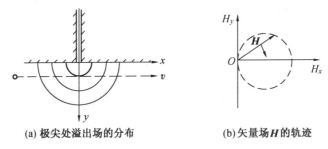

(a) 极尖处溢出场的分布　　　(b) 矢量场 H 的轨迹

图 4.3　环形磁头记录场

理想的单极磁头的场分布如图 4.4 所示。由场分布图可以想像到,当介质逐步接近磁头时,先是受到来自水平方向场和垂直方向场的共同作用,当到达磁极位置正下方时,仅受到垂直场的作用,接着又受到水平和垂直两个方向磁场的作用(此时与开始时的两个磁场方向相反)。矢量场的轨迹是圆形,但圆心轨迹中心沿 y 轴移动。

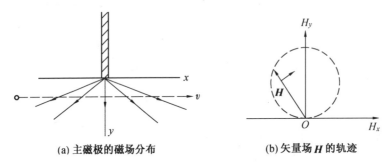

(a) 主磁极的磁场分布　　　(b) 矢量场 H 的轨迹

图 4.4　单极磁头记录场

由此可见,无论哪种磁头磁化介质时,都要受到沿水平和垂直方向磁场的作用,因此,介质上必然有沿水平和垂直方向的磁化矢量。一般情况下,环形磁头主要产生沿水平方向的磁化矢量,单极磁头主要产生沿垂直方向的磁化矢量。虽然实际磁头不能满足理想条件,但磁场分布的规律是不变的。

(2) 磁存储介质的各向异性

存储介质中的磁化强度方向与介质的磁各向异性(包括形状各向异性)有密切关系。目前应用广泛的磁带是由针状粒子磁粉涂布而成的。在磁层的涂布过程中,设法使粒子长度方向沿磁带的长度方向取向。由此构成的磁带具有明显的单轴各向异性。沿磁带长度方向上的剩磁强度最高。这种介质有利于水平记录模式。在制作合金薄膜时,由于柱状晶粒的轴线垂直于膜面,可以得到垂直膜面的各向异性。这种介质适用于做垂直记录。然而在制作磁介质时,若所用磁粉体粒子的磁化方向多为易磁化方向,可略去形状各向异性的影响,这样涂布成的介质是各向同性的。

(3) 垂直磁存储

垂直磁记录在相邻磁化强度方向的交界面处的磁化强度反转情况与纵向记录的情况有很大差别。相邻的剩磁是相互吸引的,记录密度越高,退磁场越小。所以垂直磁记录可以实现高密度信息存储。

(4) 水平磁存储

水平磁存储的分布特点是剩磁感应强度方向与磁层平行,且记录信号为矩形波。若记录模式以波长 λ 表征,可表示为 $\lambda = \frac{v}{f}$,其中 f 为记录信号矩形波的频率,v 为介质的线速度。每个记录位的长度 $b = \frac{\lambda}{2}$,记录的线密度 $D = \frac{2f}{v}$,D 为每毫米内的磁通反转数目。由此可见,低密度下记录的记录波长较长,退磁场弱;而高密度记录退磁场较强。随着信息存储密度的提高,介质表面退磁因子增大,不利于高密度磁存储。

(5) 重放过程

重放过程是将磁头与从介质表面发散出来的磁力线耦合,以便在磁头线圈中产生感应电压。由于重放过程的信号很弱,可以严格保持线性。重放电压与记录信号的频率成正比。重放过程中的间距损耗随信号波长的缩短而迅速增加。间距损耗是重放过程的主要损耗,在高密度信息存储中更为明显。

二、磁存储材料[2]

磁带和计算机数字存储用磁盘等已成为一个巨大的磁性材料市场,这是电子工业领域磁性材料市场发展最快的部分。它们是作为硬磁材料来应用的,但是其与传统的硬磁材料又有所不同,主要区别为:第一,这些材料主要是以粒子形式弥散在有机介质中,或者是沉积成膜状态使用的,而不是主要以块材形式应用的,在制备装置上有巨大差别;第二,制备粒子的方法主要是化学方法而非高温冶金方法。在弥散加工过程中,化学反应是主要过程;第三,磁性能只是复杂的磁存储系统要求的许多物理、化学和机械性能之一。整个磁记录材料的进展由高密度、快速信息传输、可靠和低成本的需求所决定。以下从3个方面来介绍磁存储材料。

1. 颗粒涂布型磁存储介质

(1) 磁粉参数与介质磁性能的关系

目前被广泛使用的磁记录介质是用颗粒制成的,它是由磁粉、少量添加剂和非磁性胶黏剂等形成的磁浆涂布于聚酯薄膜(又称涤纶基体)上制成的。磁粉的特性和尺寸等因素对磁存储介质的特性有重要的影响,其主要参数有磁粉的本征矫顽力 $_MH_c$,饱和磁化强度,磁粉颗粒的形状和尺寸,磁粉的易磁化方向,磁粉结晶的完整性。磁存储介质要求磁粉必须控制下列参数。

1) 剩余磁感应强度 B_r

记录了信号以后的磁存储介质具有剩余磁感应强度 B_r（简称为剩磁）。B_r 越高，读出信号就越强。同时退磁场强度也越强。因此必须兼顾剩磁和退磁场对存储系统的影响。B_r 决定于磁粉特性和磁粉在介质中所占有的体积（或质量）比。介质的磁感应强度值随磁粉比例减少而线性下降。此外，磁粉在加工成磁带时，其分散性、涂布工艺和磁粉颗粒的取向都会影响磁介质的磁感应强度。

仅就磁粉来讲，我们要求它的磁滞回线具有好的矩形性，即 M_r/M_s 比值接近于1，同时要求它具有窄的开关场分布。

2) 矫顽力

磁存储介质最重要的材料特征是磁粉的畴结构。为了提高磁粉的矫顽力，必须消除磁畴壁，使磁性粒子达到单磁畴的尺寸。这种磁粉的矫顽力主要来自两个方面。

① 由磁晶各向异性所决定的本征矫顽力 $_MH_c$，它可以表示为

$$_MH_c = H_k = \frac{2K_1}{M_s} \tag{4.1}$$

式中　H_k——想像中的磁晶各向异性能磁场；

K_1——各向异性常数；

M_s——饱和磁化强度。

② 由形状各向异性所决定的本征矫顽力 $_MH_c$，它可以表示为

$$_MH_c = (N_1 - N_2)M_s \tag{4.2}$$

式中　N_1 和 N_2——沿磁粉不同方向的退磁因子。

如果磁粉是圆柱形，则 N_1 表示沿半径方向上的退磁因子；N_2 表示沿轴向的退磁因子。形状各向异性大的磁粉所制成的磁存储介质与单畴之间的相互作用场有关。其规律是，介质内磁粉所占比例越大，磁粉之间的距离越近，相互作用场就越强，从而使介质的矫顽力降低。其关系可以表示为

$$H_c = {_M}H_c(1 - P) \tag{4.3}$$

式中　P——磁粉含量。

当磁粉同时存在磁晶各向异性和形状各向异性时，总矫顽力由这两种各向异性共同决定，可表示为

$$H_c = \frac{2K_1}{M_s} + (N_1 - N_2) \tag{4.4}$$

对于大多数磁粉，总是其中一项起主要作用。若是由形状各向异性起主要作用，则只要选用适当的 M_s 和 N 值，就可得到较高的矫顽力。

3) 磁层厚度

磁层越厚，退磁现象就越严重，这对于存储密度不利。此外，磁层厚度增大，会导致磁层均

匀化的难度增大,容易引起读出过程的峰值位移,降低读出信号强度,引起读出误差。因此要提高这类介质的存储密度,就要减小磁层厚度。然而磁层厚度减小,也会使读出信号下降,且涂布工艺也很难做到均匀,为此必须综合各种因素选择最适当的磁层厚度。

4) 磁层的表面光洁度和均匀性

磁层表面条件决定于磁浆的分散性和流动性、基体的表面特性、涂布过程中的工艺及机械公差等因素。

(2) 磁性能与颗粒尺寸的关系

对于铁磁晶体来说,当颗粒尺寸缩小到某一值时,整个晶粒以一个单畴结构存在,此时能量最低,这个尺寸被称为临界尺寸。当颗粒大于临界尺寸时,晶体包含多个畴,小于临界尺寸时,则以单畴存在,所以临界尺寸是铁磁体成为单畴结构的最大尺寸。不同材料因其磁性不同,临界尺寸也不同。图 4.5 为球形颗粒磁粉的磁畴结构。图 4.5(a)为在磁晶各向异性非常小的晶体内形成的闭合环形磁畴;图 4.5(b)为具有 3 个易化轴的立方晶体结构,其磁晶各向异性比较强;图 4.5(c)为单轴各向异性晶体的磁畴结构,这种磁晶各向异性很强。以上这 3 种都是多畴磁结构。图 4.5(d)表示球形单畴结构,单畴半径为 R。由于不存在畴壁,因而只需要考虑退磁场能,加之是球形对称,故可计算其退磁场能量密度 d_d,即

$$d_d = \frac{1}{2}\mu_0 N M_s^2 = \frac{1}{6}\mu_0 M_s^2 \tag{4.5}$$

由于球形颗粒体积 $V = \frac{4}{3}\pi R^3$,其中 R 为颗粒的半径,故整个单畴退磁场能 E_d 可以表示为

$$E_d = d_d V = \frac{2}{9}\pi\mu_0 M_s^2 R^3 \tag{4.6}$$

如果颗粒具有 3 个易化轴的立方晶体多畴结构,$K_1 > 0$,可以忽略磁能和磁晶各向异性,仅考虑畴壁能,它可以表示为

$$E_w = 2\pi R^2 \gamma_{n/2} \tag{4.7}$$

式中 $\gamma_{n/2}$——90°畴壁能密度。

(a) (b) (c) (d)

图 4.5 球形颗粒磁粉的磁畴结构

比较以上两式可以发现,R 值对 E_d 的影响大于对 E_w 的影响。所以在颗粒半径较大时,为降低 E_d,晶体畴结构以多畴形式存在,这时能量最低。当半径 R 较小时,其退磁能降得很快,甚至可以忽略它的存在,这样颗粒中主要是畴壁能 E_w 起作用。这说明若不形成多畴,以

单畴形式出现,能量可以较低。当颗粒半径减小到某一特定值 R_0 时,将满足 $E_d = E_w$,即

$$\frac{2}{9}\pi\mu_0 M_s^2 R_0^3 = 2\pi R_0^2 \gamma_{n/2} \tag{4.8}$$

由此可得

$$R_0 = \frac{9\gamma_{n/2}}{\mu_0 M_s^2}$$

R_0 定义为临界半径,当 $R > R_0$ 时,颗粒为多畴结构;当 $R < R_0$ 时,颗粒为单畴结构。

从以上分析可以看出,矫顽力与颗粒的尺寸有密切的关系,这种关系已经被实验所证实。实验结果表明,当颗粒直径变化5倍时,本征矫顽力相应地变化3个数量级。其能量变化的情况及 $_MH_c$ 与直径的关系可由图4.6表示。图中 $M-D$ 表示多畴结构 $_MH_c$ 与直径的关系,$S-D$ 表示单畴结构 $_MH_c$ 与直径的关系,$S-P$ 表示超顺磁性。由图可见,颗粒的直径较大时,由于是多畴结构,磁化过程主要通过畴壁位移来实现,故 $_MH_c$ 较低。随着直径减小,退磁能迅速下降,当到达临界直径时,会出现单畴结构。此时磁化过程只能由畴的转动来实现,而转动过程必须克服较大能量,所以 $_MH_c$ 增大,且有稳定的最大范围。如果颗粒直径继续减小到低于 $2R_0$,则热扰动作用相对明显,$_MH_c$ 逐渐下降;当粒径继续减小到某一临界值时,热扰动能会大于交换作用能,自发磁化被完全破坏,矫顽力降低到零,出现超顺磁性。

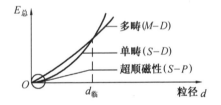
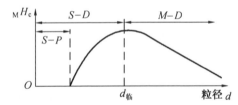

图 4.6 单畴和多畴粒子的能量、矫顽力和直径之间的关系

1962年Bean证明,当单畴性原子团足够小时,在热扰动作用下,铁磁性自发磁化矢量就可能混乱分布,就如同顺磁性物质一样。从宏观上看,其磁行为与顺磁性类似,但从微观粒子角度来看,它是磁有序的。一个直径为5 nm的铁的球形颗粒包含约5 560个原子,其玻尔磁子数为 $5\,560 \times 2.2 \approx 12\,000$ 个,显然它比一般顺磁性物质的玻尔磁子数多得多。因此可以用"超顺磁性"来描述这种体积很小的颗粒特性。

(3) 磁粉

目前使用的磁存储介质大部分属于颗粒涂布型介质。这些介质材料包括 $\alpha\text{-Fe}_2\text{O}_3$、$\text{Co-}\alpha\text{-Fe}_2\text{O}_3$、$\text{CrO}_2$、$\text{BaO}\cdot 6\text{Fe}_2\text{O}_3$ 和金属粉等。表4.1列出了主要氧化物磁粉颗粒的磁特性。

1) 金属磁粉

金属磁粉的磁存储材料在20世纪80年代实现了商品化。这类材料的特点是比氧化物具有更高的磁感应强度和矫顽力。较强的磁感应强度可以在较薄的磁层内得到较大的读出信

号;矫顽力高能使磁存储介质承受较大的退磁作用,这是实现高密度存储的必要条件。因为存储密度高、记录波长短,致使退磁作用增强,因此对磁存储介质的矫顽力提出了较高的要求,以能承受较强的退磁作用。

表4.1 氧化物磁粉颗粒的磁特性

名称	本征特性			非本征特性				晶体结构
	$\sigma_s^{①}/$ (emu·g^{-1})	$T_C/$ ℃	$K/$ (J·m^{-3})	$\rho^{②}/$ (g·ml^{-1})	$H_c(\frac{10^3}{4\pi})/$ (A·m^{-1})	$\sigma_r^{③}/$ (emu·g^{-1})	形状尺寸	
α-Fe$_2$O$_3$	74	590	-4.64×10^3	5.07(块) 4.60(粉)	75~100 250~320	34 37	等轴晶体 0.05~0.3 针状晶体 $l/\omega=7$ $l=0.2~0.7$	$a=0.833$ nm $c/a=3$ 反尖晶石
Fe$_3$O$_4$	84	585	-1.1×10^4	5.197(块)	305~355	42	针状晶体 $l/\omega=7$ $l=0.2~0.7$	反尖晶石
Co$_x$Fe$_{3-x}$O$_4$ $x=0.1$ $x=1.0$	87 65	580 520	1×10^5 1.8×10^5		106 982	44 33	等轴0.2 1.0	反尖晶石 $a=(0.8395 \pm 0.0005)$ nm
Co$_x$Fe$_{2-x}$O$_3$ $x=0.04$	70	525	-1.5×10^{-5}	4.67	400 510~600	35 31	0.05~0.08 0.05~0.08	

注:①—比磁化强度;②—密度;③—比剩余磁化强度。

金属磁粉的缺点是稳定性差,它们易于氧化或者发生其它反应。通常采用合金化或用有机膜保护的办法控制它的表面氧化。表面钝化可以有效地控制金属磁粉表面氧化,但会降低粒子的磁化强度,其降低幅度取决于钝化层的厚度和粒子的尺寸。

金属磁粉的主要制备方法有还原法和蒸发法。还原法是通过还原剂的作用将金属盐类或金属氧化物还原成金属粉末;蒸发法是将块状金属蒸发成蒸气后冷凝成金属粉体,通过控制冷凝速度得到不同颗粒大小的磁粉。

2) α-Fe$_2$O$_3$磁粉

α-Fe$_2$O$_3$是最早在磁带和磁盘等中实现应用的磁粉。这种材料具有良好的记录表面。在音频、射频、数字记录以及仪器记录中取得了理想的效果,而且价格便宜,性能稳定。α-Fe$_2$O$_3$通常被制成针状颗粒,长度为0.1~0.9 μm,长度与直径比为(3~10):1,具有明显的形状各向异性,为立方尖晶石结构。它是亚铁质,本征矫顽力为15.9~31.8 kA·m^{-1},饱和磁化强度约为0.503 Wb·m^{-2}。

α-Fe$_2$O$_3$的制备是从α-(FeO)OH(针铁矿)成核和生长开始,通过脱水形成非磁性α-Fe$_2$O$_3$(赤铁矿),再通过还原而生成Fe$_3$O$_4$(磁铁矿),最后氧化成α-Fe$_2$O$_3$。具体化学反应为

$$FeSO_4 \cdot 7H_2O + O_2 + NaOH \longrightarrow \alpha-(FeO)OH + Na_2SO_4 + H_2O$$

$$\alpha-(FeO)OH \longrightarrow \alpha-Fe_2O_3 + H_2O$$
$$\alpha-Fe_2O_3 + H_2 \longrightarrow Fe_3O_4 + H_2O$$
$$Fe_3O_4 + O_2 \longrightarrow \alpha-Fe_2O_3 \quad (需要严格控制氧化条件)$$

3) CrO_2 磁粉

提高存储密度,必然会导致在存储介质中出现尖锐的、密排的过渡区,这也会使介质中的退磁场增大,因此,必须使用矫顽力更高的磁粉材料。CrO_2 是 20 世纪 60 年代为满足这一要求而首先使用的铁磁质。它们的各向异性是由形状各向异性和磁晶各向异性共同实现的。

CrO_2 是在 400～525℃、50～300 MPa 压力条件下分解 CrO_3 而制得的。CrO_2 粉末的 H_c 为 31.8 kA·m^{-1},若加入(Te+Sn)、(Te+Sb)等复合物,其 H_c 可达 59.7 kA·m^{-1}。

CrO_2 的一个显著特点是具有低的居里温度(125℃)。这个特点使它成为目前惟一可用于热磁复制的材料。这是一种具有比磁存储速度更快的高密度复制方法。

4) 钡铁氧体磁粉

钡铁氧体磁粉是具有六方结构的氧化铁氧磁体中的一种,这种磁体的化学式可以表示为 $MO·6Fe_2O_3$,M 可以是 Ba、Pb 或 Sr。其中钡铁氧体磁粉可以作为磁存储材料。钡铁氧体是一种永磁材料,由于材料来源丰富,成本低,制成的磁粉有较高的矫顽力和磁能积,抗氧化能力较强,所以成为应用广泛的永磁材料。磁存储材料的性能除了与成分有关外,还与晶粒大小、晶界状态、气孔率以及微观结构有关。它的矫顽力高于 398 kA·m^{-1},本来不适于作为磁存储介质,但近年来由于高密度磁存储发展的需要以及人们对钡铁氧体材料本身的改进,已使它作为一种新的磁存储介质得到应用。钡铁氧体的主要特点为:一是它的六方形平板结构和垂直于平板平面的易磁化轴使它适合于做垂直记录介质;二是用 Co^{2+} 和 Ti^{4+} 离子取代部分 Fe^{3+},可以降低磁晶各向异性,从而降低矫顽力;三是制成了直径小于 0.01 μm 的粒子。其中后两点已使它成为理想的高密度磁存储材料,但是它目前并没有完全取代金属磁粉。钡铁氧体磁粉的制备方法有两种:玻璃结晶法和高温助熔与共沉淀相结合制粉法。

由于钡铁氧体具有磁晶各向异性和形状各向异性,因而它具备进一步发展的潜力。采用加 Sn 的方法可以控制矫顽力与温度的关系,加 Zn 则可改善其它磁性能。尽管它有了很大发展,但磁化强度低还是限制了其应用范围。

5) Co-α-Fe_2O_3 磁粉

人们在对 Fe_2O_3 磁粉的使用过程中发现,Fe_2O_3 磁粉的主要缺点是矫顽力较低,难以满足高密度存储和视频及数字存储对矫顽力的要求,故从 20 世纪 70 年代开始,含 Co 磁粉得到了发展,依靠它把矫顽力从 31.8 kA·m^{-1} 提高到 79.6 kA·m^{-1}。目前它是录像磁带中所采用的主要介质材料。由于加 Co 的方式不同,这类材料又可分为 Co 置换的 α-Fe_2O_3 和包钴的 α-Fe_2O_3。Co 置换的 α-Fe_2O_3 材料随钴含量的增加,H_c 明显增加,可达 87.5 kA·m^{-1} 左右,但其温度稳定性差,并有加压退磁的缺点;包钴的 α-Fe_2O_3 是将钴或 CoO 包在 α-Fe_2O_3 上,这样可

以保持原 $\alpha\text{-}Fe_2O_3$ 的针状及 H_c 的温度稳定性。

2. 高存储密度连续膜介质

低成本和高密度磁存储系统的发展要求加速了连续薄膜磁存储介质的研制进程。理论研究表明,介质材料的最终存储密度取决于比特过渡区长度(bit transition lengths)和信噪比,后者与每比特含有的磁粒子数成正比。为减小过渡区长度,必须增加矫顽力,减小磁介质层的厚度,为此,可以减小膜的厚度,降低重放电压。为了保证在减薄磁层的同时仍得到足够高的输出电压,必须采用连续薄膜型介质。由于这种薄膜不需要采用黏合剂等非磁性物质,所以其剩磁感应强度比涂布型高得多。表4.2对它们的性能进行了比较。这种薄膜在化学稳定性和磁稳定性方面尚存在不足,但其在信息领域中的应用已取得了巨大进展,是磁存储介质的一个重要发展方向。

表 4.2 连续型薄膜与涂布型非连续薄膜介质性能的比较

介质特性	$Co\text{-}\alpha\text{-}Fe_2O_3$ 磁粉涂布型介质	连续型薄膜介质
矫顽力$(\frac{10^3}{4\pi})/(A\cdot m^{-1})$	660	900
剩磁感应强度/T	0.125	0.65
磁层厚度/μm	5.0	0.1
矩形比(B_r/B_s)	0.8	0.9
在 0.75 MHz 时的射频输出/dB	0	+3
在 4.5 MHz 时的射频输出/dB	0	+17

(1) 磁存储薄膜基本的磁特性

1) 磁各向异性

磁性薄膜各向异性的来源与磁薄膜的制作方法有关。其制作方法主要有化学镀法、电镀法、蒸发法和溅射法等。化学镀法和电镀法所需的设备简单,但薄膜成分改变受到限制;蒸发法的基片温度比较容易控制,但难于制作多种成分的磁性薄膜,成膜速度慢。若采用磁控溅射或高频溅射,则可以提高成膜速度。

磁薄膜各向异性的来源不仅与成分有关,也与成膜工艺有关,主要有以下几个方面。

① 磁致伸缩引起的磁薄膜的各向异性。将基片放在温度为 T_1 的真空室中,通过真空蒸发方法制成薄膜,如果存在外磁场,则由此法制得的薄膜具有单轴各向异性,易磁化轴与磁场平行。若材料是均匀的,各向同性,并没有由于基片的作用产生各向异性应力。但是在成膜前后基片有温度差。如果蒸发时,基片温度为 T_1,由于存在外磁场,使薄膜在磁场方向产生磁致伸缩,相应的饱和磁致伸缩系数为 λ_s。磁性薄膜蒸镀完成后,基片温度下降为 T_2,相应的饱和磁致伸缩系数变为 λ_s',磁致伸缩在薄膜形成前后的差异使薄膜产生畸变,畸变使膜面内部储存磁弹性能,从而形成单轴各向异性,使易磁化方向与外磁场方向平行。

② 应力引起的各向异性。由于基片与沉积在其上的磁性膜的热膨胀系数不同,使基片与薄膜之间存在位错。因此,薄膜内部不可避免地存在内应力,内应力通过磁致伸缩使磁性薄膜产生感生各向异性。

③ 形状效应引起的各向异性。对磁性薄膜,其晶粒多为柱状,非磁性氧化物覆盖在柱状晶粒的周围,柱状晶粒的特点是静磁能具有单轴各向异性,其能量可以表示为

$$E_u^3 = -\frac{1}{2}\Delta N\beta(1-\beta)\Delta M_s^2 \cos^2\theta \tag{4.9}$$

式中 ΔN——沿柱状颗粒长轴和短轴方向的退磁因子的差值;

ΔM_s——柱状晶粒与它相对应的球状晶粒的饱和磁化强度之差值;

β——单位体积中柱状晶粒所占的体积分数。

此外,原子对的有序排列等因素也可以引起磁性薄膜的各向异性。引起不同种类的磁性薄膜产生各向异性的主导作用机制可能有所不同。

2) 垂直各向异性的来源

沿磁性薄膜面内的退磁场为零,沿膜平面的垂直方向上的退磁场为 $4\pi M_s$。所以易磁化轴与膜平面方向平行,为了获得磁化轴与膜平面相互垂直的磁性膜,要求垂直于膜面方向的各向异性场 H_k 必须大于退磁场,这时磁性薄膜应满足条件

$$H_k \geqslant 4\pi M_s$$

同时

$$H_k = \frac{2K_1}{M_s}$$

由此可得

$$Q = \frac{K_1}{2\pi K_s^2} \geqslant 1$$

式中 H_k——垂直各向异性场;

K_1——垂直各向异性常数;

Q——品质因子,具有垂直各向异性的磁性膜的 Q 值为 7.5。

1978 年 Quchi 等人用射频溅射方法将 Cr 的质量分数为 18% 的 CoCr 膜沉积在聚酯上。这种膜具有柱状结构和垂直方向的各向异性。研究结果表明,有多种因素对薄膜磁存储介质的制备不利。本征磁性能决定于成分、偏析和温度,而非本征磁性能与薄膜的厚度、密度、微观组织有关。此外,非本征磁性能还与尺寸、形状、取向、晶粒的孤立性以及缺陷杂质的浓度和微观应力的分布情况有关。为了获得厚度和成分均匀、取向一致、微观组织良好、高矫顽力、高矩形性和低噪声的薄膜,必须严格控制沉积条件。

3) 饱和磁化强度

块材和薄膜的饱和磁化强度与温度的关系是不同的。块材的 $M_s(T)$ 与温度按 $T^{3/2}$ 的规律

变化,而薄膜(厚度小于 30 nm)的 $M_s(T)$ 与温度成一次方关系。在室温下测量 Ni 膜的 M_s 值表明,当膜厚小于数十纳米时,M_s 下降。

4) 连续磁膜的磁化特性

在磁存储过程中,连续介质在信号磁场作用下的磁化过程包括:形成反磁化核、产生畴壁运动以及磁畴矢量的不可逆转动等。其中磁畴的不可逆转动是由于晶粒之间存在磁性耦合,从而引起各个晶粒的磁矩一致转动所致。实际上连续膜的晶粒是混乱取向的,在晶粒之间存在非磁性的晶粒间界,而存在于晶粒之间的静磁耦合与晶界的厚度有关,晶界越薄,耦合越强,剩磁就越高,磁滞回线的矩形度也就越好。与此同时,磁性薄膜的矫顽力相应就越低。计算机模拟还证明,在静磁耦合的晶粒之间形成的磁畴壁是不规则的。实验和理论都证明,在磁化过程中,这种不规则的磁畴壁会产生较大的噪声。

与颗粒涂布型介质相同,连续膜介质在磁化的起始阶段和接近饱和阶段都存在可逆磁化过程。而介于这两个阶段之间的中间阶段的磁化过程是不可逆的。对于颗粒涂布型介质,各个磁粉之间存在胶黏剂,使它们的间隔比较大,磁粉之间的静磁耦合比较弱。所以磁层的磁滞回线的矩形度较差,剩磁也比较低。而在连续膜介质中,晶粒间界较薄,晶粒之间的磁性耦合比较强,故磁滞回线的矩形度好,剩磁高。

理论证明,噪声强度与颗粒尺寸成正比,颗粒涂布型介质的噪声与磁粉的平均直径成正比,而连续膜介质的噪声则与晶粒的平均尺寸成正比。一般说来,在一个记录的空间范围内,连续膜所包含的晶粒数量是颗粒涂布型介质的 10~50 倍,因而连续膜的噪声电平比后者要低得多。

(2) 多层薄膜结构

把磁性层与非磁性层交替地进行沉积,可以组成多层膜结构。通过改变磁性薄膜与非磁性薄膜的厚度,就可以改变磁层之间的耦合作用力,从而产生与中层膜不同的特性。

1) 多层薄膜的矫顽力

多层薄膜的矫顽力与磁性膜之间的作用能量有关。以氧化硅薄膜作为中间层制得的双层膜在各个膜层厚度变化时,H_c 也随之变化;当两层膜的厚度相等时,矫顽力 H_c 最低。因为在这种条件下,两种膜层之间的偏磁场最小,从而使畴壁能降低。在由厚度相等的磁性膜层构成的双层膜中,如果中间非磁性膜层的厚度发生变化,则矫顽力 H_c 随非磁性膜厚度的增加而迅速下降,当矫顽力 H_c 下降到某一值后,又会随厚度增加而增加。因而矫顽力在随非磁性膜厚增加的过程中会出现最小值。若非磁性膜很厚,则两个磁性膜之间的静磁耦合会很弱,从而使双层膜的矫顽力与单层膜接近。某些单层磁性膜具有很强的垂直各向异性,磁化强度方向与膜平面垂直。若将这种磁性膜与坡莫合金膜组成双膜,以氧化硅膜作为中间层,由于垂直各向异性很强的磁性膜产生的泄漏磁场能阻止坡莫合金膜的畴壁运动,从而会使坡莫合金的矫顽力明显增加。

2) 多层薄膜的畴壁结构

单层薄膜的畴壁结构决定于薄膜的厚度。对于 NiFe 合金膜,厚度小于 30 nm 时为尼尔畴壁;厚度大于 100 nm 时为布洛赫畴壁;厚度介于这两者之间为枕木状畴壁。在两层厚度相等的磁膜之间有一层非磁性薄膜,这种双层膜结构的磁畴状态与各层膜厚之间的关系如图 4.7 所示。由图可见,非磁性膜厚度为 10 nm,磁性膜厚度由 0 增加到 150 nm 时,都是尼尔 – 尼尔畴壁对。非磁性膜厚度为 200 nm,磁性膜的厚度从 0 直到 10 nm 仍然为尼尔 – 尼尔畴壁对。由这些规律可见,多层膜从尼尔型转变成布洛赫壁后所对应的磁膜厚度大于单层膜的厚度。

3) 多层膜之间的磁性耦合及反转磁化

多层膜是由矫顽力不同的磁性膜或磁性膜之间叠加以非磁性膜组成的。根据膜层叠合方式,可以将多层膜结合分为直接耦合式多层膜和间接耦合式多层膜。前一种表示磁性膜与磁性膜之间是直接接触的。根据两磁性膜磁化强度的取向差异,又可将直接耦合式多层膜分为磁化强度取向相同的正耦合双层膜(如 NiCo 合金膜与 NiFe 合金膜)和磁化强度取向相反的负耦合双层膜(如坡莫合金或 Co 膜表面氧化后,在尼尔温度以下形成铁磁和反铁磁薄膜构成的双层膜)。间接耦合多层膜的结构特点往往是磁性膜中隔有非磁性膜,如果非磁性膜很厚,则两磁性膜之间的静磁耦合很弱,称为静磁耦合多层膜。图 4.8 表示了这几种耦合方式。图中箭头表示磁化强度方向,斜线区为间接耦合式中的中间膜区[3]。

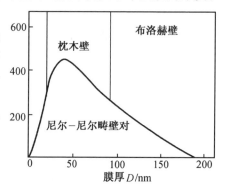

图 4.7 双层膜磁畴结构与膜厚的关系

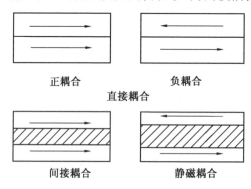

图 4.8 多层膜结构耦合方式

(3) 常用的连续介质膜

1) 各向同性金属膜

最早使用的薄膜介质的制备方法是电镀法,下面以 NiCo 薄膜为例来介绍在薄膜制备过程中控制矫顽力的几个因素。

① 薄膜成分。镍钴薄膜中含有少量第三种元素，如 P、Cr 或 W 等。这些元素停留在薄膜的晶界处，形成非磁性的晶界。当这些元素含量增加时，会使晶粒间静磁耦合减弱，从而使薄膜矫顽力提高。

② 铬层厚度。为了增加磁性膜与基体之间的黏结强度，通常先在基体上沉积上铬。实验发现，铬层厚度对镍钴膜的矫顽力有重大影响。矫顽力随 Cr 层厚度增加而增加，直到 Cr 层厚度增加到 400 nm 以后，矫顽力才不再变化。变化原因可能是镍钴膜的晶粒尺寸及取向随 Cr 层厚度变化而变化，前者对矫顽力有影响。

③ 磁膜厚度。成膜之初，薄膜厚度很薄，矫顽力随厚度增加而增加，达到最大值后，若膜厚继续增加，矫顽力反而下降。这是因为矫顽力不仅与薄膜的结构有关，而且与形成的磁畴结构有关，薄膜厚度增加会导致多畴结构的形成，从而使矫顽力下降。

此外，基体沉积温度对膜的性能也有影响。

2) 各向异性金属膜

Co、Fe、Ni 以及 Co - Ni、Co - Fe、Co - Sm 都可用蒸镀、溅射等方法获得各向异性磁薄膜，但必须严格控制其工艺过程。例如，使用真空蒸发方法制备薄膜时，如果蒸气流方向与基体平面的法线方向平行（入射角为零），则即使无附加磁场，其膜也会呈现各向异性，而且这种各向异性与入射角有关。入射角小于 60°时，由于晶粒自身的隐影效应，使形成的易磁化轴与薄膜平面平行，并与其入射面相垂直，这种感生各向异性随入射角增加而增加；入射角超过 60°时，晶粒沿蒸发方向长大，因此感应的晶粒形状各向异性与入射平面平行。

除蒸气流的入射方向对薄膜的各向异性有影响外，其它一些因素（如基体温度、磁膜成分以及磁致伸缩系数等）也会对各向异性产生影响。斜入射效应不仅在蒸镀工艺中使所制备的薄膜具有各向异性，而且在其它工艺（如离子束溅射法等）中都可以制取各向异性薄膜。

为了提高磁性记录薄膜使用寿命，往往需要加保护膜（如 SiO_2、CrRh 以及类金刚石薄膜）。磁存储材料不仅应该磁性能稳定，而且还应该具有稳定的机械性能。

3. 磁头材料

磁头的基本功能是与磁存储介质构成磁性回路，对信息进行加工，包括记录（录音、录像、录文件）、重放（读出信息）、消磁（抹除信息）3 种主要功能。为了实现这 3 种功能，磁头可以有不同的结构和形式，按其工作原理不同，可以将其分为磁阻式磁头和感应式磁头。

(1) 磁阻式磁头（MRH）

磁性材料的电阻随着磁化状态而改变的现象称为磁阻效应。1971 年用做磁通敏感的重放磁头主要是利用电阻的变化 $\Delta\rho/\rho$ 来读出磁带的信息。用于磁电阻读出的磁头材料，应具有最小的磁致伸缩系数。

尽管这种磁头具有高灵敏度、高分辨率、输出与磁带速度无关等优点，但它也有只能读出这一主要缺点。它没有记录功能，且需要足够大的电流或偏置磁场才能驱动。为了提高磁阻式磁头的分辨率,在载流磁阻元件两侧各放置一块由坡莫合金制成的屏蔽板。

(2) 磁感应式磁头用磁性材料

1) 磁性合金

最早得到应用的磁头是用磁性合金片叠成的。最重要的三种合金是钼坡莫合金($w(Mo) = 4\%$,$w(Fe-Ni) = 17\%$)、铝铁合金($w(Al-Fe) = 16\%$)和铝硅铁合金($w(Al) = 5.4\%$,$w(Si-Fe) = 9.6\%$)。表4.3列出了磁头用合金材料的磁性能。由表可见,在低频时材料的起始磁导率都比较高,矫顽力都比较低,材料的这些参数与环境温度和加工程度无关。钼坡莫合金和铝硅铁合金都可以使材料的磁致伸缩接近于零,这样材料的特性与应力基本无关,加上其饱和磁化强度又高,因而具有良好的记录特性。钼坡莫合金的磨损率相对较高,对腐蚀较敏感,它的磁导率随工作频率的提高而迅速下降,因此必须被压成薄片使用。铝硅铁的主要优点是硬度高,但机械加工的难度大。铝铁合金的性能介于钼坡莫合金和铝硅铁合金之间。铝铁合金比铝硅铁合金容易加工,而它的硬度又比钼坡莫合金高。虽然铝铁合金的磁导率低于另外两种合金,但仍被广泛使用。

表4.3 磁头用合金材料的磁性能

合金材料	$\mu/(H \cdot m^{-1})$	$H_c/(A \cdot m^{-1})$	B/T	$\rho/(\mu\Omega \cdot cm)$	维氏硬度
Mo的质量分数为4%的坡莫合金	11 000	2	0.8	100	120
铝铁合金	4 000	3	0.8	150	290
铝硅铁合金	8 000	20	0.8	85	480

2) 非晶态磁性合金

随着磁记录向高频、高密度方向的发展,人们对存储介质的矫顽力和磁头的磁感应强度、磁导率等都提出了更高的要求。当介质的矫顽力从原来的 24 $kA \cdot m^{-1}$ 提高到 80 $kA \cdot m^{-1}$ 时,原有的磁头材料如坡莫合金、铝硅铁合金和铁氧体的性能就难以满足要求,因此,必须寻找新材料以满足实际需求。非晶态磁性材料也就应运而生。当前主要的非晶态材料有两类:一类是铁基非晶态材料,如 $Fe_{72}Cr_8、P_{13}C_7$,这种材料的 $B_s \approx 0.9$ T,$\lambda_s \approx 10^{-5}$,硬度 HV = 850 ~ 900,它的成本较低,所以是理想的视频磁头材料;另一类是钴基非晶态材料,此类材料磁导率高,λ_s 为零,B_s 相当高,居里温度也比较高,很适于做磁头材料,但其价格贵,在加工和其后处理过程中易产生各向异性。在磁头加工过程中,要严格控制温度,以防再结晶。音频磁头的加工温度应控制在 200℃以下,视频磁头的加工温度应控制在 240℃以下。

尽管非晶态磁性合金具有一些优点,但是必须注意其性质的稳定性,即由非晶态向晶态转变的问题。另一个问题是加工过程中的各向异性问题,它对于非晶态材料来说比晶态材料更严重。

3) 铁氧体

目前广泛应用的高磁导率铁氧体有两种类型:一种是镍锌(Ni-Zn)铁氧体,它的成分为 $(NiO)_x(ZnO)_{1-x}(Fe_2O_3)$;另一种是锰锌(Mn-Zn)铁氧体,成分为 $(MnO)_x(ZnO)_{1-x}(Fe_2O_3)$。这两种材料具有尖晶石结构,它们的磁性随 Ni-Zn 或 Mn-Zn 比而变化。加入少量 Zn,其磁导率和磁感应强度会增大,而矫顽力和居里温度下降,当 x 在 0.3~0.7 范围内时,磁特性达到最佳。

Ni-Zn 铁氧体具有更高的电阻率,应用频率比 Mn-Zn 铁氧体高。另一方面 Mn-Zn 铁氧体在几十兆赫时有较高的磁导率、较低的矫顽力,以及较高的饱和磁感应强度,所以得到广泛应用。铁氧体材料的加工应注意降低气孔率。

4) 薄膜磁头材料

薄膜磁头属于微电子器件。薄膜磁头几乎都是镍铁合金制成的,其质量分数为 80% 的 Ni 和质量分数为 20% 的 Fe。它与块材 Ni-Fe 有很大差别,其性能更多地依赖于薄膜制备工艺、薄膜厚度、热处理工艺等。它可以由真空蒸发、溅射或电解工艺来制作。最佳沉积条件下得到的 Ni-Fe 薄膜性能为:各向异性场 H_k 为 200~400 A·m^{-1},饱和磁感应强度接近 1.0 T,低频相对磁导率约为 2 000~4 000 H·m^{-1}。若不计涡流损耗,工作频率可以超过 16 MHz。$Ni_{81}Fe_{19}$ 合金是最好的 MRH 材料,$\Delta\rho/\rho$ 达到 2.5%,磁致伸缩很低,只有 5×10^{-7}。

三、磁存储材料的技术指标

在对磁存储材料的研究过程中,用以下几个主要技术指标来表征磁存储材料的性能。

(1) 存储容量

存储容量是指磁存储介质所能存储的"位"数或字节数(1 个字节由 8 个位组成),根据记录格式差异将存储容量分为非格式化容量和格式化容量两种表示方式。非格式化容量是在正常记录条件下,根据位密度确定每条磁道的总位数,再将总位数乘以磁道数得到存储容量大小。如一直径为 0.203 m 的单面密度软盘的非格式化容量为 A,则

A = 每个磁道记录的总位数 × 每盘磁道数 =

2π × 最内部的磁道半径 × 最内部的磁道位密度 × 每盘磁道数 =

$2\pi \times 51.537$ mm $\times 128.7$ 位·mm^{-1} × 77 道 =

3.2 兆位 = 0.4 兆字节

格式化容量是根据寻址或其它方面的需要,按一定的格式写入数据。即将磁盘分为若干个扇形区,每个区之间要留下间隔,以便写入地址。因此会在磁盘上占有一定的空间。所以格式化容量是低于非格式化容量的。

(2) 数据存取时间

数据存取时间是指磁头从起始位置到达指定位置并完成记录或重放所需的时间。对于可动磁头系统来说,包括磁头移到指定的磁道所需的时间和等待磁道上的正确记录位到达磁头位置所需的旋转时间两部分。

(3) 数据传输速度

数据传输速度表示单位时间内由磁盘机或磁带机向主存储器传送数码的位数或字节数。存储密度越高,数据传输速度就越快。数据传输速度取决于位密度和介质与磁头之间的相对速度。对于磁带来说,如果有 8 条磁道同时传送数据,则

$$\text{数据传输速度} = \text{位密度}(\text{位} \cdot mm^{-1}) \times \text{带速}(mm \cdot s^{-1}) \times 8$$

(4) 存储密度

存储密度决定存储容量,记录密度等于位密度与道密度的乘积。位密度是指单位长度的磁道所能记录的位(比特)数,记做 $b \cdot in$ (bpi,每英寸的比特数);道密度对于磁盘来说是指沿半径方向的单位长度的磁道数,记做 $\cdot in^{-1}$(tpi,每英寸的磁道数)。道密度取决于磁道之间的距离 W 以及磁头铁心的宽度 G,可以表示为

$$\text{道密度} = \frac{1}{W + G}$$

(5) 误码率

误码率是衡量数字记录介质工作可靠性的重要指标。它表示有错误的二进制数码位数与存储容量的比值。由介质缺陷所造成的误码通常不可恢复,这种误码被称为硬错误;而由偶然性因素造成的误码则被称为软错误,在排除偶然性因素(如灰尘等)以后,就可纠正响应的误码。另外由驱动器引起的错误属于检测性错误,这是系统误码率的主要部分。

当前磁存储技术正向高密度、高信噪比和高传输速度方向发展,但同时也对磁存储材料的性能提出了更高的要求。

4.2 光盘存储材料

一、光盘存储原理[4]

光盘存储是利用激光的单色性和相干性,将要存储的信息、模拟量和数字量等通过调制激光在记录介质上聚焦,以形成极微小的光照微区(直径为光波长的线度,即 1 μm 以下),使光照部分发生物理和化学变化,使光照微区的某种光学性质(反射率、折射率、偏振特性等)与周围介质有较大反衬度,从而实现信息的存储。读取信息时,用低功率的激光扫描信息轨道,其反射光通过光电探测器检测和解调来读取所记录的信息。存储介质是光存储材料的敏感层,制备时需用保护层将它封闭起来,以避免氧化和吸潮。因此光存储材料是由记录介质层、保护层以及反射层等构成的具有光学匹配的多层结构。多层膜通常是被采用物理或化学方法沉积在衬盘上。这种在衬盘上沉积光存储材料的盘片称为光盘。

二、光盘工作过程[5,6]

光盘是用激光写入信息、读出信息的存储器件。它的工作过程分为信息写入和信息读出

过程,对于可擦写光盘,还有信息擦除过程。

1. 信息写入

(1) 记录信息的形式

根据信息存储介质的种类,光盘一般采用多种形式来存储信息,其中最常见的一种记录形式是凹坑记录。凹坑记录方式是利用激光熔融蒸发去除介质薄膜材料,或由其相变引起光学特性的变化来实现信息记录。记录介质通常是碲、铋、锗、硒等合金薄膜,这些材料熔点低、导热低、光学吸收系数高。把激光聚焦成直径为 $0.5\sim2~\mu m$ 的光点,照射到光盘的记录介质薄膜上,激光的能量在薄膜上烧蚀出小坑,从而把信息记录下来。每个小坑的长度和相邻小坑之间的间隔按视频和声频信号连续变化,而凹坑排列的轨迹是以连续螺旋的方式从光盘中心向边缘方向展开。其密度很高,如果把从光盘中心到边缘的信号轨迹拉开,其长度可以达到 30 km 以上。

激光束被聚焦后的直径大小限制了凹坑尺寸和相邻两排凹坑间的距离,也限制了光盘的存储密度。信号轨迹的任何重叠都会使信息发生串扰。起初光盘技术使用的激光光点尺寸约为 $1\sim2~\mu m$,相邻两列凹坑之间的间隔为 $2~\mu m$,后来随着光盘制作技术的进步,激光光点的直径也逐渐缩小。凹坑的宽度会对记录信息的信噪比产生影响。如果照射在两个凹坑之间盘面的激光大部分反射回光头的物镜,而照射在凹坑上的激光发生衍射,使得大部分的激光不能返回物镜,那么通过光头透射的激光强度便被凹坑所调制,而且具有很高的信噪比。当把小坑宽度从 $0.8~\mu m$ 减小到 $0.4~\mu m$ 时,信息存储密度提高了,而信噪比却降低了。根据飞利浦公司所做的测量,小坑宽度从 $0.8~\mu m$ 减小到 $0.4~\mu m$ 时,视频信号的信噪比降低到 37 dB,而音频信号的信噪比降低到 60 dB。这是因为相邻两列凹坑间的盘面的反射光也进入到光头的物镜中,而小坑宽度为 $0.8~\mu m$ 时,盘面的这部分反射光的强度与小坑底部的反射光强度比较接近。

激光束在光盘上的焦斑最大强度全宽度 d 可表示为

$$d = \frac{0.51\lambda}{NA} \tag{4.10}$$

式中　NA——记录器物镜数值孔径;

λ——激光波长。

所以,为了获得直径小的焦斑,需要采用短波长的激光,或者采用大数值孔径的物镜(典型数值是 $0.4\sim0.7$)。但是这样产生的结果是使焦深变小(典型数值是几微米)。

小坑深度一般是所用激光波长的 1/4 左右。这样的深度将引起反射光出现 90°相移,亦即入射光与反射光发生 180°相移(其中 90°相移是进入凹坑时引起的,另一个 90°相移是出来时引起的),这样一来就可以利用偏振特性,防止入射光与反射光相互干扰,因为经过光盘上凹坑调制后的反射光束沿着与入射光束相同的光路传播。当反射光被小坑反射后通过 1/4 波片时,沿逆时针旋转的圆偏振光变成水平偏振光,它射到偏振分束器上后就被折向 90°,与入射光分离。分离后的反射光通过圆柱透镜聚焦到光点二极管探测器上。

与视频信号相同,音频信号也是调制的,它们使用两个不同的载波。视频信号和音频信号被记录在光盘上的同一条信号轨迹中。视频信号以小坑长度变化的形式记录,而音频信号以小坑间距变化的形式记录。

因为小坑代表着光盘中所记录的信息,所有影响小坑形状的因素都可能对记录的信息产生影响。主要影响因素有记录薄膜的组成、薄膜结构、激光功率和基片材料等。记录薄膜的组成不同,熔融状态的黏度也不同,黏度大时,熔融的物质不容易发生不规则流动,记录小坑的形状就好。在易变成非晶质的薄膜结构中,由于晶粒的影响,记录小坑的形状不易变乱。记录用的激光应该是基模的,因为高次模光束会使光斑出现不规则形状,从而使记录小坑变形。由于记录薄膜的厚度只有几十纳米,因而记录小坑的形状与基片材料有很大关系。例如,Bi 薄膜用玻璃作为基片时记录小坑的形状良好;AsSeTe 薄膜用 PMMA 作为基片时,记录小坑的形状也良好;TeO_x 薄膜用以上两种基片时,记录小坑形状没用明显差别。在光吸收型基片中,薄膜厚度过低,会使记录小坑的形状变乱。

激光在光盘表面的记录介质上形成小坑的过程可分为 3 个阶段。

1) 预激发阶段

记录介质表面受到光照时,吸收激光的能量之后温度上升,在温度达到介质薄膜熔点的瞬间,熔融前沿开始向基板移动。然而,熔融的周界移动得更快,引起过热。在熔融前沿到达基板的瞬间就形成了小坑。

2) 小坑激发阶段

小坑并不总是在介质薄膜完全熔融瞬间就能形成的,它还会遇到另外一个能量垒,它比熔点的热能大得多。在这个激发阶段起作用的主要因素有三点。第一,表面张力。被激光熔融的介质材料表面会出现张力。表面张力必须在克服了液态介质的黏滞力和惯性力后才能使介质薄膜变薄以露出基板,出现完整的小坑。第二,气化。计算结果表明,即使是以理想速率蒸发,具有一定厚度的介质薄膜也要在 100 ns 以上的时间内才能完全蒸发。第三,表面粗糙度。熔融区内的针孔或者晶态膜的晶粒之间的微孔,或晶粒周界使膜层成坑时不存在能量垒。

3) 扩张阶段

扩张阶段的时间约为 10 ns。实验发现形成的小坑有一个最小直径,这是因为在某个小坑直径以下,开坑后总能量大于开坑前的总能量。

记录信息的形式除了最常见的凹坑记录外,还有起泡记录、非反射记录、光黑化记录、光热软化记录、相变记录、液晶记录、光化学记录、"光子–回声"三维记录等多种信息记录形式,这里不再赘述。

(2) 记录信息方式

光盘记录信息方式有恒角速度和恒线速度两种方式。

1) 恒角速度方式

恒角速度方式也叫 CAV(constant angular velocity)方式。使用这种记录方式时,光盘内圈的记录密度高,而外圈的记录密度低,整个盘面上的记录密度是不均匀的。

2) 恒线速度方式

恒线速度方式也叫 CLV(constant linear velocity)方式。它是利用光盘上的导向槽(径迹)每圈的展开长度随半径增大而伸长的原理,在最内圈记录一帧图像,依次延径向延伸。越向外圈,每圈记录图像的帧数就越多,使整个光盘面的信息记录密度一致。在读出(放像)时,光盘机的旋转速度也随着读取信息所在的径迹半径的由小变大而由快变慢,使读出光头的激光束的切向扫描速度保持恒定。

2. 信息读出

信息读出是指从光盘中读出它所存储的信息。根据光盘的不同用途和类型,信息的读出也可以被称为信息再现(如追记型光盘)、信息再生(如沿用直译日文汉字)、信息读取(如光盘文件存档系统)。对激光电视唱片的信息读出通常被称为放像;而激光数字唱片的信息读出被称为放唱或播放。

与光盘的多种信息记录方式相对应,光盘的信息读出也有相应的多种方式。这里仅以最常用的凹坑记录信息方式的读出为例加以说明。对于采用凹坑记录信息方式的光盘,照射到光盘上信息径迹上的激光光斑直径约为 0.8 μm,与激光波长相接近。当光点落在小坑上时,因为发生强烈的光学衍射,即使有极少量的光波从小坑底部反射回来,其位相也与非坑区的平面上反射的光波相差 180°,将产生光的干涉。如果反射光的强弱变化使得光敏二极管输出强度变化的比例达到 10:1 以上,就可以读出信号。

对于追记型光盘,光头中从激光器输出的光被分为强度不等的两束,其中强激光束的强度占 90%,用于记录信息;弱激光束的强度占 10%,用于读出信息,弱光点读出沿着信息的径迹进行。当读取光束扫过光盘时,从凹坑或凸面反射回来的光成像于光点二极管上,产生一个与读取光束强度分布、凹坑和凸面空间分布的卷积成正比的电压。当相当于记录信号的反射光的强弱变化被检测出来时,就实现了信息的再现。

如果光盘所有显示功能都由微处理器直接驱动,并被实时修正,那么在光盘上读取信息的过程几乎是记录过程的逆过程。

三、光盘的结构

光盘是由基片、存储介质、保护层组成。

1. 基片

基片可以是金属(如金属铝片等)、玻璃(如硼硅酸玻璃、硝化纤维涂层玻璃等)或塑料(如丙烯酸树脂、聚碳酸酯等)。从成本、光学性能和材料与介质之间相互作用的角度来考虑,比较合适的基片材料是聚甲基丙烯酸甲酯(PMMA)、聚碳酸酯和玻璃等。

光盘对基片材料的热性质和光学性质的基本要求如下:

① 在写入激光波长范围内,透过率要高;

② 如果在光敏层内预先形成信息槽或轨迹,则在 280～380 nm 范围的紫外光透射率要高;

③ 由分子取向或内应力造成的双折射要小,否则偏振扫描与写入激光束就不能精确聚焦,而且还会使偏振状态发生改变;

④ 要有足够的光学均匀性、纯度和耐划痕强度,因为气泡、表面缺陷、杂质、不透明性、划痕等均可以使激光束偏折或受阻,从而产生干扰和信息误差;

⑤ 有足够的抗断裂强度和抗热形变性;

⑥ 耐潮湿,因为不对称的吸收和膨胀会使存储盘扭曲,水气和氧气通过基片扩散会使高灵敏度的信息层受到腐蚀;

⑦ 基片厚度要均匀,提高信噪比,以免引入像差。

此外,基片表面状况(比如表面的平整度和洁净度等)也会影响光盘的写入和读出特性。基片表面质量不良会使基片与介质膜的分离性大大增加,进而减弱介质膜与基片之间的黏合强度,对光盘记录灵敏度产生较大影响。

2. 存储介质

光盘所能采用的存储介质材料种类很多,主要有 Te、Te－C、Te－Se、CS_2－Te、银粒子分散的明胶膜、燃料聚合物、Au－Pt、Bi－Te/Sb－Se、卤化银膜、非晶半导体膜、非晶硫硒碲化合物、热塑材料、光磁材料、光色材料、液晶材料、AS_2－S_3 及 AS_2－Se_3 非晶薄膜等。

(1) 存储介质的特性

从理论上讲,存储介质应具有以下几方面主要特性。

1) 高灵敏度

写入信息所需要的激光功率很低,考虑到光学反射率、光学效率和其它光学损耗等因素,到达介质表面的功率要低于 5～10 mW。

2) 高分辨率

高密度光学记录系统要求记录信息的小坑直径小于 1 μm,所以记录介质的分辨率必须大于 1 000 线对·mm^{-1}。

3) 高信噪比

需要足够高的信噪比以记录有用的信息,信噪比极限由记录方式和记录内容来决定。

4) 能够实时记录和瞬时读出

所用的记录介质必须有实时记录特性,能对已存储信息即时检索。

5) 容易制成均匀完好的记录膜

因为光盘记录信息的密度很高,即使 10 μm 的缺陷,也会导致所存储信息的丢失。记录介质上的缺陷主要有针孔、尘埃和其它表面黏污物等。

6) 长期的稳定性

对于一次性可读光盘,记录介质要有对数据永久性记录的能力,而且不受环境的影响,也不受持续读出次数的影响。

(2) 存储介质的灵敏度

存储介质对激光成孔的灵敏度决定了数据传输速率和对激光器的选择。要得出确切的有关灵敏度的量,需要知道记录方式、数据调制方式和读出方式。以小坑形式记录信息为例,通常认为小坑是激光脉冲熔融效应产生的。在绝热条件下,当激光束的直径等于小坑孔径时,形成凹坑所需的激光能量最小。在这种条件下,产生一定大小的凹坑所需的单位面积上的能量,被定义为存储介质的灵敏度 ω,它可表示为

$$\omega = \frac{E}{S} = \frac{hH_c}{\eta A} \tag{4.11}$$

式中　h——介质薄膜厚度;

　　　H_c——达到临界温度 θ_c 所需要的临界能量值,临界温度有两个,一个是介质转变为液体时的材料熔点,另一个是介质气化时的材料沸点;

　　　η——形成小坑所需要的热量与吸收的热量之比。

(3) 存储介质的分辨率

在金属薄膜上所记录的最小凹坑尺寸决定最终的数据存储密度,并且常常影响到诸如光盘转动速度、读出光束的尺寸和伺服系统条件等参数。假定凹坑扩散的动力学特性完全由表面的热力学特性所决定,那么就存在一个最小的凹坑尺寸,小于这个尺寸的凹坑都处于热力学不稳定态,最小凹坑尺寸可以由下式计算,即

$$d_{\min} = \frac{4\pi h}{\left[1 - \left(\frac{r_s}{r_f}\right)^{1/2}\right]^2} \tag{4.12}$$

式中　h——介质薄膜厚度;

　　　r_s——基片的表面能;

　　　r_f——薄膜的表面能。

3. 保护层

保护层通常采用树脂材料,有的用二氧化硅或 Te/SiO$_2$/Al 保护层。保护层直接涂在介质面上,以保护记录介质。有的保护膜还可以作为基片的连接层。保护层要求坚硬牢固,既可防潮,又可防擦伤,能真正起到保护存储介质的作用。

四、光盘的分类

从存储功能进展的角度,可以将光盘分为四类。

1. 只读存储(ROM,read only memory)光盘

只读存储光盘只能用来播放已经记录在介质中的信息,不能再写入信息。目前市场上的电视录像盘和数字音响盘等光盘属于此类。

只读存储光盘的存储介质是光刻胶。记录时将音频、视频调制的激光聚焦在洒有光刻胶

的玻璃衬底上,经过曝光显影,使曝光部分脱落,从而制成具有凹凸信息结构的正像主盘,一般称为 master。然后利用喷镀及电镀技术,在主盘表面生成一层金属负像副盘,它与主盘脱离后即可作为原模(又称 stamper),用来复制只读光盘。

常用的复制方法是"PP"复制过程。PP 是光致聚合作用(photo polymerization)的缩写。复制时将 PP 溶液注入原模和衬盘之间,然后用紫外光照射,使溶液中的单体混合物因光聚合作用固化并黏结在衬盘上,固化后的 PP 胶膜带有原来录制的声、光信息。将衬盘从原模取出。在记录信息结构的一面喷镀一层银(或铝)作为金属反射层,再在反射层上沉积保护膜作为覆盖层,这就成了一张只读存储光盘。若把两片这样的盘片有保护膜的一面黏结在一起,就成了一张双面电视录像盘或数字音响唱盘。

光盘的衬盘材料通常用聚甲基丙烯酸甲酯(PMMA, poly methyl meth acrylate)或聚碳酸酯(PC, poly carbonate),也可用转变温度较高的聚烯烃类非晶材料(APO, amorphous poly olefine)。使用前须用注塑法将材料压制成厚度为 1.2 mm 的高平整度衬盘。衬盘可以是两面都光滑,也可以是一面光滑,而另一面是有按一定格式刻好螺旋线或同心圆沟槽的平面,这些螺旋线或沟槽可作为信息道,每一条信息道又分为若干个扇区。每个扇区的标头都刻有信道号、扇区号及同步信号等预格式化标记。这种预格式化衬盘也是通过与上述类似的过程制成的,即 $\xrightarrow{\text{光盘}}$ 正像主盘 $\xrightarrow{\text{镀层}}$ 负像副盘 $\xrightarrow{\text{PP 复制}}$ 预格式化衬盘,然后再用这种衬盘制成各类光盘。

2. 一次写入存储(WORM, write once read memory,或 DRAW, direct read after write)光盘

一次写入存储光盘可以写、读信息,但不能实现信息的擦除。它可用来随录随放,也可用于文档存储和检索以及图像存储与处理。

一次写入光盘利用聚焦激光在介质的记录微区产生不可逆的物理化学变化写入信息。记录介质因记录方式的不同而异。记录方式各种各样,其中有 5 种类型光盘颇具特色。

1) 烧蚀型

对常用介质(如碲基合金),利用激光的热效应,使光照微区熔化、冷凝并形成信息凹坑。

2) 起泡型

由高熔点金属与聚合物两层薄膜制成。光照使聚合物分解排出气体,两层间形成气泡使膜面隆起,与周围形成反射率的差异,以实现反差记录。

3) 熔绒型

用离子束刻蚀硅表面,形成绒面结构,光照微区使绒面熔成镜面,实现反差记录。

4) 合金化型

用 Pt–Si 和 Rh–Si 等制成双层结构,使光照微区熔成合金,形成反差记录。

5) 相变型

多用硫系二元化合物制成,如 As_2Se_3、Sb_2Se_3 等。使光照微区发生相变,可以是一种非晶相向另一种非晶相的转变,也可以是一种晶相向另一种晶相的转变,还可以是非晶相向晶相的

转变。利用两相反射率的差异鉴别信息。

以上各类光盘中,烧蚀型最先有商品推出,其存储原理如图 4.9 所示。写入激光的光强具有高斯型空间分布,中心温度 T_c 大于介质熔点 T_m,能使光照微区熔融,表面张力将熔区拉开,撤去脉冲,孔缘冷凝形成带有信息结构的凹坑。

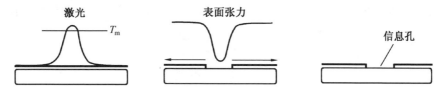

图 4.9 烧蚀型信息凹坑的形成

3. 可擦重写存储(E – DRAW,这里的 E 表示 erasable)光盘

可擦重写存储光盘具有写入、读出、擦除三种功能,但写入信息需用两次动作才能完成,即先将信息道上所记录的原有信息擦除,然后再写入新的信息。

4. 直接重写存储(overwrite)光盘

直接重写存储光盘可以在写入新信息的同时,自动擦除原有信息,只需一次动作即可完成。

从记录介质的存储机理的角度对光盘进行分类,可以将光盘分为两类。

(1) 磁光型光盘

用稀土 – 过渡(RE – TM)金属合金制成的记录介质,具有垂直于薄膜表面的易磁化轴,利用光致磁性相变以及附加磁场作用下磁化强度取向的"正"或"负"来区别二进制中的"0"或"1"。这是磁性相变介质,用它制成的光盘叫做磁光光盘。

(2) 相变型光盘

用多元半导体元素(或金属元素)制成的记录介质,可利用介质的光致晶态与玻璃态之间的可逆相变实现反复的写、擦。这是结构相变介质,用这种介质制成的光盘称为相变光盘。

结构相变和磁性相变的机制虽然不同,但都属于二级相变。一级相变材料具有两相共存的状态,无法区别二进制中的"0"和"1",不能用做光信息存储;二级相变材料不存在两相共存的情况,故可用介质的两个稳定态来区别二进制中的"0"和"1"。可擦重写光盘的反复写、擦过程是利用记录介质中的可逆相变过程来完成。从广义的角度讲,任何具有光致双稳态变化的材料都可用做可擦重写介质。因此,除上述磁光型与相变型记录介质外,目前正在开发的新型光存储材料还有电子俘获、光致色变以及持续光谱烧孔等。

五、光盘存储的特点

光盘与软盘或硬磁盘相比,存储潜力更大,具有更多的优点。

(1) 高载噪比

载噪比(CNR)是载波电平与噪声电平之比,以分贝(dB)表示。光盘的载噪比可达到 50 dB 以上。

(2) 高存储密度

存储密度是指存储介质单位面积或信息道单位长度所能存储的二进制位数。前者是面密度,后者是线密度。光盘的线密度一般约为 10^4 b·in^{-1},信息道的密度约为 15 000 道·in^{-1},故面密度可达 $10^8 \sim 10^9$ b·in^{-2}。光盘的存储容量很大。容量是指光盘上所存储的二进制字节的总量。3 in 的光盘单面可存储 640 MB;5 in 的光盘容量在 1 GB 以上。若制成双面,则容量加倍。

(3) 长存储寿命

磁盘存储的信息一般只能保存 2~3 年,而光盘所存储信息的寿命可以达到 10 年以上。

(4) 非接触式读写信息

从光学头目镜的出射面到激光聚焦点的距离通常有 2 mm,也就是说,光学头非接触式的飞行不会使光学头磨损或划伤盘面,并能自由地更换光盘,使光盘驱动器便于和计算机联机使用。

(5) 低信息位价格

光面(或衬盘)易于大量复制,容量又大,因此,存储每位信息的价格低廉,是磁存储的几十分之一。

六、高密度光盘存储材料

1. 光盘存储技术的发展[7~10]

提高存储密度和数据传输速率一直是光盘存储技术的主要发展目标。同时,多功能(即不仅能读出、能记录,而且能实现可擦重写)也是光盘存储技术的发展方向,由此才能与日益发展的磁盘存储技术竞争。

以往 10 多年光盘产品主要以 CD(compact disk)系列光盘为代表。它应用 800 nm 波长的激光记录和读出。直径为 5 in 光盘的信息存储容量已经达到 650 MB。人们已经熟知和广泛应用的是只读式 CD,如 CD – ROM、VCD、CD – A 等,现已形成了巨大的产业。目前可录式 CD(CD – R)已经商品化,正在代替软磁盘来复制节目和软件。可擦写式 CD(CD – RW)正在兴起,它可能代替磁带用做信息的外存、编辑和分配等。

光盘工作性能的扩展取决于存储介质的进展。CD – ROM 光盘的信息数据是预刻于光盘母盘上的(形成凹坑),然后制成金属压膜,再把凹坑复制于聚碳酸酯(PC)的光盘基片上。然后依靠凹坑与周围介质反射率的不同读出信号。

CD – ROM 光盘由盘基、溅镀的金属反射层(一般为 Al 膜)和保护层(有机塑料)组成。可记录光盘在盘基上还要有记录层,以往一次记录多次读出(WORM)光盘用无机碲(Te)合金作为记录层,而目前可录 CD 光盘用有机染料(如花菁、酞菁)作为记录层。由于 CD – R 光盘价格便宜、制作方便,目前已经得到大量应用。

可擦重写光盘的存储介质能够在激光辐照下起可逆的物理或化学变化。目前主要有两类可擦重写光盘,即磁光型(M – O)和相变型(P – C)(图 4.10)。前者靠光热效应使记录下的磁畴方向产生可逆变化,不同方向的磁畴使探测光的偏振面产生旋转(即克尔角),以此作为读出信号;后者靠光热效应在晶态与非晶态之间产生可逆相变,因为晶态与非晶态的反射率不同而可作为探测信号。这种可逆变化的稳定性决定了可擦重写的次数,一般要求在千次以上,有的甚至可达百万次。目前专业计算机上主要使用磁光型光盘,而 CD – RW 光盘以相变型为主。

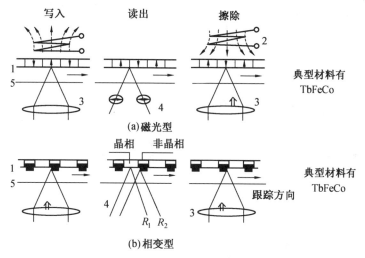

图 4.10 磁光型和相变型可擦重写光盘工作原理
1—记录介质膜;2—磁场线圈;3—记录和擦除激光束;4—探测激光束;5—基板

对于光盘机来讲,具有不同功能的机器的结构也有所不同,但能够互相兼容是十分重要的。由于 CD – ROM 和 CD – R 光盘的读出反射率一致(大于 65%),所以刻录好的 CD – R 光盘可在 CD – ROM 光盘机上读出。但 CD – RW 光盘的反射率低,在 CD – ROM 和 CD – R 光盘机上读出时需附加多种读出(multi-read)软件。

在目前的光盘存储技术中,载有信息的调制激光束通过物镜聚焦在光盘存储介质层上以实现记录,属于远场光记录,记录点的尺寸决定于聚焦光的衍射极限。众所周知,在光的衍射极限下,光线聚焦的直径(d)与光波长(λ)成正比,而与镜头的数值孔径(NA)成反比,即

$$d = 0.56 \frac{\lambda}{NA}$$

而存储密度成正比于 $\left(\dfrac{NA}{\lambda}\right)^2$。所以要提高存储的位密度,就要缩短激光波长和提高物镜的数值孔径。增加存储的道密度,就要缩短伺服道的间距(d_p)。表 4.4 列出光盘存储密度和数据

传输速率的发展趋势。

表 4.4 光盘存储密度和数据传输速率的发展趋势

年份	型 号	记录波长/nm	5 in单面容量/Gb	存储密度/(Gb·in^{-2})	道间距/μm	最小记录长度/μm	扫描速度/(m·s^{-1})	存取时间/ms	数据传输速率/(Mb·s^{-1})
1998	CD 系列	780	0.6	0.25	1.6	0.83	1.2~1.4	100	4.32
2000	DVD 系列	630~650	4.7	2.0	0.74~0.59	0.44~0.28	3.84	30	26~27
2005	HD-DVD 系列	430~500	20~50	10~20	<0.3	<0.2	10~20	10~20	50~100
2010	SHD	200~350	250	100	<0.1	0.05~0.1	30	2~5	500~1 000

在远场光存储的范围内,缩短记录激光波长能缩小记录点。表 4.5 按不同的半导体激光波长将光盘存储技术的发展分为三代。目前,以 CD 系列为代表的光盘技术产品处在第一代,正向第二代 DVD 的更高系列发展。

表 4.5 远场光存储的进展

产 品	类 型	记录波长/nm
第一代光盘	GaAlAs 半导体激光器	780~830
第二代光盘	GaAlInP 半导体激光器	630~650
第三代光盘	ZnCdSe 半导体激光器 GaN 半导体激光器	500~550 400~450

利用目前已开发的新的刻录技术和红光半导体激光器(650 nm 和 630 nm),通过缩小记录点及其间距,可把现有光盘的记录密度提高 5~10 倍,这就是已开发出的高密度 CD 光盘系列,也称 DVD 光盘(数字多用光盘)系列。目前已在推广应用只读式 DVD(如 DVD-ROM、DVD-Vedio 等)。由于缩短了激光波长(由 780~650 nm),提高了物镜数值孔径(NA 由 0.45~0.6),减小了伺服槽间距(由 1.6~0.74 μm),使 5 in 光盘的存储容量由 650 MB 提高到 4.7 GB(单面单层)。相比较之下,VCD 光盘用 MPEG-1 压缩器只可放映 74 min 的活动图像(352×240 线,30 帧·s^{-1}),而 DVD-Video 光盘采用 MPEG-2 压缩器可放映 135 min 高清晰的活动图像(720×488 线,60 帧·s^{-1})。可录式和可擦写式(或随机存储式)DVD(DVD-R 和 DVD-RW(RAM))正在开发之中。关键还在于存储介质和存取方式。目前初步统一的制式如表 4.6 所示。其关键因素是寻找新的存储介质。目前倾向于采用相变型材料作为 DVD-RW(RAM)的存储介质,因为此类材料已经过多年的研究,比较成熟。但是,人们还在不断探索新的存储介质,特别是将有机材料用于 DVD-R,它已具有 CD-R 应用的研究基础。可记录的 DVD 光盘必须有预制式的伺服槽,目前已明确将继续采用 CD-R 和 CD-RW 的摆动槽(wobbling groove),它们的制式必须与 DVD-ROM 兼容。一般估计在 CD-R 和 CD-RW 产品成熟后两年,将分别出现 DVD-R 和 DVD-RW(RAM)。

第四章 信息存储材料

表 4.6 DVD 系列制式和性能

性　能	ROM	R	RW,RAM
跟踪方式	记录跟踪	带地址码摆动预刻槽	带地址码摆动预刻槽
(记录波长、读出波长)/nm	650/635	635 635/650	635 635/650
物镜数值孔径 NA	0.6	0.6	0.6
记录方式	—	台、槽记录	台、槽记录
记录功率/mW	—	6～12	15
反射率/%	>45	>45	18～30
道间距/nm	740	800	615
最小刻录点长度/nm	400	440	400
调制方式	8/16 RLL	8/16 RLL	8/16 RLL
通道位速度/(Mb·s^{-1})	22.16	22.16	22.16
扫描速度/(m·s^{-1})	3.49	3.49	3.49
使用数据容量/(Gb·面$^{-1}$)	4.7	4.7	4.7
扇区长度、扇区分配	2 048B,CLV	—	2 048B,ZCLV
擦写次数	—	—	>10^5 次
纠错方式	Read-Solomon	Read-Solomon	Read-Solomon

2. 高密度光盘存储对材料的要求

近年来蓝绿光半导体激光器发展很快,特别是 GaN 半导体激光器已经实用化。因此光盘的容量扩至 10 GB 以上的目标有可能实现,目前各国都在研究开发,希望很快能实现这一设想。这一技术被称为高密度 DVD(HD-DVD)或超高密度光盘存储技术。探索新的超高密度的光盘存储介质仍然是研究新型光盘的关键。为了达到代替磁存储的目的,超高密度光盘必须实现可擦写或随机存储,对超高密度光盘材料的主要要求如下:

① 光学常数(吸收、反射、折射率)适用于蓝绿光范围存储;
② 单波长激光记录、读出和擦除;
③ 清晰和稳定的亚微米(约 200 nm)记录点,读出次数大于 10^5 次;
④ 适用于光学超分辨率记录和读出的多层膜结构;
⑤ 记录/擦除次数大于 10^3 次;
⑥ 响应速度快,记录/擦除时间小于 200 ns;
⑦ 使用寿命长,记录信息保存时间大于 10 年。

相关人员目前已在一些无机材料、有机相变材料、磁光材料、光色材料和电光材料中寻找到一批较好的新型短波长材料,正在深入进行各类材料基本光记录特性的应用基础研究,在实验室水平上已在某些方面接近预期目标。

在高密度光盘存储技术中,由于记录点的尺寸小于光斑的尺寸,因而在远场记录中光斑的尺寸受光的衍射极限的限制,探测记录点的信号要用超分辨技术,通常利用热虹食的原理。实现热虹食原则上要有两层工作薄膜:一层是记录层;另一层是读出层。对于磁存储和磁光存储来说,一般采用磁致超分辨技术(MSR,magnetic super-resolution)或磁畴放大技术(MAMOS,magnetic amplifying magneto-optical system)(图4.11)。前者利用磁光盘的记录层、读出层以及中间层的磁静耦合或磁交换耦合等原理产生热虹食,在光盘表面形成磁罩或磁窗,而缩小有效读出光斑。后者也用多层磁性薄膜的磁交换耦合在读出层瞬间放大记录层的磁畴尺寸,使光斑易于读出。所以高密度光盘是多层膜结构。各类光盘的多层膜结构如图4.12所示。按照记录、读出和擦除的要求,合理地设计多层膜结构和选择各膜层的材料,以及精细地制备出多层膜光盘都是十分关键的。

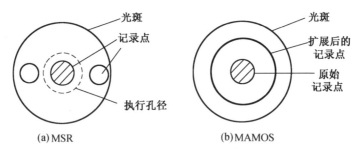

图 4.11　MSR 和 MAMOS 示意图

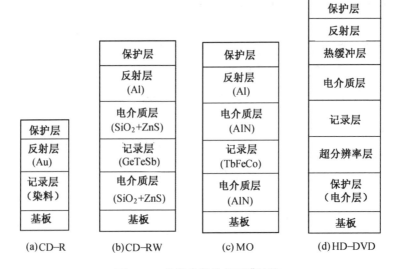

图 4.12　各类光盘的多层膜结构

3. 高密度光盘存储材料

为了满足高密度光盘存储技术的要求,对短波长激光记录灵敏的、稳定的和可擦重写的存储材料成为人们研究的重点,这类材料主要包括磁光型和相变型无机材料、有机材料和高分子材料等。

(1) 磁光型存储介质

磁光型存储介质在短波长激光记录下会形成小尺寸的磁畴,要求存储介质首先能形成稳定的垂直于膜面的磁畴,并且要具有较高的克尔(或法拉第)旋转角(θ_k 或 θ_F)。磁各向异性参数 K_u 表示垂直记录的可能性。它的表达式为

$$K_u > 4\pi M_s \tag{4.13}$$

式中　M_s——饱和磁化强度。

为了使记录的磁畴稳定,即减小磁畴壁的扩散,记录磁畴的稳定条件为

$$\frac{4\pi M_s}{[1/(2d)] - \{1/[l + (3d/2h)]\}} < H_c \tag{4.14}$$

式中　H_c——矫顽力;

　　　d——记录下的磁畴直径;

　　　h——膜厚;

　　　l——恒等于以 $\sigma_\omega/(4\pi M_s)$ 为介质的特征长度。

当记录磁畴尺寸远大于记录介质的膜厚时,最小的磁畴直径可以表示为

$$d = \frac{\sigma_\omega}{(2M_s H_c)} \tag{4.15}$$

式中　σ_ω——磁畴壁的能量密度。

所以,在短波长激光记录下要形成小的磁畴,必须要具有大的 H_c 和 K_u 值。

在读出时,磁光薄膜信号的信噪比 S/N 正比于反射率 R、读出激光功率 P_0 和克尔(Kerr)旋转角 θ_k。其关系为

$$S/N = ARP_0 \sin^2 \theta_k \tag{4.16}$$

式中　A——常数。

当 $\theta_k < 5°$ 时,磁光记录介质的品质因子

$$F = (P_0 R)^{1/2} \theta_k \tag{4.17}$$

目前商品磁光型光盘工作于波长为 780 nm 的激光下,应用稀土-过渡元素(RETM)合金作为存储介质材料,如 TbFeCo 等。随着波长变短,RETM 薄膜的 θ_k 值下降。所以人们要探索在短波长具有较大的 θ_k 值,并能垂直于薄膜面记录(大的 H_c 和 K_u 值)的磁光型存储介质。

有希望达到预期目的的短波长磁光存储介质大概有以下几种。

1) 成分调制的金属多层膜

比较典型的是 Co/Pt(Pd) 多层膜。Co 和 Pt(Pd) 的膜厚分别为 0.4～0.6 nm 和 0.9～

1.2 nm。调制多层膜容易形成磁各向异性,因而可以垂直存储。Co/Pt(Pd)膜为多晶膜,晶粒的控制十分重要。表 4.7 列举了 Co/Pt(Pd)多层膜可达到的磁和磁光性能(克尔旋转角 θ_k、各向异性值 K_u 和磁矫顽力 H_c)。

表 4.7 Co/Pt(Pd)多层膜的磁和磁光性能

系 统	多层膜结构	$\theta_k(630\ \mathrm{nm})/(°)$	$K_u/10^{-7}(\mathrm{J\cdot cm^{-3}})$	$H_c/(\mathrm{A\cdot m^{-1}})$
Pt/Co	Pt(60 nm)/[Co(0.3 nm)/Pt(0.8 nm)]$_{25}$	0.26	6.0×10^6	$4.0\times10^6/4\pi$
Pd/Co	Pd(45 nm)/[Co(0.4 nm)/Pt(0.9 nm)]$_{25}$	0.11	4.0×10^6	$2.6\times10^6/4\pi$

2) MnBi 薄膜

MnBi 具有很大的 θ_k 值,但由于相交和晶粒大等问题,很难在磁光存储中应用。人们发现在 MnBi 中引入 Al、Si 等元素后,薄膜易于垂直记录,且热稳定性好、晶粒小并具有较大 θ_k 值。在 633 nm 波长下的 θ_k 值达 2.2°,并且在 400 nm 附近的 θ_k 值也接近 2°。在 MnBiAl 的小样品上已完成 10^6 次擦写操作。经过进一步改进后,有可能满足投入生产的要求。

3) 钇铁石榴石(YIG)薄膜

钇铁石榴石(YIG)薄膜是十分稳定的磁光薄膜。但它的克尔旋转角 θ_k、法拉第旋转角 θ_F 和矫顽力 H_c 太小。近年来掺杂了 Bi 后使短波长的 θ_F 值有所提高,但 H_c 还是较小,实现垂直膜面存储比较困难。用 Al、Ga 替代 Fe 会降低其饱和磁化强度和居里温度,进一步添加 Cu 后,提高了 H_c 值,因而,这种薄膜在改善性能后有实用的可能性。

(2) 相变型存储介质

相变型存储介质主要是 Te 基和非 Te 基的半导体合金。它们的熔点较低,并能快速实现晶态和非晶态转变。对于相变型存储介质,它的载噪比正比于记录点与周围的反射率对比度($\Delta R/R$)。对于匹配激光波长(400~700 nm),某些碲基半导体薄膜就可以符合要求。

在多层膜结构设计中,必须知道薄膜的折射率(n)和吸收系数(k)的数值。估计不同波长下多层膜的光学性质也需要知道薄膜的 n 和 k 随波长的变化。这点十分重要。表 4.8 列举了 GeTe - Sb$_2$Te$_5$ - Sb 晶态与非晶态薄膜的复式折射率随波长的变化。复式折射率的实项为线性折射率,虚项为吸收系数。可以看到,随波长变短和折射率下降,在短波长处要获得高反射率的光盘是比较困难的。但是,晶态和非晶态的折射率差值(Δn)还能保持在 0.7~1.0 之间。所以,记录点在短波长区域可以获得高的反射率对比度。

相变型存储介质已成功地应用于可擦写 CD,并工作于波长为 780 nm 激光下。它也可用于可擦写 DVD,工作波长为 630 nm。光盘的多层膜结构为 Al(100 nm)/80ZnS + 20SiO$_2$(20 nm)/Ge$_{47}$Sb$_{11}$Te$_{42}$(30, 15, 25 nm)/80ZnS + 20SiO$_2$(150 nm)/PC(聚碳酸酯)基片(1.2 mm)。括号中的数值为薄膜厚度,半导体激光波长为 680 nm,记录点读出信号的载噪比可以大于 50 dB。这类光盘经过多次(100 次)直接重写后仍可保持高的载噪比,而随着直接重写次数的增加(如达到 1 000 次以上),薄膜的载噪比值会有所下降,这是需要改进之处。

表 4.8　GeTe–Sb₂Te₅–Sb 薄膜的复式折射率随波长的变化

λ/nm	$n_0 + in_k$	
	非晶态	晶态
830	4.61 + 1.05i	5.67 + 3.01i
780	4.47 + 1.47i	5.07 + 3.24i
680	4.39 + 1.53i	4.84 + 3.53i
430	3.08 + 2.40i	3.75 + 2.44i

在短波长(蓝绿光)波段(450~500 nm),Ge–Te–Sb 和 In–Sb–Te 系统半导体薄膜的晶态与非晶态的折射率相差较大,所以也可应用于光盘存储。图 4.13 表示多层膜结构为 ZnS–SiO₂(200 nm)/Ag₁₅In₁₆Te₃₆Sb₃₃(25 nm)/ZnO–SiO₂(50 nm)/Al(50 nm)的静态记录特性,激光波长为 514.5 nm,读出功率为 0.8 mW,脉宽为 300 ns。这反映了在不同记录激光脉宽(t_w)情况下,记录功率(P_w)与反射率对比度(C_w)的关系。反射率对比度表达为

$$C_w = 2 \times \left| \frac{R_f - R_i}{R_f + R_i} \right| \tag{4.18}$$

式中　R_i 与 R_f——写入前与写入后的反射率。

C_w 值只有在 25% 以上时才具有实际意义,即在动态测试中能获得较高的读出信号载噪比(约大于 40 dB)。图 4.14 表示多层相变型薄膜的擦除反射率对比度与擦除功率的关系。当写入时的反射率对比度为 25% 时,能擦除 14% 的反射率对比度,即 65% 被擦除。

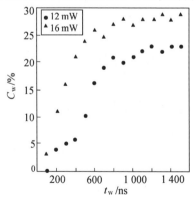

图 4.13　多层结构相变型薄膜的写入反射率对比度(C_w)写入脉宽(t_w)的关系

(激光波长为 514 nm,写入功率为 12 mW 和 16 mW,读出脉宽为 300 ns,读出功率为 0.8 mW)

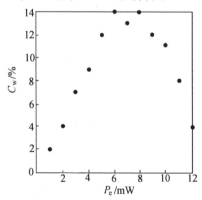

图 4.14　多层结构相变型薄膜的擦除反射率对比度(C_e)与擦除功率(P_e)的关系

(激光波长为 514 nm,写入功率为 14 mW,写入脉宽为 500 ns,擦除脉宽为 500 ns,读出脉宽为 300 ns,读出功率为 0.8 mW)

动态测试结果表明,如果仅在槽内记录,5 in 光盘单面的存储容量决定于记录点长度和道间距,如图 4.15 所示。从以上实验结果可以看出,相变型光存储介质可以应用于高密度光盘存储,工作于短波长激光,能写入和擦除。但要求的激光脉宽太大(大于 200 ns),需要从存储介质的成分、制膜工艺和多层膜设计等方面改进。

(3) 有机光存储介质

与无机材料相比,有机材料具有敏感度高、容易加工和便于调整结构性能等优点,但它们也存在如光、热稳定性差和抗疲劳能力差等不足。尽管对有机光存储材料的研究已进

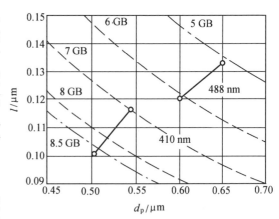

图 4.15 蓝光记录下,光盘(120 mm 直径)存储容量和道间距(d_p)以及记录点长度(l)的关系

行多年,但其中只有少数几种可以实际应用,如用于可录 CD 光盘(CD-R)的花菁和酞菁类染料。前几年人们曾对有机光色化合物进行了研究,它们所具有的可逆光色反应使其可作为可擦写的存储介质,但它们的主要缺点是光、热稳定性差,擦除时间长和需要用双光束完成擦和写,而根据当今可擦写 CD 光盘和随机存储 DVD 光盘的标准,要求用单光束完成读写和擦除[11,12]。为了发掘应用于高密度光盘存储的新型有机材料,必须考虑和解决以下主要问题。

1) 提高材料稳定性

对文档存储而言,存储寿命是一个相当重要的指标,而且与磁存储相比,存储寿命长是光存储的主要优点。因此,具有良好的光热稳定性是选择有机光数据存储材料的基本条件。根据稳定程度,可以粗略地把有机化合物分成 3 类:

① 低稳定性化合物,即具有不饱和碳-氢键的有机化合物,如花菁;

② 中等稳定性化合物,即具有苯环(如蒽醌)或不饱和氮键(如偶氮)的有机化合物;

③ 高稳定性化合物,即有机金属化合物,如卟啉、酞菁、金属化染料和金属有机配合物。

研究结果表明,与酞菁盘相比,花菁盘的块误码率(BLER)增大非常迅速。由于花菁染料的不稳定性,必须在 CD-R 的花菁记录层上加盖 Au 反射层和 UV 固化胶保护层来提高光盘寿命。

如上所述,有机金属化合物(如酞菁染料)具有更高的稳定性。所以,一些中等稳定性的有机化合物可以用"金属化"的方法提高稳定性,即有机化合物中的某些分子(如偶氮分子)与金属离子(主要是过渡金属离子)形成配位键。

2) 解决波长的匹配

随着存储密度的提高,用于读和写的激光波长变得更短。根据光-热记录原理,存储介质的光吸收带应与激光波长相匹配。不过对有机材料而言,通过"结构裁剪"(structural tailing)使

波长匹配并非难事。例如,缩短花菁染料中的—CH═CH—键,会使其吸收峰值向短波长移动大约 100 nm。当螺噻喃分子中的 S 被 O 取代成为螺吡喃时,也会发生类似的吸收带移动。此外,取代基和高分子介质变化对螺吡喃开环体吸收光谱也有相应的影响。

衍生物和金属离子对有机金属化合物(如酞菁和卟啉)的光学和光谱性质也能产生影响。研究结果表明,酞菁的支链越短,吸收带的红移越小,不过总的移动值并不大。如果减小共轭有机环的数目,吸收峰值的移动就很明显。

3) 提高可逆变化速度

对可擦重写光记录介质的基本要求是具有可探测的双稳态,即具有在光作用下相互转化的两种不同分子形态。尽管有多种有机材料的双稳态(如电子转移、异构化、光环化、光子选通烧孔、染料聚集度的可逆变化等)很早就被提出且可用于可擦重写,但由于诸如热稳定性差、抗疲劳能力差、响应时间长等严重缺陷,它们还远不能满足实用的可擦重写光存储器件的要求。在有机材料中,主要有 3 类可逆物理和化学变化被利用,即光色反应、光热聚集态变化和光热相变。

① 光色反应。螺环化合物和偶氮染料是主要的光色材料,在螺环化合物(如螺吡喃和螺噻喃等)、俘精酸酐、环戊烯等化合物中具有开环 – 闭环反应。光致变色是基于无色(开环)和着色(闭环)态间的可逆变化。写入过程是在可见光或近红外光作用下从着色态变为无色态,其反应时间响应应该很快。但由于光化学支反应,实际的写入时间在毫秒范围。擦除过程是在紫外光作用下从无色态变为着色态。着色态不稳定而且在读出时常被擦除。为了提高材料的性能,必须提高着色态的稳定性。全氟环戊烯要比螺环化合物更稳定一些,着色态吸收峰位于 550 nm 处,可应用于蓝绿光存储。俘精酸酐的光色反应也属于开环 – 闭环变化。采用质子化会使吸收峰值发生移动,质子交换可以提高着色态的稳定性。但是随着质子迁移,会减慢反应速度。有人曾尝试用以溶胶 – 凝胶法制备的 Ormosil 作为固体基质,并加入适当添加剂的方法进一步提高光色材料的抗光疲劳性能。提高光色反应速度和光稳定性,是今后对螺环化合物的研究重点。

国内外对偶氮异构反应的研究已持续多年。—N═N—键在外部激励下可以自由旋转(分子重取向)。偶氮苯以两种异构形式存在,即 E(反)式和 Z(顺)式。这两种异构态具有不同的吸收光谱,并能在光作用下相互转变。从原理上讲,偶氮苯可以用做可擦重写光存储介质。用不同波长的光可以获得不同数量的顺式和反式异构体,优势组分可以用吸收光谱探测出来。写入过程是从 Z 式变为 E 式,其逆过程是擦除过程。其中,E 式要更稳定一些。异构化可以是光化学过程,也可以是热过程。用于光色光记录的偶氮材料一般有两种,即掺偶氮的液晶共聚物和带支链共聚用单体的偶氮化合物。但不论哪一种,整个异构化的时间皆在秒数量级,因此只能应用于一次记录的存储,如作为永久性全息存储介质。

金属有机材料的光致分解过程类似于卤化银照相胶片的曝光过程。金属有机配合物(如 MTCNQ)要比上文提及的有机染料更加稳定。其光色反应为

$$[M^+TCNQ^-]_n \leftrightarrow M_x^+ + [TCNQ]_x^- + [M^+TCNQ^-]_{n-x}$$

AgTCNQ 和 CuTCNQ 薄膜在激光辐照前后透射光谱的变化比较大。采用物理气相沉积法可制备出均匀的薄膜。AgTCNQ 薄膜可以用 He-Ne 激光(632.8 nm)记录和擦除。写入的激光功率为 16 mW, 脉宽为 300 ns, 但擦除时间大于 10 μs。人们对 CuTCNQ 薄膜也进行了记录实验, 获得了大于 100 次的写-擦循环。

阻碍光色材料成为可擦重写光盘介质的主要是光热不稳定性、需双光束读写和写擦响应时间慢等因素。目前光色材料多被用做一次写入的全息介质。

② 光热聚集态变化。采用掺染料的聚合物可以最方便地实现光热可逆变化。染料分子吸收光并加热聚合物基质。加热过程中表面张力驱动的质量传递会使聚合物变形。通过控制激光辐射能量和时间可以实现聚合物的可逆形变, 然而这一过程速度较慢。

其它的方法涉及染料分子聚集度的改变和聚合物构象的改变。例如, Tomiyama 等人利用萘酞菁(Nc)和聚噻吩(PBT)开发出了可擦重写光存储材料。其薄膜样品用旋涂法获得。这一记录材料体系复折射率的可逆变化是由萘酞菁分子聚集度的改变(重排)及由此引发的聚噻吩基质构象的改变(樟状→螺旋状)所引起的。材料已记录部分的复折射率虚部是未记录部分的 3 倍(波长为 790 nm 时)。用这一材料体系制得的 Pc/SiO$_2$/Nc-PBT/Au 光盘具有高反射率(58%)和大 I_{11}/I_{top} 值(0.63), 但其信息的擦除只能通过加热的方法(100℃, 20 min)来实现, 而且擦除时间比较长。

③ 光热相变。与无机材料中的相变类似, 由于晶态和非晶态光学与光谱性质的不同, 有机材料的可逆相变(晶态非晶态)也可以用于可擦重写光存储。

有机材料作为高密度存储介质必须具备以下条件:第一, 有良好的光化学稳定性和抗疲劳能力;第二, 能与短波长激光(630~650 nm 和 480~520 nm)匹配使用;第三, 光照前后应有足够大的光性能改变, 而且改变速度很快;第四, 易于加工, 如易溶于溶剂、不与盘基发生反应等。

如前所述, 有机金属化合物和"金属化"染料具有良好的光化学稳定性, 它们成为寻求优良有机光存储材料的主要方向。为了与短波长激光相匹配, 有机金属化合物应具有较少的配位分子。

擦除时间是高密度有机可擦重写光存储材料的关键指标, 其中最快的变化过程是小分子的重排和重取向。如果有机金属化合物或配合物分子的可逆小角度重取向可以引起光学性能的显著改变, 那么这将成为开发新的可擦重写有机光存储介质的有效途径。

4.3 全息存储材料

全息是指物体整个空间情况的全部信息。全息存储是指同时存储物光的强度分布和位相分布, 即记录了物体的全部信息。

所有的全息记录材料原则上都可以作为全息存储的记录介质材料。最早用于全息存储的介质材料是银盐材料,由于超微粒银盐乳胶具有重复性好、保存期长和使用方法简单等优点,至今仍是被广泛使用的全息存储材料。记录材料的发展也推动了全息技术的进步。重铬酸盐明胶、光敏抗蚀剂、光导热塑料、光致聚合物、光折变材料等新的全息存储材料正日益受到重视。

一、全息存储材料性能表征[13]

全息存储是利用光的干涉原理,在记录材料上以全息图的形式记录信息,并在特定的条件下以衍射形式恢复所存储的信息。全息图的质量在很大程度上取决于感光材料的特性。理想的全息记录材料应具有高分辨率、较高的感光灵敏度、较宽的光谱范围、低噪声和高衍射效率,并应可重复使用、保存时间长且价格低。下面介绍用于评价全息存储材料性能的一些主要指标。

1. 感光灵敏度

感光灵敏度是指记录介质受到光照后,对光产生响应的灵敏程度,一般定义为具有最大衍射效率时所需要的曝光量。在全息术中,记录介质的感光灵敏度表示为

$$S = \frac{\eta^{1/2}}{m(\nu)E} \tag{4.19}$$

式中　η——衍射效率;

　　　$m(\nu)$——曝光强度的条纹调制度;

　　　E——平均曝光量。

灵敏度的单位为 $cm^2 \cdot mJ^{-1}$。记录材料的感光灵敏度直接影响到存储器的写入速度和写入过程的能耗。

2. 感光光谱范围

全息过程涉及光对存储介质的作用。每一种存储介质都有它特定的吸收带,只有波长处于介质吸收光谱区内的光子,才能对存储介质产生作用。这个能产生作用的光谱范围被称为存储介质的感光光谱范围。

3. 分辨率

分辨率代表存储介质材料的分辨本领,是指它区分输入图像细节的能力,或它所能记录的光强空间调制的最小周期。分辨率是以每毫米分辨多少线对作为定量指标,单位为线对·mm^{-1}。全息存储介质记录的是物光与参考光的干涉条纹,对分辨率要求较高。记录透射型全息图要求分辨率达到 3 000 线对·mm^{-1};记录反射型全息图,则要求分辨率为 5 000 线对·mm^{-1}。全息存储中,要求存储介质的分辨率大于全息图的分辨率。

4. 信噪比

信噪比是衡量感光材料中记录信息失真程度和清晰度的指标。材料噪声过大,将严重影响再现图像的质量。记录介质的噪声通常来源于材料的缺陷和非均匀性造成的对输入信号的

随机散射。

5. 调制传递函数 MTF

全息存储时写入光的干涉条纹具有一定的调制度,而实际所记录的全息图无论是振幅型还是位相型,其调制度均会下降,即使对于同一种介质,全息图的调制度也会因空间频率不同而异。引入记录介质的调制传递函数 MTF 可以描述这种差异。记录介质的调制传递函数 $M(\nu)$ 定义为:全息图的振幅调制度或位相调制度 $M_H(\nu)$ 与条纹调制度 $m(\nu)$ 之比。这里的 ν 表示条纹法线方向的空间频率$(1/\lambda)$。

6. 特性曲线

特性曲线是用来描述与记录介质有关的一些物理量之间关系的曲线。类似于普通感光材料的 $D - \lg E$ 曲线,全息术中的特性曲线常用 $\tau - E$ 曲线表示,如图 4.16 所示。图中 τ 表示显影后图像的振幅透射率,E 表示感光材料所受的曝光量。全息存储中,如果记录介质在 $\tau - E$ 曲线的线性区内被曝光,则适当控制曝光量可以使所记录的全息图具有均匀的衍射效率。

7. 重复性及保存期

全息记录材料的重复性是指信息可重复擦写的能力。保存期是指全息存储材料对已记录信息的保存时间。

全息存储材料除上述指标外,还有成本和使用的方便性(能否实时记录)等其它一些性能。

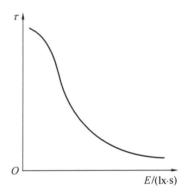

图 4.16 振幅透过率对曝光量的关系曲线

二、光学平面全息存储材料

平面全息存储材料通常采用薄膜形式。尽管这种材料本身的厚度可能比所用激光的波长大很多,但它对光照的响应主要反映在存储介质表面,而不是在介质内部的体积中,这也是称其为平面全息存储材料的主要原因。

1. 银盐材料

银盐材料是传统的全息存储材料。超微粒的银盐乳胶有很高的感光灵敏度和分辨率,有较宽的光谱灵敏范围,并且重复性好、保存期长,具有很强的通用性。它可用于记录各种类型的全息图,通过曝光和显影过程直接可得到振幅型全息图;再经漂白处理可获得高衍射效率的位相型全息图。目前,超微粒的银盐乳胶已拥有成熟的制备技术,已有稳定可靠的商品化产品——全息干板。但银盐材料也有一些缺点,主要包括:不能擦除后重复使用;湿显影处理程序较为繁琐等。对于位相型全息图,更高的衍射效率往往伴随着噪声增加和图像质量下降。为此,Fimia 等人在仔细分析了银盐材料的噪声来源及光化学过程对噪声源产生影响的基础上,指出通过改进显影、漂白配方及处理过程可以实现衍射效率和信噪比的优化组合。

1) 全息干板的结构

全息干板由感光乳胶层、底层、玻璃板和防光晕层组成。乳胶层是感光层,其主要构成是照相明胶、卤化银(AgCl、AgBr、AgI)及适量的补加剂(包括坚膜剂、增感剂、稳定剂等)。明胶不仅是乳胶层的主要成膜物质,而且是很好的分散介质。它使超微粒的卤化银结晶粒能均匀地分散于其中,并起到保护卤化银颗粒的作用。通常乳胶层中的补加剂含量极少,但它们能有效地改善材料的记录性能。在通常的高分辨率全息存储(通常大于 300 线对·mm^{-1})中,为了保证全息图具有高分辨率,乳胶颗粒应该非常细微,其典型值为 0.03~0.08 μm,几乎达到透明的程度,且感光灵敏度很低。涂底层可以使亲水的乳胶层牢固地黏附于疏水的玻璃板上。

片基通常为玻璃片或胶片,它是感光乳胶层的支持体。

防光晕层的基本成分是吸光物质和黏结剂,它被涂于片基的背面,用来防止干板曝光时背面反射光引起光晕所造成的影像不清,或产生微弱的附加全息图。用于存储反射全息图的厚全息干板,则无须添加防光晕层。

2) 银盐乳胶及其光化学过程

用银盐乳胶记录全息图的光化学过程可以概括如下:银盐乳胶吸收光子生成不可见的潜像;显影处理得到可见的增强像;定影后成为永久性的像。

在潜像形成过程中,卤化银乳胶吸收光子后形成一些金属银的小斑点(显影中心)。在显影过程中,这些细小的显影中心会促使整个卤化银晶粒变成金属银而沉淀下来,没曝光或没吸收足够能量的晶粒保持不变,定影时可除去未曝光的卤化银晶粒,而留下金属银,金属银粒在可见光波段是不透明的。显影后银盐乳胶的透过取决于透明片上银粒的密度分布。卤化银乳胶经曝光、显影和定影后,得到的是振幅型全息图。进一步对振幅型全息图进行漂白处理,可获得具有较高衍射效率的位相型全息图。通常使用的漂白方法有定影后漂白、无定影再卤化漂白和无定影反转漂白、先漂白后定影等。漂白后,膜层较厚的银盐材料有一定的折射率改变,因而具有体全息图的某些性质。

3) 卤化银乳胶的特性

① 感光特性曲线[14]。F. Hurter 和 V. C. Driffield 在 1890 年首次发现了卤化银乳胶的光强度透过率与显影后的颗粒之间的关系,并证明卤化银乳胶显影后单位面积内含银量正比于 $-\lg T_i$,故光密度 D 定义为

$$D = -\lg T_i \tag{4.20}$$

式中　T_i——强度透过率。

$$T_i(x,y) = \langle \frac{I_o(x,y)}{I_i(x,y)} \rangle$$

其中,角括号〈 〉表示局部系综平均;$I_i(x,y)$ 和 $I_o(x,y)$ 分别是在点 (x,y) 处的输入和输出光强。

通常使用 Hurter – Driffield 曲线描述卤化银乳胶的光敏性(即 $H - D$ 曲线),它反映了已显

影颗粒密度 D 与曝光量 E 的对数之间的关系,如图 4.17 所示。曲线分为三段:AB 段是趾部,BC 段是直线部分,CD 段是肩部。趾部确定了胶片的灰雾 D_{min},又称为曝光不足部分,通常 D_{min} 越低越好。常规全息照相使用的是 $H-D$ 曲线的 BC 段线性区,此时感光密度可表示为

$$D = \gamma \lg E - D_0 \tag{4.21}$$

直线段的斜率 $\tan \alpha = \gamma$ 称为全息干板的 γ 值(或称为反差系数)。γ 值小,全息存储得到线性范围就宽;γ 值大,则得到线性范围窄而对比度高的全息图。实际应用中可以通过使用适当的全息干板、显影剂及显影时间,以相当的精度达到预定的 γ 值。如果曝光量超过肩部的中间区,密度将达到饱和。在饱和区,显影颗粒密度 D 不再随曝光量 E 的增加而提高。

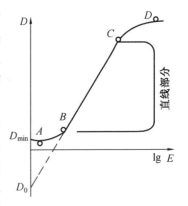

图 4.17 卤化银全息干板 $H-D$ 曲线

② 分辨率。卤化银乳胶的分辨率反映了它分辨输入图像信号细节的能力,单位为线对·mm^{-1}。卤化银乳胶的分辨率由银颗粒的大小和分布情况决定。银颗粒的大小除了与卤化银颗粒大小($0.03 \sim 0.08\ \mu m$)有关外,还与曝光量和显影条件有一定关系。

③ 噪声。卤化银乳胶的噪声来源于以下方面:衬底中的缺陷和非均匀性;在曝光过程中卤化银颗粒对输入信号的随机散射;金属银颗粒对输出信号的随机散射。通过使用较低灵敏度的细颗粒乳胶做较长时间的曝光和采用稀释显影方法,可以提高卤化银乳胶的信噪比和分辨率。

2.光致抗蚀剂

光致抗蚀剂是一种能产生浮雕全息图的高分子感光材料,将光致抗蚀剂以几微米的厚度涂于基片上便可制成干板。经过光照射后,光致抗蚀剂涂层中发生了化学变化,随着曝光量的不同,它将具有不同的溶解力。选用合适的溶剂显影,使得未曝光区域或曝光区域加速溶解,由此可制成表面具有凹凸的浮雕位相型全息图。

光致抗蚀剂可分为负性和正性两种类型。负性光致抗蚀剂在记录全息图时,受到曝光的有机物分子之间形成光交联,使该区域变硬;显影过程中,溶剂能腐蚀掉未曝光部分的分子,而对曝光部分的分子作用甚微,从而形成浮雕型全息图。为了使光致抗蚀剂牢固地吸附在基片上,保证显影时不脱落,需要对负性光致抗蚀剂进行足量的曝光。但这往往与全息图成像的最佳曝光量相矛盾,并且光致抗蚀剂全息图精细线条处往往由于曝光量不够而在显影时被腐蚀掉,从而影响全息图的质量。由于正性抗蚀剂的曝光和显影特性与负性抗蚀剂相反,故使用正性抗蚀剂可以克服上述困难而获得高质量的浮雕全息图。用这种浮雕全息图可铸模做成标准母板,在加热的塑料上大批量模压复制全息图。

光致抗蚀剂多数采用液体显影剂来进行显影处理,虽然 Horizous LHS7 光致抗蚀剂是一种干式操作的负性材料,但它也可以采用湿显影操作。另外,未硬化的重铬酸盐明胶也可作为光

致抗蚀剂用来记录表面浮雕型位相全息图,它具有光分解作用后可直接显影的特点。

光刻蚀纤维素软片是一种新型的微光刻全息记录材料,具有正性光抗蚀特性。光刻蚀纤维软片以三醋酸纤维素酯(TAC)为基片,通过特殊的预处理后,用质量分数为15%的重铬酸铵水溶液进行敏化,在其表面均匀生成一定厚度($2\sim20~\mu m$)的光敏层。由于感光层直接生成在基片上,不存在涂布成膜过程中可能出现的变皱、脱膜等工艺问题,并且它的质量轻、柔韧性好且价格低廉。实验得到的最大实时衍射效率高达30.9%;当空间频率为2 000线对·mm^{-1}时,实时衍射效率仍达11%。这显示出光刻蚀纤维素软片优良的实时特性及高分辨率。同时实验结果还表明,在刻蚀深度达5 μm的相当宽的范围内,其表面浮雕深度与曝光量均成很好的线性关系。光刻蚀纤维素软片具有良好的抗潮能力、较强的实时效应、较高的衍射效率、很高的分辨本领及很好的线性表面浮雕调制能力。这些特点使其可望在全息领域获得广泛应用。但该材料的感光灵敏度比较低,有待于对其进行增感研究。目前尚未见到用这类材料进行全息存储的报道。

3. 光导热塑材料

光导热塑材料是另一类浮雕型位相存储材料,是在电照相基础上发展起来的一种非银全息记录材料。首先用真空镀膜的方法在玻璃片基上镀一层透明的导电膜层,再在其上用化学方法涂布$2\sim3~\mu m$的透明光导体,然后再加一层厚度约1 μm的热塑性材料,就制成了光导热塑材料。

光导热塑全息图的成像原理(图4.18)可简单描述为:首先,热塑片在暗室中进行充电敏化(图4.18(a)),即用高压电对其充电,使热塑层带上均匀的表面电荷,同时透明的导电层上也感应了一层均匀的相反电荷,这样,在热塑料与透明导体之间形成均匀的电势差,使光导热材料在电晕充电后具有感光作用;随后进行全息记录(图4.18(b)),曝光部分光导体的电阻下降,在电场的作用下,导电层相应部分的电荷迁移到光导层和热塑层的界面,在光导热塑片内

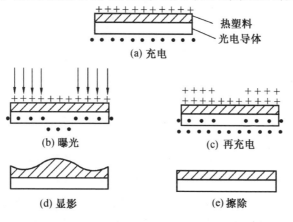

图4.18 光导热塑材料记录全息图的原理

形成潜像;第三步进行再充电(图4.18(c)),由于其它条件不变,再充电时未曝光区基本不变,曝光区却被补充上更多的电荷,使得热塑层表面的电势相等,由于表面电荷密度发生了变化,电势潜像变成了相对应的电荷密度潜像;最后进行加热显影(图4.18(d)),在电荷作用下导致热塑层形变,从而将记录的图像以凹凸的形式显示出来。图 4.18(e)说明材料有擦除性能,可重复使用。

光导热塑材料作为全息存储介质拥有许多优点。例如,对整个可见光波段都敏感,尤其对绿光区响应最佳;衍射效率较高,可获得干法、原位、实时显影,并且可重复使用。主要的缺点是分辨率不高,一般小于 2 000 线对·mm^{-1},且高质量薄膜制备困难。已有的报道表明,光导热塑材料在曝光量为 60 $\mu J \cdot cm^{-2}$的条件下,衍射效率为 10%,分辨率达到 2 000 线对·mm^{-1}。

上述各种平面全息的记录材料均有各自的优点,但综合比较表明,与光致抗蚀剂和光导热塑材料相比,卤化银乳胶具有感光度高(0.5 ~ 25 $\mu J \cdot cm^{-2}$)、感光光谱范围宽、分辨率高(3 000 ~ 7 000 线对·mm^{-1})和成本低的明显优势。并且,利用卤化银乳胶高感和敏感波长范围宽的优点加工制成的卤化银敏化明胶体全息图(SHSG),具有高衍射效率和较低的噪声。

三、体全息存储材料

作为体全息存储材料,不仅其厚度应远远大于光波长,而且介质的整个体积内部都应能对光照产生响应。膜层较厚的卤化银乳胶在经过漂白处理以后,介质内部产生折射率改变,因此也可以看成是体全息存储材料。其它还有重铬酸盐明胶、光致聚合物、光致变色材料和光折变材料等。

1. 重铬酸盐明胶(DCG)

DCG 是在明胶中浸入 $Cr_2O_7^{2-}$ 离子构成的位相型全息记录材料。它的光学性能良好,典型膜厚为 10 ~ 30 μm,被光照的部分不变黑,因此再现全息图也不吸收光,是一种理想的位相型全息存储材料。

DCG 可分为未硬化和硬化两种。未硬化的 DCG 多用于照相和印刷中,强调膜层厚度的变化。制作时,将明胶溶液加入适量的重铬酸盐溶液进行敏化,使其具有感光性;曝光后,被曝光的区域变硬,较未曝光区难溶于水;经水洗显影将未曝光部分洗去,形成表面凹凸变化的浮雕型全息图。这种未硬化的 DCG 制成的全息图的衍射效率可以达到 30%,但还没有充分体现 DCG 材料的优点。1968 年,Shankoff 用硬化 DCG 记录的折射率调制型体全息图具有良好的光学性质,分辨率达到理论值的 90%,一级衍射效率达 90%,具有较低的噪声,并且背景散射小于信号的 1/10 000。但是,DCG 也有一些缺点:再现性差,即感光层在从曝光到显影的过程中影像会出现失真;光谱敏感范围有限,对氦氖激光器的红光波长几乎不具有感光度,仅对蓝绿波段的光敏感;与其它材料相比,其感光度较差,其典型曝光量为 200 $mJ \cdot cm^{-2}$;对空气中的湿气抵抗力差等。最近几十年来对 DCG 的研究取得了重大进展,目前 DCG 已作为一种优良的位相型记录介质被广泛应用于光学信息存储、各种全息元件(如全息透镜)、多重全息元件的制作等领域。

(1) DCG 的成像机理

对 DCG 的光化学过程可以进行如下描述：作为感光敏化剂的重铬酸盐溶解在明胶中，它以六价铬离子 Cr^{6+} 与明胶结合，形成 DCG 膜。曝光时 DCG 膜吸光以后使六价铬离子（Cr^{6+}）变为低价态离子 Cr^{3+}。随后，Cr^{3+} 与其附近的明胶分子的残基进行共价结合而形成交联，使明胶坚膜硬化。由于各区域曝光程度不同，这种交联的数量也不同。交联程度与 DCG 的溶胀、密度、折射率等性质密切相关。由于整个光化学反应发生在明胶内，交联作用也使得水洗显影时未曝光部分不像软明胶那样被洗掉，而仅仅是洗去了残留的重铬酸盐。同时明胶也因吸收水分而溶胀，溶胀程度与曝光量成反比。最后，在异丙醇中浸泡脱水，并快速干燥，使曝光部分的折射率提高（$\Delta n \geqslant 0.03$），就制成了衍射效率很高（达 90%）的位相型体全息图。

目前，人们对 DCG 的上述成像机理已普遍达成共识，但对其内部折射率调制的来源仍存在不同的见解。其中一种看法认为，由于 Cr^{3+} 与明胶的交联，曝光和非曝光区的明胶膜密度产生差异，从而导致其折射率调制；另一种看法则认为，由于 Cr^{3+} 与明胶在曝光区的高度交联，使 DCG 成为一体。明胶层的快速脱水产生的应力，使明胶中未曝光的区域产生微小的裂缝，由于裂缝的存在，在空气和明胶界面存在较大的折射度差异，即形成折射率调制；第三种看法是，由于 Cr^{3+} 与明胶分子的极性部分发生交联引起 DCG 结构变化，导致曝光部分与未曝光部分的显影性质不同，从而产生折射率调制效应。

由于 DCG 板的保存期短，一般需要在使用前自行制备。DCG 板的制备、曝光和处理过程虽然较为复杂，但已经形成较为固定的操作程序。并且在制备过程中，通过使用不同的敏化物（如重铬酸钾），并加入适量增感剂（如亚甲蓝染科），可制成红敏重铬酸盐明胶板。另外，也可以采用卤化银增感，用来弥补 DCG 全息材料感光度低和敏感波长范围窄的不足，即利用卤化银乳胶高感和敏感波长范围宽的优点，先将全息图记录在卤化银乳胶层中，然后再加工获得卤化银敏化明胶（SHSG）全息图。

(2) DCG 的应用

由于 DCG 具有高衍射效率、高分辨率和低噪声的特点，20 世纪 70 年代初已被广泛用于制作高质量的位相型全息图。但这种材料的低感光度和受限的光谱敏感区又限制了它的应用范围。DCG 的敏感波长在 340～400 nm 处，吸收区的长波长一端约在 540 nm 处。曝光只能用氩离子激光器的 488 nm 和 515 nm 波长，或氦镉激光器的 442 nm 波长。若要用氦氖气体激光器的 632.8 nm 波长，则需要加入染料增感。常用的亚甲蓝敏化的红敏重铬酸盐明胶（MBDCG）克服了普通 DCG 只对蓝、绿光敏感的缺点，并且具有高分辨率、高衍射效率（达 80%）等优点。但其感光度只有普通 DCG 的 1/10。近年来，许多增感方法的提出使 MBDCG 的感光度提高了近 10 倍，典型曝光量为 100 mJ·cm^{-2}。

DCG 全息图对环境的温度和湿度也很敏感，其衍射效率因空气中的湿气或热作用会逐渐衰减，甚至使全息图彻底毁坏。Changkakoti 等人研究了亚甲蓝敏化的 DCG 全息图的存放寿命和再加工性,指出亚甲蓝敏化的 DCG 在普通实验室条件下可以长期存放,但其衍射效率随存放时间的延长而降低。存放中衍射效率的降低量及再加工时的恢复量都与初始衍射效率有关。目前,人们通过物理方法、化学方法及高聚物改性法有效地改善了 DCG 全息图的稳定性和恢复性。

Ramenah 等人用 DCG 制成了高密度的只读存储器。记录时,将 DCG 表面划分为 10×10 矩阵单元进行空间复用;在厚度为 25 μm 的每一个单元区域内,再使用角度复用记录 20 幅全息图;最终记录了无串扰噪声的 2 000 幅全息图,可分辨像元数为 512×512。四川大学信息光学研究所的一种双敏感中心红敏明胶材料(DC – MBDCG),感光膜厚为 10 μm,未增感的感光灵敏度为 5 $cm^2 \cdot J^{-1}$,增感后的感光灵敏度提高到 15 ~ 83 $cm^2 \cdot J^{-1}$。在 800 ~ 2 000 线对·mm^{-1} 频率范围内的衍射效率均大于 90%,并且用它记录的全息图比普通 DCG 所记录的全息图具有更高的稳定性。

2. 光致聚合物

卤化银敏化明胶(SHSG)和重铬酸盐明胶(DCG)是传统的体全息存储材料。然而它们具有一些难以克服的缺点,如卤化银的不可克服的颗粒噪声、DCG 对湿化学处理的苛刻要求和对环境抵抗性差等。为了弥补传统存储材料的不足,光致聚合物作为一种较理想的全息记录材料成为近年来研究的热门。

光致聚合物主要由单体、聚合体和光敏剂组成。光致聚合是以化学方法产生自由基或离子引发单体分子发生聚合的反应。光致聚合物中全息图的形成可以定性地做如下描述:记录光照射聚合物后,光敏剂被光子激发,随后引发曝光过程;然后,自由基引发空间非均匀分布的单分子聚合,曝光量大的区域,聚合分子的浓度相应较大,并且自由单体向聚合体浓度大的区域扩散,直至自由单体耗尽。最后采用均匀曝光处理进行定影,使残余的单体完全聚合,最终在介质内形成位相型全息图。根据膜层厚度的不同,形成的可以是表面调制的浮雕型全息图,也可以是整层内折射率调制的全息图。

光致聚合物具有较高的感光灵敏度、高分辨率、高衍射效率及高信噪比,可完全干法处理并快速显影;产生的全息图像具有高几何保真度,并且可以长期保存。

美国杜邦(DuPont)公司研制的光致聚合物材料具有灵敏度高、光谱响应宽、全息光学性能好、存储时间长、光学干法加工和加工宽容度大等特点。20 世纪 70 年代初,Booth 率先对美国杜邦公司的光致聚合物进行了深入研究[15,16]。结果表明,若记录光源为氦氖激光器,曝光量为 10 ~ 40 $mJ \cdot cm^{-2}$,折射率调制度 Δn 可达 $2.5 \times 10^{-3} \sim 3.5 \times 10^{-3}$。他明确指出,为了获得接近 100% 的衍射效率,记录介质的膜层厚度要求为 100 μm 左右。近年来,高密度全息存储发展迅速,许多研究者开始关注光致聚合物的高密度存储特性。Rhee 等人研究了杜邦公司的体全息存储用光致聚合物的特性。他们使用该公司的 HRF – 150 – 38 型光致聚合物,采用角度复用技术进行多重存储,获得 97% 的高衍射效率,角度选择性为 1.2°。另一些研究者报道了丙烯酰胺基聚合物的全息记录特性,全息图的衍射效率达 96%,可保存若干个月,并且具有约 1°

的角度选择性,感光灵敏度为 12.5 cm²·J⁻¹,但分辨率不大于 3 000 线对·mm⁻¹。Curtis 等人深入研究了杜邦公司光致聚合物的三维存储特性;随后,Pu 等人用 100 μm 厚的光致聚合物(HRF-150)制成三维全息盘,采用角度复用和旋转复用技术,在每个平面单元区域内存入 32 个全息图,获得 10^9 b·cm⁻³ 的表面存储密度。

3. 光致变色材料

光致变色材料曝光时,光致变色膜层内的分子极化特性发生改变,从而导致膜层折射率变化。尤其是记录波长与介质吸收谱非共振时,膜层内部可产生显著折射率变化。此时全息图的衍射效应主要来源于折射率变化而不是介质吸收率的改变。因此,光致变色材料在这种条件下可看做位相型全息记录材料。

光致变色材料具有无颗粒特征,分辨率仅受记录光的波长的限制,并且若记录光功率足够强,则不必采用干法或湿法显影,而只需光照就可在原位记录或擦除全息图。光致变色材料还具有宽的动态范围。Akella 等人合成的光致变色材料膜厚为 100~130 μm,感光灵敏度 $S = 0.26$ cm²·J⁻¹,光致折射率变化 $\Delta n = -0.05$(它比光折变晶体的最大折射率变化高出两个数量级)。他们在该介质内复用存储了 10 幅全息图,衍射效率达到 17%。

以上存储材料虽然都能呈现体积存储的效应,但是由于膜厚有限,不易实现更大容量的全息存储。此外,还有另一类优良的体全息存储介质,即光折变材料被广泛用做大容量体全息存储的记录介质。光折变在光的辐照下产生光生载流子,经过扩散、漂移、光生伏打等效应单独或联合作用,最终使介质内部折射率发生改变,形成与记录光强分布相对应的位相型全息图。

几种常见的体全息存储材料的特性见表 4.9。

表 4.9 常见体全息存储材料的特性

特 性	卤化银乳胶	硬化的 DCG	光致聚合物	光致变色材料	光折变晶体
处理方法	湿法、化学	湿法、化学	无须处理或先加热后曝光	无须处理	无须处理或进行信息固定
形成潜像	是	是	否	否	否
全息图类型	振幅/位相	位相	位相	振幅/位相/混合	位相
循环使用	否	否	否	是	是
曝光强度/(J·cm⁻²)	$10^{-6} \sim 10^{-3}$	$3 \times 10^{-3} \sim 4 \times 10^{-1}$	$10^{-3} \sim 10^{-2}$	$3 \times 10^{-3} \sim 1$(效率低)	$3 \times 10^{-3} \sim 1$(衍射效率为1时)
典型厚度	6~16 μm	1~15 μm	5 μm~2 mm	0.1~2 mm	10 μm~1 cm
记录波长范围	紫外及可见	紫外到绿、红光	紫外到蓝绿光	紫外到可见	紫外,可见
分辨率/(线对·mm⁻¹)	>4 000(前苏联报道>5 000)	>5 000	3 000~5 000	>2 000	>1 500

四、光折变体全息存储材料

光折变材料广义上是指那些由光照引起折射率变化的材料,光折变效应又特指这样的折射率变化。由于电荷载流子被激发,通过迁移被重新俘获,造成电荷的重新分布,建立起内电场,并由于电光效应使材料的折射率受到调制。自 1966 年光折变效应被人们认识以来,几十年来相关的研究不断深入,其应用范围不断扩大,形成了非线性光学的一个重要分支——光折变非线性光学。它对光折变体全息存储材料的发展起到了重要的推动作用。

1. 光折变效应

光致折射率变化效应,简称光折变效应,是指电光材料的折射率在空间调制光强或非均匀光强的辐照下发生相应的变化。

光折变效应有两个显著的特点:其一是光折变效应的大小只与入射光的能量有关,而与光强无关。即使对于毫瓦数量级的弱光,只要有足够的时间,同样会产生折射率变化。其二是对光强的非空间定域响应,折射率光栅与入射的光强分布之间存在位相差,此位相差的存在是光束在晶体内发生耦合作用的原因,也是许多非线性光学效应产生的根源。

2. 光折变效应产生的机理

自 20 世纪 60 年代美国贝尔实验室的科学家们在 $LiNbO_3$ 和 $LiTaO_3$ 晶体中发现了光折变效应[17],并利用这种效应实现了全息存储以来[18],人们对光折变效应机理及其应用的研究取得了卓有成效的进展。迄今为止,光折变效应的研究者普遍认为光折变效应可归纳成以下 3 个过程。

① 非均匀光照射具有施主杂质中心、结构空位、自陷电子以及色心等本征和非本征缺陷的光折变材料后,产生光激发自由电荷载流子(电子或空穴),自由电荷载流子因浓度梯度或外场,经扩散、漂移以及光生伏打效应发生定向移动,在迁移过程中它们可能被陷阱中心所俘获,又能重新被激发,可发生多次这样的循环,直至它们最终移出光的照明区域并在暗区被俘获,从而产生空间调制的分离电荷分布。

② 被离化的施主中心和被捕获的电荷之间产生调制的空间电荷场,晶体的内电场强度可达 10^4 V·cm^{-1}。这一量级的电场已足以使晶格产生微小的畸变(约 10^{-4} 量级)。

③ 空间电荷场通过线性电光效应实现晶体折射率的空间调制。

光折变效应是一种非局域效应,即折射率改变大的地方不是光辐照强的地方,光场与折射率的分布是非同相的,而且可以在毫瓦级弱激光作用下表现出来。

光折变材料的光学、电学以及结构特性变化非常大,但不管是绝缘体、半导体还是有机材料,都有共同特点,就是晶格较易被扭曲,晶格有缺陷。这些缺陷主要是杂质原子(或离子)占据晶体格位,或在本征原子附近附着杂质离子,也可能是晶格结构某处原子的空位缺陷(如氧空位)、自陷电子以及色心、还有晶体内的本征晶格缺陷,如半导体砷化镓晶体中砷原子取代镓原子以及同等的晶格处的多余的砷原子造成的缺陷。晶体内这种缺陷的密度在 10^{-6} 的数量级就可有效地表现出光折变效应。实际上晶体的每一个缺陷都可以成为多余电荷的来源,对于不同的材料,它们是电子或是空穴,或两者并存。

(1) 光激发电场载流子的产生

晶体中的杂质、缺陷和空位是光激发载流子的主要来源。从能级结构来看,它们在晶体的禁带中形成局域能级,充当施主与受主中心的角色。因此,晶体中杂质成分与掺杂浓度对光折变效应至关重要。例如,在 $LiNbO_3$ 晶体内掺有少量的可变价的 Fe 杂质,它们将以 Fe^{2+} 和 Fe^{3+} 的形式进入晶体的点阵。在光辐照下,作为施主的 Fe^{2+} 被光致电离成 Fe^{3+},而激发至导带中的电子迁移到暗区被作为陷阱的 Fe^{3+} 俘获,又形成 Fe^{2+} 离子,从而导致空间电荷分离,即

$$Fe^{2+} \longrightarrow Fe^{3+} + e^-$$

这种光致电荷分离过程使得晶体内的 Fe^{2+} 和 Fe^{3+} 两种杂质离子按光强分布重新改变它们的浓度及分布的过程,从而在晶体内建立起空间调制电荷场。

如果假定晶体内光激发的载流子为电子,晶体内施主中心的密度为 N_d,电离的施主中心的密度为 N_d^+,那么在光照条件下电子从施主中心被激发的速率为

$$g = (N_d - N_d^+)(SI + \beta) \tag{4.22}$$

式中　SI——光激发电子的速率;

S——光激发截面或光激发常数;

β——热激发速率。

类光栅型周期分布的激发特别适合实验上光折变效应的观察。在这种情况下,晶体内光强的空间调制引起晶体内电子与离化的施主杂质浓度相同的调制。因此,最初时刻电子的负电荷与离化的施主杂质的负电荷与正电荷互相补偿。没有净的空间电荷,所以晶体内也无电场形成;但自由电荷载流子(如电子)浓度的空间调制分布而引起扩散、外场引起漂移以及光生伏打效应引起光电流构成 3 种使自由载流子迁移的动力学因素。

(2) 电荷载流子的输运

在光折变材料中有 3 种不同机制影响光激发自由载流子的迁移、扩散、漂移和光生伏打效应。

1) 扩散

如图 4.19 所示,在正弦型分布光场的激发下产生的电离施主 N_d^+ 和自由电荷载流子开始呈现与光强相似的浓度分布。假设自由电荷载流子是以电子作为粒子,在线性激发下,光强较强的位置比在光强弱的暗处产生密度相对高的电子,由电子浓度分布的不均匀性而引起扩散。这种扩散迁移使得在弱光区积累多余的电子,而在强光区留下多余的电离施主的正电荷。此外与电离施主浓度分布的空间振幅相比,由于电子扩散、迁移,使电子浓度分布的空间振幅相对减小,这样的振幅差异引起空间电荷分布以光强位相的方式调制。电场方向是从正电荷指向负电荷的,在电荷分布密度大的区域电场强度小(如图 4.19 中的 1 和 2 处),而在其中间区域由于电荷密度小,使得空间电场反而大。于是由扩散机制建立的晶体内的空间电荷场 E_{sc} 相对于光强 $I(z)$ 有 1/4 周期的位相差。

晶体内电场是逐步建立并增强的,随着扩散电子浓度分布的进一步发展,空间电荷场 E_{sc} 逐渐增强。因此必须考虑空间电荷场 E_{sc} 对扩散的抑制作用。如果电荷的扩散占主导地位,会继续扩散直至实现电子密度的均匀分布;如果空间电荷场对电子运动占主导地位,则电场阻碍电子分布的进一步均匀化,会使电荷密度的调制分布状态保持下来。可见扩散场对光折变效应有着重要的影响。

2) 漂移

光折变晶体中光激发的电荷载流子,除因浓度分布不均匀引起扩散迁移外,若存在外加电场,它们还会沿外电场方向漂移。如果电离施主激发率正比于 $\cos kz$,那么漂移的电子的激发率正比于 $\cos(kz+\phi)$,其中 k 为光栅矢量,ϕ 为相移。如果相移 ϕ 足够小,则晶体内空间电荷密度分布相对光强分布相移 90°,即它正比于 $\sin kz$,而相应的空间电荷场则恰好与光场分布相差 180°,即正比于 $-\cos kz$。同样也可以借助这点来理解用外加直流电压产生电流,在稳态情况下,电流密度 J 是常数(图 4.20)。由于自由载流子浓度的空间调制,材料的电导率在空间上也是调制的,因此,形成空间调制的电荷场 E_{sc}。

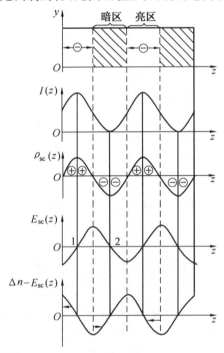

图 4.19 由扩散形成的空间电荷场 E_{sc}

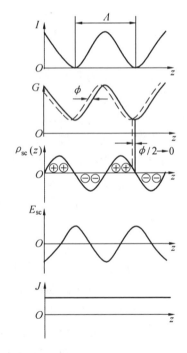

图 4.20 由外加直流电压或光生伏打效应产生的空间电荷场,ϕ 是激发速率的相移

漂移和扩散足以说明在顺电晶体(如 $K(Ta_{1-x}Nb_x)O_3$、$Bi_{12}SiO_{20}$、$Bi_{12}GeO_{20}$、GdAs)和在高光电导铁电体(如 $KNbO_3$)中的光折变效应。

3) 光生伏打效应

实际上所有电光晶体在无外场情况下,受均匀光照射也可以产生光电流,这种光电流的起因是光激电子进入导带后,自由载流子沿极轴方向为最可能运动方向。此外在不同方向上电子的俘获与离子的位移是各向异性的,也可能产生光电流。这种光电流的总和称为光生伏打电流,其电流密度为

$$J_{ph} = \beta_{ijk} E_j E_k^* \tag{4.23}$$

式中 E_j、E_k^*——光波电场强度分量;

β_{ijk}——三阶光生伏打张量元,它满足 $\beta_{ijk} = \beta_{ijk}^*$,而且仅在没有对称中心的介质中才有非零分量。

光生伏打电流总是沿自发极化方向产生,如果光场的偏振沿晶体的 c 轴方向进行,那么沿 c 轴方向的光伏电流为

$$J_{ph} = -\beta_{333} E_3 E_3^* = -\beta_{333} I = -k_G \alpha I \tag{4.24}$$

式中 I——光强;

α——晶体沿 c 轴(z 轴)方向偏振的光束的吸收系数;

k_G——表征晶体和掺杂特性常数(又称为 Glass 常数),此外该式仅在电子的平均自由程小的条件下成立。

电子输运长度定义为在其速度随极化之前电子定向移动的平均距离。

从微观上分析,光生伏打效应起因于电子的跃迁几率和电子的自由程沿极化方向具有某种不对称性,表现为非对称电荷输运及激活离子沿热电晶体极轴方向位移。如果由于局部非对称性,沿正负极轴方向的基质阳离子的缺陷轨道的重叠有差别,那么将发生来自热电基质中的调换阳离子的价间定向转移。这种非对称性在所有等价缺陷处有相同的意义,因此激活时存在一种净的电子流,即

$$J_{ph} = e\dot{n}_1(p_+ l_+ - p_- l_-) = k_1 \alpha I \tag{4.25}$$

式中 $\dot{n}_1$——每单位体积和单位时间内吸收的光子数;

p_+、p_-——沿相反方向发射的电子数;

l_+、l_-——电子在相反方向上的平均自由程。

式(4.25)表示非对称电子输运产生的电流。其次考虑在激活之后,由于弗兰克-克登(frank-condon)弛豫,电离的杂质一般将沿极轴方向移动,于是产生对光电流的附加贡献

$$J_2 = e\dot{n}_1 \Delta l_i = k_2 \alpha I \tag{4.26}$$

式中 Δl_i——离子的平均位移。

当然复合也是非对称的,但一般来讲复合电流不能抵消激发电流,因为涉及不同的态($p_\pm$ 和 $l_\pm$ 是不同的),于是源于电子和离子运动的总的稳态电流可以表示为

$$J_{ph} = J_1 + J_2 = e\dot{n}_1(p_+ l_+ - p_- l_- + \Delta l_i) = (k_1 + k_2)\alpha I = e\dot{n}_1 L_{ph} = k_G \alpha I \quad (4.27)$$

式中 L_{ph}——沿极轴的平均有效位移长度,称为光伏传输长度,它被认为是速度随极化前的平均传输距离,$L_{ph} = p_+ l_+ - p_- l_- + \Delta l_i$。

还应指出,与光电导不同,我们引入平均有效位移长度来描述光生伏打电流。光电导依赖于激活载体的全部历史,光生伏打电流的光谱变化不必与吸收常数 α 的频谱变化相同,因为前者不仅依赖于跃迁几率,而且还与局部电势和平均自由程的细节有关。

光生伏打效应类似于沿 c 轴方向有一稳定外场作用下的电子和电离施主的漂移分布,因此,除了一个 -1 因子,电场光栅在位相上与光强分布是相同的。

光生伏打电流与光场的偏振态有关。一般情况下晶体中除了上述沿极化方向的光伏电流外,还存在着一系列相对于极化轴的横向光伏电流。由于 J_{ph} 为实量,对式(4.23)取负数共轭应保持不变,即

$$\beta_{ijk} = \beta^*_{jkj} \quad (4.28)$$

这意味着光生伏打张量分为实分量和虚分量,其中实分量相对后两个角标对换是对称的,为对称张量;而虚分量相对于后两个角标对换是反对称的,为反对称张量。其中反对称光生伏打电流在椭圆偏振光下不为零,称为圆光生伏打电流;与对称光生伏打张量有关的电流,称为线性光生伏打电流。

4) 电荷输运方程

假定晶体中只有单一施主和陷阱中心,提供单一电荷载流子。在单色光激发下产生的光生载流子在上述3种动力学因素的作用下,电荷沿极轴方向(c 轴)移动形成的光电流可以表示为

$$J(z,t) = e\mu n(z,t)E(z,t) - eD\frac{\partial n}{\partial z} + J_{ph}(z,t) = e\mu n\left[E_{sc} - \frac{V}{L}\right] - \mu k_B T \frac{\partial n(z,t)}{\partial z} + eL_{ph}\dot{n}_1$$
$$(4.29a)$$

或写成

$$J(z,t) = [\sigma_d + \mu b I(z,t)]\left[E_{sc} - \frac{V}{L}\right] - Db\frac{dI}{dz} + k_G \alpha I \quad (4.29b)$$

式中 V——加于晶体两个 c 面之间的电压(V);

L——两极间距离(cm);

μ——自由电荷载流子的迁移率$[cm^2 \cdot (V \cdot s)^{-1}]$;

k_B——玻耳兹曼常数;

T——绝对温度(K);

D——电荷载流子扩散常数,$D = \frac{\mu k_B T}{e}$;

$E_{sc}(z,t)$——空间电荷场沿 z 轴分量;

$\dot{n}_1$——单位时间内吸收的光子数密度;

α——吸收系数;

φ——电荷激发的量子效率;

σ_d——暗电导率$[(\Omega \cdot cm)^{-1}]$;

σ_{ph}——光电导率$[I(\Omega \cdot cm)^{-1}]$,$\sigma_{ph} = \mu b I(z,t)$;

$I(z,t)$——入射光强$(W \cdot cm^{-1})$;

b——光激发常数,$b = \dfrac{e\varphi\alpha}{h\mu}$;

$n(z,t)$——电荷载流子总浓度,即

$$n(z,t) = n_d + n_1(z,t)$$

式中 n_d——在暗处热激发载流子浓度;

$n_1(z,t)$——光激发过剩的自由电荷载流子;

n_1还可表示成

$$n_1(z,t) = \dot{\varphi n_1} = \varphi \alpha I(z,t)/h\nu$$

在式(4.29)中,头两项分别表示光激发电荷载流子的漂移与扩散所做出的贡献,最后一项表示光生伏打效应所做出的贡献。由此可见,光波场和晶体内空间电荷场是非线性耦合,并彼此相互影响。

在不同材料中,由于它们的电学性质和实验条件不同,上述3种输运过程可能同时作用,也可能一种输运过程起主要作用。例如,对于$LiNbO_3$和$LiTaO_3$晶体,在均匀光照的条件下,光生伏打效应起主导地位,而在光电导材料如$Bi_{12}SiO_{20}$、$Bi_{12}GeO_{20}$、$K(NbTa)O_3$以及经过还原处理的$KNbO_3$晶体中,即使存在很小的电场,其光电导率σ_{ph}仍起主导作用。扩散作用依赖于材料中电荷迁移率,当光场以高频调制时起决定作用。

在对晶体的光折变过程的描述中,关键的问题是搞清楚自由电荷载流子来自何处,又在何处被重新俘获。这些微观机制决定了晶体的宏观性质、吸收及其改变、电导率和全息灵敏度等。其中单中心单一载流子电荷输运模型是最简单的描述光折变晶体中自由电荷产生、输运和复合的数字模型。它能够很好地解释掺Fe或掺Cu的铌酸锂和钽酸锂晶体在连续光照射$(I \ll 10^3 W \cdot m^{-2})$下的光折变过程。但对于更复杂的情形,需要对该模型进行改进。此外,还有一些其它电荷输运模型,如单中心双载流子(电子-空穴竞争)模型、双中心电荷输运模型和双中心三价态电荷输运模型等。有关这方面的内容详见参考文献[19]。

3. 光折变晶体材料

光折变晶体材料指那些由光致空间电荷场通过线性电光效应引起折射率变化的电光材料。人们几乎在所有的电光材料中都观察到了光折变效应,已先后在无机非金属晶体材料(如铌酸锂($LiNbO_3$)、钽酸锂($LiTaO_3$)、钛酸钡($BaTiO_3$)、铌酸钾($KNbO_3$)、钽铌酸钾($K(Ta,Nb)O_3$)、

铌酸钡钠($Ba_2NaNb_3O_{15}$)、铌酸锶钡($Ba_{1-x}Sr_xNb_2O_6$, $0.25<x<0.75$)、硅酸铋($Bi_{12}SiO_{20}$)、锗酸铋($Bi_{12}GeO_{20}$)、钛酸铋($Bi_{12}TiO_{20}$)、陶瓷材料((Pb,La)(Zr,Ti)O_3)、半导体材料(砷化镓(GaAs)、磷化铟(InP)、碲化镉(CdTe))以及有机材料(COANP、bisANPDA等材料)中观察到显著的光致折射率变化。这些材料的光学、电学和结构特性差别都非常大,但它们有几个共同点,如晶格较易被扭曲,可在光致内电场的作用下发生晶格结构的畸变并进一步导致折射率改变;晶体内部含有大量用于充当电荷载流子的施主和陷阱的缺陷等。

(1) 光折变晶体的分类

光折变材料的特性取决于材料的带宽、材料中杂质离子施主和陷阱的能级位置和浓度以及辐照光源的波长等。光折变晶体是那些没有对称中心的晶体,它们可以大致归为3类。

1) 铁电晶体

铁电晶体具有较大的电光系数,因此能达到很高的衍射效率,在许多场合下仅仅因为晶体本身的光吸收才使得衍射效率低于100%。另一方面,铁电晶体具有很大的最大折射率变化(Δn)和很长的暗存储时间,这使得它们非常适用于全息存储。铁电晶体的另一个显著特点是存在结构相变,发生在居里点附近,此时材料的许多性能都会发生明显改变。铁电光折变晶体材料有以下几种。

① 钙钛矿结构晶体。其通式为ABO_3,由BO_6八面体以共顶角方式连接成晶格骨架,一价或二价金属离子A则填充在八面体之间的空隙内。典型的钙钛矿结构铁电氧化物晶体包括钛酸钡($BaTiO_3$)、铌酸钾($KNbO_3$)和钽铌酸钾($KNb_{1-x}Ta_xO_3$, KTN)等,其有关的光折变参数见表4.10。

钙钛矿结构光折变晶体的显著特点是电光系数大,光折变效应较强,已被广泛应用。表4.10中列出的3种晶体都是人们研究得较多的材料,尤其是$BaTiO_3$晶体。这3种晶体的缺点是很难获得大尺寸完全单畴化的晶体,这一缺点限制了它们的应用。

② 钨青铜结构晶体。其通式为$(A_1)_2(A_2)_4(B_1)_2(B_2)_8(C)_4O_{30}$,其中由$(B_1)O_6$和$(B_2)O_6$八面体构成晶格骨架。另外还有3种不同的空隙,即12配位的A_1、15配位的A_2和9配位的C位,A_1、A_2和C间隙可以填充不同价态的阳离子,从而形成各种钨青铜结构的化合物。这些阳离子间隙可以被完全填满,也可以保留作为空位,因此,具有钨青铜结构的晶体组分变化范围较大,内部缺陷结构复杂,易于掺杂,这些为其光折变效应的掺杂优化提供了可能性。

与其它光折变材料相比,钨青铜型材料有以下特点:电光系数张量中不为零的元素比钙钛矿型晶体多;具有简单的畴结构,极化较容易;具有较大的电光效应且可通过晶体组分的调整来改变电光系数的大小(表4.11);可以制备相变晶界化合物,具有非常大的极化率和电光系数;结构空位多,易于引入其它的光折变杂质中心,以增强其光折变效应。

典型的钨青铜结构光折变晶体包括:铌酸锶钡$Sr_xBa_{1-x}Nb_2O_6$(SBN, $0.25<x<0.75$),钾钠铌酸锶钡$(K_yNa_{1-y})_a(Sr_xBa_{1-x})_bNb_2O_6$(KNSBN),铌酸铅钡$Pb_xBa_{1-x}Nb_2O_6$(PBN)等。表4.11列出了这些晶体的光折变参数。这些晶体通常采用熔体生长技术,较易得到大尺寸的单畴晶体。

表 4.10 钙钛矿结构有关光折变晶体的光折变参数

参　数	$BaTiO_3$	$KNbO_3$	KTN
居里点/℃	120	225	90
对称性	$4mm$	$mm2$	$4mm$
折射率	$n_o = 2.484$ $n_e = 2.424$	$n_a = 2.333$ $n_b = 2.3394$ $n_c = 2.212$	$n_o = 2.318$ $n_e = 2.275$
介电系数	$\varepsilon_{11} = 3770$ $\varepsilon_{33} = 135$	$\varepsilon_{11} = 140$ $\varepsilon_{22} = 1200$ $\varepsilon_{33} = 40$	$\varepsilon_{11} = 1600$ $\varepsilon_{33} = 400$
电光系数/$(pm \cdot V^{-1})$	$\gamma_{13} = 19.5$ $\gamma_{33} = 97$ $\gamma_{42} = \gamma_{51} = 1640$	$\gamma_{13} = 28$ $\gamma_{23} = 1.3$ $\gamma_{33} = 64$ $\gamma_{42} = 380$ $\gamma_{51} = 105$	$\gamma_{13} = -100$ $\gamma_{42} = 2 \times 10^4$ $\gamma_{33} = 240$
电荷类型	空穴或电子	电子或空穴	空穴
受主浓度 N_a / cm^{-3}	$10^{16} \sim 10^{18}$	$10^{15} \sim 10^{18}$	$10^{15} \sim 10^{17}$
灵敏度 $S/(cm^2 \cdot J^{-1})$	0.67	2.2	—
电荷迁移率 $\mu/[cm^{-2} \cdot (V \cdot s)^{-1}]$	0.5	$0.2 \sim 0.6$	—
复合系数 $\gamma_R / (cm^3 \cdot s^{-1})$	5×10^{-8}	3.3×10^{-13}	—
Σ	$0.33 \sim 0.98$		
τ_{di}/s	$67 (I_o = 0.1\ W \cdot cm^{-2})$ $0.3 (I_o = 20\ W/cm^2)$	$\leqslant 3 \times 10^{-6}$	
τ_R/s	1.0×10^{-9}	—	
τ_I/s	$0.3 (I_o = 0.1\ W \cdot cm^{-2})$ $1.3 \times 10^{-3} (20\ W \cdot cm^{-2})$	6.25×10^{-2} $(50\ W \cdot cm^{-2})$	
$\sigma_d / (\Omega \cdot cm)^{-1}$	6×10^{-12}	$10^{-2} \sim 10^{-14}$	7×10^{-11}
$\sigma_{ph} / (\Omega \cdot cm)^{-1}$	—	1.4×10^{-5} $(0.1\ W \cdot cm^{-2})$	
$\mu \tau_R / (cm^2 \cdot V^{-1})$	5×10^{-10}	2.3×10^{-10} 7.6×10^{-8} (还原样品)	2×10^{-10}
L_{ph}/nm	7 ± 1	$0 (KNbO_3 : Ta)$	
L_d/nm	100 ± 5	150 ± 7	$10 \sim 40$
L_s/nm	0.75 ± 0.04	1.1 ± 0.05	

③ 类钙钛矿结构晶体。$LiNbO_3$ 和 $LiTaO_3$ 也具有由 BO_6 氧八面体组成的 ABO_3 晶格,但与钙钛矿结构不同的是,这些氧八面体是通过共用氧三角平面沿三重极轴 c 连接起来。从极轴看去,阳离子的排列次序为:Nb(Ta)、空位、Li、Nb(Ta)、空位、Li……$LiNbO_3$ 和 $LiTaO_3$ 两种晶体

均采用提拉法从熔体中生长,且居里温度分别高达 1 210℃ 和 665℃。与其它铁电光折变晶体相比,这两种晶体更易于获得大尺寸、高质量的单畴单晶,且不必担心在长期使用过程中退极化。在 LiNbO$_3$ 晶体中通常掺入 Fe 杂质以增强其光折变性能,LiNbO$_3$：Fe 晶体也是目前最通用的光折变三维全息记录材料。表 4.12 列出了 LiNbO$_3$ 和 LiTaO$_3$ 晶体的部分光折变参数。

表 4.11　钨青铜结构晶体 SBN、KNSBN、PBN 的光折变参数

参　数	SBN:60	SBN:75	KNSBN	PBN
居里点/℃	78	56	175	300～400
折射率	$n_o=2.36, n_e=2.33$	—	$n_o=2.35, n_e=2.36$	$n_e=2.27, n_o=2.41$
波长/nm	(514)	—	(514)	(633)
介电常数	$\varepsilon_{11}=470, \varepsilon_{33}=880$	$\varepsilon_{11}=500, \varepsilon_{33}=3\,000$	$\varepsilon_{11}=700, \varepsilon_{33}=170$	—
电光系数	$\gamma_{13}=47, \gamma_{33}=235$ $\gamma_{42}=30$	$\gamma_{13}=50, \gamma_{33}=1\,400$ $\gamma_{42}=42$	$\gamma_{33}=170$ $\gamma_{42}=350$	$\gamma_{13}=32, \gamma_{33}=160$ $\gamma_{51}=1\,600$
电荷类型	电子	电子	—	电子
受主浓度 N_a/cm^{-3}	$10^{16}\sim10^{17}$	$\sim10^{16}$	$10^{16}\sim10^{17}$	—
载流子迁移率和寿命之积/(cm$^2\cdot$V^{-1})	$(1.7\sim5.6)\times10^{-10}$	1.7×10^{-10}	—	—
暗电导率/(Ω·cm)$^{-1}$	$(0.14\sim2.65)\times10^{-10}$	1.4×10^{-11}	—	—

表 4.12　LiNbO$_3$ 和 LiTaO$_3$ 晶体的有关光折变参数

参　数	LiNbO$_3$	LiTaO$_3$
折射率	$n_o=2.323, n_e=2.234$ ($\lambda=532$ nm)	$n_o=2.183\,4, n_e=2.187\,8$ ($\lambda=600$ nm)
介电常数	$\varepsilon_{11}=\varepsilon_{22}=78$ $\varepsilon_{33}=32$	$\varepsilon_{11}=\varepsilon_{22}=51$ $\varepsilon_{33}=45$
电光系数	$\gamma_{13}=10, \gamma_{33}=33$ $\gamma_{22}=6.8, \gamma_{51}=32$	$\gamma_{13}=7, \gamma_{33}=30$ $\gamma_{22}=1, \gamma_{51}=20$
N_a/cm^{-3}	6×10^{16}	—
$\mu/[\mathrm{cm}^2\cdot(\mathrm{V}\cdot\mathrm{s})^{-1}]$	0.8	—
$\gamma_R/(\mathrm{cm}^3\cdot\mathrm{s}^{-1})$	10^{-13}	—
τ_R/s	0.013	—

2) 硅铋族立方氧化物晶体

硅铋族立方氧化物晶体材料主要包括硅酸铋 Bi$_{12}$SiO$_{20}$(BSO)、锗酸铋 Bi$_{12}$GeO$_{20}$(BGO),它们都具有顺电电光和光导特性。晶体属立方结构,$\overline{43}\,m$ 对称点群,无外加电场时晶体为各向同性,在外电场作用下表现出双折射。与铁电氧化物晶体相比,这类晶体具有较强的旋光系数,在光折变应用时必须考虑晶体对光束偏振性的影响。这类晶体的应用一般采用两种不同的光路配置,一种是光栅矢量平行于晶体[001]面,可以获得最大的光衍射效率,常用于记录全

息图。另一种是光栅矢量垂直于晶体[001]面,对应着最大的光束耦合作用,常用于相干光放大和光学位相共轭。表 4.13 列出了 BSO 和 BGO 晶体的光折变参数,与铁电氧化物光折变晶体相比,这两种晶体的电光系数虽然较小,光折变效应也较弱,但由于它们是光电导材料,因此具有很快的光折变响应速度。如果采用外加直流或交流电场等方法,也可以增强这些晶体的光折变效应,以满足实际应用的需要。

BSO 和 BGO 晶体采用提拉法生长,易于获得大尺寸、高质量的晶体。

表 4.13 BSO、BGO 光折变参数

参　　数	BSO	BGO
折射率	2.650 2.615 2.530	2.6
(λ/nm)	(515) (633)	
介电系数	56	48
$\gamma_{41}/(\text{pm}\cdot\text{V}^{-1})$	4.25 3.81	3.67 3.29
(λ/nm)	(850)	(850)
旋光系数/$[(°)\cdot\text{mm}^{-1}]$	45 22 11	20.5 9.5
(λ/nm)	(633) (850)	(850)
N_a/cm^{-3}	10^{16}	—
$\mu/[(\text{cm}^2\cdot(\text{V}\cdot\text{s})^{-1}]$	0.24(室温)	—
$\mu\tau_R/(\text{cm}^2\cdot\text{V})$	10^{-7}	0.84×10^{-7}
$\sigma/(\Omega\cdot\text{cm})^{-1}$	10^{-18}	10^{-14}

3) 半导体光折变材料

半导体光折变材料具有较大的电荷迁移率、较高的光电导率和很快的响应速度,但它们的电光系数很小,必须借助于外加电场来得到较大的空间电荷场。这类材料的光谱响应波段在红外区的 0.95～1.35 μm 处,且载流子的迁移率、寿命以及迁移特征长度等性能参数都与外加电场有关。例如,GaAs 在外加交流电场时,电荷迁移率与寿命之积 $\mu\tau_R$ 会大大降低,在 CdTe 中当外加电场强度超过 13 kV·cm^{-1} 时,也会导致电荷迁移率下降等。

掺杂对半导体材料的光折变效应同样具有增强作用。常见的块状掺杂半导体晶体包括 GaAs:Cr、InP:Fe、CdTe:Fe、CdTe:V 等。另外,半导体量子阱结构(如 AlGaAs/GaAs)通过斯塔克(Stark)量子限制效应可使光折变效应大大增强。

除了上述几类光折变晶体之外,有机聚合物材料也是近年来发展迅速的一类新型光折变材料。与无机材料相比,有机聚合物光折变材料最大的特点是,具有较小的介电系数和较大的品质因素,成分和性能的均匀性高,种类繁多却更容易制备和掺杂,并可以制成薄膜。正是由于它们在应用上具有无机晶体无法比拟的优越性,有机聚合物在相对短暂的时间内成为最具有吸引力的光折变材料之一。此外,高度透明的电光陶瓷(如 PLZT 等)也具有光折变效应。

(2) 光折变存储材料的发展

1966年,贝尔实验室首次在 $LiNbO_3$ 晶体的激光倍频实验中发现了光折变效应,当时把这种由于折射率的不均匀改变导致的光束散射和畸变称为"光损伤"。后来人们认识到这种"光损伤"在暗处可保留相当长的时间,而在强的均匀光照或 200℃ 以上加热情况下又可被擦除而恢复原状。因此 Chen 等人提出将这种性质用于全息光学记录,从此光折变效应的研究工作迅速地在世界范围内开展起来[17,18]。

20 世纪 70 年代以来,人们对光折变效应进行了深入的理论研究。1979 年 Kuktharev 等人[20]提出了带输运模型,此模型被公认是描述光折变效应的理论基础。该模型给出了一组动力学方程,较全面地分析了光折变效应的微观过程,能很好地解释许多光折变现象。随后 Feinberg 等人[21]也提出了另一种光折变理论模型,即跳跃模型,把电荷的迁移看做是从一个陷阱位置向另一个陷阱位置的跳跃过程。该模型也能很好地解释稳态光折变现象。由于光折变掺杂晶体研究的进展,相应的理论模型也不断出现。这些模型一般用于描述含单个或多个光折变中心的晶体中的电荷输运过程和稳态空间电荷场。

在理论研究的同时,光折变材料的发展也是十分迅速的,光学体全息存储对材料有高容量、高衍射效率、高响应速度、长存储时间、高信噪比和可重复写入等要求。现在在应用的材料主要有无机晶体材料和有机高分子材料等。这两种材料各有优缺点:有机体全息存储材料的优点在于其可设计性,根据所需要的材料性能对有机材料进行设计,使其达到我们的要求,但有机材料的老化及应用的温度范围等问题影响着有机材料的应用;无机光学体全息晶体材料不具备可设计的特性,但无机晶体材料可通过掺入不同的掺杂剂、调节掺杂剂的量以及其它手段(例如氧化、还原及气相平衡等)来改变其性质,以满足我们的应用需要。目前,无机晶体材料在光学体全息存储中仍占有主要地位。对无机光折变晶体材料的研究分为以下几个方面。

1) 获得大尺寸高质量的晶体

获得大尺寸高质量的晶体包括寻找合适的原料成分和晶体生长方法,探索最佳的工艺条件,如生长工艺、退火工艺和极化等。以铌酸锂晶体的生长为例,采用提拉法最多只能从固液同成分配比(Li/Nb = 48.6/51.4)的熔体中得到直径超过 120 mm 的高质量富铌 $LiNbO_3$ 晶体。如果要获得理想化学配比的晶体,则必须对提拉法加以改进。可采用双坩埚连续供料技术[22]或改用助熔剂法[23]。

2) 掺杂或组元替代

目的是在晶体中引入光折变缺陷中心,增强晶体的光折变效应。目前这方面的工作还停留在实验摸索阶段。

3) 光折变新材料的探索

光折变效应首先在铁电氧化物晶体上被发现,然后相关的研究工作又相继扩展到立方硅铋族氧化物晶体、半导体晶体、有机聚合物、液晶等其它材料上。为了满足不断提高的应用需求,探索光折变新材料的工作将会继续进行下去。

第四章 信息存储材料

4) 系统的物理和物化分析表征

系统的物理和物化分析表征包括晶体的成分、结构、光学、介电、电光以及光折变性能等,还有掺杂离子的缺陷结构和作用机理,以及氧化、还原和退火处理对掺杂离子和光折变效应的影响等。

(3) 存储用光折变晶体材料的选择

不同的应用技术要求光折变材料具有不同的性能,如有时要求衍射效率高,有时又要求响应速度快等。表 4.14 列出了一些光折变晶体的基本性能和应用领域。

表 4.14 一些光折变晶体的基本性能和应用领域

材料	性能				应用
	响应时间	光强(波长)	增益系数/cm^{-1}	四波混频反射率/%	
$Bi_{12}(Si,Ge,Ti)O_{20}$	10 ms ~ 1 s	10 ~ 100 $mW \cdot cm^{-2}$ (514 mm)	2 ~ 10	1 ~ 30	光放大位相共轭干涉计量,无散斑成像,光学卷积和相关,空间光调制等
GaAs, InP	10 ms	10 ~ 100 $mW \cdot cm^{-2}$ (1.06 mm)	1 ~ 6	0.1 ~ 1	近红外和红外波段的位相共轭,光放大高速信息处理全息存储,位相共轭光放大干涉仪,位相共轭激光器,图像处理,光学逻辑运算,光通信等
$LiNbO_3$, $BaTiO_3$, SBN, KNSBN, KTN, $KNbO_3$ 等	1 ~ 10 s	10 ~ 100 $mW \cdot cm^{-2}$ (514 mm)	10 ~ 30	1 ~ 1 000	

对于给定的材料,还可以通过掺杂和退火等多种技术来改善其性能参数,或通过施加外电场等技术来增强其光折变效应。目前在光折变晶体应用上的最大的限制还是材料本身的光学质量。

4. 光折变晶体材料的制备

光折变晶体的制备方法很多,主要有溶液降温法、溶液温差法、溶液反应法、水热合成法、提拉法、坩埚下降法、浮熔区法、溶盐法和气相反应法等[24]。提拉法是其中最常用的熔体生长方法之一,在理论和实践上都比较成熟,应用十分广泛。晶体提拉法的主要优点在于它是一种"直观"的技术,能够在晶体生长时对其大小和直径进行控制,便于以较快的速率生长高质量无位错的晶体。下面以提拉法生长铌酸锂晶体为例来介绍光折变晶体材料的制备。

生长同成分铌酸锂晶体时,在原料配比中,Li_2O(通常是采用 Li_2CO_3)和 Nb_2O_5 按同成分配比(Li 与 Nb 的原子比为 0.946)称取,充分混合研磨并压成块状,然后将原料装入铂坩埚中,按下列工艺合成铌酸锂粉晶,即

$$\text{室温} \xrightarrow{2h} 700℃ \xrightarrow{2h} 700℃ \xrightarrow{1h} 1\,150℃ \xrightarrow{2h} 1\,150℃ \longrightarrow \text{室温}$$

在 700℃ 下,恒温 2 h 的目的是使 Li_2CO_3 充分分解成 Li_2O 和 CO_2,并使 CO_2 气体充分逸出,以免

在晶体生长 LiNbO$_3$ 时有气泡进入,其分解反应为

$$Li_2CO_3(s) \longrightarrow Li_2O(s) + CO_2(g) \uparrow$$

在 1 150℃时,烧结 2 h 可以使 Nb$_2$O$_5$ 与 Li$_2$O(或少量的 Li$_2$CO$_3$)进行固相反应,得到用于生长单晶的铌酸锂粉晶。当掺入杂质时,杂质也参加固相反应,即

$$Nb_2O_5(s) + Li_2O(s) \longrightarrow 2LiNbO_3(s)$$

$$Nb_2O_5(s) + Li_2CO_3(s) \longrightarrow 2LiNbO_3(s) + CO_2(g) \uparrow$$

把装有预烧过的铌酸锂粉晶的铂坩埚放入单晶炉中,开始加热升温。目前国际上广泛采用的是中频加热单晶炉,国内也有单位采用硅钼棒和硅碳棒电阻单晶炉。由于铌酸锂在高温下氧分子容易从熔体中损失,所以需要在有氧气的气氛下进行晶体生长,实际上往往直接在大气气氛中进行。待温度升到熔点以上并使坩埚内的原料全部熔化之后,再使温度在熔点以上50℃左右保持一段时间,等待下种引晶。

铌酸锂晶体生长过程与一般晶体生长所用的提拉法差别不大,也包括下晶、缩晶、收肩、放肩、等直径生长、收尾等过程,这里不再赘述。晶体生长工艺参数包括液面上的温度梯度、晶体生长速度(向上提拉速度)、晶体旋转速度等,选择合适的工艺参数对于生长高质量的晶体来说是至关重要的。铌酸锂单晶的最佳生长工艺是:温度梯度为 30 ~ 70 ℃·cm^{-1};晶体生长速度为 2 ~ 5 mm·h^{-1}。若生长掺杂铌酸锂晶体,则需要降低生长速度,晶体旋转速度为 10 ~ 25 r·min^{-1},旋转速度随晶体直径和坩埚直径之比的增大而降低。

对于生长化学计量比的铌酸锂晶体来说,其工艺过程比生长同成分铌酸锂晶体要复杂得多,技术参数也有很大的差别。有关的信息请详见参考文献[25]。

5. 光折变材料的基本性能

光折变效应涉及电荷的产生、电荷迁移和电光效应等过程,不同的应用领域对光折变材料提出不同的性能要求,但有几项基本性能应该是所有光折变材料共同具备的,如光折变灵敏度、响应时间、最大折射率调制等。本章将介绍这些基本性能,并针对全息存储应用,着重介绍可作为存储介质的光折变晶体的性能。

(1) 光折变灵敏度

单位体积内每吸收单位光能量所引起的晶体折射率改变定义为光折变灵敏度 S_n。它描述了晶体利用指定光能量来建立光折变光栅的能力,即

$$S_n = \frac{|\Delta n|}{\alpha I_0 t} \tag{4.30}$$

$$\Delta n = \frac{1}{2} n_r^3 \gamma_{eff} E_{sc} \tag{4.31}$$

式中 Δn——折射率调制度;
α——晶体的吸收系数;
I_0——光强(W·cm^{-2})。

t——时间;

$\alpha I_0 t$——t 时间内吸收的光能量;

n_r——晶体主折射率;

γ_{eff}——有效电光系数;

E_{sc}——折射率光栅在写入的初始时刻的空间电荷场。

$$E_{\text{sc}} = iM \frac{E_q(E_d + iE_0)}{E_q + E_d + iE_0} \cdot \frac{t}{\tau_d} = iMq \frac{t}{\tau_d} \tag{4.32}$$

$$q = \frac{E_q(E_d + iE_0)}{E_q + E_d + iE_0};$$

式中 M——光调制度;

τ_d——介电弛豫时间,$\tau_d = \frac{\varepsilon\varepsilon_0}{e\mu n}$;

n——自由电荷密度,$n = SI_0(N_d - N_a)$。

将式(4.31)和式(4.32)代入式(4.30),有

$$S_n = \frac{M}{2} n_r^3 \frac{\gamma_{\text{eff}}}{\varepsilon\varepsilon_0} e\mu\tau_e \frac{|q|}{h\nu} \tag{4.33}$$

式中 $\gamma_{\text{eff}}/\varepsilon\varepsilon_0$——激光系数,其最大值仅与材料本身有关。

在此我们定义光折变晶体的品质因素 Q 为

$$Q = n_r^3 \frac{\gamma_{\text{eff}}}{\varepsilon\varepsilon_0} \tag{4.34}$$

所有光折变材料的主折射率 n_r 值都很相近,变化不大。表 4.15 为光折变材料的性能参数。

表 4.15 光折变材料的性能参数

材料	λ/nm	Λ/μm	τ_d/s	$n_r^3\gamma_{\text{eff}}$/(pm·V^{-1})	ε	$(n_r^3\gamma_{\text{eff}}/\varepsilon)$/(pm·V^{-1})
$Sr_{0.61}Ba_{0.39}Nb_2O_6$	514.5	2	1.0	2 972	880	3.4
$Sr_{0.61}Ba_{0.39}Nb_2O_6$:Ce	514.5	2	10	2 972	880	3.4
$Sr_{0.75}Ba_{0.25}Nb_2O_6$:Ce	514.5	0.1	50	17 390	3 400	5.1
$BaTiO_3$	514.5	1	10	11 300	3 600	3.1
$BaTiO_3$	514.5	0.7	—	11 300	3 600	3.1
$BaTiO_3$	458	1.4	5×10^4	11 300	3 600	3.1
$LiNbO_3$	442	2		320	32	10
$LiNbO_3$	5 145	—	10^5	320	32	10
$KNbO_3$	488	2		690	55	13
$Bi_{12}SiO_{20}$	514.5	1		82	47	1.7
GaAs	1 060	4	—	43	13	3.3
ZnP:Fe	1 060	4	10^{-4}	52	13	4.0
GaAs:Cr	1 060	4	10^{-4}	43	13	3.3

作为一个特殊的例子,下面讨论 BSO 晶体的光折变灵敏度。在通常适用的条件下,$E_0 \gg E_q \gg E_d$,有

$$q \approx E_q = \frac{1}{\mu\tau_e K} = \frac{1}{\mu\tau_e}\frac{\Lambda}{2\pi} \tag{4.35}$$

代入式(4.33),得

$$S_n = \frac{1}{4\pi} MQ \frac{e}{h\nu} \Lambda \tag{4.36}$$

为了获得最大光折变灵敏度,应有光束调制度 $M = 1$。其它材料参数为:光波长 $\lambda = 0.5~\mu m$,光栅间距 $\Lambda = 10~\mu m$,折射率 $n_r = 2.54$,有效电光系数 $\gamma_{\text{eff}} = 3.4 \times 10^{-12}~\text{m} \cdot \text{V}^{-1}$,得到 BSO 晶体的光折变灵敏度 $S_n = 35.6~\text{cm}^2 \cdot \text{kJ}^{-1}$。

需要说明的是,任一晶体的 Q 值都在很大程度上取决于系统的几何组态,因为电光系数和介电常数都是与方向有关的张量。如 $BaTiO_3$ 晶体,其电光系数张量中有三个不同的数值。$BaTiO_3$ 晶体记录全息图的实验装置如图 4.21 所示,两束入射光夹角为 2θ,但相对晶体光轴倾斜了一个 β 角,此时的 γ_{eff} 和 ε 值都变成了 θ 和 β 的函数。图 4.22 给出了 $\theta = 30°$ 时,γ_{eff} 和 θ 值随 β 角的变化曲线,可见 β 的最大值出现在 $\beta = 20°$ 处。改变 q 值对该曲线的影响不会很大,只是使 θ 最大值对应的 θ 值减小而已。

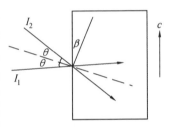

图 4.21 $BaTiO_3$ 晶体记录全息图的实验装置

另一种光折变灵敏度的表达方法是测试在 1 mm 厚的晶体中记录衍射效率为 1% 的光栅所需要的单位面积上的入射光能量 $I_0 t$。已知衍射效率 η 可表示为

$$\eta = \exp(-\alpha l \cos\theta) \sin^2\left(\frac{\pi \Delta n}{\lambda} \frac{l}{\cos\theta}\right) \tag{4.37}$$

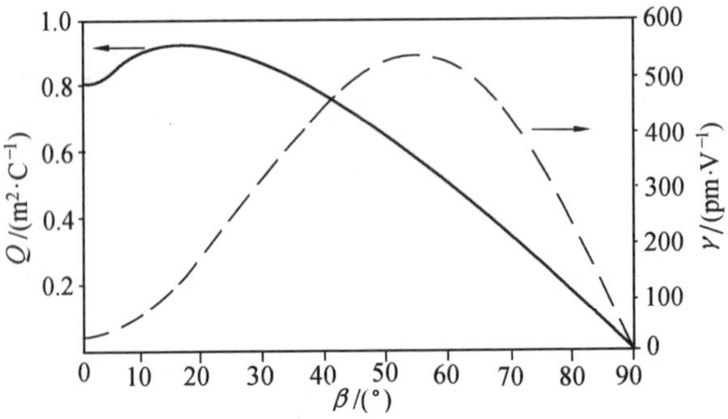

图 4.22 $BaTiO_3$ 晶体的光折变品质因素 Q(实线)和电光系数 γ(虚线)随入射角度 β 的变化

这里要考虑光束通过长度为 l 的晶体所产生的吸收损失。将式(4.37)代入式(4.30)和式(4.31),得到另一种灵敏度的表达式为

$$S_n = I_0 t = \frac{2}{\pi} \frac{\sqrt{\eta}}{Q} \frac{hc}{e} \frac{1}{\mu \tau_e \alpha l M |q|} \tag{4.38}$$

式中　c——光速。

在上述 BSO 例子中,若仍假设 $q \approx E_q, l = 10^{-3}$ m,并沿用其材料参数,且令 $\alpha = 1.5$ cm^{-1},$\varepsilon = 56\,\varepsilon_0$,得到的另一种光折变灵敏度值为 $S_n = 0.76$ J·m^{-2}。

(2) 最大折射率调制度 $\Delta n_{\max}$

我们已知表征材料光折变效应强弱的参数是晶体的折射率调制度 Δn,亦称光折变材料的动态范围。它决定着给定厚度的晶体中可实现的最大衍射效率和给定体积内所能记录的全息光栅数目。如果晶体内空间电荷场能够达到其饱和值 E_q,则

$$\Delta n_{\max} = \frac{1}{2} n^3 \gamma_{\text{eff}} E_q = \frac{Q}{4\pi} e N_A^-(1-a)\Lambda \tag{4.39}$$

上式表明,晶体的折射率调制度与晶体内陷阱中心密度 N_A^- 有关。理论上,在晶体中掺入适当的杂质或对生长后的晶体进行氧化 – 还原退火处理可以增大其 N_A 值。在这方面 LiNbO$_3$ 是研究得最充分的晶体,但对大多数晶体来说,N_A^- 值仍是一个无法完全掌握的参数。

(3) 响应时间

一般来讲光折变晶体的响应时间与多种材料参数和实验条件有关,其表达式十分复杂,且不同材料的光折变响应时间的表达式也不同。在此简单地介绍两种典型情况下光栅的建立和擦除时间。

第一种情形是,假设晶体中载流子的漂移和扩散长度远远小于光栅周期,此时光栅建立的特征时间常数取决于光激载流子的迁移时间,即 Maxwell 弛豫时间 τ_M。特征弛豫速率 $1/\tau_M$ 可表达为

$$\frac{1}{\tau_M} = \frac{\sigma}{\varepsilon \varepsilon_0} = \frac{\sigma_d}{\varepsilon \varepsilon_0} + \frac{\sigma_{\text{ph}}}{\varepsilon \varepsilon_0} \tag{4.40}$$

式中　σ——晶体的电导率;

　　　σ_d 和 σ_{ph}——暗电导率和光电导率。

$$\sigma_{\text{ph}} = e\mu n = e\mu \tau \alpha \frac{I_0}{h\nu} \tag{4.41}$$

此时光栅的形成过程等同于时间常数为 τ_M 的电容器的充电过程。式(4.40)和式(4.41)表明,τ_M 与平均入射光强 I_0 有关。由于在光照条件下记录时有 $\sigma_{\text{ph}} \gg \sigma_d$,因此 $1/\tau_M$ 正比于 I_0。当记录光被切断之后,$1/\tau_M$ 正比于暗电导率 σ_d。

若要尽快地擦除信息,应该选用均匀的擦除光照射晶体,此时擦除速率的表达式与式(4.40)和式(4.41)相同,只是用擦除光强 I_t 取代记录光强 I_0。同理,光栅的擦除过程等同于电

容器的放电过程。若采用漂移记录机制,电极短路是加速擦除的简便方法。

第二种情形是,假设晶体中载流子的漂移和扩散长度远大于光栅周期,此时光栅的形成速率主要取决于电子的光激发速率,而接下来的电荷重排过程则很少影响由带正电的离化的施主所产生的电荷光栅。

(4) 光谱响应范围

光折变晶体对入射的激光波长应该是敏感的。目前在光折变晶体的研究和应用中主要采用连续的可见激光,如倍频 Nd:YAG 固体激光(波长 532 nm)、氩离子激光(波长 488/514 nm)和氦氖激光(波长 633 nm)等。随着光电子领域技术的不断发展,半导体激光器(波长在近红外波段)由于其体积小、使用方便等特点,应用得越来越广泛。另一方面,为了实现高密度全息存储,所采用的激光波长越短越好,因为理论上光学体全息存储的极限为 V/λ^3(V 为存储材料的体积,λ 为光波长),为此人们正在大力研究开发新型深紫外固体倍频激光器。

为了满足不同的应用需求,光折变晶体的光谱响应范围当然是越宽越好。对于大多数铁电氧化物晶体,其光谱响应并不能完全覆盖从近紫外到近红外区域,因此需要通过适当的掺杂或组元取代来拓宽其光谱响应范围。

(5) 空间分辨率

空间分辨率是表征光折变材料的重要参数之一,代表材料分辨输入图像细节的能力,但其定义却各有不同。在光学领域,空间分辨率是指当记录一个被测试物体时(例如分辨率标准图),光敏材料所能探测到的最小组元的尺寸。这种方法适用于非相干光学系统。

对于全息术等光学相干系统,常用的表征空间分辨率的方法是衍射法,空间分辨率定义为空间频率带宽 $\Delta\gamma$,即材料所能记录的光强空间调制的最小周期。

原则上,光折变晶体的空间分辨率由陷阱间的距离来决定。在未掺杂晶体中,陷阱密度很低(10^{15} cm^{-3}),所记录的全息图分辨率可达 1 000 线对·mm^{-1}。掺入杂质离子后,晶体中陷阱密度可达 $10^{17} \sim 10^{19}$ cm^{-3},此时陷阱之间的距离大约只有 10 nm,晶体的空间分辨率进一步提高。Burke 等人测量了 LiNbO$_3$:Fe 晶体的空间频率响应曲线,实验表明,在 1 350~1 900 线对·mm^{-1} 的空间频率带宽内,有接近平整的频率响应。

(6) 动态范围

存储容量大是体全息存储最显著的特征之一。利用体全息图严格的布拉格选择性,采用角度多重、相位编码多重或波长多重等方法可在光折变记录介质中记录大量的全息图,通过对曝光过程的适当控制,可以对各全息图的衍射效率进行均衡。在实际的晶体体全息存储中,限制存储容量的两个主要因素是各全息图之间存在串音互绕(cross-talk)以及记录光束对已存储全息图的部分擦除作用。理论分析表明,当在一公共体积内记录的全息图的数目 M 很大时,每一幅存储全息图的均衡衍射效率近似正比于 $1/M^2$。假设介质的散射噪声强度固定不变,擦除作用将使系统信噪比(SNR)按 $1/M^2$ 规律降低,而由串扰引起的信噪比的变化则反比于 M,所以互擦作用是限制实际存储容量的最关键因素。

当存储的全息图数目 M 较大时,每一幅全息图的均衡衍射效率 η 可表示为

$$\eta = \frac{1}{M}\left(\frac{A_0}{\tau_r}\tau_e\right)^2 \qquad (4.42)$$

式中 A_0——全息光栅的饱和光栅强度;

τ_r——全息图记录时的指数时间常数;

τ_e——擦除过程时间常数。

F.H.Mok 等人根据式(4.42)引入如下一个参数 $M/\#$,其定义为

$$M/\# = \frac{A_0}{\tau_r}\tau_e \qquad (4.43)$$

所以,η 可表示为

$$\eta = \frac{(M/\#)^2}{M^2} \qquad (4.44)$$

可见,在存储容量 M 一定时,提高 $M/\#$ 可以获得更高的衍射效率,同样地,若要求衍射效率 η 一定,提高 $M/\#$ 则可以在晶体中存储更多的全息图。$M/\#$ 称为全息存储系统中记录材料的动态范围性能指标。

按照式(4.43)的定义,动态范围 $M/\#$ 可看做是在记录一幅全息图的初始时刻全息光栅强度随时间的增长速率 A_0/τ_r 与光栅的擦除时间常数 τ_e 的乘积,这种解释对于 $M/\#$ 的实际测量有重要意义。

(7) 晶体的尺寸和光学质量

目前,晶体的光学质量是其使用受到限制的关键因素之一。以全息记录光折变晶体为例,为获得图像的高空间分辨率和低畸变率,除了要求系统中使用的空间光调制器(SLM)、CCD 摄像机以及其它光学元件具有高品质之外,对于存储材料本身——光折变晶体的要求也相当高。影响光折变晶体质量的因素主要包括晶体生长过程中出现的点缺陷、生长条纹和组分浓度梯度以及铁电多畴态的存在等。这些缺陷会引起物光图像畸变,同时也会引起参考光散射,并导致读出时的背景噪声。鉴于噪声是目前限制材料存储容量的最主要因素,需要尽一切努力来减小噪声。

(8) 光折变晶体全息存储器的基本性能要求

海量全息光存储是光折变晶体最重要的应用领域之一,用做记录介质的光折变晶体的性能指标包括灵敏度、动态范围、存储容量、图像稳定性、操作速度等。这些性能指标仅是出自理论方面的考虑,并不包括材料本身的可靠性和可重复性、机械和热稳定性、生长难易程度以及价格等因素。

体全息存储的容量随材料的厚度增大而提高,这是因为较大的厚度意味着能在同样体积内存储更多独立的衍射光栅,并且在高选择性读出时不发生串扰。因此所需的记录介质的厚度应达到几个毫米或以上。

全息记录光折变晶体的灵敏度共有4种测试表征的方法，分别为：

① 吸收单位能量的光所引起的折射率改变，$S_{n_1} = \dfrac{\mathrm{d}n_1}{\mathrm{d}(\alpha\omega_0)}$；

② 单位能量的入射光所引起的折射率改变，$S_{n_2} = \dfrac{\mathrm{d}n_1}{\mathrm{d}\omega_0} = \alpha S_{n_1}$；

③ 吸收单位能量的光所引起的单位厚度内衍射效率的变化，$S_{\eta_1} = \dfrac{\mathrm{d}(\eta)^{1/2}}{\mathrm{d}(\alpha\omega_0)} \cdot \dfrac{1}{l}$；

④ 单位能量的入射光所引起的单位厚度内衍射效率的变化，$S_{\eta_2} = \dfrac{\mathrm{d}(\eta)^{1/2}}{\mathrm{d}\omega_0} \cdot \dfrac{1}{l} = \alpha S_{\eta_1}$。

前两种表征方法考虑的是折射率的改变，后两种则考虑衍射效率的改变。结合衍射效率的表达式(4.37)，若不考虑吸收对衍射效率的影响，近似地有

$$S_{\eta_1} = \dfrac{\pi}{\lambda\cos\theta} S_{n_1} \tag{4.45}$$

表4.16给出了几种典型光折变晶体的全息记录灵敏度。

表4.16　几种典型光折变晶体的全息记录灵敏度

晶　　体	$S_{n_1}^{-1}/10^3(\mathrm{J\cdot cm^{-3}})$	$S_{n_2}^{-1}/10^3(\mathrm{J\cdot cm^{-2}})$	$S_{\eta_1}^{-1}/(\mathrm{mJ\cdot cm^{-2}})$	$S_{\eta_2}^{-1}/(\mathrm{mJ\cdot cm^{-1}})$
LiNbO$_3$	20~200	—	1 000	300
LiTaO$_3$	—	—	50	10
KNbO$_3$	6~60	0.1	—	—
BaTiO$_3$	0.2	—	50~1 000	—
Sr$_{0.4}$Ba$_{0.6}$Nb$_2$O$_6$:Ce	12~75	7.2~30	2.5~15	1.6~6
Bi$_{12}$SiO$_{20}$	0.07~0.5	—	5	—

要在1 ms时间内用合理的光强读出全息图，并且保证误码率在较低水平，要求光折变晶体的衍射效率达到$\eta = 3\times 10^{-5}$或以上。另一方面，为了在1 ms时间内写入全息图，数据的处理速度应达到1 Gb·s^{-1}，此时晶体的光折变灵敏度起码要达到$S_{\eta_2} = 20\ \mathrm{cm\cdot J^{-1}}$。

若读出参考光的位相与写入参考光的不同，相差$\Delta\theta$，有$\Delta\theta = \lambda/(nl\sin\theta)$，则此时物光由于不满足相干条件而无法重建，读出信号光的强度等于零。若令光波长$\lambda = 0.5\ \mu\mathrm{m}$，晶体厚度$l = 10\ \mathrm{mm}$，折射率$n = 2.3$，$\theta = 90°$，计算得到的$\Delta\theta$值相当小，只有0.001°。如此灵敏的角度选择是高密度全息存储的基础之一，图4.23是在光折变晶体上进行角度复用全息图写入的光路示意，若要在同一晶体内写入n页全息图P_1,P_2,…,P_n，则参考光R必须分别以θ_1,θ_2,…,θ_n的角度入射。可以想像在30°的角度范围内每隔0.001°记

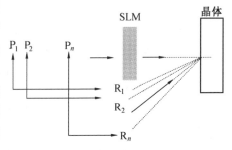

图4.23　光折变晶体上进行角度复用全息图写入的光路示意图

录一幅全息图,每幅全息图包含 1 000×1 000 平面列阵,则晶体的全息存储密度高达 3×10^{10} b·cm^{-3}。实际上,采用这种角度复用存储技术在 2 cm×1 cm×1 cm 大小的铌酸锂晶体的一半体积内就可以存入约 10 000 幅全息图。

在给定体积的光折变晶体中所能存储的全息图的数目受晶体动态范围性能的制约。动态范围表征的是介质总的光折变响应。在多重存储的情形下,动态范围也常表达为 M 数($M\#$),有

$$M\# = \sum \eta^{1/2} \tag{4.46}$$

若 N 是在同一位置所存储的全息图数目,则式(4.46)中的加和 $\sum$ 包括了所有 N 幅全息图。$M\#$ 也可以用单个全息图的衍射效率来描述,即

$$\eta = (M\#/N)^2 \tag{4.47}$$

已知作为全息记录介质的光折变晶体,其实际应用的最小衍射效率值受到引起读出误码的噪声的影响,同时也受背景光散射的制约。在记录 10 000 幅全息图的实验中,每幅全息图的衍射效率要求达到 $\eta\approx 10^{-8}$。如果要求数据的处理速度加快或每幅图中的比特量增大,则最低衍射效率值也要相应地提高,且可写入的全息图数目相应地减少。

光折变过程是可逆的,因此光折变晶体全息存储允许多次写入。然而也是由于这种可逆性,在全息图读出的同时也会造成部分地擦除,从而限制了读出的次数,进而也减少了全息图的存储数目。晶体的折射率调制度在写入和擦除时的变化可分别表示为:

写入

$$\Delta n = \Delta n_{sat}[1 - \exp(-t/\tau_r)] \tag{4.48}$$

擦除

$$\Delta n = \Delta n_0 \exp(-t/\tau_e) \tag{4.49}$$

式中　τ_r 和 τ_e——写入和擦除时间常数;

Δn_{sat}——饱和折射率调制度;

Δn_0——擦除开始时的折射率调制度。

已知衍射效率 η 正比于 $(\Delta n)^2$,即写入时 η 随时间而增大,直到饱和,擦除时又随时间而减小。

在多重全息存储应用中,当一幅全息图被记录下来之后,接下来的记录过程中,每次曝光都会对它造成部分擦除,导致其衍射效率随记录全息图的数目增加而逐步降低。图 4.24 给出了这种多重存储中部分擦除效应的形象说明。假设每单幅全息图的写入和擦除过程是一样的,所达到的衍射效率也相同。第一幅全息图记录之后,其衍射效率达最大值,但在第二次曝光(第二幅全息图写入)时,又被部分地擦除,此时第一幅全息图的衍射效率大大降低了,当第三次曝光(第三幅全息图写入)时,第一幅全息图进一步被擦除,其衍射效率也进一步降低。

为了实现具有相同衍射效率的光折变多重全息存储,人们提出了两种方法,分别为顺序曝

光法和增量曝光法。顺序曝光法是将每一幅全息图的写入一次曝光完成,但曝光时间依次减小,目的是补偿在后续记录过程中的擦除影响。曝光时间由材料的响应时间和可达到的最大折射率调制度来计算。若有 $\tau_r = \tau_e$,即写入和擦除时间常数相等,则第 N 幅全息图的曝光时间为

$$t_N = \tau_r \ln \frac{[1+(N-1)\beta]}{[1+(N-2)\beta]} \quad (4.50)$$

$$\beta = \frac{\Delta n_0}{\Delta n_{\text{sat}}} \quad (4.51)$$

β 值代表第 N 幅全息图的折射率调制度与饱和调制度之比。式(4.50)中晶体的写入和擦除时间常数 τ_e 和 τ_r 与材料本身的特性以及曝光条件有关,如写入光束比和总光强等,因此必须由实验来确定。

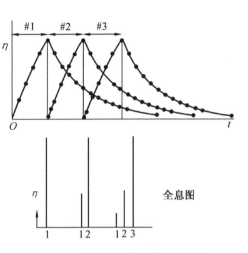

图 4.24 光折变材料中的数据擦除

将式(4.48)~(4.50)代入式(4.37),若不考虑晶体的吸收损耗,得到第 N 幅全息图的衍射效率为

$$\eta_N = \left(\frac{\pi \Delta n_{\text{sat}} l}{\lambda \cos \theta}\right)^2 \left[\frac{\beta}{1+(N-1)\beta}\right]^2 \propto \frac{1}{N^2} \quad (4.52)$$

可见全息图的均衡衍射效率与全息图数目的平方成反比,即第 1 000 幅全息图的衍射效率应是第一幅的 $1/10^6$。

增量曝光法采用一系列随机的短时曝光存储和刷新多重全息图,整个写入过程被分为一系列相同的循环过程(图 4.25)。每个循环过程中所有 N 个全息图均被顺序记录,并且每个全息图的写入采用相等的曝光时间 Δt。与晶体的响应时间常数相比,Δt 是极短的,此时晶体的写入灵敏度最高,而擦除灵敏度最低,因此第一个写入的全息图在随后的增量记录了($N-1$)个全息图之后,仍保留一部分未被擦除。重复这样的循环过程,所有全息图的衍射效率逐步增强,直至饱和,此时写入和擦除作用相等。每幅全息图在记录循环结束时的衍射效率值等于其在循环开始时的值。增量曝光时间 Δt 可由下式求出,即

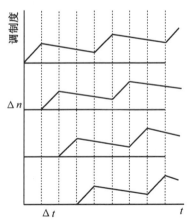

图 4.25 相同效率的交叉存取曝光控制

$$\Delta t = \frac{\tau_e}{2(N-1)}\ln(1+\varepsilon) \tag{4.53}$$

这里参量 ε 代表全息图衍射效率的均匀度，是一个很小的变化量。上式表明 Δt 值主要取决于晶体的擦除时间常数 τ_e，因此可以通过实验测定 τ_e 值，并进一步确定 Δt 值。

由光折变效应的可逆性导致的全息图部分擦除问题在多次读取所存储的信息时也会碰到，每次读取都对所记录全息图进行部分擦除，这就是所谓全息图的"挥发"问题。为了实现"非挥发"的全息存储，人们研究的两类技术分别为固定技术和选通记录技术。

固定技术的原理是在记录了全息图的晶体上再建立起一个比较固定的补偿光栅，如离子光栅和铁电畴光栅等，以补偿电子电荷光栅。热固定是第一种"非挥发"全息图读取技术，其方法是把晶体加热到一定高的温度，此时晶体内的离子可以发生迁移。在此之前晶体内已记录了全息图，且由于电荷载流子的分离导致了一个初级空间电荷场。高温下带电离子的迁移的结果就是补偿了原来电子电荷形成的电场。通过选择合适的温度和时间，可以做到在离子迁移的同时电子从陷阱中的热激发可忽略不计。经过这种加热处理后的晶体在室温下被光照射时，陷阱中的电子被激发出来，由电子电荷形成的初级电荷场被擦除了，但是同时又使得离子电荷场显露出来。由于离子电荷在室温下不发生迁移，且其衰减与光照无关，全息图得以长期保存和反复读取。

电场固定技术是利用铁电晶体的铁电畴来补偿晶体内的电子电荷初级电荷场。实验方法是在已写入了全息图的单畴光折变晶体上施加一个反向脉冲外电场，其电场强度略小于晶体的矫顽场强。此时晶体内那些与外电场方向相反的电子电荷场所在位置发生了铁电畴反转，而那些与外电场方向相同的电子电荷场所在位置的铁电畴结构保持不变，结果造成了一个对原来所记录的光折变光栅的"复制"。撤除外电场后，在光照条件下晶体内的电子电荷场将被擦除，但由铁电畴反转造成的补偿电荷场仍然存在，只是其衍射效率会略有降低，这是因为多畴结构晶体的有效电光系数值减小。电场固定技术首次在 $BaTiO_3$ 晶体上实现，后来又用于铌酸锶钡晶体。实验证明，这种固定技术特别适用于像铌酸锶钡这样的能够在室温下极化的晶体，固定过程在短于 100 ms 的时间内即可完成。若施加一个正向的强度超过矫顽场的脉冲外电场，又可重新规划晶体的铁电畴结构。

选通记录技术的原理是在写入全息图时除采用常规的参考光和物光之外，再加上一束"选通"光，而在读出时仅采用单波长的参考光，这样全息图就不会被擦除。在双色选通记录实验中，晶体内自由电荷的产生分为两步，在同时有波长为 λ_2 的选通光存在时，波长为 λ_1 的参考光和与其相干的物光彼此干涉记录全息图，自由电荷的产生需要 λ_1 和 λ_2 两束光的共同作用。而读出时只用参考光 λ_1，这样就无法擦除原来自由电荷建立的光栅。实验中所用的选通光可以是非相干单色光，也可以是宽带光，如白光或 LED。选通光的作用是敏化材料，即使得晶体的灵敏度在写入之后再衰减。选通光也可以直接离化陷阱中心。光选通全息术的一个很重要的特有参数是选通比，定义为有选通光与无选通光时的灵敏度之比。

所记录的全息图在暗处能保留的时间也是晶体材料的性能指标之一。对于光折变晶体，暗处的全息图稳定性取决于室温下俘获了电荷载流子的陷阱的热激活能。越容易被热激发，全息图的保存时间就越短。可见光折变晶体在暗处保存全息图的能力与其材料参数暗电导率 σ_d 有关。σ_d 值越大，说明电荷载流子越容易从陷阱中被激发，因此信息保存时间越短。值得说明的是，在实际应用中，那些具有较低暗电导值的晶体通常也会导致较慢的写入时间响应。如何同时达到快速写入和长期保存，目前仍是一个具有相当挑战性的问题。

6. 光折变晶体全息存储材料的应用

光折变晶体具有高灵敏度、大存储容量和较强的非线性特性，并且可以重复使用，在弱激光作用下也可以表现出可观的非线性效应，因此在光学信息处理研究领域中有许多重要的应用，如在全息存储、实时干涉计量、实时图像边缘增强、关联存储、位相共轭反射镜、相干光放大、光开关、光调制器等众多方面有广泛的应用[26]。下面仅就其在光学体全息存储应用方面做简单的介绍。

当前，信息存储的高密度化和数据处理的高速化属于信息化技术追求的主要目标。虽然目前广泛应用的磁盘、磁带、半导体固态集成 RAM 等存储设备的存储技术还正在不断地发展完善，如不断地提高单片 RAM 芯片容量，应用磁变阻（magneto resistive）技术，采用读写光点更小、具有多层数据存储面的 DVD 光盘等，但是由于受其存储机制的基本限制，这些传统的存储方法均不能同时满足将来对存储容量、数据传输速率及寻址速度等几项性能指标的要求，而且除半导体 RAM 外，上述其它几种存储器都带有机械运动部件，因而在一些特殊的应用场合，如星载数据存储应用时，它们的运行可靠性受到限制。发展比目前使用的各种存储器容量更大、性能更好的存储器成为当前的一个研究热点，各国研究者一致认为，三维光存储器（体积存储器）是新一代存储器的首选方案。

光学体全息存储是相对于一维线存储和二维面存储来说的，以激光为记录光，利用激光与介质的相互作用实现信息的记录与读出。激光入射到三维介质时，它可以引起介质中分子、原子或电子状态的改变，从而改变介质的某些光学性质。由于材料所固有的弛豫性质，这些光学性质的改变将在一定时间内被保存下来。这样激光所载有的信息就被记录到三维存储器中，从而实现光学体全息存储。用读出光照射存储介质时，由于介质光学性质的不均匀性，读出光受到介质的衍射或散射等作用而改变传播性质，这种改变与介质所记录的信息相对应。这样，就可以将材料中存储的信息再现出来，实现信息的读出。

(1) 光学体全息存储的特点

由光学体全息存储的原理可以看出，三维全息存储器较一维和二维存储器有以下优点。

1) 三维全息存储器具有极大的存储密度

由于受到衍射极限的限制，光存储器的最大存储密度只能达到 $(1/\lambda)^n$ 的量级，此处 λ 是记录光的波长，n 是记录介质的空间维数。如果用 $0.5~\mu m$ 的光束记录信息，一维光带的最大存储密度是 $10^4~b\cdot cm^{-1}$，二维光盘的最大存储密度达到 $10^8~b\cdot cm^{-2}$，而三维存储器的最大存储

密度则是 10^{12} b·cm^{-3}。也就是说在每立方厘米体积的存储器中,理论上可存储 1 000 Gb 的数据。由此可见,三维全息存储器的存储密度十分巨大,它较前两种存储器更适用于大型数据库、信息高速公路等用途。已有报道,在单一体积单元中可以复用 10 000 个携带数据的全息图。

2) 高冗余度

信息是以全息图的形式存储在一定的扩散体积内,因而具有高度的冗余性。在传统的磁性存储或光盘存储中每一数据比特占据一定的空间位置,当存储密度增大,存储介质的缺陷尺寸与数据单元大小相当时,必将引起对应数据的丢失。而对全息存储来说,缺陷只会使所有的信号强度降低,而不会引起数据的丢失。

3) 可进行并行内容寻址,寻址速度快

全息存储器可以直接输出数据页或图像的光学再现,这使信息检索处理更为灵活。在再现出的光学像被探测到并被转换成电子数据图样之前,就可以对它们用光学方法进行并行处理,以提高存储系统进行高级处理的能力。采用适当的光学系统有可能一次读出存储在整个全息存储器中的全部信息,或在读出过程中同时与给定的输入图像进行相关,完全并行地进行面向图像(页面)的检索和识别操作。利用这种独特的性能可以制成用内容寻址的存储器,成为全光计算或光电混合计算的关键器件之一。在光学神经网络、光学互联及模式识别和自动控制等应用领域中有广阔的应用前景。参考光可采用声光、电光等非机械式寻址方式,因而系统的寻址速度快,平均数据访问时间可降到毫秒级或更低。

4) 较高的数据传输速率和较快的存取时间

全息图采用面向页面的数据存储方式,即数据是以页面的形式存储和恢复的。一页中的所有位都并行地记录和读出,而不是像磁盘和光盘那样,数据位以串行方式逐点存取。由于每个数据页可以包含 1 Mb 的信息,记录一页只需 1 s 或更短的时间(与采用的记录材料和记录的激光器的功率有关)。读出时,只要读出头定位到某一数据图像的物理位置,就可以在几纳秒内从介质中检索出该数据图像。在实际应用中,全息页面的读出与探测器的响应时间有关,与高帧速、高分辨率的 CCD 探测器阵列相结合,在 100 μs 的时间内并行恢复一页数据,可望得到的总数据传输速率为 10 Gb·s^{-1},这与现在的磁盘存储器或光盘存储器每秒几十兆到上百兆的传输速率相比是惊人的。另外,全息存储器用无惯性光束偏转、参考光束空间位相调制或波长调谐等手段,在数据检索过程中有可能进行非机械寻址,这使得一个数据页面的寻址时间小于 100 μs,比现在所用的磁盘系统的机械寻址时间 10 ms 要快上 100 倍。

5) 抗电磁干扰

由于外界电磁干扰的频率都远远低于光频,因而光全息存储器受外界磁场影响小,抗干扰能力强,可在强场环境下使用,而且不同光束之间也不容易相互干扰。随着航天探测和地球内部探测技术的进步,在探测的信息存储方面,磁性的二维存储器不能在强磁、电场环境下使用,这就需要具有强抗干扰能力的光学体全息存储器来替代。

6) 存储寿命长

磁存储的信息一般只能保存 2~3 年,而只要光存储介质稳定,存储寿命一般都在 10 年以上。

(2) 光学体全息存储的进展

在全息术发展的初期,信息的全息存储就引起了广泛的注意。在 20 世纪 60 年代,贝尔实验室 Ashkin 等人首先在 $LiNbO_3$ 和 $LiTaO_3$ 中发现了光折变效应。这之后 Chen、LaMacchia 和 Fraser 等人认识到具有光折变效应的晶体可能是一种优质的光学数据存储材料,从而引起人们对它的普遍重视和极大兴趣,并提出了许多设计精巧的存储方案。1971 年,Amodei 等人首次在角度复用晶体中记录了 500 个全息图。这些早期的工作虽然很出色,但当时半导体和磁存储器发展得非常迅速并能满足需要,后来的光盘存储技术又以其与磁性存储技术相兼容的优势而率先进入了市场,致使更复杂的全息技术发展相对迟缓。

20 世纪 80 年代后,光学计算研究的热潮重新激起人们对全息存储的兴趣,国际上在存储方法和存储材料等方面加紧进行研究,美国 Northrop 公司 1991 年在体积为 $1 cm^3$ 的 $Fe:LiNbO_3$ 晶体中存储并高保真地再现了 500 幅高分辨率军用车辆全息图;1993 年在同样的晶体中利用角度复用技术和多页面存储技术存储了 5 000 幅图像;1994 年美国加州理工学院在 $1 cm^3$ 的 $Fe:LiNbO_3$ 晶体中记录了 10 000 个全息图;同年,斯坦福大学的 Lambertus Hesselink 领导的研究小组提出了 90°配制下的全息存储光路图,研究小组用此光路把数字化的压缩图像和视频数据存储在一个全息存储器中,并再现了这些数据,而图像质量无显著下降。在世界范围内,有关光学体全息存储的研究方兴未艾。

(3) 光学体全息存储复用技术

为了将尽可能多的全息图存储在同一材料中,同时又能保证存储器的性能,近年来对全息存储方案进行了卓有成效的研究,并取得了长足的进步,这主要是指复用技术在全息存储中的应用。全息存储方案中所采用的复用技术种类很多,大致可以分为空间复用技术、共同体积复用技术、混合的全息复用技术等几类。而以铌酸锂晶体作为存储材料的全息存储系统采用的复用技术主要是共同体积复用技术,有关全息存储系统所采用复用技术的情况详见参考文献[27]。

(4) 体全息存储实验装置图[28]

采用角度多重复用技术的体全息存储的实验装置如图 4.26 所示。波长为 514.5 nm 的入射平行光经偏振分光镜 PBS 被分为参考光与物光两路。物光经过其像位于晶体 CR 之中的空间光调制器 SLM,透镜 L_3 和 L_4 共焦放置。参考光通过透镜 L_1、反射镜 M_1 及透镜 L_2 到达晶体,其中 L_1 和 M_1 被固定在同一精密平移台 S 上,通过计算及控制平移台 S 左右移动,可以精密调整参考光入射角度。SLM 显示内容的更新、电子快门 SH_1、SH_2 的开启与关闭以及 CCD 图像的采集与处理均由计算机控制完成。记录晶体可使用掺铁铌酸锂晶体($Fe:LiNbO_3$),方向为 c 轴方向,位于 xy 平面内并与 xz、yz 平面均成的角度为 45°。

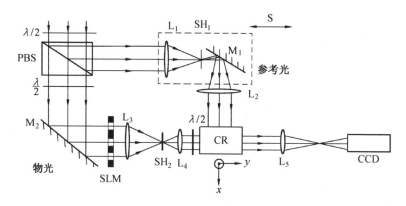

图 4.26 体全息存储的实验装置简图
PBS—偏振分光镜;CR—晶体;M—反射镜;L—透镜;S—精密平移台;
SH—电子快门;SLM—空间光调制器

(5) 光学体全息存储固定方法[29]

自从认识到光折变材料可以作为全息存储材料以来,人们对光折变效应的机理和各种光折变材料的性能做了深入的研究,但是时至今日被寄予厚望的光折变材料的实际应用仍然存在困难,其原因很多,其中关键问题之一是光折变材料具有挥发性。所谓的挥发性是指光强均匀分布的读出光在读取光折变晶体中所存储的信息过程中同样由于光折变效应将晶体中的部分位相栅擦除,因而所记录的信息也被部分擦除了,同时将散射光放大。人们不断地寻找解决这个问题的方法,即如何实现光折变晶体全息存储固定,使被记录的信息不会被读出光擦除。

目前光折变晶体全息存储的固定方法根据原理的不同,主要分为离子固定法和双光子固定法两类。离子固定法包括热固定法和电固定法。所谓的离子固定法是指当光折变晶体在受热或外加电场时内部离子可以移动,而当冷却或没有外加电场时内部离子不能移动,利用光折变晶体的这一特性可以实现全息存储固定。双光子固定法是目前引人注目的非挥发性存储方法,它包括单掺杂双光子固定法(也称为两步记录法)和双掺杂双光子固定法。双光子固定法是指在进行光栅记录过程中同时有不同频率的两束光照射晶体,其中某一频率的光作为记录光,另一频率的光作为开关光,晶体只有在开关光存在时对记录光敏感,以实现全息存储,而在开关光不存在时晶体对记录光不敏感,因此读出光便无法擦除所存储的信息。下面对几种固定方法的特点进行介绍。

1) 热固定法

全息存储器件中的信息在应用中或长时间搁置时的擦除仍是全息存储的关键问题之一,自从 Amodei 和 Staebler 观察到存储信息的热固定现象以来,热固定这种最早使用的全息存储固定方法已成为全息存储中数据固定比较成熟的方法。

热固定是利用在高温下晶体中电子的暗电导率和离子(H^+)的电导率有较大差别的特性

实现的。在高温下,离子电导率占主导地位,离子通过复制光激发电子的空间分布迅速补偿了原来形成的空间电荷场。降到低温后,离子的电导率也很低,这样信息就得以在常温下长期保存和多次读出。应用这种方案可成功地对光折变全息进行实时局域热固定,并且具有温度更均匀的特点,经固定的全息质量有较大的改善。

2) 电固定法

电固定法原理与热固定法相同,也是利用控制晶体内部离子的移动来实现全息固定。在晶体外加一稍小于矫顽电场 E_c 的电场 E,由陷阱所俘获的光电子所形成的内部电场 E_i 引起离子或空位的漂移,在极化转换的临界区域出现明显的离子移动,外加的电场不足以激发被俘获的光电子,于是记录的电荷分布产生了矫顽电场的空间变化。施加电场 E 后离子沿晶体 c 轴快速移动,因此消除了本征场 E_i 的空间调制,图像的衍射效率下降到零。场相消并在 $E=0$ 时保持不变。当用一均匀光照射时,全息图重新出现,俘获的电子被重新激发,并沿 c 轴不规则扩散,这样就剩下了没有被消除的离子电荷图像。当外加电场足以使离子均匀时,所固定的全息光栅就可以被擦除了。

3) 单掺杂或非掺杂双光子固定法

单掺杂或非掺杂双光子固定法是利用两种光子来产生载流子,第一种光子将处于较深能级中的电子激发到靠近导带的中间能级上,当电子暂时处于中间能级上时,第二种光子(与第一种光子的频率不同)将电子激发到导带上,电子在导带上迁移、扩散,最终被深陷阱俘获,形成位相栅。当用单光束(波长较长的)读取信息时,由于它的能量不足以将较深能级中的电子激发出来,因而不会擦除位相栅。当用两束光同时照射或用波长较短的光单独照射就可以实现位相栅的擦除。

4) 双掺杂双光子固定法

如果在晶体中掺杂两种不同的掺杂剂,再选择与掺杂剂能级相应的记录光和开关光,就可以实现双掺杂双光子全息存储固定。两种掺杂剂的能级在晶体能带中的位置均较深,而两能级之间要有一段距离,以便选择光源。其中一种杂质充当较浅能级,另一种杂质充当较深能级。所选择的记录光只能将较浅陷阱中的电子激发到导带上。而开关光则既能将较浅陷阱中的电子又能将较深陷阱中的电子激发到浅能级和导带上,同时记录光将较浅能级中的电子激发到导带上,电子在导带上漂移、扩散,最终被较浅和较深能级陷阱俘获。经过一定时间后,信息大部分被存储在较深能级陷阱之中,全息存储过程结束。读取信息时,由于读出光不能激发较深能级陷阱中的电子,也就无法擦除存储信息。当需要擦除时,只需用开关光照射晶体即可[30]。

以上几种固定方法的优缺点如下。

① 热固定法需要加热和冷却,另外在固定之前必须将需要记录的信息全部写入。因此它比较费时、操作复杂、精度较低,仅适用于非快速、精度要求不高的存储情况;电固定法要求晶体必须在居里温度下进行极化处理,另外材料对空间频率也有限制。电固定法和热固定法一

样都不能直接用光学的方法擦除,因而在实际应用中受到很大的限制。

② 双光子固定法是直接采用光学的方法记录与擦除,因此它的读写与擦除速度快,数据转换效率高,具有极好的实际应用前景。单掺杂或非掺杂双光子固定法已经在衍射效率、存取与擦除速度等方面取得了很大进步,但它仍然有很多不足之处:它要求在晶体中只掺入一种杂质作为深陷阱,而对于非掺杂晶体是利用晶体的晶格缺陷作为深陷阱,浅陷阱是虚能级或由缺陷形成的实能级,而这些浅能级的寿命从毫秒量级到秒量级变化,寿命的长短与很多因素有关,如还原程度、温度以及其它掺杂杂质的存在等等。浅能级的寿命是一个非常重要的参数,它在很大程度上决定着灵敏度。如果浅能级的寿命短,所需光源功率就会很高,如早期研究中多使用具有高峰值功率的脉冲激光器,虽然通过不断地研究现在已经可以使用较低功率的连续激光器,但是功率密度大于 $1\ W\cdot cm^{-2}$ 还是必需的,即使光源功率的大小不成问题,还有一个关键问题需要解决,那就是要提高灵敏度。而提高灵敏度,就必须加大晶体的还原程度。尽管加大晶体的还原程度可以延长浅能级的寿命,并提高晶体的灵敏度,但还原程度的提高不可避免地会加大暗电导率,从而造成全息图像具有噪声大、暗衰减率大和衍射效率低等缺点,因此双光子的灵敏度很难提高。

③ 双掺杂双光子固定法通过杂质的掺杂使光折变晶体的全息存储性能又得到了很大的改善。两个能级的位置较深,使得噪声和温度的影响大大降低,从而提高了全息存储图像的质量,延长了暗存储时间;浅能级的位置远离导带,可以在不增加暗电导率的条件下进一步提高灵敏度,并且由于双光子灵敏度的提高,在记录过程中增强了对光的吸收,同时缩短了记录时间,而在读出过程中对光的吸收却非常小,从而减小了对衍射信号的吸收,使衍射效率大为提高。浅陷阱的浓度和还原程度可以有很大提高,因而可以使用较低功率的光源,这样更符合实际应用的要求。另外,由于深、浅陷阱都是从外部引入的,因此可以通过对引入杂质的种类、浓度、氧化还原状态等参数的控制来设计符合实际需要的晶体。这种固定方法克服了上述几种固定方法的缺点,提高了全息存储图像的质量,延长了暗存储时间,也提高了衍射效率,但它要求必须在晶体中掺入两种掺杂剂。

参 考 文 献

1 田莳.功能材料.北京:北京航空航天大学出版社,1995
2 贡长生,张克立.新型功能材料.北京:化学工业出版社,1991
3 过壁君.磁记录材料及应用.成都:电子科技大学出版社,1991
4 戎霭伦.光信息存储的原理、工艺及系统设计.北京:国防工业出版社,1993
5 刘振堂.信息光盘.北京:科学出版社,1996
6 干福熹.数字光盘和光存储材料.上海:上海科学技术出版社,1992
7 干福熹.信息材料.天津:天津大学出版社,2000
8 干福熹.数字光盘存储技术.北京:科学出版社,1998
9 干福熹.高密度数字多用光盘(DVD)的发展.世界科技研究进展,1997,19:21~24

10 干福熹.新型光存储材料、器件和技术.见:张焘.科学前沿和未来.北京:科学出版社,1996
11 Gan F X,Hou L S. Optical storage using organic compounds as recording materials. SPIE Proceedings,1996,2931:34~42
12 Tang F L,Gan F X. Polymer and ormosil materials for optical data storage. SPIE Proceedings,1997,CR68:90~115
13 陶世荃,王大勇,江竹青,等.光全息存储.北京:北京工业大学出版社,1998
14 杨振寰,陈树源.光学信号处理、计算和神经网络.北京:新时代出版社,1997
15 Booth B L. Photopolymer material for holography. Appl. Opt.,1972,11(12):2994~2998
16 Booth B L. Photopolymer material for holography. Appl. Opt.,1975,14(3):593~599
17 Ashkin A,Boyd G D,Dziedzic J M,et al. Optically-induced refractive index inhomogeneities in $LiNbO_3$ and $LiTaO_3$. Appl. Phys. Lett.,1966,(9):72~74
18 Chen F S,LaMacchia J T,Fraser D B. Holographic storage in Lithium Nioabte. Appl. Phys. Lett.,1968(13):223~225
19 李铭华,杨春晖,徐玉恒.光折变晶体材料科学导论.北京:科学出版社,2003
20 Kuktharev N V,Markov V B,Odulov S G,et al. Holographic storage in electrooptic crystal. Ferroelectrics,1979,22(4):949~960
21 Feinberg J,Heiman D,Tanguay A R,et al. Photorefractive effects and light-induced charge migration in Barium Titanate. J. Appl. Phys.,1980,51(3):1297~1305
22 Furukawa Y,Sato M,Kitamura K,et al. Growth and characterization of off-congruent $LiNbO_3$ single crystals grown by the double crucible method. J. Cryst. Growth,1993,128:909~914
23 Malovichko G I,Grachev V G,Kokanyan E P,et al. Characterization of stoichiometric $LiNbO_3$ grown from melts containing K_2O. Appl. Phys. A,1993,56:103~108
24 许煜寰.铁电与压电材料.北京:科学出版社,1978
25 陈晓军.近化学计量组分铌酸锂晶体和掺镁铌酸锂晶体的光折变性质和光致暗迹的研究:[学位论文].天津:南开大学,1998
26 李铭华.双掺杂铌酸锂晶体光折变增强效应的研究:[学位论文].哈尔滨:哈尔滨工业大学,1998
27 刘炳胜.光折变多重全息存储:[学位论文].哈尔滨:哈尔滨工业大学,1998
28 李晓春.晶体大容量体全息数据存储:[学位论文].北京:清华大学,1998
29 张军.双掺杂铁锰铌酸锂晶体双光子全息存储研究:[学位论文].哈尔滨:哈尔滨工业大学,2000
30 Buse K,Adibi A,Psaltis D. Non-volatile holographic storage in doubly doped lithium niobate crystals. Nature,1998,393(18):665~668

第五章 信息获取材料

5.1 概 述

光电子材料是伴随着"光电子学"和"光电子工业"的产生而迅速发展的新型功能材料。由于在光电子学中信息的获取、存储和处理等功能是由光子和电子联合完成的,而信息的传输则纯粹由光子完成,所以光电子材料是实现光子作为更高频率和速度的信息载体的物质基础,是制作高性能、小型化、集成化的光电子器件的原料。它主要包括光源和信息获取材料、信息传输材料、信息存储材料以及信息处理和运算材料等。

目前,信息获取材料主要为光电信息获取材料,其中最主要的是光电探测器材料。因此,本章重点讲述光电探测器材料的相关物理基础、性能特征、制备技术和应用等。

5.2 光电材料的物理基础

一、半导体与光之间的相互作用

1. 半导体的光学特性

当光照射到半导体上时,一部分入射光被表面反射,剩余的被半导体吸收或者透过半导体。半导体种类不同,光反射和透射的比率也不同。也就是说,半导体的反射率和吸收系数与入射电磁波的频率有关。另外,入射光的强度不同,所产生的现象也不同。由于半导体种类、入射光的波长和强度不同,光和半导体的相互作用也不同。

决定半导体和光相互作用的是能带结构,这个能带结构是由原子按一定规则排列的晶体结构所决定的。这个现象可以通过比较半导体的颜色来理解。例如,硅(Si)是灰色的不透明晶体,而磷化镓(GaP)是橘黄色的透明晶体。与Si相比,GaP的带隙能量约为它的2倍,与绿色光的能量相当。

无论是低频电波,还是微波、红外线、可见光、紫外线、X射线等这些波长范围较宽的电磁波,它们的能量差异都将会对晶格和各种状态的电子产生影响,显示出各自的光响应特性。像X射线那样短波长的电磁波将会激发每个原子的内层电子。波长较长的微波和远红外线将会激发晶格振动,从而对电子进行加热。决定半导体光学性质的最重要的因素——波长在红外线、可见光的范围内,这是因为几乎所有半导体的带隙能量都处在这个波长范围内。

可见光到红外线的波长大约是半导体晶体晶格常数的 1 000 倍以上,所以半导体的光学性质一般可以使用宏观的晶体光学常数中的折射率和吸收系数来表达。因此,电磁波在半导体内传播的现象可以用麦克斯韦电磁方程式表示。通过这个方程式就可以给出与电磁波频率有关的光学常数和半导体宏观性质的介电常数之间的关系。

2. 半导体和电磁波之间的相互作用[1]

作为电磁学基础的麦克斯韦方程式可以表示为

$$\nabla \cdot \boldsymbol{D} = \rho \qquad \nabla \cdot \boldsymbol{B} = 0 \tag{5.1}$$

$$\nabla \times \boldsymbol{E} = -\frac{\partial \boldsymbol{B}}{\partial t} \qquad \nabla \times \boldsymbol{H} = -\frac{\partial \boldsymbol{D}}{\partial t} + \boldsymbol{J} \tag{5.2}$$

式中　$\boldsymbol{D}$——电位移;

$\boldsymbol{B}$——磁通密度;

$\boldsymbol{E}$——电场;

$\boldsymbol{H}$——磁场;

$\boldsymbol{J}$——电流密度。

由于受光波电场的作用,晶体中的正负电荷各自向相反的方向移动,形成电偶极矩。可以认为这些电荷是被形成半导体的原子所束缚的电子、离子、"自由"电子、杂质等。光波长不同,其各自响应的电荷种类也不同,正负电荷的纯位移将产生相当于单位体积电偶极矩的电极化。使用电极化强度 $\boldsymbol{P}$ 这个参数,就可以用下列公式表示电位移 $\boldsymbol{D}$,即

$$\boldsymbol{D} = \varepsilon_0 \boldsymbol{E} + \boldsymbol{P} = \varepsilon(\omega)\boldsymbol{E} \tag{5.3}$$

用具有角频率 ω、波矢 $\boldsymbol{k}$ 的电磁波 $\boldsymbol{E}e^{i(\boldsymbol{k}\cdot\boldsymbol{r}-\omega t)}$ 进行照射时,电位移 $\boldsymbol{D}$ 就可以用介电常数 $\varepsilon(\omega)$ 来表示。也就是说,晶体的性质可以全部由 $\varepsilon(\omega)$ 来涵盖。光波的波矢与晶体的倒格矢、电子的波矢相比,远远小于几位数的量级,所以一般设定 $\boldsymbol{k} \approx 0$,而忽略介电常数的空间分布。因此,介电常数 $\varepsilon(\omega)$ 通常可以作为 ω 的函数,用复数表示为

$$\varepsilon(\omega) = \varepsilon_1(\omega) + i\varepsilon_2(\omega) \tag{5.4}$$

利用这个公式,再根据折射率的平方等于介电常数的关系,可以用以下的公式定义复折射率 $\overline{n}(\omega)$,即

$$\overline{n}(\omega) \equiv \sqrt{\varepsilon(\omega)} = \sqrt{\varepsilon_1(\omega) + i\varepsilon_2(\omega)} = n(\omega) + ik(\omega) \tag{5.5}$$

这里,$\overline{n}(\omega)$ 的实部称为折射率,虚部称为消光系数。

由公式(5.5)可以得出

$$\varepsilon_1(\omega) = n^2(\omega) - k^2(\omega) \tag{5.6}$$

$$\varepsilon_2(\omega) = 2n(\omega)k(\omega) \tag{5.7}$$

为了理解以上结果与半导体光学特性的关系,在下面的论述中我们将根据实际的数据详细介绍这方面的内容。

二、半导体的光吸收

如果向半导体样品发射一束光,则除了从前面反射回去和从后面透射出去的一部分光以外,还有一部分光在材料中被吸收。被吸收的光能转变为其它形式的能量。

表征半导体光学性质的光学系统都是频率或波长的函数。它们的光谱特性取决于光与半导体相互作用的不同机理,且主要取决于半导体对光的不同吸收机理。光与半导体相作用的特点既取决于光的性质——光谱组成、光强度、偏振、相干性及传播方向,同时也决定于半导体的性能,并且首先取决于它的能带结构。有时候外界条件,如温度、机械压力、电场和磁场等会对光谱特性造成很大影响。

在吸收过程中具有一定能量的光子把电子从较低的能态激发到较高的能态。这种跃迁与半导体的能带结构直接相关。如果射入光子的能量 $h\nu$ 大于半导体的禁带宽度 E_g,则可以激发带间光学跃迁,电子将从价带跃迁到导带。如果光子的能量略小于 E_g,则可以产生激子,引起杂质能级与有关能带之间的跃迁或杂质能级之间的跃迁。实际上所有纯净的半导体对于 $h\nu$ 比 E_g 低得多的光来说是透明的。

本节讨论半导体对光的吸收过程,其中以对于光电子变换来说比较重要的本征吸收以及与杂质有关的吸收等为主。

1. 本征吸收

本征吸收通常指的是带间吸收,即与能带和能带之间的电子跃迁有关的吸收。半导体本征吸收的特点是在不大的光谱范围内吸收系数突然增长。纯净的半导体对能量低于禁带宽度的光子来说多少是有些透明的。例如,一些半导体在该范围内的吸收系数 $\alpha < 0.1 \text{ cm}^{-1}$,但是当光子的能量接近禁带宽度时,在离 E_g 约为 0.1 eV 的范围内,吸收系数 α 迅速地增加到 $10^4 \sim 10^5 \text{ cm}^{-1}$。通常把吸收系数突然增至很大的光波长或频率称为半导体的本征吸收限。因此本征吸收限可以用于确定半导体的禁带宽度。对本征吸收限的详细研究还可以得到关于导带底和价带顶电子态以及光学跃迁几率特点和大小的数据。

带间吸收跃迁必须满足能量守恒与动量守恒。电子从光子处得到能量而跃迁至导带,但是因为光子的动量 h/λ(光的波长 λ,典型值约几百纳米)与晶体中电子的动量 h/a(晶格常数 a 约零点几纳米)相比很小,所以被吸收的光子不可能对电子带间吸收跃迁过程中的动量守恒做出贡献。

必须区别两种不同的跃迁:直接跃迁和间接跃迁。前一种跃迁中初态与终态的波矢值相同,因此只涉及光子与电子而不必涉及第三者(例如声子)即可满足动量守恒。后一种跃迁中初态与终态的波矢值不同,因此还要涉及第三者才能满足动量守恒。我们把不涉及第三者的跃迁称为直接跃迁,而把涉及第三者的跃迁称为间接跃迁。

由上述概念可以相应地区分两种不同类型的半导体:直接带隙半导体和间接带隙半导体。第一种半导体的导带最小值与价带最大值位于相同的波矢值($k = 0$)处。在这种半导体中实现直接带间跃迁的几率较大。第二种半导体的导带最小值与价带最大值位于不同的波矢值处。在这种情形下,间接带间跃迁具有优先的几率。直接带隙半导体的例子是化合物半导体,如 GaAs、GaSb、InP、InAs 和锌、镉、铅的硫属化合物等。Ge、Si 和 GaP 等属于间接带隙半导体。

2. 电场、压力和温度对本征吸收的影响

(1) 强电场下的本征吸收

1958 年,夫兰茨(W. Franz)和凯尔迪什最先分别从理论上分析了电场对半导体吸收限的影响。他们预言,在有电场时可以发生对能量比禁带宽度低的光子的本征吸收。这种效应称为夫兰茨－凯尔迪什效应。

在 $h\nu < E_g$ 的情形下,有限的吸收是由光子导致隧道效应的结果。如果把半导体放在直流电场 E 中,能带将从水平变成倾斜(对空间而言),如图 5.1 所示。于是电子具有一定的几率可以从价带穿过三角形势垒出现在导带中,即发生隧道效应。势垒的高度为 E_g,宽度为 $\Delta x'$,它们之间的关系满足

$$eE\Delta x' = E_g \tag{5.8}$$

随着电场的增强,势垒宽度将减小。

在 $h\nu > E_g$ 的情形下,电场对吸收系数的影响比较复杂。吸收光谱表现为起伏衰减的曲线。这与斯塔克(Stark)效应有关。1913 年,斯塔克发现存在强电场时原子发射谱线发生移动和分裂,人们把这种现象称为斯塔克效应。这种现象与在电场中电子得到附加的能量有关。在电场强度约为 10^5 V·cm^{-1} 时,分裂间隔大小与电场成正比。如果半导体材料处于强电场中,电子能谱将由一组等距离的能级组成,这些能级之间的距离为

$$\Delta E = eEa \tag{5.9}$$

式中 a——电场方向的晶格常数。

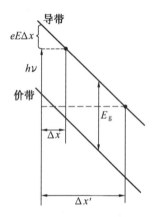

图 5.1 有强电场时的能带图和光跃迁

这种情形吸收光谱的理论计算表明,光子能量大于禁带宽度时,涉及向这些分离能级跃迁的几率和吸收系数与光子能量的关系曲线包含有起伏变化的成分。

在讨论了均匀外加电场对吸收系数的影响之后,我们再来看半导体的局部内电场是如何引起吸收限的变化的。

与其它的非金属固体一样,半导体中存在一定数量的荷电缺陷,如杂质、晶格缺陷等。这些荷电缺陷在半导体内自发地建立起局部电场。局部电场与外加均匀电场不同,但是也会产生局部的夫兰茨－凯尔迪什效应,并导致整个半导体总吸收系数的变化。

(2) 压力对本征吸收限的影响

压力的变化主要是通过引起半导体禁带宽度的变化来使本征吸收限位置发生移动。在半导体物理学中我们已经知道,大多数常用半导体在正常的晶体原子距离附近,随着原子间距的

增加，允许能带增宽而禁带宽度减小。相反，原子间距减小，则禁带宽度增加。金刚石就是这一类型的半导体。各向均匀的机械压力对半导体的作用就是使晶格原子间距离发生变化，从而引起能带位置的变化。

在压力对半导体的影响中，人们研究得较多的是流体静压力情形。流体静压力对半导体的作用是各向均匀的。因为在流体静压力的作用之下原子间距离减少，其结果是对大多数半导体将导致禁带宽度的增加。例如，图 5.2 表示锗禁带宽度（350 K）随压力的变化，在压力不高时为一直线，压力较高时成非线性关系。这是禁带宽度随压力的增加而增加的情形。

我们知道，无论有无压力，半导体的禁带宽度都是由导带最低能谷（最小值）与价带顶之间的距离即最小能隙值决定的。但是在流体静压力作用下半导体晶格中原子之间距离减少时，能带图上各个能谷以不同的速率移动，甚至连它们的移动方向也可能不同，情况比较复杂。足够大的压力作用不仅可以使禁带宽度大小发生变化，而且还可能使直接带隙半导体变为间接带隙半导体或反之。GaAs 可以作为随压力的增加由直接带隙半导体转变为间接带隙半导体的典型例子。

禁带宽度随压力的变化决定了本征吸收限随压力的移动。人们在锗、砷化镓、锑化镓等许多半导体中都观察到了本征吸收限随压力增加而移动，并且移动量存在最大值的现象。图5.3 表示砷化镓吸收限随压力增加的移动。在压力等于 60×10^8 Pa 时吸收限达最大值，这时点 Γ 的能谷与点 X 的能谷位于同一能量位置。磷化铟在压力为 40×10^8 Pa 时发生 Γ 能谷与 X 能谷的交叠。锑化镓 Γ 能谷与 X 能谷的交叠发生在压力为 18×10^8 Pa 时。在更大的压力——45×10^5 Pa 时，X 能谷最低。

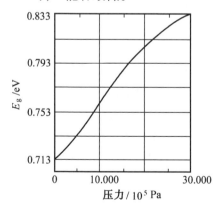
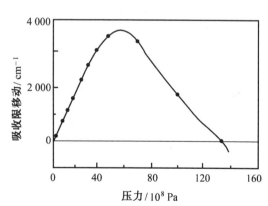

图 5.2　锗禁带宽度随压力的变化（$T = 350$ K）　　图 5.3　砷化镓吸收限移动与流体静压力的关系

除了使吸收限移动（即吸收光谱发生变化）外，压力的作用还可以使半导体的其它光学性质发生变化。禁带宽度的变化必然改变跃迁几率的大小，特别是从直接带隙半导体转变为间接带隙半导体时,跃迁几率更是急剧降低。相应地,吸收系数大小也发生急剧变化。

从高压力对半导体作用的研究中可以得到很多关于半导体能带结构、激子态和杂质中心等方面的数据。此外,可利用半导体物理性质对压力的依从关系制造力敏元件。

(3) 温度的影响

温度对所有决定光吸收和光辐射的物理量(例如,能级位置、能带宽度、跃迁几率和电子按能级的分布等)都可以产生明显的影响。在热平衡或导带电子和价带空穴单独处于准平衡分布的条件下,能级的粒子数由费密-狄拉克分布函数给出,该函数包含费密能级(或准费密能级)和温度。由于费密能级值不大,所以分布函数对温度的变化很敏感。同时,在热平衡条件下一些跃迁几率(如自发跃迁几率、受激跃迁几率和逆跃迁几率)、陷阱捕获载流子的几率和陷阱释放载流子的几率、电子空穴组成激子的几率和激子离解的几率等均含有温度的指数项。因此在一定温度范围内,上述几率均随温度的变化而剧烈变化。

半导体的能级和能带位置以及禁带宽度对温度也很敏感。大多数半导体材料的禁带宽度随温度升高而减小。温度变化所引起的禁带宽度变化导致相应的本征吸收限移动。对大多数半导体材料来说,温度升高使吸收限向低能量方向移动。

禁带宽度随温度的变化基本上是由两种效应引起的:第一,在温度升高时晶体发生热膨胀即晶格原子之间的距离增加,因此禁带宽度变小,这与禁带宽度随压力变化的机理是一致的;第二,随温度的升高,晶格振动增强,因此电子与声子的相互作用增强,从而导致允许能带的增宽和禁带宽度的减小。这两种效应对禁带宽度影响的方向是一致的,但是影响大小不同。理论计算表明,第二种效应在禁带宽度随温度的变化中起主要作用。在温度远低于德拜温度时半导体禁带宽度的变化与 T^2 成正比,而如果温度远高于德拜温度,则禁带宽度随温度的升高成直线形增加。

3. 激子吸收

如果在能量为 $h\nu$ 的光子作用之下,价带的电子受到激发但尚不能进入导带成为自由电子,即仍然受到空穴库仑场的作用,则形成相互束缚的受激电子-空穴对,它对外呈电中性。这种彼此相束缚的受激电子和空穴组成的系统称为激子。我们把吸收光子形成激子的过程称为激子吸收。如果激子可以在晶体中运动(但不形成电流),这种激子称为自由激子。如果激子局限于某个中心附近,则称为束缚激子。在吸收光谱上,直接带隙半导体中形成激子的吸收跃迁通常表现为本征吸收限前的窄峰或谱线,而在间接带隙半导体中通常表现为吸收限附近的阶跃。

在直接带隙半导体中,自由激子是吸收能量为 $h\nu \geq E_g - E_x$ 的光子而形成的。此处 E_x 代表自由激子束缚能,它是形成激子所需最低光子能量,是比 E_g 小的一个能量值,也就是将自由激子离解为自由电子和自由空穴所需的能量。自由激子束缚能 $E_x(\text{eV})$ 可用下式计算,即

$$E_x = \frac{m_r}{m\varepsilon^2 n^2} \times 13.6 \tag{5.10}$$

式中　m_r——电子和空穴的折合质量；

　　　m——真空中电子质量；

　　　ε——相对介电系数；

　　　n——量子数。

发生激子吸收时,对应于不同的 n 值(即不同的 E_x 值)应该在本征吸收限前不同的 $h\nu$ 位置处出现一系列分离的吸收谱线。严格的计算表明,这些分离的激子吸收谱线强度与 n^3 成反比。因此谱线强度随 n 增大迅速衰减。实际半导体中分离激子谱线随温度升高而变宽,且 n 越大,谱线越宽。因此在不是足够低的温度下,$n \geqslant 2$ 的谱线互相叠合。于是常常只能在吸收光谱上的本征吸收限之前见到一窄峰。

在间接带隙半导体中,形成激子的光吸收过程需有声子参加,以满足电子跃迁过程中的动量守恒。假设间接激子吸收为单声子过程,则吸收声子的跃迁光子阈能是

$$h\nu_{ax} = E_g - E_x - E_p \tag{5.11}$$

式中　E_p——声子的能量。

发射声子的跃迁发生的光子阈能是

$$h\nu_{ex} = E_g - E_x + E_p \tag{5.12}$$

这里没有考虑自由激子的动能。

与直接激子的吸收峰不同,间接激子吸收表现为在式(5.11)或式(5.12)阈能处开始的连续吸收的阶跃。这是因为间接激子吸收系数与光子能量和阈能之差的平方根成正比,即

$$\alpha \propto (h\nu - E_g + E_x \pm E_p)^{1/2} \tag{5.13}$$

而间接本征吸收系数则正比于光子能量和阈能之差的平方。

实际上,间接激子吸收不仅可能是单声子过程,也可能是多声子过程,甚至在间接带隙半导体中也可能发生直接激子吸收。锗可以作为这类半导体的例子。

4. 等电子中心束缚激子吸收

半导体中可以存在杂质或有意掺入杂质。如果是替位式杂质,并且杂质原子与被替代的晶格原子位于元素周期表同一族,即原子价相等,则这样的杂质中心称为等电子中心或等电子陷阱。

等电子中心可以束缚激子。当然这种束缚激子的形成也需要一定的能量。不过束缚激子的形成能量比自由激子的要低些。如果其形成能量由光子提供,则等电子中心束缚激子的形成就造成对光的吸收,这就是等电子中心束缚激子吸收。等电子中心所束缚的激子可以复合并发射出光子,所以这些杂质中心也称为等电子复合中心。

等电子中心束缚激子的形成可以这样来设想:虽然形成等电子中心的杂质原子与被替代的晶体原子属于同一族,但是它们属于不同周期。如果在周期表中杂质原子位于晶格原子之上,则杂质电子的电子亲和势较大。因此这样的等电子中心可以先束缚一个电子,然后靠该电子的库仑力的作用再束缚一个空穴。被束缚的电子和空穴就构成等电子中心束缚的激子。如果在周期表中杂质原子位于晶格原子之下,则杂质原子的电子亲和势较小,于是等电子中心可

以先束缚空穴再束缚电子,以形成束缚激子。

人们对半导体材料中与等电子中心束缚激子有关的光学性质的研究以磷化镓最为详细,磷化镓中用 N 或 Bi 替代 P 时形成等电子中心。在其它半导体材料(如 CdS 中用 Te 替代 S,ZnTe 中用 O 替代 Te 等)也都形成等电子中心,并且人们在实验中观察到了这些等电子中心束缚激子吸收和发光现象。

5. 能带与杂质能级之间的吸收跃迁

半导体中杂质的存在使晶体的周期性结构局部被破坏,因此在禁带中引入附加的能级——杂质能级。根据杂质性质的不同,可以将之分为施主和受主两种,因而杂质能级也可分为施主能级和受主能级两种,前者离导带边缘较近,后者靠近价带。在外来能量(如热能等)的激发下,施主能级上的电子可以离开它而跃迁到导带,即发生施主杂质的电离。另一方面,电离的施主可以捕获在晶体中运动的自由电子。同样,受主上的空穴可以跃迁到价带,或者反之,电离的受主从价带捕获空穴。

光子的作用也可以使杂质中心发生电离(光致电离),并且在吸收光谱上有所反映。但是为了产生这种吸收跃迁,光子的能量不应小于杂质能级相应能带边缘的距离,即杂质电离能。

杂质吸收与激子吸收不同,激子吸收是由向能带边缘某一确定距离处的跃迁所引起,而在杂质能级和能带之间的跃迁可以涉及整个能带。因而杂质能级和能带之间的吸收跃迁应与足够宽的吸收带相对应。但是,在宽峰之外的吸收系数随着光子能量的增加而减少。这是空穴从受主能级向远离价带顶处的跃迁几率随能量增加而迅速下降的缘故。在电子从施主能级向导带跃迁的吸收中,情况十分类似。

图 5.4 为含有受主杂质的 InSb 吸收光谱。吸收系数"尾"受到温度和样品中杂质浓度的影响,在温度升高时,电离杂质浓度的增加应导致吸收系数的增大。

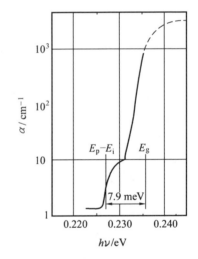

图 5.4　含有受主杂质的 **InSb** 吸收光谱($T = 10$ K)

杂质能级和最近的能带边缘之间的低能跃迁(图 5.5(a)、(b))满足动量守恒,因为能带边缘是杂质的激发态。然而,基于较高能量的跃迁(图 5.5(c)、(d))有可能是间接跃迁。如果不能利用别的散射的话,就需要附加发射或吸收声子的过程。这时光子能量为

$$h\nu > E_g - E_i \pm E_p \tag{5.14}$$

因此间接带隙半导体的吸收阈能应在吸收或发射声子时向较低或较高能量方向移动一个声子的能量值。

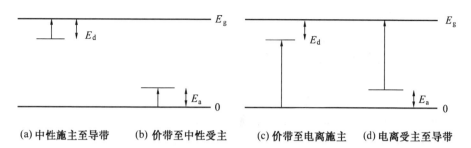

(a) 中性施主至导带　(b) 价带至中性受主　(c) 价带至电离施主　(d) 电离受主至导带

图 5.5　杂质能级与能带之间的吸收跃迁

6. 受主与施主间的吸收跃迁

当晶体中同时存在施主杂质和受主杂质时,施主浓度和受主浓度比例不同(小于1、等于1或大于1),但至少有一部分受主态被占,而一部分施主态空着。这时可以吸收适当能量的光子,而使电子由受主态向施主态跃迁,如图5.6所示。所需的最低光子能量为

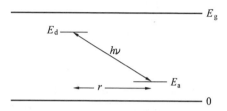

图 5.6　电子由受主态至施主态的跃迁

$$h\nu = E_g - (E_d + E_a) \tag{5.15}$$

式中　E_d——孤立施主的电离能;

E_a——孤立受主的电离能。

此处没有考虑施主与受主之间的库仑作用,即假设施主与受主之间的距离 r 很大。

可是当施主与受主之间的距离缩小时,施主与受主之间的库仑作用就增加。随着其作用的增强,施主电子的轨道逐渐被包括在受主的范围内。换言之,施主和受主都将越来越接近电离。在完全电离的状况下,束缚能为零,且相应的能态与能带边缘相一致。

受主至施主的跃迁所引起的吸收光谱结构与等电子中心束缚激子的吸收光谱有很大差异。原子间距离最小的等电子中心对应最大的束缚能,并且其束缚激子对应吸收光谱中能量最低的谱线,而在光子能量较高的区域可以观察到连续的吸收,在该区域中它向本征吸收限趋近。然而此处从受主向施主跃迁时,能量最低的跃迁对应原子间距离较远的受主 - 施主对(即连续吸收),在能量较高时,本征吸收限附近应该发生分离的吸收谱线。因为分离谱线很接近本征吸收限,所以在吸收实验中很难被发现。但是在研究由施主至受主的跃迁所引起的光辐射时,能够清楚地观察到这种分离谱线。

7. 自由载流子吸收

(1) 无选择性自由载流子吸收

所谓自由载流子是指那些能够在一个允许能带内自由运动并对外界的作用做出反应的载流子。当 $T > 0$ K 时,半导体中总存在一定数量的自由载流子。一定能量的光子可以和自由

载流子相作用,结果是光子被吸收,而自由载流子跃迁到较高的能态。

通常所说的自由载流子吸收是指自由载流子的吸收跃迁发生在同一能带或亚能带范围之内。例如,图5.7表示自由电子在一导带内的吸收跃迁。显然,完全填满的能带或亚能带不可能对这种跃迁做出贡献。同时,因为自由载流子吸收跃迁是发生在同一能带内,所以除了能量变化外,还伴随有比光子动量要大得多的动量变化。因此,仅是光子-电子作用不可能完成这样的跃迁,第三者的参加是满足动量守恒的必要条件。由此可见,理想晶体中不经受任何散射的、完全自由的载流子是不可能吸收光子的。实际

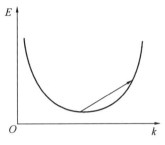

图5.7 自由电子在导带内的吸收跃迁

晶体中晶格原子不是静止而是在做热振动,还存在一定的晶格缺陷,因此载流子在运动中会发生各种机理的散射,并且有可能在红外辐射的作用下在整个能带范围内完成间接吸收跃迁。

(2) 选择性自由载流子吸收

实验研究发现,在一些半导体中,除了上述无选择性自由载流子吸收外,还可以在单调增长的吸收曲线背景上观察到附加的吸收带或峰。通常这种吸收大体上与自由载流子浓度成正比,也在红外光谱范围内。在p型半导体中观察到的吸收带在n型半导体中就不存在,反之亦然。研究表明,这种吸收是在光子作用下自由载流子从导带或价带的一个亚能带跃迁到另一亚能带,或者在同能带(或亚能带)中从一个能谷跃迁到另一个能量较高的能谷的结果。因此这种吸收也应属于自由载流子吸收,根据光谱结构的特点可以称之为选择性自由载流子吸收。

三、半导体的光电效应

光电效应是指物质在光作用之下释放出电子的现象,可以分为外光电效应和内光电效应两类。外光电效应是指吸收光子后受激电子能够逸出半导体之外即产生光电子发射的现象。内光电效应是指半导体的电性能发生变化,但是受激电子并不逸出材料之外的现象。对于均匀半导体来说,在光作用之下发生的电性能变化中首先是电导的变化,称做光电导现象。在p-n结等存在不均匀性的半导体或者处于一定不均匀条件下的均匀半导体中,内光电效应的结果是产生光电势,这种现象称为光生伏特效应。

半导体材料对光的吸收及由此引起的光电效应是实现把光信号变换为电信号的重要物理过程。这里将讨论半导体光电子材料中发生的主要光电效应:光电导、光生伏特效应和光电子发射。

1. 光电导

(1) 本征光电导和杂质光电导

光电导的基本过程是在光作用之下半导体的电导发生变化。原则上讲,半导体的电导变化不外乎载流子浓度或迁移率的变化。本征吸收和杂质吸收可以改变载流子浓度。载流子的

能态或有效质量发生变化时，载流子的迁移率也可能发生变化。这些是在无选择性和选择性自由载流子吸收中可能发生的情况。被人们深入研究并且得到广泛应用的是在光照下载流子浓度变化所引起的光电导现象。

根据载流子数目增加的途径，可以把半导体的光电导分为本征光电导和杂质光电导两种，这取决于不同类型的吸收跃迁过程。

在直接带隙半导体中，如果用波长足够短的光照射半导体，发生受激电子从价带至导带的跃迁，则材料的电导率增高，同时在价带中留下空穴，这也可以进一步增加电导率，这就是本征光电导，但并不一定意味着它用的是本征半导体。实现本征光电导的必要条件是光子能量

$$h\nu > E_g \tag{5.16}$$

或光波的波长

$$\lambda < \frac{hc}{E_g} \approx \frac{1.24}{E_g} \tag{5.17}$$

这里，E_g 的单位为 eV，而 λ 的单位为 μm。

对于间接带隙半导体来说，光电导的产生必须借助于有声子参加的跃迁。这时产生本征光电导的条件是，$h\nu$ 可以略大于 E_g，也可以略小于 E_g。

还存在一种 $h\nu < E_g$ 的情形，这就是因光激发而形成激子。这种情形与上面所说的不同，在低温下所吸收的光子能量小于禁带宽度，受激电子和空穴是相互束缚而不是自由的，因此不能形成光电导。在适当高的温度下，激子可以离解成为自由电子和空穴，它们能对光电导的产生做出贡献。

在杂质半导体中除了上述的本征跃迁外，在光的作用下还可以发生杂质能级和允许能带之间的跃迁。由这样的跃迁引起的光电导称为杂质光电导或非本征光电导。在具有深施主能级的 n 型半导体中，几乎所有施主电子在低温时都被束缚于施主能级，因此电导率不大（图 5.8(a)）。如果半导体受到量子能量

$$h\nu > E_d$$

的光照射，则电子从中性施主能级跃迁至导带，从而使材料的电导率增加（图 5.8(b)）。这种情形下参加导电的是受激电子，电子跃迁到导带后，留下的是电离的施主。

在具有深受主能级的 p 型半导体中（图 5.8(c)），产生低温光电导的条件是

$$h\nu > E_a \tag{5.18}$$

在这种情形下，光激发使电子从价带向中性受主跃迁，形成电离的受主，而在价带中产生可以参加导电的自由空穴。

因为杂质的电离能通常比禁带宽度要小得多，所以杂质吸收和光电导的长波限比本征吸收和光电导长波限要大得多。一般来说，这已属于远红外的波长范围。在同时表示出本征光电导和杂质光电导的光电导分布曲线中，杂质光电导长波限相对于本征光电导长波限向波长较长的方向移动（图 5.9）。另一方面，由于杂质浓度通常比主晶格原子浓度要小几个数量级

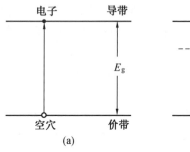
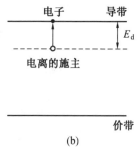
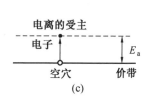

图 5.8　由受主至施主的跃迁

(例如,半导体硅中,Si 原子浓度约为 10^{22}cm^{-3},而杂质浓度小于 10^{18}cm^{-3}),因此杂质吸收和杂质光电导比本征吸收和本征光电导弱得多。杂质光电导的测量常在低温下进行,以避免杂质中心的热电离,并使暗电导保持低值。

除了上述两种光电导的区别和特点外,从吸收跃迁结果来看,在本征光电导情形同时产生等量的自由电子和自由空穴,并且两者对光电导的产生做出贡献。可是对于杂质光电导来说,不论哪一种情形,都只激发一种自由载流子(电子或空穴)。

杂质光电导还有一个区别于本征光电导的特点,即光激载流子产生率与激发光强度具有不同的函数关系。这是由于杂质吸收系数的大小是由激发强度所决定的。在

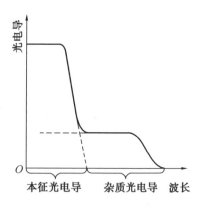

图 5.9　由受主至施主的跃迁

一般情况下,光子吸收几率及与之有关的从一个能级向另一个能级的电子跃迁几率正比于第一个能级上的电子浓度和第二个能级上的空穴浓度。如果是本征吸收,这两个能级属价带和导带,则用通常强度的光束照射时实质上并不改变价带电子和导带空穴的有效浓度。因此,在本征激发情形下,吸收系数与光强度无关,而光激载流子产生率与光强度成正比。

对于杂质激发来说情况有所不同。例如,如果光激发使电子从施主杂质能级跃迁到导带,则采用一般的激发光强度时杂质中心已经显著地空出,并因此使得吸收系数发生明显的变化。因为光激载流子产生率正比于光强度和吸收系数的乘积,而吸收系数不是常数(随光强度增加而降低),所以,关于光激载流子产生率与光强度成正比的假设,一般来说,对于杂质光电导情形就不再成立。只有在很低的光强度时可以认为杂质吸收系数为常数,且载流子产生与光强度成正比。

(2) 光电导灵敏度

对于由一定材料制成的光电导体样品来说,我们希望其对光作用的响应即光电导效应的灵敏度尽可能大。一般灵敏度除与半导体材料本身特性有关外,还受到样品几何尺寸的影响。

光电导灵敏度表示光电导体把光转变为电流的能力。光电导灵敏度这一概念常常借助比灵敏度 S_p 来表征。它定义为定态光电导和电极之间距离平方的乘积除以入射的光功率,单位是 $cm^2 \cdot (\Omega \cdot W)^{-1}$。如果光电流随外加电场和光强度做线性变化,则比灵敏度与几何尺寸、外加电场以及光强度无关。于是

$$S_p = \frac{\Delta g_s L^2}{E} = \frac{\frac{\Delta I_s}{U} L^2}{E} \tag{5.19}$$

进一步得出

$$S_p = \frac{e\eta(1-R)}{h\nu}\mu\tau \tag{5.20}$$

式中　R——样品受照表面的反射系数;
　　　η——量子效率。

可见,比灵敏度只与材料的性质有关,而与外加条件无关(光子能量一定),因此它是表征材料性质的物理量。载流子寿命越长,比灵敏度就越高。但是从定态光电导的建立过程来看,寿命越长,建立时间也越长,即电导变化对光照的反应越慢。因此响应速度与比灵敏度的要求是互相矛盾的。有时也把比灵敏度称为光电导响应。

在红外技术中,为了表征探测器的光电灵敏度,使用比上述比灵敏度更为重要的一个量值。该量值等于得到与探测器的噪声相等的信号(即信噪比为 1)所必需的光功率。在采用这种衡量方法时,光功率越低,表示探测器件的光电导灵敏度越高。

为了提高光电导体的响应速度,必须严格控制晶体的纯度和结构特点,有时可以采取一些补偿的办法来改进。

(3) 表面对光电导的影响

晶体的表面与体内差异很大。表面是晶体周期性结构的破坏,比体内存在更多的缺陷和杂质。表面的存在会给光电导带来重要的影响。由于附加表面复合的存在,实际上近表面层载流子的寿命应是体内复合与表面复合的综合结果。如果这两种复合过程是独立、平行地发生的,则在略去陷阱作用时,近表面层载流子寿命 τ_0 和体内寿命 τ 及表面寿命 τ_s 之间存在如下关系,即

$$\frac{1}{\tau_0} = \frac{1}{\tau} + \frac{1}{\tau_s} \tag{5.21}$$

这样,在晶体表面层的载流子寿命就比体内的短很多,这将直接影响到光电导灵敏度。样品越薄,影响就越大。

在光子能量小于禁带宽度时,由于本征吸收限以下的系数很低,表面吸收作用不大,所以样品的光电导主要由体积特性决定。在光子能量大于禁带宽度时,由于吸收系数很高(吸收深度很浅),近表面层对光的吸收作用很强,而体内吸收很弱,因此光电导主要决定于表面吸收、激发和复合。

(4) 噪声

通常用信噪比等于 1 的光辐射功率表征的光电导灵敏度是由探测器的噪声来决定的。噪声越大,则上述光辐射功率也越大,即光电导灵敏度越低,因为探测到的信号和器件的噪声都与激发光的频率有关,所以常常存在一个最佳频率 f_{opt},在这个频率下可以得到最大的信噪比(图 5.10)。

光电导体各种噪声与频率的关系如图 5.11 所示,每种噪声都由一定的物理过程所决定。在光电导体中可以存在以下几种噪声。

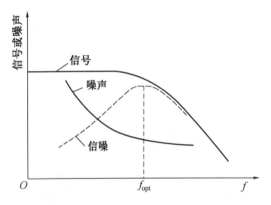

图 5.10　信号和噪声与激光频率的关系

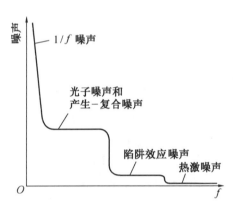

图 5.11　光电导体的噪声与频率的关系

1) 光子噪声

光子噪声是光电导体在任何使用条件范围内均不可避免的一种噪声。如果向光电导体射入一定强度的光子流,则每个光子可能在不同的时间间隔到达半导体表面。因为在每一个单位时间间隔内射入的光子数目与由此在半导体中产生的光生载流子数目是不同的,所以光电流不是严格不变的恒定值,而是在其平均值附近起伏。光电流的这种起伏表现为光子噪声。入射光功率或光子流的起伏具有统计的性质,而与光子能量 $h\nu$ 无关,因此,光子噪声功率的频谱在很大程度上决定于探测器的频率特性。

2) 热激噪声

热激噪声是由载流子在光电导体中的不规则热运动所引起的。自由载流子热运动速度大小的起伏和运动方向的杂乱性使得每一个体积元中载流子浓度大小是变化的,这就造成噪声。温度越高,电阻值越大,则热激噪声越大。这种噪声存在于任何电阻器中。只要 $T > 0$ K,甚至在没有外加电压时热激噪声也存在。降低温度可以减少热激噪声,这种噪声与频率无关(直至 $10^{12} \sim 10^{14}$ Hz),但在高频时该噪声就在很大程度上受到频率的影响。

3) 产生 - 复合噪声

半导体中由于热激载流子产生和复合的不规则起伏(即载流子浓度和电导率的起伏)所引

起的噪声称为产生 – 复合噪声。如上所述,在光电导体中常常将射入光子起伏引起光生载流子起伏所致的噪声单独分出并称之为光子噪声。但是由于光生载流子寿命的起伏,所以复合过程也是起伏的,这同样会造成噪声。稳态时复合率与产生率相平衡。如果载流子的复合过程与产生过程形成同样强的噪声,则信噪比要比单由光子噪声所决定的值降低一半。

4) 陷阱效应噪声

受到激发而产生的自由载流子在有陷阱的半导体中可以被陷阱俘获,之后又可以因热激发从陷阱释出而成为自由载流子。载流子被俘获和热释放的过程也是起伏的,这与载流子产生 – 复合过程十分类似,同样也会导致噪声。

5) $1/f$ 噪声

$1/f$ 噪声的功率近似地与频率成反比,因而称为 $1/f$ 噪声,它是低频范围主要的噪声。又由于它只在有电流通过时才存在,所以也称为电流噪声。根据研究,$1/f$ 噪声的来源可能与表面情况、势垒、晶体位错缺陷以及接触不良等有关。因此与上述几种不可消除的噪声不同,它在原则上是可以消除的,人们常常通过完善工艺来降低该种噪声。

2. 光生伏特效应

如果在一定条件下受到光照作用的半导体中产生电动势,那么这种现象称为光生伏特效应。我们知道,光照使半导体中产生附加载流子。显然,半导体中电动势的出现只可能是符号不同的光生载流子在空间中分开、移动和积聚的结果。

半导体对光的吸收以及与之有关的光电离过程只能直接改变电子和空穴的数量与能量,为了出现光电势,还必须具备一定的附加条件,以使光生电子和空穴能够在空间中分开。

不均匀半导体中存在的内建电场就是一种这样的附加条件。在内建电场的作用下符号相反的载流子可以向相反的方向移动并分别积聚起来。内建电场可以由不同的掺杂(如形成 p 和 n 型掺杂区并组成 p – n 结)、组成的变化或两者兼有(如异质结)引起。金属 – 半导体接触是由肖特基势垒及与之有关的内建电场产生的,也可以产生光生伏特效应。晶体中由于杂质、应力等不均匀分布,也可产生局部电场。但是由于在大多数情形下这些电场的方向是杂乱的,因此统计平均结果是电势差等于零。

在均匀半导体中没有内建电场,因此为了产生光电势,就必须具备另外一些附加条件。

① 电子和空穴迁移率的不相等。这使得在不均匀光照时由于两种载流子扩散速度不同而导致两种电荷分开,从而出现光电势。这种现象称为丹倍(Dember)效应。

② 存在外加磁场。该磁场使得扩散中两种载流子向相反方向偏转,从而产生光电势。这种现象称为光磁电效应。

通常把丹倍效应和光磁电效应统称为体积光生伏特效应。

(1) p – n 结的光生伏特效应

在大多数实际应用中光是以垂直于 p – n 结的方向入射的,我们现在就考虑这种情形。设入射光子的能量比半导体禁带宽度大。吸收光子的结果是在 p – n 结内和结外 n 区和 p 区材料中都产生附加电子-空穴对。在光生伏特效应中每个区少数载流子的性质和作用是很重要的,因为少数载流子浓度可以发生很大相对变化,而多数载流子浓度实际上变化不大。在内建电场作用所及的 p-n 结两边结区内,光生少数载流子被加速而向相反的方向运动,p 区的电子向 n 区运动,n 区的空穴向 p 区运动。与此同时,在结外 p 区和 n 区中的光生电子和空穴由于存在浓度梯度而扩散。如果它们离开结区的距离小于相应载流子扩散长度,则有一定数量的载流子会因扩散到结区而受到内建电场的作用。同样地,内建电场将这些载流子分开。p 区和 n 区的少数载流子在内建电场作用下加速分别向 n 区和 p 区运动,而多数载流子则被内电场排斥开(图5.12)。这样就形成了从 n 区至 p 区的光生电流。少数载流子经过上述运动,最后都分别变成所至区的多数载流子。电荷分开的结果是在 n 区积聚电子,而在 p 区积聚空穴,它们抵消掉结区中的一部分空间电荷而使 p-n 结势垒降低,这样相当于给 p-n 结加上一个正向电压 V,这就是光生电动势。将这样的 p-n 结与外电路相连,外电路中就有电流流过。光电压 V 和光电流 I 的大小决定于所接外电路状况。在开路情形下,所有被内建电场分开的附加载流子积聚于 p-n 结,最大限度地补偿势垒,即建立起最高的光电压,称为开路光电压。在短路时,为内建电场所分开的附加载流子沿外电路流动,不发生附加电荷的积聚,且势垒高度不变,即光电压为零。这时得到最大的光电流,称为短路光电流。在外接一定电阻值的负载时,被内建电场分开的附加载流子一部分积聚于 p-n 结补偿势垒,而另一部分载流子则流经外电路。

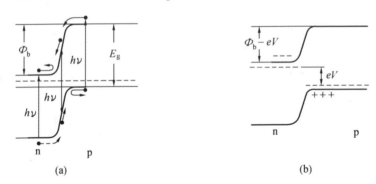

图5.12 p-n 结光电势的产生

无光照时,p-n 结的伏安特性可以用二极管方程表示为

$$I_d = I_s (\exp \frac{eV}{kT} - 1) \tag{5.22}$$

式中 I_d——在正向偏压 V 作用下流经 p-n 结的正向暗电流;

I_s——反向饱和电流。

I_s 与温度及禁带宽度的关系可表示为

$$I_s = A_0 \exp(-\frac{E_g}{kT}) \tag{5.23}$$

式中 A_0——在一定温度下对一定材料为常数。

设在光的作用下附加电子和空穴的平均产生率为 q_m。如果把 p-n 结外接短路,则回路中的电流实质上是在内建电场作用下流经结的电流。如上所述,不仅在结区范围内产生的电子-空穴对被内建电场分开,而且在离结不超过扩散长度处的大多数电子-空穴对向有场区扩散并且被场分开。在我们看来好像是结把光生少数载流子从厚度为扩散长度的层中拉出,使之参加到光生电流中去。在 p-n 结区很窄,即在载流子扩散长度 L_e 和 L_h 比耗尽层宽度大得多的情形下,短路光电流 I_{sci} 取决于在离结扩散长度范围内产生的所有少数载流子的总和。即

$$I_{sci} = eA(L_e + L_h)q_m \tag{5.24}$$

式中 A——p-n 结面积。

注意,这个短路光电流的方向与正向偏压时流经 p-n 结的电流方向相反,即从 n 区至 p 区。

一般情况下,当外接有限的负载时,结上的光电压可以达到某一 V 值,而流经负载的净电流将由于相反方向(p-n 结正向)注入电流形式的漏电而小于短路光电流。因此,在某个光电压 V 下的光电流为

$$I = I_{sci} - I_s(\exp\frac{eV}{kT} - 1) \tag{5.25}$$

或者光电压为

$$V = \frac{kT}{e}\ln(\frac{I_{sci} - I}{I_s} + 1) \tag{5.26}$$

上式中,令 $I = 0$,可以得出开路光电压 V_{oc} 为

$$V_{oc} = \frac{kT}{e}\ln(\frac{I_{sci}}{I_s} + 1) \tag{5.27}$$

(2) 异质结的光生伏特效应

同质结的光电变换器是以禁带宽度为 1~2 eV 的半导体材料为基础制造的,能够利用红外至紫外光谱区的光能。它们的缺点是,对于某一种具体材料的 p-n 结来说,由于 E_g 一定而只能利用一部分太阳能。为了扩展可利用的光谱范围并提高转换效率,采用异质结是一种很有希望的途径。

假设异质结太阳能电池是由一种禁带较宽(E_{g1})的材料和一种禁带较窄(E_{g2})的材料构成的。这里必须采用这样的结构,使得光通过宽带半导体射入,这时光的短波部分($h\nu > E_{g1}$)将全部在宽带半导体中被吸收,而长波部分($h\nu < E_{g1}$)将通过宽带半导体而进入窄带半导体中。能量范围在 E_{g1} 与 E_{g2} 之间的光子将被窄带材料吸收。在窄带材料部分的结区和离结区边缘距离小于扩散长度范围内,吸收了 $E_{g1} > h\nu > E_{g2}$ 的光子所产生的自由载流子,以及在宽带材料部分的结区和离结区边缘小于扩散长度范围内,吸收了 $h\nu > E_{g1}$ 的光子产生的载流子将被收

集。但是吸收 $h\nu > E_{g1}$ 的光子产生的载流子所占比例不大。这样,由于异质结中存在宽带材料的"窗口效应",其光谱灵敏区将是 $E_{g1} - E_{g2}$ 带。这种情况使得人们有可能制造出转换效率较高并且利用光谱范围较宽的太阳能电池。这是异质结电池的最大优点。

在同质 p-n 结太阳能电池中,为了避免结区外对光的吸收过多而降低转换效率,结区应离受照表面尽可能近些。然而在异质结情形由于宽带半导体的窗口效应,可以把结安排在离开表面比同质结远得多的地方。这样就可以使得由于表面复合和表面薄层电阻引起的损耗大大降低,从而提高转换效率。这是异质结电池比同质结电池性能好的根本原因。对于不能形成同质结的材料来说,可以利用异质结的方法来制造结型器件。

异质结可以由导电类型相同的两种半导体材料构成,这是同型异质结。由导电类型不同的两种材料构成的异质结称为异型或反型异质结。光生伏特效应的研究主要是在反型异质结即 p-n 异质结中进行,因此异质结电池也主要属于 p-n 异质结。

由于异质结由两种不同材料构成,它们的晶格常数和热胀系数的差异决定了结构上的失配,因此在异质结界面上可以存在大量的表面态。这对于异质结的性能有很大的影响。通常对于异质结的研究限于两种极限情形:第一种情形是没有表面态或表面态密度很小,基本可以不予考虑;第二种情形是表面态密度很大,由它们决定了异质结的接触性能。这样,对于异质结光生伏特效应的研究可分小表面态密度和大表面态密度两方面进行。

当表面态密度很大时,可以认为有表面态的区域具有大量的电荷,以致可以看做是连接两块半导体的极薄的类金属层。这样,可以认为整个异质结由三部分组成:第一部分是由第一种半导体与类金属层构成的肖特基势垒;第二部分是在两块半导体之间的类金属层;第三部分是由类金属层与第二种半导体构成的另一个肖特基势垒。因此异质结可以看成两个肖特基势垒的串联,而且可以应用金属半导体接触理论,这使得情况大为简化。

通过研究各种各样可能的异质结能带图以及表面态的影响,可以得到大量不同的伏安特性。只有对于具体的异质结,才可合理选择适当的模型来描述其光生伏特效应。

(3)肖特基势垒光生伏特效应

如果金属和半导体相接触,则通常发生电荷的重新分布,其结果是形成空间电荷区,使金属-半导体界面近半导体的能带发生弯曲。半导体能带弯曲的方向以及空间电荷区是阻挡层还是反阻挡层,取决于金属功函数和半导体功函数的相对大小以及半导体的导电类型。在出现阻挡层的情形下,能带弯曲并形成表面势垒,称为肖特基势垒。金属-半导体接触和 p-n 结有些相似,具有单向导电性,与 p-n 结势垒的内建电场相似的是,肖特基势垒的内建电场也可以使光生非平衡载流子分开,从而产生光生伏特效应。

在研究或利用肖特基势垒二极管的光电效应时,激发光可以入射到金属表面上,透过金属薄层射入势垒区。也可以让光从半导体表面射入。无论在哪一种情形下都可以发生两种光电激发过程,金属中受激电子越过势垒的光电子发射和半导体中离耗尽扩散长度内电子-空穴对的带间激发过程。

1) 内光电子发射

设向肖特基势垒二极管射入能量 $h\nu > \Phi_b$ 的光子,由于光激发使金属中的自由电子具有足够的能量以克服势垒。虽然热电子的运动杂乱无章,但总有一些向金属-半导体界面移动。如果未受到过多的碰撞,则它们可以进入半导体。这样,半导体将带负电,即在势垒上产生光电压。这种现象有些类似于外光电子发射,只不过光电子不是向真空而是向半导体发射。有时把这种现象称为内光电子发射。

2) 光生伏特效应

当 $h\nu > E_g$ 时,可以在半导体中激发带间跃迁。如果所产生的电子-空穴对被势垒内建电场分开,则可以在金属和半导体之间形成光电压(图 5.13),其过程与 p-n 结的光生伏特效应十分相似。

尽管肖特基势垒与 p-n 结暗电流的本质不同,但两者伏安特性曲线形状相似。同时,它们光生伏特效应的光电特征也很相似。肖特基势垒的光电压 V 与光电流 I 的关系可表示为

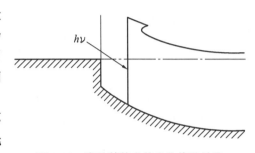

图 5.13 肖特基势垒的光生伏特效应

$$V = \frac{kT}{e}\ln\left(\frac{I_{sci} - I}{I_{ss}} + 1\right) \tag{5.28}$$

式中 I_{ss}——肖特基势垒的反向饱和电流。

式(5.28)在异质结光生伏特效应中已经用过。

光电流也近似地与光强度成直线关系,光电压在光强度低时上升较快,而在光强度高时趋于饱和。略去表面影响时的有关分析表明,在光强度很高时可以得到接近 Φ_b/q 的光电压。

(4) 体积光生伏特效应

1) 丹倍效应

设用 $h\nu$ 足够大的光照射一均匀半导体的表面,则此半导体对光吸收系数很大而吸收深度很浅。于是在半导体的近表面层中产生高浓度的光生非平衡电子-空穴对。这样就形成从半导体近表面至内部的载流子浓度梯度,因而发生两种载流子都流向半导体内部的扩散运动。这种由于光生载流子的扩散在光的传播方向产生电势差的现象称为光电扩散效应或丹倍效应。上述达到动态平衡时建立起的电场称为丹倍电场,所产生的光电压称为光电扩散电压或丹倍电压。

2) 光磁电效应

光磁电效应是均匀半导体的另一种体积光生伏特效应,与丹倍效应不同的是,在半导体外加一个与光线相垂直的磁场,甚至当电子和空穴的迁移率相等时仍可观察到这种光生伏特效应。

磁场使得光生电子和空穴分开。有磁场时,载流子做这种磁扩散运动形成的电流称为磁扩散电流。载流子的磁扩散运动使得样品在电流方向两个端面上发生电荷的积聚,并且在垂直于光传播和磁场的方向建立起电场,该电场可以引起载流子的漂移运动。漂移运动与磁扩散运动的方向相反。当载流子的磁扩散运动和漂移运动达到动态平衡时,磁扩散电流与漂移电流互相补偿,并且样品在电流方向两端面间的光电压达到稳定值。这种有磁场存在情况下均匀半导体的光生伏特效应称为光磁电效应。稳定时样品在电流方向两端面间的光生电压称为开路电压或光磁电压。光磁电效应可以用于测量半导体材料的参数。

3. 光电子发射

光电子发射(简称光电发射)是指固体在光的照射下向外发射电子的过程,属于外光电效应。这种光电效应不仅可用于光探测器和光电变换领域,而且还是研究固体材料能带结构的重要方法。

在相当一段时间内,人们对于光电发射现象的研究和应用集中在金属材料上,1940年以后才逐渐认识到半导体光电发射的优点。

(1) 体积光电效应

在光照射之下,从固体向真空发射的电子既可以来自距离固体-真空界面几个原子层的范围内,也可以来自比这大得多的范围,只要电子具有足以从固体逸出的能量,属于表面效应和体积效应的两种光电发射现象就可以同时存在。体积光电发射指的是作为材料体积特性的光吸收所引起的光电子发射,而表面光电发射则仅仅是由作为表面特性的光吸收所引起的。

因此,光电发射过程主要是一种体积效应,对半导体、绝缘体以及金属来说都是这样。表面态可以间接地通过能带弯曲来影响体积光电发射。然而,因为光吸收是体积材料特性,而受激电子必须通过体积材料移向表面,因此在能带弯曲影响下的光电发射仍应被认为是体积效应。

(2) 半导体的光电发射阈

先看能使电子离开半导体的最低光子能量,即光电发射阈 E_T 的大小。为了简单起见,暂时不考虑表面态的影响,假定能带示意图上半导体-真空界面处的导带和价带是平直的。

对于本征半导体或非简并半导体,当费密能级位于禁带中时,可以近似地认为电子所占的最高能级是价带顶。电子从价带顶跃迁到导带底所需的能量 E_g 以及进入真空所需克服的电子亲和势 χ 都是一定的。为了使光电发射所需光子能量低,受激电子在向表面移动时,必须不损失能量。因此光电发射阈为

$$E_T = E_g + \chi \tag{5.29}$$

对重掺杂的 p 型半导体来说,当费密能级位于比价带边缘低 ξ_p 时,最低光子能量为

$$E_T = E_g + \chi + \xi_p \tag{5.30}$$

另一方面,重掺杂的 n 型半导体中费密能级位置比导带边缘高 ξ_a(图3.36(b))时,最低光子能量为

$$E_T = \chi - \xi_a \tag{5.31}$$

由上式所决定的光电发射阈是 E_T 的最小可能值。实际上,即使假设受激电子在向表面移动的过程中没有损耗能量,为了确定 E_T 值,也应考虑在光激发时实际状态之间的吸收跃迁过程,并且需要同时满足能量守恒和动量守恒。于是,对直接跃迁过程,初态应位于比价带边缘低 ΔE 处,这时光电发射阈为

$$E_{Td} = E_g + \chi + \Delta E \tag{5.32}$$

对于间接跃迁,当动量守恒靠发射声子来保证时,发射阈应为

$$E_{Ti} = E_g + \chi + E_p \tag{5.33}$$

当通过吸收声子满足动量守恒时,发射阈为

$$E_{Ti} = E_g + \chi - E_p \tag{5.34}$$

由式(5.31)可见,重掺杂的 n 型半导体 $E_T < \chi < E_g + \chi$。此外,如果受激电子来自杂质即初态位于禁带中的杂质能级(掺杂较轻),则 $E_T = E_d + \chi < E_g + \chi$。因此小于 $E_g + \chi$ 或小于 χ 的发射阈是可能存在的。

但是必须注意到,即使是重掺杂半导体,杂质原子数目仍然比主晶格原子数目少得多。实际上,两种原子数目之比达到 10^{-4} 就已算很高了。这样,在光子能量较高又同时存在本征效应与杂质效应情形下,在逃逸深度范围内的杂质只吸收总吸收光能的 0.01%,并且在其它相同条件下它们对光发射的贡献仅占 0.01%,这与本征效应相比可以略去不计。

(3) 光电发射的物理过程

因为光电发射主要是一种体积过程,所以由它可以得到半导体体积光激发的详细数据。同时也正因为它是一种体积效应,它就必然会具有一些其它的特点。一方面,受激电子在其到达固体表面之前必须在体内运动一段距离。另一方面,电子在其能够作为外部光电子出现在真空中之前必须克服固体表面势垒。于是,可以把光电发射过程考虑为三个相对独立的过程。

体积光电发射的第一步是光激发,它与半导体的能带结构紧密相关。第二步是受激电子向固体表面扩散并最终到达表面,在这个过程中电子发生散射并失去部分能量。第三步是受激电子越过表面势垒(即克服电子亲和势)逃逸至真空中。

当入射光与半导体相作用时,半导体吸收光子而价带电子被激发到导带较高的能态。由图5.14可见,只有吸收的光子能量足够大,使得受激电子跃迁的终态高于真空能级,即高于表面势垒顶时受激电子才有可能逃逸至真空中。光激发过程发生在离半导体表面某一深度(约为 $1/a$)的范

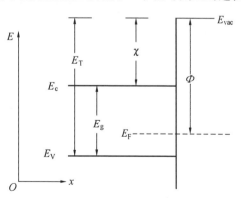

图 5.14 能带结构与光电发射阈

围之内,此深度一般是 6~30 nm。

第二个过程中存在的主要的散射是电子-声子散射。它与电子-电子散射最大的不同是能量损失很小,通常是百分之几电子伏。电子-声子散射几率与温度有关,而电子-电子散射几率与温度无关。除了发生能量损失外,在电子-声子散射后被散射的电子运动方向也要改变。这会影响光电子的逃逸几率和发射效率。电子-电子散射的平均自由程典型值在 3~30 nm 之间,因半导体不同而异。

(4) 量子效率

光电发射灵敏度通常有两种表示方法:一种是每单位入射光功率的光电流,即 $mA\cdot W^{-1}$;另一种是每一个光子的电子数,即电子数·光子数$^{-1}$,称为光电发射的量子效率。显然,每单位入射光功率的光电流是与量子效率成正比的。在第二种表示方法中,针对吸收或入射光子两种情况,量子效率可以定义为每一个吸收或入射光子所发射的电子数。

为了得到尽可能高的光电发射量子效率,对半导体材料的要求如下。

① 为了使入射光能得到高的量子效率,材料表面的反射系数要尽可能低。

② 量子效率与电子在表面上的逃逸几率成正比,而逃逸几率的大小取决于半导体电子亲和势与电子能量之比。因此为了得到较高的量子效率,半导体的电子亲和势应尽可能低,达到负值更好。

③ 半导体应该具有较高的光吸收系数。最好 $\alpha(h\nu) > \beta(h\nu)$,以使半导体的吸收深度小于逃逸深度。这样,半导体体内受激电子逃逸几率可有效提高。从半导体吸收光谱看,当 $h\nu \approx E_g$ 时,α 低,但当 $h\nu > E_g$ 时,α 随 $h\nu$ 增加而增高。

④ 逃逸深度应该尽可能地大,最好大于吸收深度。逃逸深度的大小首先与受激电子的能量以及光子能量有关。如果电子在向表面运动过程中发生的散射以电子-声子散射为主,则能量较高的电子因为可以损失的能量和经受散射的次数较多而逃逸深度较大。如果能量大到以电子-电子散射为主,则逃逸深度很小。在以电子-声子散射为主的情况下,逃逸深度的大小还与电子平均自由行程有关。电子平均自由行程较大的材料,逃逸深度较大。

⑤ 半导体的 E_g 要适中。从 E_T 角度来看,希望 E_g 尽可能小些。但是从光电子向表面运动时的散射考虑,最好是 $E_g/\chi > 1$。因为当 $E_g/\chi > 1$ 时,受激电子在向表面移动的过程中发生电子-电子散射的几率较小,逃逸几率较大。而如果 $E_g/\chi < 1$,则电子-电子散射往往比逸入真空的几率大。散射的结果常常是两个电子都不能逸出,量子效率大大降低。

(5) 表面条件的影响[2]

1) 能带弯曲

前面我们假设能带示意图上半导体的能带(包括表面处)是平直的,这是没有考虑表面态的情形。实际上表面态的存在对光电发射的影响必须予以考虑。因为表面态可以与半导体体积杂质能级进行电荷交换并建立空间电荷区,于是在半导体的表面附近形成内建电场并引起能带弯曲,这样的能带弯曲可以帮助或阻碍光电发射。

由于存在表面态而引起的表面能带弯曲的方向取决于材料导电类型的表面态类型。各种可能的表面态与材料的组合如图5.15所示。此处假定表面态位于靠近禁带中心,并认为n型材料的费密能级位于禁带上半部,而p型半导体的费密能级位于禁带的下半部。由图可见,n型材料可能发生能带向上弯曲,而p型半导体可能发生能带向下弯曲。

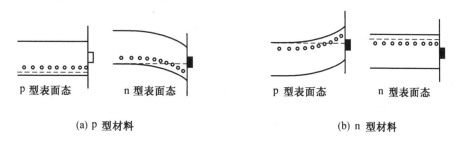

图5.15 能带弯曲的类型

(虚线表示费密能级)

2) 发射阈和有效电子亲和势的进一步降低

如果向半导体表面淀积一薄层功函数低的材料(厚度比电子平均自由行程小得多),则受激电子可以不受大的能量损失而达到该层。结果光电发射阈由于新表面功函数较低而降低。例如,将低功函数的铯以单原子层形式淀积于半导体表面,可以使光电发射体的功函数、有效电子亲和势以及发射阈降低很多。

关于低功函数涂层作用的简单解释是,低功函数材料原子的价电子转移到半导体表面态上。电离的低功函数材料原子与表面能级中的补偿电荷形成一偶极层,它引起电势阶跃 $\Delta\Phi$ (图5.16)。这就等于整个半导体的能级相对于表面升高了 $\Delta\Phi$ 或将功函数降低了 $\Delta\Phi$。

(6) 半导体的光电发射与能带结构

作为一种重要的光电效应,光电发射除了光电变换方面的实际应用外,还可以用于研究和确定固体的能带结构。这是由其两个重要特点决定的。

① 只有被激发到的终态高于真空能级的那些受激电子才可能从半导体逸入真空中。因此在光谱曲线只有这样的吸收峰才能产生相应的光电发射量子效率峰,这种吸收峰是由向高于真空能级的导带能态的跃迁引起的,终态低于真空能级的跃迁则在量子效率曲线上产生与吸收峰相应的谷。由此可见,发射效率光谱曲线的形状与半导体的能带结构密切相关。

② 可以测量发射电子的能量分布曲线。在光子能量比吸收限高而吸收系数很大时,吸收深度较浅,甚至可以小于逃逸深度。如果所发射的电子有明显的能量损失,则发射电子的能量分布曲线能较正确地再现半导体的能带结构。从能量分布曲线要比从量子效率曲线中更能有效地得到关于能带结构的数据。

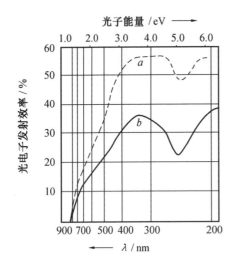 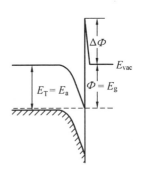

图 5.16　GaAs + Cs 光电发射量子效率的光谱分布和能带图
a—根据吸收光子计算的量子效率；b—根据入射光子计算的量子效率

5.3　光电探测器材料的基本特性

　　1800 年,赫胥尔(Herschel)发现红外线之前人们已经知道温度的变化可以改变某些材料的物理性质,早期利用了这些性质制成的热探测器探测到了红外线。红外技术的核心部件是红外探测器,而红外探测器的基础是研制红外探测器的材料。随着固态技术的发展以及半导体材料提纯和生长工艺的改进,人们在红外探测器材料领域取得了巨大的进展,出现了各种新型的红外探测器材料,使得目前在很宽的红外光谱范围内都有可供选用的优质红外探测器材料。目前,在 $0\sim25\ \mu m$ 红外波段的三个主要大气窗口(即 $0\sim3\ \mu m$、$3\sim5\ \mu m$ 和 $8\sim14\ \mu m$),各种类型的可靠性高、寿命长、能适应空间特殊环境的红外探测器在航空航天领域中已被广泛使用,它们在导弹精确制导、飞机夜航、夜视、目标识别、跟踪、瞄准、应用卫星、航空航天遥感、遥测、光电通讯及光电对抗等系统中起着十分重要的作用。红外探测器材料作为探测器制备的基础和保证是人们长期研究的重点,从 20 世纪 40 年代末期至今长盛不衰。红外探测器材料种类繁多,生产工艺五花八门,特别是 20 世纪 80 年代以后,超晶格、应变超晶格、量子阱等新物理概念的提出,以及分子束外延、金属有机化合物化学气相淀积和液相外延(LPE)等新技术的出现,都极大地推动了人工改性红外探测器材料的研究和发展。CCD 技术、VLSI 工艺使红外探测器研制进入了红外焦平面时代(IRFPA)。红外探测器材料和器件的发展史见表 5.1。

第五章 信息获取材料

表 5.1 红外探测器材料和器件的发展史

时间	微电子	红外光电材料	红外探测器材料	红外焦平面(IRFPA)
20 世纪 40 年代末	晶体管	铅盐族化合物	PbS,PbSe,PbTe	
20 世纪 50 年代末	集成电路 MIS 电路	InSb,Ge:Hg,LPE Ⅲ-Ⅴ 化合物,HgCdTe	Ge:Hg,InSb,HgCdTe	
20 世纪 60 年代中	CMOS	PbSnTe,Si:X（掺杂）, MBE,超晶格	PbSnTe	可见光 CCD PtSi CCD InSb CCD Si:X CCD 热电 CCD HgCdTe CCD HgCdTe CIM 异质外延 HgCdTe/Si 中、短红外工程化 长波 IRFPA 过渡
20 世纪 70 年代初	CCD		Si:X	
20 世纪 70 年代中	VLSI	PtSi/Si,LPE HgCdTe MOCVD HgCdTe MBE HgCdTe HgTe-CdTe 超晶格	线列 HgCdTe 工程化 Sprite 器件 InSb/InAsSb SL GaAlAs/GaAs QW	
20 世纪 80 年代初	GaAs IC			
20 世纪 80 年代末	神经网络 IC			
20 世纪 90 年代初	整晶片级 IC	高温超导	高温超导测温计	
20 世纪 90 年代中	光电集成	GaAlAs/GaAs GaAs/InP 等	光电子集成器件	

光电探测器是将光信号转换成电信号的一族器件。在光电探测器这一家族中,有利用光电子发射效应的光电子发射型光电探测器(如光电倍增管),也有利用热释电效应的热释电型光电探测器,还有利用温差电效应的热偶型光电探测器(如热电堆)等。这些器件使用了各种材料,而采用半导体材料制作的光电探测器无疑是最具活力的器件。与其它材料制作的光电探测器相比,采用半导体材料制作的光电探测器一般具有响应速度快、量子效率高、体积小、质量轻、耗电少等优点,适合大批量生产。目前利用各种不同的半导体材料已制成从紫外、可见光到近、中、远红外各波段的光电探测器。

近年来,红外成像已由光机扫描加多元线列探测器的第一代发展到扫描加工 IRFPA 和复杂背景目标识别技术的第二代成像系统,图像处理速度达 5×10^8 次·s^{-1},信号处理的运算速度达 5×10^7 次·s^{-1},极大地提高了武器系统的做战精度、距离和可靠性。

一、红外探测器材料分类

红外探测器材料可分为光子探测器材料和热探测器材料两大类。

1. 光子探测器材料

光子探测器是利用光子直接与材料中的电子相互作用产生光电效应的原理制成的。因为电子可以被束缚在晶格原子或杂质原子周围,也可以是自由电子,因而光子与物质的作用可能有多种形式。红外探测器主要利用了材料的外光电效应与内光电效应。

（1）外光电效应(光电发射效应)

入射光子引起吸收光的物质表面(称为光电阴极)所发生的电子效应称为外光电效应,亦称为光电发射效应。光电管与光电倍增管是最常用的外光电探测器,它们一般在光电阴极上镀有一层光电发射材料,这层材料决定了光谱响应和器件的量子效率,大多数阴极材料只在可见光区有良好的灵敏度,光谱响应范围一般小于 1.5 μm。

(2) 内光电效应

按工作原理,半导体内光电效应光电探测器可分为光电导型和光伏型。探测机理主要有本征与非本征光电效应和内光电发射效应等,因而相应的光电导型又有本征、非本征型之分,而光伏型探测器材料对应内光电发射效应。

半导体材料在光的作用下产生光生载流子,从而使材料的电导率发生变化并形成光电导。利用光电导即可构成光电导型光电探测器。光电导型光电探测器要求半导体材料具有较高的纯度,但无需构成 p-n 结或肖特基结,器件制作工艺也相对简单。因此,在各类半导体材料研究的初级阶段,人们往往利用它们来研究材料和器件的各种光电特性,进而探索器件的应用前景。对一些掺杂及制作 p-n 结很困难的半导体材料,光电导型探测器也自然成为人们优先考虑的器件类型。

1) 本征型光电导探测器材料

如光子能量大于材料的禁带宽度,能将价带中的电子激发到导带上以产生电子-空穴对,即产生带间吸收并形成光电导,此种光电导称为本征光电导。本征探测器的工作原理是基于图 5.17 所示的材料的本征光吸收过程。入射光子与晶格中的原子相互作用,使半导体中的价带电子激发至导带,形成自由电子-空穴对,引起材料的电导率变化。因此,只有当入射光子的能量 $h\nu$ 大于或等于半导体材料的禁带宽度 E_g 时才会产生这一过程。探测器的响应截止波长 λ_c 由材料的 E_g 决定,InSb、HgCdTe 属于这一类本征探测器材料。本征型光电导探测器可以利用具有不同禁带宽度和光电特性的半导体材料制作,以适应不同的工作波段及性能的需要,是常规光电导型探测器优先采用的方式。

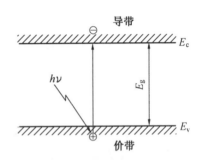

图 5.17 本征光吸收过程

2) 非本征型光电导探测器材料

如光子能量小于材料的禁带宽度,也可能将束缚在杂质能级上的载流子激发到导带或价带中并产生光电导,此种光电导称为非本征型光电导。自由载流子吸收及量子阱中子能级或子能带吸收所对应的带内吸收产生的光电导也属非本征型光电导。非本征探测器的工作原理基于图 5.18 所示的材料非本征光吸收过程。入射光子与杂质原子上束缚的电子相互作用,使半导体中杂质能级上的电子或空穴激发至导带或价带,形成自由电

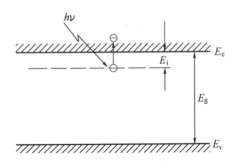

图 5.18 非本征光吸收过程

子-空穴对,从而引起材料电导率的变化。因此,只有当入射光子的能量 $h\nu$ 大于半导体材料中的杂质激活能 E_i 时,才能产生光电效应。探测器的截止波长 λ_c 由杂质的激活能 E_i 决定。锗掺杂与硅掺杂材料属于这一类非本征红外探测器材料,探测器以非本征激发为基础,因此必须在低温下才能避免杂质的热电离,它通常需要比本征材料更低的工作温度。另外,由于杂质原子数相对基质晶格原子数少得多(小几个数量级),所以非本征吸收比本征吸收弱得多,因此在尺寸上非本征探测器必须比本征探测器大得多,这样才能有效地吸收红外辐射。对于非本征型光电导,由于杂质能级一般较浅,因此往往用它制作工作在中、远红外波段的探测器。这种探测器用于一些特殊场合,器件一般需在很低的温度下工作,以避免非本征光电导淹没在热激发产生的电导之中。利用量子阱子能级间吸收的非本征型光电导探测器可以在较高的温度下工作且性能较好,是新一代的光电导探测器。

3) 内光电发射材料(光伏型光电探测器材料)

光伏型光电探测器是利用半导体 p-n 结或肖特基结在光的作用下产生光电压(或光电流)进行光探测的器件。例如,当金属与半导体接触时,半导体的能带在界面附近发生弯曲而形成势垒,称为肖特基势垒。探测器是利用肖特基势垒的内光电发射效应工作的。如图 5.19 所示,光子能量 $h\nu$ 小于禁带宽度 E_g 的入射光子通过硅衬底被金属吸收后激发出载流子,其中大于接触势垒 Φ_B 并且具有足够动量的载流子发射并进入半导体。

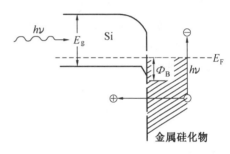

图 5.19 肖特基势垒内光电发射效应

器件的特性取决于材料界面的势垒高度 Φ_B,它与金属材料和半导体衬底的导电类型有关,而与衬底的掺杂无关。探测器的响应截止波长 λ_c 由 Φ_B 决定。铂硅(PtSi)肖特基势垒材料与器件是应用最广泛的一种。

最典型的光伏型光电探测器是太阳能电池。光伏型光电探测器的性能一般要明显优于光电导型器件,其主要优点表现在无需偏置电压即可工作(即工作于光伏模式),直接进行光电能量转换。当光伏型光电探测器工作于反向偏置电压下,即工作于所谓光电导模式时,探测器的响应速度和灵敏度会有明显改善,是要求较高的信号探测场合中优先选择的工作模式。雪崩型的光电探测器也是光伏型探测器。它具有与光电倍增管类似的内部增益,具有更高的探测灵敏度,但只能工作于光电导模式。

2. 热探测器材料

热探测器是利用热效应制作的一种探测器。热探测器材料吸收红外辐射后产生温度变化,同时材料的物理性质发生改变,包括固体或液体的体积膨胀(高莱探测器)、电阻的变化(测辐射热计)、在两种不同温差电动势材料结点上的电压变化(热电偶与热电堆)或产生热释电效应,可以利用这些与温度有关材料特性的变化来测定红外辐射。热探测器及其材料有以下几种。

(1) 辐射温差电偶与温差电堆材料

辐射温差电偶与温差电堆材料是利用两种温差电动势不同的金属或半导体材料形成两个热容量很小的结,其中一个结(工作结)接收入射辐射而温度升高;另一个结(参考结)置于室温下,它们之间的温差产生温差电动势。由于温差电偶结点温度上升与温差电动势成正比,因此对温差电动势的测量就相当于对入射辐射强度的测量。通常丝状的温差电偶材料有银和铋、锰和铜镍合金、铜和铜镍合金等。

温差电堆是温差电偶的另一种形式,它将很多结点串接起来,其响应率比温差电偶高,但响应时间长。

(2) 测辐射热计用材料

材料吸收入射辐射后温度升高,材料的电阻变化会引起负载电阻两端的电压变化,在一固定的偏置下工作时发出电信号,可利用材料的这种特性来制作测辐射热计。测辐射热计主要包括金属薄膜测辐射热计、半导体测辐射热计和超导薄膜测辐射热计等。金属丝或铂丝等金属材料具有正的温度系数(即材料电阻随温度升高而上升),而半导体材料一般具有负的温度系数(即材料电阻随温度升高而下降)。半导体材料可采用锗和电阻温度系数更大的金属氧化物半导体热敏材料。超导薄膜测辐射热计利用了转变点的电阻率发生变化的原理。

(3) 热释电红外探测器用材料

热释电效应是晶体中的电极化随温度变化产生的。由离子或分子组成的晶体中可以形成许多偶极子群,按这样的方式排列使沿极化轴出现不等于零的合成电矩。在一般情况下,这种电学的非对称状态是观察不到的,这是在平衡条件下被通过晶体和来自晶体表面的自由电荷所补偿的结果,补偿电荷的大小与温度有关。如果晶体温度的变化导致补偿电荷的供应跟不上极化电荷的变化,那么晶体表面就出现一个可测的电荷。若把晶体做成一个电容器,其电极做在垂直于极化轴的表面上,则补偿电荷的重新分布能产生电流并流过连接电极的外电路。

在性能上热释电探测器较通常的热探测器有很大的改进,这种探测器与温度的变化率成正比,而与绝对温升无关,无需自身达到热平衡,因而有较快的响应速度和较大的工作频率,其性能取决于材料的性能。通常应该选择热释电系数大、介电损耗小和热导率小的材料。目前主要有水溶液晶体硫酸三甘钛(TGS)及其改进型 TGS、氧化物晶体钽酸锂($LiTaO_3$)、铌酸锶钡(SBN)、陶瓷材料、钛酸铅($PbTiO_3$)、锆钛酸铅(PLZT)和聚合物材料(PVF)等。

二、光电探测器的性能参数

用于描述光电探测器工作表现的性能参数主要有响应度、相对光谱响应、暗电流、噪声等效功率、探测率以及响应带宽和瞬时响应时间等,以下分别介绍。

① 光电探测器的输出光电流 I_p 或光电压 V_p 与输入光功率 P_i 之比定义为光电探测器的电流响应度 R_I 或电压响应度 R_V,即

$$R_I = \frac{I_p}{P_i} \qquad R_V = \frac{V_p}{P_i} \tag{5.35}$$

R_I、R_V 的单位分别为 $A \cdot W^{-1}$ 或 $V \cdot W^{-1}$，如光电探测器在工作点附近的微分电阻为 R_d，则电流响应度和电压响应度之间满足 $R_V = R_I R_d$。

② 光电探测器的外量子效率 η_E 与电流响应度之间的关系为

$$\eta_E = \frac{h\nu}{e} R_I \tag{5.36}$$

当光波长 λ 以微米计时，光电探测器的外量子效率与其电流响应度间有简单关系，即

$$\eta_E = \frac{1.24 R_I}{\lambda} \tag{5.37}$$

显然，响应度是一个与输入光的波长有关的参数。波长不同的光电探测器具有不同的响应度。为反映光电探测器对不同波长的光的响应，还常引入归一化的相对光谱响应度 R_r，即以光电探测器在峰值响应波长下的响应区为 1，其它波长下的响应度按此进行归一化。由相对光谱响应度即可描述光电探测器的响应波长范围。一般定义光电探测器的相对光谱响应度达到峰值的 10%（有时也定义为 50%）时，在短波长侧和长波长侧的光波长分别为光电探测器的起峰(Cut On)波长和截止(Cut Off)波长。在此波长范围之外，光电探测器的响应度太低，以至无法应用。

③ 光电探测器的暗电流 I_d 是决定其噪声特性的主要参数。器件的暗电流越大，产生的噪声也越大。但不同类型及不同规格的光电探测器之间的暗电流很难比较，为此引入噪声等效功率 NEP。NEP 是光电探测器在 1 Hz 的信号带宽上当信号噪声比 SNR 为 1，即信号与噪声相等时对应的输入光功率。NEP 也可表示成信噪比为 1 时的噪声电流（或电压）与电流响应度（或电压响应度）之比。它是光电探测器所能探测的光功率的下限。在信号带宽或测量带宽为 B 时，如 SNR 仍为 1，则此光功率 $P(W)$ 下限为

$$P = NEP \cdot \sqrt{B} \tag{5.38}$$

④ 根据光电探测器的 NEP 可以确定反映其综合探测能力的另一参数，即探测率 $D^*(cm \cdot Hz^{1/2} \cdot W^{-1})$。探测率定义为

$$D^* = \frac{\sqrt{AB}}{NEP} \tag{5.39}$$

式中　A——光电探测器的等效探测面积，测得光电探测器的响应度和噪声信号强度即可计算出探测率。

显然，探测率也是一个与探测波长有关的参数。

⑤ 光电探测器对快速变化的高频光信号的响应能力与在低频下相比有所下降，在足够高的频率下将无法探测。因此，常用响应信号功率下降到低频(-3 dB)1/2 对应的信号频率定义光电探测器的响应频率 f_{-3dB}，也可用光电探测器探测方波光信号时的上升时间 t_r 及下降

时间 t_f，或探测窄脉冲光信号时输出电信号的半高全宽 *FWHM* 来反映光电探测器对光信号的瞬态响应能力。

三、半导体探测器对材料的要求[3]

1. 对材料的一般要求

为什么用金属和绝缘体就不能制备出具有一定特性并可应用的固体探测器呢？这个问题我们用粒子在材料中离子化产生自由载流子的例子来说明。在金属里有许多热平衡自由载流子，热致电离辐射产生的自由载流子(电子－空穴对)就总数来说，引起的相对变化是很小的，所以我们不用它来制备探测器。

在绝缘体里，虽然只有极少量热平衡自由载流子，但存在着大量的俘获中心，在绝缘体材料中由热致电离辐射产生的电子－空穴对在被电极收集之前就被复合了，所以也不能用来制备探测器。因此作为固体探测器的材料应具有下列 2 个性质：

① 热平衡自由载流子要少；
② 陷阱复合中心要少。

惟一具有这两个性能的固体材料是半导体，但真正有实用价值的半导体材料又必须满足 5 点要求，见表 5.2。

表 5.2　半导体探测器对材料的要求

要　　求	目　　的
对电子和空穴有长的漂移长度	达到有效的载流子收集和好的能量分辨率
禁带宽度大	可工作的温度高，使用范围宽
低的净杂质浓度	获得较大的耗尽区
高的原子序数	对 γ 射线有高的探测效率
理想的晶体生长技术和电接触技术	便于制备探测器

以上简要地介绍了探测器对材料的一般要求，但由于用于制备探测器的材料不同，还要具体问题具体分析。

对大多数半导体探测器来说，选择原始材料是关键，探测器对材料质量(如晶体的完整性、纯度、均匀性)的要求是非常严格的，下面分别对硅单晶、化合物半导体材料的选择和目前的发展情况做简单的介绍。

2. 硅单晶

(1) 用于制备硅面垒探测器的 n 型和 p 型硅单晶

用区熔法制取高纯硅单晶。单晶锭要经过仔细的选择(无陷获效应和缺陷)，面积根据设计要求来确定，材料的电阻率由对耗尽层厚度的要求来确定。例如，要制备耗尽层厚度为 0.5 mm 的金硅面垒探测器，反向偏压为 600 V 时，要求硅单晶的电阻率为 4 000 $\Omega \cdot cm$。当要求有较大的面积和较厚的耗尽层时,对材料特性的要求就更严格。

一般来说,制备金硅面垒探测器时,对硅单晶的要求是:

① 电阻率要高,但补偿度要低;

② $\mu\tau$ 积要大,对硅来说,在室温条件和一般应用的工作电场下,载流子迁移率 μ 可以认为是常数,所以只要求少数载流子寿命 τ 要大,一般选取的 τ 值应大于 1 000 μs,最低不能小于 50 μs;

③ 位错密度要小且均匀,不能存在堆垛层错和位错排;

④ 径向和轴间电阻率的不均匀性应小于 15%。

(2) 用于制备硅锂漂移探测器的 p 型硅单晶

对晶格完整性的要求更高,因为用 p 型硅制备漂移型探测器时有一个锂漂移过程,而在锂漂移过程中锂离子易与氧及空位等结合而构成不同的复合体,阻挠锂离子移动,导致补偿区达不到足够的宽度,所以要求:

① 基硼电阻率高,不掺杂,一般采用相应基硼电阻率在 1～5 $k\Omega \cdot cm$ 的材料;

② 径向均匀性好(不均匀性小于 15%);

③ 寿命大于 500 μs,补偿度尽可能的低,空位等微缺陷少,位错密度小于 2×10^4 cm^{-2},分布均匀;

④ 氧含量小于 2×10^{15} cm^{-2},对 p 型硅单晶的成晶条件有一定要求,氢气气氛下的成晶材料不能用。

(3) 用于制备薄的 dE/dx 外延硅探测器的材料

在制备工艺中,电解化学腐蚀或择优化学腐蚀都是根据外延硅层和衬底材料的杂质浓度的差异产生不同的腐蚀速率来制备极薄的 dE/dx 外延硅探测器的。

1) 对外延层硅材料的要求

① 外延层电阻率与衬底电阻率之比要大于 10^4;

② 外延层电阻率均匀;

③ 外延层和衬底层之间有一明显的突变交界面;

④ 衬底材料的电阻率,对砷掺杂衬底,电阻率应小于 0.005 $\Omega \cdot cm$,对锑掺杂衬底,电阻率应小于 0.015 $\Omega \cdot cm$。

2) 对化合物半导体材料的要求

用于制备在常温下工作、分辨率高的 γ 射线探测器的化合物半导体材料应满足如下条件:

① 较高的平均原子序数,对 γ 射线有高的吸收效率;

② 较宽的禁带宽度,可在室温下应用;

③ 较高的纯度和高的完整性;

④ 较大的 $\mu\tau$ 积,这样可除去陷获效应,使探测器有好的能量分辨。

到目前为止,除了 HgI_2 探测器对 ^{56}Fe 5.9 keV 的 X 射线用漏反馈前置放大器在室温条件下得到了 310 eV 的能量分辨外,人们对 CdTe 材料的研究也取得了重大的进展,即通过适当选择 THM 生长条件和氯离子的补偿得到了无极化效应的高阻(半绝缘)CdTe 材料。这种材料在 500 V 反向偏压下耗尽层厚度可超过 2 mm,其对光子的吸收等效于耗尽层厚为 1 cm 的锗,所以这是 CdTe 器件研究中的一个重大突破。作为谱仪,在大多数情况下,2 mm 的耗尽层已足够了,目前亟待解决的问题是如何通过增加单晶的截面来扩大探测器的有效灵敏面积。

5.4 元素半导体光电材料

在对半导体辐射探测器的理论研究中,了解半导体的基本性质是很必要的。在这里我们首先简要地回顾硅和锗的基本性质,然后详细论述锂在硅和锗中起到的作用,最后讨论电荷的传输现象。

一、硅和锗的结构特征和电学性质

在固体中的电子能量可以用允许的电子能级来描述。这些能级又可分为一些被禁带分开的能带。禁带的宽度与固体化学键的性质有关。表 5.3 列出了硅(Si)、锗(Ge)以及其它普通半导体材料在室温下禁带宽度的数值。

表 5.3　硅、锗等普通半导体在室温下的禁带宽度[4]

半导体	禁带宽度/eV	半导体	禁带宽度/eV
碳(金刚石)	5.2	硅	1.12
碳化硅	2.8	锑化镓	0.70
硫化镉	2.42	锗	0.665
磷化镓	2.24	硫化铅	0.34
锑化铝	1.60	锑化铅	0.30
锑化镉	1.45	锑化铟	0.175
砷化镓	1.45	α-锡	0.08
磷化铟	1.25		

因为电子能级取决于原子的间距,所以可以预料到的是 E_g 与温度和压力有关。Ge 和 Si 的 E_g 与绝对温度的函数关系前面已有论述。对这两种半导体来说,当温度从 300 K 下降时,E_g 最初做线性变化,随后二次方增加,最后在低温下趋向一个恒定位。在线性区,对 Ge,斜率是 $3.9\times10^{-4}\,\mathrm{eV\cdot K^{-1}}$,对 Si,斜率是 $2.4\times10^{-4}\,\mathrm{eV\cdot K^{-1}}$。

1. 本征性质[4]

理想的晶体在绝对零度时存在一个空的导带,由一个禁带把它与填满的价带隔开。随着温度的上升,电子由于热激发从价带顶移到导带底而形成空穴-电子对。当符号相反的载流子相互碰撞而消失时,就产生逆过程。热激发产生的电子和空穴引起导电势,这种性质叫做本征半导电性,其特征是在晶体中的自由电子和空穴具有相等的平衡浓度。在导带中的电子数n_i(等于在价带中的空穴数)由下式给出,即

$$n_i = UT^{3/2}\exp(-\frac{E_g}{2kT}) \tag{5.40}$$

式中　U——与温度无关的部分;
　　　k——玻耳兹曼常数;
　　　T——绝对温度。

我们已经通过测量电导率得到了 Ge 和 Si 的 n_i 值。如果 σ_i 是本征电导率,可表示为

$$\sigma_i = en_i(\mu_p + \mu_n) \tag{5.41}$$

式中　e——电子电荷;
　　　μ_p 和 μ_n——空穴和电子的迁移率。

那么就可以通过经测量得到的电导率和外推的迁移率数据得出 n_i 值。n_i 的表达式如下:

对 Ge 为

$$n_i^2 = 3.1 \times 10^{32} T^3 \exp(-\frac{0.785}{kT}) \tag{5.42}$$

对 Si 为

$$n_i^2 = 1.5 \times 10^{33} T^3 \exp(-\frac{1.21}{kT}) \tag{5.43}$$

这些公式在室温或高于室温时是适用的。

外推法在温度较低时是不适用的。在室温下与本征电导率对应的电阻率 $\rho_i(\Omega\cdot m)$ 的数值如下:

对 Ge 为　　　　　　　　　$\rho_i = 47\ \Omega\cdot m$
对 Si 为　　　　　　　　　$\rho_i = 2.3 \times 10^5\ \Omega\cdot m$

它们对应 $n_i^2 = 2.4 \times 10^{13} cm^{-3}$(Ge)和 $n_i^2 = 1.5 \times 10^{10} cm^{-3}$(Si)。

2. 非本征性质

实际上,理想的晶体是不可能得到的,实际的晶体具有不完整性,从而对半导体的电性质或多或少地产生影响。这些不完整性是化学杂质和结构缺陷。处在替代位置或填隙位置上的化学杂质会在禁带中引进一些局部能级。依照在晶格中引入原子的电子组态,这些能级也能通过下述过程变成电离状态:或者给出一个电子到导带(施主);或者在价带上产生一个空穴(受主)。这些过程的激发能相对禁带宽度而言是很低的。

如果我们考虑在导带或价带中热激发产生载流子的几率,那么很显然,载流子将优先在受主或施主能级中产生。这种情况下的半导体叫做非本征半导体。这时,电子和空穴不再像本征材料那样在相等的浓度下平衡。当施主存在时电子过剩(n 型材料),或者当受主存在时空穴过剩(p 型材料),两种情况都遵循关系式 $np = n_i^2$(n 和 p 分别为电子浓度和空穴浓度)。

当施主和受主都被引入晶格中时,情况就会发生变化。施主原子的过剩电子不再缺少空

位,因为在受主能级上存在着可以利用的空位。于是施主能级上的电子将优先地填充这些空位,即发生电中和现象(也就是发生补偿)。

施主和受主的相等浓度导致类似本征材料的状况。实际上这是达到类似本征材料的惟一方式。因为,特别是在宽禁带(如 Si)或在低温下,具有本征电性质的半导体必须要达到很高的纯度才行。

许多元素的杂质能级被引入到 Ge 和 Si 的禁带中,如果能级的位置靠近能带边缘,我们称之为浅位杂质,反之则称为深位杂质。属于前者的是Ⅲ族和Ⅴ族的全部元素以及作为填隙施主的锂。由属于过渡金属的杂质引入深位能级,这些金属中的大部分占据替代晶格位置并且能够达到三重电荷(锌、镉、锰、镍、钴、铁、铜、银)。金在 Ge 中表现出同时产生受主和施主能级的二重性质。除锂之外,氢和氧也能作为填隙杂质在 Ge 和 Si 中存在,其浓度可高达 10^{18} 原子·cm^{-3}。与锂相反,它们的电特性是不活泼的,但在氧作为杂质的情况下,氧和其它杂质的相互作用能够在很大程度上影响半导体的电性能。

铜和镍的特殊性质已经被填隙替代平衡的假设所阐明。这两个元素是大扩散常数填隙杂质的典型(但能级与替代位置一样)。这些杂质特别是铜的存在是很重要的,因为它们直接影响电阻率和寿命,并且和晶格中的位错有相互作用。

3. 晶格的结构缺陷

人们通常假设半导体晶体为静止原子的完美周期性结构。实际的半导体晶体结构与这种情况还是有很大差别的,主要体现在热振动、杂质和结构缺陷上。对半导体辐射探测器来说,在制造过程中很容易产生结构缺陷(在 375℃ 时锗就发生塑性变形)。结构缺陷也可以由辐射引起。

缺陷的重要性主要在于它们对迁移率、复合和俘获现象的影响,这些性质已经在第一章中阐述过。在半导体中存在的结构缺陷大致可分为点缺陷、线缺陷和面缺陷。因为关于面缺陷(即沿内平面或表面的不完整性),目前人们所知甚少,而且相比较而言也并不是非常重要,所以我们着重讨论前两类缺陷。

点缺陷是最简单的一种不完整性。它是集中在晶体中单点的结构缺陷。空位(空着的原子位置)和填隙(通常是空着的位置上出现了原子)就属于这一类缺陷。这些空位既可由已有的空位从晶体的表面或位错处迁移到晶体内部产生,也可由形成填隙(弗兰克紊乱)或者在别的子晶格中形成配偶空位(肖特基紊乱)产生。在晶体中出现的各种类型的紊乱可以由热能、塑性形变和核粒子轰击引起。

在共价半导体(如 Ge 和 Si)中,空位在相邻原子上留下不饱和的键,可以预见的是该键充当受主的角色。不饱和键趋向于从价带或者从别的被占据的电子状态(施主)俘获电子而在禁带中形成能级。类似地,填隙原子将起施主作用,因为属于该原子的四个电子中的任何一个都可能被激发到导带中去。

所谓线缺陷就是沿着一条线集中的不完整性,通常叫做位错。一个理想的晶体受到适当的应力时会沿着某些平面产生滑移,把晶体已滑移部分与未滑移部分分开的界线就是位错线。位错与表面相交处是一个紊乱点。在这里,化学腐蚀将引起一种特殊行为,这一点已由腐蚀坑的存在证明,而且人们可以通过腐蚀坑数目来可靠地估计结晶的完善程度。特别重要的是在晶体中会出现系属边界。如果一个单一的位错表示存在一排自由的价键,那么一个系属结构就表示一组均匀隔开的位错。可以把该缺陷看做是材料的这样一个表面,它相对于晶体的其它部分是不均匀的。这种缺陷会使邻近的材料产生严重的变形,所以在用来做半导体器件的晶体中要尽力防止这种缺陷产生。

在室温下位错对电导率的影响可以忽略,但是它与其它缺陷(杂质)的相互作用以及在低温下对电导率的影响还是很重要的。人们观察到位错在锗中就像一个受主中心(在导带下面大约 0.2 eV 能级处)。在室温下,这些能级很明显是空着的(n 型材料);但是当温度降低时,它们的作用对传导电子来说就像是俘获中心。位错与点缺陷的相互作用主要是由溶质原子浓集在位错附近的趋向造成的。实际上在适当的晶格扩散条件下,晶体中的杂质原子就在各自的应变场的吸引下移到位错处。这种现象能够增加溶质原子的浓度,直到出现溶质的核化和沉积。

4. 载流子浓度

在大多数半导体的实际应用中,电子和空穴的浓度往往偏离平衡浓度,所以非平衡现象是一个很重要的现象。例如,电子从价带激发到导带时,就产生了过剩的电子和空穴。这个过程是通过吸收光子(能量等于或者大于禁带宽度)以及电离核辐射与晶格的相互作用而产生的。

当利用上面提到的机理把载流子的非平衡浓度引进半导体中时,系统有重新回到热平衡状态的趋向,于是载流子浓度向平衡值衰减。

如果 n_0 是过剩的少数载流子在 $t=0$ 时刻的浓度值(比热容平衡浓度小),那么在 t 时刻的浓度值 n 由 $n = n_0 e^{-t/\tau}$ 给出,常数 τ 具有时间的量纲,将其定义为少数载流子寿命。由于在电子和空穴之间所观察到的差别,通常在 p 型材料中定义的少数载流子寿命是针对电子说的,在 n 型材料中则是对空穴而言。至于是体寿命还是面寿命,则要根据载流子的湮没是由体复合还是面复合造成的来考虑。在高纯度 Si 和 Ge 中,载流子寿命的实际值在 10^{-5} s 到几毫秒范围内。其它的半导体中,只有硫化铅中的载流子有大于 1 μs 的寿命,这主要是由于目前在单晶生长中只能获得有限的完善性。

和载流子寿命有关的两个重要参数是扩散长度和漂移长度。如果 D 是从爱因斯坦关系式

$$D = \mu k t / e \tag{5.44}$$

得到的扩散率,那么扩散长度由

$$L = (D\tau)^{1/2} \tag{5.45}$$

给出,它表示一个载流子在其寿命内由于扩散所能移动的距离。

由乘积 $\mu \xi \tau$ 给出的漂移长度是一个载流子在外加电场 ξ 作用下,在它本身的寿命之内能够漂移的平均距离。当 τ 是俘获寿命时,该乘积表示俘获长度。

5. 半导体辐射探测器中的有效载流子浓度

在最初的半导体晶体中,载流子寿命(例如,用光电导衰减法测量的载流子寿命)仅受复合过程的限制,因为当时注重于减少俘获效应。但是,在半导体探测器的研究中,往往是由测量出的电荷收集效率(电离辐射慢化过程中产生的电荷)来推导出电荷载流子的寿命。因此在这种方法中得到的是有效载流子寿命。尽管通常用同一个词来表示,但是与最初对晶锭测量所得到的值有很大差别。事实上,这个有效寿命不仅依赖于复合,还依赖于俘获。这是由于实际上测量是在二极管的耗尽区内完成的,在那里载流子被存在的电场迅速地扫出去,所以很少发生通过局部能级的复合。因此,在由于降低收集效率而导致讯号脉冲高度损失的诸多因素中,俘获是主要的因素。这个事实说明了得到两种不同寿命值的原因。

最近,对硅探测器进行的一些研究得出了有效寿命的测量结果,它比用一般方法得出的值要低。为了解释此现象,沃尔特和巴特斯致力于研究载流子寿命的热循环效应。他们发现在半导体探测器的制作过程中所遇到的那些典型热循环会大大降低寿命值。然而,人们还没有得到确切的数据,这主要是因为人们很难控制全部参数(例如来自快扩散杂质,如铜的污染)。

人们用锂补偿硅探测器观察到,由测量电荷收集效率计算出来的寿命与用传统方法(光电导衰减法和二极管恢复法)得到的寿命之间有着明显的差别。在探测器上观察到寿命变短(相对于原材料而言),这与热循环效应的研究结果是一致的。当存在别的杂质,如氧的时候,在430℃的温度下加热就足以产生成为有效复合中心的深能级。人们在研究有效寿命对温度的依赖关系时观察到,有效寿命随着温度下降而缩短。尽管人们对这种倾向了解得还不够清楚,但是可以把它归结为温度对于复合和俘获中心行为的影响以及温度对于载流子因热激发而脱离俘获中心(去俘获)速率的影响。实际上,这两种效应影响到脉冲的形成机理,进而影响到载流子的有效寿命。

二、非本征硅红外探测器材料

室温下,硅和锗的禁带宽度分别为 1.12 eV 和 0.67 eV,相应的长波限分别为 1.1 μm 和 1.8 μm。利用本征激发制成的硅和锗光电二极管的截止波长分别为 1 μm 和 1.5 μm,峰值探测率分别达到 1×10^{13} cm·$Hz^{1/2}$·W^{-1} 和 5×10^{10} cm·$Hz^{1/2}$·W^{-1},它们是室温下快速、廉价的可见光及近红外探测器。由于在 $1 \sim 3$ μm 波段锗、硅的本征型探测器性能远不如 PbS 探测器,所以,为了得到更长的波长响应,必须在硅晶体中引入杂质。

1. 非本征硅材料的特性

引入的杂质在硅禁带中建立起相应的局部能态,外界红外辐射会引起杂质能级的光激励,光电导响应与这些能级到导带或满带的电子或空穴的跃迁有关。锗、硅掺杂型探测器基本上都属于光电导型。

探测器的光谱响应取决于特定杂质态的能级及态密度与束缚电荷载流子被激发到禁带中的这一能级的函数关系,采用镓、铟、砷、锑等掺杂源,可制成 $2 \sim 3$ μm、$3 \sim 5$ μm 和 $8 \sim 14$ μm 的掺杂硅器件。掺杂的光电导体中的杂质激活能 E_i 的大小决定了探测器的响应截止波长。3～5 μm 和 8～14 μm 光谱范围所对应的硅中 E_i 分别约为 0.25 eV 和 0.089 eV。3～5 μm 所选定的杂质有 In、S 和 Tl 等，其中 In、Tl 利用垂直悬浮区熔单晶生长法引入，而 S 利用闭管扩散法引入。8～14 μm 所选定的杂质有 Al、Ga、Bi 和 Mg 等。前三种杂质的引入都利用垂直悬浮区熔单晶生长法，在掺杂前经过多次区熔，减少剩余杂质或引入补偿杂质，然后在单晶生长时将所需杂质掺入，而 Mg 利用闭管扩散法引入。

在非本征硅光导材料的温度特性中，除了 E_i 这一重要参数外，还有杂质浓度和光电导吸收截面，它们可影响光的吸收。此外，材料的复合系数会影响材料的载流子寿命。这些参数都与探测器性能直接相关。

2. 非本征硅探测器的特点

由于硅的介电系数低，具有合适能级的杂质的溶解性高，在长波红外光谱区中，能够制成红外吸收系数较大的非本征硅探测器，且硅集成电路生产工艺技术比较成熟，这些都促使人们采用硅制作非本征探测器。非本征硅材料的优点是可在同一硅片上集成探测器和硅信号处理电路，以制成单片式的焦平面探测器，其缺点是同一响应波长的探测器需在较低的温度下工作。锗、硅掺杂探测器均需在低温下工作，同时因光吸收系数小，探测器芯片必须具有相当厚度。国外已制成了 Si:Ga、Si:As 的 8～14 μm 红外探测器焦平面阵列，主要应用于空间探测技术领域。

3. 非本征硅探测器的应用

锗、硅掺杂探测器在 20 世纪 60 年代发展起来，但硅掺杂探测器比锗掺杂探测器发展稍晚，应用也不如锗掺杂探测器普遍。由于硅集成工艺以及 CCD 的发展和逐渐成熟，硅掺杂探测器今后一定会受到重视。在三元系化合物碲镉汞和碲锡铅探测器问世之前，8～14 μm 及其以上波段的红外光子探测器主要是锗、硅掺杂型探测器，它们曾在热成像技术方面起过重要作用。由于碲镉汞和碲锡铅红外探测器在 8～14 μm 波段使用较锗掺杂探测器具有一些优点，所以，在 8～14 μm 的热像仪中不再使用锗掺杂红外探测器。锗掺杂探测器（如 Ge:Ga、Ge:B 和 Ge:Sb）都能探测到 150 μm 的红外辐射，所以，锗掺杂红外探测器在几十微米至 150 μm 这一波段内仍有应用价值。

5.5 Ⅲ-Ⅴ族化合物半导体光电材料

化合物半导体大多是由元素周期表中间部分的某两种或两种以上元素化合而成的，Ⅲ-Ⅴ族化合物半导体和Ⅱ-Ⅵ族化合物半导体是最主要的两类化合物半导体。我们知道，大多数化合物半导体与元素半导体一样，靠共价键把原子结合在一起，但含有不同程度的离子键成分，离子键的比例随其组成元素在周期表中距离的拉开而增大，即Ⅲ-Ⅴ族化合物的离子键成分比Ⅱ-Ⅵ族化合物小。因此化合物半导体的许多物理性质都与它们的组成元素在周期表中的位置有关,并且有一定的规律。譬如所有完全由Ⅳ族元素组成的元素半导体和化合物半导体的能带结构都是间接跃迁型,Ⅲ-Ⅴ族化合物以砷化镓为界,平均原子序数比它小的才是间接跃迁型。

一、砷化镓(GaAs)体系光电薄膜和量子阱、超晶格结构

砷化镓材料的应用不仅开创了硕果累累的光电子时代,还将固体电子器件的工作频率扩展到毫米波和微波频段。同时,磷化铟等光电特性兼优的材料在制备技术上的成熟使得光电集成成为现实,极大地促进了现代通讯技术和信息产业的发展。

1. 砷化镓材料的特性

化合物半导体中,人们对砷化镓研究得最为深入,对其应用也最广泛。与硅相比,砷化镓的禁带稍宽一点,有利于制作在较高温度下工作的器件,但其热导率较低,不适合制作电力电子器件。砷化镓的另一优点是其电子迁移率很高,约为硅中电子迁移率的5倍(表5.4)。因此,砷化镓晶体管必然有较高的工作频率,用砷化镓集成电路装配起来的计算机在运算速度上必然比用硅集成电路装配起来的计算机快得多。激光器、探测器、高速器件和微波二极管是砷化镓在当前应用得最成熟的一些领域。

表 5.4 Si、Ge 和 GaAs 有关数据比较

电子性质	Ge	Si	GaAs
能隙/eV	0.67	1.12	1.43
电子迁移率/$[cm^2 \cdot (V \cdot s)^{-1}]$	4 000	1 800	9 000

GaAs 为闪锌矿结构,密度为 5.307 $g \cdot cm^{-3}$,主要键合形式为共价键,除此之外还有离子键,键长 2.44×10^{-10} m,熔点较高,为 1 238℃,具有非中心对称性,对晶体的解理性、表面腐蚀和晶体生长都有影响。GaAs 的能带结构为直接跃迁型,有较高的发光效率,是制作半导体激光器和发光二极管优先选用的材料;利用 GaAs 的双能谷及其所特有的负微分迁移率特性可制作耿氏二极管和耿氏功能器件。

GaAs 在室温下的禁带宽度为 1.43 eV,比 Si、Ge 宽得多,器件工作温度达到 450℃,可用做高温、大功率器件。室温下电子迁移率为 9 000 $cm^2 \cdot (V \cdot s)^{-1}$,也比 Si、Ge 高,所以 GaAs 器件具有高频、高速特性。

GaAs 禁带中浅杂质电离能小,器件有良好的低温特性,也易于制成筛并半导体,易于制作隧道二极管。通常在 GaAs 中掺 Te、Sn 或 Si 制备 n 型半导体,掺 Zn 制备 p 型半导体,掺 Cr、Fe 制备半绝缘的高阻 GaAs,而半绝缘 GaAs 是场效应晶体管集成电路的基底材料。

在 GaAs 单晶的制备中有两个需要解决的重要问题:一是 GaAs 的合成,二是砷蒸气压的控制。当前主要制备方法有水平舟生长法(HB)(图5.20)和液封直拉法(LEC)。HB 法又称横拉法,它与锗的水平区熔法相似,可拉制掺杂低位错 GaAs 的单晶。LEC 法用 B_2O_3 覆盖,可在高

压下大批量生产大直径定向单晶,用于集成电路。20世纪80年代,国际上应用LEC法研制成功不掺杂的半绝缘砷化镓(Si-GaAs)单晶,其热稳定性好,直径大,而且可控,基本上可满足现有微电子器件和电路的需要,但在位错密度、均匀性方面还有待提高。GaAs的外延生长主要采用气相外延、液相外延、分子束外延和金属有机化合物气相淀积等,外延材料质量大大提高,而且可以制备异质结构、多层、超薄层超晶格等多种结构。

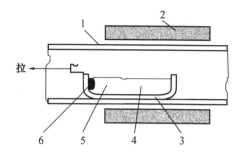

图 5.20 水平舟生长法实验装置示意图
1—炉管;2—加热器;3—石英舟;
4—熔体;5—单晶体;6—籽晶

制备GaAs这样含有高蒸气压成分的晶体时,原料须置于密封容器,譬如真空密封的石英管中。否则,易挥发组分在高温下挥发散失后无法生长出结构完美的理想晶体。此外,为了保持晶体生长过程中易挥发组分的化学配比,往往采用两段温区式的装置,即将易挥发组分的原料置于独立温区加以控制,让与之连通的另一温区中熔体在其饱和蒸气压下缓慢凝结为晶体。

在使用密封容器的时候,可以将炉子和容器都竖起来。这就是立式布里奇曼法。

2.半导体超晶格、量子阱材料

(1)半导体超晶格、量子阱的概念[5]

在量子力学中,能够对电子的运动产生某种约束并使其能量量子化的势场称为量子阱。原子或分子的势场是一种量子阱,在这种量子阱中的电子具有离散的能级。用两种禁带宽度不同的材料A和B构成两个距离很近的背靠背异质结B/A/B,若材料A是窄带半导体,且其导带底低于材料B的导带底,则当其厚度,亦即这两个背靠背异质结的距离小于电子的平均自由程(约100 nm)时,电子即被约束在材料A中,形成以材料B为电子势垒、材料A为电子势阱的量子阱。若材料A的价带顶也高于材料B的价带顶,则该结构同时也是以材料B为空穴势垒、材料A为空穴势阱的量子阱,如图5.21(a)所示。由于这种量子阱只使载流子在异质结平面的法线方向z上受到约束,电子在垂直于z方向的x-y平面内的运动不受限制,因而这种量子阱结构通常也被称为二维半导体结构。在实际情况中,由于界面偏离于完美的理想状态,加上材料掺杂的影响,异质结的导带底和价带顶能级不会正好在两种材料的界面上形成台阶,所以实际量子阱的几何形状都比较复杂。不过,随着薄层材料现代生长技术的飞速发展与日臻完善,大量的实验和理论研究都已表明,图5.21(a)所示的一维方势阱在大多数场合是非掺杂量子阱的一个很好的近似。

如果以各自不变的厚度将上述A、B两种薄层材料周期性地交替叠合在一起,即连续地重复生长多个量子阱,形成B/A/B/A…结构,且A层厚度d_A远小于B层厚度d_B,如图5.21(b)所示,则该结构称为多量子阱。在多量子阱结构中,势垒层的厚度d_B必须足够大,以保证一个势阱中的电子不能穿透势垒层进入另一个势阱,亦即须保证相邻势阱中的电子波函数相互

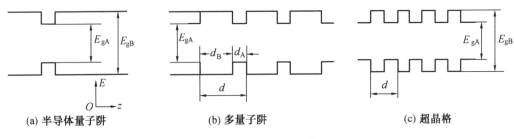

图 5.21　半导体量子阱

之间没有重叠。

半导体超晶格结构与多量子阱结构有些相似,也是由 A、B 两种材料以各自不变的厚度周期性地交替叠合在一起而形成的,但与多量子阱有所不同的是,超晶格结构中的势垒层较薄,如图 5.21(c)所示。在半导体超晶格中,势垒层要薄到足以使相邻势阱层中电子的波函数相互重叠。这样,超晶格中电子的运动就不仅受材料晶格周期势场的影响,同时也要受到一个沿薄层生长方向 z 展开的人工附加周期势场的影响。这个周期势场的周期 $d = d_A + d_B$,显然比晶格周期势的周期大。但是,由于 d_A 和 d_B 分别受电子自由程和电子波函数重叠的限制,其和 d 不会比晶格周期势的周期大很多,仍然是一个以纳米(nm)为单位的微小量。

(2) 半导体超晶格、量子阱的能带结构特点

量子阱和超晶格能带结构,特别是能带在异质结处的形状,对其量子效应起着决定性的作用,而能带结构又取决于组成材料的物理化学性能以及界面附近的晶体结构。一般说来,高质量的界面对量子阱和超晶格的生长条件要求很高,对生长源的材料纯度、衬底温度以及生长速率的控制等,都有很高的要求。然而,影响界面特性的最基本因素还是其组成材料的晶格匹配情况。如果两种材料的晶格常数完全一样或非常接近,那么薄层 A 中的原子可以很容易地与薄层 B 中的相应原子一一对应地排列起来,形成完整的界面,获得高质量的异质结。但是,自然界中晶格常数没有差别的材料极少,晶格常数差别不大的自然材料也不多。在异质结物理中,一般将组成材料的晶格常数失配度小于 0.5% 时的搭配称为晶格匹配,失配度大于 0.5% 时则视为晶格失配。图 5.22 中,以 4.2 K 低温状态下的禁带宽度和晶格常数为坐标,定位列出了一些具有金刚石或闪锌矿晶体结构的半导体材料。定位于图中同一阴影区内的一组材料基本符合晶格匹配的标准。原则上,同一组中任意两种禁带宽度不同的材料都可以形成晶格匹配的异质结,并进而构成具有特定能带结构的量子阱或超晶格。

不过,由图可知,若全凭自然条件,能用来组成晶格匹配的量子阱或超晶格结构材料非常有限。借助于固溶体技术调整晶格常数,可以在每一组材料中增加一些合金成员。图中,除了已经标出的两种合金材料 $Zn_{0.5}Mn_{0.5}Se$ 和 $Cd_{0.5}Mn_{0.5}Te$ 而外,凡有线条相连的两种材料皆可形成组分稳定的合金,其连线表示这种合金的禁带宽度与其平均晶格常数的函数关系。因此,由连线在阴影区内的部分定位的合金也就与同一区内的材料晶格匹配。由于合金材料的晶格常

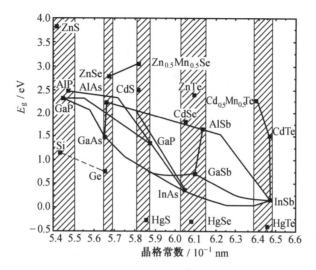

图 5.22 能带工程常用半导体材料的禁带宽度与晶格常数

数随组分比例而变化,根据需要确定组分比例就可以生长出更多种类具有特定能带结构且晶格匹配的量子阱和半导体超晶格。

其实,晶格常数不匹配的两种半导体材料也可以在一定条件下形成量子阱和超晶格,即应变量子阱和应变超晶格。这种量子阱或超晶格的两种组成材料的晶格失配度可高达7%,是通过结构薄层双方或其中之一的晶格常数的有限改变来补偿晶格失配的应力。Si/GeSi 量子阱和超晶格即是其中的典型。当然,应变层的厚度十分有限,当应变层的厚度超过其临界值时,失配位错就会在界面产生,使晶格的完整性遭到破坏。不过,对一些常用的半导体体系,如 Si/GeSi、InGaAs/GaAs 等,其应变层的临界厚度对构成量子阱和超晶格而言已完全够用。与晶格匹配的量子阱和超晶格相比,应变量子阱和应变超晶格的特别之处在于,其能带结构不仅取决于组成材料的物理、化学性能及其掺杂状态,还取决于应变层的应变状态,亦即比晶格匹配量子阱和超晶格多一个调制特性的参数,使半导体能带工程的范围进一步扩大。

(3) 半导体超晶格、量子阱的分类

根据以上所述,若按组成材料的晶格匹配程度来分,可分为晶格匹配量子阱与超晶格和应变量子阱与超晶格。

半导体超晶格一般由Ⅳ族与Ⅳ族元素半导体材料、Ⅲ-Ⅴ族与Ⅲ-Ⅴ族化合物半导体材料、Ⅱ-Ⅵ族与Ⅲ-Ⅵ族化合物半导体材料、Ⅳ族材料与Ⅱ-Ⅵ族材料,以及Ⅲ-Ⅴ族材料与Ⅱ-Ⅵ族材料等组成。在这些材料中,既包括单一组分的元素半导体或化合物半导体,也包括多组分的固溶体。对固溶体薄层而言,在其生长过程中令组分比逐渐改变可使量子阱与超晶格的能带结构具有锯齿形或抛物线形等复杂形状。因此,按照组成材料的成分来区分,则包括固定组分量子阱与超晶格、组分比渐变超晶格与量子阱以及调制掺杂的量子阱与超晶格。所谓调制掺杂是指用同一种材料通过不同类型的掺杂来调制其能带结构,形成量子阱或超晶格。

除由半导体薄层构成的量子阱和超晶格外,还有由半导体细线或点构成的量子阱和超晶格,统称低维量子阱和低维超晶格。这种细线和点分别称为量子线和量子点。对于由半导体薄层构成的量子阱和超晶格来说,载流子的运动只在薄层的生长方向上有约束,即一维约束,因而也有人称之为一维量子阱和一维超晶格。当直径很小的窄禁带半导体细线被一种宽禁带材料包裹起来时,该细线即成为量子阱;当有多条这样的细线并列,且相互之间通过极薄的宽带材料相耦合时,则构成量子线超晶格。在量子线阱和量子线超晶格中,载流子只在沿量子线运动时不受约束,受约束的维数为2,因而被称为二维量子阱和二维超晶格。类似地,三维量子阱和三维超晶格由量子点组成,即尺度极小的由窄禁带材料形成的精细点处于宽禁带材料的包围之中,成为令载流子在三维空间的运动也受到约束的量子阱。大量的这种量子点集中在一起,但它们之间有极薄的宽禁带材料使之相互耦合,这时即构成量子点超晶格。

(4) 半导体超晶格、量子阱的一般应用

人们对 GaAlAs/GaAs、GaInAs/GaAs、AlGaInP/GaAs、GaInAs/InP、AlInAs/InP、InGaAsP/InP 等 GaAs、InP 基晶格匹配和应变补偿材料体系的研究相当成熟,这些材料已被成功地用来制造超高速、超高频微电子器件和单片集成电路,并用于研制高电子迁移率晶格管(HEMT)、异质结双极晶体管(HBT)、量子阱激光器、光双稳态器件(SEED)以及长波长光源和探测器等新一代微电子、光电子器件。

3. 超晶格量子阱红外探测器材料

中波红外($3 \sim 5\ \mu m$)和长波红外($8 \sim 14\ \mu m$)波段是最重要的两个大气窗口波段,在这些波段上大气(包括 CO_2、水气等在红外波有强吸收线的气体)吸收较小,因此这些波段上的光电探测器在红外光谱测量、遥感、成像以及工业控制和军用等诸多方面得到广泛应用,其中最重要的应用是红外成像。由于具有一定温度的物体均可产生电磁辐射,而近室温物体的辐射能量分布与长波红外波段匹配较好,所以长波红外波段的光电探测器及其焦平面阵列在近室温物体的探测和成像方面有良好效果。对于温度较高的物体,辐射能量分布移向短波方向,可与中波红外波段相匹配,因此中波红外波段的器件可以在此方面充分发挥作用。传统用于这两个波段的半导体光电探测器及其焦平面阵列是基于窄禁带的 HgCdTe 和 InSb 材料,采用这些材料制作的器件具有很好的性能,在商业上已有应用,但存在一些问题。HgCdTe 和 InSb 这些窄禁带材料的晶体较软、较脆,机械强度较低,化学稳定性差,在高温下易分解,当然抗辐射能力也差。低机械强度和化学稳定性使得将这些材料制成器件的难度较高,温度较高的器件工艺也难以采用,进行大规模的阵列集成更困难。这些都使器件成本大大增加,难以大批量生产,可靠性也难以保证,限制了其广泛应用。对于这些材料的外延生长,一方面缺乏异质衬底材料,另一方面生长技术难度也高,尚未普遍采用。因此,利用禁带较宽、机械和化学稳定性较好的半导体材料制作这些波段上的光电探测器件正是人们所希望的。GaAs 体系和 InP 体系的材料是目前已相当成熟的半导体材料体系,在外延生长方面已有较可靠的技术支持,可以生长出复杂的外延结构,相关的器件加工工艺也较成熟。

超晶格和量子阱材料的出现,引起人们对利用这种材料来研制红外探测器的极大兴趣。根据超晶格材料界面性质的不同,可将超晶格分为三大类,即Ⅰ类跨立型红外超晶格、Ⅱ类应变红外超晶格和Ⅲ类零隙型红外超晶格,这三种类型的超晶格材料都已在红外探测器上得到应用。

(1) Ⅰ类红外超晶格材料

AlGaAs/GaAs 是目前发展最成熟的红外探测器材料[6,7]。GaAs 的禁带宽度 $E_g(A)$ 小于 AlGaAs 的 $E_g(B)$,它的能带如图 5.23 所示。

$$\Delta E_g = E_g(B) - E_g(A) = \Delta E_c + \Delta E_V \quad (5.46)$$

从电子运动观点来看,A 层是势阱,B 层是势垒。如果势垒低而薄,那么势阱中处于低能量的电子由于隧道共振效应而使隧穿势垒的几率增大,同时使相邻势阱中的电子波函数发生交叠而形成子能带,其能量差取决于量子效应的大小。阱内的电子像自由电子一样可以穿越势垒进入相邻的势阱,从而形成垂直于层面的电流,这种材料称为超

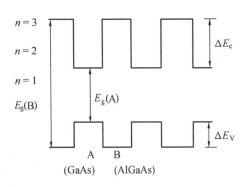

图 5.23　AlGaAs/GaAs 超晶格能带图

晶格材料。如果势垒较厚(通常大于 20 nm)且较高(大于 0.5 eV),则隧道电流可以忽略不计,这时电子运动被限制在势阱内,这种情况称为"量子阱"。一个超晶格是由许多相同的量子阱叠加而成的,这种结构称为"多量子阱"。1987 年报道了利用量子阱导带内子带间的红外吸收特性而研制的 GaAs/Al$_x$Ga$_{1-x}$As 多量子阱材料与探测器,1994 年制成了 128 × 128 长波红外焦平面器件,表明Ⅰ类红外超晶格材料作为一种很有发展前途的红外长波探测器材料已越来越受到重视。

用较宽禁带材料制作的红外光电探测器(探测波长在其禁带宽度以下)的工作模式与非本征型的光电导探测器相似,不同的是采用了量子阱结构,故称为量子阱红外光电探测器(QWIP)。QWIP 中利用量子尺寸限制效应,将具有量子尺寸(100 nm 以下,可低至单原子层厚度)的禁带较窄的材料,即所谓量子阱材料生长在禁带较宽的材料(量子势垒材料)之间,构成量子阱,对量子阱材料进行掺杂。由于杂质只局限于很薄的量子阱材料,在量子尺寸效应作用下,杂质电离后形成的载流子将处于量子阱材料导带或价带中的子能级上。在红外光的作用下,处于较低子能级上的载流子可以向较高的子能级跃迁,再在偏置电压的作用下依靠隧道穿透作用运动到势垒材料的导带或价带中形成光电导,也可以直接跃迁到势垒材料的导带或价带中形成光电导。在量子阱结构中引入适当的不对称性还可能产生光伏效应,可用来制作光伏型 QWIP。这些跃迁所需能量低于量子阱材料本身的禁带宽度,因此可以利用禁带较宽的材料体系制作工作波长较长的红外光电探测器。

对工作于 8~14 μm 长波红外波段的 QWIP，GaAs/GaAlAs 材料体系是十分理想的[6]。采用这个材料体系制作 QWIP 时，以 GaAs 作为量子阱材料，GaAlAs 作为量子势垒材料。由于 GaAs 和 GaAlAs QWIP 的导带不连续性较小，通过选择合适的量子阱厚度和势垒材料组分可以使 QWIP 的响应波长满足长波红外波段的要求。GaAs/GaAlAs QWIP 外延结构与图 5.24 类似。这个体系的材料生长技术和有关器件工艺都较成熟，因此 GaAs/GaAlAs 的 QWIP 焦平面阵列器件发展很快[7]。目前，已有对红外成像质量达到普通电视质量的焦平面阵列器件的报道，有望很快在商业上得到应用。

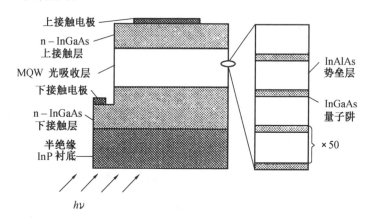

图 5.24 中波红外波段 InAlAs/InGaAs QWIP 结构示意图[8]

制作 QWIP 可以采用的材料体系有多种，外延结构和器件结构花样繁多。图 5.24 中列出采用 InP 系的 InGaAs 材料制作的工作于 3~5 μm 波段的 QWIP 的外延结构。其中用 InGaAs 作为量子阱材料，InAlAs 作为量子阱势垒材料。这两种材料均可以与 InP 衬底材料晶格匹配。由于单个量子阱不能充分吸收红外光，所以材料中采用多量子阱(MQW)结构，以增强吸收红外光的能力，共生长了 50 个周期的多量子阱。量子阱的厚度约为 3 nm，量子势垒的厚度约为 30 nm 的整个探测器结构的外延层数目在 100 层以上，采用气态源 MBE 方法生长。此器件量子阱中采用 n 型掺杂。由于 InGaAs 和 InAlAs 的导带不连续性较大，选择合适的量子阱厚度可以使其子能级间跃迁所对应的能量满足 3~5 μm 波段光探测的要求。

(2) Ⅱ类应变红外超晶格材料

在较厚的衬底上生长一层晶格常数较大或较小的合金层作为缓冲层，缓冲层组分的晶格常数应是需要生长的超晶格层的平均晶格常数。在缓冲层上分别生长大于或小于平均晶格常数的两种材料，依靠应变来调节，使一层膨胀，另一层压缩，如果每层足够薄，则可保持均匀应变。

1984 年，奥斯本(Osbourn)发表了对各种 $InAs_{0.39}Sb_{0.61} - InAs_{1-x}Sb_x(x>0.61)$ 的应变超晶格理论的研究报告。结果表明，$x \geqslant 0.73$ 的超晶格材料通过应变可使其波长在 77 K 时扩展至

12 μm。应变会在 InAs$_{0.39}$Sb$_{0.61}$ 层中产生均匀的张应力和单轴压应力,使 E_g 减小。材料的截止波长 λ_c 与组分 x 和层的厚度比有关。

InAsSb/InSb 是 II 类超晶格材料,InSb 的禁带宽度 $E_g(A)$ 小于 InAsSb 的 $E_g(B)$,其能带如图5.25所示。即

$$\Delta E_g = |\Delta E_c - \Delta E_v| \tag{5.47}$$

电子从 B 带跃迁到 A 带所需的能量小于 $E_g(A)$。

由于 InAsSb 和 InSb 之间的晶格常数相差较大,因此属于应变超晶格结构。应变超晶格的制备情况如图5.26所示,底部为较厚的衬底,用 MBE 或 MOCVD 工艺在衬底上生长一层晶格常数较大或较小的合金缓冲层,图中缓冲层的晶格常数大于衬底的晶格常数,缓冲层组分的晶格常数应是需生长的超晶格的平均晶格常数。图5.26列出了分别为大于和小于平均晶格常数的两种材料。当生长发生在缓冲层上时,晶格常数依靠应变来调节,其中一层受到二维拉伸,另一层受到二维压缩,如果每层足够薄,则将保持均匀应变。这样的超晶格材料可在 77 K 的温度下工作,截止波长延伸到长波。InAsSb 和 InSb 材料的光电响应截止波长都远小于 12 μm,但利用交替生长 InAs$_{1-x}$Sb$_x$($1 > x \geq 0.73$)和 InAs$_{0.39}$Sb$_{0.61}$ 的薄层制备的超晶格材料,通过对组分与层厚度的控制,响应波长可以扩展到 8~12 μm。

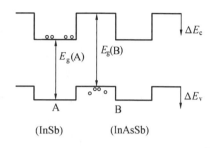

图 5.25 InAsSb/InSb 超晶格能带图

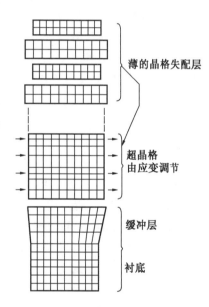

图 5.26 应变超晶格制备情况[7]

应变超晶格材料有如下特点。

① 键强度好,结构稳定。InSb 与 InAs 的显微硬度分别为 220 kg·mm^{-3},而 HgCdTe 材料只有 37 kg·mm^{-3},因此材料的成品率与抗辐射特性优于 HgCdTe。

② 均匀性好。

③ 波长易控制。

④ 有效质量比 HgCdTe 大 1 个数量级,隧道电流比 HgCdTe 小。

人们已实现用分子束外延在半绝缘的 GaAs 衬底上生长 InAs$_{0.32}$Sb$_{0.68}$,并制备出了光电导型探测器[9]。也有用金属有机化合物化学气相沉积技术制备的 InAs$_{0.11}$Sb$_{0.89}$ 和 InSb 超晶格结构以及 InAs$_{0.11}$Sb$_{0.89}$ - InAs$_{0.07}$Sb$_{0.93}$ 的 4 层交替结构,最高探测率大于 1×10^{10} cm·Hz$^{1/2}$·W^{-1}。

随着光通信技术在长波长(1.3 μm、1.55 μm)方面优势的确立,人们自然希望在 GaAs 材料上获得成功的 MSM 结构用在此波段上最常用的与 InP 衬底晶格匹配的光电探测材料

$In_{0.53}Ga_{0.47}As$(以下简作 InGaAs)[10]上,但由于 InGaAs 的禁带宽度较小(0.75 eV),n 型 InGaAs 与金属接触的肖特基势垒高度甚低,仅约 0.2 eV,因此直接制作 MSM 光电探测器时暗电流太大,以致无法正常工作。p 型 InGaAs 的肖特基势垒要高些,但 p 型材料的迁移率太低,影响器件的工作速度。为解决此问题,需要在金属与 InGaAs 材料之间引入合适的薄层势垒增强结构,以增加金属-半导体接触的势垒高度,同时又不使材料的迁移率明显衰减,从而影响到器件的工作速度。InGaAs 较理想的势垒增强材料是与其晶格匹配、适合外延生长并具有较大禁带宽度的势垒增强材料,如非故意掺杂的 InAlAs、InP 材料和掺 Fe 的半绝缘 InP 等,厚度一般在几十纳米左右。对于生长这类外延材料,传统的液相外延方法是难以胜任的。这是因为:一方面用 LPE 方法难以可控地生长如此的薄层材料;另一方面,由于 LPE 属平衡态外延生长,在 InGaAs 上生长 InP 或 InGaAs 的回熔问题也难以解决。而适合薄层、超薄层外延生长的非平衡外延生长技术(如 MBE 和 MOVPE 等)在这方面发挥了重要作用。

对于采用较宽禁带材料进行肖特基势垒增强的 InGaAs MSM 结构光电探测器,由于在较宽禁带的势垒增强材料与较窄禁带的光吸收材料之间的界面上有一突变的能带不连续,衬底一侧的缓冲层与 InGaAs 层也有能带不连续界面,这些界面会对器件的光电性能产生较大影响。这是因为,价带一侧的能带不连续,在偏压的作用下有可能形成空穴势阱,这样光吸收层中的光生空穴扫入其中后会成为陷阱电荷,此陷阱电荷要通过再复合或热发射才能被收集。显然,由于空穴的复合时间常数较大,一方面会影响到探测器的光响应应度,另一方面会影响工作速度。对于导带来说,在能带不连续性较大时(如 InAlAs/InGaAs 界面),界面上也容易形成二维电子气,此二维电子气有与陷阱电荷类似的作用。为消除此突变的异质界面对光电探测器性能带来的影响,可采用缓变的界面。可采用两种方法形成缓变界面:一是在界面上引入一层组分缓变的薄层,即形成所谓模拟合金层;二是采用梯度超晶格结构,即形成所谓数字合金层。图 5.27 是采用气态源 MBE 方法生长的具有梯度超晶格结构 InGaAs MSM 光电探测器结构示意图。其异质界面上的梯度超晶格结构由几个周期的梯度超晶格构成,每个周期中两种不同材料的厚度比例由 1:9 到 9:1 递变,最薄的外延层厚度仅为 0.6 nm(约两个原子层的厚度),起到了很好的缓变作用。与不采用梯度超晶格的外延材料相比,器件的性能有较大的改善。用分子束外延方法进行材料生长时,切换生长源要比连续改变生长源的强度更方便,且在生长超薄层材料方面具有优势,因此可生长出所需的梯度超晶格结构。

(3) Ⅲ类红外超晶格材料

Ⅲ类红外超晶格材料是一种以 Hg 为基础的超晶格材料。当交替生长 HgTe 和 CdTe 薄层时,由于 HgTe 是一种半金属材料,它的能带结构特点使之产生一种特殊的界面特性,因而形成了一种Ⅲ类红外超晶格材料,这类材料有以下特点:

① 当 CdTe 层达到一定厚度之后,材料的禁带宽度或响应截止波长由 HgTe 层厚度控制;

② 在垂直于晶格层方向的有效质量比 HgCdTe 材料大一个量级,所以超晶格器件的带间隧道电流较小;

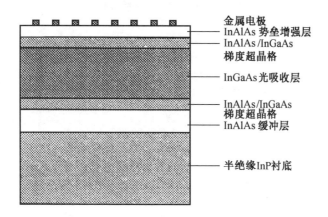

图 5.27 梯度超晶格结构 InGaAs MSM 光电探测器结构示意图[8]

③ p 型 HgTe – CdTe 超晶格有极高的迁移率。

目前国际上对量子阱超晶格材料和器件进行了较深入的研究,并有可能开辟一条制造近 12 μm 波段红外焦平面器件的新途径。

二、锑化铟(InSb)光电材料特性

锑化铟(InSb)是一种直接跃迁型窄带宽化合物半导体,自 1952 年问世以来使人们对红外探测器的研究出现了重大的突破,成为制作 3~5 μm 红外探测器的重要材料。到目前为止,InSb 仍然是 3~5 μm 大气窗口比较理想的红外探测器材料。

InSb 材料的发展是建立在半导体材料的区域提纯和单晶生长工艺技术基础之上的。常用的 InSb 单晶生长工艺是直拉法和区域均平法。通常选用质量分数为 99.999 9% 的 In 和 Sb 原材料,在真空中熔融,挥发去除原材料中的杂质,然后进行多次区熔提纯,提纯后切下锭条中的高纯部分,再在高纯的保护气体中进行区熔或引上法生长。InSb 材料具有熔点低、蒸气压低和容易制造等特点,目前材料生长工艺已非常成熟。

InSb 材料是一种Ⅲ – Ⅴ族金属化合物窄禁带本征半导体材料,它具有电子迁移率高和电子有效质量小的特点。InSb 材料主要特性参数见表 5.5。InSb 适宜于制备光伏型、光导型和光磁电型三种工作方式的探测器。光导型 InSb 红外探测器可在室温和低温下工作。光磁电型探测器可在室温下工作,而且响应速度快、不需偏置,但因需要在磁场下工作而导致结构复杂。光伏型 InSb 探测器在零偏压条件下工作,它的探测率与响应率都很高。在光伏型基础上,目前已研制出了 256×256、512×512 和 $1\,024 \times 1\,024$ 的焦平面阵列。InSb 探测器目前已被广泛应用于天文观察、红外热成像、跟踪和制导等领域。

表 5.5　InSb 材料主要特性参数[5]

性　　能	参　　数
相对分子质量	237
密度/$10^{-3}(g·cm^{-3})$	5.775 1
晶体结构	立方体闪锌矿
晶格常数/nm	0.647 87
熔点/K	796
热导率/$[W·(m·K)^{-1}]$	35.58　　(293 K)
比热容/$[J·(g·K)^{-1}]$	0.207 7　(237 K)
	0.235 3　(1 050 K)
膨胀系数/$10^{-6}K^{-1}$	−0.33　　(50 K)
	0.89　　(70 K)
	4.53　　(190 K)
	5.04　　(300 K)
德拜温度/K	200
折射率	4.22
截止波长/μm	5.5　　(80 K)
	6.1　　(190 K)
	7.0　　(300 K)
介电常数	15.7　　(300 K)
本征电阻率/$(\Omega·cm)$	0.06
电子迁移率/$[cm^2·(V·s)^{-1}]$	1×10^5
空穴迁移率/$[cm^2·(V·s)^{-1}]$	1.7×10^3
电子有效质量(m_0)	0.013 5
空穴有效质量(m_0)	0.016　　(20 K)
	0.44　　(20 K)
少子寿命/μs	2×10^2
禁带宽度/eV	0.17　　(293 K)
温度系数/$10^4(eV·K^{-1})$	−2.9
电子亲和能/eV	4.59
功函数/eV	4.77
硬度/$(kg·mm^{-2})$	225
弹性模量　刚性/GPa	$C_{11} = 64.72$; $C_{12} = 32.65$; $C_{44} = 30.71$
柔性/TPa^{-1}	$S_{11} = 24.6$; $S_{12} = -8.64$; $S_{44} = 33.2$
杨氏模量/GPa	42.79
体积模量/GPa	43.27
溶解度	不溶于水

随着元素材料提纯工艺和单晶制备技术的发展,到 20 世纪 50 年代末期,用优质 InSb 单晶制备单元光电探测器已达到背景限,并实现商品化,60 年代末期,多元线列探测器也进入了工程化应用阶段。

红外光电技术的发展使 InSb 红外探测器的研究同样经历了从单元向多元、从多元线列向 IRFPA 发展的过程。到目前为止,对满足 InSb IRFPA 器件要求的 InSb 薄膜材料的研究已经取得了重大的进展,美国 Amdar 公司和休斯公司研制的 128×128 元 CMOS 混成组件已趋于成熟,同时,256×256、512×512 元 FPA 器件也进入工程化应用阶段。

InSb 薄膜有同质外延与异质外延之分。已经有人用磁控溅射法和分子束外延方法在 InSb 衬底上同质外延生长了 InSb 薄膜。半导体 GaAs 和 Si 衬底的采用,使得 InSb 外延层的霍尔电学测量极为方便,无需像同质外延(InSb/InSb)那样除去衬底,同时将可能实现单片式红外焦平面阵列的成功研制,尤其是硅基 InSb 外延的发展可实现与成熟的超大规模集成电路的兼容。InSb 异质外延生长的主要缺点在于外延层与衬底间的晶格失配较大,其与半导体衬底 GaAs、Si 的晶格失配分别达到 14.6% 和 19%,因此会引起界面高密度的位错(主要是穿孔位错),以致在生长的薄膜中产生缺陷,很难获得单晶,这些势必会影响器件的性能。由于 InSb 与 GaAs 晶格失配较之与 Si 的要小些,并且 GaAs 生长工艺日趋成熟,可生长大直径低位错晶体,因此诸多工作是在 GaAs 衬底上制备 InSb 薄膜。为了克服 GaAs 和 InSb 两种材料近 14% 的晶格失配对外延层质量的影响,降低位错密度并提高外延层质量,一般采用多种 MBE 生长工艺和外延结构,如低温加常规生长 InSb/InSb/GaAs,原子层外延加常规生长 InSb/InSb/GaAs,其它化合物过渡层加常规生长 InSb/AlSb/GaAs 等,其主要目的是在衬底与外延层之间沉积一层薄的缓冲层,以期将位错固定在缓冲层中。但就目前来看,Si 材料在电子器件领域的地位仍是不可替代的。因此 InSb 大面积焦平面阵列的发展和与硅集成电路单片集成技术的研究是目前国际上的热门课题。目前,我国的 InSb 晶体材料的研究已取得了巨大进展,而对于 InSb 薄膜材料的研究则处于起步阶段。近年来,为了避免长波(8~12 μm)MCTIRFPA 制作的复杂工艺和昂贵的成本,一些学者探索研究了各种可能的替代材料,其中 InAsSb/InSb 应变超晶格材料受到了人们极大的关注。

三、氮化镓(GaN)光电薄膜特性及其在紫外探测中的应用

Ⅲ-Ⅴ族的宽禁带氮化物材料是近 10 年兴起的宽禁带材料,在紫外-紫-蓝绿光发光器件和高温大功率器件方面前景十分光明。显然,它对紫外光电探测器来说也是良好的材料体系。

1. Ⅲ-Ⅴ族氮化物材料的特性

GaN 基Ⅲ-Ⅴ族氮化物宽带隙半导体通常是指 GaN、AlN 和 InN 等材料,它们在蓝光和紫外光电子学技术领域占有重要地位,也是制作高温、大功率半导体器件的理想材料。

一般认为禁带宽度在 2 eV 以上半导体材料可以称为宽禁带材料,但对此并无严格规定。宽禁带半导体材料主要包括Ⅳ族的 SiC 和金刚石、Ⅲ-Ⅴ族的氮化物 GaN、AlN、InN 及其合金以及不少Ⅱ-Ⅵ族化合物及其合金。表 5.6 中列出一些主要宽禁带半导体材料在室温下的禁带宽度。一般来说,Ⅱ-Ⅵ族化合物半导体材料具有较强的极性,Ⅲ-Ⅴ族次之,Ⅳ族元素或化合物则基本以共价键结合。所以,就材料的化学稳定性而言,显然Ⅳ族材料最优,Ⅲ-Ⅴ族次之,Ⅱ-Ⅵ族较差。

Ⅲ-Ⅴ族氮化物在结构上具有多型性,GaN、AlN 和 InN 通常都表现为纤锌矿 2H 型结构,它们也可以形成亚稳态闪锌矿 3C 结构。通常,纤锌矿结构薄膜生长在六方结构衬底上,而闪锌矿结构薄膜生长在立方结构衬底上。氮化物材料的外延生长主要是基于金属有机物气相外延方法和 MBE 方法,衬底材料包括蓝宝石、SiC 和一些氧化物材料等。

表 5.6　Ⅳ族、Ⅲ-Ⅴ族、Ⅱ-Ⅵ族及其它族宽禁带材料在室温下的禁带宽度[8]

Ⅳ族				Ⅲ-Ⅴ族					
SiC			Diamond	AlN	GaN	InN	BN	BP	
6H	4H	3C							
2.9	3.1	2.2	5.5	6.2	3.4	1.9	5.8	2.0	
Ⅱ-Ⅵ族及其它族									
ZnO	ZnS	ZnSe	ZnTe	CdO	CdS	CdSe	CdTe	MnO	MnS	MnSe	MnTe
3.3	3.68	2.71	2.28	2.27	2.45	1.75	1.53	3.6	3.4	2.9	2.9

二元系的 GaN 是此材料体系中最基本和被研究得最充分的材料,禁带宽度为 3.4 eV,对应的截止波长为 365 nm,在 UVA(400~320 nm)和 UVB(320~280 nm)波段的光电探测器的制备中可望发挥重要作用。性能甚佳的光伏型器件已趋于商品化。

由于 GaN 是直接带隙材料,在禁带宽度以上材料的光吸收系数增加很快,即光吸收主要发生在近表面的薄层区域内,因此表面效应对光电探测器性能的影响要比采用间接带隙材料(如 SiC)更明显。这是在材料和器件结构设计中必须注意到的问题。采用二元 GaN 材料制作的紫外光电探测器的截止波长也还不够短,阳光盲特性还有待改善。

Ⅲ-Ⅴ族氮化物材料体系应用于紫外光电探测器方面的一个显著的特点是:此材料体系用外延生长方法可以形成三元合金体系(如 AlGaN 和 InGaN),并改变三族元素的组分比例。这些三元系的禁带宽度可以在一定范围内连续调节,从而可以制作出具有不同峰值响应波长和截止波长的系列化紫外光电探测器。例如,采用 AlGaN 三元材料,通过选择合适的 Al/Ga 比例能够制作出可实现充分阳光盲并在中紫外波段(300~200 nm)响应良好的器件,这种器件正是许多场合所需要的。

2. Ⅲ-Ⅴ族氮化物衬底材料的选择

为了获得高质量的薄膜,需要有一种理想的衬底材料,它应该与 GaN 有着完美的晶格匹配和热匹配。SiC、MgO 和 ZnO 等是与氮化物匹配性较好的衬底材料。表 5.7 比较了Ⅲ－Ⅴ族氮化物与最常用衬底材料的相关性质。

蓝宝石衬底之所以引起人们的重视,是由于它具有六角对称性,容易加工,预沉积清洗简单,以及在氮化物 MOVPE 所要求的高温下具有足够的稳定性。但是,就像在表 5.7 中看到的那样,蓝宝石和 GaN 间的晶格失配很大,导致在加速生长冷却后存在显著的应力。然而,采用适当的缓冲层的蓝宝石衬底可以有效地改善薄膜质量。事实上,在蓝宝石衬底上已制造出目前最好的 GaN 材料和器件。

缓冲层有 GaN 和 AlN 两种。在外延生长时用 AlN 作为缓冲层可以使薄膜质量得到显著提高。AlN 缓冲层在低生长温度下为无定形,AlN 膜均匀地覆盖衬底。当加热到 GaN 通常生长的温度以上时,AlN 发生晶化并为外延提供良好的基底。在 AlN 缓冲层上生长的 GaN,其迁移率增大 10 倍,且背景载流子浓度下降 2 个数量级,薄膜结晶质量显著提高。

采用低温 GaN 缓冲层生长 GaN 薄膜同样可以使质量得到很大提高。电子衍射图证实,当以 1 000 ℃退火模拟生长条件时,非晶 GaN 缓冲层也可以转化为单晶体。晶膜质量受缓冲层厚度影响很大,GaN 和 AlN 缓冲层的最佳厚度分别为 25 nm 和 50 nm。

表 5.7　Ⅲ－Ⅴ族氮化物与几种衬底材料相关性质的比较[5]

衬底材料	晶格常数/nm	热导率/[W·(cm·K)$^{-1}$]	膨胀系数/$10^{-6}K^{-1}$
GaN	$a = 0.318\ 9$	1.3	5.59
	$c = 0.518\ 5$	—	3.17
AlN	$a = 0.311\ 2$	2.0	4.2
	$c = 0.498\ 2$	—	5.3
6H－SiC	$a = 0.308$	4.9	4.2
	$c = 1.512$	—	4.68
蓝宝石	$a = 0.475\ 8$	0.5	7.5
	$c = 1.299$	—	8.5
ZnO	$a = 0.325\ 2$		2.9
	$c = 0.521\ 3$		4.75
Si	$a = 0.543\ 01$	1.5	3.59
GaAs	$a = 0.565\ 33$	0.5	6
3C－SiC	$a = 0.436$	4.9	—
MgO	$a = 0.421\ 6$		10.5

3. GaN 材料在紫外光电探测器上的应用

对于半导体材料而言,Si 材料及相关工艺技术已极其成熟,GaAs 材料的发展也已达到相当完善的程度。采用这些材料并结合一些特殊器件结构可制成对紫外波段有良好响应的光电探测器,而采用这些材料制作紫外光电探测器的成熟性和适合大批量生产的优势是其它材料无法比拟的。但这些材料的禁带宽度不够,对其在紫外波段的应用带来很大限制。

从半导体光电探测器的工作原理来看,采用任何半导体材料制作的探测器在短波长方向光电响应都是不截止的,只有随着波长的缩短,材料的光吸收系数才急剧增加,光吸收的深度才减小,各种表面效应的影响也明显增加,相应的光电响应才会显著降低。采用禁带较宽的材料可望在较短的波长下获得较好的响应。

紫外波段的光电探测器是宽禁带半导体材料应用的一个重要方面。紫外波段光探测器除了在物理、化学和医学等方面的紫外光谱研究中有广泛应用外,还服务于以下领域:

① 探测火焰中发出的具有某些特征的紫外光,如用于对发动机的燃烧过程进行控制、火焰报警以及对导弹、飞机等的尾焰进行探测跟踪等;

② 紫外剂量检测,常用于一些工业过程控制,即对产生或应用紫外光的一些反应过程进行监控,如紫外固化控制、光刻曝光控制等,并可用于个人防护的紫外剂量控制等;

③ 用于高密度光存储系统中的数据读出;

④ 用于某些气体的探测和监测,这些气体在紫外波段具有明显的特征吸收线,可用于进行定性或定量分析,如用于环保监测控制、有毒有害气体的检测防护及战场实时气体探测等。过去用于紫外光探测的是真空光电倍增管和气体放电管等。

采用宽禁带半导体材料制作紫外光电探测器的主要优点和必要性体现在两方面。一方面是可充分利用宽禁带材料自然具有的可见光盲或阳光盲的特性,提高器件的抗干扰能力。紫外光电探测器常需在具有很强的红外光、可见光乃至包含近紫外光的太阳光背景下工作,背景光的强度有可能远大于紫外信号光的强度,而采用禁带足够宽的材料制作的本征型紫外光电探测器,则对这些干扰背景不具有光电响应,而禁带不够宽的材料制作的探测器要具有这样的功能,则需采用截止滤光片或复杂的镀膜工艺来抑制背景干扰,使用上很不方便,即便如此对于它的抑制也不可能很彻底。另一方面是可利用宽禁带材料的高化学稳定性和耐高温特性制成适用于恶劣环境的紫外光电探测器。紫外波段的光子相对于红外和可见光波段具有更高的能量。如果材料本身的化学稳定性不够好,在长时间紫外光作用下材料特性有可能退化,导致器件不能正常工作。在一些需要抗高能粒子辐照的场合(如空间应用),宽禁带材料也大大优于窄禁带材料。对于半导体材料来说,由热激发导致进入本征状态的温度随禁带宽度增加而增加。因此,宽禁带材料在器件的耐高温应用方面也具有明显优势,其宽禁带特征足以满足大多数高温应用场合(如 500 ℃、800~1 000 ℃或更高)的要求,问题是器件的电极材料和封装结构等能否承受这样的高温并长时间稳定地工作。

在紫外光电探测器中要充分抑制在可见光及红外光波段的响应,除需选用具有合适禁带宽度的材料体系以充分利用自身的波长选择作用外,另一个重要的方面是必须提高材料的晶体结构完整性和避免不希望引入的杂质。这是因为,一方面,材料中的各种结构缺陷(如空位、反位缺陷等)和有害杂质(主要是一些深能级杂质)都可能在禁带中引入不同类型的较浅或较深的杂质能级。这些能级上束缚的载流子在光的作用下往往产生光电响应。对于紫外光电探测器来说,这种光电响应会扩展到可见光和红外光波段,从而影响器件对可见光或红外光的抑制度,甚至会产生相当大的响应,严重影响器件的抗干扰能力,而这是人们不希望看到的。另一方面,由于这种响应往往是由深能级引起的,对应的响应时间常数可能较长,这就会影响到光电探测器的响应速度。除此之外,结构缺陷和有害杂质还会影响到光电探测器的其它性能,如使器件暗电流增加、可靠性下降等。以上问题在其它波段的材料和器件中也存在。

5.6 Ⅳ-Ⅳ族化合物及其它化合物半导体光电材料

一、锗硅合金(SiGe)异质结和超晶格结构

SiGe/Si 异质结构和超晶格是近年来兴起的新型半导体材料,它具有许多独特的物理性质和重要的技术应用价值,并且与硅的微电子工艺技术兼容,受到了人们高度的重视,被认为是 20 世纪 90 年代新型光电子、微电子材料,是"第二代硅材料",它使硅材料进入到人工设计微结构材料时代,使硅器件进入到"异质结构"、"能带工程"时代,其工作速度扩展到毫米波、超快速领域,光学波段达到 $1.3\sim1.55\ \mu m$ 远红外探测波段。

1. SiGe 异质结构材料基本性质

(1) 晶格常数

Ge 的晶格常数为
$$a_{Ge} = 0.565\ 8\ nm$$

Si 的晶格常数为
$$a_{Si} = 0.543\ 1\ nm$$

$Si_{1-x}Ge_x$ 合金的晶格常数随组分比 x 呈线性变化

$$a_{SiGe} = a_{Si} + (a_{Ge} - a_{Si})x = a_{Si} + 0.227x \tag{5.48}$$

(2) 晶格失配率

Ge 与 Si 的晶格失配率为 4.2%,$Si_{1-x}Ge_x$ 合金与 Si 之间的晶格失配率为

$$f = \frac{a_{SiGe} - a_{Si}}{a_{Si}} \tag{5.49}$$

由式(5.48)得

$$f = \frac{(a_{Ge} - a_{Si})x}{a_{Si}} = 0.042x \tag{5.50}$$

式(5.50)表明,$Si_{1-x}Ge_x$ 合金与 Si 之间的晶格失配率由其合金组分决定。

(3) 应变与应变能[11]

合金 $Si_{1-x}Ge_x$ 与 Si 是两种晶格失配材料,但如果在 Si 上外延生长的 $Si_{1-x}Ge_x$ 合金层足够薄,通过 $Si_{1-x}Ge_x$ 合金层的应变补偿其晶格失配可获得无界面失配位错的 $Si_{1-x}Ge_x$ 应变

层,通常把这种不产生失配位错的应变层外延生长称为"共度生长"或"赝晶生长"。显然,$Si_{1-x}Ge_x$合金层沿平行于Si衬底生长表面方向受到压缩力,从而使$Si_{1-x}Ge_x$层与Si衬底保持共面晶格常数$a_{/\!/}$,沿垂直于Si衬底表面方向受到的张应力使该方向晶格常数$a_{\perp}$增大。

因此,在$Si_{1-x}Ge_x$/Si应变层异质结构中,$a_{\perp}>a_{/\!/}$,从而使晶体立方对称性被破坏,由此将产生一些新的电子特性。

在弹性力学中我们知道,对各向同性材料,有

$$a_{\perp} > a_{/\!/} = 1 - \frac{1+\nu}{1-\nu}\varepsilon_{/\!/} \tag{5.51}$$

式中　ν——泊松比;

　　　$\varepsilon_{/\!/}$——共面应变,$\varepsilon_{/\!/} = \varepsilon_x = \varepsilon_y$。

应变层中储存的弹性能量密度 E 为

$$E = 2\mu \frac{1+\nu}{1-\nu}\varepsilon^2 \tag{5.52}$$

式中　μ——切变模量。

厚度为 t 的应变层的弹性能量为

$$E_e = E \times t = 2\mu \frac{1+\nu}{1-\nu}\varepsilon^2 t \tag{5.53}$$

可见,应变层的弹性能随层厚的增加而成线性关系增大。

(4) 应变层临界厚度

在$Si_{1-x}Ge_x$/Si异质结构形成的过程中,我们首先会遇到$Si_{1-x}Ge_x$合金外延生长厚度的问题。由前述可知,$Si_{1-x}Ge_x$合金的晶格常数与Ge含量x有关,若x从0~1变化,其晶格常数则相应地在0.543 1~0.564 6 nm之间变动。只要$x\neq0$,$Si_{1-x}Ge_x$合金与Si衬底就有晶格失配,就有应力的产生。MBE、MOCVD等外延生长技术可使晶格常数失配系统共度生长,即在一定厚度范围内,外延层晶格常数受到失配应力的调节,其晶格产生弹性应变,使生长平面内外的外延层晶格常数与衬底晶格常数相等,在外延层中基本消除失配位错。应变层应变能量随层厚增大而增加,当层厚增大到某一定值时,应变能将通过产生失配位错释放出来。因此,应变层的厚度存在一个临界值h_t。当应变层厚度h超过h_t时,应变被弛豫,产生失配位错,影响材料的物理性质。在$Si_{1-x}Ge_x$/Si光波导的设计与制作中也存在这个问题。

2. SiGe/Si异质结构和超晶格材料的特性与制备

锗硅材料的载流子迁移率高、能带可调、禁带宽度易于通过改变组分加以精确调节,具有许多独特的物理性质和重要的应用价值,而且在制造技术上与目前比较成熟的硅平面工艺相容,因此在微电子产业引起了高度重视,被称为"第二代硅微电子技术"。GeSi材料可通过改变层厚、组分、应变等来自由调节材料的光电性能,开辟了硅材料人工设计和能带工程的新纪元,形成了国际性研究热潮。GeSi材料在调制掺杂场效应晶体管(MODFET)、高速异质结双极型

晶体管（HBT）、量子阱金属氧化物半导体场效应晶体管（MOSFET）等器件中获得广泛应用，异质结 HBT、MODFET 更是当前研究的热门。

GeSi 材料兼具 Si 和 GaAs 两种材料的优点，高的载流子迁移率，在高速领域可与 GaAs 相媲美，在制造工艺上又与目前比较成熟的硅平面工艺相容，其发展前景十分光明。

Si 和 GeSi 存在能隙差，由于其窄带基区减少了注入到基区的电子势垒，故可得到很高的电流增益。这为我们对基区进行高掺杂提供了条件，使我们可以设计出具有很薄基区的器件，以提高器件的高频性能。

Si/GeSi 异质结材料还有一个显著的优点，和 III-V 族材料比较，它的禁带偏移只限于价带，在低频下，禁带偏移在导带或价带上都无关紧要。但在高频下，则要求禁带偏移只影响空穴从基区的回流，而对电子从发射区注入基区不产生影响，这就要求禁带偏移只限于价带，而 Si/GeSi 异质结材料恰恰具有这种性质。因此它不必像 III-V 族材料那样为了消除导带偏移引起的不利影响而不得不采取界面组分渐变等特殊措施。

人们对 Ge_xSi_{1-x} 合金材料的研究始于 20 世纪 50 年代中期，但由于提高材料品质的工作遇到困难，在接下来的很长一个时期，这种材料的生长和应用没有实质性的突破。主要由于工艺的原因，直到 70 年代初期，无论在单晶 Si 或单晶 Ge 衬底上，均未能生产出具有"器件质量"的 Ge_xSi_{1-x} 外延层，大多出现三维岛状生长并产生大量的穿透位错、堆垛层错和裂纹。随着近年来薄膜生长技术的长足发展，现已能生长出晶格质量优良、电光性能完美的多种 Ge_xSi_{1-x}/Si 结构合金材料。

为了使 Ge_xSi_{1-x}/Si 异质结构具有更高的实用价值，必须解决好几个问题：一是要保证原子级清洁的生长表面，避免造成不希望的缺陷；二是要实现二维共度生长，防止应变弛豫和三维岛状生长，以提高晶格完整性；三是要控制界面互扩散以获得陡峭的杂质分布。为此，Ge_xSi_{1-x}/Si 外延需要满足：

① 低温外延，以扼制三维岛状的生长、应变弛豫以及界面的相互扩散；

② 低生长速率，实现原子级的外延；

③ 原位掺杂，获得特定的杂质分布。

目前，Ge_xSi_{1-x}/Si 结构的合金材料可用多种外延方法生长，近年来受到人们关注的主要有 Si-MBE、CBE 和超低压 CVD（UHV/CVD）三种，其中 UHV/CVD 方法有较大优势，目前这种淀积系统已经可以满足工业生产的需要。

3. Ge_xSi_{1-x}/Si 异质结内光电子发射长波红外探测器材料

用 MBE 生长工艺在 p 型 Si(100) 衬底上生长 Ge_xSi_{1-x} 层，然后进行高浓度掺杂，使能带达到简并状态，图 5.28 是 P^+-Ge_xSi_{1-x} 异质结内光电子发射红外探测器能带图。由于 P^+-Ge_xSi_{1-x} 高掺杂形成简并态，内光电发射集中在费密能级 E_F 附近，异质结价带的不连续性形成的势垒 Φ_{ms} 确定了材料的响应波长，红外辐射被 Ge_xSi_{1-x} 层吸收后产生光电子发射，有足够能量的空穴越过势垒而达到 p 型衬底区,从而形成光电流,它的工作原理与肖特基势垒探测器相似。这种材料探测器的响应波长可通过材料的组分来调节,材料与探测器均匀性好,并且可利用硅集成电路工艺研制单片式红外焦平面器件,是一种非常有前途的长波红外探测器材料。目前已有对 400×400 的 $Ge_{0.44}Si_{0.56}$ - Si 异质结内光子发射探测器阵列的报道,其波长为 9.3 μm,工作温度为 53 K,最小可辨温差为 0.2 K,并已实现红外成像。

二、硅基硅化铂异质薄膜

硅化铂(PtSi)是 20 世纪 80 年代初发展起来的 1~5 μm 波段红外探测器材料,它的主要优点是:在 Si 衬底上容易生长出 PtSi/Si 材料。由于 Si 材料是成熟的半导体材料,并能提供大直径单晶衬底,所以采用先进的 MBE 生长工艺能够生长大面积的 PtSi/Si 材料,材料均匀性好,响应均匀,面

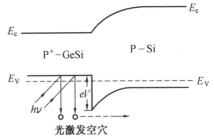

图 5.28 $P^+ - Ge_xSi_{1-x}$ 异质结内光电子发射红外探测器能带图[12]

积大,信噪比不均匀性小于 5%,没有识别目标时 $1/f$ 噪声关系比较简单,适于制作大面积单片红外焦平面阵列(SIRFPA),PtSi/Si 现已成为工业生产用红外探测器的主要材料之一。国外用 PtSi/Si 制作的 FPA 阵列主要有:

0.8~2.6 μm 波段	512×512 元
(PtSi FPA)	512×488 元
	640×480 元
3.0~5.0 μm 波段	256×256 元
(PtSi/Si CMOS)	512×512 元
	1 024×1 024 元

然而与 MCT IRFPA 相比,PtSi/Si 制作的 FPA 分辨率要低得多,前者的噪声等效温差(NETD)达到 0.009 K,而 PtSi/Si FPA 器件的 NETD 仅为 0.1~0.5 K。从应用角度来看,工业摄像机已达到 640×480 分辨率,美国西屋电气公司的 3.4~5.0 μm 波段轻型监视用红外前视系统(NETD < 0.15 K),已在 B-52 轰炸机红外前视系统中使用,计划中的 BND 高空拦截系统(THAAD)也将使用该系统。总之,相对 MCT、InSb 等薄膜材料,PtSi 更容易获得的特点是它得以应用的主要优势所在。

图 5.29 是红外探测器材料的像素或芯片元素的发展历史。

1. 金属硅化物形成机理

在金属硅化物形成过程中,可以形成许多不同化学计量比的相,而且在低温时仍可继续进行结构演变。由于多相系统而产生的复杂复合界面引起了人们的关注。

二元金属硅化物系的相图中常有多个平衡相,在稳定退火条件下,只有部分相可以生长。因此,Walser 和 Bene 提出第一生长相定则[13],即首先生长的硅化物是在相图中紧挨着最低共晶点的最高同成分融化化合物。对硅化铂而言,预期的第一生长相为 Pt_2Si,与实验观察的结果相符。

在金属-Si 体系的相图中,一般会出现 3 种以上的硅化物,PtSi 是最早研究成功的硅化物。Pt-Si 体系相图如图 5.30 所示[14]。其中包含一些平衡相及组分为 $Pt_{77}Si_{23}$(830℃)的低共晶点化合物。从相图可以看出,退火过程中,界面层组分从 $Pt_{77}Si_{23}$ 变到 Pt_2Si,最接近 Si 的化合物是 PtSi,当反应完成时,它成为稳定相。在薄膜系统的硅化

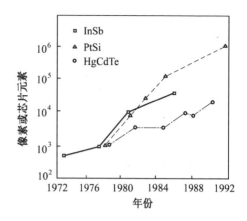

图 5.29 红外探测器材料的像素或芯片元素的发展历史[5]

物形成过程中,不是所有的平衡相都能成为优势生长相,有一些平衡相的晶核不能生长到宏观尺度。

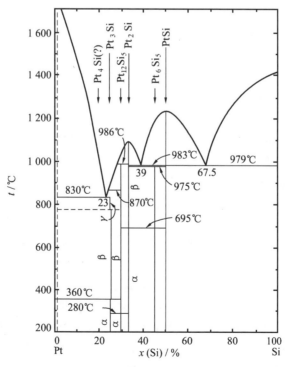

图 5.30 Pt-Si 体系相图[14]

Rutherford 背散射谱和 XPS 等测试结果表明[15~17],硅化物相的形成过程一般是从形成金属富硅化物开始。多金属硅化物开始形成的温度为 200℃ 左右,在如此低的温度下,Si 原子如何能够挣脱具有很强结合力的共价硅键,这就涉及金属硅化物的形成机理问题。另外,Si 的补充不论对形成二硅化物,还是对形成多金属硅化物,都是关键性的问题。高温时 Si 的补充机理和低温时有很大差别。在温度高于 600℃ 时,Si 原子中的声子能可使 Si 原子脱离 Si 的表面。在温度低于 200℃ 时,声子能不足以分裂 Si 中的共价结合键。推进形成过程的动力是自由能的变化,自由能的变化和硅化物的生成能有关,而且在金属 - Si 二元体系中存在着一种以上的硅化物,它们的生成能不同,因此热处理工艺会影响金属硅化物的形成。

通常,在一定的温度下,在单晶硅衬底上沉积一薄层金属膜,然后通过退火过程即可形成金属硅化物。金属硅化物生长的必要条件是硅和金属原子能连续补充到界面处。其中,金属原子可以原子扩散的方式通过生长的硅化物层到达界面处,而补充至界面处的硅原子必须通过硅晶格中释放原子的机制才能提供。

针对于金属硅化物的形成机理已有多种模型提出。K. N. Tu[18] 提出的填隙模型可以解释在 200℃ 低温下,通过断开具有很强结合力的共价硅键(~2 eV/键)而形成硅化物的机理。他认为金属原子可以通过填隙形式扩散到硅中,使硅的最近原子数增加,这种增加所引起的电荷交换减弱了硅共价键,使其向金属键型转化。因此,间隙原子的存在能使硅原子键在 200℃ 左右断开并与金属反应形成硅化物。同时,在硅衬底上沉积的金属薄膜一般是多晶结构,多晶膜中存在大量晶格缺陷,可能导致金属薄膜中原子易脱离晶格,沿着晶界扩散,如图 5.31 所示。

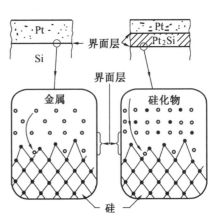

图 5.31　间隙模型示意图

利用填隙模型可以说明 Ni/Si 和 Pt/Si 的界面反应。利用 XPS 和 UPS 等技术对 Pt/Si(111) 界面的电子结构和原子组分进行的研究为界面扩散的填隙模型提供了实验依据。开始淀积的 Pt 原子(~0.1nm),并没有覆盖在硅表面,而是以原子或原子团的形式通过扩散渗透至硅晶格位置。硅表面受溅射的影响,导致在表面层中存在许多缺陷,Pt 原子由于缺陷增强效应更易渗透至硅表面的缺陷位置。渗透到硅表面层中的 Pt 原子之间的距离比纯金属的大,所以 Pt—Pt 之间的作用力较弱,其电子组态趋于原子状态的组态,即 s - d 杂化很大程度上被消除,使 d 带和 s 带局域化、公有化电子减少,弛豫作用减弱。目前,该理论已为大多数人所接受。

与此同时,还有其它机制的模型提出。A. Hiraki 提出了屏蔽模型[19],他认为:由于覆盖金属原子的移动,自由电子屏蔽了硅晶体共价键的库仑相互作用,因而削弱了 Si—Si 键,产生了金属与硅的互混层。根据这种设想,界面处相互作用开始之前应当存在一个金属膜的临界厚度,即互混不应当在金属淀积的起始阶段发生,而只能在淀积若干层金属后才开始。A. Hiraki 对 Au/Si 界面相互作用开展的工作表明,对于 Au/Si 系,淀积层厚度大约达到 3 个分子层后才产生互混。

2. PtSi 生长动力学

Pt 是过渡金属,其电子结构为 $5d^96s^1$,Pt 原子通过 d-s 杂化构成晶体。Si 的电子结构为 $3s^23p^2$,通过 s-p 杂化构成晶体。理论和实验研究表明,在硅化物中,Pt 和 Si 反应,金属-金属键长增加,键的数量减少,使 d-d 电子相互作用减弱,原来金属状态的 d-s 杂化部分消除。同时,硅原子也不再保持它的 sp^3 杂化,金属的 d 电子与硅的 p 电子将产生强烈的杂化作用,杂化后形成成键态与反键态,并以共价键的成键方式为主,形成硅化铂化合物[20,21]。

利用卢瑟福背散射法和 X 射线衍射技术可以观察到 Pt-Si 体系 200℃退火(30 min)后,出现 Pt_2Si 相的弱衍射峰;当退火温度较高时,PtSi 的衍射峰出现,且具有择优的晶体取向。结果表明,靠近 Pt 生长的是 Pt_2Si 相,靠近 Si 生长的是 PtSi 相;PtSi 的生长过程是经过 Pt-Pt_2Si-Si 和 Pt-Pt_2Si-PtSi-Si 到 Pt_2Si-PtSi-Si,最后形成 PtSi-Si。另外,用背散射法研究 PtSi 的形成过程,发现当 PtSi 开始形成时,Pt-Pt_2Si 界面移动较慢,而 Pt_2Si-PtSi 界面移动很快,这表明在反应过程中 Si 是扩散源。用放射性示踪原子技术研究 PtSi 的形成过程可以证明 Si 原子在 PtSi 中的迁移率很小,要比形成 PtSi 的速度低 4 个数量级,因此得出结论,Si 不可能是生成 PtSi 的扩散体,可能是以 Pt 作为扩散体来形成 PtSi 的。研究表明,在 Pt_2Si 的形成过程中,Pt 是主要的扩散元素,而在 PtSi 的形成过程中,穿越 PtSi 层的扩散元素主要是 Si。

PtSi 的生长动力学表明,在低于 300℃时,Pt_2Si 相形成,高于 300℃时,PtSi 相生长。一般同一时刻只有一种相存在,只有淀积铂层与衬底转变成第一相 Pt_2Si 之后,第二相 PtSi 才开始形成。若 PtSi 厚度为 d,则其与扩散系数 D、退火时间 t 之间的关系为

$$d = 2D^{1/2}(t-t_0)^{1/2} \tag{5.54}$$

式中　t_0——Pt 膜转变到第一相 Pt_2Si 所需的时间。

在一级相变中组分变化是不连续的,即新相的形成必须通过成核才能发生。不同相的成核势垒不同。动力学认为成核势垒由激活能给出。对 Pt_2Si 相和 PtSi 相形成的激活能,不同的研究人员得到不同的数值,大多数结论表明,Pt_2Si 相的激活能比 PtSi 相形成的激活能低,Pt_2Si 相的激活能一般为 1.1~1.3 eV,而 PtSi 相的激活能为 1.47~1.60 eV[22],这与 Si 和 Pt 反应时先生成 Pt_2Si 相一致。PtSi 相和 Pt_2Si 相的生长数据见表 5.8。

表 5.8　PtSi 和 Pt_2Si 相的生长数据

硅化物	形成温度/℃	激活能/eV	生长速率	自由能/(kJ·mol^{-1})	晶体结构	熔点/℃
Pt_2Si	200~500	1.1~1.6	$t^{1/2}$	28.9	$CuAl_2$	1 100
PtSi	≥300	1.4~1.6	$t^{1/2}$	33.1	MnP	1 229

由上述可见,关于硅基 PtSi 相形成的动力学过程,包括对扩散反应、相转变过程、相形成顺序和主扩散物质等问题的研究尚待进一步深入。

3. Pt/Si 退火工艺

研究不同退火顺序、退火时间、环境及不同 Pt 沉积工艺对 PtSi 相形成的影响,结果表明,不论采用哪种沉积方法,对 PtSi 形成和生长影响最大的因素是退火温度和衬底温度。退火温度达到 800℃ 以上时,就接近或达到 Pt、Si 两相的共熔温度,发生合金化,在降温过程中使 Pt 结块,引起 PtSi 层电阻增大;退火温度低于 200℃ 时,不论合成多长时间,始终不能形成 PtSi 相;退火温度在 300℃ 以上时,才明显发生 PtSi 相形成的现象。

PtSi 薄膜的热稳定性及性能与膜厚之间也存在一定关系。采用溅射方法分别在 n−Si(100) 衬底上沉积 Pt 膜,进行三步快速热退火,然后在较高温度下检验其热稳定性。实验表明,虽然硅化物相的生长顺序仍为 Pt−Pt$_2$Si−PtSi,但从一个相转变到另一个相的温度随膜厚不同而不同。人们发现晶向、晶粒大小、电阻、光谱反射及热稳定性强烈依赖于膜厚,薄膜性能变坏的温度随膜厚增加而增加。性能衰减的机理是 Pt 扩散到 Si 中,并伴随着 PtSi 膜的分解形成了额外的 Pt$_3$Si 相。

硅基超薄 PtSi 薄膜的质量是影响器件性能的关键因素之一,而 Pt 金属膜的沉积和退火工艺对固相反应 PtSi 薄膜的质量有显著影响。人们已经研究了单一温度退火、三步扩散炉退火和快速热退火等退火方法。人们应用脉冲激光沉积制备 Pt/Si 异质层,然后用脉冲激光加热进行退火,也可获得高质量的 PtSi 薄膜。

4. PtSi/Si 界面研究

PtSi 具有正交结构(MnP 型),每个单胞内含有 4 个 Pt 原子和 4 个 Si 原子,晶格常数为 $a = 0.593$ nm, $b = 0.360$ nm, $c = 0.560$ nm。单位晶胞的原子结构如图 5.32 所示。以 Si(111) 为衬底生长 PtSi 时,在 PtSi 的 [100] 方向上,PtSi 与 Si 之间晶格失配为 11.3%,在 [001] 方向上为 6.4%[23]。

图 5.33 为 PtSi/Si(111) 的界面模型,由图可知 PtSi[001]/Si[110] 准六角形硅化物中 Pt 原子或 Si 原子层交替堆积,硅化物可终止于界面处的 Pt 原子层或 Si 原子层。对 PtSi/Si(111) 界面进行的高分辨电子显微分析表明[24],在小区域 (20~40 nm) 内,PtSi 在 Si(111) 衬底上外延生长。在原子范围内,界面并不平行于衬底,从 PtSi 到 Si 的转变是突然的,在界面处可观察到台阶的存在。

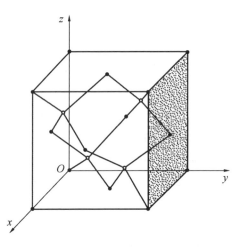

图 5.32 PtSi/Si(111)单位晶胞原子结构图

○—Si 原子; ●—Pt 原子

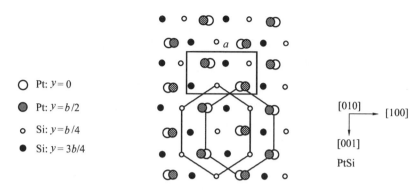

图 5.33 PtSi/Si(111)的界面模型

S.Matteson 等人[25]认为,通过界面的离子在界面附近的级联碰撞和诱导两层不同物质的增强扩散产生离子束混合,引起 Pt-Si 混合并反应。一方面,注入铂中的 As 离子与 Pt 原子发生大量碰撞,同时也引起 Pt 原子相互碰撞,产生级联碰撞团,引起注入杂质 As 的再分布。另一方面,注入的离子能量转化为热能,引起铂与衬底的互相扩散,从而形成硅化物。Pt-Si 的离子互相混合,注入杂质 As 参与了 Pt-Si 之间的混合和扩散,并由于此种混合、扩散及化学反应而得到了再分布。

利用 TEM 详细研究 PtSi 晶粒在 Si(001)衬底上沿两个方向($1\bar{1}0$)、($1\bar{2}1$)外延生长的情况[26]。硅衬底上沉积的 Pt 膜在退火过程中,先生成 Pt_2Si,然后沿($1\bar{1}0$)方向转变为 PtSi 相;而沉积在 320℃硅衬底上的 Pt 膜直接沿($1\bar{2}1$)方向形成 PtSi 相。

人们采用软 X 射线发射光谱(USXES),在真空退火或用氙氖灯在空气中辐照的情况下研究了不同工艺条件的 Pt-Si(111)薄膜[27]。结果表明,由于 Pt 和 Si 晶格常数相差较大,PtSi/Si 界面存在较大的晶格失配。利用深能级瞬态谱(DLTS)研究 PtSi/Si 界面上存在的各种深能级缺陷中心[28],发现它与界面原子结构有关,不同退火条件对应不同的界面,也对应不同的深能级中心。用光电子谱技术(XPS 和 UPS)等方法[29,30]也可以研究 Pt-Si 界面的芯能级和价带电子结构,随着 Pt 和 Si 反应的进行,其芯能级光谱和价带光谱发生移动,其界面也随着移动。对界面结构特征及影响因素的深入研究有助于改善器件性能。

三、碲镉汞(HgCdTe)红外探测器材料

以碲镉汞 II-VI 族固溶体等为代表的所谓第四代半导体材料进一步将器件的工作频率扩展到红外波段。HgCdTe 探测器是目前最重要和应用最广的红外探测器。

红外探测器材料碲镉汞($Hg_{1-x}Cd_xTe$,MCT)是一种窄带宽三元化合物半导体,是 HgTe 和 CdTe 二元化合物以任意配比形成的连续固溶体。英国皇家雷达研究所 1959 年首次报道了对 MCT 晶体生长的研究,1962 年报道了 MCT 晶体的红外敏感特性。

1. $Hg_{1-x}Cd_xTe$ 材料的特点

① $Hg_{1-x}Cd_xTe$ 材料是 HgTe – CdTe 赝二系化合物半导体合金材料,其禁带宽度 E_g 是组分 x 和温度 T 的函数。通过对 x 和 T 的调节与选择使材料的禁带宽度 E_g 从 0.3 eV(HgTe)变化到 1.6 eV(CdTe),因此,可以通过调整 x 值制备出所要求的禁带宽度的本征型半导体,以制作 1~30 μm 响应波段内所需的特定响应波长的红外探测器(图 5.34)。

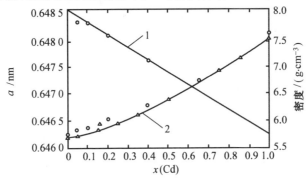

图 5.34 $Hg_{1-x}Cd_xTe$ 的晶格常数密度与组分 x 的关系[5]
1—密度曲线;2—晶格常数曲线

② $Hg_{1-x}Cd_xTe$ 是一种本征半导体材料,其光吸收系数比非本征半导体材料大得多,大约 10 μm 厚的材料就可实现有效的光吸收,探测器具有很高的量子效率。

③ $Hg_{1-x}Cd_xTe$ 材料热激发速率小,而非本征材料必须冷却到足够低的温度才能避免杂质的热激发,因而在同一工作波段时,碲镉汞探测器比锗(Ge)、硅(Si)掺杂型红外探测器具有更高的工作温度,响应速度快,可用于外差接收。

④ $Hg_{1-x}Cd_xTe$ 材料有很小的电子有效质量、很高的电子迁移率、较低的本征载流子浓度和较小的介电常数,因而碲镉汞探测器有较高的光电导增益和响应率,适合研制高频响应、宽频带的探测器。

⑤ $Hg_{1-x}Cd_xTe$ 材料的热膨胀系数与硅接近,因此可研制出与硅信息处理电路集成的混合式红外焦平面器件,这些优点决定了 MCT 晶体在红外领域的广阔前景。

表 5.9 给出了 MCT 材料的主要特性参数。

$Hg_{1-x}Cd_xTe$ 材料的应用十分广泛,人们已研制出了光导型与光伏型探测器,其工作温度范围是从室温至 77 K,波长有 1~3 μm、3~5 μm、8~14 μm 和各种不同结构的单元、多元、十字形、线列、面阵、双色和多谱探测器。

2. $Hg_{1-x}Cd_xTe$ 材料的制备

40 多年来,MCT 晶体一直是最受重视的红外探测器材料。20 世纪 60 年代末期,国外科学家用 MCT 晶体材料制备的单元探测器性能即达到了理论值;70 年代末,多元线列探测器以及 Sprite 探测器在工程上得以应用,多元线列组件已实现商品化;80 年代初,国外已开始把材料生长的重点由体材料转向了薄膜材料,采用了液相外延和气相外延(MBE 和 MOCVD)工艺,可在与 HgCdTe 晶格匹配的 CdZnTe 衬底材料或 GaAs、蓝宝石(Saphire)与硅等替代衬底材料上生长 HgCdTe 薄膜。薄膜材料具有面积大、均匀、表面不需磨抛、可直接采用背光照结构(光由衬底面入射)而不需要再减薄等优点,适用于研制混合式红外焦平面探测器(IRFPA),加上先进的微电子集成电路工艺和平面离子注入工艺,使研究得到了迅速发展,目前上述工艺已相当成熟。

表 5.9　MCT 材料主要特性参数[5]

特性参数	数　值				
组　分	0.19	0.20	0.30	0.40	0.55
温度/K	77	77	77	300	300
禁带宽度/eV	0.079	0.094	0.251	0.422	0.656
截止波长/μm	15.8	13.2	4.9	2.9	1.9
峰值波长/μm	14.4	12.0	4.4	2.6	1.7
本征截流子浓度/cm^{-3}	2×10^{14}	9×10^{13}	1×10^{9}	6×10^{14}	1×10^{13}
n 型电子迁移率/[(cm$^2 \cdot$(V·s)$^{-1}$]	2×10^{5}	2×10^{5}	5×10^{4}	3×10^{3}	2×10^{3}
p 型空穴迁移率[(cm$^2 \cdot$(V·s)$^{-1}$]	1 400	800	500	100	20
静态介电常数	17	17	16	15	14
高频介电常数	12.5	12.5	12	11	10

就 MCT 晶体生长而言,受其固有特性所限,一般采用从熔体中生长的方法,通常的是直拉法和区熔法都不适用于 MCT 晶体生长。HgCdTe 单晶的制备是比较困难的,主要原因如下。

① HgTe – CdTe 赝二元系的相图中液相线与固相线之间有显著的差别,固 – 液相线明显分离,使得晶体从熔体冷凝生长时在生长过程中会出现 CdTe 相对于 HgTe 的明显分凝,很难得到纵向组分均匀的 MCT 晶体(图 5.35)。

② 熔体化学计量配比的偏离容易引起 Te 组元过剩,熔体中过量的 Te 存在也会引起分凝,一般只要摩尔分数为 2% 过量的 Te 就能明显地引起"组分过冷"现象,从而影响晶体生长的正常进行。要避免这一现象发生,必须仔细地控制熔体中的化学配比。

③ 试料合成时,熔体上存在有 2～3 MPa 的汞(Hg)的离解压,较高的汞蒸气压使工艺控制相当困难,Cd 与 Te 容易分凝,因此很难保证熔体的化学计量配比,同时高 Hg 离解压的存在往往会引起反应安瓿的炸裂,因此很难制备无宏观缺陷且光电性质均匀的大直径单晶。

④ 晶体中 Hg—Te 的键合力弱,在不太高的温度下就会离解而形成 Hg 空位或 Hg 间隙,二者都易流动,Hg 原子流动到表面就可挥发到体外,从而影响晶体的稳定性。

⑤ 晶体的径向组分均匀性明显依赖于固 – 液界面的形状,不平坦的固 – 液界面往往会引起晶体径向组分的不均匀,同时也限制了晶体生长直径的增加。

从以上几点可以看出,消除或减少 CdTe 相对 HgTe 的分凝,控制反应安瓿中 Hg 的离解,建立平坦的固 - 液界面是制备优质 MCT 晶体材料工艺的关键。多年来,人们发展了许多晶体生长工艺,从不同角度解决 MCT 晶体生长工艺中的难题。目前已发展了多种制备 HgCdTe 晶体的工艺,其中包括改进的布里奇曼法、固态再结晶法、碲溶剂法和移动加热法等。生长后的晶体需经适当的热退火,使之达到研究探测器所需要的材料电性能。但是,同 Si 单晶相比,MCT 晶体生长工艺还不能说十分成熟,只能说在器件及材料方面取得了很大进步。

3. HgCdTe 红外焦平面探测器薄膜材料

目前,人们把解决长波 MCT IRFPA 高成本、低效率等问题的希望寄托于对替代材料和超晶格结构 MCT 薄膜的研究上。为了满足 MCT 探测器

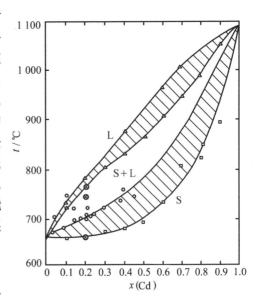

图 5.35　$Hg_{1-x}Cd_xTe$ 的相图[5]

发展的要求,需要研制大面积、组分均匀的 MCT 材料,特别是薄膜材料。

采用 HgCdTe 材料是目前研制焦平面探测器的主要途径,HgCdTe 焦平面器件对材料提出了大面积、均匀、高性能的要求。一般从熔体生长的晶体的线度在 20 mm 以内,可用它制作 200 元以内的第一代线列探测器,这大概是这类制造方法的最高限度了,而且晶体生长方法达不到组分、结构和电性能的均匀性要求,因此不宜用来制造焦平面探测器。十多年来,采用 LPE、MBE 和 MOCVD 方法生长 HgCdTe 薄膜材料的工艺日趋完善,并已小批量投放生产,基本可以满足实验室需要。但对 HgCdTe 材料的研究还远远没有结束,目前,国际上正在开展一些对 HgCdTe 新型材料结构的研究。

(1) HgCdTe 异质结材料

异质结是由两种不同的半导体材料利用外延工艺形成的 p - n 结。异质结与同质结最大的区别在于:同质结在 p - n 结两边的 p 型区和 n 型区是由同一种基质材料所组成,它们的禁带宽度相同,而异质结却并非如此,例如,正在迅速发展的 HgCdTe 双异质结光伏探测器就是采用 HgCdTe 异质结材料,如图 5.36 所示。它采用与 HgCdTe 晶格匹配的 CdZnTe 衬底,先外延 10～20 μm 厚的一层用 In 掺杂的 n 型 HgCdTe 层,掺杂浓度为 $(1～3)\times10^{15}cm^{-3}$,选择 10 μm 红外辐射响应的组分 $x=0.225$,该层是光子吸收层。然后再外延一层厚度为 1～2 μm 由 As 掺杂的 p 型层,掺杂浓度为 $10^{17}～10^{18}$ cm^{-3},组分 $x=0.3$。p - n 结两边是由不同组分不同禁带宽度的 HgCdTe 所构成的异质结。光辐照可以采用前光照或背光照,混合式焦平面器件通常采用背光照,能量大于 CdZnTe 禁带宽度的光子被 CdZnTe 吸收,而能量低的可通过 CdZnTe 到达结区,

然后被窄带材料吸收从而产生光电信号。异质结器件的特点是,它不受表面复合的影响,异质结界面的复合速率低于表面的复合速率,从而改进了器件的量子效率。异质结探测器具有量子效率较高、背景噪声较低和信号比较均匀等特点。

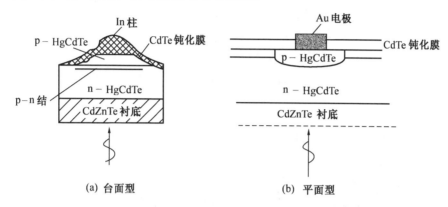

(a) 台面型　　　　　　　　　(b) 平面型

图 5.36　背光照长波 $Hg_{1-x}Cd_xTe$ 双异质结光伏探测器的截面图[8]

(2) HgCdTe 双色与多色红外探测器材料

HgCdTe 材料可通过组分改变成为双波段或多波段的材料使制作双色与多色红外探测器成为可能。该材料有着广阔的应用前景,能提高识别目标的能力,增加抗干扰性与探测器的带宽。其制备方法是采用外延工艺一层一层连续沉积不同组分和不同导电类型的 HgCdTe 薄膜。目前 p-n-n-p 结构的 HgCdTe 双色红外探测器已研制成功,这样一来研制双色红外焦平面阵列器件就显得更有意义,是今后的重点研究方向之一。

(3) 以硅为衬底的 HgCdTe 薄膜材料

长期以来,由于大面积高纯度和性能优良的 CdZnTe 衬底难以获得,限制了 HgCdTe 外延膜性能的提高,所以人们一直试图采用替代衬底材料。采用硅作衬底材料是最佳的选择,这是因为硅工艺成熟、价格低廉,并具有优良的结构与机械特性,更重要的是能制成单片式的红外焦平面器件。由于硅与 HgCdTe 有较大的晶格失配,需通过生长缓冲层的办法解决。目前已研制出了 HgCdTe/CdTe/GaAs/Si、HgCdTe/CdZnTe/Si 和 HgCdTe/CdTe/Si 等结构的探测器材料和一定性能的焦平面探测器。

4. HgCdTe 薄膜外延衬底材料

碲化镉(CdTe)和碲锌镉($Cd_{1-x}Zn_xTe$,CZT)是 MCT 薄膜外延生长的主要衬底材料,随着MCTFPA 的发展,生长优质 CdTe 和 CZT 单晶材料衬底的工艺也越来越受到重视。

(1) CdTe 晶体材料

对 CdTe 晶体的研究工作已有较长的历史,对 MCT 薄膜外延生长衬底材料的研究大约从20 世纪 70 年代中期开始,至今,CdTe 单晶材料仍然是主要的衬底材料,值得人们对其进行更为深入的研究。人们应该把研究的重点放在大直径、高质量 CdTe 单晶制备和无损伤(低损伤)

衬底工艺上。常规的半导体生长工艺不适于 CdTe 晶体生长,多年来人们发展了许多 CdTe 晶体生长方法,其中主要有改进的布里奇曼法、高压釜布里奇曼工艺和改进的控制蒸发技术。

(2) CZT 晶体材料

将 CdTe 晶体用做 MCT 薄膜衬底材料有两大难点:

① 大面积、高质量 CdTe 单晶衬底获得困难;

② 当外延生长 x 为 0.2 的 MCT 薄膜材料时(对应响应波段 8~14 μm),CdTe 衬底材料相对 MCT 薄膜材料晶格失配约 2%,较大的晶格失配不仅使过渡层的缺陷增多,而且影响外延层的表面质量。

为了克服以上困难,人们一直在寻找可以替代 CdTe 材料的适于 MCT 薄膜外延生长的晶体材料,其中 CZT 晶体以其固有的优点成为近几年人们研究较多的衬底材料之一。

研究结果表明,用 CZT 材料作衬底外延 MCT 薄膜材料的优点是:

① CZT 晶格常数随 Zn 的质量分数由 0 变化到 1 时,晶格常数由 CdTe 的 0.648 4 nm 变化到 ZnTe 的 0.610 3 nm,Zn 的质量分数为 0.04 时,晶格常数约为 0.646 4 nm,基本与 x 为 0.2 的 MCT 晶格常数相吻合,衬底材料与外延材料达到晶格"零失配",利于优质薄膜的生长;

② CZT 晶体材料的位错密度比 CdTe 晶体低一个数量级,而电阻率(p 型)达到 10^6 $\Omega \cdot$cm,是一种半绝缘衬底材料;

③ 与 CdTe 材料相比,CZT 衬底制备工艺要容易些。一般 CdTe 衬底的晶向偏离不大于 1°,而 CZT 晶向偏离在 1°~2°范围内都可以外延生长 MCT 薄膜。

(3) CdTe 和 CZT 薄膜材料

随着 MCT FPA 技术的发展,对 MCT 薄膜材料提出了大面积、组分均匀的要求,而作为衬底材料,获得大面积单晶衬底相当困难。因此,在解决大直径 CdTe、CZT 晶体生长的同时,人们利用先进的 MBE 技术,在大直径的 GaAs、Si 和多晶 CdTe、CZT 基片上,用 MBE 技术外延生长了 CdTe 和 CZT 单晶薄膜材料。为了减少外延 CdTe 和 CZT 单晶薄膜的缺陷,常采用缓冲层过渡方法制备薄膜。然后在这种 CdTe 和 CZT 单晶薄膜材料上再外延 MCT 薄膜,以满足 MCT FPA 制作的要求。此外,人们还利用热壁外延技术生长 CdTe 和 CZT 薄膜材料,也获得了大面积 CdTe 和 CZT 薄膜,而且这种设备比 MBE 设备简单得多。

5.7 非制冷型红外探测器材料

利用入射辐射的热效应来检测辐射能量的器件称为热探测器。这类器件在吸收了入射辐射后,温度升高,一般温升约为 10^{-3}K 左右。温度上升引起探测器材料的性能发生变化,如果能测量出某一特定性能的变化,就能探测出入射辐射的大小。

热探测器对入射辐射的波长没有选择性反应,响应的波段较宽,从可见光到红外光都具有相同的响应,所以它是一种对波长无选择性的探测器。同时,这类器件大多数可在室温下工作。但热探测器与光子探测器相比,探测率较低,响应时间较长,这是它们的弱点。

热探测器包括热释电红外探测器、热敏电阻测微辐射热计、热电偶、高莱探测器等,它们在辐射度测量、标定等实验及远红外探测中都有广泛应用。本节重点介绍前两种。

一、热释电红外探测器材料

热释电红外探测器是利用材料热释电效应来探测红外辐射的光接收器件,它对静止温度没有反应,仅对温度变化有反应。温度变化(dT)引起晶体极化强度的变化(dP),热释电系数定义为 dP/dT。热释电红外探测器的性能取决于材料的性能,要求使用热释电系数大、电阻率高、介电损耗低和热导率小的材料。在热释电晶体中具有最大热释电系数的是铁电材料。铁电材料与其它热电材料的区别在于:铁电体的自发极化能在外电场的作用下可以反转,而且材料一旦达到它的特征温度(居里温度)极化就立即消失,在居里温度下出现晶体从极化相到非极化相的相变,在温度低于居里温度时所观察到的热释电系数可比一个非典型的非铁电热释电材料大 10~100 倍,它的介电常数也比非铁电体材料大。

氧化物晶体 $LiTaO_3$、SBN 和陶瓷材料 $PbTiO_3$、PLZT 等具有化学和机械性能稳定、容易加工等优点,因而常被用于制作探测器,这些探测器已在测温、控温、外差探测、激光探测和空间技术等方面得到应用。国外已研制出 SBN 焦平面探测器以及 192×128 元的 $LiTaO_3$ 焦平面探测器和热像仪的样机。另外,还将研制 328×244 元,且与电视兼容的噪声等效温差优于 0.1 K 的热释电焦平面探测器,并开发新型的非制冷型的红外探测器材料,以满足军事和商业的需要。

1.热释电红外探测器的工作原理

热释电红外探测器由单晶小薄片的热电晶体所制成。热电晶体具有自发极化特性,它在自然条件下,内部某些分子的正负电荷重心不重合,形成一个固有偶极矩,在垂直于极轴的两个端面上出现大小相等、符号相反的面束缚电荷。当温度变化时,晶体中离子间的距离和键角发生变化,从而使偶极矩极化强度及面束缚电荷发生变化,结果造成过剩电荷,在垂直极轴的两个端面之间出现微小电压,当用导线连接时就会产生热电流。

2.性能参数分析

(1) 响应率 R_V[33]

根据响应率的定义

$$R_V = \frac{|V_S|}{P_0} = \frac{\alpha\omega\lambda AR}{G\sqrt{(1+\omega^2\tau_n^2)(1+\omega^2\tau_T^2)}} \tag{5.55}$$

由上式可见,当入射辐射的调制频率为零,即 $\omega=0$ 时,$R_V=0$,这说明热释电探测器是一种交流器件,它对恒定不变的辐射是没有输出的。

图 5.37 所示为热释电红外探测器的响应率 R_V、频率 ω 偏置电阻 R_L 的关系曲线。由图可见,带宽随偏置电阻降低而增加,响应率则下降。热释电红外探测器在探测激光脉冲时,放大

器的偏置电阻必须在 $10^2 \sim 10 \, \Omega$ 左右,但此时响应率很低。光谱仪、测温仪或警戒仪等在低频范围使用时,偏置电阻应尽可能高,在不要带宽的条件下,R_L 应达到 $10^{10} \sim 10^{11} \, \Omega$,这时能得到很高的响应率。

(2) 噪声、噪声等效功率和探测率

热释电红外探测器的主要噪声包括温度噪声、热噪声和放大器噪声。

① 对于带宽为 Δf 的热释电红外探测器,由温度起伏引起的温度噪声等效功率可表示为

$$P_N = \left(\frac{16A\sigma kT^5 \Delta f}{\alpha} \right)^{1/2} \quad (5.56)$$

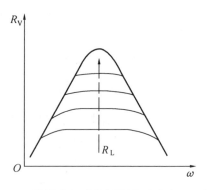

图 5.37 热释电红外探测器的响应率 R_V、频率 ω 偏置电阻 R_L 的关系曲线[34]

均方根噪声电压为

$$V_{ht} = R_V P_N = R_V \left(\frac{16A\sigma kT^5 \Delta f}{\alpha} \right)^{1/2} \quad (5.57)$$

式中　k——玻耳兹曼常数;

　　　R_V——响应率;

　　　α——吸收率;

　　　σ——斯忒藩-玻耳兹曼常数;

　　　A——探测器截面积;

　　　Δf——放大器带宽。

② 热释电红外探测器与前置放大器输入阻抗并联,总电阻为

$$R \approx R_{dC} // R_{aC} // R_L = \rho_{dC} \frac{\alpha}{A} // \frac{1}{\omega C_d \tan \delta} // R_L \quad (5.58)$$

总电容为

$$C = C_d + C_L$$

式中　C_L——前置放大器的输入电容。

总输入阻抗为

$$Z = \frac{1}{\frac{1}{R} + j\omega C} = \frac{(R - j\omega RC)}{1 + \omega^2 R^2 C^2} \quad (5.59)$$

$$|Z| = \frac{R}{(1 + \omega^2 R^2 C^2)^{1/2}} \quad (5.60)$$

热噪声等效阻抗为

$$R_Z = \frac{R}{(1 + \omega^2 R^2 C^2)} \quad (5.61)$$

则热噪声为

$$V_{nT} = (4kTR_Z\Delta f)^{1/2} = \frac{(4kTR\Delta f)^{1/2}}{(1+\omega^2 R^2 C^2)^{1/2}} \quad (5.62)$$

可见,当频率 ω 上升时,热噪声逐渐下降,所以在频率不太高的区域内热噪声是比较显著的。通常,热释电探测器工作频率 $\omega \gg \frac{1}{\tau_a} = \frac{1}{RC}$,则式(5.62)可化为

$$V_{nT} = \frac{(4kT\Delta f)^{1/2}}{\omega CR^{1/2}} \quad (5.63)$$

③ 放大器噪声主要是指放大器的起伏散粒噪声在阻抗中产生的散粒噪声电压,即

$$V_{ni} = I_n|Z| = \frac{I_n R(\Delta f)^{1/2}}{(1+\omega^2 R^2 C^2)^{1/2}} \quad (5.64)$$

通常 $\omega \gg \frac{1}{\tau_e} = \frac{1}{RC}$,则上式变为

$$V_{ni} = \frac{I_n}{\omega C}(\Delta f)^{1/2} \quad (5.65)$$

在低频时

$$I_n = (2eI_{gss})^{1/2}$$

式中　e——电子电荷;

I_{gss}——输入端的栅流电流。

放大器的散粒噪声电压的作用通常在低频时比较显著。

热释电红外探测器的噪声频率分布一般为:在高频段,以放大器短路电压噪声为主;在中频段,以热噪声 V_{nT} 为主;在低频段,以电流噪声 V_{ni} 为主。

等效噪声功率为

$$NEP = \frac{V_n}{R_V} = \left(\frac{16A\sigma kT^5\Delta f}{\alpha}\right)^{1/2} + \frac{(4kT\Delta f)^{1/2}}{R_V\omega CR^{1/2}} + \frac{(2eI_{gss}\Delta f)^{1/2}}{R_V\omega C} \quad (5.66)$$

探测率为

$$D^* = \frac{(A\Delta f)^{1/2}}{R_V\omega C}$$

二、测微辐射热计红外探测器材料

这里主要讨论非制冷型 VO_2 热敏电阻焦平面探测器材料。

VO_2 是一种半导体薄膜材料,它在室温附近可产生相变,由半导体导电材料变成金属导电材料。它在相交点低温侧的电阻率比高温侧大 3~4 个数量级,用其它材料置换一部分钒,还可以使相交点发生移动。增加置换量,相变点移动随之增大,但电阻率变化量减小。由于 VO_2 可薄膜化和厚膜化,因而可利用现有的微电子技术制作 VO_2 焦平面器件,制作方法采用标准的硅工艺操

作且不需倒装互联技术,便于大规模生产。据报道,在硅读出电路阵列上已制成了 336×240 元的单片式热成像系统,它的噪声等效温差可达到 $0.04℃$,已能够摄得高质量的热图照片。

1. 热敏电阻测辐射热计的工作原理[33]

无论金属材料还是半导体材料,当它们的温度发生变化时,其电阻值必然会发生相应的变化。材料的电阻值随温度变化的灵敏程度通常用材料的温度系数 α_T 来衡量[35],即

$$\alpha_T = \frac{1}{R}\frac{dR}{dT} \tag{5.67}$$

式中　R——材料的电阻值;
　　　T——材料的温度。

α_T 值越大,温度变化时材料的电阻值变化就越大;α_T 值越小,温度变化时电阻值变化就越小。

大多数金属材料的电阻值与绝对温度 T 成正比,即 $R = BT$,B 为比例系数。代入式(5.67),可知金属材料的电阻温度系数为

$$\alpha_T = \frac{1}{T} \tag{5.68}$$

因此,金属材料在室温下的电阻温度系数为 0.003 3。

对于半导体材料,在某一定温度范围内,其电阻值的变化服从指数规律,即

$$R = R_0 \exp\left(\frac{B}{T} - \frac{B}{T_0}\right) \tag{5.69}$$

式中　B——常数;
　　　R_0——温度为 T_0 时的电阻值。

将式(5.69)微分并代入式(5.67),得

$$\alpha_T = -\frac{B}{T^2} \tag{5.70}$$

式(5.70)"-"号表示半导体的 α_T 随温度升高而下降。在室温下,当 $T = 300$ K 时,半导体的 $\alpha_T = -0.033$,这比金属材料的 α_T 大一个数量级。因此,大多数热敏电阻由半导体材料制成。某些半导体在低温(如 $-257℃$)下具有更大的电阻温度系数,此时半导体从正常区域过渡到超导电区域。例如,氮化铌在超导区域的电阻温度系数约为温度每变化 $0.01℃$ 有 50 倍的电阻值变化。本节不讨论以超导性为基础的半导体测辐射热计。

热敏电阻测辐射热计通常是以电桥电路形式工作的。两个热敏电阻元件彼此相邻放置,其中一个是工作元件,另一个是补偿元件。两个元件的性能相同,补偿元件受屏蔽作用,仅与环境保持热平衡。而工作元件表面涂黑以增加对入射辐射的吸收率。热敏电阻测辐射热计的结构如图 5.38 所示。

工作元件和补偿元件同时安装在绝缘底板上,底板胶合在导热的外壳上,这种结构可以增

大热导,缩短器件的响应时间,但同时会降低响应率。也可使底板悬空以减少热导,如此可以提高响应率,但对响应时间不利。入射的外来辐射通过红外窗口射到工作元件的表面上。

当器件处于环境温度场中,仅接收环境辐射而无其它附加的外来辐射时,由于工作元件和补偿元件的性能相同,且处于同一环境温度中,其阻值相同,即 $R_1 = R_2$,此时电桥处于平衡状态,如图 5.39 所示。

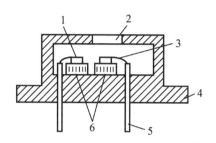

图 5.38 热敏电阻测辐射计结构图
1—补偿元件;2—窗口;3—工作元件;
4—外壳;5—引脚;6—底座

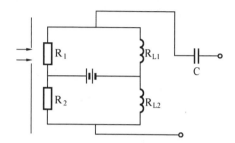

图 5.39 等效电路

当入射辐射作用到工作元件上时,它吸收外来辐射而使元件温度上升,因而其电阻值相应地产生增量 ΔR,而补偿元件因受屏蔽作用而未受辐射照射,这样电桥就失去原来的平衡状态,电桥两端有一微小电压输出。

$$V_S = \frac{E(R_1 + \Delta R)}{(R_1 + \Delta R) + R_{L1}} - \frac{ER_2}{R_2 + R_{L2}} = \frac{ER_{L2}\Delta R}{(R_1 + R_{L1} + \Delta R)(R_2 + R_{L2})} \tag{5.71}$$

因为 $\Delta R \ll R_1 + R_{L1}$,且 $R_1 = R_2$,$R_{L1} = R_{L2}$,故

$$V_S = \frac{ER_{L1}\Delta R}{(R_1 + R_{L1})^2} \tag{5.72}$$

只有在 $R_{L1} = R_1$ 时,V_S 能取得最大值,即

$$V_S = \frac{E}{4}\frac{\Delta R}{R_1} \tag{5.73}$$

又因为 $\alpha_T = \frac{1}{R_1}\frac{dR}{dT}$,当 ΔT 很小时,$\frac{dR}{dT} = \frac{\Delta R}{\Delta T}$,即

$$\alpha_T = \frac{1}{R_1}\frac{\Delta R}{\Delta T} \qquad \frac{\Delta R}{R_1} = \alpha_T \Delta T \tag{5.74}$$

代入式(5.73),得

$$V_S = \frac{E}{4}\alpha_T \Delta T \tag{5.75}$$

式(5.75)就是热敏电阻测辐射热计的信号公式。

对 ΔT 值的求解方法如下。

当无外来辐射时,由于存在偏流,测辐射热计中因电阻发热而产生的热功率为 W_h,即

$$W_h = I^2 R_1 = \frac{E^2 R_1}{(R_1 + R_{L1})^2} \tag{5.76}$$

式中　I——偏流;
　　　E——偏压。

当热平衡时,元件的焦耳热等于元件的导热和辐射热,即

$$\frac{E^2 R_1}{(R_1 + R_{L1})^2} = G_0(T_d - T_0) \tag{5.77}$$

式中　G_0——无辐射时工作元件的热导;
　　　T_d——工作元件的温度;
　　　T_0——周围环境的温度。

当外来辐射 $P_0 e^{j\omega t}$ 作用于工作元件,且由于辐射引起辐射热的温度增量 ΔT 很小时,满足方程式,即

$$H\frac{d(\Delta T)}{dt} = \alpha P_0 e^{j\omega t} + \frac{dW_h}{dT}\Delta T - G\Delta T \tag{5.78}$$

式中　G——温度变化很小时的总热导;
　　　$-G\Delta T$——热敏元件吸收外来辐射而温度高于环境温度时,元件通过传导和辐射每秒损失的热量。

方程式左边为热敏元件的热能变化,右边 $\dfrac{dW_h}{dT}$ 是 W_h 随温度 T 的变化率。

$$\frac{dW_h}{dT} = \frac{dW_h}{dR}\frac{dR}{dT} = \frac{E^2(R_{L1} - R_1)}{(R_1 + R_{L1})^3}\alpha_T R_1 = G_0(T_d - T_0)\frac{R_{L1} - R_1}{R_1 + R_{L1}}\alpha_T \tag{5.79}$$

把式(5.78)移项后变为

$$H\frac{d(\Delta T)}{dt} + \left(G - \frac{dW_h}{dT}\right)\Delta T = \alpha P_0 e^{j\omega t} \tag{5.80}$$

令

$$G - \frac{dW_h}{dT} = G' \tag{5.81}$$

则变为

$$H\frac{d(\Delta T)}{dT} + G'\Delta T = \alpha P_0 e^{j\omega t} \tag{5.82}$$

解式(5.82)可得

$$|\Delta T| = \frac{\alpha P_0}{(G'^2 + \omega^2 H^2)^{1/2}} \tag{5.83}$$

式中　G'——有效热导。

$$G' = G - \alpha_T G_0(T_d - T_0)\frac{R_{L1} - R_1}{R_1 + R_{L1}}$$

若取 $\tau = \dfrac{H}{G'}$ 为热敏电阻的热时间常数,则上式变为

$$|\Delta T| = \frac{\alpha P_0}{G'^2(1+\omega^2\tau^2)^{1/2}} \tag{5.84}$$

把式(5.84)代入式(5.75),就可得出热敏电阻测辐射热计的信号幅度为

$$V_S = \frac{E}{4}\frac{\alpha_T \alpha P_0}{G'(1+\omega^2\tau^2)^{1/2}} \tag{5.85}$$

2. 热敏电阻测辐射热计的性能

(1) 响应率

热敏电阻测辐射热计的响应率 R_V 为

$$R_V = \frac{V_S}{P_0} = \frac{E\alpha_T\alpha}{4G'(1+\omega^2\tau^2)^{1/2}} \tag{5.86}$$

由式(5.86)可知,为提高响应率,偏压 E、电阻温度系数 α_T 和元件对辐射的吸收系数 α 要大,G' 和 H 值要小,但偏压 E 不能任意大。因为 E 大,偏流就大,元件的焦耳热也随之增大,同时噪声也随偏流增大而增加,所以 E 的取值有一最佳范围,以使偏流保持在 50 μA 左右。热敏电阻的电阻温度系数 α_T 与温度 T^2 成反比,温度 T 降低可使 α_T 变大,对响应率的提高有利,因而冷却的半导体测辐射热计应用比较广泛。另外,半导体材料本身呈黑色,所以它们的吸收系数 α 都比较高。为减小热导,通常可减小元件的接收面积,或把元件装入壳内,以减少与外界对流所造成的热量损失。为使热容尽可能小,通常把元件做成很薄的薄片。

(2) 频率响应

可把热敏电阻测辐射热计的响应率改写为

$$R_V = \frac{R_{V0}}{(1+\omega^2\tau^2)^{1/2}} \tag{5.87}$$

式中 R_{V0} ——在 $\omega = 0$ 的情况下,热敏电阻测辐射热计的响应率。

由式(5.87)可知,由于 τ 较大,响应率随调制频率 ω 增大而降低。一般热敏电阻测辐射热计的热时间常数 $\tau = 1 \sim 200$ ms,所以这种热探测器的工作频率仅在几十赫兹范围内。

(3) 噪声和探测率

热敏电阻测辐射热计的噪声主要包括热噪声、温度噪声和 $1/f$ 噪声。热噪声是由载流子不规则的热运动引起的,其噪声电压均方根值为

$$V_{nT} = (4kTR\Delta f)^{1/2} \tag{5.88}$$

热敏电阻测辐射热计的阻值随温度而变化。当它所处的环境温度起伏变化时,元件的温度随之起伏,从而偏离平衡值,引起与温度起伏有关的温度噪声。温度噪声电压为

$$V_{ni} = R_V(16A\sigma kT^5\Delta f/\alpha)^{1/2} \tag{5.89}$$

一般热敏电阻测辐射热计的工作频率较低,工作频率 $f < 10$ Hz 时,必须考虑 $1/f$ 噪声,其值为

$$V_{\mathrm{nf}} = \left(\frac{CI_0^2 \Delta f}{f} \right)^{1/2} \tag{5.90}$$

式中　C——与元件的材料、尺寸和工艺有关的常数;
　　　I_0——元件的暗电流。

探测率为

$$D^* = \frac{R_V (A \Delta f)^{1/2}}{V_n} = \frac{R_V (A \Delta f)^{1/2}}{(V_{\mathrm{nT}}^2 + V_{\mathrm{ni}}^2 + V_{\mathrm{nf}}^2)^{1/2}} \tag{5.91}$$

在只有热噪声和温度噪声起作用时

$$D^* = \frac{E \alpha_T \alpha}{4G'(1 + \omega^2 \tau^2)^{1/2} \left(4kTR + \frac{16A\sigma kT^6}{\alpha} R_V^2 \right)^{1/2}} \tag{5.92}$$

常用的热敏电阻测辐射热计的探测率为 10^8 cm·Hz$^{1/2}$·W^{-1}。

热释电探测器是一种新型的热探测器。过去的热探测器如热敏电阻辐射计[36]、测辐射热电偶,都存在响应速度慢的弱点,而热释电探测器的响应速度比其它热探测器高得多,它的出现使热探测器的使用范围得以扩大,延伸到曾经由光子探测器独占的领域,在大于 14 μm 的远红外区更是有广阔的用途。目前,使用离子溅射和后沉积退火工艺制备的线性测微辐射热计在 296 K 时已经可以显示在 8~12 μm 波段的吸收特性[37]。但这种器件易受外界振动的影响,且仅能对交变的入射辐射产生响应,即不能在直流情况下工作。

参 考 文 献

1　(日)滨川圭弘,西野种夫. 光电子学. 于广涛译. 北京:科学出版社,2002
2　姜节俭. 光电物理基础. 成都:成都电讯工程学院出版社,1986
3　丁洪林. 半导体探测器及其应用. 北京:原子能出版社,1989
4　(荷兰)伯托利尼 G,科什 A. 半导体探测器. 金芜,谭泽祖译. 北京:原子能出版社,1975
5　李成功,傅恒志,于翘等. 航空航天材料. 北京:国防工业出版社,2002
6　Schneider H, Walthera M, Schonbeina C, et al. QWIP FPAs for high-performance thermal imaging. Physica E,2000,7:101~107
7　Jhabvala M. Application of GaAs quantum well infrared photoconductors at the NASA/Goddard Space Flight Center. Infrared Phys. & Tech. ,2001,42:363~376
8　干福熹. 信息材料. 天津:天津大学出版社,2000
9　Schomburg E, Klappenberger F, Kratschmer M, et al. InGaAs/InAlAs superlattice detector for THz radiation. Physica E,2002,13:912~915
10　Chen J X, Li A Z, Chen Y Q, et al. GSMBE growth of InP-based MSM/HEMT OEIC structures. J. Cryst. Growth,

2001,227~228:303~306

11 赵策洲,高勇.半导体硅基材料及其光波导.北京:电子工业出版社,1997

12 沈能珏,孙同年,余声明,等.现代电子材料技术——信息装备的基石.北京:国防工业出版社,2000

13 Walser R W, Bene R W. First phase nucleation in silicon-transition-metal planar interface. Appl. Phys. Lett.,1976,28:624~625

14 Fastow R, Mayer J W. High-energy-density pulsed ion-beam irradiation of Co/Si, Pt/Si, and Au/Si. J. Appl. Phys.,1987,61(1):175~181

15 Wittmer M. Growth of kinetics of platinum silicide. J. Appl. Phys.,1983,54(9):5081~5086

16 Takai H, Psaras P A, Tu K N. Effects of substrate crystallinity and dopant on the growth kinetics of platinum silicides. J. Appl. Phys.,1985,58(11):4165~4171

17 何杰,顾诠,陈维德,等.$CoSi_2$薄膜形成过程中的反应机制.半导体学报,1994,15(8):544~549

18 Tu K N. Selective Growth of Metal-rich silicide of near-noble metals. Appl. Phys. Lett.,1975,27(4):221~224

19 Hiraki A. Initial formation process of metal/silicon interfaces. Surface Science,1986,168:74~99

20 Kavanagh K L, Reuter M C, Tromp R M. High-temperature epitaxy of PtSi/Si(001). J. Cryst. Growth,1997,173:393~401

21 Rubloff G W, Ho P S. Electronic structure of silicide-silicon interfaces. Thin Solid Films,1982,93:21~40

22 王培林,盛文斌,杨晶琦,等.纳米级PtSi/Si(111)膜成形工艺与连续性研究.半导体学报,1998,19(6):468~471

23 Kawarada H, Ishida M, Nakanishi J, et al. High-resolution electron microscope study of the PtSi-Si(111) interface. Philosophical Magazine A,1986,54(5):729~741

24 Kawarada H, Ohdomari I, Horiochi S. Structural study of PtSi/(111)Si interface with high-resolution electron microscopy. Jpn. J. Appl. Phys.,1984,23(10):L799~802

25 Matteson S, Paine B M, Grimald M G, et al. Ion beam mixing in amorphous silicone. Nucl. Instru. & Method,1981,182/183:43~51

26 Ghorlene H B, Beaufrere P. Crystallography of PtSi Films on(001)silicon. J. Appl. Phys.,1978,49(7):3998~4004

27 Domashevskaya E P, Yurakov Y A, Kashkarov V M. Silicide formation in thin films Pt-Si(111)structure by USXES data. Thin Solid Films,1997,298:135~137

28 丁孙安,许振嘉.(Pt及其硅化物)/硅界面的深能级研究.半导体学报,1984,15(3):149~155

29 Matz R, Purtell R J, Okota Y Y, et al. Chemical reaction and silicide formation at the Pt/Si interface. J. Vac. Sci. Technol.,1984,A2(2):253~258

30 Mantovani S, Vaova F, Nobill C, et al. Thermal diffusion of Pt in silicon from PtSi. Appl. Phys. Lett.,1984,44:328~330

31 Abbati I, Braicovich L, Michelis B, et al. Electronic structure of compounds at inum-silicon(111) interface. Solid State Communication,1981,37:119~122

32 陈土培,黄炳忠.Pt–Si界面的椭圆光谱响应及PtSi的光学性质.半导体学报,1989,10(1):24~29

33 张松祥,胡齐丰.光辐射探测技术.上海:上海交通大学出版社,1996
34 吴宗凡,柳美琳,张绍举,等.红外与微光技术.北京:国防工业出版社,1998
35 (美)金斯顿 R H.光学和红外辐射探测.孙培懋等译.北京:科学出版社,1984
36 李言荣,恽正中.电子材料导论.北京:清华大学出版社.2001
37 Chen C H, Yi X J, Zhang J, et al. Linear uncooled microbolometer array based on VO_x thin films. Infrared Physics & Technology,2001,42:87~90

第六章 信息功能陶瓷材料

信息功能陶瓷是指利用电、磁、光、声、热、力等直接效应及其耦合效应所提供的一种或多种性质来实现信息的监测、转换、耦合、传输及存储等功能的先进陶瓷。其研究领域涉及材料、物理、化学、电子等多个学科。信息功能陶瓷主要包括铁电、压电、介电、热释电、半导、导电、超导和磁性等陶瓷,是电子信息、计算机、能源工程、航空航天等高新技术领域的关键材料,具有广阔的应用前景。

功能陶瓷学是研究材料的组成、工艺、结构和性能关系的科学,无论是改变组成还是改变工艺,最终都是通过材料微观结构的变化,体现出材料的性能变化。因此,要想做到自控设计材料,或者进行局部的性能改善,必须综合考虑组成、工艺、微观结构等诸多因素的综合影响。本章将以目前研究最为深入、工业生产规模最大的电子信息功能陶瓷为例,介绍功能陶瓷的结构基础、基本性能、制备工艺和几种典型材料。

6.1 功能陶瓷材料的结构基础

功能陶瓷材料所具有的功能或特性在很大程度上是由其微观结构所决定的,因此,材料的结构是功能陶瓷研究的核心问题之一,也是掌握功能陶瓷材料的组成、工艺、结构与材料性能关系的基础。本节主要介绍功能陶瓷材料的结合键、鲍林规则、功能陶瓷的典型结构、缺陷与固溶结构等。

一、陶瓷材料的结合键

晶体中的原子间是靠化学键(结合力)结合的。化学键的种类有离子键(ionic bond)、共价键(covalent bond)、金属键(metallic bond)三种强结合键以及范德华键(Van der Waals bond)和氢键(hydrogen bond)两种弱结合键。通常固体中的原子间都是以强键结合的。虽然陶瓷材料的键性主要为离子键和共价键,但实际上许多陶瓷材料的结合键处于以上所述的键之间,存在许多中间类型,它们的电子可以从典型的离子型排布逐渐变化到共价键所特有的排布。键的离子性程度可通过电负性做半经验性的估计。电负性可以衡量价电子被正原子实吸引的程度,电负性显著不同的元素之间的相互结合是离子键型的,而具有相近电负性原子之间的相互结合从本质上讲是共价键型的。一般情况下,可以用经验公式估算由 A、B 两种元素组成的陶瓷中离子键成分比例为

$$P_{AB} = 1 - \exp\left[-\frac{(\chi_A - \chi_B)^2}{4}\right] \tag{6.1}$$

式中 χ_A、χ_B——A、B元素的电负性；

P_{AB}——陶瓷的离子键成分比例。

χ_A 与 χ_B 的差值越大，离子键性越强，或者说离子键成分比例越大。反之，χ_A 与 χ_B 的差值越小，则共价键成分比例越大。当 $\chi_A = \chi_B$ 时，成为完全的共价键。表6.1 给出部分二元素陶瓷的电负性及离子键成分与共价键成分的比例。一般来说，氧化物中离子键成分要比碳化物及氮化物多。

表6.1 二元素陶瓷的电负性及离子键成分与共价键成分的比例[1]

项 目	MgO	ZrO$_2$	Al$_2$O$_3$	ZnO	TiN	Si$_3$N$_4$	BN	SiC
电负性差	2.3	2.1	2.0	1.9	1.5	1.2	1.0	0.7
离子键成分比例	0.73	0.67	0.63	0.59	0.43	0.30	0.22	0.12
共价键成分比例	0.27	0.33	0.37	0.41	0.57	0.70	0.78	0.88

二、鲍林规则

电子陶瓷的绝大部分为以离子键为主的晶体材料，结构主要取决于正负离子如何结合在一起，同时又能具有最大的静电引力和最小的静电斥力。通过对大量实验数据和晶体结合原理等理论分析，化学家鲍林利用离子半径这个概念，得出一系列关于离子晶体结构的、非常有用的规则，即所谓"鲍林规则"。它主要针对离子晶体，对复杂离子晶体结构的理解具有重要的实用意义，而且对共价键结合并同时具有部分离子键性质的晶体也有参考价值。但对于完全为共价键结合的晶体，这些原则是不适用的。

鲍林第一规则，即所谓的负离子配位多面体规则。它指出：正离子周围必然形成一个负离子多面体，在此多面体中正、负离子的间距，由其半径之和决定；其配位负离子数，由半径比决定。

鲍林第一规则把正离子配位体看做是离子晶体的结构单元，为了处理方便，将离子型晶体的离子看做是具有一定半径尺寸的圆球，设正离子的半径为 r_C，负离子的半径为 r_A，则正离子所处间隙位置的配位数可以由 r_C/r_A 比值来判断，正离子嵌入比其本身稍小的间隙时，构成稳定结构，反之，嵌入比其本身尺寸大的间隙时则不稳定。图6.1为被负离子所包围的正离子的配位情况，正离子与相邻的负离子接触的结构才是稳定的结构（图6.1(a)），特别是如图6.1(b)所示的正离子的尺寸恰好与负离子构成间隙尺寸匹配，结构是极其稳定的。与此相反，负离子围成的间隙比正离子尺寸大的结构是不稳定的，如图6.1(c)所示。

正离子极可能处于负离子所构成的间隙位置的中间，并尽可能取最大的配位数，即为了稳定其结构，正离子必须大到与构成多面体间隙配位的所有负离子都相接触的程度。当配位数

(a) 稳定　　　　　　　(b) 稳定　　　　　　　(c) 不稳定

图 6.1　被负离子所包围的正离子的配位情况

一定时,只有在正离子与负离子半径比大于某个临界值时才是稳定的。如表 6.2 所示,由 r_C/r_A 比值来决定其配位数,这里各种配位数对应的离子半径比的下限值,即为各结构中正离子与负离子构成多面体间隙恰好相匹配的正负离子的半径比。例如,当 r_C/r_A 在 0.414 ~ 0.732 之间时,一般可得稳定的八面体结构;但当 $r_C/r_A < 0.414$ 时,则将转为四面体结构,否则不够稳定。

表 6.2　配位数与离子半径比值的关系

离子半径比值 r_C/r_A	配位数	配位多面体的形状	
0.000 ~ 0.155	2	 ○—•—○	哑铃状
0.155 ~ 0.225	3	 △	三角形
0.225 ~ 0.414	4	 ▲	四面体
0.414 ~ 0.732	6	 ◇	八面体
0.732 ~ 1.000	8	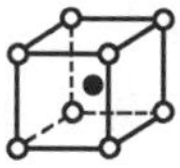 ⬚	立方体
1	12	 ⬡	立方八面体

在电子陶瓷中最常使用的是氧化物，表 6.3 列出了各种正离子的氧离子配位数，它对电子陶瓷掺杂改性与结构分析很有参考价值[2]。

表 6.3 各种正离子的氧离子配位数

氧离子配位数	正 离 子
3	B^{3+}, C^{4+}, N^{5+}
4	Be^{2+}, B^{3+}, Al^{3+}, Si^{4+}, P^{5+}, S^{6+}, Cl^{7+}, V^{5+}, Cr^{6+}, Mn^{2+}, Zn^{2+}, Ga^{3+}, Ge^{4+}, As^{5+}, Se^{6+}
6	Li^+, Mg^{2+}, Al^{3+}, Se^{3+}, Ti^{4+}, Cr^{3+}, Mn^{2+}, Fe^{2+}, Fe^{3+}, Co^{2+}, Ni^{2+}, Cu^{2+}, Zn^{2+}, Ga^{3+}, Nb^{5+}, Ta^{5+}, Sn^{4+}
6~8	Na^+, Ca^{2+}, Sr^{2+}, Y^{3+}, Zr^{4+}, Cd^{2+}, Ba^{2+}, Ce^{4+}, Sm^{3+} ~ Lu^{3+}, Hf^{4+}, Th^{4+}, U^{4+}
8~12	Na^+, K^+, Ca^{2+}, Rb^+, Sr^{2+}, Cs^+, Ba^{2+}, La^{3+}, Ce^{3+} ~ Sm^{3+}, Pb^{2+}

鲍林第二规则，即电价规则。它指出：在稳定的离子化合物中，每一负离子的电价等于或近似地等于从邻近各正离子分配给该负离子的静电键强度的总和。

鲍林第二规则是计算晶体中局部电中性的基础，我们把正离子的价电子数 Z 除以它的配位数 n 所得的商值，称为正离子给与一个配位负离子的静电键强度 S，即 $S = Z/n$。此规则说明，在高价低配位的多面体中，负离子可获得较高的静电键强度，且负离子电价可以由各类离子来满足。例如，在 $BaTiO_3$ 中，其基本结构可以看做是以顶点相连的三维八面体族，氧离子可从每一八面体中的 Ti^{4+} 处获得的静电键强度为 $S = 4/6 = 2/3$；每一氧离子从两共角八面体中获得的总静电键强度为 $S = 2 \times 2/3 = 4/3$；所缺 2/3 价应由和氧离子共同组成密堆的、氧配位数为 12 的十四面体中之 Ba^{2+} 来支付，每一 Ba^{2+} 分配到每个氧离子中的静电键强度为 $2/12 = 1/6$；而每个氧离子附近均有 4 个这样的 Ba^{2+}，故它从 Ba^{2+} 中获得的总静电键强度为 $S = 4 \times 1/6 = 2/3$；而氧离子的价数为从 Ti^{4+} 和 Ba^{2+} 处获得的静电键强度的总和，即 $S = 4/3 + 2/3 = 2$。

鲍林第三规则，即多面体组联规则。它指出：在离子晶体中配位多面体之间共用棱边的数目越大，尤其是共用面的数目越大，则结构的稳定性越低。此效应特别适用于高价低配位数的多面体之间。这是由于处于低配位环境中的高价正离子，虽然其静电键强度可以计量地分配到各配位负离子中，但不等于说其正离子电场已被负离子多面体完全屏蔽。当这类多面体之间共用的棱边数增加，则正离子间的距离偏小，即未屏蔽好的正离子电场之间的斥力加剧。当多个这类多面体均以共面的方式结合时，必将使整个结构的稳定性降低。例如，在二氧化钛的三种同质异构体金红石、板钛矿、锐钛矿之中，其结构单元都是钛氧八面体，但其间共用的棱边数不同，相应为 2、3、4。故其稳定性也依次递减，以共用二棱边的金红石最为稳定。又如在 $BaTiO_3$ 中，虽然其钛氧八面体的八个面都和相邻的钡氧十二面体相共用，但后者是低价高配位,而各八面体之间却只是顶角相连,故这种结构还是稳定的。

鲍林第四规则,即高价低配位多面体远离法则。它指出:若在同一离子晶体中含有不止一种正离子时,高价低配位数的正离子多面体具有尽可能相互远离的趋势。例如,在 $BaTiO_3$ 中,钛氧八面体之间只以顶角相连,而不共棱或共面;在镁铝尖晶石 $MgAl_2O_4$ 中,各铝氧四面体之间是不相连接的。

鲍林第五规则,即结构简单化法则。它指出:在离子晶体中,样式不同的结构单元数应尽量趋向最小,即同一类型的正离子应尽量具有相同的配位环境。

三、功能陶瓷的典型结构

功能陶瓷是一种多晶多相体,其结构虽然有时可能非常复杂,但通常都离不开几种典型结构,基本上遵循负离子密堆、正离子填充密堆间隙规律。下面将从结晶学的角度介绍几种电子陶瓷的典型结构。

1. 金红石型结构

金红石型结构为 TiO_2 异构体的一种,如图 6.2 所示。配位数为 6:3,四方晶系。单位晶胞中 8 个顶角和中心为正离子,这些正离子的位置正好处在由负离子构成的稍有变形的八面体中心,构成八面体的 4 个负离子与中心距离较近,其余 2 个距离较远。相邻八面体之间也只共用两棱边。显然这种结构是不够紧凑的。故在还原性气氛下烧结具有金红石结构的 TiO_2 等晶格,或更高价离子掺杂所形成的过量正离子,往往可停留于间隙位置之中。这种晶格结构,正离子的价数是负离子的 2 倍,所以正负离子的配位数为 6:3。属于这种结构的化合物还有 GeO_2、VO_2、MnO_2 等。

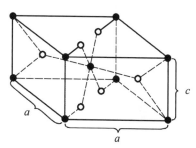

图 6.2 金红石型结构
● — Ti ; ○ — O

2. 钙钛矿型结构

具有钙钛矿型结构的化合物的组成为 ABO_3,配位数为 A:B:O = 12:6:6。A 通常都是低价、半径较大的正离子,它和氧离子一起按面心立方密堆;B 通常为高价、半径较小的正离子,处于氧八面体的体心位置。A 离子的化合价可以是 +1、+2、+3,B 离子的化合价可为 +5、+4 和 +3;负离子通常是氧离子,也可以是 F^-、S^{2-}、Cl^- 等离子。图 6.3 以 $CaTiO_3$ 晶体结构为例表示出钙钛矿结构 3 种不同的表示方法。从图 6.3(a)中可以明显地看出 B 离子的 6 个配位氧;从图 6.3(b)中则可看出 A 离子的 12 个配位氧。所有八面体都是三维共角相连的,这是使晶体具有铁电性的重要条件之一。

从简单的几何关系可以得出,在 ABO_3 型晶格中,半径 R_A、R_B 和 R_O 之间存在有下列关系,即

$$R_A + R_O = \sqrt{2}(R_B + R_O) \tag{6.2}$$

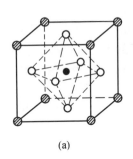 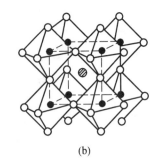

图 6.3 CaTiO₃ 晶体结构

◎—Ca；●—Ti；○—O

式(6.2)是 3 种刚性球半径恰好相切的条件。实际上，A 离子容许比氧离子稍大或稍小；B 离子也不一定恰好与正八面体中 6 个氧相切，也可略大或略小。其半径之容许差异，可引入容差因子 t 来表示，即

$$R_A + R_O = \sqrt{2}(R_B + R_O)t \tag{6.3}$$

式(6.3)中，t 可在 0.77～1.10 之间取值，在此范围内，晶体仍可保持稳定的钙钛矿型结构；当 $t<0.77$ 时，将构成钛铁矿型结构；当 $t>1.10$ 时，则为方解石或纹石型结构。

可见，因子 t 反映了钙钛矿型结构中的半径比是允许变化的。更有趣的是，在 AB 离子的电价方面，也有很大的灵活性，不一定是 $A^{2+}B^{4+}$。例如，可以是 $(Na^+La^{3+})Ti_2^{4+}O_6$、$Pb_2^{2+}(Fe^{3+}Nb^{5+})O_6$ 等。只要半径比合适，A 位离子价平均为 2，B 位离子价平均为 4，或 AB 位离子价加和平均为 6。至于在等价、等数取代固溶的情况下就更加灵活了。根据上述情况已经开发出和正在开发许多性能优良的、自然界所没有的铁电或压电材料。

钙钛矿结构化合物在温度变化时会引起晶体结构的变化，以 BaTiO₃ 为例，随温度的变化将产生如下的晶体结构转变：三方→斜方(−80℃)→四方(5℃)→立方(120℃)→六方(1 460℃)。其中的三方、斜方、四方都是由立方体经少量畸变而得到的。这种畸变与其介电性能有密切的关系。当在高温下由立方向六方转变时，立方结构被破坏而进行六方点阵重构。

3. 尖晶石型结构

尖晶石型化合物的通式一般为 AB_2O_4，在电子陶瓷中占有重要地位的磁性瓷、多种半导体瓷都具有这种结构。图 6.4 给出了尖晶石型晶体结构的晶胞，其中氧离子可看做是按立方紧密堆积排列，A 一般为二价正离子，填充于 1/8 的四面体空隙中，B 一般为三价正离子，填充于 1/2 的八面体空隙中。对于这种二价正离子分布在 1/8 四面体空隙中，三价正离子分布在 1/2 八面体空隙中的尖晶石，称为正型尖晶石。属于这类结构的有 $MgAl_2O_4$、$MnAl_2O_4$、$CdFe_2O_4$、$MgCr_2O_4$、$ZnCr_2O_4$ 等，多是绝缘体。如果二价正离子分布在八面体空隙中，而三价正离子一半在四面体空隙中，另一半在八面体空隙中的尖晶石，称为反型尖晶石，如 $Fe(MgFe)O_4$、$Fe(TiFe)O_4$、$Fe(NiFe)O_4$ 等。括号内给出的是处于八面体间隙中的正离子。正由于这种结构，

晶格场相似的八面体间隙中存在着电价不同的两类离子,其电子能级比较接近时,有利于其电子按某种自旋方式排列,或有利于价电子的交换,因而可以获得一系列性能优良的磁性瓷和半导体瓷。

四、功能陶瓷的缺陷与固溶结构

在实际陶瓷材料的晶格中,由于工艺上的关系或改性方面的要求,将存在多种结构上的变异或缺陷。同时,陶瓷是一种多晶多相体,必然存在晶界及相界。在一定程度上也可以把晶界及相界看做是结构上的不完整性。晶体结构缺陷有好几种类型,根据其几何形状来划分,可以分为点缺

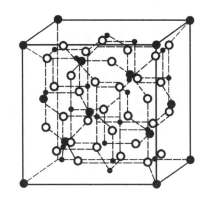

图 6.4 尖晶石型晶体结构

● —A;　●—B;　○—O

陷、线缺陷和面缺陷三大类型。点缺陷是指缺陷尺寸处在 1~2 个原子大小的缺陷,线缺陷是指晶体结构中生成一维的缺陷,一般指位错。面缺陷通常指晶界和界面。本节着重介绍功能陶瓷晶体的点缺陷及其固溶结构。

1. 功能陶瓷晶体结构中的点缺陷

在点缺陷中,根据对理想晶格偏离的几何位置及成分来划分,可以有 3 种类型的点缺陷。

(1) 填隙原子

原子进入晶格中正常结点之间的间隙位置。

(2) 空位

正常结点没有被原子或离子所占据,成为空结点。

(3) 杂质原子

外来原子进入晶格成为晶体中的杂质,杂质缺陷与固溶过程密切相关。

根据产生缺陷的原因,也可以把缺陷分为 3 种类型。

(1) 热缺陷

在无外来原子情况下,由于晶格原子热振动,一部分能量较大的原子离开正常格点位置,进入间隙成为填隙原子,并在原来的位置上留下一个空位,生成所谓的弗仑克尔(Frenkel)缺陷。或者正常格点上的原子迁移到表面,在晶体内部正常格点留下空位,生成所谓肖特基(Schottky)缺陷,如图 6.5 所示。在离子晶体中生成肖特基缺陷时,为了保持电中性,正离子空位和负离子空位是同时成对产生的,这正是离子晶体中肖特基缺陷的特点。例如,在 NaCl 中,产生一个 Na^+ 空位时,同时要产生一个 Cl^- 空位。弗仑克尔缺陷和肖特基缺陷是热缺陷的两种基本类型。热缺陷由于热振动而产生,而且缺陷的浓度表现为随温度的上升成指数上升,对于某一特定的材料,在一定温度下都有一定的热缺陷浓度。

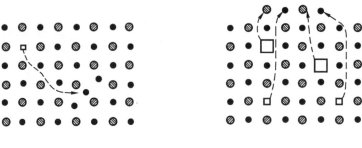

(a) 弗仑克尔缺陷　　　　　　(b) 肖特基缺陷

图 6.5　晶格的热缺陷

(2) 杂质缺陷

杂质缺陷是由于外来原子进入晶体而产生的缺陷。与热缺陷不同之处在于,如果杂质的含量在固溶体的溶解度极限之内,杂质浓度与温度无关。

(3) 非化学计量结构缺陷

定比定律是化学中的一条基本定律,但在实际化合物中有不少化合物的化学组成会明显地随着周围气氛、性质和压力大小变化而发生偏离化学计量的现象,由此产生的晶体缺陷称为非化学计量缺陷,具有这类缺陷的化合物称为非化学计量化合物。非化学计量缺陷是生成 n 型(电子电导)或 p 型(空穴电导)半导体的重要基础。例如,TiO_2 在还原气氛下形成 TiO_{2-x} ($x = 0 \sim 1$),它是一种 n 型半导体。

2. 功能陶瓷的固溶结构

固溶体是指溶入了另一类物质的晶体,它和溶液中的情况相似,可以把原有的晶体看做溶剂,外来原子看做溶质,把生成固溶体的过程看成是溶解过程。溶质或杂质在基质(溶剂)中呈原子状态分布,溶质可以不止一种并同时存在,但必须总体上保证基质的原有晶型结构。

固溶体普遍存在于电子陶瓷材料中,通过生成固溶体可以使材料的物理化学性质在一个更大的范围内变化,因此,功能材料性能的提高经常采用固溶的途径。

当固溶晶体的自由能低于形成两个不同成分的晶体或形成含有外来原子处于有序位置的新结构的自由能时,固溶体是稳定的。如果再增加一个原子使结构能大大增加,则固溶体是不稳定的,结果就会形成两种晶体结构;相反,如果外来原子的加入使结构能降低,系统就趋向于形成一个有序的新相;如果结构能变化不大,使得固溶体具有最低的能量,成为稳定结构。从热力学分析,杂质原子进入晶格会使系统熵值增加,并可能引起自由能降低,所以外来原子在任何结构中至少都会有一些微小的溶解度。但电子陶瓷中的固溶体是结构复杂的多元系问题,目前还不能通过简化计算来确定其是否固溶和固溶限是多少。通过大量实验观察与数据综合分析,人们已经归纳出一系列有效地判断形成固溶体的规则,这对陶瓷研究具有指导意义[3]。

(1) 半径比关系

在结构不变的情况下,半径相当的离子最易置换固溶,溶质离子太大或太小,都将带来大量缺陷变形能。经验证明,半径比满足下式时,才能形成固溶,即

$$1 - \frac{R_A}{R_B} < 30\% \tag{6.4}$$

式中　R_A、R_B——基质与溶质的离子半径。

半径比差越小,越能稳定固溶,或固溶限越大。通常只有半径比差小于15%时,才有可能无限固溶,即彼此连续互溶;半径比差在15%~30%之间时,只能有限固溶;半径比差大于30%时,基本上不能固溶。

(2) 结构因素

不同的晶型结构,具有不同的配位间隙和晶格场。首先,只有晶格结构相同时,才能使两类或两类以上的物质形成无限固溶;其次,结构越开阔,空余配位间隙越大,越能形成间隙固溶。如萤石、金红石及某些环、架状结构的硅酸盐较易出现间隙固溶。

(3) 离子键型

键型相似的物质有利于固溶,这是由于它们对配位环境有相似的要求,不至于引起缺陷能的大量增加,反之亦相反。此外与离子外层电子云的构型也有关系,外层电子为8的惰性气体型离子,其构型与外层电子为18的铜离子型离子不同。它与负离子之间的相互作用,如极化、电子云渗透情况也有较大的差别,故尽管半径相近也难于置换。如Cu^{2+}与Hg^{2+}半径相近、电价相同,但却不能置换固溶。

(4) 温度影响

温度升高,使质点热运动加剧,配位间隙加大,同时还可能转变为更加开放的晶型结构。故一般说来,温度升高有利于固溶限增加,或使一些难于固溶的物质有所固溶。在降温过程中,出现超过固溶限的溶入物,在达到平衡条件时重新析出。但在一般电子陶瓷烧结的降温过程中,这种平衡条件往往难于达到,或难于完全达到。这种超过固溶限的结构在电子陶瓷中是很常见的,对于半导体陶瓷而论,这种超固溶限结构的获得与免除是控制半导化特性的一种有效措施。此外,温度不同可能引起不等价置换固溶体的结构改变,如在ZrO_2中引入CaO的摩尔分数小于15%时,会出现这种情况。这种低价溶质的引入,当温度低于1 600℃时,形成氧离子缺位结构,当温度高于1 800℃时,则转变为钙离子填隙。这显然是由于高温时晶格间隙较大,钙填隙结构可使自由能降低之故。随着温度下降,配位间隙变小,填隙钙的存在,可能带来大的弹性应力,使缺陷能增加,故只有转变为氧缺位形式时,才能使体系能量更低、更稳定。

利用固溶的途径,可以使材料的各种性质发生重大变化。例如,$PbTiO_3$和$PbZrO_3$都不是性能优良的压电陶瓷,$PbTiO_3$是铁电体,烧结性能极差,一般在常温下发生开裂。$PbZrO_3$是反铁电体,利用它们结构相同的特点生成连续固溶体,在$Pb(Zr_{0.54}Ti_{0.46})O_3$处得到压电性能、介电常数都达到最大值的陶瓷材料PZT,其烧结性能也很好。

6.2 电子信息功能陶瓷的基本性能

陶瓷功能的实现,主要取决于它所具有的各种性能,而在某一类性能范围内,又必须针对具体应用去改善、提高某种有效的性能,以获得有某种功能的陶瓷材料。本节主要介绍电子陶瓷材料的介电性、铁电性、压电性和热释电性等基本性能[4~6]。

一、电导

理想的介质在外电场作用下应该是没有传导电流的,但任何实际的介质,或多或少地具有一定数量的弱联系的带电质点。在没有外电场作用时,这些弱联系的带电质点做不规则的热运动,加上外电场后,弱联系的带电质点便会受到电场力的作用,在不规则的热运动下增加了沿外电场方向的定向漂移。正电荷顺电场方向移动,负电荷逆电场方向移动,形成贯穿介质的传导电流。因此,电导是弱联系的带电质点在电场作用下做定向漂移构成传导电流的过程。

1.电导的宏观参数

电导率是表征材料导电性能的主要参量。在一个长 L、横截面 S 的均匀导电体两端加电压 V,如图 6.6 所示。根据欧姆定律,有

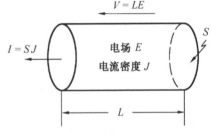

图 6.6 欧姆定律示意图

$$I = \frac{V}{R} \quad (6.5)$$

在这样一个形状规则的均匀材料中,电流是均匀的,电流密度 J 在各处是一样的,总电流强度 $I = SJ$,同时电场强度也是均匀的,$V = LE$,则

$$SJ = \frac{L}{R}E \quad (6.6)$$

$$J = \frac{L}{SR}E = \frac{1}{\rho}E = \sigma E \quad (6.7)$$

式中 ρ ——材料的电阻率($\Omega \cdot m$)。

σ ——材料的电导率($S \cdot m^{-1}$),是电阻率的倒数,即 $\sigma = 1/\rho$。

电阻率又分为表面电阻率和体积电阻率两类。陶瓷材料的表面电阻率(ρ_S)不仅与材料的表面组成和结构有关,还与陶瓷材料表面的污染程度、开口气孔和开口气孔率的大小、是否亲水以及环境等因素有关;而陶瓷材料的体积电阻率(ρ_V)只与材料的组成和结构有关,是陶瓷材料导电能力大小的特征参数。

2.电导的物理特性

电流是电荷在空间的定向运动,任何一种物质,只要存在电荷的自由粒子——载流子,就

可在电场作用下产生导电电流。按导电载流子的类型,电导可分为电子电导和离子电导两类。一般来说,半导体陶瓷、导电陶瓷和超导陶瓷主要呈现电子电导;介质陶瓷主要是离子电导。电子电导和离子电导具有不同的物理效应,由此可以确定材料的电导性质。

(1) 霍尔效应

电子电导是载流子为电子(负电子、空穴)的电导,其特征是具有霍尔效应,即沿试样 x 轴方向通入电流 I, z 轴方向加一磁场 H_z,那么在 y 轴方向将产生一电场 E_y,这一现象称为霍尔效应,如图 6.7 所示。霍尔效应的产生是由于电子在磁场作用下,产生横向移动的结果,离子的质量比电子大得多,磁场作用力不足以使它产生横向位移,因而纯离子电导不呈现霍尔效应。利用霍尔效应可检验材料是否存在电子电导。

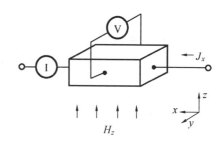

图 6.7 霍尔效应

(2) 电解效应

离子电导是固体介质最主要的导电形式,指载流子是离子(正负离子、空位)的电导,其特征是具有电解效应。离子的迁移伴随着一定的质量变化,离子在电极附近发生电子得失,产生新的物质,这就是电解现象。利用这种电解效应可检验材料是否存在离子电导,并可判定载流子是正离子还是负离子。

二、介电性

按导电特性来分,固体材料可以分为超导体、导体、半导体和绝缘体。若按对外界电场作用的响应方式来划分,可将固体材料分为两类。一类是以传导(包括电子传导、离子传导和空穴传导)方式传递外界电场的作用和影响,这类材料称为导电材料;另一类是以感应而不是以传导的方式来传递外界电场的作用和影响,这类材料称为介电材料,又叫做电介质材料(dielectrics)。

电介质的基本特征是在外电场的作用下能建立极化。当在一个真空平行板电容器的电极板间嵌入一块电介质时,如果在电极之间施加外电场,则可发现在介质表面上感应出了电荷,即正极板附近的介质表面上感应出了负电荷,负极板附近的介质表面上感应出正电荷,这种表面电荷称为感应电荷,也称束缚电荷。束缚电荷不会形成漏导电流。电介质在电场作用下产生感应电荷的现象称之为电介质的极化,用极化强度 P(单位体积内感应的电偶极矩)来描述。电偶极矩的大小定义为等量而异号的电荷与它们之间的距离的乘积,方向由负电荷指向正电荷。如果在外电场作用下电介质的极化均匀,电介质中将不出现感应的体电荷,只有感应的面电荷,此时,极化强度 P 的值就等于电介质表面上单位面积的感应电荷值。

为了描述电介质性质常引入介电常数、介质损耗、绝缘强度等参数,本节着重讨论这些参数的物理概念及其与物质微观结构之间的关系[7~9]。

1. 介电常数

在电场作用下,电介质是以正、负电荷重心不重合的电极化方式来传递并记录电的影响的。从微观上看,电极化是由于组成介质的原子(或离子)中的电子壳层在电场作用下发生畸变,以及由于正、负离子的相对位移而出现感应电矩。此外还可能由于分子(或原胞)中的不对称性所引起的固有电矩,在外电场作用下,趋于转至和电场平行的方向而发生的。电极化是电介质最基本和最主要的性质,而介电常数是综合反映介质内部电极化行为的一个主要的宏观物理量,是材料的特征参数。

对真空平行板电容器,电容 C_0 为

$$C_0 = \frac{A}{d}\varepsilon_0 \tag{6.8}$$

式中　A——极板面积;
　　　d——极板间距;
　　　ε_0——真空介电常数,$\varepsilon_0 = 8.85 \times 10^{-12}$ F·m^{-1}。

如果在真空电容器中嵌入电介质,则电容 C 为

$$C = C_0 \times \frac{\varepsilon}{\varepsilon_0} = C_0 \varepsilon_r \tag{6.9}$$

式中　ε——电介质的介电常数;
　　　ε_r——相对介电常数。

由以上两式可以推出

$$\varepsilon_r = \frac{C}{C_0} = \frac{1}{\varepsilon_0} \times \frac{Cd}{A} \tag{6.10}$$

ε_r 反映了电介质极化的能力。

2. 电介质极化的机制

功能陶瓷介电常数的数值因材料不同而有很大的差异,这种差异主要是由于其内部存在不同的极化机制决定的。理论分析和试验研究证实,陶瓷中参加极化的质点只有电子和离子,这两种质点在电场作用下以多种形式参加极化过程。

(1) 位移极化

位移极化是电子或离子在电场作用下的一种弹性、不消耗电场能量、平衡位置不发生变化、瞬间就能完成、去掉电场后又恢复原状态的极化形式。它包括电子位移极化和离子位移极化。

1) 电子位移极化

组成陶瓷介质的基本质点是离子(或原子),它们由原子核和绕核旋转的 Z 个电子组成。没有外电场作用时,离子(或原子)的正负电荷中心重合,不具有偶极矩。加上外电场以后,离

子(或原子)中的电子相对于原子核逆电场方向移动一小距离,带正电的原子核将沿电场方向移动一更小的距离,造成正负电荷中心分离,形成感应偶极矩,当外加电场取消后又恢复原状,这种极化称为电子位移极化。其特点是:在离子(或原子)内部发生的可逆变化;与温度无关,不以热的形式损耗能量,所以不导致介质损耗;电子位移极化建立时间仅为 $10^{-14} \sim 10^{-15}$ s,所以,只要作用于陶瓷材料的外加电场频率小于 10^{15} Hz(相当于可见光频率),都存在这种形式的极化。因此,电子位移极化存在于一切陶瓷材料中。它的主要贡献是引起陶瓷材料介电常数的增加。

2) 离子位移极化

没有电场作用时,陶瓷介质中的各正、负离子对形成的偶极矩相互抵消,极化强度为 0;加上电场后,所有正离子顺电场方向移动,所有的负离子逆电场方向移动,结果正、负离子对形成的偶极矩不再相互抵消,极化强度不为 0 而呈现宏观电矩,形成离子位移极化。离子位移极化与离子半径、晶体结构有关,建立这种极化所需的时间与离子晶格振动周期的数量级相同,约为 $10^{-12} \sim 10^{-13}$ s。一般当外加电场的频率低于 10^{13} Hz(相当于红外线频率)时,离子位移极化就存在;通常,当频率高于 10^{13} Hz 时,离子位移极化来不及完成,以电子位移极化为主,此时,陶瓷材料的介电常数减小。

(2) 松弛极化

松弛极化是一种与电子、离子(或原子)、分子热运动有关的极化形式,即这种极化不仅与外电场的作用有关,还与质点的热运动有关。这种极化是非弹性的、消耗电场能量、平衡位置发生变化、完成的时间比位移极化长、去掉电场后不能恢复原状态的极化形式。在陶瓷材料中主要有电子松弛极化和离子松弛极化。

1) 电子松弛极化

晶格的热振动、晶格缺陷、杂质的引入、化学组成的局部改变等因素都能使电子能态发生改变,出现位于禁带中的局部能级,形成弱束缚电子。在外加电场作用下,该弱束缚电子的运动具有方向性,而呈现极化,这种极化称为电子松弛极化。这种极化与热运动有关,是不可逆的,可使介电常数上升到几千至几万,同时产生较大的介质损耗。电子松弛极化主要是折射率大、结构紧密、内电场大和电子电导大的介质的特性,一般以 TiO_2 为基础的电容器陶瓷容易出现弱束缚电子,形成电子松弛极化。电子松弛极化建立的时间约为 $10^{-2} \sim 10^{-9}$ s,当电场频率高于 10^9 Hz 时,这种极化形式就不存在了。通常具有电子松弛极化的陶瓷,其介电常数随频率升高而减小,随温度的变化有极大值。

2) 离子松弛极化

陶瓷材料的晶相中通常存在着晶格缺陷,形成了一些弱联系的离子。这些弱联系的离子,受热运动起伏的影响,从一个平衡位置迁移到另一个平衡位置。在正常状态下,离子向各个方向迁移的几率相等,所以整个陶瓷介质不呈现电极性。在外加电场作用下,离子向电场方向或反电场方向迁移的几率增大,使陶瓷介质呈现电极性。这种极化不同于离子位移极化,是离子在受外加电场作用的同时,还受离子热运动的影响,从一个平衡位置迁移到另一个平衡位置而产生的。即作用于离子上与电场作用力相对抗的力,不是离子间的静电力,而是不规则的热运动阻力,极化建立的过程是一种热松弛过程。由于离子松弛极化与温度有明显的关系,因而介电常数与温度也有明显的关系。离子松弛极化对材料的介电常数的贡献大,介电常数可提高到几百至几千,甚至更大。离子松弛极化建立的时间约为 $10^{-2}\sim 10^{-9}$ s。在高频电场作用下,离子松弛极化往往不易充分建立,因此,表现出其介电常数随频率升高而减小的现象。同时,由于极化过程滞后,电场的变化导致介质损耗增加。

(3) 界面极化

界面极化与陶瓷体内电荷分布状况有关,常常发生在不均匀介质中。在电场作用下,不均匀介质内部的正负间隙离子分别向负、正极移动,引起陶瓷体内各点离子密度变化,即出现电偶极矩。这种极化叫做界面极化,也称为空间电荷极化。界面极化随温度升高而下降。因为温度升高,离子运动加剧,离子扩散容易,因而空间电荷减小。另外,界面极化的建立需要较长的时间,大约几秒到数十分钟,甚至数十小时,因而这种极化只对直流和低频下的介质性质有影响。

(4) 谐振式极化

陶瓷中的电子、离子都处于周期性的振动状态,其固有振动频率为 $10^{12}\sim 10^{15}$ Hz,即红外线、可见光和紫外线的频段。当外加电场的频率接近此固有振动频率时,将发生谐振。电子或离子吸收电场能,使振幅加大呈现极化现象。电子或离子振幅增大后将与其周围质点相互作用,振动能转变成热量,或发生辐射,形成能量损耗。

(5) 自发极化

以上介绍的各种极化是介质在外电场作用下引起的,没有外电场时,这些介质的极化强度为零。自发极化是一种特殊的极化形式,通常发生在一些具有特殊结构的晶体中。这种极化并非由外电场引起,而是由晶体的内部结构造成的。在这类晶体中,晶胞中的正负电荷中心不重合,即每一个晶胞里存在有固有电矩。这类晶体称为极性晶体。

功能陶瓷材料中常见极化形式的比较见表6.4。

表6.4 功能陶瓷材料中常见极化形式的比较

极化形式	具有此种极化的介质	发生极化的频率范围	和温度的关系	能量消耗
电子位移极化	一切陶瓷介质中	从直流到光频	无关	没有
离子位移极化	离子结构的陶瓷介质	从直流到红外线	温度升高,极化增强	很微弱
电子松弛极化	钛质瓷、以高价金属氧化物为基的陶瓷	从直流到超高频	随温度变化有极大值	有
离子松弛极化	结构不紧密的离子结构的陶瓷	从直流到超高频	随温度变化有极大值	有
界面极化	结构不均匀的陶瓷介质	从直流到高频	随温度升高而减弱	有
谐振极化	一切陶瓷介质中	光频	无关	很大
自发极化	温度低于居里点的铁电材料	从直流到超高频	随温度变化有显著极大值	很大

3. 介质损耗

任何电介质在电场作用下,总是或多或少地把部分电能转变成热能而使介质发热。在单位时间内因发热而消耗的能量称为电介质的损耗功率或简称为介质损耗,常用 $\tan\delta$ 来表示。其值越大,能量损耗也越大。δ 称为介质损耗角,其物理意义是指在交变电场下电介质的电位移 D 与电场强度 E 的相位差。

介质损耗是所有应用于交变电场中电介质的重要的品质指标之一,因为介质在电工或电子工业上的重要职能是直流绝缘和储存能量。介质损耗不但消耗了电能,而且由于温度上升可能影响元器件的正常工作。例如用于谐振回路中的电容器,其介质损耗过大时,将影响整个回路的调谐锐度,从而影响整机的灵敏度和选择性。介质损耗严重时,甚至会导致介质过热而破坏绝缘。从这种意义上说,介质损耗越小越好。

电介质在恒定电场作用时,其性质可用电场强度 E、电位移 D、极化强度 P 等参数来表示。当在交变电场作用下时,E、D、P 均变为复数矢量,此时介电常数也变为复介电常数。如果介质中发生松弛极化的话,矢量 E、D、P 均为不同相位,D 和 P 往往滞后于 E。如果滞后一个相位角 δ 时,那么复介电常数变为复数,即

$$\varepsilon = \varepsilon' - j\varepsilon'' \tag{6.11}$$

式中

$$\varepsilon' = \varepsilon_r \cos\delta \tag{6.12}$$

$$\varepsilon'' = \varepsilon_r \sin\varepsilon \tag{6.13}$$

而

$$\tan\delta = \frac{\varepsilon''}{\varepsilon'} \tag{6.14}$$

复介电常数的实部 ε' 与无功电流密度成正比,而虚部 ε'' 与有功电流密度成正比。实际上,$\tan\delta$ 表示单位无功电流中有功电流所占的比例。因为只有有功电流分量才导致能量损耗,所以 $\tan\delta$ 值越小,表明介质材料中单位时间内损失的能量亦小,即介质损耗越小。反之亦然。由于 $\tan\delta$ 的数值可以直接用实验测定而和试样大小与形状无关,因此 $\tan\delta$ 是介电材料在交变电场作用下最方便也是最重要的参数之一。

$\tan\delta$ 的倒数 $Q(Q=1/\tan\delta)$ 称为介电陶瓷材料的电学品质因数,也是重要的特性值之一。

功能陶瓷材料中存在的介质损耗主要来源于电导损耗、松弛质点的极化损耗和电介质结构损耗3部分。如表6.5所示,其中最重要的是由介质的电导(漏导)造成的电导损耗和由各种介质松弛极化的建立所造成的松弛极化损耗。

(1) 电导损耗

介质不是理想的绝缘体,不可避免地存在一些弱联系的导电载流子。在电场作用下,这些导电载流子将做定向漂移,在介质中形成传导电流。传导电流的大小由介质本身的性质决定,这部分传导电流以热的形式消耗掉,称为电导损耗。

(2) 松弛极化损耗

极化损耗主要与极化的弛豫(松弛)过程有关。电介质在恒定电场作用下要发生极化,各

种极化形式的充分建立都需要一定的时间,电子位移极化和离子位移极化建立的时间都非常短,为 $10^{-12} \sim 10^{-15}$ s,位移极化建立的时间与外电场的交变周期相比也是很短的。在交变电场作用下,不会产生介质损耗而消耗能量。而松弛极化建立的时间比较长,为 $10^{-2} \sim 10^{-8}$ s,甚至更长。在外电场频率较低时,极化能跟得上交变电场周期性的变化,极化得已完成;当外电场频率比较高,极化跟不上电场周期的变化时,产生松弛现象,致使介质的极化强度 P 滞后于外加电场强度 E,并且随着外电场频率的升高,介质的介电常数下降;当外电场频率足够高,极化完全跟不上电场周期性变化时,由这一极化形式提供的介电常数随频率的上升而下降至零,这一过程也消耗部分能量,这种损耗称为松弛极化损耗。在高频和超高频时,这类损耗起主要作用,甚至比电导损耗还大。

表 6.5 功能陶瓷介质损耗的分类

损耗的主要机制	损耗的种类	引起该类损耗的条件
极化介质损耗	离子松弛损耗	(1) 具有松散晶格的单体化合物晶体
		(2) 缺陷固溶体
		(3) 在玻璃相中,特别是存在碱性氧化物
	电子松弛损耗	破坏了化学组成的电子半导体晶格
	共振损耗	频率接近离子(或电子)固有振动频率
	自发极化损耗	温度低于居里点的铁电晶体
漏导介质损耗	表面电导损耗	制品表面不洁,空气湿度高
	体积电导损耗	材料受热温度高,毛细管吸湿
不均匀结构介质损耗	电离损耗	存在闭口孔隙和高电场强度
	由杂质引起的极化和漏导损耗	存在吸附水分、开口孔隙吸潮以及半导体杂质等

降低材料的介质损耗主要从降低材料的电导损耗和极化损耗入手:
① 选择合适的主晶相,根据要求尽量选择结构紧密的晶体作为主晶相;
② 在改善主晶相性能时,尽量避免产生缺位固溶体或间隙固溶体,最好形成连续固溶体;
③ 防止产生多晶转变,因为多晶转变时晶格缺陷多,电性能下降,损耗增加;
④ 尽量减少玻璃相,在工艺过程中防止杂质的混入;
⑤ 注意烧结气氛,如含钛陶瓷不宜在还原气氛中烧结,烧成过程中升温速度要合适,防止产品急冷急热;
⑥ 控制好最终烧结温度,使产品"正烧",防止"生烧"和"过烧",以减少气孔率,使坯体致密。

4. 介电强度

介质的特性一般指在一定的电场强度范围内的材料的特性,即介质只能在一定的电场强度以内保持这些性质。当电场强度超过某一临界值时,电导率突然剧增,介质丧失其固有的绝缘性能,介质由介电状态变为导电状态。这种现象称为介电强度的破坏,或叫做介质的击穿。相应的临界电场强度称为介电强度,或称为击穿电场强度,也可用绝缘强度、耐电强度、抗电强度等物理量来表征。虽然严格地划分击穿类型是很困难的,但为了便于叙述和理解,通常将击穿类型分为3种:热击穿、电击穿、电化学击穿等。

(1) 热击穿

介质在电场作用下产生介质损耗,以热的形式耗散掉。若这部分热量全部由介质散入周围媒质,那么在一定电场作用下,每一瞬间都保持介质对外界媒质的热平衡。当外加电场增加到某一临界值时,通过电流增加,介质的发热量急剧增大。如果发热量大于介质向外界散发的热量,则介质的温度不断上升,温度的上升又导致电导率增加,流经介质的电流增加,损耗加大,发热量更大于散热量……直至介质发生热破坏,使介质丧失原有的绝缘性能,这种击穿称为热击穿。因此,热击穿的本质是:处于电场中的介质,由于其中的介质损耗而受热,当外加电压足够高时,可能从散热与发热的热平衡状态转入不平衡状态,若发出的热量比散去的多,介质温度将越来越高,直至出现永久性损坏。

(2) 电击穿

固体介质电击穿理论是以量子力学为工具,在固体物理基础和气体放电的碰撞电离理论基础上建立的。这一理论可简述如下:在强电场下,固体导带中可能因冷发射或热发射存在一些电子。这些电子一方面在外电场作用下被加速,获得动能;另一方面与晶格振动相互作用,把电场能量传递给晶格。当这两个过程在一定的温度和场强下平衡时,固体介质有稳定的电导;当电子从电场中得到的能量大于传递给晶格振动的能量时,电子的动能就越来越大,至电子能量大到一定值时,电子与晶格振动的相互作用导致电离产生新电子,使自由电子数迅速增加,电导进入不稳定阶段,结果传导电流剧增,使介质丧失了原有的绝缘性能,这种在电场直接作用下发生的介质破坏现象,称为电击穿。

(3) 电化学击穿——老化

介质在长期的使用过程中受到电、光、热以及周围媒质的影响,使介质产生化学变化,电性能发生不可逆的破坏,最后被击穿。如以银作为电极的含钛陶瓷长期在直流电压下使用,阳极上的银原子容易失去电子变成银离子,银离子进入介质沿电场方向从阳极移动到阴极,最后在阴极获得电子而成银原子沉积在阴极附近。如果电场作用的时间很长,沉积的银越来越多,形成枝蔓状向介质内部延伸,相当于缩短了电极间的距离,使介质的击穿电压下降。

三、铁电性质[10,11]

介质的极化特性与其晶体结构有着深刻的内在联系。按照其对称性,晶体可分为7大晶系,32种点群。对这32种点群的具体分析表明,属于所有这32种点群的任一种材料都可具有介电性。这些点群中有20种点群不具有中心对称,具有这20种点群结构的晶体的电偶极矩可因弹性形变而改变,因而具有压电性并被称为压电晶体(简称压电体)。在压电体中具有惟一极轴(又称自发极化轴)的 10 种点群可出现自发极化,即在无外电场存在的情况下也存在电极化。一般说来,自发极化可因温度的改变而变化,具有这 10 种点群的晶体可出现热释电性,并被称为热释电晶体(简称热释电体)。热释电体中又有一部分晶体,其自发极化可在外电场的作用下改变方向,而且电极化矢量 P 与外电场 E 成类似于磁滞回线的关系,这些晶体被称为铁电晶体(简称铁电体)。显然,铁电体同时具有热释电性、压电性和介电性,因而这些晶体受到人们特别的关注。电介质的分类及相互关系如图 6.8 所示。

表 6.6 所示的是晶体结构对称性与其介电性的关系,从中可以确定晶体可能具有的物理性质以及该晶体可能的应用前景。

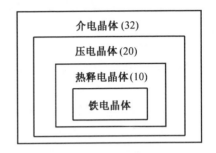

图 6.8 电介质的分类及相互关系
(括号中的数字表示属于该类晶体的点群数)

表 6.6 晶体结构对称性与其介电性的关系

介电晶类 (32 种)	不具有对称中心的晶类为 21 种,其中压电晶类 20 种	极性晶类(热释电晶类)(10 种)	$1, 2, 3, 4, 6, m, mm2, 4mm, 3m, 6mm$
		非极性晶类(11 种)	$222, \bar{4}, \bar{6}, 23, \boxed{432}, \bar{4}3m, 422, \bar{4}2m, 32, 622, \bar{6}m2$
	具有对称中心的晶类 11 种		$\bar{1}, 2/m, 4/m, \bar{3}, 6/m, m3, mmm, 4/mmm, 6/mmm, m3m, \bar{3}m$

1. 铁电体

由于铁电体是在某温度范围内可以自发极化,并且自发极化方向可随外电场做可逆转动的晶体,因此,自发极化及其变化便成了铁电体研究的核心问题。另外,晶体的铁电性只存在于某一特定温度下,在此温度之上铁电体变成顺电体,其自发极化消失。铁电相与顺电相之间的转变称为铁电相变,该温度称为居里温度 T_C。

按其结构和自发极化产生的机制,铁电体可分为含氧八面体的铁电体、含氢键的铁氧体、含氟八面体的铁电体和含其它离子基团的铁电体 4 类。现仅以最具代表性和为数最多的一类铁电体——钙钛矿型铁电体为例进行介绍。钙钛矿结构的分子式为 ABO_3,其中 A、B 分别代表不同的金属离子,O 为氧离子。图 6.9(a)为钙钛矿结构晶体原胞的示意图。金属离子 A 位于立方体的 8 个顶角上,氧离子 O 位于 6 个面心位置上并构成氧八面体的 6 个顶点。金属离子 B 位于原胞的中心,同时也是氧八面体的中心。显然,没有畸变的钙钛矿结构具有对称中心,其正负电荷中心相互重合,因而不具有自发极化,也不可能有铁电性。但某些钙钛矿结构的晶体如钛酸铅($PbTiO_3$),在高温下具有标准的钙钛矿结构,随着温度的下降和晶格中离子振动的减弱,位于氧八面体中心的 B 离子即钛离子变得不稳定而出现向氧八面体某一顶角方向移动的倾向,并在 490℃ 发生位移型铁电相变,由顺电相变为铁电相,如图 6.9(b)所示。显然该图中画出的只是钛离子移动的一种可能方式。由于顺电相 PbTiO$_3$ 具有立方结构,钛离子的位移可以向着氧八面体 6 个顶角中的任意一个发生。在钛离子移动的同时位于原胞顶角上的铅离子也向相同的方向移动,结果该原胞由立方结构变成了四方结构,同时原胞中正电荷中心不再与负电荷中心重合,从而导致自发极化的出现。

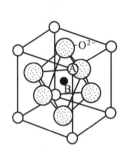
(a) 具有分子式 ABO$_3$ 的钙钛矿结构示意

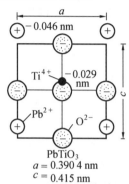
(b) PbTiO$_3$ 中离子相对位移导致了自发极化产生

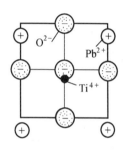
(c) PbTiO$_3$ 中离子相对位移的另一种模式,它导致了相反的自发极化

图 6.9 PbTiO$_3$ 中离子相对位移情况

2. 电畴

铁电体中存在若干个小区域,每个小区域内部电偶极子沿同一方向,这些自发极化方向一致的小区域称为电畴或畴(domain),畴的间界称畴壁(domain wall)。畴的出现使晶体的静电能和应变能降低,但畴壁的存在引入了畴壁能。总自由能取极小值的条件决定了电畴的稳定构型。

图 6.10 为 BaTiO$_3$ 晶体室温电畴结构示意图。小方格表示晶胞,箭头表示自发极化方向。图中 AA 分界线两侧的自发极化取反平行方向,称为 180° 畴壁,BB 分界线两侧的自发极化方向互成 90°,则其称为 90° 畴壁。180° 畴壁较薄,一般为 0.5~2 nm;90° 畴壁较厚,一般为 5~10 nm;为了使体系的能量最低,各电畴的极化方向通常"首尾相连"。

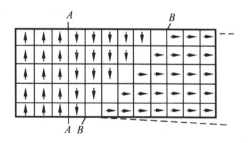

图 6.10 BaTiO$_3$ 晶体室温电畴结构示意图

电畴结构与晶体结构有关。例如,BaTiO$_3$ 的铁电相晶体结构有四方、斜方、三方 3 种晶系,它们的自发极化方向分别为[001]、[011]、[111],这样除了 90° 和 180° 畴壁外,在斜方晶系中还有 60° 和 120° 畴壁,在三方晶系中还有

71°和109°畴壁。

电畴可用各种实验方法显示,例如,可用弱酸溶液侵蚀晶体表面显示。由显微镜观察可以看到,多晶陶瓷中每个小晶粒可包含多个电畴。由于晶粒本身取向无规则,所以各电畴分布是混乱的,因而对外不显示极性。对于单晶体,各电畴间的取向成一定的角度,如90°、180°。

铁电畴在外电场作用下,总是要趋向于与外电场方向一致。这被形象地称做电畴"转向"。实际上电畴运动是通过在外电场作用下新畴的出现、发展以及畴壁的移动来实现的。实验发现,在电场作用下,180°畴的"转向"是通过许多尖劈形新畴的出现、发展而实现的。尖劈形新畴迅速沿前端向前发展,如图6.11所示。对90°畴的"转向"虽然也产生针状电畴,但主要是通过90°畴壁的侧向移动来实现的。实验证明,这种侧向移动所需要的能量比产生针状新畴所需要的能量还要低。一般在外电场作用下(人工极化),180°电畴转向比较充分,同时由于"转向"时结构畸变小,内应力小,因而这种转向比较稳定。而90°电畴的转向是不充分的,对$BaTiO_3$陶瓷,90°畴只有13%转向,而且由于转向时引起较大内应力,所以这种转向不稳定。当外加电场撤去后,则有小部分电畴偏离极化方向,恢复原位,大部分电畴则停留在新转向的极化方向上,这叫做剩余极化。实际上,新畴的成核和畴壁的运动,与晶体的各种性质,如应力分布、空间电荷、缺陷等都有很大关系,如在缺陷处容易形成新畴。

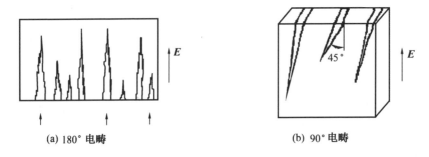

(a) 180°电畴　　　　　(b) 90°电畴

图6.11　电畴中针状新畴的出现和发展

3. 电滞回线

铁电体表现的宏观电极化强度P与外加电场E密切相关。实际上P是铁电体中电畴的自发极化与感应极化的总和。由于电畴在电场作用下转向的过程总是滞后于电场,P与E呈现出类似于磁滞回线的复杂的"电滞回线"关系。

考虑一多畴铁电单晶体的电滞回线,并且设极化强度的取向只有两种可能(即沿某轴的正向或负向),设在没有外电场时,晶体总电偶极矩为0(能量最低),不表现出宏观电极化。若沿其某一极化轴方向施加一电场,其极化矢量P与外加电场E的关系如图6.12所示。当电场施加于晶体之初且外电场很小时,沿电场方向的电畴扩展变大;而与电场反平行方向的电畴则变小。这样,极化强度随外电场线性增加,如图6.12中OA段曲线所示。此时P的增加主要来自感应极化和"弹性"的可逆畴壁移动。电场强度进一步增加,新畴成核与不可逆畴壁移动

造成 P 随 E 的增加而迅速增加,如 AB 段所示。当电场增至点 B 所在处的数值,晶体电畴方向都趋于电场方向,类似于单畴,极化强度达到饱和。此时再增加电场,P 与 E 成线性关系,这种增量完全来自感应极化的贡献,如 BC 段所示。此后,若所加电场强度减小,极化强度 P 将随 CBD 曲线减小。在电场降至 0 时,仍保留有相当大的电极化强度 OD,称为剩余极化强度 P_r。将 CB 线性部分外推至 $E=0$ 时,与 P 轴相交于点 K,在纵轴 P 上的截距 OK 称为饱和极化强度或自发极化强度 P_s。实际上 P_s 为原来每个单畴的自发极化强度,是对

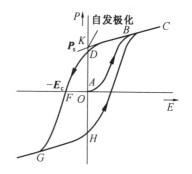

图 6.12 典型的铁电体电滞回线

每个单畴而言的。如果电场自 C 处开始降低,晶体的极化强度亦随之减少。在零电场处,仍存剩余极化强度 P_r。这是因为电场减小时,部分电畴由于晶体内应力的作用偏离了极化方向。但当 $E=0$ 时,大部分电畴仍停留在极化方向,因而宏观上还有剩余极化强度 P_r。所以剩余极化强度 P_r 是对整个晶体而言。当电场反向达到点 F 时,剩余极化全部消失。OF 表征的电场强度称为矫顽电场强度 E_c,它表示将一个电畴铁电体变成宏观极化为 0 的多畴晶体所需的外加电场强度。如果它大于晶体的击穿场强,那么在极化强度反向前,晶体就被击穿,则不能说该晶体具有铁电性。反向电场继续增大,极化强度才开始反向并沿 FG 曲线变化直至饱和。电场在大于正负饱和值之间循环一周的过程中,电极化强度与电场强度沿封闭曲线 $CBDFGHC$ 变化,这一曲线称为电滞回线。总之,电滞回线是铁电畴在外电场作用下运动的宏观描述,是铁电体的标志。

除了铁电体外,铁电陶瓷也是经常被使用的材料,特别是作为压电材料。铁电陶瓷是由铁电材料粉体经过成型、烧结、人工极化和后加工而制成的多晶聚集体。它们具有较高的强度和硬度、较小的各向异性,制备成本比单晶体低得多。但未经人工极化之前,铁电陶瓷中各晶粒的取向基本上是无序的。其晶粒可以是单畴或多畴的,而各畴自发极化的方向除了受铁电体自身极轴方向的限制外并无择优取向,此时的铁电陶瓷并不表现出宏观电极化。所谓人工极化处理是将陶瓷置于场强大于该材料矫顽场的电场中,使铁电陶瓷的各电畴的自发极化方向转动并尽可能与所加外电场的方向一致。经过人工极化处理的铁电陶瓷便有了宏观电极化,这类陶瓷也可作为铁电、压电、热释电材料而得到广泛的应用。

铁电材料在外加交变电场作用下都能形成电滞回线,然而不同材料和不同工艺条件对电滞回线的形状都有很大的影响,因而应用也各不相同,所以掌握电滞回线及其影响因素,对研究铁电材料的特性是十分重要的[4]。

(1) 温度对电滞回线的影响

极化温度对电滞回线的形状有影响,因为极化温度的高低影响到电畴运动和转向的难易。不难理解,矫顽场强和饱和场强随温度升高而降低。所以在一定条件下,极化温度较高,可以

在较低的极化电压下达到同样的效果。由实验可以看出,极化温度较高的,其电滞回线形状比较瘦长。这是因为温度高时电畴运动容易,因而矫顽场强和饱和场强都小,即要达到饱和极化强度只需要较低的极化电压。

环境温度对电滞回线的影响不仅表现在电畴运动的难易程度上,而且对材料的晶体结构有影响,因而其内部自发极化发生改变,尤其是在相界处(晶型转变温度点)变化最为显著。例如,$BaTiO_3$在居里温度附近,电滞回线逐渐闭合为一直线(铁电性消失)。

(2) 极化时间和极化电压对电滞回线的影响

电畴转向需要一定的时间,时间适当长一点,极化就可以充分些,即电畴定向排列完全一些。实验表明,在相同的电场强度 E 作用下,极化时间长的,具有较高的极化强度,也具有较高的剩余极化强度。

极化电压对电畴转向有类似的影响。极化电压加大,电畴转向程度高,剩余极化变大。

(3) 晶体结构对电滞回线的影响

同一种材料,单晶体和多晶体的电滞回线是不同的。图 6.13 反映 $BaTiO_3$ 单晶和陶瓷电滞回线的差异。单晶体的电滞回线很接近于矩形,P_s 和 P_r 很接近,而且 P_r 较高;陶瓷的电滞回线中 P_s 与 P_r 相差较多,表明陶瓷多晶体不易成为单畴,即不易定向排列。

电滞回线的特性在实际中有重要的应用。由于它有剩余极化强度,因而铁电体可用来做信息存储、图像显示。目前已经研制出一些透明铁电陶瓷器件,如铁电存储和显示器件、光阀、全息照相器件等,就是利用外加电场使铁电畴做一定的

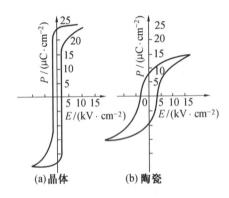

图 6.13 $BaTiO_3$ 的电滞回线

取向,使透明陶瓷的光学性质变化。铁电体在光记忆应用方面也已受到重视,目前得到应用的是掺镧的锆钛酸铅(PLZT)透明铁电陶瓷和 $Bi_4Ti_3O_{12}$ 铁电薄膜。

四、压电性和热释电性[7,8,12]

压电性,就是某些晶体材料按所施加的机械应力成比例地产生电荷的能力。压电性是 J·居里和 P·居里在 1880 年发现的,同年,居里兄弟证实了这类压电晶体具有可逆的性质,即按所施加的电压成比例地产生几何应变(或应力)。在各向同性的物体里,原则上不存在压电性。直到 1944 年,压电陶瓷这个术语仍使物理学家难以理解。今天,获得压电性所需的极性,可以通过暂时施加强电场的方法,使原来各向同性的多晶陶瓷发生"极化",这种极化可以在铁电陶瓷中发生,类似于永久磁铁的磁化过程。近年来,压电陶瓷发展较快,在不少场合已经取代了压电单晶,它在电、磁、光、声、热和力等交互效应的功能转换器件中得到了广泛的应用。

1. 压电效应

当对某些晶体施加压力、张力或切向力时,则发生与应力成比例的介质极化,同时在晶体两端面将出现数量相等、符号相反的束缚电荷,这种现象称为正压电效应;反之,当在晶体上施加电场引起极化时,将产生与电场强度成比例的变形或机械应力,这种现象称为逆压电效应。正、逆压电效应统称为压电效应。

压电效应由晶体结构所决定。具有对称中心的晶体都不具有压电效应,因为这类晶体受到应力作用后,内部发生均匀变形,仍然保持质点间的对称排列规律,并无不对称的相对位移,因而正、负电荷重心重合,不产生电极化,没有压电效应。如果晶体不具有对称中心,质点排列并不对称,在应力作用下,它们就受到不对称的内应力,质点间产生不对称的位移,结果产生了新的电矩,晶体表面显示电性,呈现压电效应。在 32 种宏观对称晶族中,有 21 种无对称中心,由于其中 1 种的压电常数为零,故 20 种是可以有压电效应的。

2. 压电陶瓷的主要性能参数

经过人工极化后的铁电陶瓷就成为具有压电性能的压电陶瓷,除具有压电性能外,还具有一般介质材料所具有的介电性能和弹性性能。压电陶瓷是一种各向异性的材料。因此,表征压电陶瓷性能的各项参数在不同方向上表现出不同的数值,并且需要较多的参数来描述压电陶瓷的各种性能。

(1) 机械品质因数

机械品质因数的定义为

$$Q_m = \frac{谐振时振子存储的机械能}{谐振时振子每振动一周所损耗的机械能} \times 2\pi \tag{6.15}$$

机械品质因数是描述压电陶瓷在机械振动时,内部能量消耗程度的一个参数,这种能量消耗的原因主要在于内耗,机械品质因数越大,能量的损耗越小。不同的压电器件对压电陶瓷材料的 Q_m 值有不同的要求,多数陶瓷滤波器要求压电陶瓷的 Q_m 值要高,而音响器件及接收型换能器则要求 Q_m 值要低。

(2) 机电耦合系数

机电耦合系数是一个综合反映压电陶瓷的机械性能与电能之间耦合关系的物理量,是衡量压电陶瓷材料性能的重要参数。机电耦合系数可定义为

$$K^2 = \frac{电能转变为机械能}{输入电能} \quad (逆压电效应) \tag{6.16}$$

$$K^2 = \frac{机械能转变为电能}{输入机械能} \quad (正压电效应) \tag{6.17}$$

机电耦合系数是一个没有量纲的物理量,是压电材料进行机–电能量转换的能力反应,它与材料的压电常数、介电常数和弹性常数等参数有关,因此是一个比较综合性的参数。

由于压电元件的机械能与它的形状和振动方式有关,因此,不同形状和不同振动方式所对应的机电耦合系数也不相同。表 6.7 给出了常用的几种机电耦合系数。

表 6.7　压电陶瓷的振动方式及其机电耦合系数

样品形状	振动方式	机电耦合系数
薄圆片（极化方向，电极面） 	沿径向伸缩振动 	平面机电耦合系数 K_p
薄长片（极化方向，电极面） 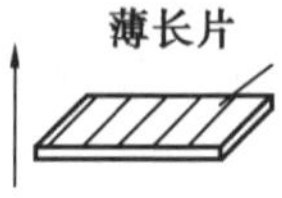	沿长度方向伸缩振动 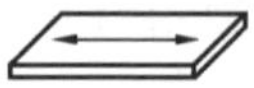	横向机电耦合系数 K_{31}
圆柱体（极化方向，电极面） 	沿轴向伸缩振动 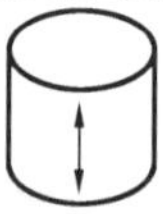	纵向机电耦合系数 K_{33}
薄片（极化方向，电极面） 	沿厚度方向伸缩振动 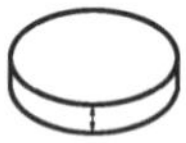	厚度机电耦合系数 K_t
长方片（电极面，极化方向） 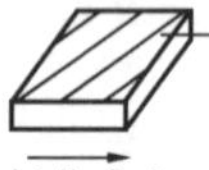	厚度切变振动 	厚度切变机电耦合系数 K_{15}

(3) 弹性系数

根据压电效应,压电陶瓷在交变电场作用下,会产生交变伸长和收缩,从而形成与激励电场频率(信号频率)相一致的受迫机械振动。具有一定形状、大小和被覆工作电极的压电陶瓷,称为压电陶瓷振子。振子谐振时形变是很小的,一般可看做是弹性形变。反映材料在弹性形变范围内应力与应变之间关系的参数称为弹性系数。

压电陶瓷是一个弹性体,它服从虎克定律:在弹性限度范围内,应力与应变成正比。当数值为 T 的应力(单位为 Pa)加于压电陶瓷片上时,所产生的应变 S 为

$$S = sT \tag{6.18}$$

$$T = cS \tag{6.19}$$

式中　s——弹性柔顺系数($m^2 \cdot N^{-1}$);

　　　c——弹性刚度系数(Pa)。

由于应力 T 和应变 S 都是二阶对称张量,对于三维材料,都有 6 个独立分量。因此,s 和 c 各有 36 个分量,其中独立分量最多可达 21 个。对于极化后的压电陶瓷,由于对称关系,使独立的 s 和 c 各有 5 个,即

$$s_{11}, s_{12}, s_{13}, s_{33}, s_{44}$$

$$c_{11}, c_{12}, c_{13}, c_{33}, c_{44}$$

对于压电陶瓷,因为应力作用下的弹性形变会引起电效应,而电效应在不同的边界条件下,对应变又会有不同的影响,就会有不同的弹性柔顺系数和弹性刚度系数。电场 E 恒定时,外电路中电阻很小,相当于短路情况,此时测得的 s 称为短路弹性柔顺系数,以 s^E 表示;若电位移 D 恒定,电路的电阻很大,相当于开路情况,此时测得的 s 称为开路弹性柔顺系数,以 s^D 表示;因此,共有 10 个弹性柔顺系数,即

$$s_{11}^E, s_{12}^E, s_{13}^E, s_{33}^E, s_{44}^E$$

$$s_{11}^D, s_{12}^D, s_{13}^D, s_{33}^D, s_{44}^D$$

同样,弹性刚度系数也有 10 个,即

$$c_{11}^E, c_{12}^E, c_{13}^E, c_{33}^E, c_{44}^E$$

$$c_{11}^D, c_{12}^D, c_{13}^D, c_{33}^D, c_{44}^D$$

(4) 压电常数和压电方程

压电常数是压电陶瓷重要的特性参数,它是压电介质把机械能(或电能)转换为电能(机械能)的比例常数,反映了应力(或应变)和电场(或电位移)之间的联系,直接反映了材料机电性能的耦合关系和压电效应的强弱。常见的 4 种压电常数为

$$d_{ij}, g_{ij}, e_{ij}, h_{ij} \quad (i=1,2,3; j=1,2,3,\cdots,6)$$

其中,i 代表电学参量的方向(即电场或电位移的方向);j 代表力学量(应力或应变)的方向。

① 压电应变常数 d_{ij}

$$d = \left(\frac{\partial S}{\partial E}\right)_T$$

或

$$d = \left(\frac{\partial D}{\partial T}\right)_E$$

② 压电电压常数 g_{ij}

$$g = \left(-\frac{\partial E}{\partial T}\right)_D$$

或

$$g = \left(\frac{\partial S}{\partial D}\right)_T$$

③ 压电应力常数 e_{ij}

$$e = \left(-\frac{\partial T}{\partial E}\right)_S$$

或
$$e = \left(\frac{\partial D}{\partial S}\right)_E$$

④ 压电劲度常数 h_{ij}
$$h = \left(-\frac{\partial T}{\partial D}\right)_S$$

或
$$h = \left(-\frac{\partial E}{\partial S}\right)_D$$

压电常数直接建立了力学参量和电学参量之间的联系,同时对建立压电方程有着重要的应用。

压电方程是反映压电陶瓷力学参量和电学参量之间关系的方程式,根据自变量的选取可有4组压电方程。

第1组压电方程:取应力 T 和电场 E 为自变量,边界条件是机械自由和电学短路,所得方程为

$$\begin{cases} S_i = s_{ij}^E T_j + d_{ni} E_n \\ D_m = d_{mj} T_j + \varepsilon_{mn}^T E_n \end{cases}$$

第2组压电方程:取应变 S 和电场 E 为自变量,边界条件是机械受夹和电学短路,所得方程为

$$\begin{cases} T_j = c_{ij}^E S_i - e_{nj} E_n \\ D_m = e_{mi} S_i + \varepsilon_{mn}^S E_n \end{cases}$$

第3组压电方程:取应力 T 和电位移 D 为自变量,边界条件是机械自由和电学开路,所得方程为

$$\begin{cases} S_i = s_{ij}^D T_j + g_{mi} D_m \\ E_n = -g_{nj} T_j + \beta_{mn}^T D_m \end{cases}$$

式中　β_{mn}^T——自由介质隔离率($m \cdot F^{-1}$)。

第4组压电方程:取应变 S 和电位移 D 为自变量,边界条件是机械受夹和电学开路,所得方程为

$$\begin{cases} T_j = c_{ij}^D S_i - h_{mj} D_m \\ E_n = -h_{mi} S_i + \beta_{mn}^S D_m \end{cases}$$

式中　β_{mn}^S——夹持介质隔离率($m \cdot F^{-1}$)。

上述4组方程式中　$i, j = 1, 2, 3, \cdots, 6; m, n = 1, 2, 3$。

3. 压电陶瓷的预极化

自然界中虽然具有压电效应的压电晶体很多,但是成为陶瓷材料以后,往往不呈现出压电性能,这是因为陶瓷是一种多晶体,由于其中各细小晶体紊乱取向,因而各晶格间压电效应会互相抵消,宏观不呈现压电效应。铁电陶瓷中虽存在自发极化,但各晶粒间自发极化方向杂

乱,因此宏观无极性。若将铁电陶瓷预先经强直流电场作用,使各晶粒的自发极化方向都择优取向成为有规则的排列(这一过程称为人工极化),当直流电场去除后,陶瓷内仍能保留相当的剩余极化强度,则陶瓷材料宏观具有极性,也就具有了压电性能。因此铁电陶瓷只有经过"极化"处理,才能具有压电性;压电陶瓷一般是铁电体,只有铁电陶瓷才能在外电场作用下,使电畴运动转向,达到"极化"的目的,成为压电陶瓷。

这里从压电性能出发,讨论极化条件对压电陶瓷的影响。

(1) 极化电场

极化电场是极化诸条件中的主要因素。极化电场越高,促使电畴取向排列的作用越大,极化就越充分。一般以 k_p 达到最大值的电场为极化电场,但应注意,不同的机电耦合系数达到最大值的极化电场不一样。例如,钛酸铅的 k_p 与 k_{31} 在 $2\ \mathrm{kV\cdot mm^{-1}}$ 时达到最大,而 k_{33}、k_{15}、k_t 需在 $6\ \mathrm{kV\cdot mm^{-1}}$ 时才接近最大。极化电场必须大于样品的矫顽场,通常为矫顽场的 2~3 倍。矫顽场与样品的成分、结构及温度有关。以锆钛酸铅为例,在四方相区,其矫顽场随锆钛比的减小而变大。除锆钛比外,取代元素和添加物也有影响。例如,钛酸铅陶瓷难极化,而以镧取代部分铅后,极化电压可降低。这是因为镧取代铅后引起晶轴比 c/a 减小,使电畴 90° 转向内应力小,故极化充分。

(2) 极化温度

在极化电场和时间一定的条件下,极化温度高,电畴取向排列较易,极化效果好。这可从两方面理解:

① 结晶各向异性随温度升高而降低,自发极化重新取向克服的应力阻抗较小,同时由于热运动,电畴运动能力加强;

② 温度越高,电阻率越小,由杂质引起的空间电荷效应所产生的电场屏蔽作用小,故外加电场的极化效果好,但是温度过高,击穿强度降低,常用压电陶瓷材料的极化温度通常取 320~420 K。

(3) 极化时间

极化时间长,电畴取向排列的程度高,极化效果较好。极化初期主要是 180°电畴的反转,以后的变化是 90°电畴的转向。90°电畴转向由于内应力的阻碍而较难进行,因而适当延长极化时间,可提高极化程度。一般极化时间从几分钟到几十分钟。

总之,极化电场、极化温度、极化时间三者必须统一考虑,因为它们之间相互有影响,应通过实验选取最佳条件。

4. 热释电效应

热释电效应是一种自然现象,也是晶体的一种物理效应。晶体受热温度升高,由于温度的变化 ΔT 而导致自发极化的变化,在晶体的一定方向上产生表面电荷,这种现象称为热释电效应。

热释电效应反映了晶体的电量与温度之间的关系,可表示为

$$\Delta P_s = P \Delta T \tag{6.20}$$

式中 ΔP_s——自发极化的变化量;

P——热释电系数;

ΔT——温度的变化量。

由上述可知,晶体中存在热释电效应的前提:一是具有自发极化,即晶体结构的某些方向的正、负电荷重心不重合(存在固有电矩);二是有温度变化,即热释电效应是反映材料在温度变化时的性能。

6.3 功能陶瓷的制备工艺

功能陶瓷的制备工艺一般包括原料、成型和烧成等几部分,本节着重介绍该过程的工艺原理,对一些新工艺也进行简单介绍[8]。

一、原料

原料是决定功能陶瓷材料性能的重要因素。一般从化学组成和物理状态两个方面来评定原料的质量。所谓化学组成,是指原料的纯度以及所含杂质的种类和数量,它直接影响材料的性能;所谓物理状态,是指原料的颗粒大小和形状,它除了影响材料的性能外,还会影响材料制备的工艺过程。因此,采用何种工艺以改变原料的化学组成和物理状态,使之适应材料性能的要求,是下面要着重讨论的问题。

1. 原料粉体的合成

理想陶瓷粉体的条件是粒径小、呈球形、粒度尺寸分布窄、无硬团聚、高纯度等。目前,粉体的合成已取得很大的发展,出现了大量新工艺、新方法,而更新的方法还在不断涌现。根据粉体制备的原理不同,这些方法可分为物理法和化学法。而现在更普遍的是根据合成粉体的条件不同,分为气相法、液相法和固相法三类,其中每一类又包括多种,如图 6.14 所示。有关粉体合成方法的报道很多,有兴趣者可自行查阅专著[13~15]。一般而言,气相法所得粉体纯度高、团聚较少、烧结性能较好,其缺点是设备昂贵、产量较低、不易普及;固相法所用设备简单、操作方便,但所得粉体往往纯度不够,粒度分布也较大,适用于要求比较低的场合;液相法介于气

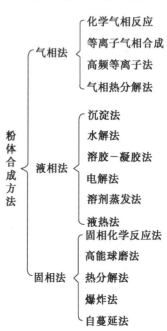

图 6.14 粉体合成方法的分类

相法和固相法之间,与气相法相比,液相法具有设备简单、无需高真空等苛刻物理条件和易放大等优点,同时又比固相法制得的粉体纯净、团聚少,容易实现工业化生产,因此最有发展前途。

2. 配料计算

配料计算是功能陶瓷制备中一项最基本的工作。对功能陶瓷材料来说,组成稍有偏离,就会非常敏感地在组织结构上反映出来,从而影响材料的性能。因此,精确的配料计算是制备性能优良的功能陶瓷材料的基础。

配料计算主要是用已知预合成的化合物化学计算式计算原料配比,常用于合成料(或称烧块)的配制,如合成 $BaTiO_3$、$SrTiO_3$ 和 $BaZrO_3$ 等。设配料中各原料的物质的量为 $n_1, n_2, \cdots, n_i$,相应原料的相对分子质量为 $M_1, M_2, \cdots, M_i$,则配料中各原料的量为

$$W_1 = n_1 M_1, W_2 = n_2 M_2, \cdots, W_i = n_i M_i$$

各原料的质量分数即为

$$w_1 = \frac{W_1}{\sum W_i} \times 100\%, w_2 = \frac{W_2}{\sum W_i} \times 100\%, \cdots, w_i = \frac{W_i}{\sum W_i} \times 100\%$$

上述计算是假设原料纯度为 100%,若考虑实际原料的纯度 P,则实际各原料的用量应为上述计算值除以相应原料的纯度,即 $W' = \frac{W}{P}$。

配料计算虽然比较简单,但应仔细,保证计算的准确。同样,在投料时,保证准确按配料计算实施,也很重要。为此,原料在称量前需充分干燥,除去吸附的水分。根据各原料的配料量和称量精度的要求,需合理选用天平或其它称量工具。称量应尽量迅速、准确,要有监督和检查。

3. 备料工艺

备料工艺包括原料按给定配比称量、混磨、干燥、加黏合剂、造粒,制成符合成型工艺要求的粉料。原料称量前,大部分原料需要进行干燥处理、拣选、过筛,有些则需要预合成、煅烧等,以制成符合要求的化学组成或晶体结构的原料。

(1) 原料的煅烧

在不同的温度下,很多原料的结晶状态或结构不同,晶型结构相互转变时常伴随体积效应,对烧成有不利的影响,通常采取将这类原料进行煅烧的方法解决。通过煅烧可促进晶体转化,获得具有优良电性能的晶型,改变材料结构,改善工艺性能,减少陶瓷样品最终烧结时的收缩率,保证产品质量,提高和保证功能陶瓷材料的性能。

(2) 熔块的合成

化工原料多是单成分的化合物,因此,许多多成分的原料,如 $BaTiO_3$、$SrTiO_3$ 和 $BaZrO_3$ 等,需要自己合成,然后再配料。这种合成材料通常经过 $800 \sim 1300℃$ 的高温煅烧,煅烧后的材料称为烧块或熔块。合成过程大多是固相反应,也可在液相和气相下进行。烧块合成的温度选

择很重要,温度太低,反应不充分,主晶相质量不好;温度太高,烧块变硬,不易粉碎,活性降低,使烧成温度升高和变窄。一般选择略高于理论温度值,根据试验,确定合适的合成温度。

(3) 混磨

球磨是最常用的一种粉碎和混合装置。被粉碎的物料和磨球装在一个圆筒形球磨罐中。球磨罐旋转时,带动球撞击和研磨物料,达到粉碎的目的。一般来说,磨机转速越大,粉碎效率越高。但当磨机转速超过临界转速时就失去粉碎作用。磨机的临界转速可用下式计算:

$D > 1.25$ m 时

$$n = \frac{35}{\sqrt{D}}$$

$D < 1.25$ m 时

$$n = \frac{40}{\sqrt{D}}$$

式中　n——球磨机的转速$(r \cdot min^{-1})$;

　　　D——球磨罐的内径(m)。

上式为经验公式,式中常数由试验确定。

影响粉碎和混合效率的因素有以下几点。

1) 球磨机的转速

如果转速太快,球就贴着筒壁一起转动;如果转速太慢,球就停滞在下面;当转速适当时,球被带到上面再向下落,粉碎效率才最大。一般选择略低于实际临界转速。

2) 球磨机内磨球大小的配比

磨球的大小应配合适当,最大直径在 $D/18 \sim D/24$ 之间,最小直径为 $D/40$,D 为球磨罐的内径。

3) 球磨机装载量

一般装载量占球磨罐容积的 70% ~ 80%。

4) 料、球、水之比

料、球、水之比要根据原料的吸水性、球磨颗粒大小和磨机装载量的不同来决定,通常的比例为

料:球:水 = 1:(1 ~ 1.4):(0.8 ~ 1.2)

5) 助磨剂的影响

当物料研磨至一定细度后,其继续研磨的效率将显著降低,这是因为已粉碎的细粉对大颗粒的粉碎起缓冲作用,较大颗粒难于进一步粉碎。为了提高研磨效率,使物料达到预期的细度,需加入助磨剂,常用的有油酸和醇类等。例如,干磨时加油酸、乙二醇、三乙醇胺和乙醇等;湿磨时加乙醇和乙二醇等。

6) 分散介质的影响

球磨分为干法和湿法两种。干法不加分散介质,主要靠球的冲击力粉碎物料;湿法需加水

或乙醇等作为分散介质,主要靠球的研磨作用进行粉碎。由于水或其它分散介质的劈裂作用,湿磨效率比干磨要高。通常用水作为分散介质,若原料中有水溶性物质,可采用乙醇等其它液体作为分散介质。

7) 球磨时间的选择

随球磨时间的延长,球磨效率降低,细度的增加也趋于缓慢。长时间的球磨还会引入较多的杂质。因此,球磨时间应在满足适当细度的条件下尽量缩短。一般混料为 4~8 h,细磨为 20~40 h。

影响球磨效率的因素,除了上面介绍的外,还有磨球的大小、形状、种类等,它们对球磨的效率同样有着很大的影响。一般,小的磨球要比大的磨球研磨效率高,因为小球的接触面比大球多,因而对原料的研磨作用就比大球大;从研磨作用看,最好采用圆柱状磨球,因为圆柱体之间的接触是一根线,而不是一个点,其研磨效率自然比圆球高得多;物料在球磨中粉碎一定时间后,磨球之间以及磨球与球磨罐衬里之间的磨损显著增加,磨损物落在瓷料中,会使材料性能显著恶化。一般根据需粉碎的物料选择适合的磨球和球磨罐衬里材料,以降低磨损物的污染。

行星磨原理如图 6.15 所示,它是实验室中比较常用的粉碎和混合装置。4 只同样重的球磨罐置于同一旋转的圆盘上,使球磨罐"公转",各个球磨罐又绕自身轴线"自转"。当公转速度足够大时,离心力大大超过地心引力,自转角速度也相应提高,磨球不至于贴附罐壁不动,从而克服了旧式球磨机之临界转速的限制,大大提高了研磨效率。它的粉碎细度优于球磨,粉碎时间一般为 1.5~3 h。

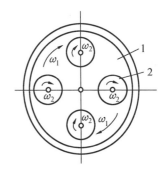

图 6.15 行星磨原理
ω_1—公转角速度;ω_2—自转角速度;
1—公转圆盘;2—球磨罐

(4) 造粒

为了有利于烧结和固相反应的进行,原料颗粒应越细越好,但是,粉料越细,流动性越不好;此外,比表面积增大,粉料占的体积也大,干压成型时就不能均匀地填充模具的每个角落,常造成空洞、边角不致密、层裂、弹性失效等问题,使细粉料变粗的惟一办法就是造粒。

造粒工艺是将已经磨得很细的粉料,经过干燥、加黏合剂,做成流动性好的较粗的颗粒(粒径约为 0.1 mm)。造粒工艺大致分为加压造粒法和喷雾干燥造粒法。加压造粒是将混合了黏合剂的粉料预压成块,然后再粉碎过筛。该法造出的颗粒体积密度大、机械强度高,能满足各种大型、异型制品成型的要求。喷雾干燥造粒法是把混合好黏合剂的粉料做成料浆,或是在细磨工艺时加好黏合剂,用喷雾器喷入造粒塔中雾化。雾滴与塔中的热气混合,使雾滴干燥成干粉,由旋风分离器吸入料斗。这种方法可得到流动性好的球状团粒,产量大,适合连续化生产和自动化成型工艺。造粒的好坏与浆料的黏度、喷嘴压力和温度等因素有关。

二、成型

成型就是将粉体转变成具有一定形状、体积和强度的坯体。素坯的密度和素坯中显微组织的均匀与否,对于陶瓷在烧结过程中的致密化有极大的影响。功能陶瓷常用的成型方法有干压成型、流延成型和等静压成型等。

1.干压成型

干压成型是广泛应用的一种成型方法。该方法生产效率高,易于自动化,制品烧成收缩率小,不易变形。但该法只适用于简单瓷件的成型,如圆片形等,且对模具质量要求较高。为了提高坯料成型时的流动性,增加颗粒间的结合力,提高坯体的机械强度,通常需要加入黏合剂,并进行造粒。干压成型是利用模具在油压机上进行的,成型时应注意以下工艺问题。

(1) 加压方式

加压方式有单面加压和双面加压两种。单面加压(图 6.16(a))时,直接受压一端的压力大,密度大;远离加压一端的压力小,坯体密度也小。双面加压(图6.16(b))时,坯体两端直接受压,因此,两端密度大,中间密度小。如果坯料经过造粒、加润滑剂,再进行双面加压(图 6.16(c)),则坯体密度非常均匀。双面加压虽然可改变单面加压的缺点,但磨具构造较复杂。

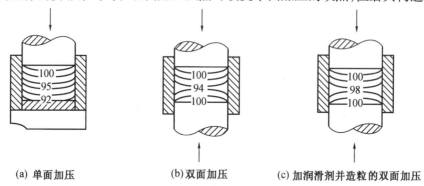

(a) 单面加压　　(b) 双面加压　　(c) 加润滑剂并造粒的双面加压

图 6.16　加压方式对坯体密度的影响

(2) 成型压力

成型压力的大小直接影响瓷坯的密度和收缩率。成型压力小,瓷体收缩大,产品体积密度也小。当成型压力达到一定值后,压力再增加,瓷体密度提高较少。压力过大,坯体容易出现裂纹、分层和脱模困难等现象。成型压力一般在 5.884～14.710 MPa 之间。

(3) 加压速度和时间

干压成型时,压模下降的速度缓慢一些为好。加压速度过快,会导致坯体分层,表面致密中间松散,甚至在坯体中存在许多气泡。因此,加压速度宜缓,而且要有一定的保压时间。

2.流延成型

流延成型可获得 10 μm 以下的陶瓷薄膜。流延成型是在超细粉料中均匀混合适当的黏合剂,制成浆料,通过流延嘴,浆料依靠自重流在一条平稳转动的环形钢带上,经过烘干,钢带又回到初始位置,经多次循环重复,直至得到需要的厚度。流延法的特点是:膜片致密均匀,弹性好;膜片生产效率较高,成本较低;膜片的厚度由 3~5 μm 至 2~3 mm 按需调节等。

流延机的构造如图 6.17 所示。流延嘴前的刮刀用来调节流延膜的厚度。膜厚与刮刀和钢带之间的间隙呈正比,与钢带速度、料浆黏度成反比。料浆黏度一般控制在 3.0~3.1 s。料浆黏度对成膜厚度的影响最大。流延过程是,将黏度合适的浆料倒入加料斗中,浆料从流延嘴流出,并随钢带向前运动,浆料被刮刀刮成一层连续、表面平整、厚度均匀的薄膜,进入干燥区成为固态薄膜,待转了预定圈数、达到要求厚度时,在前转鼓下方将陶瓷坯带从钢带上剥离。每圈的流延膜厚度为 8~10 μm,干燥区温度约 80℃。

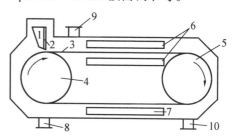

图 6.17　流延机的构造示意图
1—料斗与流延嘴;2—调厚刮刀;3—不锈钢带;
4—前转鼓;5—后转鼓;6—上干燥器;7—下干燥器;
8—热风进口;9—上热风出口;10—下热风出口

3. 等静压成型

等静压成型是利用液体介质具有不可压缩且能均匀传递压力特性的一种成型方法。

在一密封容器内充满液体,液体一处受压时,此压力将传递到液体各点,且各点压力相等。用富有弹性的塑料或橡皮做成适当形状的模具,把粉料装入模具中,放入上述容器中加压。由于橡皮模具周围完全被液体包围,所以模具各个方向受到的压力均等,坯体的各个方向被均匀压实,称为等静压成型。等静压成型有以下特点:

① 坯体密度高,均匀性好,烧成收缩小,不易变形和开裂;
② 可以制造大型、异型制品,如空心球壳形制品;
③ 坯料不必加黏合剂,有利于烧成和降低瓷件的气孔率;
④ 生坯机械强度大,可满足毛坯处理和机加工的需要;
⑤ 磨具制造方便,如弹性好的抗油橡皮或塑料即可,成本低。

图 6.18 为等静压成型主要设备供压系统原理图。成型过程为:将粉料装入橡皮膜具,放入高压容器中密封好,将液体用低压泵送到高压容器中,待高压容器装满液体后,关闭高压阀。再用低压泵把液体送入高压泵中,使高压容器增压,达到要求的压力后,缓慢减压,把液体放入沉淀池,再流回贮液槽中待用。

随着对纳米陶瓷制备研究的深入,素坯的成型方面也有许多新的进展[16],最主要的表现是传统的干压成型方法得到进一步发展,如利用包膜技术减小颗粒间的摩擦,以利于提高素坯的密度;又如采用连续加压的工艺,使素坯的密度更高。而提高成型压力则是最主要的发展趋势,如利用电磁脉冲等特殊手段,将成型压力提高到 2~10 GPa,从而使素坯的密度可提高到 60%~80% 左右,比普通的等静压成型高出 20%~40%。在新的成型方法方面,大量的湿法成

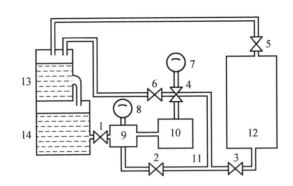

图 6.18 等静压成型设备供压系统原理图
1—截门;2—高压阀;3—阀门;4—逆止阀;5—卸压阀;6—安全阀;7—高压表;8—低压表;
9—低压泵;10—高压泵;11—高压管;12—高压容器;13—沉淀池;14—贮液槽

型也成为研究的热点,如离心注浆成型方法[17]、凝胶注膜成型(gel-casting)[18]、挤压成形(extrusion)、注射成型(injection-molding)等成型方法都得到了广泛的研究。

三、烧成

1. 烧成

烧成是指成型的坯体在高温作用下的致密化过程。随着温度的上升和时间的延长,固体颗粒相互键联,晶粒长大,孔隙和晶界渐趋减少,通过物质的传递,其总体积收缩,密度增加,最后成为坚硬的具有某种显微结构的多晶烧结体。烧成是陶瓷制备过程中最重要的阶段,该过程通常分为 3 个阶段:从室温到最高烧成温度时的升温阶段;在高温下的保温阶段;从最高温度降至室温的冷却阶段。

(1)升温阶段

升温阶段主要是水分和有机黏合剂的挥发,结晶水和结构水的排除,碳酸盐的分解,有时还有晶相转变等过程。除晶相转变过程外,其它过程都伴有大量的气体排出,此时升温不能太快,否则会造成结构疏松、变形和开裂。通常机械吸附水在 200℃ 以前逐步挥发掉,有机黏合剂在 200~350℃ 挥发完,结晶水和结构水的排除以及碳酸盐的分解,视具体材料而异,可通过失重试验和差热分析得到验证。另外,在晶相转变时往往有潜热和体积变化,如在发生相变的温度下适当保温,可使相变均匀,减少应变、应力造成的开裂。

(2)保温阶段

保温阶段是陶瓷烧成的主要阶段,在这一阶段各组分进行充分的物理变化和化学反应,以获得致密的陶瓷体。因此,必须严格控制烧成制度,尤其是严格控制最高烧成温度和保温时间。大多数功能陶瓷的烧成温度范围比较窄,只有 10~20℃ 左右。在这个范围内烧成,坯体致密性好,不吸水,晶粒细密,机械和电性能好。超出这个范围,瓷体气孔率增大,机械性能和电性能降低。

(3)冷却阶段

从烧成温度冷却至常温的过程称为冷却阶段。在冷却过程中伴随有液相凝固、析晶、相变等物理和化学变化发生。因此,冷却方式和冷却速度快慢对瓷体最终的相组成、结构和性能均有很大的影响。冷却阶段有淬火急冷、随炉快冷、随炉慢冷或缓冷和分段保温冷却等多种方式。慢冷相当于延长不同温度下的保温时间,因此,晶体生长能力强、玻璃相有强烈析晶倾向的瓷料,晶粒可能生成粗大的晶体,玻璃相会析晶,往往使瓷体结构和致密性变差,对于这种瓷料,应快速冷却。快冷应注意必须避免瓷体开裂和炸裂。析晶倾向非常强的瓷料,或希望保持高温相的瓷料,可采用快冷或淬火快冷的方法。

烧成是一个复杂的物理和化学变化过程。烧成工艺的基本过程是烧结,即通过加热,使粉末颗粒之间产生黏结,经过物质迁移使颗粒产生强度并导致致密化和再结晶的过程。在烧结温度下,以总表面能的减少为驱动力,物质通过各种传质途径向颗粒接触的颈部填充,使颈部逐渐扩大,颗粒的接触面积增大;颗粒的中心相互靠近,聚集;同时细小晶粒之间形成晶界,晶界也不断扩大。坯体中原来连通的孔隙不断缩小,颗粒间的气孔逐渐被分割孤立,最后大部分甚至全部气孔被排出,使坯体致密化。烧结的中后期,细小的晶粒要逐渐长大。这种晶粒长大的驱动力使表面面积和表面能降低。因此,晶粒长大不是小晶粒的相互黏结,而是晶界移动、大晶粒吞并小晶粒的结果。

2.功能陶瓷的烧成

功能陶瓷的烧成主要是在各种电炉中进行的,如管式炉、箱式炉、立式升降炉等,一般采用空气气氛进行烧成,也有的产品采用还原气氛、氧化气氛或真空气氛进行烧成。通常功能陶瓷采用的主要烧成工艺有以下几种。

(1)常压烧结

除传统的空气气氛常压烧结外,近年来发展的常压烧结还有气氛烧结和控制挥发气氛烧结等。

1)气氛烧结

通入适当气体,使炉中保持所要求的气氛,能促进瓷体的烧结或达到其它目的,如控制晶粒长大,使晶粒氧化或还原等。对氧化物陶瓷来说,在高温下的氧分压变化,可改变坯体中化学计量比。若氧分压过高,则晶粒中氧含量增大,正离子缺位增加,有利于以正离子扩散为主的陶瓷烧结;另外,还原气氛将使晶粒中出现较多的氧缺位,有利于氧离子的扩散传质,这对绝大多数氧化物陶瓷的烧结来说都是有利的。但对有些易变价的瓷料,如 TiO_2、$BaTiO_3$、PZT 等,由于氧缺位的存在,坯体中出现相当数量的 Ti^{3+} 和 Ti^{2+},瓷体呈现明显的电子电导,可能导致该陶瓷材料的 $\tan\delta$ 增大。但这并不意味含钛陶瓷不能采用还原气氛促进烧结。事实上,为了降低含钛陶瓷的烧结温度,生产上常用还原气氛烧结,特别是烧结后期,这种作用非常明显。待烧结完成,则改为氧化气氛,以消除氧缺位,保证良好的介电性能。

2) 控制挥发气氛烧结

在功能陶瓷中有许多化合物具有高的蒸气分压,在较低的温度下就大量挥发,如 PbO、SnO_2、CdO 等。含有这类化合物的瓷料,如果在空气中煅烧,由于挥发分跑掉,不能保证瓷体设计的组分配比,瓷体也不易烧结。如果把这种瓷料密封在容器中,在一定温度下,挥发分将气化到容器空间形成挥发气氛,挥发分达到一定的平衡蒸气分压后即停止挥发。另外,常将坯体用具有相同成分的片状或粒状物质包围,以获得较高易挥发成分的分压,保证材料组成的稳定。

(2) 热压烧结

热压烧结是在高温烧结过程中,同时对坯体施加足够大的机械作用力,达到促进烧结的目的。通常,用无压烧结的材料,若用热压烧结,其烧结温度可降低 100～150℃ 左右。这是因为无压烧结的推动力是粉体的表面能,热压烧结所加压力比无压烧结推动力大 20～100 倍。热压烧结促进致密化的机理是:

① 高温下的塑性流动;

② 在压力下使颗粒重排、颗粒破碎及晶界滑动,形成空位浓度梯度;

③ 加速空位的扩散,其热压设备如图 6.19 所示。

(3) 热等静压

热等静压是冷等静压成型工艺和高温烧结相结合的新技术,解决了普通热压缺乏横向压力和压力不均匀,造成制品密度不够均匀的问题。由热等静压烧制的瓷体晶粒细小均匀,晶界致密,各向同性,但工艺复杂,成本高。

在纳米陶瓷的制备过程中,传统的烧结方式如无压烧结、热压烧结等依然得到广泛使用,但在具体的烧结工艺上则有很多创新,如无压烧结中的多阶段烧结等[19]。同时,新的纳米陶瓷的烧结方法也在不断出现,这些方法都是通过采用新的加热或加压方式,以期达到促进致密化、控制晶粒生长的目的。新的加热方式包括微波烧结(microwave sintering)、等离子体烧结(plasma sintering)[20]、等离子活化烧结(plasma activated sintering)、放电等离子烧结(spark plasma sintering)等。在加压方式上的发展主要有超高压烧结(ultra-high-pressure sintering)、冲击成型(shock compaction)、爆炸烧结(explosive sintering)[21]等。

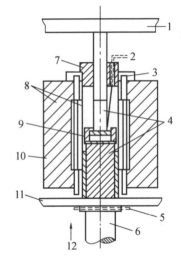

图 6.19 热压设备示意图

1—压紧装置;2—热电偶;3—硅碳棒;
4—Al_2O_3 柱;5—水冷隔板;6—活塞;
7—轻质坯;8—耐热瓷管;9—模具;
10—炉衬;11—升降台;
12—加压方向(上、下及两侧水冷支架从略)

6.4 信息功能陶瓷材料

随着现代电子信息技术、新能源技术及军用技术的发展,信息功能陶瓷的战略地位日益为各国所重视。信息功能陶瓷的特点是品种多、产量大、应用广、功能全、技术高、更新快。通过对复杂多元氧化物系统的化学、物理、组成、结构、性能和使用效能间相互关系的研究,已发现大量具有优异性和特殊功能的信息功能陶瓷材料。本节将从材料性能、材料体系、材料应用等角度介绍目前研究比较深入的微波介质陶瓷材料、铁电薄膜材料、压电陶瓷材料、敏感陶瓷材料、磁性陶瓷材料、超导陶瓷材料等,并对其发展进行展望。

一、微波介质陶瓷材料

微波介质陶瓷材料是近30年来发展起来的一种新型的功能陶瓷材料。它是制造微波介质滤波器和谐振器的关键材料,近年来对它的研究十分活跃。它具有高介电常数、低微波损耗、温度系数小等优良性能,适于制作各种微波器件,如电子对抗、导航、通讯、雷达、家用卫星直播电视接收机和移动电话等设备中的稳频振荡器、滤波器和鉴频器,能满足微波电路小型化、集成化、高可靠性和低成本的要求。随着移动通信的发展,微波介质陶瓷的研究越来越受到人们的重视。

1. 微波介质陶瓷材料的性能要求

微波介质陶瓷材料不同于一般的电子陶瓷,其特殊要求如下。

① 高的介电常数,ε_r 要求在 20~100 之间,且稳定性好,以便于微波介质元器件的小型化。

高 ε_r 是微波器件小型化、集成化的必要条件。在介电系数为 ε 的媒质中,电磁波的波长与 $1/\sqrt{\varepsilon}$ 成正比,因此在同样的谐振频率下,ε_r 越大,谐振器的体积就越小。

② 在 $-50 \sim +100^\circ C$ 温区,频率温度系数 τ_f 要小或可调节,一般在 $30 \times 10^{-6} \, ^\circ C^{-1}$ 以内,以保证微波器件的高度频率稳定性。

$$\tau_f = \frac{1}{f} \cdot \frac{\Delta f}{\Delta T} = \frac{1}{f} \frac{f_2 - f_1}{T_2 - T_1} \tag{6.21}$$

式中 f_1——T_1 温度下测得的谐振器的谐振频率;

f_2——T_2 温度下测得的谐振器的谐振频率。

材料的频率温度系数 τ_f 也可由材料的线胀系数 α_l 和介电常数温度系数 τ_ε 决定,三者的关系为

$$\tau_f = \tau_\varepsilon/2 - \alpha_l \tag{6.22}$$

③ 在微波频段,介质损耗要小,$\tan \delta \leq 10^{-4}$,品质因数要高,$Q \geq 10\,000$,以保证系统的高效率。

评价微波介质陶瓷材料,主要看它的介电常数 ε_r、品质因数 Q 值和谐振频率温度系数 τ_f 这 3 个主要参数的先进性和实用性。此外,也要考虑到材料的传热系数、绝缘电阻和相对密度等因素。

2. 微波介质陶瓷材料参数的测试方法

(1) 开式腔法[22]

开式腔法即平行导电板法,由 Hakki 和 Coleman 于 1960 年首先提出,后来又由 Courney 进行了改进,现已成为测量相对介电常数 ε_r、品质因数 Q 及谐振频率温度系数 τ_f 的最广泛使用的方法,也是我国测量固体电解质微波复介电常数的国家标准方法。

这种测量方法是将圆柱形介质试样夹在两块平行导电板之间,构成 $TE_{0n l}$ 模式谐振器(图 6.20),由电场连续性条件给出一个贝塞尔函数中的超越方程,它将谐振频率、介电常数和谐振器尺寸关联起来。因为其真实的场结构与理论结构一致,故这种测量方法是极为精确的。

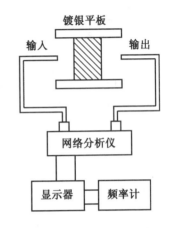

图 6.20 开式腔法测量装置

该法对圆柱状介质试样的尺寸大小有严格的要求,试样尺寸根据介电常数的大致范围和测试频率确定,即 $d = c/(f_0 \cdot \varepsilon_r)$, $h < d < 2.5h$ (h 为样品的高度,c 为光速,d 为样品直径),并且样品表面要进行严格的打磨、抛光,两平行面的平行度要小于 0.05°。测试时,网络分析仪产生连续的微波扫频信号,由小环耦合天线输入介质谐振器,再由另一根小环耦合天线取出微波信号输入网络分析仪,网络分析仪就可分析出介质谐振器的完整的模式图,并可标定某一模式的谐振频率 f_0 和这一谐振峰的半高度,即谐振峰的 3 dB 线宽。由此进一步计算出 ε_r 和 Q 值,并通过测量不同温度时谐振频率的变化算出 τ_f 值。

(2) 低端频谱法[23]

低端频谱法是在低频范围内(f 为 $10^4 \sim 10^7$ Hz)测量样品的电容量 C 随频率 f 的变化,以此来推算材料在高频下的相对介电常数 ε_r。其理论依据是:在较高频率下,微波介质材料的相对介电常数 ε_r 几乎是一个不随频率变化的常数。

采用美国 HP 公司的 4192A 型低频阻抗测试仪对两面均匀镀银的圆片试样进行测试,测试频率 $10 \sim 13\,000$ kHz。读出样品的电容量及损耗随频率的变化值,并精确测出各样品的直径 d 和厚度 h,根据公式 $\varepsilon_r = 14.4\,hC/d^2$,可以算出样品的 ε_r。

用低端频谱法测得样品的 ε_r 均比其在微波频率下的 ε_r 值偏高,若把 f 为 1 MHz 以上的 ε_r 看成一个不变的常数,以我国国家微波重点实验室测得结果为标准,则低端频谱法测得结果的相对误差均为正,且均不大于 6%。由此可见,这种方法也可以用来对材料的介电常数进行半定量粗测。

3. 微波介质陶瓷材料的体系

迄今为止已开发多种微波介质陶瓷材料,主要集中在如下3个体系。

(1) $BaO-TiO_2$ 体系

$BaO-TiO_2$ 体系中含有多种化合物,其介电性能随 TiO_2 含量的变化而改变。其中 $BaTi_4O_9$ 和 $Ba_2Ti_9O_{20}$ 由于具有优异的微波介电性能而引起人们的广泛兴趣。

(2) $BaO-Ln_2O_3-TiO_2$ 体系

目前发现的介电常数比较大、谐振频率温度系数合适、品质因数 Q 基本符合要求的陶瓷材料,大多为在 $BaTiO_3$ 系中加入稀土氧化物而派生出来的通式为 $BaO-Ln_2O_3-TiO_2$ 的陶瓷。其中 Ln_2O_3 为稀土氧化物,以 $BaO-Ln_2O_3-TiO_2$ 为基础,通过掺杂、改变各组分比例,可得到一系列的陶瓷材料,这些陶瓷材料在各微波频段内的电学性能有所不同,工艺过程的难易也不一样。

(3) $A(B'_{1/3}B''_{2/3})O_3$ 体系

在厘米、毫米波段使用的通信体系要求介电材料在高频(大于10 GHz)时有很高的 Q 值。具有复合钙钛矿结构的 $A(B'_{1/3}B''_{2/3})O_3$ 材料在很高的微波频率下有极低的介质损耗,因此对它的研究日益受到人们的重视。在这一系列中,具有代表性的是 $Ba(Zn_{1/3}Ta_{2/3})O_3$(BZT)陶瓷。日本川岛等人发现:BZT 的 Q 值大小取决于晶格中 Zn、Ta 原子规则排列的程度。这种规则排列的程度又取决于烧成条件。通过延长烧结时间,可使这类陶瓷在微波频率下的介质损耗降低,在 12 GHz 条件下,用介质谐振法测得的 Q 值达 14 000。用 X 射线衍射分析法对其进行研究,发现 Q 值的提高与陶瓷中 Zn 和 Ta 有序结构的增加有关。

表 6.8 列出了几种典型的微波介质材料及其主要性质。

表 6.8 几种典型的微波介质材料及其主要性质[24]

材料	介电常数 ε_r	Qf/ GHz	测试频率 f_0/ GHz	频率温度系数 τ_f/ $10^{-6} K^{-1}$
$CaTiO_3-MgTiO_3$	21	56 000	7	0
$Ba(Zn_{1/3}Ta_{2/3})O_3$	30	168 000	12	0
$Ba(Mg_{1/3}Ta_{2/3})O_3$	25	350 000	10	-4
$Ba(Zn_{1/3}Ta_{2/3})O_3-(Ba,Sr)(Ga,Ta)O_3$	32	190 000	10	0
$BaTi_4O_9$	40	36 000	4	15
$Ba_2Ti_9O_{20}$	40	36 000	4	5
$BaTi_4O_9-WO_3$	35	50 400	6	-0.5
$(Zr,Sn)TiO_4$	38	49 000	7	0
$BaSm_2Ti_5O_{14}$	78	8 000	2	21
$BaNd_2Ti_5O_{14}$	89	4 000	2	-50

注:Qf 是 TE_{018} 模在 f_0 测到的 Q 值和 f_0 的乘积。

4. 微波介质陶瓷材料与近代通信技术[24]

移动通信系统的核心是介质谐振器型滤波器。介质谐振滤波器是利用电磁波在高介电常数的介质里传播时波长可以缩短的特点构成的微波谐振器。介质谐振器一般由介电常数比空气介电常数高出 20~100 倍的陶瓷构成。因此,利用高介电常数的陶瓷材料制作的介质滤波器的体积和质量是传统金属空腔谐振器型滤波器的 1/1 000,而且频率越高,介质谐振器的尺寸可以越小。随着移动通信向高频化方向发展,介质谐振器滤波器必将继续占据重要地位,成为现代微波通信技术中不可缺少的电子元器件。同时,也正是由于用微波介质材料研究开发的介质谐振器以及新型谐振器结构的不断出现,才极大地推动了现代通信技术特别是移动通信技术以惊人的速度发展。

目前,通信系统中的介质滤波器的结构有两种。一种是采用 $TE_{01\delta}$ 模式的介质谐振器型滤波器(图 6.21)。其滤波原理如下:由输入连接器输入的电磁波能量,首先传入输入端的介质谐振器,通过谐振传入相邻的介质谐振器,又经输出端的介质谐振器最终传送到输出端连接器,输出电磁波。在这一连串的谐振过程中,只允许频率与谐振频率接近的电磁波通过。因为谐振器的 Q 值极高,这种结构的介质滤波器特别适用于厘米波段和数千赫兹以上的微波频段。另一种介质滤波器是利用 TEM 模式的介质谐振器型滤波器,结构如图 6.22 所示。TEM 模式介质谐振器的滤波原理与 $TE_{01\delta}$ 模式介质谐振器大致相同。当电磁波能量经过输入端的耦合电容器注入介质谐振器时,引起一连串的电磁谐振,同样也是只允许频率与谐振频率接近的电磁波通过。这种结构滤波器的特点是非常小巧,因为把谐振的电磁波所有能量都封闭在介质内,容易实现小型化。因此,这种结构的介质滤波器可用于数百兆赫乃至数千兆赫频段的微波领域,特别是用于移动电话等移动通信系统的高频滤波。

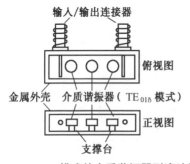

图 6.21 $TE_{01\delta}$ 模式的介质谐振器型滤波器

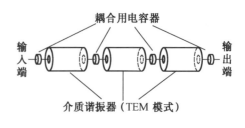

图 6.22 TEM 模式的介质谐振器型滤波器

介质滤波器在光通信中也是必不可少的电子器件。例如,利用光缆传送的光信号必须经过光接收器才能转换成所能接受的电信号。在这一过程中,窄通频带的介质滤波器大显身手。它能将同步时钟脉冲信号取出,并通过滤波方法把失真的信号变换为规整的数据信号。

二、铁电薄膜材料

铁电薄膜是一类重要的功能性薄膜材料,它具有优越的电极化特性、热释电效应、压电效应、电光效应、高介电系数和非线性光学性质等一系列特殊性质。利用这些性质可以制作不同的功能器件,并可望通过铁电薄膜材料与其它材料的集成或复合,制作集成性器件。铁电薄膜制备技术的发展,使现代微电子技术与铁电薄膜的多种功能相结合,开发出众多新型功能器件,促进了新兴技术的发展,因此对铁电薄膜的研究已成为国内外新材料研究中的一个十分活跃的领域。

1. 铁电薄膜材料[24]

从晶体结构来看,目前研究的铁电薄膜材料有4种,即含氧八面体的;含氢键的;含氟八面体的;含其它离子基团的。其中 $Pb(Zr,Ti)O_3(PZT)$ 基铁电薄膜是研究得最多的铁电薄膜材料,并已在非挥发性铁电随机存取存储器(FRAM)、热释电探测器以及其它相关器件中获得应用。由于PZT系铁电材料耐疲劳性能较差以及铅的公害问题,近年来人们对新材料体系进行了开发和研究,发现了铋系层状结构的 $SrBi_2Ta_2O_9(SBT)$ 铁电薄膜。这类薄膜材料具有良好的抗疲劳特性,用其制作的FRAM,在 10^{12} 次重复开关极化后,仍无显著疲劳现象,且具有良好的存储寿命和较低的漏电流。以高容量为主要要求的动态随机存取存储器(DRAM),常采用高介电常数(ε_r)的铁电薄膜作为电容器的介质材料。选用高介电常数的铁电薄膜(ε_r 高达 $10^3 \sim 10^4$)作为电容介质,可大大降低平面存储电容的面积,有利于制备超大规模集成(ULSI)的DRAM。目前研究的介质膜有PZT、$SrTiO_3$(ST)、$BaTiO_3$(BT)和$(Ba,Sr)TiO_3$(BST)等。由于工作在铁电相的铅系铁电薄膜(如PZT)具有易疲劳、老化及漏电流大、不稳定等缺点,目前介质膜的研究主要集中在高 ε_r 的顺电相BST薄膜。在光电子学应用方面,$[(Pb,La)(Zr,Ti)O_3(PLZT)]$ 铁电薄膜是最受关注的材料。这是由于它具有良好的光学和电学性能,调整其化学组成可以满足电光、弹光及非线性光学等多方面的要求。此外,PLZT还可用于集成光学,是一类很有希望的光波导材料。但PLZT铁电薄膜的化学组成复杂,且性能对组分的变化很敏感,这很不利于薄膜的制备。

2. 铁电薄膜的制备[25]

铁电薄膜的制备方法多种多样,一般分为物理沉积法和化学沉积法两大类。物理沉积法包括溅射法、电子束蒸发、脉冲激光沉积法(PLD)、分子束外延法等。物理沉积法需要在真空下进行,具有高洁净度,易与Si集成电路工艺兼容。然而真空技术所需设备昂贵,薄膜沉积速率慢,组分不易控制,不易大面积均匀成膜,这些缺点制约了物理沉积法的广泛应用。化学沉积法又分为两类:一类是化学气相沉积法,包括普通CVD、金属有机源化学气相沉积法(MOCVD)和等离子增强CVD等;另一类是化学溶液沉积法(CSD),即湿化学法,包括溶胶-凝胶法、金属有机物沉积法(MOD)、水热法等。化学气相沉积法是最适合与Si工艺集成的方法,它具有较高的沉积速率,组分控制较好,可大面积成膜,薄膜质量较好。但该方法所用的前驱体不易合成或不易提纯,并且有很大的毒性。化学溶液沉积法的设备简单,价格低廉,组分易控制,能够大面积均匀成膜。这种方法已大量应用于 PZT、SBT、LiNbO$_3$ 等铁电薄膜的制备。这种方法的最大缺点是成膜不够致密,难以制备外延薄膜,在不平整表面上镀膜的贴合性(step coverage)较差。下面介绍几种常见的成膜方法,其特点见表 6.9[26]。

(1) 溅射法

溅射法可分为磁控溅射和离子束溅射。这种方法的优点是能够以较低的成本制备实用的大面积薄膜,制膜可使用陶瓷靶材,也可在氧气氛中使用金属或合金靶材通过反应溅射获得所需薄膜。利用这种方法已经获得了较好的 PZT、SBT(SrBi$_2$Ta$_2$O$_9$,又称为 Y1)和 BST[(Sr,Ba)TiO$_3$]薄膜。其缺点是,在溅射过程中各组元的挥发性差别很大,膜的成分和靶的成分有较大偏差,而且偏差大小随工艺条件而异,这使摸索工艺和稳定工艺较为困难。我国学者发展的多离子束反应共溅射技术,为在溅射过程中控制多组元铁电薄膜的成分开辟了新的途径[24]。

(2) 溶胶-凝胶法

溶胶-凝胶法的基本原理是将薄膜各组元的醇盐溶于某种溶剂中反应产生复醇盐,然后加入水和催化剂,使其水解并依次转变为溶胶和凝胶,可用甩胶法,经干燥、烧结制成所需薄膜。该法的优点是合成温度低,化学计量比准确,易于掺杂改性,可获得分子水平的均匀膜,设备简单,成本低,可制备大面积薄膜;缺点是膜的致密性差,常有针孔等缺陷导致漏电导,表面平整度也不太理想。人们用此方法已成功地制备了 PZT、PLZT 和 SBT 等薄膜。

金属有机物沉积法与溶胶-凝胶法类似,不同之处在于用液态金属有机物前驱体代替溶胶。该方法已成功地用于 SBT、PZT 等铁电薄膜的制备,取得了较好的效果。

(3) 化学气相沉积法

化学气相沉淀法的特点是在材料通过化学反应合成的同时成膜,其中又以金属有机物化学气相沉积用途最广。利用 MOCVD 可以制备面积较大、结构致密、结晶性良好的薄膜,包括外延单晶膜。如果用激光加衬底还可实现薄膜的图案生长。这已发展成为制备铁电薄膜的重要方法,并可能发展成为工业生产用铁电薄膜制备技术。该法的缺点是,对一些重要的铁电薄膜材料,制备所需的具有足够高饱和蒸气压的金属有机物前驱体尚难合成,因而影响了该技术的充分发挥。近年正在发展的"雾化"CVD(又称为液相 CVD)铁电薄膜制备技术,也引起人们的关注。

(4) 脉冲激光沉积法

脉冲激光沉积法是利用经过聚焦而具有很高能流密度的紫外脉冲激光照射靶材产生激光等离子体在衬底上沉积成膜的方法。其最大优点是膜的化学成分和靶的化学成分很接近,因而特别适于制备复杂氧化物薄膜,包括铁电薄膜、高温超导薄膜和磁性膜;缺点是膜表面上常有细微液滴凝固形成的颗粒状突起而使表面质量不甚理想,也不易于制备大面积薄膜。利用 PLD 技术已成功地制备了 PZT、PLZT、BST 等多种铁电薄膜。

在 PLD 技术发展中,有人采用偏置电场以增加铁电薄膜 c 轴的取向度,或采用"阴影掩膜

(shadow mask)"技术以减少薄膜表面的粗糙度。特别是,将 PLD 原理和技术与制备半导体薄膜的分子束外延技术相结合而发展起来的激光分子束外延(laser MBE)技术,可在薄膜生长过程中进行原子水平的观察与控制,并在此基础上实现铁电薄膜的单原子层外延生长。利用该技术已成功地制备了几种铁电超晶格或外延膜。近期的发展表明,该技术可望将铁电薄膜制备推向一个全新的水平。

表6.9 铁电薄膜常用制备方法及其特点

特 性	MOCVD	溅射法	PLD	Sol-Gel
膜材料	溶液	陶瓷	晶体	溶液
成膜温度	低	低	低	低
制备时间	短	短	短	长
沉积温度/℃	500~700	室温~700	室温~700	室温
退火温度/℃	500~800	500~700	500~700	500~700
膜厚	薄	薄	薄	薄
组分分布	均匀	均匀	均匀	均匀
组分	保持	保持	保持	偏离
晶化方式	后续退火	后续退火	后续退火	后续退火
结晶性能	高取向	高取向	高取向	高取向
致密度	一般	一般	好	一般
设备损耗	一般	高	高	低

3. 铁电薄膜的应用

自铁电薄膜的制备技术在20世纪80年代中期获得突破性进展以来,人们一直致力于研究铁电薄膜在微电子技术、光电子技术和集成光学中的应用,已经提出和制备了一大批相关器件。表6.10为铁电薄膜按物理效应应用的分类[24]。

表6.10 铁电薄膜按物理效应应用的分类

铁电薄膜的物理效应	主 要 应 用 示 例
介电性	薄膜陶瓷电容器,与硅太阳能电池集成的贮能电容器,动态随机存取存储器(DRAM),微波器件(谐振器、探测器、波导),AC电致发光器件,薄膜传感器
压电性	声表面波(SAW)器件,微型压电驱动器,微型压电马达
热释电性	热释电探测器及探测器列阵
铁电性	铁电随机存取存储器(FRAM),铁电激光光盘,铁电神经网络元件,铁电记录信用卡
电光效应	全内反光开关,光波导,光偏转器,光调制器,光记忆与显示器
声光效应	声光偏转器
光折变效应	光调制器,光全息存储器
非线性光学效应	光学倍频器(二次谐波发生)

表 6.10 列出的铁电薄膜器件,有的已开发成产品,但多数尚处于实验室研究阶段。不过,这些器件的应用前景是肯定的,潜在市场也是可观的。例如,利用其电滞回线特性可制作铁电随机存取存储器;利用压电效应可制作声表面波延迟线及微型马达;利用热释电效应可制作薄膜型热释电红外探测器及探测器列阵,具有小型轻量、可在室温下工作、广谱响应、且分辨率较高的特点,在军事及民用上均有一定的应用前景。此外,铁电薄膜新的应用还在不断提出,如将铁电薄膜用做激光光盘、微波波导、能与太阳能电池兼容的太阳能电池储能电容器、强电子发射管发射源等。

三、压电陶瓷材料

压电陶瓷是信息功能陶瓷的另一类主流材料,近年来,压电陶瓷得到了广泛的应用。例如,用于电声器件中的扬声器、送话器、拾声器等;用于水下通讯和探测的水声换能器和鱼群探测器等;用于雷达中的陶瓷表面波器件;用于导航中的压电加速度计和压电陀螺等;用于通讯设备中的陶瓷滤波器、陶瓷鉴频器等;用于精密测量中的陶瓷压力计、压电流量计、压电厚度计等;用于红外技术中的陶瓷红外热电探测器;用于超声探伤、超声清洗、超声显像中的陶瓷超声换能器;用于高压电源的陶瓷变压器。这些压电陶瓷器件除了选择合适的瓷料以外,还要有先进的结构设计。

从晶体结构看,钙钛矿型、钨青铜型、焦绿石型、含铋层结构的陶瓷材料具有压电性能,但目前应用最广泛的压电陶瓷(如钛酸钡、钛酸铅、锆钛酸铅等)都属于钙钛矿型晶体结构。下面将重点介绍几种钙钛矿型压电陶瓷及其应用。

1. 钛酸钡压电陶瓷

$BaTiO_3$ 晶体在室温下为四方晶系的铁电性压电陶瓷材料,在居里点(120℃)以上,四方相转为立方相;在 0℃时,晶体结构在正交 – 四方晶系之间变化,仍具有铁电性。

$BaTiO_3$ 陶瓷通常是把 $BaCO_3$ 和 TiO_2 按等摩尔比混合后成型,并在 1 350℃ 左右烧结 $2\sim3$ h,烧成后在 $BaTiO_3$ 陶瓷上被覆银电极,在居里点附近的温度下通过强直流电场极化处理后,剩余极化仍比较稳定地存在着,并呈现相当大的压电性。

由于 $BaTiO_3$ 的居里点不高(120℃),限制了器件的工作温度范围。同时又存在第二相变(相变点温度约在 0℃),在第二相变点温度下,自发极化方向从[001]变为[110],此时介电、压电、弹性性质都将发生急剧变化,且不稳定。因此,在相变点温度,介电常数和机电耦合常数出现极大值,而频率常数出现极小值。此外,在相变点上,这些性能随温度的升高和下降具有滞后现象,这作为压电材料使用是十分不利的。

为了扩大 $BaTiO_3$ 陶瓷的使用温度范围,并使它在工作温度范围内不存在相变点,必须加以改性。在 $BaTiO_3$ 中加入 $CaTiO_3$ 居里点几乎不变,但使第二相变点向低温区移动。当加入摩尔分数为 16% 的 $CaTiO_3$ 时,第二相变点就降为 –55℃。但是随着 $CaTiO_3$ 置换量的增加,压电性降低,所以一般来说 $CaTiO_3$ 的摩尔分数不超过 8%。

另一方面,将 $PbTiO_3$ 加入 $BaTiO_3$ 中,可使居里点移向高温区,而第二相变点移向低温区,矫顽场增高,从而能够得到性能稳定的压电陶瓷。若 $PbTiO_3$ 的量过多,虽然温度特性得到改善,而压电性降低,因此实用上最大摩尔分数还是限制在 8% 左右。目前已能制造出居里点升到 160℃,第二相变点降至 −50℃,且容易烧结的 $Ba_{0.88}Pb_{0.88}Ca_{0.04}TiO_3$ 陶瓷。这种陶瓷因居里点高,已在超声波清洗机、超声波加工机等大功率超声波发生器以及声纳、水听器等水声换能器等方面得到广泛应用。

2. 锆钛酸铅(PZT)

20 世纪 60 年代以来,人们对复合钙钛矿型化合物进行了系统的研究,这对压电材料的发展起了积极作用。钛锆酸铅是由 $PbTiO_3$ 和 $PbZrO_3$ 连续固溶形成的 ABO_3 型钙钛矿结构的二元系固溶体,化学式为 $Pb(Zr_x·Ti_{1-x})O_3$。晶胞中的 B 位置可以是 Ti^{4+},也可以是 Zr^{4+}。PZT 为二元系压电陶瓷,$Pb(Ti,Zr)O_3$ 压电陶瓷在四方晶相(富钛边)和菱形晶相(富锆一边)的相界附近,其耦合系数和介电常数是最高的。这是因为在相界附近,极化时更容易更新取向。相界大约在 $Pb(Ti_{0.465}Zr_{0.535})O_3$ 的地方,其组成的机电耦合系数 k_{33} 可到 0.6,d_{33} 可达 200×10^{-12} C·N^{-1}。

由于 PZT 基压电陶瓷含有大量的铅,而氧化铅在烧结过程中易挥发,难以获得致密烧结体,同时又由于相界面附近体系的压电、热电性能依赖钛和锆的组成比,故较难保证性能的重复性,这给实际的制备与应用带来了一定的困难。为了适应各种不同的用途和要求,国内外对 PZT 陶瓷进行了广泛的掺杂改性研究。PZT 压电陶瓷的掺杂改性主要有以下几个方面。

(1) 软性掺杂

软性掺杂是指 La^{3+}、Bi^{3+}、Nb^{5+}、W^{6+} 等高价离子分别置换 Pb^{2+} 或 (Zr^{4+},Ti^{4+}) 等离子,在晶格中形成一定量的正离子缺位(主要是 A 位),由此导致晶粒内畴壁容易移动,结果使矫顽场降低,使陶瓷的极化变得容易,因而相应地提高了压电性能。另外,空位的存在增加了陶瓷内部的弹性波的衰减,引起机械品质因数 Q_m 和电气品质因数 Q_e 的降低,但其介电常数增大。由于介电常数和压电常数(或机电耦合系数)大,表示材料对外场的顺度大,或者说性能较"软",因而这类掺杂的 PZT 压电陶瓷通常称为"软性"PZT 压电陶瓷,适于制备高灵敏度的传感器元件。

(2) 硬性掺杂

硬性掺杂与高价离子软性掺杂的作用相反:离子置换后在晶格中形成一定量的负离子(氧位)缺位,因而导致晶胞收缩,抑制畴壁运动,降低离子扩散速度,矫顽电场增加,从而使极化变得很困难,压电性能降低,Q_m 和 Q_e 变大,介电损耗减少。具有这类掺杂物的 PZT 压电陶瓷称为"硬性"PZT 压电陶瓷,适于制备高能转换器元件。

(3) 变价离子掺杂

变价离子添加物是以含 Cr 和 U 等离子为代表的氧化物。它们在 PZT 固溶体晶格中出现一种以上的化合价态,因此能部分地起到产生 A 缺位的施主杂质作用,部分地起到产生氧缺位的受主杂质作用,它们本身似乎能在两者之间自动补偿。通过变价离子的掺杂使 PZT 陶瓷材料的性能介于"软性"陶瓷和"硬性"陶瓷材料之间,使其老化降低,体积电阻率稍有降低,机械品质因数稍有增加,机电耦合系数稍有降低,介质损耗稍有增大,但其温度的稳定性得到改善。

四、敏感陶瓷材料[8,9]

敏感陶瓷材料是指当作用于这些材料制造的元件上的某一外界条件(如温度、压力、湿度、气氛、电场、磁场、光及射线等)改变时,能引起该材料某种物理性能的变化,从而能从这些元件上准确迅速地获得某种有用的信号。这类材料大多是半导体陶瓷,按其相应的特性,可把这些材料分别称为热敏、压敏、湿敏、气敏、电敏和光敏等敏感陶瓷。随着通信技术和计算机技术日新月异的发展,对传感器件提出更高的要求,敏感陶瓷在传感器技术的发展中起了重要作用,是近年来迅速崛起的一类新型材料。

1. 热敏陶瓷

热敏陶瓷是对温度变化敏感的陶瓷材料,其电阻率随温度发生明显变化,可用于制作温度传感器、温度测量、线路温度补偿和稳频等。按照热敏陶瓷的电阻-温度特性,一般可分为三大类:第一类是电阻随温度升高而增大的热敏电阻称为正温度系数热敏电阻,简称 PTC 热敏电阻(positive temperature coefficient thermister);第二类是电阻随温度升高而减小的热敏电阻,称为负温度系数热敏电阻,简称 NTC 热敏电阻(negative temperature coefficient thermister);第三类是电阻在某特定温度范围内急剧变化的热敏电阻,简称 CTR 临界温度热敏电阻(critical temperature resistor)。

(1) PTC 热敏电阻陶瓷

PTC 热敏电阻陶瓷属于多晶铁电半导体,如掺杂 $BaTiO_3$ 系陶瓷,其电阻率-温度曲线如图 6.23 所示。当开始在陶瓷体上施加工作电压时,温度低于 T_{min},陶瓷体电阻率随着温度的上升而下降,电流则增大,呈现负温度系数特性,服从 $e^{\Delta E/2KT}$ 规律,ΔE 值约在 $0.1 \sim 0.2$ eV 范围。由于 ρ_{min} 很低,故有一大的冲击电流,使陶瓷体温度迅速上升。当温度高于 T_{min} 以后,由于铁电相变(铁电相与顺电相转变)及晶界效应,陶瓷体呈正温度系数特征,在居里温度 T_C 附近的一个很窄的温区

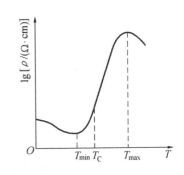

图 6.23 PTC 陶瓷的电阻率-温度曲线

内,随温度的升高(降低),其电阻率急剧升高(降低),约变化几个数量级($10^3 \sim 10^7$),电阻率在某一温度附近达到最大值,这就是所谓的 PTC 现象,这个区域便称为 PTC 区域。其后电阻率又随 $e^{\Delta E/2KT}$ 的负温度系数特征变化,这时 ΔE 值约在 $0.8 \sim 1.5$ eV 范围。

PTC 热敏电阻陶瓷的电阻温度系数 α 是指零功率电阻值的温度系数,当温度为 T 时,电阻温度系数定义为

$$\alpha_T = \frac{1}{R_T} \cdot \frac{\mathrm{d}R_T}{\mathrm{d}T} \tag{6.23}$$

由图 6.23 的 $\rho - T$ 曲线可知,当曲线在某一温区发生突变时,$\rho - T$ 曲线近似线性变化。若温度从 $T_1 \to T_2$,则相应的电阻值由 $R_1 \to R_2$,因此,式(6.23)可表示为

$$\alpha_T = \frac{2.303}{T_2 - T_1} \lg \frac{R_2}{R_1} \tag{6.24}$$

当 PTC 陶瓷作为温度传感器使用时,要求材料具有较高的电阻温度系数。一般,α 值与居里温度有关,当在居里温度时,α 值最高。

目前,PTC 热敏电阻器有两大系列:一类是采用 $BaTiO_3$ 基材料制作的 PTC 热敏电阻器,从理论和工艺上研究得比较成熟;另一类是氧化钒(V_2O_3)基材料,是 20 世纪 80 年代出现的一种新型大功率 PTC 热敏陶瓷电阻器。

$BaTiO_3$ 系的 PTC 热敏电阻具有优良的 PTC 效应,在居里温度 T_C 时电阻率跃变(ρ_{max}/ρ_{min})达 $10^3 \sim 10^7$,电阻温度系数 $\alpha_T \geq 20\% \, ℃^{-1}$,因此是十分理想的测温和温控元件,得到广泛的应用。

$BaTiO_3$ 陶瓷是否具有 PTC 效应,完全由其晶粒和晶界的电性能所决定。具有 PTC 效应的材料应具有均匀晶粒尺寸的显微结构,晶粒应有优良的导电性,希望它像导体,而晶界应具有高的势垒层,希望它像绝缘体。$BaTiO_3$ 陶瓷半导化一般采用施主掺杂技术。在高纯 $BaTiO_3$ 中,用离子半径与 Ba^{2+} 相近而电价比 Ba^{2+} 高的金属离子(如稀土元素离子 La^{3+}、Ce^{4+}、Sm^{3+}、Y^{3+} 等)置换其中的 Ba^{2+} 离子,或者用离子半径与 Ti^{4+} 相近而电价比 4 价钛高的金属离子(如 Nb^{5+}、Ta^{5+}、W^{6+} 等)置换其中的 Ti^{4+} 离子,用一般陶瓷工艺烧成,就可使 $BaTiO_3$ 陶瓷晶粒半导化,得到室温电阻率 $10^3 \sim 10^5 \, \Omega \cdot cm$ 的半导体陶瓷。通常,掺杂量的摩尔分数在 $0.2\% \sim 0.3\%$ 这样一个狭窄范围内,掺杂量稍高或稍低,均可能导致重新绝缘化。研究表明,$BaTiO_3$ 陶瓷晶粒的大小与 PTC 效应有十分密切的关系。施主掺杂的 $BaTiO_3$ 系陶瓷的 PTC 晶界为高阻层,晶界或边界是承受电压的主要部位,大部分电压降都产生在晶界或边界上。晶粒越小,晶界的密度越大,外加电压分配到每个晶粒界面层的电压就越小,因此,晶粒细小可降低电压系数,提高耐压值。此外,晶粒大小与 PTC 材料的正温度系数有关,当晶粒在 $5 \, \mu m$ 左右时,材料具有极高的正温度系数。

(2) NTC 热敏电阻陶瓷

NTC 热敏电阻陶瓷是指随温度升高其电阻率按指数关系减小的一类陶瓷材料。NTC 热敏电阻陶瓷的电阻 – 温度关系可表示为

$$R_T = R_0 \exp\left(\frac{B}{T} - \frac{B}{T_0}\right) \tag{6.25}$$

又
$$B = \frac{\lg R_T - \lg R_0}{(1/T) - (1/T_0)} \tag{6.26}$$

式中 R_T、R_0——温度为 T、T_0 时热敏电阻的电阻值(Ω);

B——热敏电阻常数(K)。

热敏电阻常数 B 可以表征和比较陶瓷材料的温度特性,B 值越大,热敏电阻的电阻值对于温度的变化率越大。一般常用的热敏电阻陶瓷的 $B = 2\,000 \sim 6\,000$ K,高温型热敏电阻陶瓷的 B 值约为 $10\,000 \sim 15\,000$ K。

NTC 热敏电阻陶瓷的电阻温度系数为

$$\alpha_T = \frac{1}{R_T}\frac{\mathrm{d}R_T}{\mathrm{d}T} = -\frac{B}{T^2} \tag{6.27}$$

上式表示 NTC 热敏电阻的温度系数 α_T 在工作温度范围内并不是常数,而是随温度的升高而迅速减小。B 值越大,则在同样温度下的 α_T 也越大,即制成的传感器的灵敏度越高。因此,温度系数只表示 NTC 热敏电阻陶瓷在某个特定温度下的热敏性。

(3) CTR 临界温度热敏电阻陶瓷

CTR 临界温度热敏电阻陶瓷主要是指以 VO_2 为基本成分的半导体陶瓷,在 68 ℃附近电阻值突变可达 3～4 个量级,具有很大的负温度系数,故称剧变温度热敏电阻。CTR 热敏电阻陶瓷的重要应用首先是利用其在特定温度附近电阻剧变的特性,可用于电路的过热保护和火灾报警方面。其次利用 CTR 热敏电阻的电流－电阻与温度有依赖关系的特性,即在剧变温度附近,电压峰值有很大变化,这是可以利用的温度开关特性,用以制造以火灾传感器为代表的各种温度报警装置,与其它相同功能的装置相比,由于无触点和微型化,因而具有可靠性和反应时间快等特点。

2.压敏陶瓷

压敏陶瓷是指具有非线性伏－安特性、对电压变化敏感的半导体陶瓷。它在某一临界电压以下,电阻值非常高,几乎无电流通过;超过该临界电压(敏感电压),电阻迅速降低,让电流通过。随着电压的少许增加,电流会很快增大。这一现象称为压敏效应,是陶瓷的一种晶界效应。ZnO 压敏电阻陶瓷材料,是压敏电阻陶瓷中性能最优的一种材料,其具有的对称非线性电压－电流特性如图 6.24 所示。

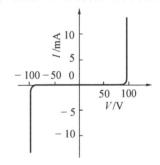

图 6.24 氧化锌压敏陶瓷的伏安特性

压敏电阻陶瓷的电压－电流特性可以近似表示为

$$I = \left(\frac{V}{C}\right)^{\alpha} \tag{6.28}$$

式中 I——压敏电阻流过的电流;

V——施加电压；

α——非线性指数；

C——相当于电阻值的量，是一常数。

压敏特性通常由 α 和 C 值决定。α 值大于 1，其值越大，非线性越强，即电压增量所引起的电流相对变化越大，压敏特性越好。C 值的测定是相当困难的。常用在一定电流下(通常为 1 mA)所施加的电压 V_C 来代替 C 值。V_C 定义为压敏电阻电压，其值为厚 1 mm 试样流过 1 mA 电流的电压值。因此，压敏电阻特性可以用 V_C 和 α 来表示。

ZnO 压敏电阻陶瓷已广泛用于半导体和电子仪器的稳压和过压保护等，在过电压保护方面尤为突出。如 ZnO 避雷器可以用于雷电引起的过电压和电路工作状态突变造成电压过高。当瞬时过电压超过变阻器的击穿电压时，变阻器的电流就按其 $I-V$ 特性曲线急剧上升，成为导通的分路，以保护负载不遭破坏。过电压保护主要用于大型电源设备、大型电机和大电磁铁等强电应用中，也可用于一般电气设备的过电压保护。

最近，又发展了以稀土氧化物(氧化镨)为主要添加剂的 ZnO 变阻器。它不但适用于低电压器件，而且适用于高电压电站，作为高电压电站的电涌放电器，具有能量吸收容量高、在大电流时的非线性好、响应时间快、寿命长等优点。

3. 气敏陶瓷

随着现代科学技术的发展，人们使用和接触的气体越来越多，其中某些易燃、易爆、有毒气体，既危及安全，又严重污染环境。因此，对这些气体进行严格的检测、监控及报警，已成为当务之急，各种气体传感器应运而生。半导体气敏陶瓷传感器由于具有灵敏度高、性能稳定、结构简单、体积小、价格低廉、使用方便等优点，得到迅速发展。

(1) 气敏半导体陶瓷的性能

气敏半导体元件主要是利用半导体表面气体吸附反应引起的表面电导率变化的信号来检测各种气体的存在和浓度。半导体表面吸附气体分子时，半导体的电阻率将随半导体类型和气体分子种类的不同而变化。吸附气体一般分为物理吸附和化学吸附两大类。前者吸附热低，可以是多分子层吸附，无选择性；后者吸附热高，只能是单分子吸附，有选择性。两种吸附不能截然分开，可能同时发生。

被吸附的气体一般也可分两类。若气体传感器的功函数比被吸附气体分子的电子亲和力小时，则被吸附气体分子就会从材料表面夺取电子而以阴离子形式吸附。具有阴离子吸附性质的气体称为氧化性气体，如 O_2、NO_x 等。若材料的功函数大于被吸附气体的离子化能量，被吸附气体将把电子给予材料而以阳离子形式吸附。具有阳离子吸附性质的气体称为还原性气体，如 H_2、CO、乙醇等。

氧化性气体吸附于 n 型半导体或还原性气体吸附于 p 型半导体气敏材料，都会使载流子数目减少，电导率降低；相反，还原性气体吸附于 n 型半导体或氧化性气体吸附于 p 型半导体气敏材料，会使载流子数目增加，电导率增大。

气敏半导体陶瓷传感器由于要在较高温度下长期暴露在氧化性或还原性气氛中,因此要求半导体陶瓷元件必须具有物理和化学稳定性。除此之外,还必须具有下列特性。

1) 灵敏度

气敏半导体材料接触被测气体时,其电阻发生变化,电阻变化量越大,气敏材料的灵敏度就越高。假设气敏材料在未接触被测气体时的电阻为 R_0,而接触被测气体时的电阻为 R_1,则该材料此时的灵敏度为

$$S = R_1/R_0 \qquad (6.29)$$

灵敏度反映气敏元件对被测气体的反应能力,灵敏度越高,可检测气体的下限浓度就越低。

2) 选择性

选择性指在众多的气体中,气敏半导体陶瓷元件对某一气体表现出很高的灵敏度,而对其它气体的灵敏度甚低或者不灵敏。在实际应用中,选择性的检测某种气体具有十分重要的意义。若气敏元件的选择性不佳或在使用过程中逐渐变劣,均会给气体检测、控制或报警带来很大困难,甚至造成重大事故。

3) 稳定性

气敏半导体陶瓷元件的稳定性包括两个方面:一是性能随时间的变化;二是气敏元件的性能对环境条件的忍耐能力。性能随时间的变化,一般用灵敏度随时间的变化来表示,即

$$W = \frac{S_2 - S_1}{t_2 - t_1} = \frac{\Delta S}{\Delta t} \qquad (6.30)$$

由式(6.30)可知,W 值越小,则稳定性越好。

环境条件(如环境温度与湿度等)会严重影响气敏元件的性能,因此,要求气敏元件的性能随环境条件的变化越小越好。

4) 初始特性

由于气敏元件不工作时,表面可能吸附一些环境气体或杂质,因此,元件在加热工作初期会发生因吸附气体或因杂质挥发造成的电阻变化。另外,即使气敏元件没有吸附气体或杂质,也会因元件从室温加热到工作温度时本身 PTC 特性和 NTC 特性造成阻值变化,即在通电加热过程中,元件的电阻首先急剧下降,一般约经 2 ~ 10 min 后达到稳定状态,这时方可开始正常的气体检测。这一状态称为初始稳定状态,或称为元件的初始特性。

5) 响应时间和恢复时间

响应时间是指气敏元件接触被测气体时,其电阻值达到给定值的时间,它表示气敏元件对被测气体的响应速度。给定值一般是气敏元件在被测气氛中的最终值,也有人定义为最终值的 2/3。恢复时间是表示气敏元件脱离被测气体恢复到正常空气中阻值的时间。恢复时间表示气敏元件的复原特性。气敏元件的响应时间和恢复时间越小越好,这样接触被测气体时能立即给出信号,脱离气体时又能立即复原。

(2) 典型的气敏半导体陶瓷

SnO_2 系气敏陶瓷是最常用的气敏半导体陶瓷。利用 SnO_2 烧结体吸附还原气体时电阻减少的特性来检测还原气体,已广泛应用于家用石油液化气的漏气报警、生产用探测报警器和自动排风扇等。SnO_2 系气敏陶瓷元件虽然灵敏度高,但对可燃性气体,如 H_2、CO、甲烷、丙烷、乙醇、酮或芳香族气体等,具有同样程度的灵敏度,因而 SnO_2 系气敏元件对不同气体的选择性较差。

ZnO 系气敏陶瓷的最突出特点是气体选择性强。但 ZnO 单独使用时,灵敏度和选择性均不高。如以 Ga_2O_3、Sb_2O_3 和 Cr_2O_3 等掺杂并加入 Pt 或 Pd 作为触媒,则可大大提高其选择性;采用 Pt 化合物触媒时,对于烷等碳氢化合物有较高的灵敏度,在浓度为 $0 \sim 10^{-3}$ 时,电阻就发生线性变化;而采用 Pd 触媒时,则对 H_2、CO 很敏感,而且即使同碳氢化合物接触,电阻也不发生变化。

Fe_2O_3 系气敏陶瓷,无需添加贵金属催化剂就可制成灵敏度高、稳定性好、具有一定选择性的气体传感器,是继 SnO_2 系和 ZnO 系气敏陶瓷之后又一很有发展前途的气敏半导体陶瓷材料。Fe_2O_3 系气敏陶瓷性能的改进,主要是通过掺杂来提高其稳定性,如 $\gamma - Fe_2O_3$ 中添加摩尔分数为 1% 的 La_2O_3,可提高其稳定性;$\alpha - Fe_2O_3$ 中添加摩尔分数为 20% 的 SnO_2,可提高其灵敏度;加入高选择性催化剂可提高它们的选择性。其次是使材料成为超微粒轻烧结体,即使其晶粒小于 $0.1 \mu m$,孔隙率大于 60%,或使超微粒定向排列,如 CVD 成膜的 $\alpha - Fe_2O_3$ 对碳氢化合物具有极高的灵敏度。

4. 湿敏陶瓷

湿敏陶瓷是指对空气或其它气体、液体和固体物质中水分含量敏感的陶瓷材料。利用多孔半导体陶瓷的电阻随湿度变化的关系制成的湿度传感器,可将湿度的变化以电信号形式输出,易于实现远距离监测、记录和反馈的自动控制,具有可靠性高、一致性好、响应速度快、灵敏度高、抗老化、寿命长、抗其它气体的侵袭和污染、在尘埃烟雾环境中能保持性能稳定和检测精度高等一系列优点,使湿敏半导体陶瓷传感器得到了快速发展。

(1) 湿敏陶瓷的主要特性

湿度有两种表示方法,即绝对湿度和相对湿度,一般常用相对湿度表示。相对湿度为某一待测蒸气压与相同温度下的饱和蒸气压之比值的百分数,用 %RH 表示。湿敏元件的技术参数是衡量其性能的主要指标,主要参数包括以下几种。

1) 湿度量程

湿度量程是指在规定的环境条件下,湿敏元件能够正常测量的测湿范围。测湿量程越宽,湿敏元件的使用价值越高。

2) 灵敏度

湿敏元件的灵敏度可用元件的输出量变化与输入量变化之比来表示。对于湿敏电阻器来说,常以相对湿度变化 1%RH 时电阻值变化的百分率表示,其单位为 %/%RH。

3) 响应时间

响应时间是指标志湿敏元件在湿敏变化时反应速率的快慢,一般以在相应的起始湿度和终止湿度这一变化区间内,63%的相对湿度变化所需时间作为响应时间。一般吸湿响应时间较脱湿的响应时间要短些。

4) 分辨率

分辨率是指湿敏元件测湿时的分辨能力,以相对湿度表示,其单位为%RH。

5) 温度系数

温度系数表示温度每变化1℃时,湿敏元件的阻值变化相当于多少%RH 的变化,其单位为$\%RH \cdot ℃^{-1}$。

随着湿度传感器在家用电器、食品、医药、工业及农业等方面的应用越来越广泛,对其要求也越来越高,主要有:

① 稳定性、一致性、互换性要好,工业要求长期稳定性不超过±2%RH,家电要求在(5~10)%RH;

② 精度高,使用湿区宽,灵敏度适当,在(10~95)%RH 湿区内,要求阻值变化在 3 个数量级,低湿时阻值尽可能低,使用湿区越宽越好;

③ 响应快,湿滞小,能满足动态测量的要求;

④ 温度系数小,尽量不用温度补偿线路;

⑤ 可用于高温、低温及室外恶劣环境;

⑥ 多功能化等。

(2) 几种典型的湿敏陶瓷材料

湿敏陶瓷的主晶相成分一般由氧化物半导体构成,其电阻率 $\rho = 10^{-4} \sim 10^{8} \, \Omega \cdot cm$,其导电形式一般认为是电子导电和质子导电,或者两者共存。不论导电形式如何,根据其湿敏特性,当湿度增加时,湿敏陶瓷可分为电阻率减小的负特性湿敏陶瓷和电阻率增加的正特性湿敏陶瓷。

如按工艺过程,将湿敏陶瓷分为瓷粉膜型、烧结型和厚膜型。这里主要介绍烧结型中的高温和低温烧结型湿敏陶瓷以及瓷粉膜型湿敏陶瓷。

1) 高温烧结型湿敏陶瓷

高温烧结型湿敏陶瓷是在较高温度范围(900~1 400℃)烧结的典型多孔陶瓷,气孔率高达 30%~40%,具有良好的透湿性能。由于这种半导体陶瓷结构疏松,晶粒体电阻率较低,故其粒界电阻往往比体内高得多。吸附水分子后其粒界电阻呈现显著的变化,表现为宏观的湿敏特性。目前比较常见的高温烧结型湿敏陶瓷是以尖晶石型的 $MgCr_2O_4$ 为主晶相系的半导体陶瓷以及新研究的羟基磷灰石湿敏陶瓷。

$MgCr_2O_4 - TiO_2$ 系湿敏陶瓷是在 $MgCr_2O_4$ 粉料中添加摩尔分数为 35% 的 TiO_2,通过 1 360℃、2 h 保温烧结而生成的多孔陶瓷。其晶相为尖晶石结构,具有 25% 的气孔率、0.05~

0.3 μm 的微孔和平均为 1 μm 的晶粒结构,其比表面积为 0.1 m²·g⁻¹。相互连接的气孔形成一个毛细管网络结构,依靠这种微孔结构(开口孔隙)和晶粒表面的物理和化学吸附作用,容易吸附和凝结水蒸气,吸湿后使电导变化,据此可检测外界湿度。$MgCr_2O_4 - TiO_2$ 系多孔陶瓷具有很高的湿度活性,湿度响应快,对温度、时间、湿度和电负荷的稳定性高,是很有应用前途的湿敏传感器陶瓷材料,已用于微波炉的自动控制,如根据处于微波炉蒸汽排口处的湿敏传感器的相对湿度反馈信息调节烹调参数。

羟基磷灰石 $Ca_{10}(PO_4)_6(OH)_2$ 主晶相为六方晶系结构,是生物陶瓷(如人造骨、人造齿)的主要成分。它具有优良的抗老化性能,在全湿区,元件的阻值可有 3 个数量级的变化,响应时间为 15 s。在羟基磷灰石中分别掺入施主和受主杂质,可制成 n 型和 p 型半导体陶瓷,其电阻率随着湿度的增加而急剧下降。

2) 低温烧结型湿敏陶瓷

低温烧结型湿敏陶瓷的特点是烧结温度较低(一般低于 900℃),烧结时固相反应不完全,烧结后收缩率很小。典型材料有 $Si - Na_2O - V_2O_5$ 系和 $ZnO - Li_2O - V_2O_5$ 系两类。

$Si - Na_2O - V_2O_5$ 系湿敏陶瓷的主晶相是具有半导性的硅粉。大量游离的硅粉在烧结时由 Na_2O 和 V_2O_5 助熔并黏结在一起,并不发生固、液相反应,烧结时 Na_2O、V_2O_5 和部分 Si 在硅粉粒表面形成低共熔物,黏结成机械强度不高的多孔湿敏陶瓷。其阻值为 $10^2 \sim 10^7$ Ω 并随相对湿度以指数规律变化,测量范围为 (25 ~ 100)% RH。$Si - Na_2O - V_2O_5$ 系湿敏陶瓷的感湿机理是由于 Na_2O 和 V_2O_5 吸附水分,使吸湿后硅粉粒间的电阻值显著降低。其优点是温度稳定性较好,可在 100℃ 下工作,阻值范围可调,工作寿命长。缺点是响应速度慢,有明显的湿滞现象,只能用于湿度变化不剧烈的场合。

$ZnO - Li_2O - V_2O_5$ 系湿敏陶瓷的主晶相为 ZnO 半导体,Li_2O 和 V_2O_5 为助熔剂。由于烧结温度较高(800 ~ 900℃),坯体发生显著的化学反应,烧结程度和机械强度均有较大提高。在感湿过程中,水分子主要是表面附着,即使在晶粒间界上水分也不易渗入,因此,水分的作用主要是使表层电阻下降而不是改变晶粒间的接触电阻或粒界电阻,使响应速度加快,且易达到表层吸湿和脱湿平衡,其响应时间均在 3 ~ 4 min 左右,湿滞现象大大减少,精度较高,可控制在 ±2% RH 以下。由于感湿过程中主要是表层电阻变化,故其阻值变化范围不大,有利于扩大湿度量程,其湿量范围可达 (20 ~ 98)% RH 左右。

3) 瓷粉膜型湿敏陶瓷

瓷粉膜型湿敏陶瓷元件是将感湿浆料(如 Fe_3O_4 等)涂覆在已印刷并烧附有电极的陶瓷基片上,经低温干燥而成,无需烧结。以 Fe_3O_4 为粉料的瓷粉膜型湿敏元件,电阻值为 $10^4 \sim 10^8$ Ω,再现性好,可在全湿范围内进行测量。其电阻值随相对湿度的增加而下降,具有负湿敏特性。

5. 其它敏感陶瓷

敏感陶瓷除了前面介绍的热敏、压敏、气敏和湿敏陶瓷外,作为新兴技术材料,还有磁敏、光敏、离子敏和多功能复合敏感陶瓷等。磁敏陶瓷是指能将磁性物理量转变为电信号的陶瓷材料,可利用其磁阻效应制成多种器件在科研和工业生产中用来检测磁场、电流角度、转速和相位等。光敏陶瓷受光照射后,由于陶瓷电特性不同及光子能量的差异,产生不同光电效应,具有光电导、光生伏特和光电发射效应等,利用光敏陶瓷可以制成光电二极管、太阳能电池等,是未来将大力发展的清洁能源材料。离子敏陶瓷是指能将溶液或生物体内离子活度转变为电信号的陶瓷,用它制成的离子敏半导体传感器是化学传感器的一种,是迅速发展应用的一种新的电化学测试样头。在实际应用中,往往要求一个敏感元件能检测两个或更多个环境参数而又互不干扰,因此,有必要发展多功能敏感陶瓷的传感器,制备出具有多种敏感功能的传感器,使敏感陶瓷器件多元化和集成化,更好地与计算机技术配合使用,迅速处理大量的信息,更好地完成所要求的检测功能。

五、磁性陶瓷[7,27~29]

磁性陶瓷简称磁性瓷,它主要是以氧和铁为主的一种或多种金属元素组成的复合氧化物,又称为铁氧体。其导电性与半导体相似,因其制备工艺和外观类似陶瓷而得名。由于磁性陶瓷具有高电阻、低损耗等优点,在现代无线电电子学、自动控制、微波技术、电子计算机、信息储存、激光调制等方面都有广泛的应用。

1. 磁性陶瓷的基本磁学性能

(1) 固体的磁性

固体的磁性在宏观上是以物质的磁化率 X 来描述的。对于处于外磁场强度为 H 中的磁介质,其磁化强度 M 为

$$M = XH$$

磁化率
$$X = \frac{M}{H} = \frac{\mu_0 M}{B_0} \qquad (6.31)$$

式中 μ_0——真空中的磁导率,$\mu_0 = 4\pi \times 10^{-7}\ \mathrm{H \cdot m^{-1}}$;

B_0——真空中的磁感应强度(T)。

$$B_0 = \mu_0 H \qquad (6.32)$$

由式(6.31)及式(6.32)得知材料中磁感应强度为

$$B = \mu_0(H + M) = \mu_0(1 + X)H = \mu B_0 \qquad (6.33)$$

式中 μ——磁导率,$\mu = 1 + X$。

按照磁化率 X 的数值,固体的磁性可分成下面几类。

1) 抗磁体

抗磁体固体的磁化率是数值很小的负数,它几乎不随温度变化。X 的典型数值约为 -10^{-5}。

2) 顺磁体

顺磁体磁化率是数值较小的正数,它随温度 T 成反比关系,$X = \mu_0 C/T$,称为居里定律,式中 C 是常数。

3) 铁磁体

铁磁体的磁化率是特别大的正数,在某个临界温度 T_C 以下,即使没有外磁场,材料中也会出现自发磁化强度;在高于 T_C 的温度,它变成顺磁体,其磁化率服从 Curie – Weiss 定律,即

$$X = \mu_0 C/(T - T_C) \tag{6.34}$$

式中　T_C——居里温度或居里点。

4) 亚铁磁体

亚铁磁体材料在温度低于居里点 T_C 时像铁磁体,但其磁化率不如铁磁体那么大,它的自发磁化强度也没有铁磁体的大;在高于居里点的温度时,它的特性逐渐变得像顺磁体。

5) 反铁磁体

反铁磁体磁化率是小的正数。

反铁磁性和亚铁磁性的物理本质是相同的,即原子间的相互作用使相邻自旋磁矩成反向平行。当反向平行的磁矩恰好相抵消时为反铁磁性,部分抵消而存在合磁矩时为亚铁磁性,所以,反铁磁性是亚铁磁性的特殊情况。亚铁磁性和反铁磁性,均要在一定温度以下原子间的磁相互作用胜过热运动的影响时才出现,对于这个温度,亚铁磁体仍叫居里温度(T_C),而反铁磁体叫奈耳温度(T_N)。在这个临界温度以上,亚铁磁体和反铁磁体同样转为顺磁体,但亚铁磁体的磁化率 X 和温度 T 的关系比较复杂,不满足简单的 Curie – Weiss 定律,反铁磁体则在高于奈耳温度以上($T > T_N$),磁化率随温度的变化仍可写成 Curie – Weiss 定律的形式,即

$$X = \frac{\mu_0 C}{(T + T_N)} \tag{6.35}$$

式(6.34)与式(6.35)的差别在于式(6.35)分母中 T_N 前是(+)号,这说明反铁磁体的磁化率有一个极大值。

图 6.25 表示在居里点或奈耳点以下时铁磁性、反铁磁性及亚铁磁性的自旋排列。

(a) 铁磁性　　(b) 反铁磁性　　(c) 亚铁磁性

图 6.25　在居里点或奈耳点以下时,铁磁性、反铁磁性及亚铁磁性的自旋排列

(2) 磁滞回线

表征磁性陶瓷材料各种主要特性的是图 6.26 中所示的磁滞回线。

图中横轴表示测量磁场 H(外加磁场),纵轴表示磁感应强度 B。磁介质处于外磁场 H

中,当外磁场 H 按照下列方向变化时,$O \to H_m \to O \to -H_c \to -H_m \to O \to H_c \to H_m$,磁感应强度 B 则按 $O \to B_m \to B_r \to O \to -B_m \to -B_r \to O \to B_m$ 顺序变化。这里,把 H_c 称为矫顽力(矫顽场),H_m 称为最大磁场,B_r 称为剩余磁感应强度,B_m 称为最大磁感应强度(或叫做饱和磁感应强度)。

(3) 磁导率 μ

磁导率是表征磁介质磁化性能的一个物理量。铁磁体的磁导率很大,且随外磁场的强度而变化;顺磁体和抗磁体的磁导率不随外磁场而变,前者略大于1,后者略小于1。

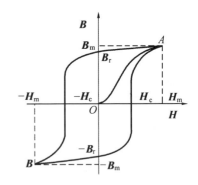

图 6.26 磁滞回线

对铁磁体而言,从实用角度出发,希望磁导率越大越好。尤其现今为适应数字化趋势,磁导率的大小已成为鉴别磁性材料性能是否优良的主要指标。

由磁化过程可知,畴壁移动和畴内磁化方向旋转越容易,磁导率 μ 值就越大。要获得高 μ 值的磁性材料,必须满足下列3个条件:

① 不论在哪个晶向上磁化,磁能的变化都不大(磁晶各向异性小);
② 磁化方向改变时产生的晶格畸变小(磁致伸缩小);
③ 材质均匀,没有杂质(没有气孔、异相),没有残余应力。

如以上3个条件均能满足,磁导率 μ 就会很高,矫顽力 H_c 就会很小。金属材料在高频下,涡流损失大,μ 值难以提高,而铁氧体磁性陶瓷的 μ 值很高,即使在高频下也能获得很高的 μ 值。若能找到使磁晶各向异性常数 K_1 和磁致伸缩系数 λ_s 同时变小的合适的化学组成,就可提高 μ 值。目前铁氧体可以获得的最高 μ 值大约为 40 000,但实际应用的工业产品 $\mu \approx$ 15 000。

(4) 最大磁能积 $(BH)_{max}$

图 6.27 的磁化曲线可以说明最大磁能积的意义。把该图第Ⅱ象限的磁化曲线相应于点 A 下的 (BH) 乘积(即图中画斜线的矩形面积)称为磁能积,退磁曲线上某点下的 (BH) 乘积的最大值与该磁体单位体积内储存的磁能的最大值成正比,因此,用 $(BH)_{max}$ 表示最大磁能积。$(BH)_{max}$ 随铁氧体种类而不同。

(5) 损耗系数和品质因数

利用磁性材料制作线圈或变压器磁芯时,希望磁芯内的能量损耗小到尽可能忽略的程度。但

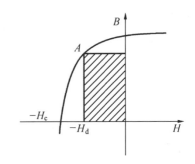

图 6.27 $B-H$ 曲线与 $(BH)_{max}$ 的关系

实际上只要使用磁芯就必然产生损耗。如图 6.28 所示,有一个在环形磁芯上绕导线的磁芯线圈(图 6.28(a))和一个与此磁芯线圈形状相同的空芯线圈(图 6.28(c)),求两者的阻抗。从前者的阻抗中扣除后者的阻抗,把剩余部分的阻抗如图 6.28(b)那样以 L 和 R 表示之,则因磁芯而产生的能量损耗与有效工作磁能之比为

$$\tan \delta = \frac{R}{2\pi f L} \tag{6.36}$$

式中 f ——评价磁芯的交流磁场频率(Hz)。

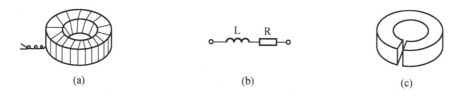

图 6.28 损耗系数涵义图

$\tan \delta$ 有时也称损耗系数。$\tan \delta$ 大部分起因于涡流损耗($\tan \delta_f$)。$\tan \delta / \mu$ 称为品质因数,这是表征铁氧体损耗大小的重要常数,特别对于具有不同 μ 值的材料,材料的优劣即取决于这个值的大小。

2.磁性陶瓷的分类

磁性陶瓷按其晶格类型可分为尖晶石型、石榴石型、磁铅石型、钙钛矿型、钛铁石型、氯化钠型、金红石型、非晶结构等 8 类。研究得最详细、实用上又最重要的为尖晶石结构的铁氧体,其一般的化学式为 MFe_2O_4,式中 M 为 2 价金属离子。按铁氧体的性质和用途,磁性陶瓷又可分为软磁、硬磁、旋磁、矩磁和压磁等几类[30]。

(1) 软磁铁氧体材料

软磁铁氧体材料是指在较弱的磁场下,容易被磁化和退磁的一类铁氧体,其特点是具有很高的磁导率和很小的剩磁、矫顽力。从应用要求来看,还应具有电阻率高、各种损耗系数和损耗因子 $\tan \delta$ 小、截止频率高,对温度、震动和时效有高稳定性等性能。目前应用较多、性能较好的有 Mn–Zn 铁氧体、Ni–Zn 铁氧体、加入少量 Cu,Mn,Mg 的 Ni–Zn 铁氧体、$NiFe_2O_4$ 等。

软磁铁氧体的应用范围很广。可作为高频磁芯材料,用于制作电子仪器的线圈和变压器等的磁芯。作为磁头铁芯材料用于录像机、电子计算机等之中。人们还利用软磁铁氧体的磁化曲线的非线性和磁饱和特性,制作非线性电抗器件如饱和电抗器、磁放大器等。

(2) 硬磁铁氧体材料

硬磁铁氧体材料是相对软磁铁氧体材料而言的。它是指材料被磁化后不易退磁,而能长期保留磁性的一种铁氧体材料,具有高矫顽力、高剩余磁感强度和最大磁能积(BH)$_{max}$的特性。经磁化后,不需再从外部提供能量,就能产生稳定的磁场,故又称永磁铁氧体。工业上普遍应

用的硬磁铁氧体,就其成分而言主要有两种:钡铁氧体和锶铁氧体。其典型成分分别为 $BaO·6Fe_2O_3$ 和 $SrO·6Fe_2O_3$。压制成型工艺是决定硬磁铁氧体性能的关键工艺之一。根据压制工艺的不同,硬磁铁氧体又有干式与湿式及各向同性与各向异性(在磁场中加压,使晶体定向排列)之分。后者的性能较前者为好。湿法(湿法磁场中加压)已成为改善各向异性永磁体性能的主要手段。

硬磁铁氧体可用于电信领域,如用于制作扬声器、微音器、磁录音拾音器、磁控管、微波器件等;用于制作电器仪表如各种电磁式仪表、磁通计、示波器、振动接收器等;用于控制器件领域如制作极化继电器、电压调整器、温度和压力控制、限制开关、永磁"磁扭线"记忆器等。在工业设备及其它领域也有应用。

(3) 旋磁铁氧体材料

铁磁性介质中的磁化矢量永远不是完全静止的,它不断地绕着磁场(包括外加磁场和介质里存在着的等效磁场)方向运动。这一运动状态在超高频电磁场的作用之下就产生所谓旋磁性的现象。具体表现为,在其中传播的电磁波发生偏离面的转动(称之为法拉第旋转)和当外加磁场与电磁波的频率适合一定关系时发生共振吸收现象。金属磁性材料也具有旋磁性,但由于电阻率较小,形成趋肤效应,电磁波仅仅透入不到 1 μm 的表面薄层,因而旋磁性应用成为铁氧体独占的领域。旋磁铁氧体主要用做微波器件,故又称为微波铁氧体。

微波铁氧体以晶格类型分类,主要有尖晶石型、六方晶型、石榴石型铁氧体 3 类。尖晶石型主要有镁系微波铁氧体(如 Mg - Mn 铁氧体)、镍系微波铁氧体(如 Ni - Co 铁氧体、Ni - Ti - Al 铁氧体)、锂系微波铁氧体(如 Li - Ti 铁氧体、Li - Zn - Ti - Co 铁氧体);六方晶型主要有钡系铁氧体(如 $BaFe_{18}O_{27}$、$BaZnFe_{17}O_{17}$ 等);石榴石型主要有钇系铁氧体(如 Y - Al 铁氧体、Y - Ca - V 铁氧体)。

在 $10^8 \sim 10^{11}$ Hz 的微波领域里,旋磁铁氧体广泛用于制造雷达、通信、电视、测量、人造卫星、导弹系统等所需的微波器件。

(4) 矩磁铁氧体材料

矩磁铁氧体是指磁滞回线呈矩形、剩余磁感应强度 B_r 和工作时最大磁感应强度 B_m 的比值,即 B_r/B_m 尽可能接近 1,并且根据应用目的具有适当大小的矫顽力的铁氧体。矩磁铁氧体通常分为常温矩磁材料和宽温矩磁材料两类。前者居里温度较低,宜在常温下使用,典型品种为锰 - 镁系铁氧体;后者居里温度较高,能在较宽的温度范围内使用,典型品种为锂系铁氧体。矩磁铁氧体可用于制作磁放大器、脉冲变压器等非线性器件和磁记忆元件。作为磁性记忆(或称存储)材料使用的,还有 $\gamma - Fe_2O_3$、$Co - Fe_3O_4$、$Co - \gamma - Fe_2O_3$、CrO_2 等铁氧体。用这些材料进行磁性涂层,可以制成磁鼓、磁盘、磁卡和各种磁带等,主要用做计算机外存储装置和录音、录像、录码介质及各种信息记录卡。

(5) 压磁铁氧体材料

压磁性是指应力引起磁性的改变或磁场引起的应变。狭义的压磁性是指已磁化的强磁体中一切可逆的与叠加的磁场近似成线性关系的磁弹性现象,即线性磁致伸缩效应。具有磁致伸缩效应的铁氧体称为压磁铁氧体。这类材料在外加磁场中能发生长度的改变,因而在交变场中能产生机械振动。通过这一效应,高频线路的磁芯将一部分电磁能转变为机械振动能。通常利用的磁致伸缩系数比较大的铁氧体是镍-锌铁氧体($Ni-ZnFe_2O_4$)、镍-铜铁氧体($Ni-CuFe_2O_4$)和镍-镁铁氧体($Ni-MgFe_2O_4$)等。

压磁铁氧体材料主要用于电磁能和机械能相互转换的超声和水声器件、磁声器件以及电讯器件、电子计算机和自动控制器件等。

3. 磁性陶瓷新材料

(1) 铁氧体吸波材料[8,31]

由于现代科技和信息技术的发展,特别是探测和制导技术的迅速发展,飞机、坦克、舰艇等武器的安全性有所降低,因此武器隐身技术变得极为重要。另外,电子计算机系统在工作时,主机、显示器、磁盘驱动器、键盘、打印机、绘图仪、鼠标器和接口装置等均能泄漏出含有信息的杂散辐射信号,如电、磁、声等。有用的电磁信号若被对方截获,就是所谓的计算机信息泄漏。为了防止信息泄漏,通常要采用防信息泄漏技术,即所谓 Tempest 技术。在武器的隐身技术和电子计算机的 Tempest 技术以及净化电磁环境技术中的关键隐身和防护材料,叫做吸波材料。通常吸波材料应具备吸收率高、频带宽、密度小,且性能稳定等特性。

目前,吸波材料主要有金属吸波材料、无机吸波材料(主要是铁氧体陶瓷材料)和有机吸波材料等三大类。在此主要介绍铁氧体吸波材料。

根据电磁场理论的麦克斯韦方程表达式可知,物质与电磁场的相互作用,可以通过两个基本电磁参数来描述。即相对复数磁导率 $\tilde{\mu}_r = \mu'_r - j\mu''_r$ 和相对复介电常数 $\tilde{\varepsilon}_r = \varepsilon'_r - j\varepsilon''_r$。因此,$\tilde{\varepsilon}_r$、$\tilde{\mu}_r$ 是吸收材料电磁特性最本征的表征参数。在具体使用吸收剂时,并不是 $\tilde{\varepsilon}_r$、$\tilde{\mu}_r$ 越大越好,而是存在某一最佳值。但是从目前具体材料状况来看,$\tilde{\mu}_r$ 值越大越好,$\tilde{\varepsilon}_r$ 可以在较宽的范围内调整。为了吸收剂的使用方便,一般使用的都是颗粒度小于 10 μm 的粉末。它的电磁参数 $\tilde{\varepsilon}_r$、$\tilde{\mu}_r$ 除了和材料的晶体结构、化学组成有关外,还与粒度、形状、密度、测试样品的制作、具体吸收剂所占的比例等因素有关。

吸收剂的另一参数是吸收剂频带宽度及最大吸收率。通常的计算方法是,根据吸收率的电磁参数(某一百分含量)计算出一定厚度大于某一吸收率(如 10 dB)的频带宽度和最大吸收率,通常是越大越好。

在具体设计和制备中,还要考虑吸收剂的厚度。即当吸收剂为某一百分含量,根据材料的 $\tilde{\varepsilon}_r$、$\tilde{\mu}_r$ 值,求出某一频带宽度内的最佳厚度值,一般该厚度值越小越好。另外,还需要计算吸收剂对电磁波的衰减常数 α,即当吸收剂为某一百分含量,由 $\tilde{\varepsilon}_r$、$\tilde{\mu}_r$ 按

$$\alpha = \frac{2\pi \times 8.686}{\lambda_0} \left[\frac{\sqrt{(\mu_r'^2 + \mu_r''^2)(\varepsilon_r'^2 + \varepsilon_r''^2)} - (\varepsilon_r'\mu_r' - \varepsilon_r''\mu_r'')}{2} \right]^{1/2} \tag{6.37}$$

计算出衰减常数 α(式中 λ_0 为测试点频率对应的电磁波的波长)。一般 α 值越大,吸波效果越好。

另外,要求吸收剂单质的松装密度(或轻敲密度)ρ 值越小越好。除此之外,吸收剂的形貌和粒度大小对其吸收性能也有一定影响。目前吸收剂有针状、球状、片状、丝状等各种形态,粒度也有大小不同。由理论得知,片状粒子有利于提高吸收剂的性能。其中不同吸收剂也有自己的最佳粒度分布关系。

在使用或制备吸收剂时,还要考虑吸收剂的温度稳定性和化学稳定性。因为吸收材料常常用于做战武器系统的表面,相对环境比较恶劣,要求它具有好的温度稳定性,如舰艇用的吸收剂,要求材料在 $-50 \sim 150 ℃$ 时吸收率的变化要小于 10%。并要求有较强的抗酸碱、盐雾、海水和油的腐蚀性能。

(2) 磁流体材料[8,32]

磁流体是由基载液、表面活性剂和磁性微粒组成(图6.29),即是吸附有表面活性剂的磁性微粒在基载液中高度弥散分布而形成的胶体体系。这种磁流体不仅有强磁性,还有液体的流动性。在重力和电磁力的作用下能够长期保持稳定,不会出现沉淀或分层现象。从图6.29(b)可见,在磁性微粒表面吸附了一层表面活性剂的长链分子,这些长链分子的一端吸附在磁性微粒的表面,另一端自由地在磁性流体中做热摆动。

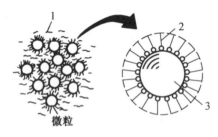

图 6.29 磁流体的组成

1—基载液;2—表面活性剂;3—磁性微粒

表面活性剂的主要作用是防止磁性微粒因团聚而沉淀。常用的表面活性剂有油酸、亚油酸、氟醚酸、硅烷偶联剂和苯氧基十一烷酸等。选择表面活性剂时,一方面要考虑表面活性剂是否能使相应的磁性微粉稳定地分散在基载液中,另一方面还要考虑表面活性剂与基载液的适应性,即是否有较强的亲水性(水性基载液)或亲油性(油性基载液)。磁流体中体积分数最大的是基载液。基载液是否导电等性能直接决定着磁流体的应用。水是最普通的基载液,它常用于铁氧体磁流体。另外,酯、二酯、硅酸盐酯、碳氢化合物、氟碳化合物、聚苯基醚也是常用的基载液。这些基载液都不是导电的,所以制成的相应磁流体也不导电。当需要导电性的磁流体时,可用水银等作为基载液。一般磁流体因用途不同,所选择的基载液及相适应的表面活性剂也不同。

磁流体是一种固液相胶体。一般密度不同的液体和固体混合后,在静止状态下有时会出现固体微粒沉淀使固液两相分离的情况。另外,固相粒子为强磁性体,其间发生的相互静磁吸引也会使磁性颗粒凝聚成团,破坏磁流体的弥散稳定性。为此,必须减小磁性微粒的尺寸,或在磁性微粒表面吸附一层表面活性剂。用于制备磁流体的磁性颗粒的大小,一般在 10 nm 左右,通常处于超顺磁状态。

磁流体有较广泛的用途,如:
① 利用磁流体在磁场中透射光的变化,可以做成光传感器、磁强计等;
② 利用磁流体在磁场作用下不发生黏度的变化可制成惯性阻尼器;
③ 利用外加磁场对磁流体作用后所产生的力,可用于磁流体密封;
④ 利用磁流体在梯度磁场中产生悬浮效应,可制成密度计、加速度表等;
⑤ 利用磁场控制磁流体的运动性质,可制备药物吸收剂、治癌剂、造影剂、流量计、控制器(制动器)等;
⑥ 利用流体的热交换性可制成能量交换机、磁流体发电机等;
⑦ 磁流体最大的用途是用于磁密封技术中,如在转轴附近放上永磁体,在转轴的间隙内注入磁流体,形成对转轴的密封作用,其特点是流体－固体非接触式密封,与固体密封相比,具有气密封性好、降低转轴表面的加工要求、对转轴磨损性小、无噪声和发热小等优点;
⑧ 磁流体可以用于扬声器中解决音频线圈的散热问题。

磁流体在美国已用于宇航空间技术中。如宇宙服可动部分的密封、在失重状态下将火箭液体燃料送入燃烧室等。

六、超导陶瓷[33]

在常温下按导电能力可以将固体分为导体、半导体和绝缘体。再优良的导电材料也有电阻存在,并且在导电过程中至少有 10%～20% 的电力消耗于电阻,以热能的形式损耗。因而如何找到一种完全没有电阻,消除电能损耗的导电材料一直是物理学家和材料科学工作者的梦想。

1911 年荷兰低温物理学家 H.K.Onnes 发现有些物质从特定的温度开始会转变为完全没有电阻的状态,这就是所谓的超导现象。具有这种性质的材料称为超导体,超导体开始失去电阻的温度为超导临界转变温度 T_c。Onnes 由于该项具有历史意义的发现而获得 1913 年度诺贝尔物理学奖。

1. 超导的特性

当超导体显示超导电性时,就说它处于超导态,否则是正常态。超导态有两个最重要的特征。

① 当 $T<T_c$ 时,电阻为零,因而超导体内不会"发热",不会有能量损耗;
② 当 $T<T_c$ 时,超导体内的磁感应强度 B 总是为零,具有完全的抗磁性。实验证明,对于超导体不论是先降温后加电场,还是先加电场后降温,只要 $T<T_c$ 过渡到超导态,其体内的磁力线就被突然排斥到体外,这一重要的超导态现象称为迈斯纳效应。

零电阻效应和迈斯纳效应是超导态两个独立的基本性质。

实现超导需具备3个基本条件：

① 临界温度 T_c，只有当 $T<T_c$ 时，电阻才为零；

② 临界磁场强度 H_c，即使在 $T<T_c$ 条件下，如果外加磁场强度大于临界磁场强度 H_c，也会突然出现电阻，使超导态破坏，转变成正常态；

③ 临界电流密度 $J_c(\mathrm{A\cdot cm^{-2}})$ 或临界电流 I_c，当电流增大到某一值（I_c）时，超导态就被破坏，即失超。

不同材料的 T_c、H_c 和 I_c 值是不同的，为了实现超导材料的高应用价值，必须提高超导材料的这3个临界值。

2. 超导陶瓷材料

自 Onnes 1911 年发现纯汞金属超导体以来，各国物理、化学、材料科学家们为了寻找新的超导材料，分别提高 T_c、H_c 和 I_c 3个临界值，经历了漫长而艰辛的历程。1986年在氧化物陶瓷材料中发现超导电性后，引起了全球性的超导研究热潮。由于超导陶瓷材料的临界温度 T_c 在 30 K 以上，因此称之为高温超导体。目前已发现的高温超导材料很多，典型的有镧钡铜氧化物体系（镧系，$T_c=36$ K）、钇钡铜氧化物体系（钇系，$T_c=93$ K）、铋锶钙铜氧化物体系（铋系，有多个不同的高温超导相，临界温度 T_c 最高的两个分别为 110 K 和 85 K）、铊钡钙铜氧化物体系（铊系，最高临界温度为 125 K）和汞钡钙铜氧化物体系（汞系，最高临界温度为 133 K）等。这些高温超导氧化物有一些共同的特点，如它们都有变形钙钛矿原胞的层状堆砌结构，正常相下都具有金属性质，载流子是空穴等。

钇系高温超导材料容易形成单一的超导相，但其超导性质对氧含量特别敏感，会造成加工带材时充氧的困难。目前，对该系采用元素置换法探讨新的高 T_c 超导陶瓷的工作进行得很广泛，主要以新元素代替 Ba 和 Y 的位置，如 Sc、La、Pr、Sm、Eu、Pb 和 Ag 等。这些元素取代的结果使钇系的零电阻温度大多在 85 K 以上，最高为 94 K 左右。用这类材料可以做成无摩擦的磁悬浮轴承、磁悬浮列车、磁悬浮储能器、微波和无线电通信滤波器等。

铋系存在两个高温超导相，其性能稳定，超导电性不会受氧含量问题的困扰，可以用管子包套粉末方法来制备长带材或线材，为加工成型带来方便。人们期望用铋系材料制作电力输送电缆、电流保护器、超导储能器和超导电机等。

目前，高温超导体实用化的重大障碍不是 T_c 低，而是高温超导体都是陶瓷，其机械加工难度太大，不能像低温超导体那样用金属工艺成材，用目前的技术难以制备成长线，没有足够的韧性和强度，不便于使用。

在研制高 T_c 块体材料的同时超导薄膜的研制发展很快，有些成果已进入使用阶段，其中激光熔融法制备的钇钡铜氧膜不仅质量好，而且制备速度快，可制成 SQUID 超导磁强计和各种电磁测量仪器，在信息科学、军事科学、生物医学、地磁等的测量和研究中得到广泛的应用。

七、展望

随着微电子技术、光电子技术、计算技术等高新技术的发展以及高纯超微粉体、厚膜和薄膜等制备工艺的进一步完善,功能陶瓷在新材料探索、现有材料潜在功能的开发和材料、器件一体化以及应用等方面都取得了突出的进展,成为材料科学和工程中最活跃的研究领域之一,也成为现代微电子技术、光电技术、信息技术、计算技术、激光技术等许多高新技术领域的重要基础材料。当前功能陶瓷发展的趋势可以归纳为以下几个特点。

(1)复合化和多功能化

单一材料的特性和功能往往难以满足新技术对材料综合性能的要求,材料复合化技术可以通过加和效应与耦合乘积效应开发出原材料并不存在的新的功能效应,或获得远高于单一材料的综合功能效应,为提高产品的性能和可靠性,促使产品向薄、轻、小发展提供了基础。

(2)低维化

当材料的特征尺寸小到纳米级,由于量子效应和表面效应十分显著,可能产生独特的电、磁、光、热等物理和化学特性,功能陶瓷进入纳米技术领域是研究的热点之一,如铁电薄膜和超细粉体的制备等。

(3)智能化

智能材料是功能陶瓷发展的更高阶段,人类希望材料能根据环境和使用条件的变化,自我调整,做出相应反应或自行恢复和修复,也就是要求材料具有生命形式特有的智能,它是人类社会的需求和现代科学技术发展的必然结果。

参 考 文 献

1 柳田博明.セラミックスの科学.东京:技报堂,1985
2 李标荣,莫以毫,王筱珍.无机介电材料.上海:上海科学技术出版社,1986
3 金志浩,高积强,乔冠军.工程陶瓷材料.西安:西安交通大学出版社,2000
4 关振铎,张中太,焦金生.无机材料物理性能.北京:清华大学出版社,1992
5 田莳.材料物理性能.北京:北京航空航天大学出版社,2001
6 马如璋,蒋民华,徐祖雄.功能材料学.北京:冶金工业出版社,1999
7 徐政,倪宏伟.现代功能陶瓷.北京:国防工业出版社,1998
8 曲远方.功能陶瓷及应用.北京:化学工业出版社,2003
9 殷之文.电介质物理学.北京:科学出版社,2003
10 钟维烈.铁电体物理学.北京:科学出版社,2000
11 冯端,师昌绪,刘治国.材料科学导论.北京:化学工业出版社,2002
12 李言荣.电子材料导论.北京:清华大学出版社,2001
13 张立德.超微粉体制备与应用技术.北京:中国石化出版社,2003
14 郑昌琼,冉均国.新型无机材料.北京:科学出版社,2003

15 徐如人,庞文琴.无机合成与制备化学.北京:高等教育出版社,2001
16 高濂,李蔚.纳米陶瓷.北京:化学工业出版社,2002
17 Mayo M J. Processing of nanocrystalline ceramics from ultrafine particles. Int. Mater. Rev., 1996, 41(3):85~115
18 Kumar K N P, Keizer K, Burggraaf A J, et al. Densification of nanostructured titania assisted by a phase transformation. Nature, 1992, 358(6381):48~51
19 Chen I W, Wang X H. Sintering dense nanocrystalline ceramics without final-stage grain growth. Nature, 2000, 404(6774):168~171
20 高濂,宫本大树.放电等离子烧结技术.无机材料学报,1997,12(2):129~133
21 钟盛文,焦永斌,叶雪均,等.预热粉体爆炸烧结单相纳米氧化铝陶瓷的研究.无机材料学报,2001,16(3):572~575
22 倪尔瑚.材料科学中的介电谱技术.北京:科学出版社,1999
23 李婷,王筱珍,张绪礼.微波介质陶瓷相对介电常数的简易测量.电子元件与材料,1996,15(1):41~45
24 干福熹.信息材料.天津:天津大学出版社,2000
25 吴自勤,王兵.薄膜生长.北京:科学出版社,2001
26 王弘,王民.铁电薄膜与集成铁电学.高技术通讯,1995,5(1):53~59
27 王中林,康振川.功能与智能材料结构演化与结构分析.北京:科学出版社,2002
28 (日)近角聪信.铁磁性物理.葛世慧译.兰州:兰州大学出版社,2002
29 (美)David Jiles.磁学及磁性材料导论.肖春涛译.兰州:兰州大学出版社,2003
30 (美)奥汉德利 R C.现代磁性材料原理和应用.周永洽等译.北京:化学工业出版社,2002
31 邢丽英.隐身材料.北京:化学工业出版社,2004
32 李德才.磁性液体理论及应用.北京:科学出版社,2003
33 左铁镛.新型材料.北京:化学工业出版社,2002

第七章 非线性光学晶体材料

7.1 概　述

光波通过固体介质时,在介质中感生电偶极子。单位体积内电偶极子的偶极矩总和被称为介质的极化强度,通常用 P 表示。P 表征了介质对入射光波作用的物理响应。通常仅与光场强度 E 的一次幂项有关,由此产生的各种现象称为线性光学现象,可由传统光学定律予以描述和处理。

20 世纪 60 年代,自从激光出现以后,其相干电磁场功率密度可达 10^{12} W·cm^{-2},相应的电场强度可与原子的库仑场强(约 3×10^8 V·m^{-1})相比较。因此,其极化强度 P 与电场的二次、三次甚至更高次幂相关,由此开辟了非线性光学及其材料发展的新领域。

从理论上可以估计出一个光功率密度为 2.5 W·cm^{-2} 的光源,其光频电场约为 30 V·cm^{-1},与库仑场强相比是一个很小的量,所产生的非线性极化可以忽略不计,这就是为什么在激光出现之前很难观察到非线性光学效应的原因。

1960 年,Maiman 创造了第一台红宝石激光器,在红光谱区发射激光($\lambda = 694.3$ nm)。此后引起了气体激光器、染料激光器和固体激光器的迅速发展,使光电子产业成为一个有广阔发展前景的新兴高技术产业。

1961 年,Franken[1]首次将红宝石(Cr^{3+}:Al_2O_3)晶体所产生的激光束入射到石英晶体(α-SiO_2)上,发现有两束出射光产生,其中一束为原来入射的红宝石激光,波长为 694.3 nm;另一束为新产生的紫外光,波长为 347.2 nm,频率恰好为红宝石激光频率的 2 倍,表明它是入射光的二次谐波,这是国际上首次发现的激光倍频效应。1962 年,Bloembergen[2]指出在描述光场与介质相互作用的 Maxwell 方程中,如果考虑由二次非线性项所感生的极化强度,则很容易理解 Franken 等人所观察到的激光倍频效应。从理论上奠定了非线性光学的基础。与此同时,Giordmaine 和 Maker 等先后提出光波在非线性介质中传播时基频波和倍频波相速度匹配的创造性方法,使激光辐射的频率转换效率可提高到百分之几十,从此开辟了非线性光学技术和材料走向实用化的道路。

随着非线性光学理论的发展,人们对非线性光学现象以及物质的非线性响应的物理原理进行了一系列的研究与探讨,与此同时,非线性光学器件也相应得到发展,如激光倍频、混频、参量振荡与放大、电光调制、偏转、Q 开关和光折变器件等相继出现,并逐步得到推广应用。因此,对非线性光学晶体提出了更多更高的物理和化学性能要求,从而促进了非线性光学晶体材料的迅速发展。除了石英(α-SiO$_2$)、磷酸二氢钾(KH$_2$PO$_4$,KDP)等传统的非线性光学晶体外，1964年铌酸锂(LiNbO$_3$,LN)晶体、1967年铌酸钡钠(Ba$_2$NaNb$_5$O$_{15}$)和淡红银矿(Ag$_3$AsS$_3$)、1969年α-碘酸锂(α-LiIO$_3$)晶体、1976年磷酸钛氧钾(KTiOPO$_4$,KTP)晶体问世,标志着非线性光学晶体逐步走向成熟。到了20世纪80年代,我国学者又先后发现了磷酸精氨酸(LAP)、偏硼酸钡(β-BBO)、三硼酸锂(LBO)等非线性光学晶体[3]，在国际上产生了较大的影响。

7.2 晶体的非线性光学基础[4~6]

一、晶体的非线性光学现象

当光在晶体介质中传播时,晶体介质相应地要发生电极化,若光频电场强度不太大,则电极化强度 P_i 与光频电场 E_j 之间成线性关系,即

$$P_i = \sum_j \chi_{ij} E_j \qquad i,j = 1,2,3\cdots \tag{7.1}$$

式中 χ_{ij}——线性极化系数,χ与介质折射率n的关系为$\chi = n^2 - 1$。

式(7.1)可用于描述传统光学所涉及的线性光学现象,如光的折射、反射和吸收等。

激光出现以后,由于它的光频电场极强(约为10^7 V·cm^{-1}),这时光频电场的高次项便对晶体的电极化强度 P_i 起到了重要作用,考虑介质的各向异性,P_i 与光频电场 E_j 之间成正幂级数关系,即

$$P_i = \sum \chi_{ij}^{(1)} E_j(\omega_1) + \sum \chi_{ijk}^{(2)} E_j(\omega_1) E_k(\omega_2) + \\ \sum \chi_{ijkl}^{(3)} E_j(\omega_1) E_k(\omega_2) E_l(\omega_3) + \cdots \tag{7.2}$$

式中 $\chi_{ij}^{(1)}$——晶体的线性极化系数;

$\chi_{ijk}^{(2)}$、$\chi_{ijkl}^{(3)}$——二次项、三次项非线性极化系数,$\chi_{ijk}^{(2)} \gg \chi_{ijkl}^{(3)}$,约相差7~8个数量级;

ω_1、ω_2、ω_3——不同光频电场的角频率。

通常,一般光源的光频电场强度 E_j 较小,只需要用式(7.1)中的第一项就足以描述晶体的线性光学性质(光的折射、反射、双折射和衍射等)。而激光是一种具有极强光频电场的光,对式(7.2)中的第二、三项等非线性项可产生重要作用,从而可以观测到不同的非线性光学现象。在这种情况下,晶体的极化系数不再是常数,而是光频电场 E 的函数,将晶体的电极化强度 P_i 对光频电场 E 取一阶导数,则得

$$\frac{\mathrm{d}P_i}{\mathrm{d}E} = \sum_j \chi_{ij}^{(1)} + \sum_{j,k} \chi_{ijk}^{(2)} E + \sum_{j,k,l} \chi_{ijkl}^{(3)} EE + \cdots \tag{7.3}$$

由式(7.3)可见,晶体的线性光学性质仅与 $\chi_{ij}^{(1)}$ 有关,而高于 $\chi_{ijk}^{(2)}$ 以上的非线性高次极化项,可引起晶体的非线性光学效应,其中以二次项 $\chi_{ijk}^{(2)}$ 引起的非线性光学效应最为显著,应用也最广泛,式(7.3)中的二次项可写为

$$P_i^{(2)}(\omega_3) = \sum_{j,k} \chi_{ijk}^{(2)}(\omega_1, \omega_2, \omega_3) E_j(\omega_1) E_k(\omega_2) \tag{7.4}$$

式中 $P_i^{(2)}$——二次极化项所产生的非线性电极化强度分量;

$\chi_{ijk}^{(2)}$——二阶非线性极化系数;

$\omega_1 \text{、} \omega_2$——基频光的角频率;

ω_3——与 $\omega_1 \text{、} \omega_2$ 相关的谐波角频率, $\omega_3 = \omega_1 \pm \omega_2$;

$E_j \text{、} E_k$——入射光的光频电场分量。

二阶非线性极化光频率转换由三束相互作用的光波混频决定,光量子系统能量守恒关系为:

当 $\omega_3 = \omega_1 + \omega_2$ 时,产生的二次谐波为和频;

当 $\omega_3 = \omega_1 - \omega_2$ 时,产生的二次谐波为差频;

当 $\omega_3 = \omega_1 - \omega_2 = 0$ 时,激光通过晶体时产生直流电极化,称为光整流。

和频和差频统称为混频。

当 $\omega_1 = \omega_2 = \omega$ 时, $\omega_3 = \omega_1 + \omega_2 = 2\omega$,这时产生倍频光,即

$$P_i(2\omega) = \sum_{j,k} \chi_{ijk}^{(2)} E_j(\omega) E_k(\omega) \tag{7.5}$$

式中 $\chi_{ijk}^{(2)}$——二阶非线性光学系数,又称为倍频系数, $\chi_{ijk}^{(2)} \equiv \chi_{ijk}(2\omega)$,并用 d_{ijk} 表示。

二阶非线性光学系数 $\chi_{ijk}(2\omega)$ 是描述二次谐波发生过程的三阶张量,它是三种频率 $(\omega_3, \omega_1, \omega_2)$ 的函数,在一般情况下共有 27 个独立分量,只能存在于 20 种没有对称心的压电晶类中,只有这样,它们的二阶非线性光学系数的所有分量才有可能不全部为零。如果忽略色散的影响, χ_{ijk} 中后两个下标对应于两个光频电场的作用是对称的,即 $\chi_{ijk} = \chi_{ikj}$。因此,我们可以用简化下标 χ_{in} 来表示非线性光学系数,即

$$\chi_{ijk} = \chi_{ikj} = \chi_{in}$$

并可按照表 7.1 的变换规律处理。

表 7.1 非线性光学系数的变换规律

n	1	2	3	4	5	6
$jk = kj$	11	22	33	23 = 32	31 = 13	12 = 21

这样 χ_{ijk} 的独立分量数就从 27 个减少到 18 个,而倍频系数通常由 d_{in} 来表示,其矩阵表示为

$$\boldsymbol{d}_{in} = \begin{bmatrix} d_{11} & d_{12} & d_{13} & d_{14} & d_{15} & d_{16} \\ d_{21} & d_{22} & d_{23} & d_{24} & d_{25} & d_{26} \\ d_{31} & d_{32} & d_{33} & d_{34} & d_{35} & d_{36} \end{bmatrix} \tag{7.6}$$

1962 年, Kleinman[7] 认为在非线性光学效应产生的范围内,即在中、近红外区和可见光区波段内,光波的频率远离了晶体离子共振频率区,此时,由于离子质量远大于电子质量,因而离

子将跟不上光频电场的周期振动,故离子位移对晶体电极化强度的贡献几乎为零。非线性光学系数 χ_{ijk} 主要取决于电子运动,因此,χ_{ijk} 的 3 个下标是全部可交换的,即

$$\chi_{ijk} = \chi_{jki} = \chi_{kij} = \chi_{ikj} = \chi_{jik} = \chi_{kji} \tag{7.7}$$

这个关系称为 Kleinman 全交换对称性。由于全交换对称性的存在,使得 χ_{ijk} 的 18 个独立分量数目减少到 10 个,并使 20 种没有对称心的压电晶类中的两种晶类 $D_4 - 422$ 和 $D_6 - 622$ 的二阶非线性光学系数全部为零。这样在 32 种晶类中只有 18 种晶类才有可能具有非线性光学效应。若再进一步考虑晶体相位匹配的要求,实际上只有 16 种晶类具有可能被利用的非线性光学晶体。在这 16 种晶类的无对称心点群中,有 11 种属于光学单轴晶,即 $C_4 - 4$、$S - 4$、$C_{4v} - 4mm$、$D_{2d}\overline{4}2m$、$C_3 - 3$、$C_{3v}3m$、$D_3 - 32$、$C_6 - 6$、$C_{3h}\overline{6}$、$D_{3h} - \overline{6}2m$、$C_{6v} - 6mm$;有 5 种点群晶体属光学双轴晶,即 $C_1 - 1$、$C_3 - m$、$C_2 - 2$、$C_{2v} - mm2$、$D_2 - 222$。

与二次非线性极化项相对应的非线性光学效应还有一次电光效应和光参量振荡等,在这里不予介绍。三阶非线性极化项引起三次谐波和光的四波混频(包括相位共轭),以及光的受激散射等非线性效应。

二、非线性光学过程的相位匹配

能够用做激光倍频材料的晶体,除必须具有比较大的非线性光学系数外,还必须要求能实现相位匹配。

在倍频过程中,当基频光一旦射入非线性光学晶体,在光路的每一点上均将产生二次极化波,并因此发射出频率与之相同的二次谐波,即倍频光波。这些二次极化波在晶体中的传播速度与入射基频光波在晶体中的传播速度相同,因为光频电场在晶体中的传播到哪里,就会在哪里产生二次极化波。然而,由于受晶体折射率色散的影响,由二次极化波发射的二次谐波的传播速度与入射基频光波的传播速度就不相同了。在正常色散范围内,频率增高,折射率变大,故晶体中的二次谐波总是跟不上二次极化波的传播。二次谐波相互干涉的结果,决定了在实验中观察到的二次谐波的强度,这个强度与二次谐波的相位差有关。相位差为零时即相位匹配,则二次谐波便得到不断加强;如果相位差不一致,则二次谐波相互抵消;当相位差为 180° 时,不会有任何二次谐波输出。因此,要想得到较强的二次谐波输出,就要求不同时刻在晶体中不同部位所发射的二次谐波的相位一致,即满足相位匹配条件。因此,只有注意到二次谐波即倍频波的相位匹配条件,才能使倍频效应效率大大提高。Franken 于 1961 年进行的人类第一次非线性光学实验效率极低,只有 10^{-8} 数量级,现在倍频转换效率为 $30\% \sim 40\%$,甚至达 70%,最主要的因素就是相位匹配技术的应用。

1. 相位匹配条件

当不考虑晶体对光波的吸收和色散时,从入射的基频光到出射的倍频光,这一光量子系统应服从能量守恒和动量守恒定律。设基频光和倍频光的角频率分别为 ω_1 和 ω_2,相应的波矢量为 $\boldsymbol{k}_1$ 和 $\boldsymbol{k}_2$,则根据能量守恒定律

$$\omega_1 + \omega_1 = 2\omega_1 = \omega_2 \tag{7.8}$$

相位匹配就意味着在体系中没有动量损失,则

$$\boldsymbol{k}_1 + \boldsymbol{k}_1 = 2\boldsymbol{k}_1 = \boldsymbol{k}_2$$

或

$$\Delta \boldsymbol{k} = \boldsymbol{k}_2 - \boldsymbol{k}_1 - \boldsymbol{k}_1 = \boldsymbol{k}_2 - 2\boldsymbol{k}_1 = 0 \tag{7.9}$$

根据波矢量 $\boldsymbol{k}$ 的定义

$$\boldsymbol{k} = \frac{n}{c}\omega \boldsymbol{k}_0 \tag{7.10}$$

式中　　n——频率为 ω 的光波折射率;

c——光波在真空中的速度;

$\boldsymbol{k}_0$——光波的单位波矢量。

由式(7.9)和式(7.10)得

$$n_2(\omega_2)\omega_2 = 2n_1(\omega_1)\omega_1$$
$$2n_2(\omega_2)\omega_1 = 2n_1(\omega_1)\omega_1$$
$$n_2(\omega_2) = n_1(\omega_1)$$
$$n(2\omega) = n(\omega) \tag{7.11}$$

式(7.11)即为晶体倍频效应的相应匹配条件,即倍频光的折射率 $n(2\omega)$ 与基频光的折射率 $n(\omega)$ 相等,满足这一条件时,倍频光波的传播速度与二次极化波及基频光波的传播速度相等,基频光沿途诱发出的倍频光,因具有相同相位而相互加强,此时,受到基频波激发的晶体,犹如一个同步振荡的偶极矩阵列,可有效地辐射出倍频光。

在相位匹配时,波矢的相对方位或是共线的(标量相匹配),或是非共线的(矢量相匹配),如图 7.1 所示。

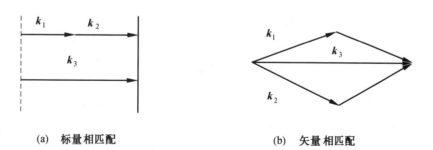

(a) 标量相匹配　　　　　　　　(b) 矢量相匹配

图 7.1　三波相互作用的相匹配示意图

若 $\Delta \boldsymbol{k} \neq 0$,通常称为相位失配,则从晶体不同部位辐射的倍频光可能产生相互抵消的作用,以致会影响到倍频光的强度。

2. 实现相位匹配的途径

要想获得较强的倍频光输出,基频光和倍频光必须满足相位匹配条件。当光波在正常色散范围内传播时,光波的频率越高,其折射率 n 也越大,$n_2(2\omega) > n_1(\omega)$。因此,光波在各向同性介质中传播时,无论如何都不能满足相位匹配条件。但对各向异性的晶体而言,由于存在自然双折射(图 7.2),同一光波法线方向上允许有两个不同折射率的光波传播,其中一个遵从折射定律,称为常光(o 光),另一个不遵从折射定律,称为非常光(e 光),两者的偏振方向相互垂直。因此,在晶体的正常色散范围内,就有可能利用晶体的双折射所引起的折射率不同,抵消由于色散所引起的相位失配,从而满足相位匹配条件,在激光技术中常用以下两种方法来实现相位匹配。

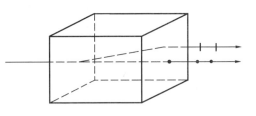

图 7.2 晶体的双折射现象

(1) 角度相位匹配

控制激光束在晶体中某一特定方向 (φ, θ) 上传播,使其满足

$$n_2(2\omega) = n_1(\omega)$$

为了寻找这个特定方向,利用晶体的折射率曲面最为方便。现以负单轴晶($n_o > n_e$)为例进行说明。

负单轴晶的折射率曲面为双层曲面,由一个球面和一个旋转椭球面套合而成,两种曲面在 x_3 轴(光轴)方向上相切,其截面如图 7.3 所示。由曲面中心(原点)至曲面上任一点连线的矢径就是波矢的方向,矢径至双层曲面中球面的距离,即为 o 光的折射率,而与双层曲面中的椭球面的交点的长度,即为该方向上的 e 光折射率。由于色散的影响,基频光与倍频光的折射率曲面不同,形成了两组图形,图中实线表示基频光的折射率曲面,而虚线表示倍频光的折射率曲面。这样,倍频光的 e 光折射率曲面与基频光的 o 光折射率曲面相交于点 M。显然,相交于点 M 的 o 光与 e 光的折射率相等,因而便满足了相位匹配条件,从曲面中心点 O 到 o 光与 e 光相交的点 M 的矢径方向,就是相位匹配方向,称为 PM 方向。OM 与光轴 x_3 方向间的夹角 θ_M,称为相位匹配角。以 OM 为母线绕光轴旋转 θ_M 一周所构成的锥面(顶角为 $2\theta_M$),称为相位匹配面,锥面上的任一母线方向,均能满足相位匹配条件,即

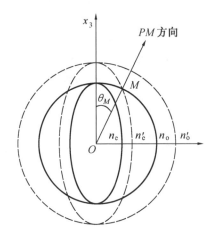

图 7.3 负单轴晶折射率曲面和相位匹配方向

$$n_1^o = n_2^e(\theta_M) \tag{7.12}$$

同理,利用正单轴晶($n_e > n_o$)的折射率曲面,可以得出正单轴晶的相位匹配条件为

$$n_1^e(\theta_M) = n_2^o \tag{7.13}$$

图7.4示出正单轴晶和负单轴晶的相位匹配条件的对比。从式(7.12)和式(7.13)可以看出,$n_2^e(\theta_M)$、$n_1^e(\theta_M)$ 分别为倍频 e 光和基频 e 光在 θ_M 角方向的折射率;n_1^o、n_2^o 分别为基频 o 光和倍频 o 光的折射率。式(7.12)和式(7.13)的匹配方式属于基频光中的 o 光与 o 光或 e 光与 e 光自身相互作用产生 e 光或 o 光的倍频光,基频光全是 o 光或全是 e 光,它的两个光频电场分量属于同一种偏振态类型,两者的振动方向相互平行,而输出的倍频 e 光或 o 光的光频电场分量必是另一种偏振态类型;对于负单轴晶而言,可表示为 o + o = e(ooe 型);对于正单轴晶,可表示为 e + e = o(eeo 型)。这样的匹配方式称为 I 类相位匹配,或称为平行式匹配。

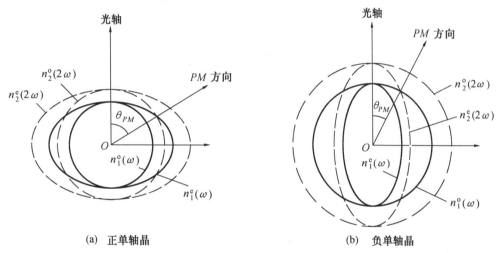

(a) 正单轴晶　　　　　　　　　(b) 负单轴晶

图 7.4　正单轴晶和负单轴晶的相位匹配

由于在共波法线方向上允许有两个不同折射率的光波传播,基频光中 o 光与 e 光之间的相互作用,同样可以满足相位匹配条件,而产生倍频光。负单轴晶可产生倍频 e 光,正单轴晶可产生倍频 o 光。可以导出这两类倍频光的相位匹配条件分别为:

负单轴晶　　　　　　　　$\frac{1}{2}[n_1^o + n_1^e(\theta_M)] = n_2^e(\theta_M)$ 　　　　　(7.14)

正单轴晶　　　　　　　　$\frac{1}{2}[n_1^o + n_1^e(\theta_M)] = n_2^o(\theta_M)$ 　　　　　(7.15)

在这种情况下,基频光的两个光频电场分量分别属于两种不同的偏振态,彼此的偏振方向相互垂直,而输出的倍频光可以是 o 光,也可以是 e 光。对于负单轴晶,可表示为 o + e = e(oee 型);对于正单轴晶,可表示为 e + o = o(eoo 型)。这样的匹配方式称为 II 类相位匹配,或称为正交式匹配。

一般地说，只有双折射率较大而色散较小的晶体，才可能实现相位匹配，特别是Ⅱ类相位匹配。大多数负单轴晶都能满足相位匹配条件，而正单轴晶往往因为折射率差不足以抵消其色散差，以致基频光的折射率曲面均落在倍频光折射率曲面之内而无交点，因而不能产生相位匹配角。例如，石英和钽酸锂都不存在相位匹配方向。

双轴晶同样存在平行式（Ⅰ类）和正交式（Ⅱ类）相位匹配。但是，双轴晶有三个互不相等的主折射率，折射率面是复杂的双层曲面，相位匹配及相位匹配角的计算远比单轴晶复杂，但其基本原理仍与单轴晶相同。而且许多性能优良的非线性光学晶体都是双轴晶。

尽管双轴晶的相位匹配情况比较复杂，但已经证明，在正常的色散条件下，双轴晶仅有13种不同的相位匹配图形。双轴晶的相位匹配一般都是临界相位匹配。已经证明，222晶类不可能实现最优相位匹配。单轴晶的最优相位匹配方向在垂直于光轴的方向上，而双轴晶的最优相位匹配方向只能在光折射率体的主轴方向上，有许多晶类的双轴晶存在主轴色散（频率不同，主轴不同），以致其相位匹配问题更加复杂，必须由各个具体晶体的情况来进行不同的处理。

(2) 温度相位匹配

对于某些非线性光学晶体，诸如铌酸锂、磷酸二氢钾等，它们的 e 光折射率 n_e 随温度的变化比 o 光的折射率 n_o 快得多，利用这一特性，在 $\theta_M = 90°$ 条件下，就有可能通过适当地调节温度来实现相位匹配。$\theta_M = 90°$ 的相位匹配有着特殊的优点。主要是一方面可以避免因 o 光和 e 光的离散角而影响到倍频光的转换效率；另一方面又可以使由光束发散度所引起的相位失配大为减小。当 $\theta_M \neq 90°$ 时，则光束的发散度 $\Delta\theta$ 将立即引起相位失配。因此，通常把 $\theta_M = 90°$ 的相位匹配称为非临界相位匹配；而把 $\theta_M \neq 90°$ 的相位匹配称为临界相位匹配。不是所有的非线性光学晶体都有可能实现 90°的相位匹配，只有属于 3、6、4、6mm、4mm、$\bar{4}2m$、$\bar{4}$、3m 等晶类的晶体，才有可能实现 90°相位匹配。表 7.2 列出几种常用的可达到 90°相位匹配晶体的相位匹配温度。

表 7.2　晶体的相位匹配温度

晶　体	基频光波长/μm	相位匹配温度/℃	容许偏差/10²(℃·m)
KH_2PO_4	1.06	23	3.5
	0.514 5	−13.7	3.5
KD_2PO_4	1.06	20	6.7
	0.694 3	25	6.7
	0.532	40.5	6.7
$NH_4H_2PO_4$	1.06	23	0.8
	0.694 3	23	0.8
	0.532	50	0.8
CsD_2AsO_4	1.06	−100	6.0
$LiIO_3$	0.694 3	23	
$LiNbO_3$	1.064	−8～165	
	1.15	169～281	
$KTiOPO_4$	1.06	23	<50.0
$Ba_2NaNb_5O_{15}$	1.06	−100	0.6

三、光混频与光参量振荡

1. 光混频

光混频包括和频与差频两种效应。当角频率分别为 ω_1 和 ω_2 的两束光波在非线性光学介质内发生耦合作用时,将产生角频率为 $\omega_3 = \omega_1 \pm \omega_2$ 的极化波,并辐射出相应频率的第三种光波,这一过程称为三波混频。

光混频和倍频一样也是二阶非线性光学效应,一般可用二阶电极化强度分量 $P_i^{(2)}$ 表示为

$$P_i^{(2)}(\omega_1 \pm \omega_2) = P_i^{(2)}(\omega_3) = \sum_{j,k} \chi_{ijk}^{(2)}(\omega_3,\omega_1,\omega_2) E_j(\omega_1) E_k(\omega_2) \tag{7.16}$$

式中　$\chi_{ijk}^{(2)}$——二阶非线性极化系数;

$E_j(\omega_1), E_k(\omega_2)$——两束入射光的光频电场分量。

式(7.16)与式(7.4)的形式完全相同。

当 $\omega_3 = \omega_1 + \omega_2$ 时,产生和频,又称频率上转换。通过和频可以将不可见的红外光转换为可见光,甚至可以转换为紫外光。

当 $\omega_3 = \omega_1 - \omega_2$ 时,产生差频,又称频率下转换。通过差频可望获得远红外以至亚毫米波段的激光。

混频过程的有效转换,必须满足光量子系统的能量守恒和动量守恒关系。

能量守恒关系为

$$\omega_1 + \omega_2 = \omega_3$$

动量守恒关系为

$$\Delta \boldsymbol{k} = \boldsymbol{k}_1 + \boldsymbol{k}_2 - \boldsymbol{k}_3 = 0$$

只有满足三波混频相位匹配条件时,才能使频率上转换有效地得到最大输出功率。混频效应的应用虽然不如倍频效应那样广泛,但它仍不失为获得新的光波段的重要手段之一。

2. 光参量振荡

当一束频率为 ω_p 的强激光(称为泵浦光)射入非线性光学晶体时,若再在晶体中加入频率远低于 ω_p 的弱信号光(频率为 ω_s),由于差频效应,晶体中将产生频率为 $\omega_p - \omega_s = \omega_i$(称为空载频率)的极化波,从而辐射出频率为 ω_i 的光波,当此光波在晶体中传播时,又与泵浦光混频,便产生频率为 $\omega_p - \omega_i = \omega_s$ 的极化波,进而辐射出频率为 ω_s 的光波。若原来为 ω_s 的信号波与新产生的频率为 ω_s 的光波之间满足相位匹配条件,则原来弱的信号光波 ω_s 在损耗泵浦光波功率情况下得到放大,这就是光参量放大原理,如图 7.5 所示。

这一光参量放大过程,需要满足的频率关系为

$$\omega_p = \omega_s + \omega_i \tag{7.17}$$

另外,为了达到最大的能量转换,三种光波还应满足相位匹配条件,即

$$\boldsymbol{k}_p = \boldsymbol{k}_s + \boldsymbol{k}_i \tag{7.18}$$

图 7.5 光参量放大示意图

$$n_p\omega_p = n_s\omega_s + n_i\omega_i \tag{7.19}$$

式中　n_p、n_s 和 n_i——光波频率分别为 ω_p、ω_s 和 ω_i 时晶体的折射率。

在光参量放大过程中,能量的转换效率很低,为了获得较强的信号光,可以把非线性光学晶体置于光学谐振腔内,以便使频率为 ω_s 和 ω_i 的极化波不断地从泵浦光吸收能量,从而产生增益。当增益一旦超过腔体损耗时,便发生振荡,这就是光参量振荡器原理,如图 7.6 所示。

图 7.6 光参量振荡器示意图

四、晶体的电光效应[8,9]

在外加电场的作用下引起晶体折射率发生变化的效应,称为电光效应。

1893 年,Pockels 发现在某些晶体(如 $LiNO_3$、KDP、ADP 等)上加电场后,将改变光在晶体中传播时所表现的各向异性特性。如图 7.7 中的 KDP 晶体,未加电场时光轴方向为 z 轴方向。一束沿 x 方向振动的线偏振光垂直射入,沿光轴方向通过晶体时不产生双折射(图 7.7(a))。通过晶体后仍为沿 x 方向振动的线偏振光。如果其它条件保持不变,在 KDP 晶体上沿纵向加几千伏的高电压,当光仍沿 z 方向传播时,将出现双折射现象(图 7.7(b))。显然,这种双折射是由外加电压引起的,称为感应双折射。

图 7.7(b)示出,沿 x 方向振动的线偏振光,在晶体中将分解为沿感应主轴 x' 和 y' 方向振动的两个本征模分量,它们的传播速度不同,分别为 $v_{x'}$ 和 $v_{y'}$。由于外加电场引起的感应双折射,使沿 x'、y' 方向振动的光的折射率由 n_0 变为

$$n_{x'} = n_0 - \frac{1}{2} n_0^3 \gamma_{63} E_z \tag{7.20}$$

$$n_{y'} = n_0 + \frac{1}{2} n_0^3 \gamma_{63} E_z \tag{7.21}$$

式中　n_0——沿晶体光轴方向传播的自然折射率;
　　　γ_{63}——KDP 晶体的电光系数;

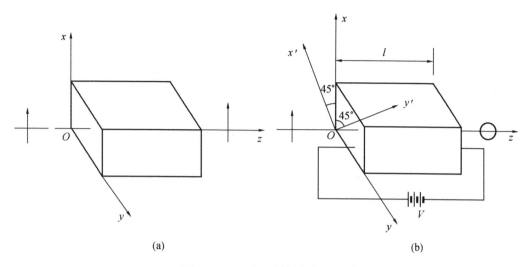

图 7.7 KDP 晶体的纵向电光效应

E_z——沿 z 方向所加的电场强度。

由式(7.20)和式(7.21)可求得沿 z 方向传播并在 x'、y' 两方向振动的两光的感应折射率差为

$$n_{y'} - n_{x'} = n_O^3 \gamma_{63} E_z \tag{7.22}$$

因此,当两光通过长为 l 的晶体后,将产生相位差 $\Delta\varphi$,且

$$\Delta\varphi = \frac{2\pi}{\lambda}(n_{y'} - n_{x'})l = \frac{2\pi}{\lambda} n_O^3 \gamma_{63} E_z l \tag{7.23}$$

由于晶体中的电场强度 E_z 与两端电压的关系为 $V = E_z l$,故上式中的相位差也可表示为

$$\Delta\varphi = \frac{2\pi}{\lambda} n_O^3 \gamma_{63} V \tag{7.24}$$

由此可见,由感应双折射引起的两偏振光的相位差与外加电压 V 成正比。

进一步考察沿 x 方向振动的入射线偏振光,它在晶体内分解的沿 x' 和 y' 方向振动的两光的频率相同,振幅也相同,两光通过晶体后的合偏振光将视 $\Delta\varphi$ 不同,可分为沿 x 方向振动的线偏振光、椭圆偏振光、圆偏振光和沿 y 方向振动的线偏振光等情形,如图 7.8 所示。

在电光效应中,除了可用电光系数表征材料的电光性能优劣外,还经常使用半波电压这个参量。半波电压是使两正交本征模通过晶体后产生 π 相位差所需要的外加电压值,用 $V_{\lambda/2}$ 或 V_π 表示。由相位差的表示式(7.24)可以得到

$$V_{\lambda/2} = \frac{\lambda}{2 n_O^3 \gamma_{63}} \tag{7.25}$$

一般晶体的半波电压 $V_{\lambda/2}$ 均较高,如 KDP 晶体在 $\lambda = 0.546\,1\;\mu m$ 时,测得 $V_{\lambda/2}$ 高达 7.6 kV。

上述电光效应因其相位差 $\Delta\varphi$ 与外加电压 V 成正比,通常称为线性电光效应或 Pockels 效

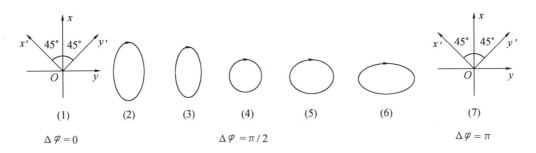

图 7.8 $\Delta\varphi$ 变化时的输出光偏振情形

应。除此之外,还有一些晶体(具有对称中心)和液体(如硝基苯等)在外电场作用下的感应折射率差与电场强度的平方成正比,即

$$\Delta n = k\lambda E^2 \tag{7.26}$$

式中 Δn——两正交的线偏振光的折射率差;

λ——真空中的波长;

k——介质的 Kerr 系数。

这两束线偏振光通过晶体后,将产生相位差,被称为二次电光效应,或称 Kerr 效应。其半波电压比线性电光效应高得多(5~10 倍)。因此,目前广泛采用的均为具有 Pockels 效应的电光介质。

五、晶体的光折变效应[8,10,11]

1. 光折变现象及其特点

光折变效应发现于 20 世纪 60 年代中期,是光致折射率变化效应(photo-induced refractive index change effect)的简称。它指在光辐照下,某些电光材料的折射率随光强的空间分布而变化的现象。1966 年,贝尔实验室的 Ashkins[11]等人用 LiNbO$_3$ 和 LiTaO$_3$ 进行倍频试验时,意外地发现光辐照可引起晶体内折射率的变化。这种折射率的空间变化使光波波前在传播中出现畸变,因此,当初称这种效应为"光损伤",随后 Chen[12]等人发现"光损伤"材料是一种优质的光数据存储材料,并首次在 LiNbO$_3$ 晶体内进行了全息存储。以后又发现通过均匀光照或加热至 200℃,可以擦除这种"光损伤"痕迹,使晶体恢复至原始状态,表明这是一种"可逆损伤"。由于"损伤"及"复原"是在光照下晶体折射率的变化及复原过程,因此现在人们普遍称之为光折变效应。

光折变晶体是指光致折射率变化的晶体。光折变效应是一种非局域效应,可以在毫瓦(mW)级的激光作用下显现出来,光折变晶体材料可用于全息存储、光学图像处理、光学相位共轭等许多方面,光折变非线性光学已成为非线性光学研究领域中的一个重要的新分支。

光折变效应是由 3 个基本过程形成的:

① 光频电场作用于光折变晶体时,光激发电荷并使之转移和分离;
② 电荷在晶体内转移和分离,引起电荷分布改变,建立起空间电场,强度约 10^5 V·m^{-1};
③ 空间电荷场通过晶体的线性电光效应,致使晶体的折射率发生变化。

光致晶体的折射率改变,相应于三阶非线性极化率 $\chi^{(3)}_{jkl}$,是一种更复杂的非线性光学效应,不同于一般非线性电极化所导致的晶体折射率的变化。它是由光致分离产生的空间电荷场引起晶体的电光效应而造成折射率在空间的调制变化从而形成一种动态光栅(实时全息光栅),由电光效应形成的动态光栅对于写入光束的自衍射,将引起光波的振幅、位相、偏振甚至是频率的变化,从而为相干光的处理提供了广泛的可能性。

与高功率激光作用下的非线性光学效应相比,光折变效应有两个显著的特点。

第一个特点是在一定意义上说,光折变效应与光强无关。入射光的强度只影响光折变过程进行的速度。因为光折变效应起因于光强的空间调制,而不是绝对光强作用于价电子云发生形变造成的。这种低功率光致折射率变化为非线性光学研究开拓了一个更为广阔、便利的研究领域,使人们有可能在低功率激发条件下观察非线性光学现象,并为采用低功率激光制作各种实用非线性光学器件奠定了基础。

第二个特点是其非局域响应,通过光折变效应建立折射率相位光栅需要时间,它的建立不仅在时间响应上显示出惯性,而且在空间分布上也是非局域响应的,即折射率改变最大的地方并不对应于光辐射最强处。在光折变晶体中形成的动态光栅相对于作用光的干涉条纹有一定的空间相移,当相移达到 $\pi/2$ 时,将发生最大的光能不可逆转移。此时的光栅又称相移型光栅。利用这一光栅,允许将泵浦光能量向信号光或相位共轭波转移。这就开辟了利用非线性作用放大信号光的一条新途径。理论分析和实验均已证明,利用光折变效应进行光耦合,其增益系数可达 10～100 cm^{-1} 量级,远高于激光物质(如红宝石、钕玻璃等)的增益系数。此外,若在这种光放大器上加上适当的正反馈,还可在光折变晶体中形成光学振荡,这是一种基于经典光学的干涉、衍射和光电效应实现的一种新型的相干光放大形式,不同于通过活性介质粒子数反转和受激辐射过程而产生的相干光量子放大器(激光)。

近年来,人们对光折变研究的兴趣日益增强,原因是可以用较简单的设备,在室温下用低功率激光即可实现多种光学变换。例如,利用光折变时间微分效应进行图像追踪,作为一种光信息处理器件;利用简并四波混频加上非相干光调制,可以实现把非相干图像转换成相干图像;用高效率自泵浦相位共轭镜,可实现图像畸变复原,全光学全息关联存储技术将使未来的计算机具有仿人脑的功能,实现图像识别、语言学知识处理、高增益光放大器等。

自20世纪60年代中期以来,人们发现了大量具有光折变效应的材料,包括无机非金属材料、半导体、有机化合物等,由光折变非线性光学基础研究发展起来的光放大、光学记录、图像复原、空间光调制器、光动态滤波器、光学时间微分器、光偏转器等各种原型器件。由于光折变材料具有灵敏、耐用等特点,人们最终期望将其用于光计算机。有人预言,理想光折变器件应能与半导体激光器以及探测器集成,形成结构紧凑、性能优越的数据处理器。有关的理论研究和实验工作正在逐步深入中。

2. 光折变晶体材料的基本性能和参数

迄今为止,光折变晶体材料的实际应用落后于该领域的研究,用光折变晶体制成的各种器件,仍多停留在模型运转阶段,转化为商品器件的甚少。影响光折变晶体实用化的因素主要有以下几方面。

① 光折变晶体的各项性能还不能满足制作器件的要求,例如,响应速度慢或增益低等。$BaTiO_3$ 晶体是现今国际上用量最多的光折变晶体材料,它具有极好的相位共轭反射特性和耦合增益,但它的响应速度慢。$Bi_{12}SiO_{20}$ 和 GaAs 晶体虽然响应速度快,但它们的电光系数太小,增益低。

② 对光折变的微观过程与形成机制还缺乏深入了解,通常用 γ_{ij}/ϵ 或 $n^3\gamma_{ij}/\epsilon$ 来表征材料的优值,但是这种表征不能充分反映各种因素对光折变特性的影响,致使对晶体改性提高的研究还缺乏理论指导。

③ 光折变晶体生长还存在薄弱环节,如晶体开裂、包裹体、生长条纹或其它光学不均匀性等晶体不完整性,至今尚未能很好地解决。

④ 晶体的后处理对光折变性能的影响等。

光折变晶体的重要性能参数主要有以下几种。

(1) 光折变灵敏度

光折变晶体的灵敏度有两种标定方法,一种是用晶体的一定折射率改变所需要的入射光的能量来进行标定;另一种是用在光存储中厚度为 1 mm 的晶体达到 1% 的衍射效率时所吸收的能量来进行标定。

影响光折变晶体灵敏度的因素有如下 4 种。

① 晶体的电光系数,电光系数越大,光折变灵敏度也越高。

② 晶体的电极化,即光学系数 f_{ij},在不同的电光晶体中,这一系数大体为恒定值,对大多数铁电晶体,$f_{33} \approx 0.25 \text{ m}^2 \cdot \text{C}^{-1}$。

③ 光生电荷激发的量子效率越大,其光折变灵敏度越高。

④ 电荷分离所造成的电偶极矩的改变(eL_{eff}),L_{eff} 为电荷迁移的有效长度,与电荷迁移的形式、外电场、光栅周期等多种因素有关,实验中通过测量光折变灵敏度对光栅周期的依赖关系可以粗略估算材料中电荷的扩散长度。

(2) 光折变动态范围(Δn_{max})

光折变动态范围是指光场可导致的折射率变化的最大范围,它决定着一定厚度的晶体中可实现的最大衍射效率,以及在一定体积内所能记录的不同全息光栅的数目。

(3) 光折变效应的响应时间

不同的光折变晶体在光频电场作用下,其折射率栅的建立时间是不同的,一般说来,晶体光折变响应时间与晶体的多种参数有关。

① 晶体的介电弛豫时间常数 τ_d 直接决定着晶体的光折变响应速度,而 τ_d 又与晶体的介电常量成正比,与电荷迁移率成反比。另外,电荷的复合时间常数以及光激发电荷的量子效率越大,则介电弛豫时间就越小,从而使晶体的光折变响应速度就越快。

② 晶体中电荷的光激发速度是复合速率的倒数 τ_1,这个参数与入射光强、电荷的激发截面、电荷的复合速度有关,并随着光强增加而减小。也就是说,增加光场的强度可以提高晶体的光折变响应速率。

③ 晶体的三个特征时间常数,即 τ_R(电荷复合时间常数)、τ_E(电荷漂移时间常数)以及 τ_D(电荷扩散时间常数)。

(4) 光折变效应的分辨率

作为全息存储材料,总希望能在一定体积的光折变晶体内存储尽可能多的信息量,晶体的动态范围和分辨率对全息存储的信息容量起决定性作用。通常用晶体的衍射角 θ 和入射波长 λ 的选择性加以说明,即

$$\Delta \theta = \frac{\lambda}{2d \sin \theta} \tag{7.27}$$

$$\Delta \lambda = \frac{\lambda^2 \cos \theta}{2dn \sin^2 \theta} \tag{7.28}$$

式中　n——晶体的折射率;
　　　d——材料的厚度。

仅从上列公式可以看出,晶体的分辨率是由入射光的波长、晶体厚度以及晶体折射率决定的,但实际上光折变晶体本身的光学质量是一个非常重要的参数。

7.3　非线性光学晶体材料

一、非线性光学晶体材料概述[4,5]

非线性光学及其晶体材料的发展与激光技术的发展密切相关。1961 年,Franken[1]首次发现了激光倍频现象,这不仅标志着非线性光学的诞生,而且强有力地推动了非线性光学晶体材料科学的发展。近 40 年来,人们在研究与探索非线性光学晶体材料方面进行了大量的工作,研究出一批又一批性能优良的非线性光学晶体。到目前为止,人们已将非线性光学晶体的性能与其内部微观结构联系起来,通过分子设计,即晶体工程等科学方法来探索与研制各种新型的非线性光学晶体材料。

各种非线性光学原理的重要应用大都必须通过非线性光学晶体来实现。因此,自从非线性光学效应被发现以来,探索有用的非线性光学晶体一直是重要的研究课题之一,是当前激光领域中一个极为活跃的研究分支。通常,从晶体的折射率变化出发,将具有频率转换效应、电

光效应和光折变效应等晶体统称为非线性光学晶体。下面简要地介绍这些晶体的发展概况。

1. 激光频率转换(变频)晶体

非线性光学频率转换晶体主要用于激光倍频、差频、多次倍频、参量振荡和放大等方面,以拓宽激光辐射波长的范围,并可用于开辟新的激光光源等。

现已发现的频率转换晶体,可按其透光波段范围划分为如下三类。

(1) 红外波段频率转换晶体

现有性能优良的频率转换晶体,大多适用于可见光、近红外和紫外波段的范围。红外波段,尤其是波段在 5 μm 以上的频率转换晶体,至今能得到实际应用的较少。过去已研究过的红外波段晶体,主要是黄铜矿结构型晶体,例如,$AgGaS_2$、$AgGaSe_2$、$CdGeAs_2$、$AgGa(Se_{1-x}S_x)_2$、Ag_3AsSe 和 Tl_3AsSe_3 等。这些晶体的非线性光学系数虽然很大,但其能量转换效率不高,往往受晶体光学质量和尺寸大小的限制,从而得不到广泛的应用。因此,对现有红外波段的频率转换晶体,还需要进一步深入研究,包括对相图和相平衡的研究,改进晶体的生长工艺,以求长出大尺寸的优质晶体。

上述红外非线性光学晶体中,Tl_3AsSe_3 和 $CdGeAs_2$ 晶体的非线性光学品质因子(χ^2/n^2)较大,χ 为非线性光学系数,n 为晶体的折射率,这些晶体有更大的研究价值。在整个非线性光学的光谱波段范围内,红外波段的非线性光学晶体研究还是一个薄弱环节,需要加强研究红外波段的新型频率转换晶体。

(2) 从可见光到红外波段的频率转换晶体

目前对可见光到红外波段的频率转换晶体研究得比较充分,并有相当多的备选晶体材料。在现有的磷酸盐、碘酸盐、铌酸盐等无机化合物中,均有性能良好的从可见光到红外波段的频率转换晶体。

在磷酸盐晶体中典型的有磷酸二氢钾(KH_2PO_4)结构型晶体(简称 KDP 型晶体)和磷酸钛氧钾($KTiOPO_4$)结构型晶体(简称 KTP 晶体)。KDP 型晶体包括磷酸二氢铵($NH_4H_2PO_4$,简称 ADP)、磷酸氢钾、磷酸二氢铷(RbH_2PO_4,简称 RDP)等,砷酸二氢铵($NH_4H_2AsO_4$,简称 ADA)、砷酸二氢钾(KH_2AsO_4,简称 KDA)、砷酸二氢铷(RbH_2AsO_4,简称 RbDA)、砷酸二氢铯(CsH_2AsO_4,简称 CDA)等,以及氘化的 KDP 型晶体——磷酸二氘钾($K(D_{1-x}H_x)_2PO_4$,简称 DKDP)、砷酸二氘铯($Cs(D_{1-x}H_x)_2AsO_4$,简称 DCDA)等晶体。

KDP 晶体多数具有优良的压电、电光和频率转换性能。第二次世界大战期间,这些晶体作为压电换能器、声纳等常用的晶体材料已被广泛使用。自 20 世纪 60 年代初激光技术出现以后,KDP 晶体在光电子技术领域中获得了广泛应用,这类晶体不仅是性能优良的电光晶体,而且也是性能较好的频率转换材料,特别是随着高功率激光系统在受控热核反应、模拟核爆等重大技术上的应用,使 KDP 晶体研究又进入了一个新的阶段。尽管各种新型的频率转换晶体不断出现,然而就晶体的综合性能,能够适用于激光核聚变等高功率激光系统的,至今也只有 KDP 晶体为优选对象。它可在水溶液中比较容易地长成高光学质量和特大尺寸的 KDP 晶体,其透光波段从紫外到近红外,激光损伤阈值中等,倍频阈值功率在 100 mW 以上,并易于实现相位匹配等,因此 KDP 晶体是高功率激光系统中较为理想的频率转换晶体材料。

KTP 晶体最早是由法国国家科学研究中心于 1971 年用高温溶液法生长出来的。1976 年,美国的 DuPont 公司采用水热法,也生长出 KTP 晶体,并获专利。

KTP 晶体被称为频率转换的"全能冠军"材料,具有倍频系数大、透光波段宽、损伤阈值高、转换效率高、化学稳定性好等优点,因而在应用方面颇受重视。现已在 Nd:YAG 激光频率转换方面获得广泛应用。我国自 20 世纪 80 年代起,先后用高温溶液法和水热法生长出高光学质量的大尺寸 KTP 晶体,并形成稳定批量生产,出口欧洲、美国、日本等地。

碘酸盐晶体包括 α-碘酸锂(α-LiIO$_3$)、碘酸(HIO_3)、碘酸钾(KIO_3)等晶体,其中能作为材料应用的只有 α-LiIO$_3$ 晶体,这种晶体的优点是透光波段宽,能量转换效率高,且易于从水溶液中生长出优质大尺寸晶体等。α-LiIO$_3$ 是美国贝尔实验室于 1968 年首先发现的非线性光学晶体。20 世纪 70 年代以后,中科院物理所相继对 α-LiIO$_3$ 晶体的生长、相变、性能和生长机制等方面进行了系统的研究,并进行了批量生产。

铌酸盐晶体包括铌酸锂($LiNbO_3$)、铌酸钾($KNbO_3$)、铌酸锶钡($Sr_{1-x}Ba_xNb_2O_6$)、铌酸钡钠($Ba_2NaNb_5O_{15}$)、钽酸锂($LiTaO_3$)等晶体,这些晶体中以 $LiNbO_3$ 晶体研究得最多,用量也最大。

铌酸锂($LiNbO_3$)晶体,简称 LN 晶体,具有多种功能,用途很广泛,如用于声表面波滤波器、光波导、光导器件、Q 开关、电光调制、传感器、激光倍频等方面。LN 晶体作为商品出现已经有近 30 年的历史。目前,提高其抗激光损伤能力以扩大应用是人们竞相研究的热点。

(3) 紫外波段的频率转换晶体

紫外波段研究最早的频率转换晶体是五硼酸钾($KB_5O_8 \cdot H_2O$)晶体,其透光波段可达真空紫外区,但是,它的倍频系数甚小,仅为 ADP 晶体的 1/10,因此应用上受到限制。20 世纪 70 年代通过分子设计等研究方法,发现了尿素[$CO(NH_2)_2$]晶体为具有优良性能的紫外频率转换材料,但其晶体生长工艺要求苛刻,生长优质大尺寸晶体的周期长,而且在应用时抛光面和解理面极易潮解,因此,在固体激光器研究领域中,人们一直希望能够获得一种较为理想的紫外频率转换晶体材料。至 80 年代,中科院福建物构所相继成功地发现了一些性能优良的紫外频率转换晶体,包括偏硼酸钡(β-$Ba_2B_2O_4$)和三硼酸锂(LiB_3O_5)等,在国际学术界引起很大反响。80 年代中期山东大学晶体材料研究所研制出一种新型的紫外频率转换有机晶体材料,即 L-精氨酸磷酸盐[$^+(H_2N)_2CNH(CH_2)_3CH(NH_3)^+COO^- - H_2PO_4^- \cdot H_2O$]晶体,简称 LAP 晶体,这种晶体的非线性光学性能甚为优越,其具有较高的非线性光学系数、良好的抗潮解性能和较高的抗光损伤阈值,特别是它的紫外三倍频(0.355 μm)和四倍频(0.266 μm)的转换效率高,并可制成一种多频率转换器,是一种有应用前景的有机非线性光学晶体材料。

偏硼酸钡(β-BaB_2O_4)晶体,简称 BBO 晶体。其突出的优点是倍频系数大,倍频阈值功率高(比 KDP 晶体高 3~4 倍),能在较宽的波段(200~3 000 nm)内实现相位匹配,激光损伤阈值高,物理化学性能稳定,对 1.06 μm 激光已实现了 5 倍频,在 212 nm 处可实现相位匹配等。这种晶体是短脉冲(1 ns)、高功率(1 GW)激光倍频的候选材料。

三硼酸锂(LiB_3O_5)晶体,简称 LBO 晶体。其突出优点是透光波段宽(165～3 200 nm),具有足够大的非线性光学系数,室温下能实现相位匹配,化学稳定性好,它是迄今为止的激光损伤阈值最高的非线性光学晶体材料,已实现了光参量振荡输出,对 1.06 μm 的 Nd:YAG 激光的倍频转换效率高达 60% 以上,它是一种具有广泛应用前景的非线性光学晶体材料。

2. 电光晶体

从线性电光效应的发光机制来看,电光晶体发光仍然是非线性电极化过程。因此,电光晶体仍可归属于非线性光学晶体的研究范畴。

电光技术在 20 世纪 70 年代处于大发展时期。主要的电光晶体有磷酸二氘钾 $[K(D_xH_{1-x})_2PO_4]$、铌酸锂($LiNbO_3$)、钽酸锂($LiTaO_3$)、氯化亚铜(CuCl)和钽铌酸钾($KTa_xNb_{1-x}O_3$)等晶体。

磷酸二氘钾(DKDP)晶体一直是得到广泛应用的电光晶体材料,也是激光频率转换材料。铌酸锂(LN)和钽酸锂(LT)晶体主要用于光波导、声表面波、光开关和调制器等方面。20 世纪 80 年代末研究掺 MgO 的 Mg:LN 晶体,虽然解决了抗光损伤这一难题,但作为电光晶体使用时,由于其半波电压较高,因而应用受到一定限制。

氯化亚铜(CuCl)晶体最显著的特点是透光波段宽(0.4～20.5 μm),它主要用在 10.6 μm 的红外波的调制器上,由于生长高光学质量、大尺寸 CuCl 晶体的困难,阻碍了该晶体的广泛应用。

钽铌酸钾($KTa_xNb_{1-x}O_3$)晶体,简称 KTN 晶体,其电光系数较大、半波电压低、透光波段也较宽、电光调制效应较好,是一种很有发展前景的电光晶体材料。

总的看来,电光晶体的品种虽然不少,但真正能满足各种技术综合要求的晶体却为数不多,现在使用的晶体多为较古老的人工晶体,因此,新型的性能优良的电光晶体尚有待进一步研究探索。

3. 光折变晶体

人们热衷于研究光折变晶体,主要有两个原因。第一,利用光折变晶体只需要低功率激光就可在室温下进行多种不同光信号处理和运算。当有大量数据要处理时,或要求在一定的时间内完成目前超级数字计算机难以胜任的计算任务时,只有求助于光折变器件,其结构简单、紧凑、成本低。已初步实现的效应有矩阵反演、光束消除、光速合并或锁定、相联存储器、定时干涉测量、阈值检验、卷积/相关、边缘加强差分/积分、全息存储、波长转换、光学限幅、非相干-相干转换、光束转向控制及射频信号相关等。第二,光折变晶体的非线性光学系数非常高,实验中可以产生许多新过程和新现象。用光折变晶体和连续可调谐激光器已做成增益因子高达 4 000 的光学放大器,已实现了自启动,不需要外加泵浦光束的自泵浦相位共轭器等。因此,近年来对光折变晶体的研究备受重视。光折变晶体在非线性光学研究中占有独特地位,已初步形成光折变非线性光学学科。

有实际应用价值的光折变晶体主要有钛酸钡（$BaTiO_3$）、铌酸钾（$KNbO_3$）、铌酸锂（$LiNbO_3$）和掺 Fe 离子的上述三种晶体、铌酸锶钡（$Sr_{1-x}Ba_xNb_2O_6$）系列、硅酸铋晶体（$Bi_{12}SiO_{20}$，BSO）、铌酸锶钡钾钠[$KNa(Sr_{1-x}Ba_x)_{0.9}Nb_2O_6$，KNSBN]晶体以及掺稀土或过渡性元素的晶体和钽铌酸钾（KTN）晶体等。

20 世纪 80 年代末期，由于光折变效应研究的需要，国际上竞相研制优质大尺寸的 $BaTiO_3$ 晶体。90 年代，中科院物理所研制成功 $Ce:BaTiO_3$ 晶体，在高科技领域有重要应用。

纯 $KNbO_3$ 晶体具有优良的电光、倍频等性能，$Fe:KNbO_3$ 晶体为优良的光折变材料。20 世纪 80 年代末瑞士 Günter 等人[13]研制生长出 15 mm × 20 mm × 40 mm 的 $KNbO_3$ 透明晶体。同期，北京人工晶体研究所研制生长出 40 mm × 40 mm × 15 mm 的 $Fe:KNbO_3$ 晶体[14]，经退火后，室温下的光折变性能甚优，自泵浦共轭反射率高达 70%，响应时间小于 3 ns，衍射效率达 90%，增益为 70%，吸收系数为 1.1%。

对 $LiNbO_3$ 晶体的光折变性能研究主要集中在掺杂（Fe、Mg、Ce、Fe + Mg）和改变 Li/Nb 原子之比。近年来化学计量比 $LiNbO_3$ 晶体研究颇受重视。因其激光损伤阈值明显提高，且灵敏度高。研究表明，全息记录的灵敏度主要决定于 Fe^{2+} 离子浓度，而与 Fe^{3+} 离子浓度、Li/Nb 原子比和 Mg 的掺入量等关系不大。

铌酸锶钡（$Sr_{1-x}Ba_xNb_2O_6$）和铌酸锶钡钾钠（KNSBN）晶体均属于钨青铜型结构的铁电体，它们的光电效应很大，自发极化和双折射率也比较大，按理论推算，这两种晶体的光折变效应有可能比 $BaTiO_3$ 和 $KNbO_3$ 晶体的光折变效应更大，因此引起了人们的重视。

硅酸铋（$Bi_{12}SiO_{20}$）晶体，简称 BSO 晶体，其光折变响应速度较快，也较易于获得大尺寸晶体，但其光折变性能不如 $BaTiO_3$ 晶体。

钽铌酸钾[$K(Ta_xNb_{1-x})O_3$]晶体，简称 KTN 晶体，其电光系数高达 $1\,400 \times 10^{-12}$ m·V^{-1}，是铌酸盐类晶体中电光系数最大的一种。生长优质大尺寸 KTN 晶体在工艺上尚存困难，有关光折变性能的资料目前报道也甚少。总之，新型光折变晶体探索研究工作开展的还不多，目前需要寻找具有光折变灵敏度高、响应速度快、衍射效率高等特点的新型光折变晶体材料。

二、非线性光学晶体应具备的性能[4,5]

严格说来，理想的非线性光学晶体是不存在的，一种晶体的适用性，取决于所采用的非线性过程、所要制备的器件特点及所采用的激光波段。人们从大量的实践中总结出一种有价值的非线性光学晶体应当具备的下述基本条件。

首先，非线性光学晶体必须具有大的非线性光学系数，晶体的非线性光学系数与其带隙密切相关，衡量晶体的非线性效应大小时，常以 KDP 晶体的 d_{36} 作为标准。在可见光区域，一个优良的非线性光学晶体应为其 10 倍，而在红外区（1～10 μm），则应为其 30～50 倍；在紫外区（200～350 nm），具有 3～5 倍 KDP d_{36} 的晶体已经是很好的非线性光学晶体了。对于那些能将波段扩展到深紫外区范围（小于 200 nm）的晶体，只要具有与 KDP 晶体可比的非线性效应，则已经是一种性能良好的晶体了。

其次，非线性光学晶体应具备适当的双折射率，能够在应用的波段区域内实现相位匹配，而且还希望相位匹配的角度宽容度和温度宽容度要大，如果能够实现非临界相位匹配或通过温度调谐等方法实现非临界相位匹配则更好。

第三，非线性光学晶体必须具有足够高的抗光损伤阈值。由于随着激光技术的发展和半导体技术的进步，激光光源的功率越来越高，因此，非线性光学晶体的激光损伤阈值也成为衡量其性能的重要标准之一。好的非线性光学晶体必须具有足够高的抗光损伤阈值，以保证能长期有效地用于适当功率的激光器或其它器件中。

第四，还要求晶体具有良好的化学稳定性，不易风化，不易潮解，在较宽的温度范围内无相变，不分解，以保证能在没有特殊保护的条件下长期使用。良好的力学性能使晶体易于切割抛磨，镀覆各种光学膜层，制作各种实用器件，故也是十分重要的。

此外，为了发展商品晶体，还要求晶体具有良好的生长特性。可以选择适宜的生长方法生长出大尺寸的优质单晶。还要求原料价格适当，生长工艺稳定等。

下面分别讲述激光频率转换晶体、电光晶体和光折变晶体三类晶体材料各自应具备的性能，以及非线性光学晶体的分类。

1. 激光频率转换晶体[15]

激光频率转换晶体在当代光电子技术中的应用占有重要地位，是固体激光技术、红外技术、光通信与信息处理等领域发展的重要支柱，在科研、工业、交通、国防和医疗卫生等方面发挥越来越重要的作用。

目前情况下，直接利用激光晶体所能获得的激光波段有限，从紫外到红外谱区，尚存在激光空白波段。利用频率转换晶体，可将有限激光波长转换成新波段的激光，这是获得新激光光源的重要手段。通常，获得激光波长的高效率转换的关键是能否获得高质量和性能优良的频率转换晶体。优良的激光频率转换晶体应具备以下性能：

① 晶体的非线性光学系数要大；
② 晶体能够实现相位匹配，最好能实现 90°最佳相位匹配；
③ 透光波段要宽，透明度要高；
④ 晶体的激光损伤阈值要高；
⑤ 晶体的激光转换效率要高；
⑥ 物理化学性能稳定，硬度大，不潮解，温度变化带来的影响要小；
⑦ 可获得光学均匀的大尺寸晶体；
⑧ 晶体易于加工、价格低廉等。

评价和选用激光频率转换晶体时，对晶体性能要进行综合分析。实际上，能全面符合上述各项条件的晶体很少，要根据制作器件的具体要求来加以选择，并尽量满足某些最基本的要求。常用激光频率转换晶体的基本性能列于表 7.3 中。

表 7.3 常用激光频率转换晶体的基本性能一览表

晶体	点群	透光波段 $\lambda/\mu m$	折射率	非线性光学系数/ $10^{-12}(m\cdot V^{-1})$	相位匹配 θ_I	θ_{II}	损伤阈值/ $(W\cdot cm^{-2})$	SHG 转换效率 $\eta/\%$
KDP	$\bar{4}2m$	0.176 5~1.7	$n_o = 1.495\ 8$ $n_e = 1.459\ 9$	$d_{36}(1.06\ \mu m)$ 4.7×10^{-1}	41°	59°	4×10^6 ($\tau_p = 20$)	20~30
ADP	$\bar{4}2m$	0.184~1.5	$n_o = 1.506\ 5$ $n_e = 1.468$	$d_{36}(1.06\ \mu m)$ 7.6×10^{-1}	42°	59°	5×10^8 ($\tau_p = 60$)	20~30
DKDP	$\bar{4}2m$	0.2~2.0	$n_o = 1.507\ 9$ $n_e = 1.468\ 3$	$d_{36}(1.06\ \mu m)$ $(4.02\pm 0.17)\times 10^{-1}$	52°		6×10^7 ($\tau_p = 0.25$)	40~70
CDA	$\bar{4}2m$	0.27~1.66	$n_o = 1.554$ $n_e = 1.532$	$d_{36}(1.06\ \mu m)$ 3.95×10^{-1}		58.6°	26×10^8 ($\tau_p = 12$)	63
LiIO$_3$	6	0.3~6.0	$n_o = 1.881$ $n_e = 1.763$	$d_{31}(1.06\ \mu m)$ $-(5.53\pm 0.3)$	30°		6×10^7 ($\tau_p = 20$)	44
LiNbO$_3$	3m	0.4~5.0	$n_o = 2.291\ 6$ $n_e = 2.187\ 4$	$d_{22}(1.06\ \mu m)$ 2.76	90°($T = -8$~165℃)		10^7 ($\tau_p = 15$)	—
AgGaSe$_2$	$\bar{4}2m$	0.7~18	$n_o = 2.700\ 5$ $n_e = 2.675\ 9$	$d_{36}(1.06\ \mu m)$ $(3.3\pm 0.3)\times 10$		57.5°	72×10^6 ($\tau_p = 200$)	2.7
CdGeAs$_2$	$\bar{4}2m$	2.4~18	$n_o = 3.504\ 6$ $n_e = 3.591\ 1$	$d_{36}(1.06\ \mu m)$ $(2.35\pm 0.38)\times 10^2$	32.5°	51.6°	4×10^7 ($\tau_p = 160$)	21~26
尿素	$\bar{4}2m$	0.2~1.8	$n_o = 1.481\ 1$ $n_e = 1.583\ 0$	$d_{36}(1.06\ \mu m)$ 1.3	90°	90°	3×10^7 ($\tau_p = 8$)	
BBO	3m	0.198~2.6	$n_o = 1.655\ 1$ $n_e = 1.542\ 0$	$d_{31} = \pm(0.12\pm 0.06)$	47°±1°		10×10^9 ($\tau_p = 20$)	
LBO	mm2	0.16~2.6	$n_x = 1.565\ 6$ $n_y = 1.590\ 5$ $n_z = 1.605\ 5$	$d_{31} = \pm(1.09\pm 0.09)$				
KTP	mm2	0.35~4.5	$n_x = 1.738\ 6$ $n_y = 1.745\ 8$ $n_z = 1.828\ 7$	$d_{31} = \pm 65$ $d_{33} = 13.7$	26°		7.5×10^8 ($\tau_p = 12$)	60~70
BNN	mm2	0.38~5.2	$n_x = 2.170\ 0$ $n_y = 2.256\ 7$ $n_z = 2.258\ 0$	$d_{31} = -1.46\times 10$	90° (80℃)		10^7	100

2. 电光晶体[16]

电光晶体主要用于制作电光调制器、偏转器、Q 开关、激光锁模等电光器件。电光器件对电光晶体材料的性能要求如下:

① 电光系数要大,半波电压要低;

② 光学均匀性要好,晶体的折射率要大;

③ 透光波段要宽,透过率要高;

④ 介质损耗要小,导热性要好,温度效应越小越好;
⑤ 抗激光损伤能力要强;
⑥ 物理化学性能稳定,不易潮解,易于加工;
⑦ 容易获得高光学质量、大尺寸单晶。

具有线性电光性能的晶体品种众多,但实际上能满足应用要求的,却为数甚少。一些主要的线性电光晶体的性能参数列于表7.4中。

表7.4 主要的线性电光晶体的性能参数

晶 体	对称性	电光系数(线性)/ $10^{-12}(m \cdot V^{-1})$	折射率	半波电压/kV 横向	半波电压/kV 纵向	波长/μm	透光波段/μm
KD_2PO_4 (DKDP)	$D_{2d} - \bar{4}2m$	$\gamma_{63}^\sigma = -26.4$ $\gamma_{63}^s = 17.2$ $\gamma_{41}^\sigma = 8.8$	$n_o = 1.5079$ $n_e = 1.4683$	7.2 11.1 23.9	3.6 5.6 12.0	0.546	0.2~2.15
CsD_2AsO_4 (DCDA)	$D_{2d} - \bar{4}2m$	$\gamma_{63}^\sigma = 36.6$	$n_o = 1.567$ $n_e = 1.546$			0.6328	0.27~1.66
$LiNbO_3$ (LN)	$C_{3v} - 3m$	$\gamma_{13}^\sigma = 19$ $\gamma_{22}^\sigma = 7$ $\gamma_{33}^\sigma = 32.2$ $\gamma_{13}^s = 10$ $\gamma_{51}^\sigma = 32$	$n_o = 2.2716$ $n_e = 2.1874$			0.633	0.4~5.0
$BaTiO_3$	$C_{4v} - 4mm$	$\gamma_{33}^s = 28$ $\gamma_{13}^\sigma = 8$ $\gamma_{51}^\sigma = 1640$ $\gamma_{51}^s = 820$	$n_o = 2.41$ $n_e = 2.36$	0.48		0.633	0.45~0.7
$LiIO_3$ (LI)	$C_6 - 6$	$\gamma_{33}^s = 6.4$ $\gamma_{13}^s = 4.1$ $\gamma_{41}^s = 1.4$ $\gamma_{51}^s = 3.3$	$n_o = 1.881$ $n_e = 1.763$			0.633	0.3~5.5
$LiTaO_3$	$C_{3v} - 3m$	$\gamma_{13}^s = 7$ $\gamma_{33}^s = 30.3$ $\gamma_{51}^s = 20$	$n_o = 2.176$ $n_e = 2.186$	2.7($E//x_3$)		0.633	0.9~2.9 3.2~4.0
$KTa_xNb_{1-x}O_3$	$C_{4v} - 4mm$	$\gamma_c^s = 450$ $\gamma_{51}^\sigma = 50$	$n_o = 2.318$ $n_e = 2.277$	0.11		0.633	0.4~6
GaAs	$T_d - \bar{4}3m$	$\gamma_{41}^s = 1.2$ $\gamma_{41}^\sigma = 1.6$	$n_o = 3.60$ $n_o = 3.50$ $n_o = 3.42$ $n_o = 3.30$	-5	91	0.9 1.02 1.25 >50	1~15

3. 光折变晶体[4,13]

(1) 光折变非线性光学

光折变晶体主要用于全息存储、光学图像处理、光学相位共轭等方面,目前已初步形成了非线性光学的一个重要分支,即光折变非线性光学。其主要表现如下。

① 对光折变的物理过程有了较深刻的认识。

② 建立了描述光折变效应微观过程的一套比较完整的理论体系,从理论上将光折变材料分为两类:一类为扩散长度小于光栅周期的材料,如氧化物晶体;另一类为漂移长度远大于光栅周期的材料,如化合物半导体等。

③ 人们对光折变效应的各种物理现象有了更加详尽的描述。概括起来,光折变物理现象包括三个方面:光折变光栅对光的衍射;参考光与衍射光之间的耦合;光束对光折变光栅的擦除。

④ 光折变材料研究已成为非线性光学材料的一个重要方面,如铁电氧化物、非铁电氧化物、半导体化合物、有机聚合物和量子阱材料等。

⑤ 光折变效应已呈现广泛的应用前景。其主要应用基础是:全息存储、耦合光放大,光学相位共轭和光栅擦除。

(2) 光折变晶体的特性

光折变晶体应具备的特性如下。

① 电光系数 γ_{ij} 要大。

② 光折变动态范围(即晶体折射率的最大变化范围)要宽。

③ 光折变灵敏度要高。

④ 全息存储的分辨率要高。

⑤ 响应时间要短,室温运转性能要好。

⑥ 衍射效率要高,吸收系数要小。

⑦ 耦合系数要大,信噪比要大。

⑧ 自泵浦相位共轭反射率 η,即

$$\eta = \frac{I^*(共轭光强)}{I_1(分束片对总入射光 I 的透射光)} \times 100\%$$

要高。

⑨ 两波耦合放大率要大。

⑩ 光折变记录和擦除时间要短。

⑪ 晶体的光学均匀性要好,并易于加工等。

(3) 光折变晶体的性质

几种主要的光折变晶体的性能参数见表 7.5。

4. 非线性光学晶体的分类

非线性光学晶体的分类方法不一,可按晶体光学分类,也可按晶体产生的物理效应分类,还可从化学角度分类。

(1) 按晶体光学分类

① 光学均质体。光学均质体属于立方晶系晶体。

② 单(光)轴晶体。单(光)轴晶体有三方晶系、正方晶系、六方晶系晶体,其特征为只有惟一的一个高次($n>2$)对称轴,此轴与光轴重合。

③ 双轴晶体。双轴晶体有斜方晶系、单斜晶系、三斜晶系晶体。其特征为无高次对称轴,并有两个光轴。

表 7.5 几种主要光折变晶体的性能参数

晶 体	掺 质	电光系数/$10^{-12}(m \cdot V^{-1})$	反射率/%	放大率	灵敏度/$(cm^2 \cdot J^{-1})$	衍射率/%	响应时间 τ
BaTiO$_3$		$\gamma_{33}=97$	50~70	>400			0.3~0.45 s
KNbO$_3$	Fe	$\gamma_{51}=380$				90	<3 ms
LiNbO$_3$	Fe				5×10^{-5}		~2 000 ms
BNN	Fe	$\gamma_{33}=57$			8×10^{-5}	70	~2 000 ms
SBN	Ce				9.5×10^{-3}	80	~1 000 ms
BSO					4×10^{-5}	25	1~10 ms
KDP		$\gamma_{63}=-26.4$					

(2) 按晶体产生的物理效应分类

① 频率转换(倍频、和频和差频等)晶体。

② 电光晶体(线性电光晶体)。

③ 光折变晶体(信号处理晶体)。

(3) 从化学角度分类

① 无机非线性光学晶体。无机非线性光学晶体包括无机盐类晶体(磷酸盐、碘酸盐、硼酸盐、铌酸盐、钛酸盐等盐类晶体)、半导体型非线性光学晶体和无机化合物晶体等。

② 有机非线性光学晶体。有机非线性光学晶体包括有机化合物、有机盐类、金属有机配(络)合物和某些晶态的高聚物等晶体。

三、磷酸盐晶体[4,6]

磷酸盐晶体的两种典型结构型为 KDP 和 KTP,它们的共同特点是均含有 PO$_4$ 基团,P 原子和 O 原子间均以共价键结合成 PO$_4$ 四面体,每个 P 原子位于四面体中心位置,而 O 原子位于四面体的四个顶角,P 原子和 O 原子之间存在着较强的极性作用,形成极性共价键。

1. KDP 型晶体

(1) KDP 型晶体结构

KDP 晶体在室温下属于正方晶系,点群为 $D_{2d} - \bar{4}2m$,空间群为 $D_{2d}^{12} - I\bar{4}2d$。其理想外形为一个四方柱单形与上下四对板面相聚合而成的聚形,具有简单的结晶习性,如图 7.9 所示。

KDP 型晶体对称性高,生长外形简单,易于加工,其晶体结构模型如图 7.10 所示。它是一种以离子键为主的多键型晶体,其中 P 原子和 O 原子之间以共价键结合成 PO_4 基团,每个 P 原子被位于近似正四面体顶角的四个 O 原子所包围。这种近似正四面体形基团的排列为:P 原子和 K 原子沿 c 轴方向以 $c_0/2$ 的间隔交替地排列,每个 PO_4 基团又以氢键与邻近并在 c 轴方向相差 $c_0/4$ 距离的其它 4 个 PO_4 基团相连。所有的氢键几乎都和 c 轴垂直,且每个氢键中 H 原子有两个平衡位置,其中一个接近所考虑的 PO_4 基团,另一个则离其较远。PO_4 基团不仅彼此被氢键连接成三维骨架型体系,而且也被 K 原子联系着,每个 K 原子周围有 8 个相邻的 O 原子,这 8 个相邻的 O 原子可分为两个相互穿插的 PO_4 四面体,其中一个比较陡峭的四面体顶角和位于 K 原子上方和下方的 PO_4 四面体共用 O 原子,另一个比较平坦的四面体则和 K 原子处在同(001)面内的四面体共顶角。

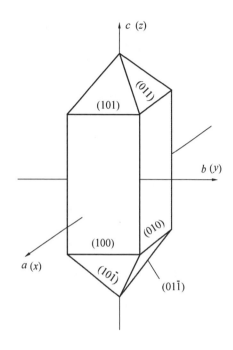

图 7.9 KDP 晶体的理想外形

由以上可知,KDP 型晶体结构中虽存在共价键和氢键,但仍可视为$(H_2PO_4)^-$与 K^+所组成的离子晶体。

凡具有 KDP 型结构的晶体统称为 KDP 型晶体,化学通式可写为 AH_2BO_4,其中 A = NH_4^+,K^+、Rb^+、Cs^+,…,B = P,As…KDP 型晶体是一类十分重要的水溶性多功能晶体,也是用途很广的一类非线性光学晶体。根据 A、B 原子的不同,晶体的性质也有所差异。

若将 KDP 型晶体中的 H 原子用氘(D)原子置换,则氢键变成了氘键,KDP 晶体变成了氘化 KDP 晶体,化学通式变为 $A(H_{1-x}D_x)_2BO_4$。KDP 晶体变为 $K(H_{1-x}D_x)_2PO_4$,简称 DKDP 晶体,氘化 KDP 晶体结构类型虽然没有发生改变,但氘对晶体的物理性能却产生了显著的影响,如晶体的居里温度(T_C)升高,电光系数(γ_{ij})增大等。

(2)KDP 型晶体的生长

KDP 型晶体一般从水或重水(D_2O)溶液中生长,晶体生长的驱动力为溶液的过饱和度。由于 KDP 型晶体在水或重水中溶液中的溶解度及其温度系数均较大,且溶液的亚稳定区也较宽。因此,这类晶体一般多采用水溶液缓慢降温法生长。装置如图 7.11 所示。生长装置简便易行,易于生长出高光学质量的大尺寸晶体。其关键除了溶液的纯度外,还必须严格控制晶体生长过程中的降温速度,使溶液始终处于亚稳定区内,并维持适当的过饱和度,以保持从溶液

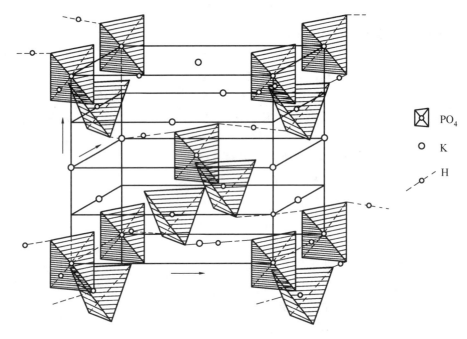

图 7.10 KDP 晶体的结构模型

中析出的溶质始终均匀地供给晶体生长,降温速度一般取决于晶体的最大透明生长速度、溶液溶解度及其温度系数和溶液体积与晶体生长表面积之比等主要因素。

(3) KDP 型晶体的主要性能

KDP 型晶体的对称性均相同,它们的线性和非线性光学性质大多雷同,同属负光性单轴晶($n_o > n_e$)。但是,由于各种 KDP 型晶体的组成不同,也会表现出各自的某些特性。例如,KDP 晶体为铁电体,而 ADP($NH_4H_2PO_4$) 却为反铁电体。

KDP 型晶体均具有压电、电光和倍频效应等,是一类较典型的多功能晶体,也是一类经久不衰的水溶性晶体,它们虽均不含结晶水,但易于潮解,使用温度低,以致应用受到一定程度的限度。

(4) 磷酸二氢钾(KDP)晶体

1) KDP 晶体的生长

人工生长 KDP 晶体已有半个多世纪的历史,20 世纪 50 年代,KDP 晶体作为典型的压电晶体,作为供制造声纳用的军需战略物资,并兼为民用的压电换能器材料,当时对这种晶体的需求量相当可观。60 年代初,激光技术出现后,KDP 晶体因其具有较大的非线性光学系数和较高的激光损伤阈值,从近红外到紫外波段都有很高的透过率,可对 1.064 μm 激光实现二倍频、三倍频和四倍频,也可对染料激光实现二倍频,因而被广泛地用于制作各种激光倍频器的材料,同时 KDP 晶体也是一种性能较优良的电光晶体材料。

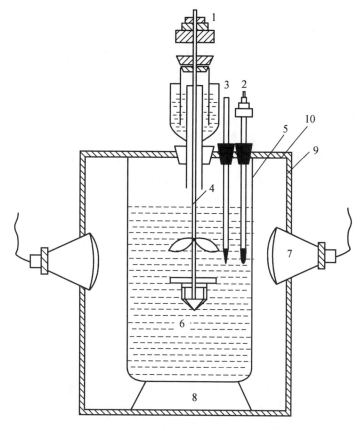

图 7.11 水溶液缓慢降温法晶体生长装置示意图
1—晶转马达;2—导电表;3—温度计;4—籽晶杆;5—育晶缸;
6—晶体;7—红外灯;8—电热板;9—育晶器外套;10—盖子

由于特大尺寸的高激光损伤阈值的 KDP 晶体是目前可用于激光核聚变、核爆模拟等重大技术的惟一晶体,而近年来随着高功率激光系统在受控热核反应、核爆模拟等重大技术上的应用,使得人工生长 KDP 晶体的研究在国内外颇受重视。其中关键的问题是如何提高晶体的激光损伤阈值和快速生长晶体。

过去几十年中,人们对 KDP 晶体生长研究大多集中在溶液的性质与状态(溶液的 pH 值、杂质、过饱和度、生长温度区间及流体效应等因素)对晶体生长形态和质量等的影响,已积累了大量可贵的基础性研究资料,这些可推广应用于 KDP 型其它晶体的研制。

大尺寸 KDP 晶体的激光损伤阈值往往较低,其原因并不是由于晶体的本征阈值低。研究表明,当晶体中存在有机物(如霉菌、杆菌及其躯壳)时,会使 KDP 晶体的激光损伤阈值降低。因为微生物存在于溶液中时,会伴随晶体生长过程进入晶体,成为微量有机物杂质。日本

Sasake 等采用紫外线辐照方法生长大尺寸 KDP 晶体,此方法可减少或消除有机微生物或避免有机微生物在溶液中再繁殖,从而可使晶体的激光损伤阈值提高 2~3 倍($15~20$ J·cm^{-2})。KDP 晶体样品经紫外线辐照与未经紫外线辐照的激光损伤阈值比较,如图 7.12 所示[17]。由图中可见,当 KDP 晶体生长时,若不用紫外线辐照,一些有机微生物及其躯壳将长入晶体,而使其激光损伤阈值降低。

生长大尺寸高光学质量的 KDP 晶体时,生长速度慢,晶体生长周期相当长,一个 100 mm × 100 mm × 200 mm 尺寸的 KDP 晶体,按通常的生长速度生长,要数月或半年的时间,这样长的生长周期,很难保证在晶体生长期间不发生任何事故。因此,如何提高优质大尺寸 KDP 晶体的生长速度是一个重要的研究课题。生长速度一般为 $1~2$ mm·d^{-1},最高达 10 mm·d^{-1},所生长出的晶体质量与按通常生长速度生长的晶体无大差异。

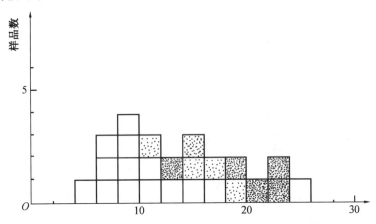

图 7.12 紫外线辐照 KDP 晶体的激光损伤阈值与晶体样品数目间的关系示意图

□—无紫外线辐照生长的晶体; ▨—10 W 紫外线辐照生长的晶体; ▩—20 W 紫外线辐照生长的晶体

2) KDP 晶体的主要性能

光性:负光性单轴晶($n_o > n_e$);

透光波段:0.176 5~1.7 μm;

相位匹配角:$\theta_M = 50.4°$。

折射率色散公式(Sellmeier 方程)

$$n_i^2 = A_i + \frac{B_{i1}}{\lambda^2 - B_{i2}} + \frac{C_{i1}\lambda^2}{\lambda^2 - C_{i2}} \tag{7.29}$$

式中 λ——入射光波长;

i——o 光或 e 光;

A_i、B_{i1}、B_{i2}、C_{i1}、C_{i2}——通过实验曲线确定的待定常数。

在 10^9 W·cm^{-2} 的功率密度和脉宽 $\tau_p = 150$ ps、晶体长度 $l = 2.5$ cm 的实验条件下,以 Nd:YAG 激光辐射Ⅰ型切割晶体,基频光(1.06 μm)转换到二次谐波的能量效率 $\eta = 32\%$。

电光系数

$$\gamma_{63}^\sigma = -10.5 \times 10^{-12} \text{ m·V}^{-1}$$

$$\gamma_{63}^s = 9.7 \times 10^{-12} \text{ m·V}^{-1}$$

$$\gamma_{41}^\sigma = 8.6 \times 10^{-12} \text{ m·V}^{-1}$$

式中　σ——应力为零;

s——晶体应变为零。

半波电压(V_π)和电光系数一样,为电光晶体的一项基本参数,晶体的电光系数越大,相应的半波电压(V_π)则越低。

当 $\lambda = 550$ nm、KDP 晶体的 $n_o = 1.512$、电光系数 $\gamma_{63} = 10.6 \times 10^{-12}$ m·V^{-1} 时,KDP 晶体的纵向半波电压 $V_\pi = 7.45$ kV。

3) KDP 晶体的主要用途

KDP 晶体具有多功能性质,其主要用途如下:

① 可对波长为 1.06 μm 的激光实现二倍频、三倍频和四倍频,也可对染料激光器实现二倍频,还可作为一般晶体的相对倍频系数的标准参比晶体;

② 可用来制作激光 Q 开关,并可与激光器组成 Q 开关激光器,用于产生巨脉冲激光;

③ 可用于制作高功率的激光倍频器和参量振荡器的材料;

④ 可用于制作电光调制器、偏转器和固态光阀显示器;

⑤ 可用于制作压电换能器等。

(5) 磷酸二氘钾(DKDP)晶体

1) DKDP 晶体的生长

磷酸二氘钾($K(D_xH_{1-x})_2PO_4$,简称 DKDP 晶体)为 KDP 晶体的同位素化合物,有两种晶型,一种为四方相,对称性属于 KDP 型,其电光性能优良、半波电压低、线性电光系数大、透光波段宽、光学均匀性优良,并能生长大尺寸晶体。因此,自 20 世纪 60 年代至今,DKDP 晶体一直是人们最常用的一种电光晶体材料,也是现代高功率激光核聚变装置中所使用的高能量负载的倍频材料。另一种为单斜相,无实用价值,而且会成为四方相 DKDP 晶体生长的障碍之一。单斜相晶体的对称性为点群 $C_2 - 2$,空间群 $C_2^2 - P2_1$,晶胞参数为 $a = (0.737 \pm 0.001)$ nm, $b = (1.473 \pm 0.001)$ nm, $c = (0.714 \pm 0.001)$ nm, $\beta = 92.0°$。通常所指的氘化 KDP 晶体是专指四方相 DKDP 晶体而言。

DKDP 晶体原料的合成首先由重水(D_2O)与五氧化二磷(P_2O_5)化合形成氘化磷酸(D_3PO_4),然后在 D_3PO_4 中滴入 K_2CO_3 进行复分解反应,从而形成 KD_2PO_4,合成的化学反应式为

$$3D_2O + P_2O_5 \Longrightarrow 2D_3PO_4 \quad \text{(放热反应)}$$

$$2D_3PO_4 + K_2CO_3 \rightleftharpoons 2KD_2PO_4 + D_2O + CO_2\uparrow$$

在反应过程中,要严格防止氢与氘之间的同位素交换反应,整个反应过程应在干燥的环境条件下进行。

通常采用缓慢降温法生长 DKDP 晶体,育晶装置亦如图 7.11 所示。有时会遇到四方相在生长过程中发生相变或出现单斜相,一旦发生这种情况,则四方相晶体很难再继续生长,因此,如何抑制或避免四方相相变或单斜相出现,便成为生长优质大尺寸 DKDP 晶体的技术成败的关键。

2) DKDP 晶体的主要性能

光性:负光性单轴晶, $n_o > n_e$;

氘含量:大于 95%;

透光波段:$0.2 \sim 2.0~\mu m$。

折射率色散公式(λ 的单位是 μm)($T = 300$ K)

$$n_o^2 = 1.661\,145 + \frac{0.586\,015\lambda^2}{\lambda^2 - 0.060\,17} + \frac{0.691\,194\lambda^2}{\lambda^2 - 30}$$

$$n_e^2 = 1.687\,499 + \frac{0.447\,51\lambda^2}{\lambda^2 - 0.017\,039} + \frac{0.596\,212\lambda^2}{\lambda^2 - 30}$$

折射率的标准值如表 7.6 所示。

表 7.6 DKDP 晶体的折射率的标准值

$\lambda/\mu m$	n_o	n_e
0.266	1.554 6	1.508 5
0.355	1.526 3	1.484 1
0.532	1.508 5	1.469 0
0.694	1.502 0	1.463 5
1.064	1.492 8	1.455 5

相位匹配角 θ_M 如表 7.7 所示。

表 7.7 DKDP 晶体的相位匹配角 θ_M

波长 $\lambda/\mu m$	相位匹配类型	θ_M
0.532	I	52°
1.064	I	37°
	II	53.5°
1.056	I	90°

非线性光学系数 $\chi_{36}(m\cdot V^{-1})$ 为

$$\chi_{36} = d_{36}(1.06\ \mu m) = [0.9 \pm 0.04 d_{36}(\text{KDP})] = (4.02 \pm 0.1) \times 10^{-13}$$

有效非线性光学系数公式

$$\chi_{ooe} = d_{ooe} = d_{36} \sin\theta \sin 2\varphi$$
$$d_{eoe}(\text{II}) = d_{oee} = d_{36} \sin 2\theta \cos 2\varphi$$

激光损伤阈值:大于 5 GM·cm^{-2};

能量转换效率(η):当功率密度为 10^9 W·cm^{-2}时,$\tau_p = 1.5$ ps;

晶体通光长度(l):$l = 2.5$ cm 时,$\eta = 32\%$;

电光系数:$\gamma_{63} = 26.4 \times 10^{-12}$ m·V^{-1};

半波电压:$V_\pi = 3 \sim 5$ kV($\lambda = 632.8$ nm);

消光比:大于 10 000∶1。

线性吸收系数(α)如表 7.8 所示。

表 7.8 DKDP 晶体的线性吸收系数

$\lambda/\mu m$	α/cm^{-1}
0.53	0.005
1.06	0.005
1.315	0.025

3) DKDP 晶体的主要用途

DKDP 晶体是一种性能优良的电光晶体,在激光技术、光学信息处理和光通信等领域有着广泛应用。可用于制作电光调制、偏转、调 Q 器件等,也可作为高功率脉冲激光器的调 Q 的关键材料之一,还可制作高速摄影的光快门,以及用于制作高峰值功率和大平均功率的激光倍频器等。

2. KTP 型晶体

(1) KTP 型晶体结构

KTP 晶体结构中除了含有 PO$_4$ 基团外,还具有 TiO$_6$ 八面体基团,而且两种基团直接相连,形成—TiO$_6$—PO$_4$—TiO$_6$—PO$_4$—…键链,这正是 KTP 晶体的非线性光学系数远大于 KDP 晶体的内在原因。

KTP 晶体从磷酸盐溶液中生长出的外形如图 7.13 所示。它是由 6 个四种类型的单形({100},

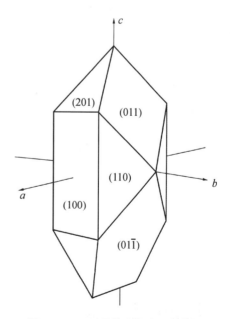

图 7.13 KTP 晶体生长外形示意图

{201},{011},{20$\bar{1}$},{01$\bar{1}$},{110})相聚合而成的聚形,其中{100}为单行双面,{201}和{20$\bar{1}$}为反映双面,{011}和{01$\bar{1}$}为轴双面,{110}为斜方柱单形。但是,当所采用的溶剂不同时,所生长出的晶体外形也有所不同[19]。

KTP 晶体属于斜方晶系,点群为 C_{2v} – $mm2$,空间群为 C_{2v}^9 – $P_{na}2_1$,晶胞参数为 $a=1.2809$ nm, $b=0.6420$ nm, $c=1.0604$ nm,每个晶胞中含有两组不等效的 KTiOPO$_4$ 分子,晶胞中物质的量(n)为8,KTP 晶胞在[010]方向上的投影如图7.14所示。由图中可见,KTP 晶体结构骨架是由 TiO$_6$ 八面体和 PO$_4$ 四面体在三维空间交替连接而组成的,形成了 …—(PO$_4$)—(TiO$_6$)—(PO$_4$)—(TiO$_6$)—… 阵列,在阵列中存在着 …—O—Ti—O—Ti… 键,K 原子处于这些链状网络的间隙中,P 原子是四配位,Ti 原子是六配位,K 原子为八配位或九配位。其中 TiO$_6$ 八面体发生了严重畸变,Ti—O 键键长并不等于 0.205 nm 的正常键长,而在 …—O—Ti—O—Ti… 键中长 Ti—O 与短 Ti—O 键交替出现,其长短键长最大差值可达 0.042 nm,这些 Ti—O 键长、短交替连接的结构特征,是 KTP 晶体具有大的非线性光学系数的内在原因。

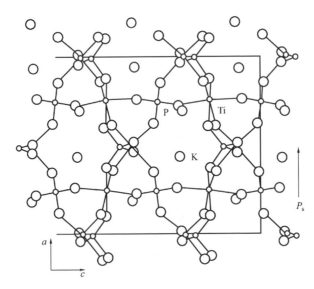

图 7.14　KTP 晶胞在[010]方向上的投影图

(2) KTP 型晶体的生长

KTP 晶体早期从高温溶液中生长,以磷酸钾盐体系为溶剂,多采用缓慢降温法,生长装置如图 7.15 所示;也可采用水热法生长,多用水热温差法生长晶体,装置如图 7.16 所示。它是一种在高温高压下的过饱和水溶液中进行结晶和生长的方法。用水热温差法生长的晶体的光学均匀性优于高温溶液法,且便于工业化生产。

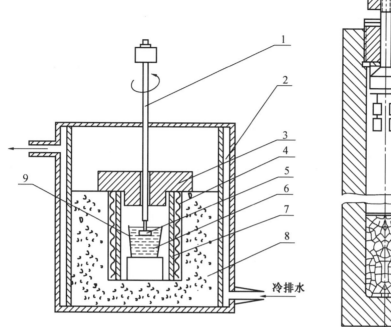
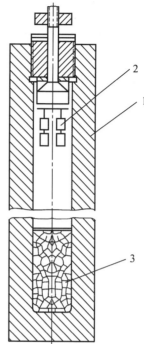

图 7.15 KTP 晶体缓慢降温法生长装置示意图
1—籽晶杆；2—冷却水；3—炉盖；4—镍铬丝加热器；5—籽晶；6—高温溶液；7—氧化铝管；8—保温材料；9—铂坩埚

图 7.16 水热温差法生长晶体装置示意图
1—高压釜；2—籽晶；3—培养料(结晶原料)

(3) 磷酸钛氧钾(KTP)晶体

1) KTP 晶体的生长

磷酸钛氧钾($KTiOPO_4$)晶体是 20 世纪 70 年代发现、80 年代大力研究与广泛应用的令人瞩目的非线性光学晶体材料。最早是由 Masse 和 Grenier[18]于 1971 年用传统的助溶剂法研制成功的，所采用的化学反应式为

$$K_2CO_3 + 2NH_4H_2PO_4 + 2TiO_2 \longrightarrow 2KTiOPO_4 + CO_2\uparrow + 3H_2O + 2NH_3\uparrow$$

用水热法生长的 KTP 晶体存在一个明显的缺点，即在 2.8 μm 波段附近存在由 OH^- 基团所引起的一个吸收峰，而采用高温溶液法生长的 KTP 晶体没有这个吸收峰。因此，现在多用高温溶液法生长 KTP 晶体。

2) KTP 晶体的主要性能[20]

熔点：~ 1 150 ℃时，晶体开始分解；

密度：3.014 5 $g\cdot cm^{-3}$；

莫氏硬度：5.7；

光性：正光晶双轴晶，$2V_z = 43°19'$ ($\lambda = 530$ nm)，V_z 为光轴与 z 轴之间的夹角；

透光波段:0.35～4.5 μm。

折射率色散关系公式(λ 的单位是 μm)

$$n_x^2 = 2.10468 + \frac{0.89342\lambda^2}{\lambda^2 - 0.4438} - 0.01036\lambda^2$$

$$n_y^2 = 2.14559 + \frac{0.87629\lambda^2}{\lambda^2 - 0.0485} - 0.01173\lambda^2$$

$$n_z^2 = 1.9446 + \frac{1.3617\lambda^2}{\lambda^2 - 0.047} - 0.01491\lambda^2$$

根据折射率色散公式计算的折射率标准值如表7.9所示。

表7.9 KTP晶体的折射率标准值

λ/μm	n_x	n_y	n_z
0.4047	1.8244	1.8394	1.9586
0.5320	1.7780	1.7884	1.8863
0.5343	1.7775	1.7879	1.8856
0.6243	1.7633	1.7725	1.8644
0.7050	1.7551	1.7636	1.8524
1.0640	1.7386	1.7458	1.8287

从高温溶液中生长的KTP晶体,它的Ⅱ类相位匹配角为:

当 $\lambda = 1.06 \to 0.53$ μm时,$\theta = 90°$,$\varphi = 21° \sim 23°$;

当 $\lambda = 1.32 \to 0.66$ μm时,$\theta = 49°$,$\varphi = 90°$。

用水热法生长KTP晶体,它的Ⅱ类相位匹配角为:

当 $\lambda = 1.06 \to 0.53$ μm时,$\theta = 90°$,$\varphi = 26°$;

当 $\lambda = 1.32 \to 0.66$ μm时,$\theta = 40°$,$\varphi = 90°$。

非线性光学系数(即倍频系数)为

$$d_{31} = \pm 6.5 \times 10^{-12} \text{ m·V}^{-1}$$
$$d_{32} = \pm 5 \times 10^{-12} \text{ m·V}^{-1}$$
$$d_{33} = \pm 13.7 \times 10^{-12} \text{ m·V}^{-1}$$
$$d_{24} = \pm 7.6 \times 10^{-12} \text{ m·V}^{-1}$$
$$d_{15} = \pm 6.1 \times 10^{-12} \text{ m·V}^{-1}$$

当KTP晶体的通光长度(l)为3.7 mm,基频光能量为10.33 mJ($\lambda = 1.06$ μm),功率密度为500 MW·cm^{-2};倍频光能量为7.1 mJ($\lambda = 0.53$ μm),所得到的倍频转换效率 η 为68.7%。

线性吸收系数(α)如表7.10所示。

表7.10　KTP 晶体的线性吸收系数

$\lambda/\mu m$	α/cm^{-1}
0.66	0.73~0.87
1.064	0.02~0.05
1.32	0.04~0.15

3) KTP 晶体的主要用途

1976 年 Zumsteg 等首次报道了 $K_xRb_{1-x}TiOPO_4$ 晶体的非线性光学性能，从而揭开了 KTP 晶体开发研究和应用的序幕。进入 20 世纪 80 年代，随着 KTP 晶体生长技术的提高，晶体质量不断改进，使 KTP 晶体比较广泛地应用于激光器腔内外倍频材料，其主要特点是：

① KTP 晶体的非线性光学系数可与 $Ba_2NaNb_5O_{15}$（BNN，铌酸钡钠）相比拟，比 KDP 晶体约大 15~20 倍；

② 在室温下即可实现相位匹配，且对温度和角度变化不敏感，在 0.35~4.5 μm 波段范围内透光性良好；

③ 机械性能优良，化学稳定性好，不潮解，耐高温，可生长出大尺寸的光学均匀性好的晶体。

一个晶体能同时具备这么多的优点实属罕见。正因为如此，KTP 晶体曾为美国国会长期控制下的军需物资，在下述领域有着特殊的重要用途：

① 用于 Nd:YAG 激光器的腔内、外倍频，可获得高功率蓝绿色激光光源，用于军用武器，并可用于引发核聚变；

② 广泛用于固体激光系统，如卫星测距、海底通信、激光雷达、激光加工、全息摄影、激光治疗等；

③ 用于泵浦若丹明型染料激光器，发出橙色激光，能有选择地激励原子铀同位素（U^{238} 和 U^{235}）分离；

④ 用于参量振荡和混频，作为第二代光纤通信的重要材料，也可用于制造光波导器件。

四、硼酸盐晶体

硼酸盐化合物已超过千种，其中天然矿物约 200 种，其它均为人工合成的化合物。硼酸盐晶体中的硼氧基团结构类型多种多样，最基本的基团结构有两种类型：一种为平面三角形配位的 BO_3 基团；另一种为四面体配位的 BO_4 基团。BO_3 和 BO_4 基团可以以不同的方式通过氧的桥联作用结合成多聚基团。由于其晶体结构的多样性，成为令人瞩目的性能优良的多功能晶体材料，它们的共同特点是都存在硼氧基团。硼酸盐晶体结构中的硼氧键有利于紫外光波透过，而且硼氧化合物的基团结构类型丰富多彩，为研究紫外非线性光学晶体的微观结构与其宏观性能之间的相互联系的规律提供了有利条件。

1. 偏硼酸钡(BBO)晶体

偏硼酸钡($\beta - BaB_2O_4$)晶体[21,22]是中科院福建物质结构研究所首次发现和研制的新型紫外倍频晶体,是一种具有很高应用价值的紫外非线性光学晶体材料。

(1) BBO 晶体结构[23]

BaB_2O_4 的熔点为 (1095 ± 5) ℃,相变温度为 (920 ± 10) ℃,高温相 $\alpha - BaB_2O_4$ 晶体具有对称中心,点群为 $D_{3d} - \bar{3}m$,空间群为 $D_{3d}^6 - R\bar{3}C$,晶胞参数为 $a = b = 0.7235$ nm,$c = 3.9192$ nm,无倍频效应。低温相 $\beta - BaB_2O_4$ 晶体不具有对称中心,点群为 $C_{3v} - 3m$,空间群 $C_{3v}^6 - R3C$。取六方坐标时,晶胞参数为 $a = b = 1.2532$ nm,$c = 1.2717$ nm,$\alpha = \beta = 90°$,$\gamma = 120°$,$z = 6$。$\beta - BaB_2O_4$ 是一种由 $Ba^{2+}(B_3O_6^{3-})$ 环交错组成的层状阶梯式结构的离子晶体。其晶体结构在 ab 平面上的投影如图7.17所示。其中每个钡原子与配位的氧原子之间的距离互不相等,所形成的配位体也无任何对称要素存在,两套 Ba 原子的最近邻氧配位都是 7,Ba 的配位情况如图7.18所示,Ba 原子与其周围氧原子这种不对称分布,改变了硼氧环的电子云密度,这是晶体具有相当大的倍频效应的主要原因之一。

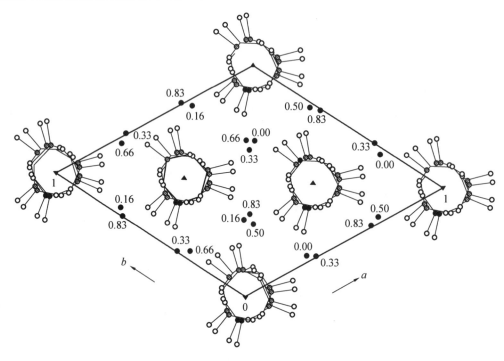

图 7.17 $\beta - BaB_2O_4$ 晶体结构在 ab 平面的投影图

● — Ba; ○ — O; ◉ — B

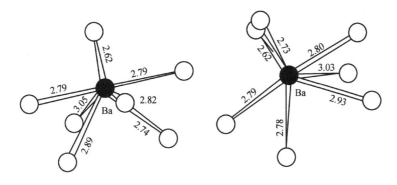

图 7.18 两套 Ba 原子的氧配位分布

(2) BBO 晶体生长

因为 BaB_2O_4 有高温相(α)和低温相(β),相变温度为 925 ℃。因此,生长 $\beta\text{-}BaB_2O_4$ 晶体一般多采用高温溶液法生长或高温溶液提拉法。采用高温溶液法生长晶体时,溶剂的选择对晶体形态、质量和生长速率影响很大,可选择多种碱金属氧化物作为溶剂,主要有以下几种 BBO 晶体与所选溶剂之间的相关系。

① $BaB_2O_4\text{-}Na_2O$ 赝二元体系相图如图 7.19 所示。由图可见,该体系中出现了一个新相化合物 $BaB_2O_4\text{-}Na_2O$,它在(846 ± 3)℃同成分熔化,并分别与 BaB_2O_4 和 Na_2O 形成赝二元共晶系。从图中还可看出生长 $\beta\text{-}BaB_2O_4$ 晶体的温度范围与溶液中所含溶剂 Na_2O 的摩尔分数。

② $BaB_2O_4\text{-}Na_2B_2O_4$ 赝二元体系相图如图 7.20 所示。由图可见,$BaB_2O_4\text{-}Na_2B_2O_4$ 赝二元

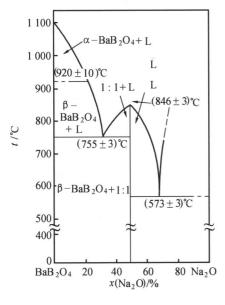

图 7.19 $BaB_2O_4\text{-}Na_2O$ 赝二元体系相图

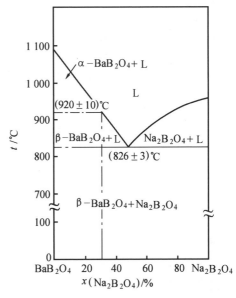

图 7.20 $BaB_2O_4\text{-}Na_2B_2O_4$ 赝二元体系相图

系为简单共晶系,共晶温度为(826±3)℃,共晶点 $Na_2B_2O_4$ 的摩尔分数约为50%。图中也标明了 $\beta-BaB_2O_4$ 晶体生长组成及其温度范围。

③ $BaB_2O_4-K_2B_2O_4$ 赝二元体系相图如图7.21所示,图中标明了 $\beta-BaB_2O_4$ 晶体的生长区域。

$\beta-BaB_2O_4$ 晶体从纯熔体中生长,其生长速度比采用高温溶液法生长时的速率要高几十倍至上百倍,其生长原理如图7.22所示。

$\beta-BaB_2O_4$ 晶体在相变温度以上生长属于亚稳相生长,只有在一定过冷的熔体中才可能产生。能否造成这种过冷,一般认为与熔体的结构与性质有关,只有所制备的结晶原料保持了 $\beta-BaB_2O_4$ 的结构,且在一定的条件下,$\beta-BaB_2O_4$ 晶体生长的溶液保持了 $\beta-BaB_2O_4$ 相的结构,这时熔体才可能产生过冷,才会生长出 $\beta-BaB_2O_4$ 晶体。有人用分子动力学方法研究了刚刚熔化后的 BaB_2O_4 液体的结构,发现了β相晶体刚熔化后的液体中保持了β相晶体中所观察到的($30\bar{3}0$)周期性的结构特点,而在α相晶体熔化的液体中没发现有这种周期。α相和β相液体结构之间的这种差别可能影响到晶体生长过程中的原子动力学状态。

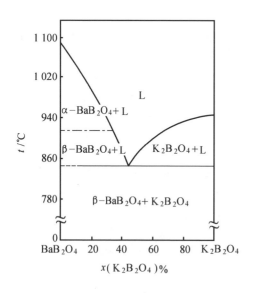

图7.21 $BaB_2O_4-K_2B_2O_4$ 赝二元体系相图

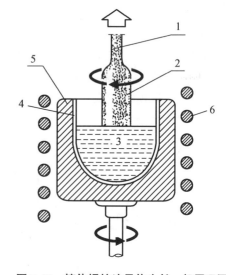

图7.22 熔体提拉法晶体生长一般原理图
1—籽晶;2—单晶;3—熔体;4—铂金(或石英)坩埚;
5—石墨加热器;6—射频加热线圈

(3) BBO 晶体的主要性能

BBO 晶体的熔点:(1 095±5)℃;

相变温度:(925±5)℃;

光学均匀性:$\Delta n \approx 10^{-6} cm^{-1}$;

莫氏硬度:4;
密度:3.85 g·cm^{-3};
线性吸收系数(α):$\alpha < 0.001$ cm^{-1}($\lambda = 1.064$ μm);
体积比热容:1.91 J·(cm^3·K)$^{-1}$;
吸湿灵敏度:低;
热膨胀系数:垂直 c(11)方向 4×10^{-6} K^{-1},平行 c(33)方向 36×10^{-6} K^{-1};
热导率:垂直 c(11)方向 0.08 W·(m·K)$^{-1}$,平行 c(33)方向 0.8 W·(m·K)$^{-1}$;
光性:负光性单轴晶,$n_\mathrm{o} > n_\mathrm{e}$;
透光波段:0.189~3.5 μm(高透光波段:0.19~2.6 μm)。
折射率色散公式(λ 的单位为 μm)

$$n_\mathrm{o}^2 = 2.740\,5 + \frac{0.018\,4}{\lambda^2 - 0.017\,9} - 0.015\,5\,\lambda^2$$

$$n_\mathrm{e}^2 = 2.373\,0 + \frac{0.012\,8}{\lambda^2 - 0.015\,6} - 0.004\,4\,\lambda^2$$

折射率的标准值如表 7.11 所示。

表 7.11　BBO 晶体的折射率的标准值

λ/μm	n_o	n_e
0.213	1.846 5	1.674 2
0.266	1.757 1	1.613 9
0.355	1.705 5	1.577 5
0.532	1.675 0	1.555 5
1.064	1.655 1	1.542 6

晶体可发生相位匹配的二次谐波波段为 0.205~1.50 μm。
不同非线性光学过程的相位匹配角如表 7.12 所示。
非线性光学系数

$$d_{11} = 4.1 \times d_{36}(\text{KDP}) = \pm(1.78 \pm 0.09) \times 10^{-12} \text{ m·V}^{-1}$$

$$d_{31} = 0.05 \times d_{11} \text{ m·V}^{-1}$$

$$d_{22} < 0.05 \times d_{11} \text{ m·V}^{-1}$$

有效非线性光学系数

$$d_\mathrm{ooe} = d_{31}\sin\theta - d_{11}\cos\theta\cos 3\varphi$$

$$d_\mathrm{eoe} = d_{11}\cos^2\theta\sin 3\varphi$$

激光损伤阈值如表 7.13 所示。

表 7.12　BBO 晶体的不同非线性光学过程的相位匹配角(θ_M)

$\lambda/\mu m$			相位匹配角 θ_M	激光系统
ω_1	ω_2	ω_3		
1.064 2	1.064 2	0.532 1	$\theta_{ooe} = 22.8, \varphi = 0$ $\theta_{eoe} = 32.9, \varphi = 0$	Nd:YAG
1.064 2	0.532 1	0.355	$\theta_{ooe} = 31.3, \varphi = 0$ $\theta_{eoe} = 38.8, \varphi = 30$	Nd:YAG
0.532	0.532	0.266	$\theta_{ooe} = 47.5, \varphi = 0$ $\theta_{eoe} = 81.0°, \varphi = 0$	Nd:YAG
1.064	0.355	0.266	$\theta_{ooe} = 40.2, \varphi = 0$ $\theta_{eoe} = 46.6°, \varphi = 0$	Nd:YAG
1.064	0.266	0.213	$\theta_{ooe} = 51.1, \varphi = 0$ $\theta_{eoe} = 57.2°, \varphi = 0$	Nd:YAG
0.532	0.355	0.213	$\theta_{ooe} = 69.3, \varphi = 0$	Nd:YAG
0.694	0.694	0.347	$\theta_{ooe} = 33.9, \varphi = 0$	Cr:Al$_2$O$_3$
0.510, 0.578	0.510, 0.578	0.255, 0.289	$\theta_{ooe} = 50 - 42, \varphi = 0$	Cu
0.488, 0.514	0.488, 0.514	0.244, 0.257	$\theta_{ooe} = 55 - 50, \varphi = 0$	Ar$^+$
0.670 ~ 1.070	0.670 ~ 1.070	0.355 ~ 0.535	$\theta_{ooe} = 35 - 23, \varphi = 0$	Ti 宝石
0.529 ~ 0.455	0.529 ~ 0.455	0.264 ~ 0.227	$\theta_{ooe} = 50 - 65, \varphi = 0$	紫翠玉
0.525 ~ 0.580	0.525 ~ 0.580	0.213 ~ 0.290	$\theta_{ooe} = 73 - 41, \varphi = 0$	染料

表 7.13　BBO 晶体的激光损伤阈值

$\lambda/\mu m$	τ_p/ns	$I/10^9(\text{W} \cdot \text{cm}^{-2})$
0.266	8	> 0.12
0.355	10	> 0.4
0.532	0.25	10
0.694 3	0.02	10
1.054	0.005	> 50
1.064	0.1	10
1.064	1	13.5
1.064	14	23

电光系数：$\gamma_{11} = 2.7 \times 10^{-12}$ m·V^{-1}，γ_{22}、$\gamma_{31} < 0.1 \gamma_{11}$；

半波电压：$V_\pi = 48$ kV($\lambda = 1.064$ μm)。

(4) BBO 晶体的主要用途

BBO 晶体可用于产生 Nd:YAG、Ti:Al$_2$O$_3$、铜蒸气、Ar$^+$、紫翠玉、Cr:Al$_2$O$_3$ 和 Nd 玻璃等激光器的二次谐波，也可用于制作 Nd:YAG 激光系统的二倍频、三倍频以及四倍频泵浦的光参量振荡器和光参量放大器等。

BBO 晶体的主要优点是在宽的光谱区间内，从 190 ~ 2 600 nm 具有高的透光能力，并且它的双折射率大，而色散很小，因此，具有宽的相位匹配范围，室温下的相位匹配区间为 189 ~

1 500 nm。此外,BBO 晶体有宽的温度接收角,高的激光损伤阈值,并且截止温度比 KDP 晶体大一个数量级,所以能用于许多高功率密度激光系统的谐波发生。BBO 晶体还比较容易获得高光学质量的大尺寸的透明晶体,是一种性能优异的紫外倍频晶体。

2. 三硼酸锂(LBO)晶体[24,25]

(1) LBO 晶体的结构

三硼酸锂(LiB_3O_5)晶体(简称 LBO 晶体)是中科院福建物质结构研究所发现的又一新型紫外倍频晶体。其点群为 $C_{2v} - mm2$,空间群为 $C_{2v}^9 - P_{na}21$,晶胞参数: $a = 0.844\ 73$ nm,$b = 0.737\ 88$ nm,$c = 0.513\ 95$ nm,$z = 4$,LiB_3O_5 晶胞的原子位置在(001)面上的投影如图 7.23 所示。分析其晶体结构可以看出,晶体结构中存在着(B_3O_7)硼氧阴离子基团,Li 原子分布在基团骨架间隙中,(B_3O_7)基团相互连接,沿 c 轴方向形成螺旋结构,每个螺旋结构又通过硼氧桥键相互连接,构成整个晶体。晶体中较大的键角为 124.9°,较小的键角为 112.9°,角度差达 12°,相应地键长也发生变化,这就导致了晶体结构中电子云分布的不对称。这是 LBO 晶体具有优异的非线性光学性质的内在原因。

(2) LBO 晶体的生长[26]

LBO 是一种包晶化合物,分解温度为 (834 ± 4)℃。图 7.24 为 $Li_2O - B_2O_3$ 体系的部分相图。显然,采用熔体提拉法或下降法是不太可能从同成分熔体中生长出 LBO 晶体的。一般采用高温溶液法来生长。

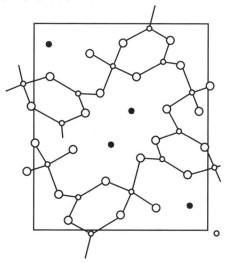

图 7.23 LBO 晶胞在(001)面上的投影图

○—O; ○—B; ●—Li

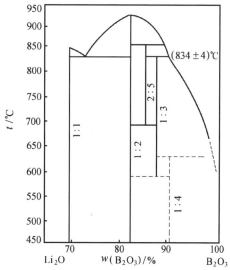

图 7.24 $Li_2O - B_2O_3$ 体系的部分相图

1:1—$Li_2O \cdot B_2O_3$; 1:2—$Li_2O \cdot 2B_2O_3$; 2:5—$2Li_2O \cdot 5B_2O_3$;
1:3—$Li_2O \cdot 3B_2O_3$; 1:4—$Li_2O \cdot 4B_2O_3$

LBO 晶体原料合成在高温下的反应为

$$Li_2CO_3 + 6H_3BO_3 \longrightarrow 2LiB_3O_5 + CO_2\uparrow + 9H_2O\uparrow$$

或者

$$Li_2O + 3B_2O_3 \longrightarrow 2LiB_3O_5$$

$$2LiOH + 3B_2O_3 \longrightarrow 2LiB_3O_5 + H_2O\uparrow$$

用上述方法合成的结晶原料在 750℃ 以上为清澈透明的液体,再选择适当过量的 B_2O_3 或其它的适量溶剂作为晶体生长的溶剂。晶体生长周期一般为一个月左右。生长出的理想晶体外形如图 7.25 所示。

LBO 晶体有一个显著特点,即只要单晶是宏观透明的,则晶体内很少有微细的散射颗粒,因此,生长出来的 LBO 晶体一定是一种光学质量高的晶体。原因是 LBO 晶体结构具有 $(B_3O_7)_{n\to\infty}$ 骨架状结构,其晶格间隙很小,比 Li^+ 离子大的阳离子很难进入其中,因此,从高温溶液生长的 LBO 晶体中不含有细小包裹体和其它微散射颗粒,从而使 LBO 晶体具有优异的光学质量、极高的激光损伤阈值和紫外光透过能力,是具有应用价值的新型紫外倍频晶体材料。

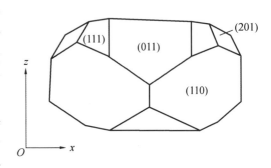

图 7.25 LBO 晶体生长的理想外形

(3) LBO 晶体的主要性能

莫氏硬度:6~7;

密度:2.47 $g \cdot cm^{-3}$;

透光波段:0.16~2.6 μm;

光性:负光性双轴晶,$2V_z = 109.2°(\lambda = 532\ nm)$。

折射率色散关系公式(λ 的单位为 μm)

$$n_x^2 = 2.454\ 2 + \frac{0.011\ 25}{\lambda^2 - 0.011\ 35} - 0.013\ 88\lambda^2$$

$$n_y^2 = 2.539\ 0 + \frac{0.012\ 77}{\lambda^2 - 0.011\ 89} - 0.018\ 48\lambda^2$$

$$n_z^2 = 2.586\ 5 + \frac{0.013\ 10}{\lambda^2 - 0.012\ 23} - 0.018\ 61\lambda^2$$

折射率的标准值如表 7.14 所示。

光学均匀性好,双折射率为

$$\Delta n = 10^{-6}\ cm^{-1}$$

化学稳定性:具有高的化学稳定性和抗潮解性;

表 7.14 LBO 晶体折射率的标准值

$\lambda/\mu m$	n_x	n_y	n_z
0.253 7	1.633 5	1.658 2	1.679 2
0.312 5	1.609 7	1.641 5	1.658 8
0.365 0	1.595 4	1.625 0	1.640 7
0.355 0	1.597 3	1.628 6	1.644 4
0.435 8	1.585 9	1.614 8	1.629 7
0.532 0	1.578 5	1.606 5	1.621 2
0.632 8	1.574 2	1.601 4	1.616 3
1.064 2	1.565 6	1.590 5	1.605 5

表中下标 x、y、z 为指定坐标轴,分别对应于 b、c、a。

非线性光学系数:LBO 晶体有 3 个非线性光学系数,数值为

$$d_{31} = \mp(2.51 \pm 0.23)d_{36}(KDP) = \mp(1.09 \pm 0.09) \times 10^{-12} \text{ m} \cdot \text{V}^{-1}$$

$$d_{32} = \pm(2.69 \pm 0.32)d_{36}(KDP) = \pm(1.17 \pm 0.17) \times 10^{-12} \text{ m} \cdot \text{V}^{-1}$$

$$d_{33} = \pm(0.15 \pm 0.02)d_{36}(KDP) = \pm(0.65 \pm 0.6) \times 10^{-14} \text{ m} \cdot \text{V}^{-1}$$

LBO 晶体具有很高的激光损伤阈值,与其它非线性光学晶体激光损伤阈值的比值如表 7.15 所示。

表 7.15 LBO 晶体与非线性光学晶体激光损伤阈值的比值

晶体	能量密度/(J·cm^{-2})	功率密度/(MW·cm^{-2})	比值
KTP	6.0	4.6	1
KDP	10.9	8.4	1.83
BBO	12.9	9.9	2.15
LBO	24.6	18.9	4.10

测试条件:$\lambda = 1.053$ μm,脉宽 = 1.3 ns。

倍频转换效率(η):用锁模 Nd:YAG 激光器可测定 LBO 晶体对 1.064 μm 脉冲激光的倍频转换效率,所用样品的通光长度 $L = 11$ mm,样品的两个通光面都抛光,但无镀膜,在功率密度为 350 MW·cm^{-2} 的条件下,所测得的倍频转换效率 η 达到 60%。

(4) LBO 晶体的主要用途

LBO 晶体具有宽的透光波段、高的光学均匀性、大的有效 SHG 系数和角度带宽、小的离散角、高的激光损伤阈值和优良的物理化学性能等,因此,它广泛应用在高平均功率的 SHG、THG、FOHG 及其和频、差频等领域。同时,LBO 晶体在参量振荡、参量放大、光波导以及在电光效应等方面也有很好的应用前景。

五、铌酸锂（$LiNbO_6$）晶体[4]

类似钛铁矿型结构的铌酸锂（$LiNbO_3$）晶体和属于钙钛矿型结构的铌酸钾（$KNbO_3$）晶体，以及属于钨青铜矿型结构的铌酸钡钠（$NaBa_2Nb_5O_{15}$）晶体，三者的离子基团均由（NbO_6）八面体所构成，但它们的畸变方式不同，理想的（NbO_6）正八面体的结构形状如图 7.26 所示。$LiNbO_3$ 晶体的 NbO_6 八面体沿正八面体三次对称轴 c_3 方向发生畸变；$KNbO_3$ 的 NbO_6 八面体沿正八面体的二次对称轴 c_2 的方向发生畸变；而 $NaBaNb_5O_{15}$ 晶体则沿着正八面体的四次对称轴 c_4 方向发生畸变。由于存在着这些畸变方式的不同，从而导致了上述三种晶体的非线性光学性质有较大的差别。其中 $LiNbO_6$ 晶体是一种广泛应用的光学多功能晶体材料，

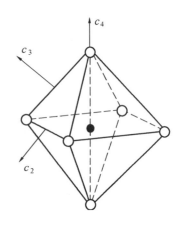

图 7.26 （NbO_6）正八面体结构形状

○—O；●—Nb

它具有非线性光学系数大，而且能够实现非临界相位匹配的特点，不足之处是抗激光损伤的阈值较低，从而大大降低了它的二次谐波发生转换效率，使用受到很大限制。此外，LN 晶体还是一种电光晶体，已成为重要的光波导材料，其用途日渐广泛，需求量与日俱增。

1. LN 晶体结构

$LiNbO_3$ 晶体在室温下属三方晶系：$a = 0.549\ 44$ nm，$\alpha = 55°52'$，晶胞中化学式数 $Z = 2$，晶胞如以六方晶系表示，则晶胞参数 $a = 0.514\ 83$ nm，$c = 1.386\ 3$ nm，$Z = 6$，以平面投影图表示时，三方 R 晶胞和六方晶胞的关系图如图 7.27 所示。图中上方为三方 R 晶胞，下方为六方晶胞，氧原子分别处在两层氧原子平面上，Li 和 Nb 原子投影重合。沿 c_3 轴氧八面体空间排列方式如图 7.28 所示。图中氧八面体空隙位置的 1/3 为 Nb 原子占据，1/3 的位置为 Li 原子占据，还有 1/3 的位置是空的。按理想的六方紧密堆积，上述八面体为正八面体。然而，实际形成的八面体均为畸变的，且（LiO_6）和（NbO_6）八面体两者的畸变程度不同，同时 Li 和 Nb 原子也并不位于畸变八面体的中心位置，而是向上或向下做了位移，以致在晶体中产生了偶极矩，呈现出自发极化，极化方向为 c_3 对称轴方向，即金属离子位移方向。这种晶体结构便成为 LN 晶体具有优良的非线性光学性能的基础。

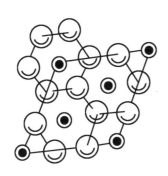
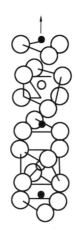

图7.27　LN晶胞中原子位置投影图
（沿六方晶胞 c 轴俯视）

◯ — O；○ — Nb；● — Li

图7.28　沿三次对称轴（c_3）的氧八面体空间排列方式

◯ — O；○ — Nb；● — Li

2. LN晶体生长[27]

生长LN晶体一般采用熔体提拉法,并较易长成大尺寸晶体。

(1) $Li_2O-Nb_2O_5$ 赝二元系局部相图

LN晶体是一种典型的非化学计量氧化物,图7.29示出 $Li_2O-Nb_2O_5$ 赝二元系局部相图,图中可见,同液同成分点温度为(1 240±5)℃,其组成是在 Li_2O 的摩尔分数为48.6处,而不是在 Li_2O 的摩尔分数为50处,在一定固溶区内,尽管都能生长出LN晶体,但要生长出高光学质量的单晶,只能在固液同成分处生长,即生长液配料中有摩尔分数为48.6的 Li_2O 和摩尔分数为51.4的 Nb_2O_5。实验表明,若严格按摩尔分数为50的 Li_2O 来配料,则在晶体生长过程中,由于液相中的Li较易蒸发,致使Nb含量逐渐增多,整个晶体的光学均匀性受到影响。

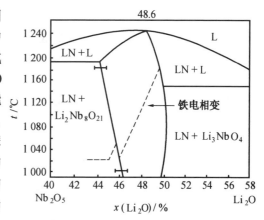

图7.29　$Li_2O-Nb_2O_5$ 赝二元体系局部相图

(2) $LiNbO_3$ 晶体的畴结构

LN晶体属于一维型铁电体,晶体的自发极化方向与离子的位移方向一致,并与惟一的单晶三次对称轴(c_3)相重合,当温度自高温下降至居里温度(1 240℃)以下时,Li^+ 和 Nb^{5+} 离子相对于氧原子有一个位移,因而正负电荷重心偏离三次对称轴 c_3 方向,于是在 c_3 方向上出现自发极化,而其它方向不产生电偶极矩,如图 7.30 所示。

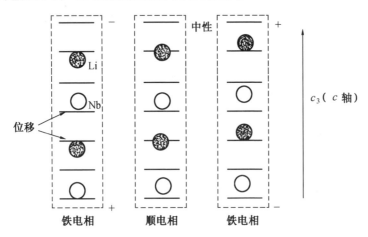

图 7.30　LN 晶体的铁电相和顺电相结构及其两种相反的自极化方向示意图

在通常情况下,采用熔体提拉法所生长的 LN 晶体为多畴的,在应用时需要使晶体单畴化。LN 晶体的极化装置示意图如图 7.31 所示。

LN 晶体在接近熔点温度时,其电阻率均为几百欧姆每厘米,加 $0.2\sim0.5$ V·cm^{-2} 的电场,可使晶体中与电场异向的电畴反转,在 1 200 ℃ 左右加上电场(电流 $2\sim5$ mA·cm^{-2})维持 $10\sim20$ min,再缓冷至 $700\sim800$ ℃ 以下,去掉电场,晶体即已从多畴变为单畴。

LN 晶体的缺点是激光损伤阈值过低,从而限制了它在激光技术方面的应用,其原因可能是由于非化学计量比失调所产生的高密度点缺陷以及由还原处理或光辐照而诱发的色心所引起的。掺入摩尔分数大于 4.5% 的 MgO,可使其抗激光损伤阈值成百倍地提高[28]。

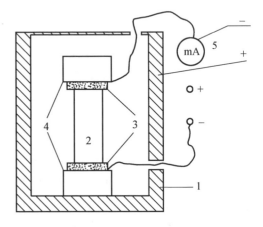

图 7.31　LN 晶体的极化装置示意图
1—高温炉;2—LN 晶体;3—LN 陶瓷片;
4—铂电极;5—毫安表

计算表明,当一致熔化组分晶体中掺入 Mg 的摩尔分数达 5.3% 时,将出现含 Nb 格位的 Mg^{2+} 的缺陷结构,这是阈值效应的主要标志,这种掺 Mg 浓度的阈值效应,引起过渡金属离子(如 Fe 等)在 LN 晶体中的替位 Li^+ 转变为替位 Nb^{5+},这可能是主掺 Mg:LN 晶体抗光损伤能力成百倍增长的主要原因。

3. LN 晶体的主要性能[13,20,28]

熔点:$(1\,240\pm5)\,℃$;

密度:$4.7\times10^3\,\text{kg}\cdot\text{m}^{-3}$;

莫氏硬度:6;

光性:负光性单轴晶,$n_\text{o}>n_\text{e}$;

透光波段:$0.33\sim5.5\,\mu\text{m}$。

折射率色散关系(λ 的单位为 μm,T 的单位为 K)

$$n_\text{o}^2=4.913+\frac{0.117\,3+1.65\times10^{-8}T^2}{\lambda^2-(0.212+2.7\times10^{-8}T^2)^2}-2.78\times10^{-2}\lambda^2$$

$$n_\text{e}^2=4.556\,7+2.605\times10^{-7}T^2+\frac{0.097+2.7\times10^{-8}T^2}{\lambda^2-(0.201+5.4\times10^{-8}T^2)^2}-2.24\times10^{-2}\lambda^2$$

折射率标准值($t=25\,℃$)如表 7.16 所示。

表 7.16　LN 晶体的折射率标准值

$\lambda/\mu\text{m}$	n_o	n_e
0.532	2.325 1	2.233 0
0.633	2.288 4	2.201 9
0.694	2.274 3	0.189 0
1.064	2.234 0	2.155 4
2.0	2.198 1	2.124 9
3.0	2.162 4	2.095 1
4.0	2.115 6	2.056 1
5.0	2.054 9	2.005 9

非线性光学系数

$$d_{15}(1.064\,\mu\text{m})=d_{31}(1.06\,\mu\text{m})=-5.44\times10^{-12}\,\text{m}\cdot\text{V}^{-1}$$

$$d_{31}(1.15\,\mu\text{m})=-5.77\times10^{-12}\,\text{m}\cdot\text{V}^{-1}$$

$$d_{22}(1.06\,\mu\text{m})=+2.76\times10^{-12}\,\text{m}\cdot\text{V}^{-1}$$

$$d_{33}(2.12\,\mu\text{m})=-29.1\times10^{-12}\,\text{m}\cdot\text{V}^{-1}$$

$$d_{33}(1.06\,\mu\text{m})=-34\times10^{-12}\,\text{m}\cdot\text{V}^{-1}$$

相位匹配角:90°相位匹配的温度强烈地依赖于 LN 晶体的化学计量比,对于:

$\lambda=1.06\,\mu\text{m}$,从 $-8\,℃$ 变化到 $165\,℃$;

$\lambda=1.152\,3\,\mu\text{m}$,从 $169\,℃$ 变化到 $281\,℃$。

激光表面损伤阈值如表 7.17 所示。

表 7.17 LN 晶体的激光表面损伤阈值

$\lambda/\mu m$	τ_p/ns	$I/10^9(\text{W}\cdot\text{cm}^{-2})$
0.53	15	0.01
0.53	0.007	>10
0.6	5	0.35
0.6	0.001	70
1.06	30	0.12
1.06	0.006	10
1.06	10	0.05~0.06

注:重掺 Mg 的 LN 晶体,可使其损伤阈值提高 1~2 数量级。

能量转换效率:对于长度为 2 cm 的 LN 晶体,在泵浦功率密度为 5×10^6 W·cm^{-2}的条件下,转换到可见光波段的量子效率可达 100%。

线性吸收系数如表 7.18 所示。

表 7.18 LN 晶体的线性吸收系数

$\lambda/\mu m$	α/cm^{-1}
0.514 5	0.025
0.8~2.6	0.080

热导率如表 7.19 所示。

表 7.19 LN 晶体的热导率

$\kappa/[\text{W}\cdot(\text{cm}\cdot\text{K})^{-1}]$	T/K
0.126	100
0.046	300

光折变参数如表 7.20 所示。

光伏效应下的光折变灵敏度为

$$S_{n_1}^{-1} = 1\,000 \text{ mJ}\cdot\text{cm}^{-2}$$

$$S_{\eta_1}^{-1} = 300 \text{ mJ}\cdot\text{cm}^{-2}$$

光电导光存储的光折变灵敏度

$$S_{\eta_1}^{-1} = 6\times10^3 \text{ J}\cdot\text{cm}^{-2} \quad (\lambda=531 \text{ nm})$$

4. LN 晶体的主要用途

LN 晶体是一种优良的多功能晶体材料,具有很高的应用价值。首先是用 Mg:LiNbO$_3$ 晶体制成的电光和非线性器件,可在较高的功率密度下使用,作为 Nd:YAG 激光器腔内倍频,其输出功率高达 60% 左右。其次在 Mg:LiNbO$_3$ 晶体中再掺入激活离子 Nd^{3+},使其变为自倍频激光晶体,可用于制作小型高效激光器,这种激光器可实现自倍频、自调 Q 与在半导体激光器泵浦下使用。双掺 Mg 和 Fe 的 Mg:Fe:LN 晶体可产生光折变效应,是目前研究得最多的一种光折变晶体,颇有发展前途。LN 晶体通常用 Fe 掺杂,Fe 原子进入晶格后成为 Fe^{3+} 或 Fe^{2+} 离子,两种离子的浓度比决定了晶体的光折变行为,光伏特性记录的灵敏度随 Fe^{2+} 浓度的增加而增大。

表 7.20　LN 晶体的光折变参数

	LN:0.2%Fe	LN:0.03%Fe	LN	LN(还原后)	LiTaO$_3$:0.02%Fe
入射波长 λ/nm	514.5	440	440	440	488
吸收系数 α/cm^{-1}	3.8	2.0	0.12	1.6	1
光伏(特)电场 E_v/(V·cm^{-1})	10^5	10^4	5×10^3	8×10^1	5×10^4
介电常量 ε_{ij}	$\varepsilon_{33} = 30$				$\varepsilon_{33} = 43$
电光系数 γ_{ij}/(m·V^{-1})	$\gamma_{33} = 31 \times 10^{-10}$				$\gamma_{33} = 33 \times 10^{-10}$
暗电导率 σ_d/(Ω·cm)$^{-1}$	$10^{-8} \sim 10^{-19}$				

注:表中的"%"数均为质量分数。

LN 晶体主要用于制造各种功能器件,如红外探测器、激光调制器、激光倍频器、光学开关、光参量振荡器、集成光学元件、高频宽带滤波器、高频高温换能器、微声器件、自倍频激光器、光折变器件(如高分辨率全息存储)等。

六、钛酸钡(BaTiO$_3$)晶体[6,13]

BaTiO$_3$ 晶体是一种性能优良的多功能晶体材料,它是一种具有代表性的铁电体,同时还具有优良的压电、电光和非线性光学性能,又是最适用的光折变晶体。一种好的光折变晶体材料,应该具有足够大的电光系数、尽可能高的光折变灵敏度以及足够高的激光损伤阈值,并且能够长出尺寸足够大的优质晶体等。在当前已知的具有明显的光折变效应的晶体中,只有为数不多的几种晶体大致能满足上述要求,其中以 BaTiO$_3$ 晶体的综合性能为较优,是当前人们公认的最适用的光折变晶体材料之一。

1. BaTiO$_3$ 晶体的结构

钛酸盐晶体多属于钙钛矿型结构晶体,如图 7.32 所示,它的化学通式为 ABO$_3$,其中 A 代表一价或二价金属离子,B 代表四价或五价金属离子。在 BaTiO$_3$ 晶体结构中,A 为二价 Ba^{2+} 离子,B 为四价 Ti^{4+} 离子。其晶体结构为氧原子形成以 Ti^{4+} 离子为中心的钛氧八面体,钛、氧离子均发生了相对位移;而 Ba^{2+} 离子处于 8 个以 Ti^{4+} 离子为中心的氧八面体间隙中。

BaTiO$_3$ 晶体的对称性:点群为 $C_{4v}-4mm$,空间群为 $C'_{4v}-P4mm$;晶胞参数:$a=0.39928$ nm,$c=0.40388$ nm(26℃)。

BaTiO$_3$ 晶体具有多重相变,其相关数据见表 7.21。

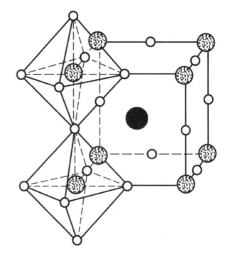

图 7.32 钙钛矿(CaTiO$_3$)晶体结构模型示意图

● —Ca; ▦ —Ti; ○ —O

表 7.21 BaTiO$_3$ 晶体相变时的有关数据

相	Ⅰ	Ⅱ	Ⅲ	Ⅳ	
状态	铁电	铁电	铁电	顺电相	
晶系	三方	斜方	正方	立方	六方
点群	$C_{3v}-3m$	$C_{2v}-mm2$	$C_{4v}-4mm$	O_h-m3m	$D_{6h}-6/mmm$
空间群	C_{3v}^5-R3m	$C_{2v}^{14}-Amm2$	C_{4v}^1-P4mm	O_h^1-Pm3m	$P-\dfrac{6_3}{mmc}$
相变温度/℃		-80	13	132	$1\,460$

2. BaTiO$_3$ 单晶生长

20 世纪 70 年代,Godefroy[29]等首次用顶部籽晶高温溶液法生长出 10～20 mm 的 BaTiO$_3$ 晶体,他们以过量的 TiO$_2$ 为溶剂,使高温溶液的组分偏离 BaTiO$_3$ 的化学比,饱和点相应降低,晶体的生长温度低于立方相→六方相的相转变温度。生长装置的原理图如图 7.33 所示。

顶部籽晶高温溶液法生长晶体的基本原理如图 7.34 所示。图中示出溶液的原始组成为 C_o,饱和点温度为 T_o,$T_o<T_p$(相变温度),从而避免了相变发生。缓慢降温使溶液处于过饱和状态,并开始析出溶质在籽晶上结晶,当晶体生长结束时,温度降至 T_e,溶液的组成为 C_e。

用顶部籽晶高温溶液法生长 BaTiO$_3$ 晶体与一般的提拉法生长晶体的基本原理不同,其晶体生长的驱动力为溶液的过饱和度,而不是熔体的过冷度,也不是以固液同成分来生长晶体。顶部籽晶高温溶液法生长 BaTiO$_3$ 晶体采用铂金坩埚,炉温 1 450℃左右,晶体提拉速度为 0.5～1 mm·d^{-1},晶体转速在 0～150 r·min^{-1} 范围内连续可调。籽晶取向为[001]或[110]方向。气氛

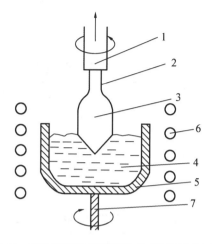

图 7.33 顶部籽晶高温溶液生长装置原理示意图
1—籽晶杆;2—籽晶;3—晶体;4—溶液;
5—坩埚;6—加热器;7—坩埚转动装置

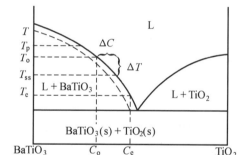

图 7.34 顶部籽晶高温溶液法生长 $BaTiO_3$ 晶体原理示意图

可在大气中,晶体原料为高纯 TiO_2 和 BaO 试剂,并精确称量后混合,再高温烧结。然后将高纯的晶体原料置入铂坩埚,放入单晶炉内,升温熔化,随后精确测定溶液的饱和点温度,引入籽晶,籽晶生长后,以适当速度降温,同时向上提拉晶体,生长结束后,晶体提出液面,快冷至室温,取出晶体后经退火、定向、切割、加工至器件所需要的尺寸,再经极化处理后备用。

3. $BaTiO_3$ 晶体的主要性能

熔点:1 612 ℃;

密度:6.06 $g·cm^{-3}$(26 ℃);

颜色:无色透明或浅褐色;

溶解性:不溶于水和有机溶剂,但溶于盐酸;

透光波段:$0.4\sim 6.3~\mu m$。

折射率如表 7.22 所示。

表 7.22　$BaTiO_3$ 晶体的折射率

λ/nm	n_o	n_e
4 880	2.520 0	2.447 8
5 145	2.491 2	2.424 9
6 328	2.416 0	2.363 0

室温下介电常数如表 7.23 所示。

表 7.23　$BaTiO_3$ 晶体的介电常数(室温)

测试信号频率/kHz	ε_c	ε_a
1	140	4 600
10	70	1 300

电光系数($10^{-12}~m\cdot V^{-1}$):$\gamma_c^\sigma=108$,$\gamma_c^s=23$,$\gamma_{33}^s=28$,$\gamma_{13}^s=8$,$\gamma_{51}^\sigma=1\,640$,$\gamma_{51}^s=820$;

直流电导率(室温):$1\times 10^{-13}\sim 5\times 10^{-12}(\Omega\cdot cm)^{-1}$;

光伏特记录灵敏度 $S_{n_1^{-1}}$:$50\sim 1\,000~mJ\cdot cm^{-2}$;

光伏特折射率变化最大值(Δn_{max}):$\Delta n_{max}=2.2\times 10^{-5}$;

存储时间:15 h;

光电导记录灵敏度 $S_{n_1^{-1}}$:$0.1\sim 10~mJ\cdot cm^{-2}$;

光电导折射率变化最大值:$\Delta n_{max}=5\times 10^{-5}$(依赖于入射光光强 I_0)。

4. $BaTiO_3$ 晶体的主要用途

$BaTiO_3$ 晶体作为典型的铁电体,对铁电相变、铁电畴等固体物理研究起到重要作用。

$BaTiO_3$ 晶体具有很大的电光系数、高的光反射率和高的光折变灵敏度,在很小的激光输出功率(毫瓦级)下就能观测到很强的光折变效应,并具有很高的激光损伤阈值,且其为单一化合物,有可能研制成大块的光学均匀性良好的晶体元件,因此,$BaTiO_3$ 晶体是目前最适用的光折变晶体之一。

光折变晶体的特殊效应在实时全息照相、光子计算机、实时信号和图像处理、光放大、全息存储、实时指令、高质量激光和光陀螺的应用,以及改善光学谐振腔的性能等方面均有重要用途。

$BaTiO_3$ 晶体作为光折变材料,最大的不足之处是它的响应时间过长,这是亟待解决的问题。

研究发现,$BaTiO_3$ 晶体的物理性能与其中金属离子所占据的晶格位置和价态密切相关。

当 BaTiO$_3$ 晶体中加入微量的过渡金属离子(如 Fe、Co、Ni 等)以取代 Ti 离子,并在不同氧化还原气氛中进行处理时,就能对其光折变性能产生重要影响。将微量 Fe 加入 BaTiO$_3$ 晶体(Fe:BaTiO$_3$)中,通过调节晶体中 Fe^{2+}/Fe^{3+} 离子比,便能改变晶体的响应时间、光耦合增益、四波混频反射率、电光系数和光电导率等一系列性能参数,其综合性能优于纯 BaTiO$_3$ 晶体的性能,但对晶体生长工艺技术的要求则更加苛刻。

七、非线性光学晶体的理论模型和探索途径[4,5]

自从 20 世纪 60 年代人们发现非线性光学效应以后,就开始探索晶体非线性光学效应的物理过程,多认为这种效应起源于晶体中的电子运动,将晶体的倍频系数与其电子波函数相联系,由量子力学求解晶体的非线性光学系数,然而由于求解复杂晶体能带波函数的困难,在求解晶体的非线性光学系数时,发展了多种近似计算方法,因而提出了许多理论模型。为新型晶体材料的探索研究逐步走上"分子工程学"道路奠定了理论基础。

材料设计的设想始于 20 世纪 50 年代,目的是"按特定性能"设计新材料。固体能带理论、分子轨道理论和晶体场理论是非线性晶体设计的基础。

按照固体能带理论,当已知固体的能带状态时,结合电子的费密统计分布规律,即可获知固体中的电子在各能带的能态上的分布,并可了解电子在能态之间的跃迁和变化,从而了解和预见固体的许多性质,如光辐照引起电子在不同能级间跃迁、动量和能量守恒、非线性极化等现象。

分子轨道理论是以单电子近似为基础研究分子的电子结构和化学键的一种量子力学理论。在分子轨道理论计算中,主要用半经验近似计算法,这是非线性光学晶体材料设计计算的重要基础之一。

晶体场理论主要研究离子型配位化合物中键的本质和性质。对于弱晶体场,认为未受微扰的体系是自由离子,将配位势能场作为微扰项,零级近似波函数为自由离子的谱项波函数的线性组合。对于强晶体场,认为未受微扰的体系为不考虑电子相互排斥作用的处于配位场中的原子或离子,将电子相互排斥作用作为微扰项,零级近似波函数是原子或离子的谱项波函数的线性组合。

直接处理晶体非线性系数的理论模型有非谐振振子模型、双能级模型、键电荷模型、键参数模型、阴离子基团理论、电荷转移理论等。

1. 非谐振振子模型

非谐振振子模型是人们最早用经典物理观点处理光与物质相互作用的理论模型,可以获得定性或半定量结果,现已很少有人采用。

1965 年,有人提出晶体在激光照射下,电子的运动受到一种非简谐势的影响,电子所受到的恢复力是非简谐性的,依据非简谐恢复力对应于非简谐势场建立电子运动方程,从而可导出非线性介质中电极化的一般关系式,以此便可计算出非线性极化率。由于非简谐势的数值只能依靠经验估计,因此,用这种方法处理晶体的非线性光学系数时,所获得的理论计算结果只能是定性或半定量的。

2. 双能级模型

双能级模型是将晶体中所有的能带简化为两个能级即导带和价带,采用导带和价带之间的平均带隙近似计算晶体的非线性光学系数。用这种方法在计算金刚石构型、闪锌矿和纤锌矿构型等具有四面体配位晶体的二阶电极化率时,所得结果都比较成功。但是,此法忽略了所有三能级间电荷转移时晶体非线性光学效应的贡献。因此,对其它类型的晶体不适用,故其应用范围受到较大限制。

3. 键电荷模型

键电荷模型是以介电性的量子理论为出发点,由晶体线性光学性质的处理推广到非线性光学性质。利用这个模型对双原子 III – V、II – VI、IV – IV 类化合物及类似 $LiNbO_3$、$Ba_2NaNb_5O_{15}$、$LiTaO_3$ 等晶体,以及 $A^I B^{III} C^{VI}$、$A^{II} B^{IV} C_2^V$、…、$AB^{VI} C_4^{VI}$ 型等不同结构类型化合物的非线性极化率,获得较满意的结果。但是,这种模型不适用于高度离子性的晶体。

4. 键参数模型

键参数模型是将晶体宏观的倍频系数看做各个化学键对微观倍频系数贡献的几何叠加,而单个化学键则是产生非线性光学效应的基元。但是,由于同一化学键在不同晶体中的环境和贡献不同,有时这种计算也可能与实际的晶体情况不符。用键参数模型计算碘酸盐晶体的倍频系数时,可以获得比较满意的结果。

5. 阴离子基团理论[23,30]

从现有的许多优良的非线性光学晶体看,可以发现这些晶体都有一个共同的特点,即它们的结构中一般都以包含不同取向的阴离子基团作为它的基本结构单元。从 20 世纪 60 年代中期起,陈创天等就致力于研究无机晶体的非线性光学性质与其结构单元,尤其是与阴离子基团之间的关系。1968 年提出了阴离子基团理论假设,70 年代对于各种不同类型氧化物晶体及其微观结构之间的关系进行了研究和计算,80 年代开始逐步形成了比较完整的理论体系,并指导了在硼酸盐体系中寻找新的优良的非线性光学晶体材料,发现了 LBO、BBO 等一系列具有广泛应用价值的非线性光学晶体,取得了举世瞩目的成就。

所谓阴离子基团是指晶体中存在的各种不同取向的结构基本单元,如钙钛矿和钨青铜结构中的 MO_6 基团(M 为 Nb、Ti 等金属离子)、碘酸盐中的 IO_3 基团、磷酸盐中的 PO_4 基团等。

阴离子基团理论的基本思想是:一个具有大的非线性光学效应的晶体,必须具有某种共价键的成分,其结构由 A 位阳离子和阴离子的基团所组成。晶体的宏观倍频效应主要由阴离子基团的微观二阶极化率通过几何叠加所产生,在一级近似下,非线性效应与 A 位的阳离子无关。晶体的非线性光学效应是一种局域化效应,是入射光波与各个阴离子基团中电子局域化轨道相互作用的结果,基团的微观二阶极化率能够通过基团的局域化分子轨道采用量子力学的二阶微扰理论加以计算。

按照阴离子基团理论,计算 $LiNbO_3$、$KNbO_3$、$Ba_2NaNb_5O_{15}$、$BaTiO_3$、$\alpha-HIO_3$、KDP、DKDP、ADP、$NaNO_2$ 以及钼酸盐等不同结构类型的无机氧化物类晶体的倍频系数,所得结果与实验值符合得很好,明显优于键电荷模型、键参数模型等经典理论模型。

在阴离子基团理论分析与计算的基础上,提出了要使晶体具有大的非线性光学效应,必须满足下面 4 个结构条件。

① 组成晶体的基本单元必须是基团或分子,而不是简单的离子。典型的离子晶体的离子间的相互作用力为静电力,离子为球体,具有很高的对称性,因此不利于产生大的非线性光学效应。而共价键一般都具有很强的方向性,有利于形成晶格的高度不对称性,通常是原子间先结合成基团,然后基团间再以范德瓦尔斯键结合成基团,基团与阳离子以静电力相互作用,从而形成含有阴离子基团的离子型晶体。整个晶体可以认为是基团与基团紧密堆积,阳离子填入基团间的空隙中构成的。

② 阴离子基团的结构类型有利于产生大的非线性效应,根据理论计算,总结出有三种结构型的阴离子基团有利于产生大的非线性光学效应。第一类是具有畸变多面体的阴离子基团,如 MO_6 氧八面体及其类似基团,其畸变程度越大,则基团的非线性光学效应也越大,一般具有较大的非线性二阶极化率;第二类是具有孤对电子的阴离子基团,一般来说,孤对电子的阴离子基团具有很大的非线性极化率,实验和理论计算均表明,IO_3 基团比 PO_4 基团的微观倍频系数大一个数量级,其原因在于 IO_3 基团具有一个孤对电子,且对称性也低;第三类是具有共轭 π 轨道体系的平面结构基团也有利于产生大的倍频效应,如具有离域电荷转移电子体系的苯类芳香族分子的微观倍频效应比同样大小的 σ 类分子要大 2~3 个数量级。

③ 阴离子基团在空间的排列方式要有利于基团的微观非线性光学效应的几何叠加,而不是彼此相互抵消。如 Na_2SbF_5 晶体,尽管 SbF_5 基团的微观倍频系数大,但由于 SbF_5 基团的空间排列方式不利于产生的微观倍频效应相互叠加,以致 Na_2SbF_5 晶体的宏观倍频系数很小。

④ 晶体单位体积内应能容纳尽可能多的对非线性光学效应有贡献的基团。也就是说,晶体空间内应尽量紧密地排列这些有贡献的基团。

上述 4 个晶体结构条件中,只有①和②可以人为地加以选择,而③和④两个条件还无法从理论上进行预测。

从非线性光学晶体材料使用的角度来看,具有大的倍频系数仅仅是非线性光学晶体材料的一个必要条件,并非充分条件。作为一种优良的非线性光学晶体材料,除了必须具有较大的非线性光学系数外,还要求能够实现相位匹配、具有高的激光损伤阈值、宽的透光波段、好的光学均匀性以及易于加工等。

阴离子基团理论的不足之处是这个理论完全不考虑阳离子的贡献,因此难以解释具有同样阴离子基团构型而阳离子不同的晶体的倍频效应的差异。

自激光和非线性效应出现以来,经过 40 余年的不断努力,新的激光、非线性晶体不断涌现,而由于激光技术的不断发展和实际应用的需要,对非线性光学晶体提出了各种新的要求。

因此，在非线性光学晶体的研究工作中，除了改进晶体生长工艺和提高晶体质量外，更多的是探索和研究性能更好的非线性光学晶体。既要发展新的材料设计理论，同时又要寻找新的非线性光学晶体。

新晶体的探索工作，现已逐步走上"分子工程学"研究的道路，即按照经典理论、阴离子基团理论等理论计算所指示的方向，可以预测或估算要制备的新晶体材料的主要性质。根据实际应用对材料的功能和性能指标要求，确定所需新晶体材料的结构类型及材料类型等重要研究方向。

7.4 非线性光学晶体的应用

非线性光学晶体在光电子技术中最重要的应用之一是扩展激光的波长覆盖范围。目前多数商用激光器只能给出在近红外区的几个特定波长。即使是可调谐激光器，其输出波长可调范围也只在 700～1 100 nm 之间。显然，对于激光的应用领域而言，这些波长的覆盖面太窄了。因此，必须探索各种途径，对激光的波长进行扩展。常用扩展激光波长的方法有两种：一种是谐波转换方法；另一种是使用光参量法。

目前各种谐波器件中几乎全部使用无机非线性光学晶体，主要是因为它们的综合性能指标，如晶体的透光范围、双折射率、光损伤阈值及其物理和化学性能，均比有机晶体优越。因此，我们只介绍无机非线性晶体在谐波器件中的应用以及电光晶体和光折变晶体等在激光技术方面的应用。

一、激光变频晶体的应用[3,20,31]

激光变频是光参量作用过程，它是光波和光学介质之间最终没有发生能量和动量交换的过程，激光倍频、和频、差频、光参量振荡和光参量放大等均属这一类过程。在光参量作用过程中，能量和动量是守恒的，能量交换只表现在参与非线性相互作用的各个光波之间，因而要求各个参与相互作用的光波应满足相位匹配条件，也就是要求光学介质对光波不产生共振吸收作用。

1. 二次谐波发生

当激光通过非线性光学晶体时，所产生的二次非线性光学效应，是将频率为 ω 的入射光变换成频率为 2ω 的出射倍频光，这就称为二次谐波发生（SHG），又称倍频。不同的激光通过不同的非线性光学晶体时所产生的二次谐波，如图 7.35 所示。

利用晶体的倍频效应可拓宽激光波段，从而可以使激光得到更有效的应用。例如，将 Nd^{3+}:YAG 激光器输出的波长为 1.064 μm 的激光通过倍频晶体后，产生波长为 0.532 μm 的倍频光，即绿光，可用于眼科医疗、水下摄影和激光测距等。

用于二次谐波发生的激光器应具备以下特性。

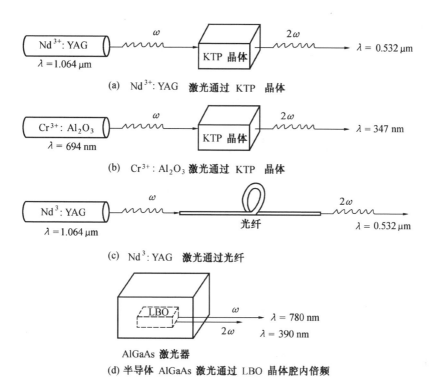

图 7.35 不同的激光通过不同非线性光学晶体时所产生的二次谐波示意图

① 能够输出很高的峰值功率。二次谐波功率正比于基频功率的平方,利用比较高的激光峰值功率,便可获得更高的二次谐波效应。

② 激光谱线宽度要窄,光束发散角要小,以便很好地满足晶体相位匹配条件,有利于提高二次谐波的能量转换效率。

③ 输出的是单纵模和单横模激光。单模激光束的时间和空间结构都趋于平滑,这样可减少因激光束的时间和空间起伏引起晶体损伤的可能性。

现以使用最广泛的 $Nd^{3+}:YAG$ 激光器为辐射源,以常用的无机倍频晶体为例说明二次谐波发生的情况,如表 7.24 所示。

人们为了提高激光能量的转换效率,将非线性光学晶体放置在激光腔内,就能够获得比较好的效果。在这种情况下,基频光的功率便是腔内的激光振荡功率,二次谐波则是作为激光器的输出。如果能够让基频光在正负方向上多次通过倍频晶体,并使所产生的二次谐波叠加在一起输出,这样对于提高二次谐波功率及能量转换效率将更为有利。激光腔内倍频的实验装置如图 7.36 所示。图中可见,反射镜 M_1、M_3 对波长为 1.064 μm 的 $Nd^{3+}:YAG$ 激光全反射。方解石格兰棱镜(G)和电光晶体 DKDP(F)构成电光 Q 开关,M_3 是二次谐波辐射的输出镜。M_2 对 1.064 μm 光波透明,但对波长为 0.532 μm 光波是全反射,它使通过倍频晶体(S)沿正、反方向传播的二次谐波叠加在一起。

表 7.24　Nd^{3+}:YAG 激光辐射无机倍频晶体的二次谐波发生（1.064～0.532 μm）

晶体	光波相互作用类型	$\theta_M/(°)$	$I_0/$ (W·cm^{-2})	$\tau_p/$ ns	$l/$ mm	转换效率/%
KDP	ooe	41	10^9	0.15	25	32（能量）
	ooe	41	7×10^9	0.03	20	81（能量）
DKDP	eoe	53.5	3×10^9	0.25	40	70（功率）
	eoe	53.5	8×10^7	20	30	50（能量）
LiIO$_3$	ooe	30	7×10^7	—	18	44（功率）
	ooe	30	3×10^9	0.04	5	50
LFM	ooe	55.1	$3 \times 7 \times 10^7$	—	15	36
	ooe	55.1	$6 \times 2 \times 10^7$	—	15	0.08
KTP	eoe	25	2.5×10^8	15	4	60
	eoe	30	2×10^7	35	9	40（能量）
	eoe	30	10^8	30	5.1	60（能量）
	eoe	30	10^8	30	8	50（能量）
BBO	ooe	—	1.9×10^8	14	6	47
	ooe	—	1.67×10^8	14	6	38
	ooe	21	—	10	6.8	70

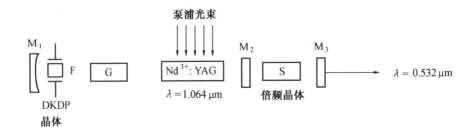

图 7.36　激光腔内倍频的实验装置示意图

腔内二次谐波发生，简称 ICSHG。利用连续 Nd^{3+}:YAG 激光器和铌酸钡钠（$Ba_2NaNb_5O_{15}$）倍频晶体做腔内倍频实验，可获得 100% 的转换效率。

采用 Nd^{3+}:YAG 激光辐射腔内的非线性光学晶体时，所产生的二次谐波发生（1.064～0.532 μm）的实验数据列于表 7.25 中。

表 7.25 Nd^{3+}:YAG 激光辐射(1.064~0.532 μm)的腔内二次谐波发生

晶 体	θ_M/(°)	l/mm	激光工作方式 输出辐射参数	转换效率 η/%
LiIO$_3$	29	—	Q 开关 P = 0.3 W	100
LiNbO$_3$	90		连续泵浦,Q 开关 P = 0.31 W, $P_{峰}$ = 500 W	100
Ba$_2$NaNb$_5$O$_{15}$	90	3	CW, P = 1.1 W	100
KTiOPO$_4$	26	3.5	Q 开关 P = 5.6 W	—
KNbO$_3$	90	5	CW, P = 0.366 W	90

倍频转换使基波光的频率 ω 转换到 2ω,即倍频光,其次是和频转换,它使两个基波光子 ω_1、ω_2 转换成 $\omega_3 = \omega_1 + \omega_2$。而且还可以把上述两种转换串联起来,分别实现四倍频 $\omega_4 = 2\omega + 2\omega$;也可以实现五倍频 $\omega_5 = 2\omega + 3\omega$ 或 $\omega_5 = \omega + 4\omega$ 等。

2. 和频发生

激光的和频也称为频率上转换。当两束频率不同的激光同时入射非线性光学晶体时,将会产生第三种频率的激光,其频率可以是原来两束激光频率的和,也可以是两者之差,既可以是和频,也可以是差频。和频发生(SFG)的工作原理如图 7.37 所示。

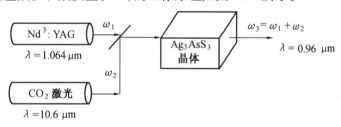

图 7.37 和频发生($\omega_3 = \omega_1 + \omega_2$)的工作原理示意图

借助可调谐激光通过非线性光学晶体的和频发生,可大大地拓宽激光辐射光谱区范围,使其激光辐射波长 λ 达到远紫外光谱区。激光和频发生时,可通过 Nd^{3+}:YAG 激光和它的二次、三次和四次谐波作为固定频率的辐射光源。

和频发生也可将红外辐射激光有效地转换到可见光区,例如,CO$_2$ 激光辐射(λ = 10.6 μm)可上转换到可见光区,转换效率达到 30%~40%。它是以染料激光和 Nd^{3+}:YAG 激光辐射作为泵浦源,经晶体和频后实现的。

通常可将 KDP、ADP、KBS、KN、BBO 等晶体作为激光上转换到紫外和远紫外区的和频材料。采用 KDP 晶体上转换,已获得 190~432 nm 波段的紫外辐射,并已成功应用于微微秒和毫毫秒紫外脉冲的发生。KDP 晶体紫外辐射的和频发生见表 7.26。

表 7.26　KDP 晶体紫外辐射的和频发生

和频波长 $\lambda_s/\mu m$	相互作用辐射源	τ_p/ns	转换效率 功率、能量
362~432	染料激光 + Nd^{3+}:YAG 激光	0.03	20%
257~320	染料激光 + 氩激光	CW 方式	200 μW
215~223	染料激光的 2ω + Nd^{3+}:YAG 激光	10	10 kW
240~242	红宝石激光(347 nm)的 2ω + 染料激光	30	1 MW
269~315	Nd^{3+}:YAG 激光的 2ω + 532 nm	0.03	1~3 mJ
218~244	(269~315 nm) + Nd^{3+}:YAG 激光	0.03	0.1 mJ
360~415	染料激光 + Nd^{3+}:YAG 激光	25~30	60%~70%
239	Nd^{3+}:YAG 激光 + XeCl 激光(308 nm)	0.7	50%
288~393	参量振荡(OPO)(0.63~1.5 μm) + Nd^{3+}:YAG 激光的 2ω(532 nm)	0.02	100 kW
269~287	OPO(1.29~3.6 μm) + Nd^{3+}:YAG 激光的 3ω(355 nm)	0.02	100 kW
217~226	OPO(1.1~1.5 μm) + Nd^{3+}:YAG 激光的 4ω(266 nm)	0.02	100 kW
215~245	Nd^{3+}:YAG 激光的 4ω + OPO(0.9~1.4 μm)	0.02	100 μJ
190~212	1.06 μm 辐射的 SRS + 和频(220~250 nm)	0.02	20~40 μJ
217~275	染料激光的 2ω + Nd^{3+}:YAG 激光(1.064 μm)	25~30	$P_{平均}$ = 10 mW η = 50%~55%

KBS 晶体早已用于和频发生,所覆盖的光谱波段范围为 185~269 nm[32]。

3. 差频发生(DFG)

激光差频发生又称激光频率下转换。当频率分别为 ω_1 和 ω_2 两束光同时通过非线性光学晶体时,在满足相位匹配条件下,能产生 $\omega_3 = \omega_1 - \omega_2$ 的相干光。因此,用这种方法可获得中红外和远红外以及毫米波段的相干光源,在某些特定条件下,也可用来获得可见光区的可调谐高功率光辐射。

(1) 可见光区的差频发生

当采用 Nd^{3+}:YAG 激光(λ = 1.064 μm,τ_p = 0.7 ns)为泵浦源,再以高功率 XeCl 激光(λ = 308.0 nm,308.2 nm,308.5 nm,τ_p = 12 ns)辐射长度为 43 mm、相位匹配角 θ_M = 53°、光波相互作用类型为 ooe 的 KDP 晶体,可有效地转换到波长 λ_D = 434 nm 的激光。若以 Nd^{3+}:YAG 激光为泵浦源,一块长度为 5 cm 的 DKDP 晶体可使若丹明(Rhodamine)染料激光辐射(λ = 555~580 nm),高效地转换到 λ = 490~510 nm 的辐射,详见表 7.27[33]。

第七章 非线性光学晶体材料

表 7.27 可见光区的差频发生(DFG)

晶体	差频波长 λ_D/nm	相互作用的辐射源	转换效率 η/%
KDP	434	Nd^{3+}:YAG 激光(0.7 ns) + XeCl 激光(308 nm,12 ns)	25
DKDP	490~510	染料激光 + Nd^{3+}:YAG 激光的 4ω(266 nm)	87
ADP	490~510	染料激光 + Nd^{3+}:YAG 激光的 4ω(266 nm)	80

(2) 中红外区的差频发生

为了获得波长 $\lambda = 1 \sim 6 \mu m$ 区间的红外辐射,所采用的主要晶体有 $LiIO_3$、$LiNbO_3$ 和 KTP 等。表 7.28 列出了中红外区差频发生的实例。

表 7.28 中红外区的差频发生(DFG)

晶体	$\lambda_D/\mu m$	相互作用辐射源	转换效率 功率,能量,τ_p
$LiIO_3$	2.3~4.6	染料激光 + 氩激光(514 nm 和 488 nm)	0.5~4 μW,CW
	3.8~6.0	染料激光 + 铜蒸气激光(511 nm),$\theta_{ooe} = 21° \sim 24°$	10~100 μW,20 ns
	4.4~5.7	染料激光 + Nd^{3+}:YAG 激光 $\theta_{ooe} = 20° \sim 22°$	550 kW,8 ns
$LiNbO_3$	2.2~4.2	染料激光 + 氩(Ar)激光	1 μm,CW
	2~4	染料激光 + Nd^{3+}:YAG 激光 $\theta_{ooe} = 46° \sim 57°$	60%,1.6 MW
$KTiOPO_4$	1.4~1.6	染料激光 + Nd^{3+}:YAG 激光 $\theta_{eoe} = 76° \sim 78°$,$\varphi = 0$	8.4 kW f = 76 MHz,94 fs

(3) 远红外区的差频发生

两种频率相近的激光辐射之间的差频发生(DFG)是产生远红外辐射($\lambda = 5.0 \sim 20$ mm)方法之一。例如,两种温度调谐的红宝石激光在 $LiNbO_3$ 和石英晶体中混频,可产生频率为 $1.2 \sim 8.1$ cm^{-1} 的远红外辐射[34]。一个具有宽谱带辐射的激光也可作为泵浦源,宽谱带内的不同频率之间的相互作用,也会导致差频发生。例如,采用 Nd^{3+}:硅酸盐玻璃激光为泵浦源,辐射 $LiNbO_3$ 晶体,可产生具有固定频率为 100 cm^{-1} 的远红外辐射[35]。

用于远红外区的非线性光学材料主要是 $LiNbO_3$ 晶体,其次是一些各向同性晶体,如 GaAs、ZnTe 和 ZnSe 等晶体。远红外区的差频发生的一些实验数据见表 7.29。

4. 光参量振荡[20]

一种频率和强度比较高的激光(泵浦光)和另一种频率及强度较低的光(信号光)同时通过非线性光学晶体时,结果是信号光获得放大,并产生第三种光波(空闲波),这一光波的频率正好等于泵浦光与信号光的频率差,这种现象称为光参量放大。如果把非线性光学晶体置于光学共振腔内,让泵浦光、信号光和空闲波多次往返通过非线性光学晶体,当信号光和空闲波由于参量放大,得到的增益大于它们在共振腔内的损耗时,便在共振腔内形成激光振荡,这就是光参量振荡器的工作原理。

光参量振荡(OPO)是一种可调谐激光光源,它的调谐范围比较宽,可从紫外到红外波段,且为全固化,结构紧凑,调谐方便和迅速。自1965年第一台光参量振荡(OPO)出现以来,这一发展方向始终很受重视,但至今尚未能取得与染料激光器相抗衡的地位,其主要原因是目前可采用的非线性光学晶体,都还难以全面满足实用OPO的要求。

表7.29 远红外区的差频发生(DFG)

晶体	泵浦源	频率 γ/cm^{-1}	$\lambda_D/\mu m$	转换效率 功率、能量
$LiNbO_3$	两个红宝石激光(0.694 μm)	1.2~8.0	1 250~8 330	20 mW
石英	1 mW 30 ns			
ZnTe	Nd^{3+}玻璃激光(1.06 μm)	8~30	330~1 250	20 mW
$LiNbO_3$	50 mJ 10 ps			
ZnTe,ZnSe	染料激光(0.73~0.95 μm)	5~30	330~2 000	1 W(ZnTe)
$LiNbO_3$	11~15 ns 4~13 MW			
$LiNbO_3$	两个红宝石激光(0.694 μm)20 ns	1~3.3	3 000~10 000	0.5 W
GaAs	两种频率的CO_2激光(10.6 μm)	2~100	100~5 000	—

$LiNbO_3$晶体OPO设计原理如图7.38所示。

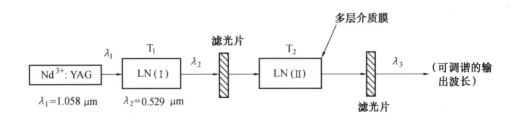

图7.38 $LiNbO_3$晶体光参量振荡设计原理示意图

当波长 $\lambda_1 = 1.058\ \mu m$ 的 Nd^{3+}:$CaWO_4$ 激光,通过第一块 $LiNbO_3$ 晶体倍频,输出波长 $\lambda_2 = 0.529\ \mu m$ 的激光作为泵浦光源,再入射到第二块 $LiNbO_3$ 晶体,这个晶体的两个通光面经抛光镀上多层介质膜,构成了光学谐振腔,再通过调控第二块晶体温度的方法,便可产生可调谐的输出波长为 λ_3 的激光。

已用于紫外、可见和近红外波段(0.3~5.0 μm)OPO的晶体有KDP、DKDP、ADP、CDA、$LiIO_3$、LN、BBO、KTP、BNN、KN和尿素等晶体,这些晶体的实验条件与其结果列于表7.30。

表 7.30　紫外、可见和近红外波段的 OPO 的一些实验数据

晶 体	相位匹配角、相互作用类型	$\lambda_p/\mu m$	$\lambda_{OPO}/\mu m$	τ_p	转换效率/%	附 注
KDP	$\theta_{eoe}=58°$ eoe	0.532	0.8~1.67	40 ps	25	TWPOP, $E=1$ mJ $l_1=l_2=4$ cm
DKDP	$\theta_{eoe}=90°$	0.266	0.47~0.61	—	—	TWOPO, $t=40$~100℃
ADP	$\theta_{ooe}=51°$~45° ooe	0.352	0.44~1.75	5 ps	0.1~1.0	TWCPO, $l_1=2.5$ cm, $l_2=3$ cm
CDA	$\theta_{ooe}=90°$	0.532	0.854~1.41	10 ps	30~60	$l=30$ cm, $t=50$~70℃ $I_{泵浦}=0.3$ GW·cm^{-2}
LiIO$_3$	$\theta_{ooe}=23°$~30°	0.532	0.63~3.35	30 ns	20	SROPO
LN	$\theta_{ooe}=43.8°$~47°	1.06	1.43~4.0	6 ps	3	TWOPO, $l=2$ cm $I_{泵浦}=8$ GW·cm^{-2}　$l=5$ cm
	$\theta_{ooe}=45°$~51°	1.064	1.37~4.83	40 ps	17	TWOPO
BBO	ooe	0.355	0.45~1.68	8 ns	9.4	SPOPO $I_{泵浦}=130$ MW·cm^{-2} $l=11.5$ mm $E_{OPO}=15$ mJ
KTP	$\theta_{eoe}=40°$~70°	0.526	0.6~2	30 ps	10	OPO 由 Nd:YLF 激光泵浦 $l=20$ mm
Ba$_2$NaNb$_5$O$_{15}$	$\theta_{ooe}=90°$	0.532	0.75~1.82	10 ns	5	SROPO, $t=80$~220℃
KNbO$_3$	$\theta_{ooo}=81°$~90°	0.355	0.5~0.51	7 ns	20	SROPO, $I_{泵浦}=90$ MW·cm^{-2}
尿素	$\theta_{ooo}=50°$~90°	0.535	1.17~1.22			SROPO, $l=2.3$ cm
			0.5~1.23	7 ns	23	$l=1.27$ cm

中红外波段 OPO(5~16 μm)所用的非线性光学晶体有 Ag$_3$AsS$_3$、AgGaS$_2$、ZeGeP$_2$ 和 CdSe 等晶体。

OPO 辐射能够大大地拓宽激光辐射的波长范围。如采用长度为 30 mm 的 LiIO$_3$ 晶体, $\theta_{ooe}=30°$, 使其 OPO 二次谐波发生, 当波长 $\lambda=420$~700 nm 时, 二次谐波能量为 0.1~0.4 mJ, 转换效率 $\eta=5\%$~47%。采用 Nd^{3+}:YAG 激光辐射泵浦 KDP 晶体与 OPO 辐射混频所给出的和频发生的波长达到 240 nm[36]。

5. 光参量放大[37,38]

产生光参量放大的实验方案一般多采用两块(甚至更多块)非线性光学晶体, 以实现光参量超荧光的发生和最后小信号参量放大, 统称光参量发生与光参量放大, 简称 OPG + OPA。这个实验方案中一般是将两块非线性光学晶体沿泵浦光光路, 按双折射相消对称放置, 而其它的更多块晶体的作用只是为了多一级放大。

采用 BBO 晶体所制成的 OPA 实验装置工作原理如图 7.39 所示。图中示出的泵浦源为

Nd³⁺:YAG 激光器输出的三倍频光($\lambda_3 = 354.7$ nm),M_3、M_4 为泵浦光全反射镜转折光路。LS 为透镜系统,BBO 晶体置于转台上,转台调谐精度约 0.14 nm。M_1 为第一次经过 BBO 晶体的泵浦光全反射镜,其前后位移精度为 0.5 mm,M_2 为参量超荧光的宽带反射镜,转动精度 0.006°,P 为直角棱镜。在 BBO 晶体后加反射镜,便形成自注入光参量放大器,以克服由于使用双晶体所产生的同步调谐的困难。

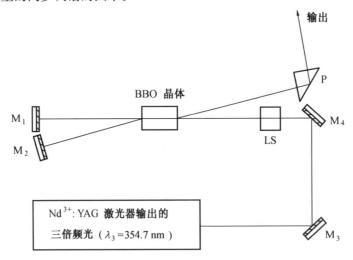

图 7.39　BBO 晶体制成的 OPA 实验装置工作原理示意图

二、电光晶体的应用[15,39]

晶体的电光效应在激光技术中有广泛的应用,下面是线性电光效应的几项重要用途。

1. 电光调制器

当施加在电光晶体上的电压为交变调制信号时,则晶体中相应地形成交变电场,从而使晶体的折射率也将随着信号频率变化而交替地发生变化。在这种情况下,当光波通过晶体时,输出光的强度便随着调制信号的变化而变化,则具有这种特性的光学装置,称为电光强度调制器。若输出光的相位载有调制信号的信息,则具有这种特性的光学装置,称为电光相位调制器。以下为两种调制器的工作原理。

(1) 电光强度调制器

一种典型的电光强度调制器的实验装置如图 7.40 所示。它由一对正交偏光器和一块纵向通光的 Z 切 KDP 晶体所组成。后者置于两个正交偏振器之间,在 KDP 晶体与检偏器之间插入一块 1/4 波片(即补偿器),从而产生了 $\pi/2$ 相位差,以致线性偏振光被转换成圆偏振光。当在电光强度调制器上不加电压时,只有 50% 的光透过检偏器;当加上调制信号电压后,输出光的强度就随之做线性变化。

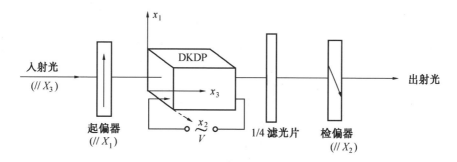

图 7.40 电光强度调制器的实验装置示意图

(2) 电光相位调制器

典型的电光相位调制器工作原理如图 7.41 所示。它由一块起偏器和一块纵向通光 DKDP 电光晶体所组成。作用在 DKDP 晶体上的电压也是需要传输的信息的信号电压。

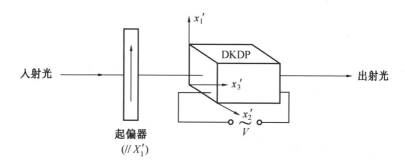

图 7.41 电光相位调制器工作原理示意图

电光相位调制器和电光强度调制器最主要的区别是:相位调制器中的起偏器的偏振轴与 DKDP 晶体的一个感应轴 x' 相平行。这样,调制电场就不会改变入射光的偏振态,而只改变入射光的相位。

2. 电光开关

电光开关是利用脉冲电信号来控制光路的通信装置,其工作原理如图 7.42 所示。电光开关装置的结构与电光强度调制器的结构基本相同。不同之处在于电光开关的补偿器不是 1/4 波片,电光开关中的调制信号一定是脉冲电压。

将 DKDP 晶体 Z 切片置于正交的起偏镜和分析镜之间,起偏镜的振动方向平行于 DKDP 晶体的 x_1 轴或 x_2 轴。若入射强度为 I_0,则光通过该光学系统的透过率 T 为

$$T = \frac{I_0}{I} = \sin^2 \frac{\pi V_3}{2V_\pi} \tag{7.30}$$

式中 V_3——施加在 DKDP 晶体 x_3 轴方向的电压;

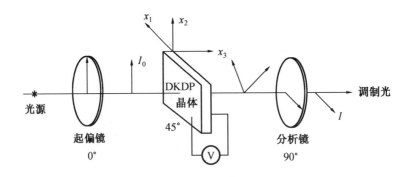

图 7.42　电光开关工作原理示意图

V_π——半波电压；

I——调制光强度。

由式(7.30)可见，当相位差为电压的线性函数时，相对透过率 T 为电压正弦平方的函数，这一函数关系可用图 7.43 中的曲线表示。

当晶体不施加电压时，透过率最小，快门是关闭的。当电压增加时，透过率也随之增大，当所施加的电压等于半波电压 V_π 时，透过率最大，快门全打开。在理想的情况下，它的开关频率可达 10^{10} 次·s^{-1}，这个速度是任何机械式快门所无法比拟的，因此，在激光技术中已获得广泛应用。

电光快门在激光技术中的重要应用是作为激光器的 Q 开关，与激光器组成 Q 开关激光器可以产生巨脉冲激光。

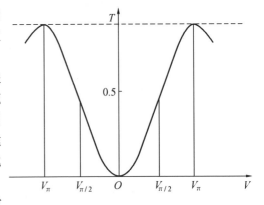

图 7.43　相对透过率 T 与电压 V 的关系

利用 DKDP 电光晶体制作 Q 开关激光器的工作原理如图 7.44 所示。

晶体的 x_1 或 x_2 轴平行于激光的振动方向，晶体的光轴 x_3 与激光束平行，起偏镜有精确取向，其振动方向平行于激光的振动方向(图 7.42)。

将 DKDP 晶体 Q 开关置于激光谐振腔内，它可用来控制谐振腔的 Q 值。当开关处于关闭状态时，腔内损耗很大，即 Q 值很低，这时激光无法形成振荡，泵浦光的能量只能通过亚稳态粒子数反转储存在激光棒中。当反转数达到最大时，DKDP 晶体 Q 开关被打开，Q 值升高，储能以高功率的激光脉冲释放出来，这就是 DKDP 晶体做成 Q 开关激光器的工作原理。

3.电光偏转

利用晶体的电光效应来实现激光束的偏转，称为电光偏转技术。由于对电光晶体所施加的电压种类不同，光束偏转方式也就不同。一种是数字式的，称为数字偏转，这种偏转方式是

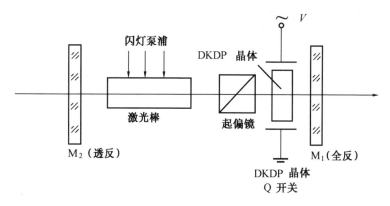

图 7.44　DKDP 晶体 Q 开关激光器的工作原理示意图

在特定的间隔位置上使光束离散;另一种是连续方式,称为连续偏转,可使光束传播方向产生连续偏转,从而使光束光点在空间按预定规律连续移动。

(1) 数字偏转器

数字偏转器由起偏器、电光晶体和双折射晶体组成,电光晶体通常采用 DKDP 晶体,双折射晶体一般采用方解石($CaCO_3$)或硝酸钠($NaNO_3$)晶体。一级数字型电光偏转器工作原理如图 7.45 所示。

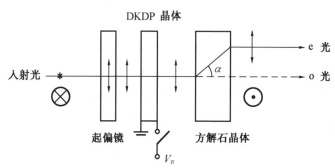

图 7.45　一级数字型电光偏转器工作原理示意图

DKDP 晶体采用 Z 向切型,其 x_1 轴或 x_2 轴平行于方解石晶体的光轴与其晶面法线所组成的平面。起偏镜的偏转轴平行于 DKDP 晶体的 x_2 轴或 x_1 轴。

在图 7.45 中,DKDP 晶体的 x_1 轴垂直于图面,方解石的光轴在图面内,而 e 光的振动方向平行于图面。若入射光的振动方向平行于 DKDP 晶体的 x_1 轴,当此入射光透过 DKDP 晶体后,振动方向不变,即平行于双折射晶体的 o 光振动方向,因此,当光速透过双折射晶体时,其方向不变,图 7.45 中用虚线表示。若在 DKDP 晶体上施加半波电压 V_π 时,则光束透过电光晶体后,其振动方向偏转 90°,即平行于双折射晶体后,产生折射,偏离原来光路的角度为 α,折射

529

光束的传播方向为图 7.45 中的实线所示。这样的组合就构成了一个一级数字型偏转器,通过它可以在电光晶体上施加或不施加半波电压 V_π,以达到控制光束分别占据两个位置之一的目的。

若将两个一级数字型电光偏转器组合在一起,便可构成二级数字型电光偏转器,其工作原理如图 7.46 所示。其中电光晶体 A_1 与 A_2 的尺寸取向一致。双折射晶体 B_1 和 B_2 的取向也一致,但 B_2 晶体在通光方向上的厚度是 B_1 晶体的 2 倍,这样才能保证 B_1 中的 o 光和 B_2 中的 e 光的光斑及 B_1 中 e 光与 B_2 中 o 光的光斑位置等间距分离。二级数字型电光偏转器有 4 个可控的光斑位置。

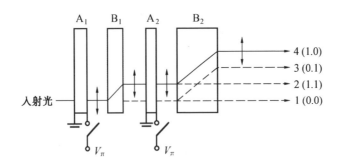

图 7.46　二级数字型电光偏转器工作原理示意图

(2) 连续偏转器

由多块电光晶体可制成偏振光束连续偏转器。以三块厚度为 h 的 DKDP 晶体棱镜所构成连续偏转器为例,其工作原理如图 7.47 所示。三块 DKDP 晶体棱镜中,其中一块是顶角为 $\beta/2$ 的直角棱镜,其余两块是顶角为 β 的等腰三角形棱镜,它们的光轴 x_3 均垂直于图面,均与棱镜的厚度方向一致,而且相邻两块棱镜的 x_3 轴方向相反,在垂直于 x_3 轴的棱镜面上镀上电极,当施加上电压 V_3 时,各棱镜的感应主轴方向如图 7.47 中所标明。

当一束偏振光垂直入射到棱镜组时,如果 $V_3 = 0$,则光束不偏转,仍按原方向在棱镜组中传播,如果 $V_3 \neq 0$,则光束发生偏转。通过棱镜组产生三次折射,最后得到的偏转角近似为

$$\theta_T \approx n_o \Delta\theta \approx \frac{2}{h} n_o^3 \cdot \gamma_{63} V_3 \tag{7.31}$$

式中　n_o——DKDP 晶体的常光折射率;
　　　γ_{63}——DKDP 晶体的电光系数;
　　　V_3——外加电压(x_3 方向);
　　　h——棱镜厚度。

由于 DKDP 晶体的电光系数 γ_{63} 的大小有限,为了增大光束的偏转角度 θ_T,可以增加多棱镜的数目,但数目不能无限制地增加,因此,连续偏转器在应用上受到一定的限制。

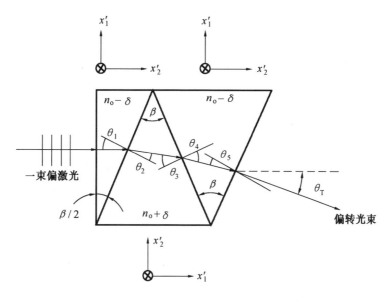

图 7.47　三块 DKDP 晶体所构成的偏转器工作原理示意图

三、光折变晶体的应用[40~42]

光折变晶体材料可作为全息记忆系统的存储介质,其特点为信息的写入是折射率变化方式,故读出效率很高;信息的记录与消除方便,而且能反复使用,无损读出;可进行实时记录;分辨率高,存储量大。信息可分层存储,在几毫米厚的晶体中可存储 10^3 个全息图。各种材料的存储信息时间有很大不同,如 $KTa_{1-x}Nb_xO_3$ 晶体为 10 h,而 $Fe:LiNbO_3$ 晶体可达数月时间。

另外,还有厚的全息的体积性质允许入射光束同其在记录介质中的衍射光束相干涉,这个效应引起新光栅的连续记录。

近年来,光折变晶体通过四波混频获得的非线性光学相位共轭和其它动态记录介质得到迅猛地发展。光折变材料的四波混频的相位共轭的发生,不需要另外的泵浦光源,如果一对棱镜排成一行,以形成包括光折变晶体 $BaTiO_3$ 在内的一个共振腔,这种光折变相位匹配器能够自泵浦。

在非线性光学晶体中,采用四波混频的方法可获得入射波的相位共轭输出,如图 7.48 所示。图中 I_1、I_2 为泵浦光,I_3 为信号光。又称探测光 I_4 为信号光 I_3 的相位共轭波。当三束相干光在非线性光学晶体中混频时,只有当这三束光在满足相位匹配的条件下相互作用时,才能获得相位共轭波输出。

采用光折变晶体(如 $BaTiO_3$)作为光学介质时,当一束光 I_3 相对于晶体 C 轴在一定的角度范围内入射的情况下,即可获得光束 I_3 的相位共轭波 I_4,并不需要 I_1、I_2 泵浦光束的入射,这就是所谓的自泵浦相位共轭效应,其原理如图 7.49 所示。

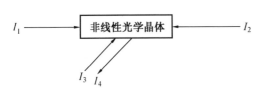

图7.48 光的相位共轭原理示意图

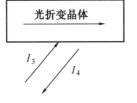

图7.49 自泵浦相位共轭示意图

利用自泵浦相位共轭效应,可实现畸变像的复原,实验装置的原理示意图如图7.50所示。

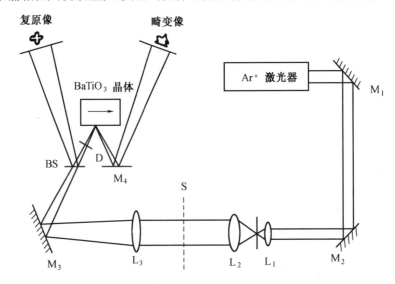

图7.50 畸变像复原实验装置工作原理示意图

L_1、L_2、L_3—光学透镜;M_1、M_2、M_3、M_4—光学反射镜;BS—分束片;D—畸变介质;S—幻灯片

激光束经空间滤波器扩束后,通过幻灯片 S,载像束经透镜 L_3、经聚焦后再经过反射镜 M_3、分束片 BS 及畸变介质 D 后射到光折变晶体 $BaTiO_3$ 上,载像经畸变介质后产生畸变,畸变再经反射镜 M_4,反射到光屏上。由光折变晶体 $BaTiO_3$ 所产生的相位共轭波,经畸变介质 D 后畸变像复原。复原像由分束片 BS 反射到光屏上。

参考文献

1 Franken P A, Hill A E, Perters C W, et al. Generation of optical harmonics. Phys. Rev. Lett., 1961, I:118~119
2 Bloembergen N. Nonlinear Optics. New York: Benjamin, 1965
3 干福熹. 信息材料. 天津:天津大学出版社,2002
4 张克从,王希敏. 非线性光学晶体材料科学. 北京:科学出版社,1996
5 马如璋,蒋民华,徐祖雄. 功能材料学概论. 北京:冶金工业出版社,1999

6 张克从. 近代科学晶体学基础. 北京:科学出版社,1987

7 Kleinman D A. Nonlinear Dielectric Polarization in Optical Media. Phys. Rev., 1962,126:1977~1979

8 石顺祥,过已吉. 光电子技术及其应用. 成都:电子科技大学出版社,2000

9 曾汉民. 高技术新材料要览. 北京:中国科学技术出版社,1993

10 陶世莹,王大勇,江竹青,等. 光全息存储. 北京:北京工业大学出版社,2001

11 Ashkin A. Optical-induced refractive index inhomogeneities in $LiNO_3$ and $LiTaO_3$. Appl. Phys. Lett., 1966, 9:72

12 Chen F S. Holographics Storage in Lithium Niobate. Appl. Phys. Lett., 1968,13:223

13 Günter A M, Günter P, Huignard J P. Photorefractive Materials and Their Application Ⅰ - Fundamental Phenomena. Berlin: Springer-Verlag, 1988

14 沈德忠,张合义. $Fe:KNbO_3$ 晶体熔盐法生长及其光折变效应. 人工晶体学报,1990, 19(1):1~4

15 肖定全,王民. 晶体物理学. 成都:四川大学出版社,1989

16 Günter A M. Electro-optical Effect in Dielectric Crystals. ETH Hönggerberg, CH-8093 Zürich,Switzerland:1986

17 Yokotani. A, Sasaki T, Yoshida K, et al. Improvement of the bulk laser damage threshold of potassium dihydrogen phosphate crystals by ultraviolet irradiation. Appl. Phys. Lett., 1986,48(16):1030~1032

18 Kené Mass, Jean-Claude Grenier. Étude de monophosphates du type $M^I TiOPO_4$ avec M^I = K, Re et Ti. Bull. Soc. (Fr.) Mineral. Crstallogr, 1971, 94:437~439

19 刘向阳. 磷酸盐助溶剂中 KTP 晶体生长的物理化学过程. 硅酸盐学报,1988,16(2):163~171,16(4):345~350

20 Dmitriev V G, Guzadyan G G, Nikogosyan D N. Handbook of Nonlinear Optical Crystals. Berlin: Springer-Verlag, 1999.2

21 吴成天,陈创天. 使用集团理论计算 $KB_5O_8 \cdot 4H_2O$ 晶体的倍频系数. 物理学报,1986,35(1):1~6

22 陈创天,吴柏冒. 中国牌深紫外非线性光学晶体——KBBF 和 SBBO 晶体. 中国科学院院刊,1999,6:456~457

23 梁敬魁,张玉苓,黄清镇. BaB_2O_4 相变动力学的研究. 化学学报,1982,40(11):994~1000

24 吴以成,江爱栋,卢绍芳. $Li_2O \cdot 3B_2O_3$ 单晶生长和晶体结构. 人工晶体学报,1990,19(1):33~38

25 赵书清,张红武,黄朝恩. 非线性光学新晶体三硼酸锂的生长、结构及性能. 人工晶体学报,1989,18(1):9~17

26 Zhao S Q, Huang C E, Zhang H W. Crystal growth and properties of lithium triborate. J. Crystal Growth,1990,18(1):9~17

27 张洪喜,徐崇泉,徐玉恒. 铌酸锂晶体红外光谱及氢杂质结构. 人工晶体学报,1990,19(4):344~346

28 Berg M, Harris C B. Generation of intense tunable pisosecond pulses in the far-infrared. Appl. Phys.Lett.,1985,47:206~208

29 Godefroy G, Lompre, Dumas C. Pure and doped barium titanate, crystal growth and chemical composition. Mat. Res. Bull., 1977,12:165~169

30 陈创天. 氧化物型晶体光电和非线性光学效应的阴离子配位集团理论. 中国科学,1977,6:579~593

31 雷仕湛. 激光技术手册. 北京:科学出版社,1992

32 Yuichi T, Hiroto K, Shigeo S. Generation of tunable picosecond pulse in the ultraviolet region down to 197nm. Opt.

Commun., 1982, 41:434~436

33 Massey G A, Johnson J C. Shifting if rhodamine dye-laser light into the blue-green. Appl. Opt., 1978, 17:3702~3702

34 Faries D W, Gehring K A. Tunable far-infrared radiation generated from the difference frequency between two ruby lasers. Phy. Rev., 1969, 180:363~365

35 Zernike F, Berman P R. Generation of far-infrared as a difference frequency. Phys. Rev., 1965, 15:999~1001

36 Bosenberg W R, Cheng L K, Tang C L. Ultranviolet optical parametric oscillation in β-BaB$_2$O$_4$. Appl. Phys. Lett., 1989, 54:13~15

37 Sukowski U, Seilmeier A. Intense tunable picosecond pulses generated by parametric amplification in β-BaB$_2$O$_4$. Appl. Phys., 1990, B50:541~545

38 Deng D Q, Xu Z Y. Picosecond Narrow-band superluminescent optical parametric self-amplification in β-BaB$_2$O$_4$ crystal pumped at 354.7 nm. Chinese Phys. Lett., 1990, 7(3):11

39 陈刚,廖理几. 晶体物理学基础. 北京:科学出版社,1991

40 张治国,王大地,于群力. BaTiO$_3$自泵浦相位共轭镜. 光学学报,1989,9(7):598~602

41 李铭华,杨春晖,徐玉恒. 光折变晶体材料科学导论. 北京:科学出版社,2003

42 Ryt D, Klein M B. High-efficiency fast response in photorefractive BaTiO$_3$ at 120℃. Appl. Phys. Lett., 1988, 52(21):1759~1763

第八章 固体激光材料

自世界上第一台激光器(红宝石固体激光器)问世以来,固体激光器的研究取得了长足的进展,至今在各种激光器中仍占居主导地位,并且广泛应用于国防、工业、医学和科研等领域。固体激光材料是发展固体激光器的核心和关键。本章首先讨论固体激光材料的物理基础,然后重点介绍典型的激光晶体和激光玻璃的性能特点、制备和应用。

8.1 固体激光材料物理基础

一、光的受激辐射

光与物质共振作用中的受激辐射是激光材料的物理基础。1900年普朗克用辐射量子化假设解释了黑体辐射分布规律,1913年波尔提出了原子中电子运动状态量子化的假设,在此基础上,爱因斯坦从光量子概念出发,重新推导了黑体辐射的普朗克公式,于1917年提出了受激辐射的基本概念,这一概念几乎提供了描述激光原理所需的全部理论。

1. 黑体辐射[1,2]

如果某一物质能够完全吸收任何波长的电磁辐射,则称其为绝对黑体,简称黑体。黑体处于某一温度 T 的热平衡时,它所吸收的辐射能量等于发出的辐射能量,即黑体与辐射场之间处于能量(热)平衡状态。这种平衡导致黑体(空腔)内具有完全确定的辐射场,这种辐射场称为黑体辐射或平衡辐射。

黑体辐射是黑体温度 T 和辐射场频率 ν 的函数,可用普朗克公式描述为

$$\rho_\nu = \frac{8\pi h \nu^3}{c^3} \frac{1}{e^{\frac{h\nu}{kT}} - 1} \tag{8.1}$$

式中 ρ_ν——在单位体积中,频率处于 ν 附近的单位频率间隔中的电磁辐射能量($J \cdot m^{-3} \cdot s$);

k——玻耳兹曼常数;

c——光速。

2. 受激辐射和自发辐射[1,3]

黑体辐射是辐射场 ρ_ν 和构成黑体的物质原子相互作用的结果。为简化问题,只考虑两个能级 E_2 和 E_1,并有

$$E_2 - E_1 = h\nu \tag{8.2}$$

单位体积内处于二能级的原子数分别为 n_2 和 n_1,如图 8.1 所示。

爱因斯坦从辐射与原子相互作用的量子理论观点出发提出:上述相互作用包含三个过程,即原子的自发辐射跃迁、受激吸收跃迁和受激辐射跃迁,如图 8.2 所示。

(1) 自发辐射

处于高能级 E_2 的一个原子自发向 E_1 跃迁,并发射出一个能量为 $h\nu$ 的光子,这个过程称为自发跃迁(图 8.2(a))。由原子自发跃迁发出的光波称为自发辐射,自发跃迁过程用自发跃迁几率 A_{21} 描述。A_{21} 定义为单位时间内 n_2 个高能态原子中发生自发跃迁的原子数与 n_2 的比值,即

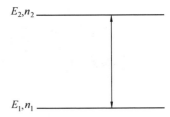

图 8.1 二能级原子能级示意图

$$A_{21} = \left(\frac{dn_{21}}{dt}\right)_{sp}\frac{1}{n_2} \tag{8.3}$$

式中 $(dn_{21})_{sp}$——自发跃迁引起的由 E_2 向 E_1 跃迁的原子数。

自发跃迁是一种与原子本身性质有关的而与辐射场 ρ_ν 无关的自发过程。因此,A_{21} 只决定于原子本身的性质,A_{21} 也称为自发跃迁爱因斯坦系数。

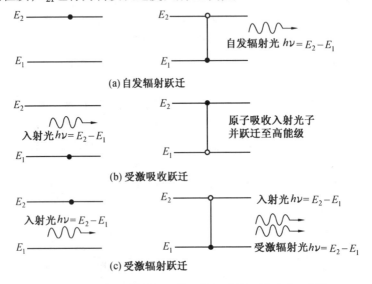

图 8.2 原子的自发辐射、受激吸收和受激辐射跃迁示意图

(2) 受激吸收

处于低能级 E_1 的一个原子,在频率为 ν 的辐射场作用(激励)下,吸收一个能量为 $h\nu$ 的光子并向 E_2 能级跃迁,这个过程称为受激吸收跃迁(图 8.2(b))。用受激吸收系数 W_{12} 描述,即

$$W_{12} = \left(\frac{dn_{12}}{dt}\right)_{st} \frac{1}{n_1} \tag{8.4}$$

式中　$(dn_{12})_{st}$——受激辐射引起的由 E_1 向 E_2 跃迁的原子数。

W_{12} 不仅与原子的性质有关，还与辐射场的 ρ_ν 成正比，这种关系可表示为

$$W_{12} = B_{12}\rho_\nu \tag{8.5}$$

式中　B_{12}——受激吸收跃迁爱因斯坦系数，它只与原子性质有关。

(3) 受激辐射

处于高能级 E_2 的原子在频率 ν 的辐射场的作用下，跃迁至低能级 E_1 并发射一个能量为 $h\nu$ 的光子，这个过程称为受激辐射跃迁，它是受激吸收跃迁的反过程(图 8.2(c))。受激辐射跃迁发出的光波称为受激辐射。受激辐射跃迁几率用 W_{21} 表示，即

$$W_{21} = \left(\frac{dn_{21}}{dt}\right)_{st} \frac{1}{n_2}$$

$$W_{21} = B_{21}\rho_\nu \tag{8.6}$$

式中　B_{21}——受激辐射跃迁爱因斯坦系数。

容易证明，B_{12} 和 B_{21} 之间的关系是

$$B_{12}f_1 = B_{21}f_2 \tag{8.7}$$

式中　f_1、f_2——能级 E_2 和 E_1 的统计权重。

A_{21} 与 B_{21} 之间的关系是

$$\frac{A_{21}}{B_{21}} = \frac{8\pi h\nu^3}{c^3} = n_\nu h\nu \tag{8.8}$$

式(8.7)和式(8.8)为爱因斯坦系数的基本关系。

当 $f_2 = f_1$ 时，有

$$B_{12} = B_{21} \tag{8.9}$$

或

$$W_{12} = W_{21} \tag{8.10}$$

3. 受激辐射的相干性[1,4]

如前所述，自发辐射是原子在不受外界辐射场控制情况下的自发过程，因此，大量原子的自发辐射场的相位是无规则分布的，或平均地分配到腔内所有模式上。

受激辐射是在外界辐射场控制下的发光过程，因此受激辐射光子与入射光子属于同一光子态。或者说，受激辐射场与入射辐射场具有相同的频率、相位、波矢和偏振方向，因而属于同一模式，如图 8.3 所示。特别需要指出的是，大量原子

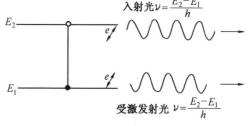

图 8.3　受激辐射示意图

$e\!\!\!/$— 偏振方向

在同一辐射场激发下产生的受激辐射处于同一光波模式或同一量子态,因而是相干的。

二、光放大

1. 光放大条件——粒子数反转[1,5,6]

根据统计力学基本原理,物质处于热平衡状态时,各能级上的原子数(也称粒子数或集居数)服从玻耳兹曼统计分布,即

$$\frac{n_2}{n_1} = \frac{f_2}{f_1} e^{-\frac{(E_2-E_1)}{kT}} \tag{8.11}$$

为简化起见,令式(8.11)中 $f_2 = f_1$。因 $E_2 > E_1$,所以 $n_2 < n_1$,即在热平衡状态下,高能级上的原子数恒小于低能级上的原子数。当频率 $\nu = (E_2 - E_1)/h$ 的光通过物质时,受激吸收光子数($n_1 W_{12}$)恒大于受激辐射光子数($n_2 W_{21}$),因此处于热平衡状态下的物质只能吸收光子,不可能实现光放大。

创造一定条件,使 $n_2 > n_1$,这时受激辐射光子数大于受激吸收光子数,便可以实现光放大。$n_2 > n_1$ 时,称为粒(原)子数反转(也可称为集居数反转),是光的放大条件。

一个只具有二能级的原子系统不可能实现粒子数的反转分布,而一个满足一定条件的三能级或更多能级的原子系统就有可能实现粒子数反转。下面以三能级系统为例加以说明[6]。设有一个各能级间的跃迁都可进行的三能级原子系统。热平衡时,原子按能级的分布满足玻耳兹曼分布律,处于 E_1 能级的粒(原)子数最多,而 E_3 能级的粒子数最少,如图8.4所示。若有一外来辐射,其频率值 $\nu_{31} = (E_3 - E_1)/h$,则有部分处于 E_1 的原子因吸收外来辐射而跃迁到 E_3 能级,同时,也存在少数原子从 E_3 能级跃迁到 E_1 能级。外来辐射足够强时,E_1 能级上的粒子数 n_1 与 E_3 能级上的 n_3 可达到动态平衡,即 $n_1 \approx n_3$。这时 E_3 能级上的粒子数增加了 Δn,而 E_1 能级上的粒子数则减少 Δn。若 E_3 能级与 E_2 能级比较接近,则 E_3 能级上的粒子数就有可能超过 E_2 能级上的粒子数,即在 E_3 能级与 E_2 能级间形成粒子数反转分布(图8.4

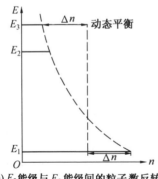 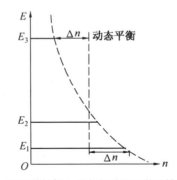

(a) E_3 能级与 E_2 能级间的粒子数反转　　(b) E_2 能级与 E_1 能级间的粒子数反转

图8.4　三能级系统的粒子数反转示意图

(a))。若 E_2 能级与 E_1 能级比较接近,则 E_2 能级上的粒子数就有可能超过 E_1 能级上的粒子数,于是,在 E_2 能级与 E_1 能级间形成粒子数反转分布(图 8.4(b))。1960 年诞生的世界上第一台激光器(以红宝石为激光工作物质)就是按上述第二种情况形成粒子数反转分布的。

一般来说,当物质处于热平衡状态时,粒子数反转是不可能的。只有当外界向物质供给能量(称为激励或泵浦)使物质处于非平衡状态时,粒子数反转才能实现。激励(或泵浦)过程是光放大的必要条件。

2. 光放大物质的增益[1,5]

处于粒子数反转状态的物质称为激活物质。一段激活物质就是一个光放大器,放大作用的大小通常用增益系数 g 来描述。如图 8.5 所示的增益物质的光放大,设在光的传播方向上 z 处的光强为 $I(z)$,则增益系数定义为

$$g(z) = \frac{dI(z)}{dz} \frac{1}{I(z)} \tag{8.12}$$

式中　$g(z)$——光通过单位长度激活物质后光强增加的百分数。

若$(n_2 - n_1)$不随 z 变化,则增益系数 $g(z)$ 为一常数 g^0,式(8.12)为线性微分方程,将其积分得

$$I(z) = I_0 e^{g^0 z}$$

式中　I_0——$z=0$ 处的初始光强。

这种情况为线性增益或小信号增益,如图 8.5 所示。

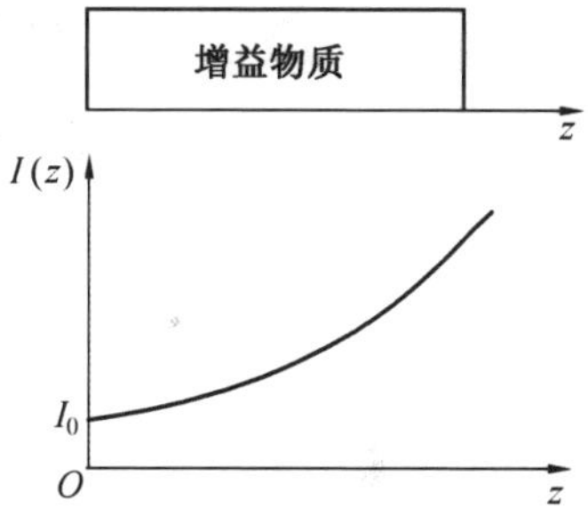

图 8.5　增益物质的光放大

实际上光强 I 的增加正是由于高能级原子向低能级受激跃迁的结果,即光的放大是以单位体积内粒子数差值 $n_2(z) - n_1(z)$ 随 z 的减小为代价的。光强 I 越大,$n_2(z) - n_1(z)$ 随 z 减小得越多,因此,增益系数 $g(z)$ 也随 z 的增加而减小,这一现象称为增益饱和效应。与此相应,可将单位体积内粒子数差值表示为光强 I 的函数,即

$$n_2 - n_1 = \frac{n_2^0 - n_1^0}{1 + \frac{I}{I_s}} \tag{8.13}$$

式中　I_s——饱和光强;

$n_2^0 - n_1^0$——光强 $I=0$ 时单位体积内的初始粒子数差值。

从式(8.13)出发,可以得出

$$g(I) = \frac{g^0}{1 + \frac{I}{I_s}} \tag{8.14}$$

式中　g^0——小信号增益系数;当 $I=0$ 时,$g^0 = g(I)$。

如果在放大器中光强始终满足条件 $I \ll I_s$,则增益系数 $g(I) = g^0$ 为常数,且不随 z 变化,这就是式(8.14)表示的小信号情况。如果 $I \ll I_s$ 不能满足时,式(8.14)表示的 $g(I)$ 称为大信号增益系数(或饱和增益系数)。

三、光的自激振荡[1]

在光放大的同时,通常还存在着光的损耗,并用损耗系数 α 来描述。α 定义为光通过激活物质单位距离后光强衰减的百分数,表示为

$$\alpha = -\frac{dI(z)}{dz}\frac{1}{I(z)} \tag{8.15}$$

同时考虑增益和损耗,则有

$$dI(z) = [g(I) - \alpha]I(z)dz$$

若有光强为 I_0 的微弱光进入一无限长放大器,起初,光强 $I(z)$ 将按小信号放大规律($I(z) = I_0 e^{(g^0-\alpha)z}$)增长。但随 $I(z)$ 的增加,$g(I)$ 将由于饱和效应而按式(8.14)减小,因而 $I(z)$ 的增长将逐渐变缓。最后,当 $g(I) = \alpha$ 时,$I(z)$ 达到一个稳定的极限值 I_m。根据条件 $g(I) = \alpha$ 可求得

$$\frac{g^0}{1 + \frac{I_m}{I_s}} = \alpha$$

即

$$I_m = (g^0 - \alpha)\frac{I_s}{\alpha} \tag{8.16}$$

由式(8.16)可见,I_m 只与放大器本身的参数有关,而与初始光强 I_0 无关。无论初始光强 I_0 多么微弱,只要放大器足够长,就能形成确定大小的光强 I_m,这种现象称为自激振荡。这表明,当放大器足够长时,它可能成为一个自激振荡器。

实际上并不需要真正把激活物质(放大器)的长度无限增加,而只要在具有一定长度的光放大器两端放置光谐振腔,便可实现自激振荡,如图 8.6 所示。将一个充满物质原子的长方形空腔(黑体)去掉侧壁,只保留两个端壁。端壁对光有很高的反射系数,则沿垂直端面的腔轴方向传播的光在腔内多次反射而不溢出腔外,而所有其它方向的光则很容易溢出腔外。此外,如果沿腔轴传播的光每次通过腔内物质时不是被原子吸收(受激吸收),而是由于原子的受激辐射而得到放大,那么腔内轴向模式的 ρ_ν 就能不断增加。这样,轴向光波模就能在反射镜间往返传播,就等效于增加了放大器长度。光谐振腔的这种作用也称为光的反馈。由于在腔内总是存在频率在 ν_0 附近的微弱的自发辐射光(相当于初始光强 I_0),它经过多次受激辐射就有可能在轴向光波模上产生光的自激振荡,这就是激光器的基本原理,它主要包括光波模式选择、受激辐射放大和自激振荡。英文中 LASER(激光)正是光 light amplification by stimulated emission of radiation(受激辐射放大)的缩写,反映了激光的物理本质,也决定了激光固有的四大特征,即

图 8.6　光谐振腔的选模作用示意图

单色性、相干性、方向性和高亮度。

由上述可知,一个激光器应包括光放大器和光谐振腔两部分,光谐振腔的作用是模式选择和提供轴向光波模的反馈。但光谐振腔并不是原则上不可缺少的。对于某些增益系数很高的激活物质,不需要很长的放大器就可以达到稳定饱和状态,因而可不用光谐振腔。

一个激光器能够产生自激振荡的条件是 $I_m \geq 0$。由式(8.16)求得

$$g^0 \geq \alpha \tag{8.17}$$

式中　g^0——小信号增益系数;

　　α——包括放大器损耗和谐振腔损耗在内的平均损耗系数。

当 $g^0 = \alpha$ 时,称为阈值振荡情况,这时谐振腔内光强维持在初始光强 I_0 的极其微弱的水平上。当 $g^0 > \alpha$ 时,腔内光强 I_m 就增加,并且 I_m 正比于 $(g^0 - \alpha)$。可见,增益和损耗这对矛盾就是激光器是否振荡的决定因素。振荡条件式(8.17)有时也表示为另一种形式。设激光工作物质长度为 l,光腔长度为 L,令 $\alpha L = \delta$,δ 称为光腔的单程损耗,振荡条件可写为

$$g^0 l \geq \delta \tag{8.18}$$

式中　$g^0 l$——单程小信号增益。

8.2　基质与激活离子

固体激光工作物质是将激活离子掺入基质材料而构成的。激活离子是发光中心,它的能级结构决定激光光谱特性,而基质材料主要决定工作物质的物理、化学和机械性能。

一、对固体激光材料的基本要求[7,8]

对于固体激光器,为了获得高的输出功率,降低激光运行阈值,对固体激光材料的要求如下。

① 具有高的荧光量子效率。
② 光学质量高,缺陷少,内应力小。在材料中不产生入射光的波面畸变和偏振态的变化。
③ 在激光工作频率范围透明,当光激励产生色心时,不会引起吸收的显著增加。
④ 掺入的激活离子具有有效的激励光谱和大的受激发射截面,吸收光谱与泵浦光的辐射谱有尽可能多的重叠。
⑤ 能掺入较高浓度的激活离子,浓度猝灭效应小,荧光寿命足够长。
⑥ 具有良好的物理、化学和机械性能。导热率高,热膨胀系数小,化学稳定性好,机械强度高,耐水性好,熔点高,能承受高功率密度等。
⑦ 制备工艺简单,加工容易,成本低,并可获得足够大的尺寸。

常用固体激光工作物质有红宝石、掺钕钇铝石榴石(Nd:YAG)和钕玻璃三种。其中,Nd:YAG最能兼容上述要求,是实用化固体激光器件中主要使用的激光工作物质。

二、基质材料[7,9]

基质材料应能为激活离子提供合适的配位物,并具有优良的机械性能和高的光学质量。常用的基质材料有晶体和玻璃两大类。

1. 基质晶体

在基质晶体中离子呈有序排列,掺杂后,形成掺杂的离子型晶体。有序的晶格场对各离子的影响相同,离子谱线为均匀加宽。主要的基质晶体有:

① 金属氧化物,如蓝宝石 Al_2O_3、钇铝石榴石 $Y_3Al_5O_{12}$(YAG)、钇镓石榴石 $Y_3Ga_5O_{12}$(YGG)、钆镓石榴石 $Gd_3Ga_5O_{12}$(GGG)和氧化钇 Y_2O_3 等;

② 磷酸盐、硅酸盐、铝酸盐、钨酸盐、钼酸盐、钒酸盐、铍酸盐晶体,如氟磷酸钙 $Ca_5(PO_4)_3F$、五磷酸钕 NdP_5O_{14}、铝酸钇 $YAlO_3$(YAP)、铝酸镁镧 $LaMgAl_{11}O_{19}$(LMA)、钨酸钙 $CaWO_4$、钼酸钙 $CaMoO_4$、钒酸钇 YVO_4、铍酸镧 $La_2Be_2O_5$ 等;

③ 氟化物,如氟化钇锂 $YLiF_4$(YLF)、氟化钙 CaF_2、氟化钡 BaF_2 和氟化镁 MgF_2 等。

基质晶体热导率高、硬度高、荧光谱线较窄,但其光学质量和掺杂的均匀性通常比基质玻璃差。

2. 基质玻璃

玻璃中的主要元素以共价键结合,形成网络结构,其结构特点是近程有序而长程无序,掺入的激活离子处于网络之外的空隙中。周围的网络对于离子称为配位体,配位体电场对各个激活离子的影响不完全一样,使离子谱线呈非均匀加宽。常用的基质玻璃有硅酸盐、磷酸盐、氟磷酸盐和硼酸盐玻璃等。与晶体基质相比,玻璃基质的主要缺点是热导率低和荧光谱线宽,但玻璃基质易制造、成本低、易掺杂、均匀性好,是大功率和高能量激光器中使用的重要基质材料。

三、激活离子[7~9]

激活离子是发光中心,离子的电子组态中,未被填满壳层的电子处于不同轨道运动和自旋运动状态,形成一系列能级。激活离子的特征光谱包括吸收光谱、荧光光谱和激光光谱等,均是由未满壳层的电子发生能级跃迁而形成的。激活离子主要包括稀土离子、过渡族金属离子和锕系离子。

1. 稀土离子

作为激活离子的稀土离子有三价和二价,三价稀土离子主要有钕 Nd^{3+}、镨 Pr^{3+}、钐 Sm^{3+}、铕 Eu^{3+}、镝 Dy^{3+}、钬 Ho^{3+}、铒 Er^{3+} 和镱 Yb^{3+} 等,这些离子在不同基质中的能级结构与自由状态下的离子相似,多属四能级系统。其中,Nd^{3+} 为第一个用于产生激光的三价稀土离子,也是迄今使用最普遍的激活离子,在约 80 种介质中观察到了 Nd^{3+} 的激光振荡。二价稀土离子(如钐 Sm^{2+}、铒 Er^{2+}、铥 Tm^{2+} 和镝 Dy^{2+} 等)也有激光作用,但是,这类离子稳定性差,在高温辐射下易产生色心,不如三价稀土离子应用广泛。

2. 过渡族金属离子[7,9]

作为激活离子的过渡族金属离子主要有铬 Cr^{3+}、钛 Ti^{3+}、镍 Ni^{3+}、钴 Co^{3+} 等。这些离子中未满壳层的电子处于最外层，在基质中受到外场的影响，其能级结构与在自由状态下的离子有显著区别。在过渡金属离子中，Cr^{3+} 和 Ti^{3+} 应用较多。

3. 锕系离子

绝大多数锕系元素是放射性的，不易制备，实用性差，只有 U^{3+} 曾用于激光器。

四、正分高浓度激光晶体[7]

激活离子本身是基质晶体组成部分的激光工作物质，称为正分高浓度晶体。它可实现高掺杂而无明显的浓度猝灭效应，并且具有高效率和低阈值等优点，因而是微型激光器较为理想的工作物质。这类晶体主要有：

① 过磷酸盐类，如 CeP_5O_{14}、PrP_5O_{14} 和 NdP_5O_{14} 等；
② 偏磷酸盐类，如 $LiNdP_4O_{12}$、$NaNdP_4O_{12}$ 和 $KNdP_4O_{12}$ 等；
③ 正磷酸盐类，如 $Na_3Nd(PO_4)_2$ 和 $K_3Nd(PO_4)_2$ 等；
④ 硼酸盐类，如 $NdAl(BO_3)_4$ 和 $NdCr_3(BO_3)_4$ 等；
⑤ 钨、钼酸盐类，如 $Na_5Nd(WO_4)_4$ 和 $R_5Nd(MoO_4)_4$ 等；
⑥ 氟化物，如 $K_5NdLi_2F_{10}$ 等；
⑦ 磷灰石型化合物，如 $Na_2Nd_2Pb_6(PO_4)_6Cl$ 等。

五、多掺杂敏化[7]

为提高固体激光器的效率，有时采用多掺杂进行敏化。敏化是指在晶体中除了发光中心的激活离子外，再掺入一种或多种称为敏化剂的施主离子。敏化剂的作用是吸收激活离子不吸收的光谱能量，并将吸收的能量转移给激活离子。限制光泵浦固体激光器效率的一个重要原因是激活离子缺少与惰性气体放电灯宽带发射光谱相匹配的吸收光谱。例如，三价稀土激活离子的工作物质在可见光区域的吸收光谱由一些细而弱的谱线组成，不能非常有效地吸收泵浦光能量。掺入敏化离子(对 Nd:YAG 有 Cr^{3+}、Ce^{3+}、Mn^{3+} 等)后，敏化离子可以吸收更多的泵浦光能量，并通过不同方式(辐射跃迁和非辐射跃迁)转移给激活离子，扩大和强化了激活离子的吸收光谱，使原来不被激活离子吸收的泵浦光能量通过敏化离子的作用得到了利用，提高了固体激光器的效率。敏化途径虽然有效，但双掺或多掺晶体生长困难，制备工艺复杂，成本高。

8.3 激光晶体

一、掺稀土离子的激光晶体

稀土离子(RE)掺入晶体基质，一般摩尔分数在 1% 左右。虽然目前已有 200 多种掺 RE 离子的激光晶体,但只有少数几种具有实际应用价值。

1. 掺稀土离子晶体的激光发射[10]

稀土离子掺入不同的氧化物和氟化物晶体中,存在数百条激光发射谱线。RE^{3+} 离子的 4f—4f 和 4f—5d 能级跃迁,覆盖了从紫外 UV(~0.18 μm)至红外 IR(~5 μm)的波长,如图 8.7 所示。最短的激光发射波长(0.172 μm),对应于室温激光泵浦 Nd^{3+} 离子的 4f—5d 能级跃迁。

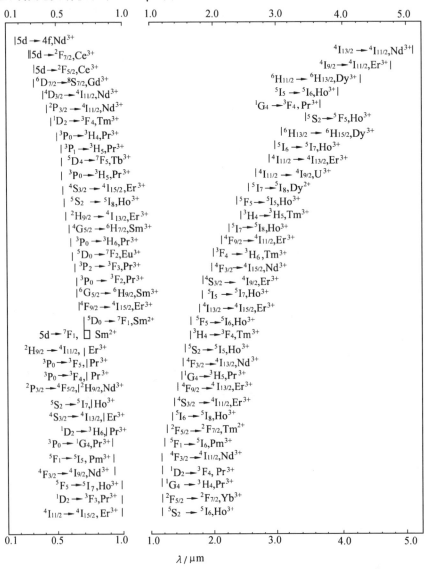

图 8.7 稀土(RE)离子的各种跃迁所产生的激光波长

最长的激光发射波长是 5.15 μm,是室温闪光灯泵浦 Nd^{3+} 离子的阶梯跃迁所产生的。在稀土激活离子中应用最广泛的是 Nd^{3+} 离子,其次是 Ho^{3+}、Tm^{3+} 和 Er^{3+} 离子等。发射波长最丰富的是 Ho^{3+} 离子,具有 12 个激光通道,Er^{3+} 离子具有 11 个通道,Pr^{3+} 离子具有 8 个通道。

2. 掺 Nd^{3+} 离子激光晶体

(1) 掺 Nd^{3+} 钇铝石榴石[7~9]

掺 Nd^{3+} 钇铝石榴石($Nd^{3+}:Y_3Al_5O_{12}$,简写为 Nd:YAG)是钇铝石榴石 $Y_3Al_5O_{12}$(YAG)基质晶体中的部分 Y^{3+} 被激活离子 Nd^{3+} 取代后形成的。Nd^{3+} 的摩尔分数约为 1%,呈淡紫色。YAG 属立方晶系,光学上各向同性,硬度较高。表 8.1 和表 8.2 分别列出 Nd:YAG 的物理、光学性能和温度特性。

表 8.1　Nd:YAG 的物理和光学性能

参　　数		数　　值
化学式		$Nd:Y_3Al_5O_{12}$
$w(Nd)$		0.725
$x(Nd)$		1.0
Nd 原子个数/cm^3		1.38×10^{20}
熔点/℃		1 970
努普硬度		1 215
密度/$(g \cdot cm^{-3})$		4.56
膨胀系数	[100]方向	$8.2 \times 10^{-6} K^{-1}$,0~250℃
	[110]方向	$7.7 \times 10^{-6} K^{-1}$,10~250℃
	[111]方向	$7.8 \times 10^{-6} K^{-1}$,0~250℃
受激发射截面	线宽/nm	0.45
	$R_2 \rightarrow Y_3$	$\sigma_{21} = 6.5 \times 10^{-19}\ cm^2$
	$^4F_{3/2} \rightarrow ^4I_{11/2}$	$\sigma_{21} = 2.8 \times 10^{-19}\ cm^2$
荧光寿命/μs		230
1.06 μm 时的光子能量/J		$h\nu = 1.86 \times 10^{-19}$
折射率		1.82(在 1.0 μm 时)
散射损耗/cm^{-1}		$\alpha_{sc} \approx 0.002$

表 8.2 Nd:YAG 的温度特性

特　性	300 K	200 K	100 K
热导率/[W·(cm·K)$^{-1}$]	0.14	0.21	0.58
比热容/[J·(g·K)$^{-1}$]	0.59	0.43	0.13
热扩射率/(cm^2·s^{-1})	0.046	0.10	0.92
膨胀系数/10^{-6}K^{-1}	7.5	5.8	4.25
$(\partial n/\partial T)$/K^{-1}	7.3×10^{-6}	—	—

图 8.8 所示为 Nd^{3+} 的能级结构,图中 $^4F_{3/2}$ 为亚稳能级,是激光上能级。$^4I_{13/2}$、$^4I_{11/2}$ 和 $^4I_{9/2}$ 都可作为激光下能级,$^4F_{9/2}$ 为 Nd:YAG 的基态。当以 $^4F_{11/2}$ 和 $^4F_{13/2}$ 作为激光下能级时,Nd:YAG 为四能级系统,若以 $^4F_{9/2}$ 作为激光下能级时,则 Nd:YAG 为三能级系统。表 8.3 列出了 Nd:YAG 的主要室温跃迁。其中,相对连续工作阈值是与 1.064 μm 波长比较得出的。

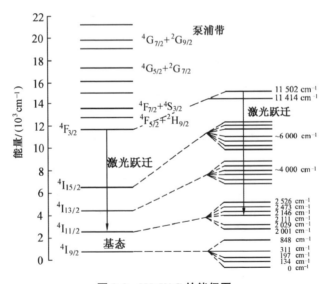

图 8.8 Nd:YAG 的能级图

表 8.3 Nd:YAG 的主要室温跃迁

	波长/μm	峰值有效截面/10^{-19} cm^2	相对连续激光工作阈值
$^4F_{3/2}\to {}^4F_{9/2}$	0.939	0.81	—
	0.946	1.34	—

续表 8.3

波长/μm		峰值有效截面/ (10^{-19} cm²)	相对连续激光工作阈值
$^4F_{3/2} \rightarrow {}^4F_{11/2}$	1.052 0	3.1	2.08
	1.055 1	0.20	—
	1.061 5	6.65	1.15
	1.064 1	8.80	1.00
	1.068 2	1.10	—
	1.073 8	4.00	1.22
	1.077 9	1.55	—
	1.105 5	0.32	—
	1.112 2	0.79	2.17
	1.116 1	0.77	2.26
	1.122 5	0.72	2.36
$^4F_{3/2} \rightarrow {}^4F_{13/2}$	1.319	1.50	1.60
	1.335	0.92	—
	1.338	1.50	2.17
	1.342	0.63	—
	1.353	0.35	—
	1.357	0.88	—

室温下,Nd:YAG 的吸收光谱示于图 8.9 中。

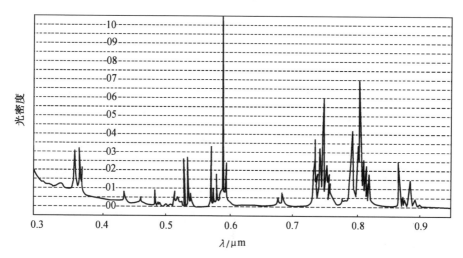

图 8.9 Nd:YAG 在 300 K 时的吸收光谱

对激光有贡献的主要吸收带有 5 条,其中心波长所对应的能级跃迁为

$\sim 0.53\ \mu m\ ^4I_{9/2} \rightarrow {}^4G_{7/2} + {}^2G_{9/2}$

$\sim 0.58\ \mu m\ ^4I_{9/2} \rightarrow {}^4G_{5/2} + {}^2G_{7/2}$

$\sim 0.75\ \mu m\ ^4I_{9/2} \rightarrow {}^4F_{7/2} + {}^4S_{3/2}$

$\sim 0.81\ \mu m\ ^4I_{9/2} \rightarrow {}^4F_{5/2} + {}^4H_{9/2}$

$\sim 0.87\ \mu m\ ^4I_{9/2} \rightarrow {}^4F_{3/2}$

各吸收带带宽约为 30 nm,其中以 0.75 μm 和 0.81 μm 为中心的两个吸收带的吸收最强。室温下 Nd:YAG 在近红外区有三条明显的荧光谱线,中心波长和所对应的能级跃迁为

$\sim 0.946\ \mu m\ ^4F_{3/2} \rightarrow {}^4I_{9/2}$

$\sim 1.06\ \mu m\ ^4F_{3/2} \rightarrow {}^4I_{11/2}$

$\sim 1.35\ \mu m\ ^4F_{3/2} \rightarrow {}^4I_{13/2}$

其中以 1.06 μm 处的荧光谱线最强。$^4F_{3/2} \rightarrow {}^4I_{9/2}$ 的跃迁属三能级系统,阈值较高,只有在低温下才能实现激光振荡。$^4F_{3/2}$ 向 $^4I_{11/2}$ 和 $^4I_{13/2}$ 跃迁均属四能级系统,阈值低,易于实现激光振荡。其中,1.06 μm 的荧光强度比 1.35 μm 的强约 4 倍,1.06 μm 的谱线首先起振,并抑制了 1.35 μm 的谱线起振,因此,在 Nd:YAG 激光器中通常只观察到 1.06 μm 的激光,只有采用选频措施后,才能实现 1.35 μm 的激光振荡。用选频的方法可使 Nd:YAG 产生 20 种以上的激光跃迁。

Nd:YAG 受热的影响,晶格振动使 1.06 μm 荧光谱线均匀展宽(室温下约为 6.5 cm^{-1}),其荧光光谱和精细能级结构如图 8.10 所示,由图中可见,$^4F_{3/2}$ 分裂成两个子能级,$^4I_{11/2}$ 分裂成 6 个子能级,共产生 8 条荧光谱线。

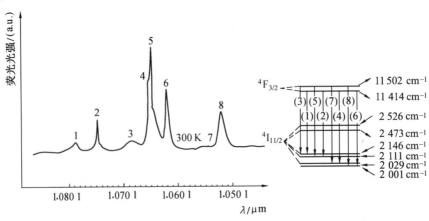

图 8.10 Nd:YAG 300 K 时在 1.06 μm 附近的荧光光谱和能级结构

Nd:YAG 是将一定比例的 Al_2O_3、Y_2O_3 和 Nd_2O_3 熔化结晶而成。制备 Nd:YAG 晶体的方法主要是提拉法,加热方式有电阻加热和高频感应加热两种。Nd^{3+} 在 YAG 中的分凝数为 0.2,

限制了 Nd:YAG 的生长速度。对直径 40 mm 以上的晶体,生长速度为 $0.5 \sim 0.7 \text{ mm} \cdot \text{h}^{-1}$。

Nd:YAG 晶体具有优良的物理、化学和激光性能,量子效率高,大于 99.5%;荧光寿命长,达 230 μs;激光特性稳定,受温度影响小。Nd:YAG 晶体是目前实用化程度最高的激光晶体,既可连续、准连续工作,又可脉冲工作;既能制作中小功率和微片激光器,又可制成千瓦级高功率固体激光加工机。另外,还能以调 Q、锁模等多种方式工作。

(2) 掺 Nd^{3+} 铝酸钇[7]

掺 Nd^{3+} 铝酸钇晶体,简写为 Nd:YAP,化学式为 $Nd^{3+}:YAlO_3$,属斜六方晶系,负单轴晶体。Nd:YAP 的物理和机械性质与 Nd:YAG 接近,它们都是 Y_2O_3 和 Al_2O_3 的二元化合物,只是两者的成分、比例不同。表 8.4 列出了 Nd:YAP 的主要物理和光学性能。

Nd:YAP 具有和 Nd:YAG 相似的一些优点,且输出有偏振特性,能获得高功率输出。双色 Nd:YAP 同时获得了 1.079 μm 和 1.341 μm 波长的激光。Nd:YAP 的主要缺点是破坏阈值低,热效应大。

Nd:YAP 晶体的生长以提拉法为主,生长速度较快,比 Nd:YAG 快 3~5 倍,Nd 的分凝系数约为 0.8,生长过程中有效的液固转换率可达 80%,易获得掺杂均匀、浓度高的激光晶体。

表 8.4 Nd:YAP 晶体的物理和光学性能

参 数	数 值
熔点/℃	1 870 ± 10
莫氏硬度	8~8.5
密度/$(g \cdot cm^{-3})$	5.35
热导率/$[W \cdot (cm \cdot K)^{-1}]$	0.11
比热容/$[J \cdot (g \cdot K)^{-1}]$	0.42
热扩散率/$(cm^2 \cdot s^{-1})$	0.049
膨胀系数/$10^{-6} K^{-1}$	a 轴 4.2 b 轴 11.7 c 轴 5.1
折射率	$n_a = 1.931$ $n_b = 1.923$ $n_c = 1.909$
有用透射范围/μm	0.29~5.9
分凝系数	0.80
激光上能级寿命/μs	170

(3) 掺 Nd^{3+} 的氟化钇锂[7,9]

氟化钇锂 $YLiF_4$,简记为 YLF,是一种可实现多种激光波长的晶体。当掺入各种不同的稀土激活离子和敏化离子时,能获得从紫外 0.3 μm 到近红外 4.3 μm 的 20 多种激光振荡。

掺 Nd^{3+} 的氟化钇锂,简记为 Nd:YLF,单轴晶体,四方晶系,其机械性能和导热性均不如 Nd:YAG,但是,它具有非线性折射率小、损伤阈值高等优点。表 8.5 列出 Nd:YLF 晶体的主要物理和光学性能。

表 8.5　Nd:YLF 晶体的物理和光学性能

参　　数	数　　值
密度/(g·cm^{-3})	3.99(未掺杂)
莫氏硬度	4~5
热导率/[W·(cm·K)$^{-1}$]	0.06
膨胀系数/$10^{-6}K^{-1}$	a 轴 13
	c 轴 8
折射率($\lambda=1.06$ μm)	$n_o=1.4881$
	$n_e=1.4704$
非线性折射率/10^{-3} esu	0.59 ± 0.07
折射率温度系数 $\dfrac{dn}{dT}$/(10^{-6}℃$^{-1}$)($\lambda=1.06$ μm)	π:4.3
	σ:2
比热容/[J·(g·K)$^{-1}$]	0.79
弹性模量/10^{10}(N·m^{-2})	7.5
泊松比	0.33
熔点/℃	825
偏振特性	偏振光
激光波长/μm	π:1.047
	σ:1.053
紫外吸收($\lambda=0.12$ μm)	50%
损伤阈值/(10^9 W·cm^{-2})($\lambda=1.06$ μm)	1.89
荧光寿命/μs	480
受激发射截面/10^{-9} cm^2	π:1.8
	σ:1.2

图 8.11 示出简化的 Nd:YLF 的能级图。对应于 $^4F_{3/2} \to {}^4I_{11/2}$ 和 $^4F_{3/2} \to {}^4I_{13/2}$ 激光跃迁都有两条线。对于 $^4F_{3/2} \to {}^4I_{11/2}$，使用内腔偏振片可选出 1.047 μm 或 1.053 μm 波长的激光；而对于 $^4F_{3/2} \to {}^4I_{13/2}$，可选出 1.321 μm 和 1.313 μm 波长的激光。

Nd:YLF 的 1.053 μm 激光波长与磷酸盐钕玻璃的激光波长具有很好的匹配。因此，惯性约束聚变磷酸盐钕玻璃 MOPA 系统中，常用 Nd:YLF 作为调 Q 工作主振荡器的工作物质，提供高稳定、高光束质量的纳秒脉冲种子光源。

3. 掺 Er^{3+}、Tm^{3+}、Ho^{3+} 离子激光晶体

掺 Er^{3+}、Tm^{3+}、Ho^{3+} 离子晶体可产生许多辐射跃迁，能获得有实用价值的近红外激光输出[10]。

(1) 掺 Er^{3+} 离子激光晶体[7~10]

图 8.12 示出 Er^{3+} 离子在晶体中的简化能级，主要包括下列跃迁

$$^4S_{3/2} \to {}^4I_{11/2} \to {}^4I_{13/2}$$
$$^4S_{3/2} \to {}^4I_{13/2} \to {}^4I_{15/2}$$
$$^4S_{3/2} \to {}^4I_{9/2} \to {}^4I_{11/2}$$
$$^4S_{3/2} \to {}^4I_{9/2} \to {}^4I_{11/2} \to {}^4I_{13/2}$$
$$^4I_{11/2} \to {}^4I_{13/2} \to {}^4I_{15/2}$$

在掺铒的钇铝石榴石(Er:YAG)中实现了 2.94 μm 的激光输出，对应于 Er^{3+} 的能级跃迁是 $^4I_{11/2} \to {}^4I_{13/2}$，激光下能级寿命为 2 ms，远比上能级寿命 0.1 ms 长，泵浦光波长应小于 600 nm，泵浦效率不高。但 2.9 μm 激光可被水吸收，在医学中有重要应用，因而仍然受到重视。在室温下用氙灯对掺摩尔分数为 50% Er^{3+} 的 Er:YAG 泵浦，工作频率为 2 Hz，已获得 820 mW 输出。

除 Er:YAG 外，对 Er:YaAlO₃、Er:YLF 和 Er:G:YSGG 等进行了研究，得到了 2.71~2.92 μm 的激光输出。

(2) 掺 Tm^{3+} 离子的激光晶体[10,11]

图 8.13 所示为 Tm^{3+} 离子在晶体中的简化能级，激光发射是通过两组能级的跃迁，即

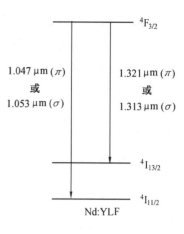

图 8.11 Nd:YLF 简化能级

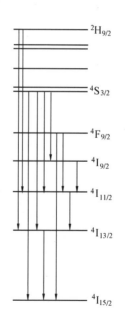

图 8.12 Er^{3+} 离子在晶体中的简化能级

Tm^{3+}的^{3}H$_4$和^{3}F$_4$。^{3}H$_4$→^{3}H$_6$能级跃迁产生波长为 1.9~2.1 μm的脉冲和连续激光输出。Tm^{3+}在780 nm处具有宽吸收带,适宜Ti:Al$_2$O$_3$和二极管激光泵浦。^{3}F$_4$具有9个子能级,^{3}H$_6$具有13个子能级,可产生1.85~2.14 μm连续调谐激光。Tm^{3+}在可见光波段只具有几个吸收带,J能态间的能级间隔大,因而能级阶梯式跃迁效率低。但使用Cr^{3+}作为敏化剂,采用闪光灯泵浦可获得^{3}F$_4$→^{3}H$_5$激光跃迁。表8.6示出采用不同方式泵浦掺Tm^{3+}晶体的激光性能。

采用LD泵浦掺杂摩尔分数为2%和4%的Tm^{3+}:YAG,获得2.01 μm波长高效、高功率连续激光输出。对于掺杂摩尔分数2%为Tm^{3+}离子的YAG,输入功率为369 W,输出功率为115 W,斜率效率为40%[12]。

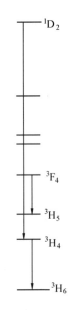

图8.13 Tm^{3+}离子在晶体中的简化能级

表8.6 掺Tm^{3+}激光晶体的激光性能

基质晶体	敏化离子	波长/μm	斜率效率/%	泵浦源	晶体尺寸/mm	温度/K
YAG	—	1.833	—	闪光灯	$l=25$	77
YAG	—	1.87~2.16	30	Ti:Al$_2$O$_3$	$l=3.2$	300
YVO$_4$	—	1.94	25	Ti:Al$_2$O$_3$	1.5×1.5×2.5	300
YAG	Cr^{3+}	2.014	4.5	闪光灯	$\phi5\times76.3$	300

(3) 掺Ho^{3+}离子的激光晶体[10]

图8.14示出Ho^{3+}离子在晶体中的简化能级,主要跃迁为

^{5}S$_2$→^{5}I$_5$→^{5}I$_6$→^{5}I$_8$

^{5}S$_2$→^{5}I$_5$→^{5}I$_7$

^{5}S$_2$→^{5}I$_5$→^{5}I$_6$

^{5}I$_6$→^{5}I$_7$→^{5}I$_8$

在掺Ho^{3+}离子的YAG晶体中可获得2.097 5 μm的激光,由于高的阈值能量和低温运转,故没有实际应用价值。采用掺杂敏化,可获得

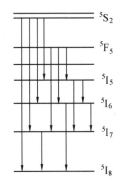

图8.14 Ho^{3+}离子在晶体中的简化能级

有应用前景的室温运转掺 Ho^{3+} 激光晶体。主要的敏化离子有 Tm^{3+} 和 Er^{3+} 等,表 8.7 列出掺 Ho^{3+} 离子晶体的激光性能。

表 8.7　掺 Ho^{3+} 离子晶体的激光性能

敏化离子	基质晶体	斜率效率/%	晶体尺寸/mm	温　度/K	泵浦源
Er^{3+}, Tm^{3+}	YLF	1.3	$\phi 4 \times 25$	300	闪光灯
Tm^{3+}	YAG YSGG	30	3.2	300	Ti:Al_2O_3
Cr^{3+}, Tm^{3-}	YAG YSGG	5.1	$\phi 5 \times 7$	300	闪光灯

4. 掺 Pr^{3+} 和 Yb^{3+} 离子激光晶体[10,11]

Pr^{3+} 的 $^3P_0 \rightarrow 3H_4$ 能级跃迁可获得激光发射,其波长约为 0.5 μm,由于其阈值高且低温运转,实际应用价值低,而 $^3P_0$ 至 ^3F 子能级跃迁的激光输出更有意义。表 8.8 列出了几种以这种跃迁方式运转的掺 Pr^{3+} 离子晶体的激光性能。

表 8.8　掺 Pr^{3+} 离子晶体的激光性能

晶体基质	激光通道	激光波长/μm	E_{th}/J	温　度/K	泵浦源	终端能级/cm^{-1}
$YAlO_3$	$^3P_0 \rightarrow ^3F_3$	0.719 5	25	110~250	闪光灯	6 460
LaF_3	$^3P_0 \rightarrow ^3F_4$	0.719 8	20	300	闪光灯	7 030
$LiYF_3$	$^3P_0 \rightarrow ^3F_3$	0.639 5	10	300	闪光灯	5 220

另外,在掺 Pr^{3+} 的 $LaCl_3$ 晶体中获得了 1.6 μm 激光输出($^3F_3 \rightarrow ^3H_4$)和 5.242 μm 激光输出($^3F_3 \rightarrow ^3H_6$),运转温度为 130 K,泵浦源是 Tm:YAG 的脉冲激光。

Yb^{3+} 激活离子只有一个吸收带,对应 $^2F_{5/2} \rightarrow ^2F_{7/2}$ 能级跃迁。激光振荡阈值高(闪光灯泵浦),且需低温运转。掺 Yb^{3+} 的激光晶体适合于二极管激光泵浦。由于其 $^2F_{5/2}$ 态荧光寿命长(1~2 ms),而且具有高储能的特点,因此可产生高功率激光输出。表 8.9 列出 Yb^{3+} 在一些晶体中的激光发射特性[13]。高效二极管激光泵浦 Yb^{3+} 的激光系统中,Yb:YAG 和 Yb:$Ca_5(PO_4)_3F$ 晶体具有高的发射截面,激光性能最好。近年来,高功率 Yb:YAG 晶体的研究取得了很大进展[14~16],例如,掺杂摩尔分数为 2.3% 和 1.5% 的 Yb:YAG,在 1 μm 波长处获得了 950 W 连续激光输出,转换效率为 50%。

表 8.9 Yb^{3+} 在一些晶体中的激光发射特性

晶体基质	τ_{em}/ms	τ_{rad}/ms	τ_s/ms	λ_{ext}/μm	ΔE/cm^{-1}	β_{min}	$\sigma_{ext}/10^{-20}$ cm^2	含量 Yb^{3+}浓度/10^{20}cm^{-3}	密度/(g·cm^{-3})
LiYF$_4$	2.16	2.27	2.21	1 020	480	0.098	0.81	1.44	3.77
LaF$_3$	2.22	2.10	2.16	1 009	353	0.113	0.36	0.22	5.94
SrF$_2$	9.72	(8.6)	9.2	1 025	593	0.054	0.16	0.10	4.24
BaF$_2$	8.20	(7.8)	8.0	1 024	578	0.058	0.14	0.16	4.83
KCaF$_3$	2.7	(4.0)	2.7	1 031	(593)	0.070	0.22	1.40	2.67
KY$_3$F$_{10}$	2.08	1.66	1.87	1 011	369	0.118	0.44	1.45	4.31
Rb$_2$NaYF$_6$	10.84	—	10.84	1 012	(372)	0.140	0.10	1.03	~3.4
BaY$_2$F$_8$	2.04	—	2.04	1 018	(458)	0.097	0.67	1.40	4.97
Y$_2$SiO$_5$	1.04	—	1.04	1 042	(617)	0.047	0.33	1.83	4.44
Y$_3$Al$_5$O$_{12}$	1.08	0.93	1.01	1 031	628	0.055	2.03	1.36	4.55
YAlO$_3$	0.72	0.42	0.42	1 014	353	0.141	1.31	6.82	5.35
Ca$_5$(PO$_4$)$_3$F	1.08	1.30	1.2	1 043	603	0.046	5.90	0.36	3.19
LuPO$_4$	0.83	—	0.83	1 011	349	0.160	0.53	0.80	5.53
LiYO$_2$	1.13	—	1.13	1 020	(474)	0.090	0.56	2.27	4.12
ScBO$_3$	4.80	—	4.80	1 022	(472)	0.091	0.19	1.32	3.45

注：τ_{em}—荧光寿命测量值；τ_{rad}—荧光寿命的计算值；τ_s—荧光寿命平均值；$\Delta E = E_{ZL} - h\nu$；E_{ZL}—零声子线能量；β_{min}—最小的荧光分子比；σ_{ext}—最大的辐射截面；括号内值偏大且不确定。

二、掺过渡金属离子的激光晶体

1. 掺过渡金属离子(TM)晶体的激光发射[10]

在产生激光的过渡族金属离子中主要是电子组态为 3d 的离子，如 Ti^{3+}、Cr^{4+}、Cr^{3+}、V^{2+}、Ni^{2+} 和 Co^{2+}。由于离子半径不同，3d 过渡金属离子的配位数为 4~6。在晶体基质中，主要取代 Al^{3+}、Ga^{3+}、Mg^{2+}、Ca^{2+} 和 Zn^{2+} 等离子。与 RE 离子激活的激光晶体相比，掺 TM 离子的激光晶体由于具有更宽的荧光线宽，不易发生受激辐射。表 8.10 是掺 TM 离子晶体的激光性能。本节中主要介绍掺 Cr^{3+}、V^{2+}、Ni^{2+} 和 Co^{2+} 的激光晶体。

表 8.10 掺 TM 离子晶体的激光性能

离　子	晶体基质	激光波长/nm	温度/K	运转方式	泵浦源	能级跃迁	发光寿命/μs
d^3Ti^{3+}	Al_2O_3	680～1 178	300	P,CW	F.L,L	$^2E_g \rightarrow {}^2T$	3.2
	$BeAl_2O_4$	780～820	300	P	L		4.9
	$YAlO_3$	610～630	300	P			14
d^2Cr^{4+}	Mg_2SiO_4	1 130～1 367	300	P,CW	Nd:YAG L	$^3T_{2g} \rightarrow {}^3A_{2g}$	25
	YAG	1 196～1 303	300	P	F.L		—
		1 420～1 500	300	P,CW	Nd:YAG L		—
d^2Cr^{3+}	Al_2O_3	694.3	300	P,CW	F.L	$^2E \rightarrow {}^4A_2$	3 500
	$BeAl_2O_4$	700～830	300	P,CW	F.L		260
	$Be_3Al_2Si_6O_{12}$	751～759	—	P	F.L		65
	$KZnF_3$	758～875	80	—	—		180
	$LiCaAlF_6$	720～840	300	P,CW	L	$^4T_2 \rightarrow {}^4A_2$	175
	$ZnWO_4$	980～1 090	77	P	Kr F.L		8.6
	$Y_3Ga_5O_{12}$	740	300	CW	L		241
	$Gd_5Ga_5O_{12}$	760	300	CW	L		159
	$Gd_3Sc_2Al_3O_{12}$	765～801	300	CW	L		—
	$Y_3Sc_2Ga_3O_{12}$	730	300	CW	L		139
	$Gd_3Sc_2Ga_3O_{12}$	745～820	300	P	L,F.L		115
	$La_3Lu_2Ga_3O_{12}$	820	300	P,CW	L		—
	$SrAlF_6$	852～1 005	300	CW	Kr L		80
	$ScBO_3$	780～890	300	P	L		—
d^3V^{2+}	$CsCaF_3$	1 240～1 330	80	CW	Kr L	$^4T_2 \rightarrow {}^4A_2$	2 500
	MgF_2	1 050～1 300	200	CW	Kr L		2 300
d^5Ni^{2+}	MgO	1 310～1 410	77	P,CW	Nd:YAG L	$^3T_2 \rightarrow {}^3A_2$	3 600
	$CaY_2Mg_2Gd_3O_{12}$	1 460	80	P	L		—
	$KMgF_3$	1 591	77～300	P	L		11 400
	MgF_2	1 610～1 740	80～200	CW	Nd:YAG L		12 800
	MnF_2	1 920～1 940	77～85	P,CW	L		—
d^7Co^{2+}	MgF_2	1 630～2 450	80～225	CW,P	Nd:YAG L	$^4T_2 \rightarrow {}^4T_1$	1 200
	$KMgF_3$	1 620～1 900	80	P	L		3 100
	$KZnF_3$	1 650～2 070	80～200	CW	L		—
	ZnF_2	2 165	77	CW	Ar L		400

注：P—脉冲；CW—连续；L—激光；F.L—闪光灯。

2. 掺 Cr^{3+} 和 V^{2+} 离子的激光晶体[10]

Cr^{3+} 离子的 $^4T_2$ 和 ^2E 能级间隔取决于晶体场强 (D_q)。高场情况下 ($\Delta_q = E(^2E) - E(^4T_2) > 0$),发生 $^2E \rightarrow ^4A_2$ 跃迁,荧光线宽窄;低场情况下 ($\Delta_q < 0$),产生 $^4T_2 \rightarrow ^4A_2$ 跃迁的宽带荧光。因此,掺 Cr^{3+} 的激光晶体可分成如表 8.11 所示的三类。

表 8.11 掺 Cr^{3+} 离子的激光晶体分类

晶 场	D_q/B	Δ_q	跃迁和发射	晶 体 基 质	发射波长/nm
高 场	72.3	>0	$^2E \rightarrow ^4A_2$ 锐线	Al_2O_3	694
中 场	~2.3	~0	混合发射 $^2E \rightarrow ^4A_2$ $^4T_2 \rightarrow ^4A_2$	MgO, $BeAl_2O_4$ $Y_3Ga_5O_{12}$, $Be_3Al_2(SiO_3)_6$	720,750 750,730
弱 场	<2.3	<0	$^4T_2 \rightarrow ^4A_2$ 宽带	K_2LiScF_6, $Al(PO_3)_3$ K_2NaAlF_6 Cs_2NaYF_6	750,785 765 1 050

(1) 红宝石激光晶体[7,9]

红宝石的化学表示式为 $Cr^{3+}:Al_2O_3$,是在蓝宝石晶体(刚玉) Al_2O_3 中掺入少量 Cr_2O_3,使激活离子 Cr^{3+} 部分取代 Al^{3+} 而形成的,Cr^{3+} 浓度一般为 1.58×10^{19} cm^{-3}。红宝石为六方晶系、负单轴晶体,红色透明,颜色随掺入 Cr^{3+} 浓度的增加由浅变深。

红宝石硬度高、热导率高、化学组分和结构稳定,而且具有强的抗腐蚀和抗光损伤能力,其基本物理性能列于表 8.12 中。

表 8.12 红宝石的基本物理性能

参 数	数 值
相对分子质量	101.9
熔点/℃	2 050
密度/(g·cm^{-3})	3.98
莫氏硬度	9
热导率/[W·(cm·K)$^{-1}$]	0.42 (300 K) 10.0 (77 K)
膨胀系数(室温)/K^{-1}	6.7×10^{-6}(平行于 c 轴) 5.0×10^{-6}(垂直于 c 轴)
比热容/[J·(g·K)$^{-1}$]	0.18(293 K) 0.025(77 K)
折射率	$n_o = 1.763(E \perp c)$ $n_e = 1.755(E // c)$
热扩散率/(cm^2·s^{-1})	0.13

红宝石为典型的三能级系统,与激光跃迁有关的简化能级结构见图 8.15。$^4A_2$ 为基态,是激光下能级,简并度 $g_1 = 4$,^2E 能级($14\ 400\ cm^{-1}$)为亚稳态,是激光上能级,由能量差为 $29\ cm^{-1}$ 的两个子能级 $2\bar{A}$ 和 $\bar{E}$ 组成,简并度均为 2。$\bar{E} \rightarrow {}^4A_2$ 和 $2\bar{A} \rightarrow {}^4A_2$ 的跃迁称为 R_1 和 R_2 线,室温下每条线宽约 0.5 nm,分别位于可见光 694.3 nm 与 692.9 nm 处。R_1 线荧光强度比 R_2 线高,其荧光寿命为 3 ms,荧光线宽为 11 cm^{-1}。荧光量子效率为 $0.5 \sim 0.7$。$^4F_1$($25\ 000\ cm^{-1}$)和 $^4F_2$($18\ 000\ cm^{-1}$)是两个泵浦光吸收能级。

图 8.16 示出红宝石中 Cr^{3+} 的吸收光谱。由图可知,红宝石有两个很强且很宽的吸收带,带宽约为 100 nm。$^4A_2 \rightarrow {}^4F_1$ 跃迁吸收紫蓝光,峰值波长为 0.410 0 μm,称为蓝带。$^4A_2 \rightarrow {}^4F_2$ 跃迁吸收黄

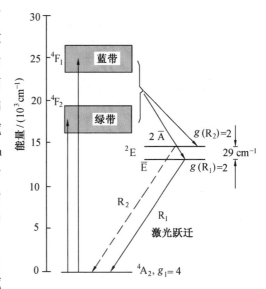

图 8.15 Cr^{3+} 在红宝石中的主要能级

绿光,峰值波长为 0.550 0 μm,称为绿带。因红宝石晶体的各向异性,按入射光的电场 E 与晶轴 c 垂直($E \perp c$)或平行($E /\!/ c$),吸收光谱略有差异。

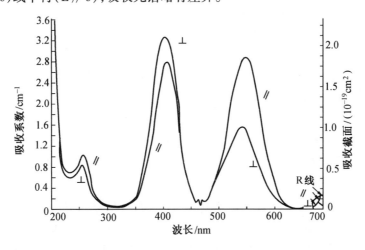

图 8.16 红宝石中 Cr^{3+} 的吸收光谱

$/\!/$—入射光平行 c 轴;$\perp$—入射光垂直 c 轴

室温下,红宝石谱线因晶格热振荡引起均匀加宽,线宽为 11 cm^{-1}。而低温下由晶格缺陷引起非均匀加宽,77 K 时线宽约为 0.15 cm^{-1}。表 8.13 列出室温下红宝石的主要光学和激光

性能。

表 8.13　室温下红宝石的主要光学和激光性能

参　　数	数　　值
$w(Cr_2O_3)/\%$	0.05
Cr^{3+} 浓度$/(10^{19} cm^{-3})$	1.58
输出波长$(25℃)/cm^{-1}$	R_1 线 14 403(694.3 nm), R_2 线 14 432(692.9 nm)
荧光寿命(300 K)/ms	3.0
谱线线宽$/cm^{-1}$	11(0.53 nm)
光子能量$(h\nu)/[10^{-19}(W \cdot s)]$	2.86
量子效率	0.7
R_1 和 R_2 线间距离$/cm^{-1}$	29(870 GHz, 1.4 nm)
激光线(R_1 线,$E \perp c$) 吸收系数 α_{R_1}/cm^{-1}	0.2
激光线(R_1 线,$E \perp c$) 截面 $\sigma_{R_1}/(10^{-20} cm^2)$	1.22

温度对红宝石性能的影响十分显著,主要表现为温度升高,输出的中心波长向长波方向移动,荧光谱线加宽和量子效率下降等(表 8.14)。

表 8.14　红宝石的激光特性与温度的关系

温度/K	波长/nm	量子效率	荧光寿命/ms	荧光线宽$/cm^{-1}$	热导率/$[W \cdot (cm \cdot K)^{-1}]$
300	694.3	0.7	3	11	0.42
77	693.4	1	4.3	0.15	10

红宝石通常采用提拉法生长,工艺成熟,易于获得高光学质量和大尺寸晶体。按生长轴与光轴 c 夹角的不同,可分为 0°、90°、60° 红宝石等。

红宝石的突出优点是:机械强度高,能承受很高的功率密度,易生长成大尺寸晶体,亚稳态寿命长,储能大,输出能量高;荧光谱线窄,易获得大能量单模输出;输出为可见光,适用于需要可见光的场合。主要缺点是:阈值高,性能随温度变化明显,在低温下不能用做连续和高重复率器件。

用红宝石制成的脉冲器件,输出能量达数千焦耳,峰值功率达 10^7 W,多级放大后可达 $10^9 \sim 10^{10}$ W。主要用于测距、材料加工和全息照相等。红宝石为各向异性晶体,不仅吸收光谱有偏振特性,荧光和激光光谱也有偏振特性。优质红宝石产生的偏振光,偏振度很高,接近于线偏振光。

除了红宝石外,有价值的掺 Cr^{3+} 离子的激光晶体还有其它掺 Cr^{3+} 的氧化物激光晶体($Cr^{3+}:BeAl_2O_4$ 和 $Cr^{3+}:GSGG$ 等)以及掺 Cr^{3+} 的氟化物激光晶体等,它们均可作为可调谐激光晶体。

(2) 掺 V^{2+} 的激光晶体

V^{2+} 离子与 Cr^{3+} 离子具有相同的电子构型($3d^3$)，但与 Cr^{3+} 离子相比，由于其价态低，晶格场相对较弱，因此掺 V^{2+} 晶体的激光波长位于长波段。主要调谐范围从 $1.05~\mu m$ 到 $1.5~\mu m$[10]。表 8.15 列出了掺 V^{2+} 氟化物晶体的主要激光性能。

表 8.15 掺 V^{2+} 晶体的主要激光性能

基质晶体	$CsCaF_3$	MgF_2
w(掺杂物)/%	2	0.5
能级跃迁	$^4T_2 \rightarrow \,^4A_2$	$^4T_2 \rightarrow \,^4A_2$
调谐范围/μm	1.24~1.33	1.07~1.16
上能级寿命/μs	2 500	2 400
温度/K	80	80
晶体尺寸/mm	2.6	20
运转模式	CW	CW
激光泵浦	KrL	KrL
阈值/W	0.11	1
效率/%	0.06	16

掺 V^{2+} 离子的氟化物晶体具有长的荧光寿命、宽的吸收带和高的激光损伤阈值，适用于长脉冲闪光灯泵浦的激光器和放大器。但是 V^{2+} 离子的激发态吸收很强，大大降低了激光效率，室温不能运转。

3. 掺 Co^{2+} 和 Ni^{2+} 离子的激光晶体[10]

从氟化物到氧化物基质，Ni^{2+} 离子的吸收和荧光谱带向短波长移动。$Ni^{2+}:MgO$ 晶体的输出波长峰值为 $1.318~\mu m$。$Ni^{2+}:MgF_2$ 晶体在 77 K 温度下获得近 2 W 的 CW 输出，波长调谐范围从 $1.6~\mu m$ 到 $1.75~\mu m$，波长在 $1.67~\mu m$ 处斜率效率为 28%。$Ni^{2+}:GGG$ 晶体的激光性能介于 $Ni:MgF_2$ 和 $Ni:MgO$ 晶体之间，采用波长为 $1.32~\mu m$ 的 $Nd:YAG$ 激光泵浦，获得了波长为 $1.475~\mu m$ 的激光输出，输出效率约为 5%。

室温下在 $Co:MgF_2$ 晶体中获得了单模、脉冲激光，采用 $1.34~\mu m$ 波长的 $Nd:YAG$ 激光泵浦，可获得波长从 $1.75~\mu m$ 到 $2.5~\mu m$ 连续可调的激光，输出脉冲能量 70 mJ，斜率效率为 46%。$Co:MgF_2$ 晶体的主要缺点是低增益（$(1~2) \times 10^{-21}~cm^{-1}$）、低发射截面（$9 \times 10^{-22}~cm^2$，波长 $2.11~\mu m$）和强的温度猝灭。

三、可调谐激光晶体

1. 波长可调谐的激光发射[10]

大多数掺杂过渡金属离子(TM)的晶体,由于掺杂离子与基质晶体间强烈的相互作用,在可见和近红外区具有很强的吸收,可以选择各种泵浦源泵浦而产生可调谐激光。图 8.17 示出掺 TM 激光晶体的可调谐波长范围。掺杂离子主要是 Cr^{3+}、Cr^{4+}、Ti^{3+}、Ni^{2+} 和 Co^{2+} 等。基质晶体主要为氧化物和氟化物,可调谐波长范围从红光一直到红外光。另外,一些掺稀土离子(RE)(Ce^{3+}、Yb^{3+}、Ho^{3+}、Tm^{3+} 和 Er^{3+} 等)的激光晶体也能产生可调谐激光。

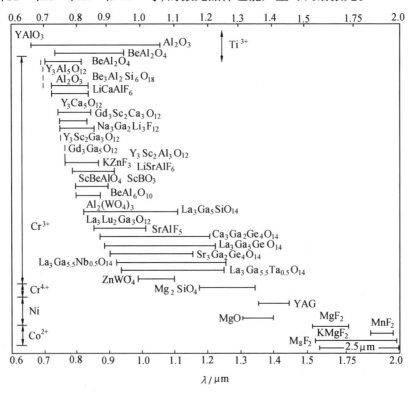

图 8.17 掺过渡金属离子(TM)激光晶体的可调谐波长范围

2. 掺钛蓝宝石激光晶体

掺钛蓝宝石激光晶体($Ti^{3+}:Al_2O_3$)是最引人注目的宽带可调谐固体激光材料。采用不同的泵浦源,如调 Q Nd:YAG 倍频激光、铜蒸发激光、氩离子激光和准分子激光泵浦 $Ti^{3+}:Al_2O_3$ 晶体,获得脉冲、准连续和连续激光输出[9,10]。图 8.18 示出了 $Ti^{3+}:Al_2O_3$ 吸收和荧光光谱。由于离子与基质晶格之间的强耦合引起吸收带和荧光带增宽、间隔变大,这对于大范围的可调谐激光输出起到了关键的作用。表 8.16 列出了 $Ti:Al_2O_3$ 的激光性能。

由于 Ti:Al$_2$O$_3$ 晶体具有峰值为 490 nm 的宽吸收带和近红外波段的增益谱,因此 Ti:Al$_2$O$_3$ 晶体可产生超短波脉冲,在近红外波段可与染料激光器竞争[10]。

采用高浓度掺杂及超薄的 Ti:Al$_2$O$_3$ 晶体容易获得飞秒激光输出[17~20],脉宽可缩短到 5 fs,与锁模及啁啾放大技术相结合,通过对激光脉冲的展宽、放大与压缩,可产生 10^{15} W 级功率,相当于 10^5 T 磁场或 10^{17} Pa 光压与 10^{22} m·s^{-2} 的电子加速,可用于极端条件下的物理研究,整个器件结构紧凑,体积小,其价格远低于其它激光器(如准分子激光器),而且易于操作。

Ti:Al$_2$O$_3$ 除了具有优良的光谱和激光特性外,还有蓝宝石基质自身的材料优势[9],如热导率非常高和化学性质异常稳定等,且晶体的生长技术成熟,是一种应用广泛的可调谐激光晶体。

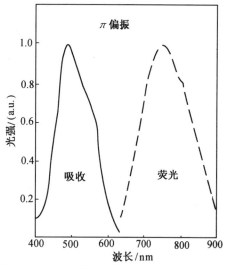

图 8.18 Al$_2$O$_3$ 晶体中 Ti^{3+} 的吸收和荧光光谱

表 8.16 Ti:Al$_2$O$_3$ 的激光性能

参　　数		数　　值
折射率		$n = 1.76$
荧光寿命/μs		$\tau = 3.2$
荧光线宽(半峰全宽时)/nm		$\Delta\lambda \sim 180$
峰值发射波长/nm		$\lambda_p \sim 790$
峰值受激发射截面	平行于 c 轴时/cm^2	$\sigma_{p//} \sim 4.1 \times 10^{-19}$
	垂直于 c 轴时/cm^2	$\sigma_{p\perp} \sim 2.0 \times 10^{-19}$
0.795 μm 时(平行于 c 轴)的受激发射截面/cm^2		$\sigma_{//} = 2.8 \times 10^{-19}$
将 0.53 μm 泵浦光子转换到反转场的量子效率		$\eta_Q \approx 1$
0.795 μm 时的饱和能量密度/(J·cm^{-2})		$E_{sat} = 0.9$

3. 掺铬铝酸铍激光晶体(绿宝石)

掺铬铝酸铍激光晶体(Cr^{3+}:BeAl$_2$O$_4$),即绿宝石,正交晶系,空间群为 D_{2h},晶格参数为 $a = 0.9404$ nm, $b = 0.5476$ nm, $c = 0.4427$ nm[10]。

图 8.19 所示为绿宝石的吸收光谱,由图可见,绿宝石的吸收带与红宝石非常接近[9],在 380~630 nm 之间,吸收峰出现在 410 nm 和 590 nm 波长处。激光增益截面随温度升高而增大,300 K 时为 7×10^{-21} cm^2,475 K 时为 2×10^{-20} cm^2,这使得温度升高时激光器的性能更好。室

温下的荧光寿命为 260 μs,能够获得有效的储能和 Q 开关工作。绿宝石已经在 680.4 nm 的 R 线上实现激光作用,这种三能级模式与红宝石的激光发射相似,但绿宝石的受激发射截面(3×10^{-19} cm^2)比红宝石的大 10 倍。

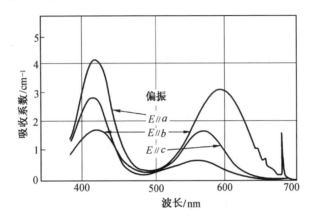

图 8.19 绿宝石的吸收光谱

绿宝石晶体生长以提拉法为主,其光学和机械性能与红宝石相近(表 8.17)。绿宝石具有较高的硬度、强度、化学稳定性以及高热导率(是红宝石的 2/3 倍,YAG 的 2 倍),因而在大平均功率泵浦时不会因发热而断裂。绿宝石的热断裂极限是红宝石的 60%,YAG 的 6 倍[9]。

表 8.17 绿宝石的性能参数

参 数	数 值
激光波长/nm	700～818
受激发射截面/cm^2	1.0×10^{-20}
自发发射寿命/μs	260(T = 298 K)
x(掺杂物)/%	0.05～0.3
荧光线宽/nm	100
0.01 cm^{-1}增益的粒子数反转/cm^{-3}	$(2～10) \times 10^{17}$
0.01 cm^{-1}增益的储能量/(J·cm^{-3})	0.05～0.26
储能为 1 J·cm^{-3}的增益系数/cm^{-1}	0.038～0.19
折射率(750 nm)	$E//a$ 1.736 7 $E//b$ 1.742 1 $E//c$ 1.734 6
膨胀系数/10^{-6}K^{-1}	//a 5.9 //b 6.1 //c
热导率/[W·(cm·K)$^{-1}$]	0.23
熔点/℃	1 870
硬度/(kg·mm^{-2})	2 000

绿宝石的主要缺点是[10]:发射截面低,损伤几率和热透镜效应高。通过提高晶体质量和合理设计激光系统,可克服上述缺点。闪光灯泵浦的脉冲激光运转,阈值能量可降至几焦耳,斜率效率增至5%。尽管闪光灯泵浦 CW 激光运转困难,但仍然能获得高质量横模激光输出(功率达 12 W)。采用闪光灯泵浦获得了平均输出功率为 20 W、波长为750 nm的激光。

4. 掺铬氟铝酸盐激光晶体

掺铬氟铝酸盐激光晶体主要有两种,Cr:LiCaAlF$_6$(LiCAF) 和 Cr:LiSrAlF$_6$(LiSAF)[10]。与 Ti:Al$_2$O$_3$晶体相比,它们具有宽的吸收带,覆盖了 Xe 灯发射带,并且荧光寿命较高,可作为闪光灯泵浦的高功率激光放大介质。

Cr:LiSAF 的调谐范围为 780~920 nm,受激寿命为 67 μs;Cr:LiCAF 的调谐范围为 720~840 nm,寿命为 170 μs。LiSAF 的峰值发射比 LiCAF 大 4 倍,性能通常更好[9]。

LiSAF 基质为单轴晶体,Cr^{3+} 发射表现出很强的 π 偏振($E // c$),其吸收和发射光谱如图 8.20 所示。$^4T_2 \rightarrow {}^4A_2$ 跃迁的发射峰出现在 830 nm,发射截面为 4.8×10^{-20} cm^2 [9]。Cr:LiSAF 固体飞秒超快激光器可作为重要的相干光源。LD 泵浦的 Cr:LiSAF 自锁模低阈值激光器,以 100 mW 的泵浦功率产生 97 fs 短脉冲激光。

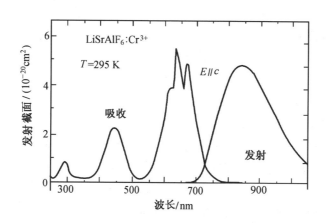

图 8.20　Cr:LiSAF 的吸收和发射光谱

LiSAF 基质晶体的机械性能远低于钛蓝宝石晶体,且稳定性差,限制了其广泛应用。但采用二极管激光器(LD)泵浦,LiSAF 具有高的储能和低的激光阈值,因此,可部分取代 Ti:Al$_2$O$_3$ 晶体。

5. 掺铬镁橄榄石和钇铝石榴石激光晶体[10]

掺铬镁橄榄石(Cr:Mg$_2$SiO$_4$)调谐波长扩展至近红外区(1.16~1.35 μm)。这种晶体的中心激活离子是取代四面体格位 Si^{4+} 的 Cr^{4+} 离子。表 8.18 示出 Cr:Mg$_2$SiO$_4$ 激光的性能,泵浦源是 1.064 μm 的 CW Nd:YAG 激光。

表 8.18　Cr:Mg$_2$SiO$_4$ 晶体的激光性能

参　数	数　值
激光中心波长/nm	1 244
光谱带宽(FWHM)/nm	12
激光阈值(吸收功率)/W	1.25
斜率效率 η/%	6.8
阈值反转密度 N_t/10^{17}cm^{-3}	2×10^{17}
有效发射截面/cm^2	1.1×10^{-19}

Cr:Mg$_2$SiO$_4$ 可获得短脉冲激光,典型调 Q 脉冲宽度为 60～80 ns,且随波长而改变。采用主动锁模技术,在 1 204～1 277 nm 波长之间产生 31 ps 短脉冲。优化自锁模 Cr:Mg$_2$SiO$_4$ 晶体激光的色散,得到了 25 fs 的超短脉冲激光输出。

Cr^{4+} 和 Ca^{2+} 同时掺入钇铝石榴石(YAG)基质的可调谐激光晶体中,Cr^{4+} 取代 Al^{3+} 离子进入四面体格位,而 Ca^{2+} 作为电荷补偿。Cr^{4+} 浓度较低时,Cr^{4+}:YAG 晶体的荧光寿命为 3.6 μs,随温度升高而减小。与 Cr:Mg$_2$SiO$_4$ 相比,Cr^{4+}:YAG 晶体的调谐波长进一步向红外方向扩展(1.35～1.50 μm)(图 8.21)。

6. 掺稀土离子可调谐激光晶体

当三价稀土离子掺入低对称的晶体时,由于上下能级出现大量多重子能级,使激光发射谱带加宽[10]。Tm^{3+}、Ho^{3+}、Er^{3+} 离子的激光波长分别在 1.65～2.1 μm、2.7～2.8 μm 和 1.52～1.56 μm 范围调谐。这些波长调谐不是连续的而是间断的。掺稀土离子的激光晶体的波长连续调谐只存在于一些低价态的稀土离子中(5d—4f 跃迁),如 Ce^{3+}、Sm^{2+}、Dy^{2+}、Ho^{2+}。

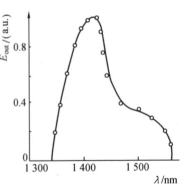

图 8.21　Cr^{4+}:YAG 晶体的调谐波长范围

掺稀土离子的可调谐激光晶体中最引人注目的是掺 Ce^{3+} 氟化物晶体,它能使可调谐激光向紫外区扩展[11],这种激光起源于 5d—^{2}F$_{7/2}$ 和 ^{2}F$_{5/2}$(4f)能级跃迁。对于 Ce^{3+}:YLiF$_4$ 晶体,波长调谐分别为 306～315 nm 和 323～328 nm。采用 266 nm 的 Nd:YAG 四倍频激光泵浦 Ce^{3+}:LiSAF 和 Ce^{3+}:LiCAF 晶体,可获得 285～297 nm 的可调谐激光。Ce^{3+}:LiSAF 晶体已获得大于 100 mW 的激光输出,斜率效率为 40%;Ce^{3+}:LiCAF 晶体激光输出能量为 10 mJ,斜率效率为 28%。

8.4 激光玻璃

激光玻璃的激光特性取决于基质玻璃的结构和掺杂离子的格位状态,目前,只有稀土离子在基质玻璃中实现了激光运转。在这一节中首先讨论掺稀土离子玻璃的激光发射,然后介绍钕玻璃和铒玻璃两种主要的激光玻璃。

一、掺稀土离子玻璃的激光发射[10]

由于玻璃基质无序结构的随机效应,玻璃中稀土离子的发光线宽被扩大,因而必须根据稀土离子的光谱特性,选择与稀土离子 $4f^n$ 电子组态有关的能级来满足光学泵浦产生激光的需要。玻璃中的激光发射只能在三价稀土离子中观察到。由于较大的发光线宽,玻璃中产生激光的离子数目和覆盖的光谱范围比晶体中少,表 8.19 列出了掺各种稀土离子玻璃的跃迁和激光波长。其中,Nd^{3+} 离子具有许多从近紫外到红外区域的吸收带,因此,多数激光玻璃以 Nd^{3+} 作为激活离子。

表 8.19 掺各种稀土离子玻璃的激光特性

激活离子	激光波长/μm	跃迁	基质玻璃	温度/K
Nd^{3+}	0.93	$^4F_{3/2} \to {}^4I_{9/2}$	钠钙硅酸盐玻璃	77
	1.05 ~ 1.08	$^4F_{3/2} \to {}^4I_{11/2}$	不同的玻璃	300
	1.35	$^4F_{3/2} \to {}^4I_{13/2}$	不同的玻璃	300
Sm^{3+}	0.651	$^4F_{5/2} \to {}^8H_{9/2}$	硅酸盐玻璃光纤	300
Gd^{3+}	0.312 5	$^8P_{7/2} \to {}^8S_{7/2}$	铝硅酸盐玻璃	77
Tb^{3+}	0.54	$^5D_4 \to {}^7F_5$	硼酸盐玻璃	300
Ho^{3+}	0.55	$^5S_2 \to {}^5I_8$	氟化物玻璃光纤	300
	0.75	$^5S_2 \to {}^5I_7$	氟化物玻璃光纤	300
	1.38	$^5S_2 \to {}^5I_5$	氟化物玻璃光纤	300
	2.08	$^5I_7 \to {}^5I_8$	氟化物玻璃光纤	300
	2.90	$^5I_6 \to {}^5I_7$	氟化物玻璃光纤	300
Er^{3+}	0.85	$^4S_{3/2} \to {}^4I_{13/2}$	氟化物玻璃光纤	300
	0.98	$^4S_{11/2} \to {}^4I_{15/2}$	氟化物玻璃光纤	300
	1.55	$^4S_{13/2} \to {}^4I_{15/2}$	不同玻璃基质	300
	2.71	$^4S_{11/2} \to {}^4I_{13/2}$	氟化物玻璃光纤	300

续表 8.19

激活离子	激光波长/μm	跃迁	基质玻璃	温度/K
Tm^{3+}	0.455	$^1D_2 \rightarrow ^3H_4$	氟化物玻璃光纤	300
	0.480	$^1G_4 \rightarrow ^3H_6$	氟化物玻璃光纤	300
	0.820	$^3F_4 \rightarrow ^3H_6$	氟化物玻璃光纤	300
	1.48	$^3F_4 \rightarrow ^3H_4$	氟化物玻璃光纤	300
	1.88	$^3H_4 \rightarrow ^3H_6$	氟化物玻璃光纤	300
	2.35	$^3F_4 \rightarrow ^3H_5$	氟化物玻璃光纤	300
Yb^{3+}	1.01~1.06	$^2F_{5/2} \rightarrow ^2F_{7/2}$	不同玻璃基质	300
Pr^{3+}	1.30	$^1G_4 \rightarrow ^3H_5$	磷酸盐玻璃光纤	300
	1.047	$^1G_4 \rightarrow ^3H_4$	硅酸盐玻璃	77

除 Nd^{3+} 离子外的其它一些稀土离子，由于在光学泵浦波长范围内缺少强的吸收带，使用时一般和另外的稀土离子或过渡金属离子混合掺杂敏化。表 8.20 为玻璃中稀土离子之间能量转移和敏化方案。施主和受主离子之间存在着许多种能量转换类型。

表 8.20 玻璃中稀土离子之间能量转移和敏化方案

施主	跃迁	受主	跃迁	温度/K	玻璃
Nd^{3+}	$^4F_{3/2} \rightarrow ^4I_{9/2}$	Nd^{3+}	$^4F_{9/2} \rightarrow ^4I_{3/2}$	300	$Ba-K-SiO_2$
				500	
	$^4F_{3/2} \rightarrow ^4I_{13/2,15/2}$		$^4F_{9/2} \rightarrow ^4I_{13/2,15/2}$	700	
				900	
Nd^{3+}	$^4F_{3/2} \rightarrow ^4I_{13/2,15/2}$	Nd^{3+}	$^4F_{9/2} \rightarrow ^4I_{13/2,15/2}$	4.2	$Na-SiO_2$
				300	
				450	
				600	
				300	$Na-GeO_2$
				300	$Na-B_2O_3$
				4.2	$Na-P_2O_5$
				300	
	$^4F_{3/2} \rightarrow ^4I_{9/2}$		$^4F_{9/2} \rightarrow ^4F_{3/2}$	4.2	$Na-SiO_2$
				300	
				450	
				600	
				300	$Na-GeO_2$
				4.2	$Na-P_2O_5$

续表 8.20

施主	跃迁	受主	跃迁	温度/K	玻璃
Yb^{3+}	$^2F_{5/2} \rightarrow ^2F_{7/2}$	Er^{3+}	$^4I_{15/2} \rightarrow ^4I_{11/2}$	300 500 700	K-Ba-Sb-SiO$_2$
Yb^{3+}	$^2F_{5/2} \rightarrow ^2F_{7/2}$	Yb^{3+}	$^2F_{7/2} \rightarrow ^2F_{5/2}$	300	K-Ba-Sb-SiO$_2$
Nd^{3+}	$^4F_{3/2} \rightarrow ^4I_{9/2};^4I_{11/2}$	Sm^{3+}	$^6H_{5/2} \rightarrow ^6F_{11/2,9/2}$	300	
		Nd^{3+}	$^4I_{9/2} \rightarrow ^4F_{3/2}$	300	
		Ho^{3+}	$^5I_8 \rightarrow ^5I_5$	300	
Nd^{3+}	$^4F_{3/2} \rightarrow ^4I_{13/2,15/2}$	Nd^{3+}	$^4F_{9/2} \rightarrow ^4I_{13/2,15/2}$	4.2 300	Li-La-P$_2$O$_5$
	$^4F_{3/2} \rightarrow ^4I_{9/2}$		$^4F_{9/2} \rightarrow ^4I_{3/2}$	4.2 300	

二、钕激光玻璃[7,9]

钕激光玻璃是在某种成分的基质玻璃(如硅酸盐、磷酸盐、氟磷酸盐、硼酸盐等)中掺入适量的 Nd_2O_3 制成的。掺入 Nd_2O_3 的质量分数为 1%~5%,Nd^{3+} 浓度约为 3×10^{20} cm^{-3}。目前,常用的钕玻璃主要是硅酸盐和磷酸盐钕玻璃。

Nd^{3+} 在玻璃中和在晶体中的能级结构相似,只是能级的高度和宽度略有不同。图 8.22 为玻璃中 Nd^{3+} 的简化能级图,玻璃中的 Nd^{3+} 离子属四能级系统。图中所示的上激光能级位于 $^4F_{3/2}$ 之下,其自发发射寿命为几百微秒。终端激光能级是 $^4I_{11/2}$ 多重态下面的一个能级,能级寿命在 10~100 ns 之间。因为 5 μm 波长的 $^4I_{11/2} \rightarrow ^4I_{9/2}$ 跃迁被玻璃基质吸收,因此,很难测量其寿命。$^4F_{3/2}$ 能级中任何能级的简并度均为 1,终端激光能级的简并度可能是 1 或 2。1.06 μm 荧光线宽约为 250 cm^{-1},荧光量子效率为 0.3~0.7,荧光寿命为 0.6~0.9 ms,受激发射截面为 3×10^{-20} cm^2。

图 8.23 为硅酸盐钕玻璃的吸收光谱,它与 Nd:YAG 的吸收光谱相似,但吸收带较宽,对应于 $^4F_{3/2}$ 向 $^4I_{9/2}$、$^4I_{11/2}$ 和 $^4I_{13/2}$ 的跃迁有三条荧光谱线,中心波长分别为 0.92 μm、1.06 μm 和 1.37 μm。与 Nd:YAG 相似,通常硅酸盐钕玻璃只产生 1.06 μm 的激光振荡,只有采用选频方法,才能得到 1.37 μm 的激光。在低温下,可实现 0.92 μm 的激光振荡。

表 8.21 列出了硅酸盐和磷酸盐钕玻璃的物理和光学性质。与硅酸盐钕玻璃相比较,磷酸盐钕玻璃的主要特点是,有较大的受激发射截面和较小的非线性折射率,$^4F_{3/2} \rightarrow ^4I_{11/2}$ 中心波长为 1.054 μm。磷酸盐钕玻璃是目前核聚变固体激光驱动器中的主要激光工作物质[7]。

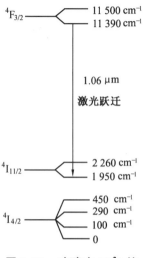

图 8.22 玻璃中 Nd^{3+} 的简化能级图

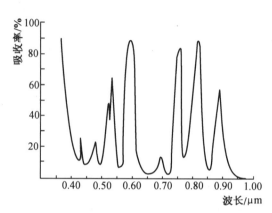

图 8.23 硅酸盐钕玻璃的吸收光谱

表 8.21 硅酸盐和磷酸盐钕玻璃的物理和光学性质

光谱性能	Q-246 磷酸盐 (Kigre)	Q-88 磷酸盐 (Kigre)	LHG-5 磷酸盐 (Hoya)	LHG-8 磷酸盐 (Hoya)	LG-670 硅酸盐 (Schott)	LG-760 硅酸盐 (Schott)
峰值波长/nm	1 062	1 054	1 054	1 054	1 061	1 054
截面/10^{-20} cm^2	2.9	4.0	4.1	4.2	2.7	4.3
荧光寿命/μs	340	330	290	315	330	330
半峰全宽的线宽/nm	27.7	21.9	18.6	20.1	27.8	19.5
密度/(g·cm^{-3})	2.55	2.71	2.68	2.83	2.54	2.60
折射率	1.568	1.545	1.539	1.528	1.561	1.503
非线性折射率 $n_2/10^{-13}$ esu	1.4	1.1	1.28	1.13	1.41	1.04
$dn/dt(20\sim40℃)/10^{-6}℃^{-1}$	2.9	-0.5	8.6	-5.3	2.9	-6.8
光路的热系数(20~40℃)/$10^{-6}℃^{-1}$	+8.0	+2.7	+4.6	+0.6	8.0	—
变换点/℃	518	367	455	485	468	
膨胀系数(20~40℃)/$10^{-7}K^{-1}$	90	104	86	127	92.6	1.38
热导率/[W·(m·K)$^{-1}$]	1.3	0.84	1.19	—	1.35	0.67

续表 8.21

光谱性能	Q-246 磷酸盐 (Kigre)	Q-88 磷酸盐 (Kigre)	LHG-5 磷酸盐 (Hoya)	LHG-8 磷酸盐 (Hoya)	LG-670 硅酸盐 (Schott)	LG-760 硅酸盐 (Schott)
比热容/[$J \cdot (g \cdot K)^{-1}$]	0.93	0.81	0.71	0.75	0.92	0.57
努普硬度	600	418	497	321	497	—
杨氏模量/9.8 MPa	8 570	7 123	6 910	5 109	6 249	—
泊松比	0.24	0.24	0.237	0.258	0.24	0.27

钕玻璃荧光寿命长,且具有高储能特点,适用于高能量脉冲工作。钕玻璃的荧光线宽很宽,适于制作超短冲锁模器件。钕玻璃的主要缺点是热导率低(约为 Nd:YAG 的 1/10),热膨胀系数大,不适用于连续或重复频率非常高的激光运转。

三、铒激光玻璃[7,10]

铒激光玻璃最主要的激光波长是近红外区的 $1.5 \sim 1.6~\mu m$。由于 Er^{3+} 离子在可见光区域吸收很弱,以及在高掺杂浓度下,Er^{3+} 离子的辐射跃迁 $^4F_{13/2}$—$^4I_{15/2}$($1.54~\mu m$) 具有极强的浓度猝灭效应,而 Yb^{3+} 离子在红外区域 $880 \sim 1~200$ nm 有强而宽的吸收带,因此,Er 激光玻璃常用 $Er^{3+} + Yb^{3+}$ 离子共掺杂来敏化 Er^{3+} 离子的激光发射。图 8.24 给出了 $Er^{3+} + Yb^{3+}$ 离子共掺杂激光玻璃的吸收光谱。Er^{3+} 离子和 Yb^{3+} 离子之间的能量转移方案示于图 8.25 中。从图 8.25 可以看出,为了得到高的发射效率,能量转移速度 W_{DA} 和 Yb^{3+} 离子在 $1.055~\mu m$ 的吸收系数 α_{Yb} 应该大,而激发态吸收($^4F_{13/2}$—$^4I_{9/2}$ 和 $^4F_{13/2}$—$^4I_{9/2}$)应该低。表 8.22 列出了 $Yb^{3+} + Er^{3+}$ 离子共掺杂玻璃的 W_{DA}、α_{Yb} 及 Er^{3+} 的发射寿命 τ_{Er}。从表中可以看出,硼酸盐和磷酸盐玻璃中的

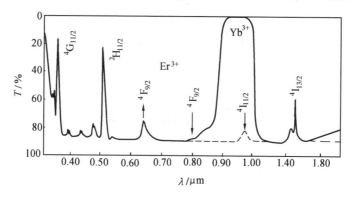

图 8.24 Er + Yb 共掺杂激光玻璃的吸收光谱

$N_{Er} = 3 \times 10^{19}~cm^{-3}$;$N_{Yb} = 1.3 \times 10^{21}~cm^{-3}$;$d = 10$ mm

W_{DA} 和 α_{Yb} 比硅酸盐玻璃的大。另外,由于硼酸盐玻璃基质和 Er^{3+} 离子相互作用很强,以致 Er^{3+} 离子的发射寿命很短,因此,磷酸盐玻璃是掺铒激光玻璃较合适的基质。Er^{3+} 离子在 $1.5 \sim 1.6~\mu m$ 波段各种不同的敏化方案列于表 8.23 中。

采用 $Nd^{3+} - Yb^{3+} - Er^{3+}$ 敏化,获得了一种低重复速率、闪光灯泵浦的 $1.54~\mu m$ 的磷酸盐激

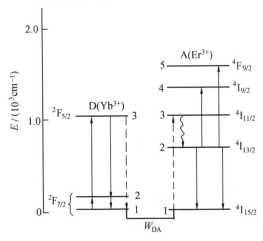

图 8.25 $Er^{3+} + Yb^{3+}$ 共掺杂激光玻璃的能级和能量转移途径

表 8.22 $Yb^{3+} + Er^{3+}$ 共掺杂玻璃中 Yb^{3+} 离子的吸收系数 α_{Yb},$Yb^{3+} \to Er^{3+}$ 能量转移速度 W_{DA} 和 Er^{3+} 离子发射寿命 τ_{Er}

玻 璃 系 统	$1.55~\mu m$ 处 α_{Yb} /$10^{-2}~cm^{-1}$	W_{DA} /$10^3~s^{-1}$	τ_{Er} /ms	$N_{Er}/10^{19}~cm^{-3}$
铝磷酸盐玻璃	~6.0	10.5 ~ 11.0	7 ~ 8	~5
Na - K - Ba - Al - 硅酸盐玻璃	4 ~ 5	2 ~ 3	13 ~ 14	0.33 ~ 4.5
Ba - La - 硼酸盐玻璃	~9.8	~18	~0.59	~0.15

表 8.23 $1.5 \sim 1.6~\mu m$ 波长处 Er^{3+} 离子敏化方案

施主离子	敏化方案	施主离子	敏化方案
Nd^{3+} Mn^{2+}	$Nd^{3+} - Yb^{3+} - Er^{3+}$ $Mn^{2+} - Er^{3+}$	Mo^{3+}	$Mo^{3+} - Yb^{3+} - Er^{3+}$ $Mo^{3+} - Er^{3+}$
Cr^{3+}	$Cr^{3+} - Er^{3+}$ $Cr^{3+} - Yb^{3+} - Er^{3+}$	UO_2^{2+}	$UO_2^{2+} - Er^{3+}$ $UO_2^{2+} - Nd^{3+} - Yb^{3+} - Er^{3+}$

光玻璃,其 2.5 ms 脉冲的输出能量达 350 mJ。1.54 μm 的铒玻璃对人眼安全,应用前景广阔,因而备受重视。表 8.24 列出 1.54 μm 的磷酸盐铒激光玻璃的物理和光学性质。

表 8.24 磷酸盐铒激光玻璃的物理和光学性质

参　　数	数　　值
激光发射波长/μm	1.54
荧光寿命/ms	8
折射率($\lambda = 1.54\ \mu m$)	1.531
折射率的温度系数 $\frac{dn}{dT}$/$10^{-7}℃^{-1}$	63
膨胀系数/$10^{-7}K^{-1}$	124
热 – 光系数/$10^{-7}℃^{-1}$	– 3

参 考 文 献

1　周炳琨,高以智,陈倜嵘,等.激光原理.北京:国防工业出版社,2000
2　Garbuny M.Optical Physics.New York:Academic Press,1965
3　Haken H.Laser Theory.Berlin Heidelberg:Springer,1984
4　Svelto O.Principles of lasers.3rd ed.New York:Plenum,1989
5　Yariv A.Quantum electronics.3rd ed.New York:John Wiley,1988
6　陆彦文,陆启生.军用激光技术.北京:国防工业出版社,1999
7　吕百达.固体激光器件.北京:北京邮电大学出版社,2002
8　李适民.激光器件原理与设计.北京:国防工业出版社,1998
9　(美)克希耐尔 W 著.固体激光工程.孙文,江泽文,程国祥译.北京:科学出版社,2002
10　干福熹,邓佩珍.激光材料.上海:上海科学技术出版社,1996
11　干福熹.信息材料.天津:天津大学出版社,2000
12　Beach R J.Taking average power diode pumped,solid state laser beyond the Nd^{3+} ion.LLNL Annual Report 1997,1997,52~62
13　Deloach L D,Payne S A,Chase L L,et al.Evaluation of absorption and emission properties of Yb^{3+} doped crystals for laser applications.IEEE J.Quant.Electronics,1993,29(4):1179~1191
14　Laovara P,Choi H K,Wang C A,et al.Room temperature diode pumped Yb:YAG laser.Opt.Lett.,1991,16(14):1089~1091
15　Brauch U,Giesan A,Karszewski M,et al.Multiwatt diode pumped Yb:YAG thin disk laser continuously tunable between 1 018 nm and 1 053 nm.Opt.Lett.,1995,20(7):713~715
16　Sumida D S,Bruesselbach H,Byren R W,et al.High power Yb:YAG rod oscillators and amplifiers.SPIE Proceedings,1998,3265:100~105
17　Kasper A,Witte K J.10 fs pulse generation from a unidirectional Kerr lens mode locked Ti:sapphire ring laser.Opt.

Lett., 1996, 21(5): 360~362
18　Lerner E J. Ultrafast lasers deliver powerful, precise pulses. Laser Focus World, 1998, 12: 77~84
19　Yamakawa T, Aoyama M, Matsuoka S, et al. 100 TW sub-20 fs Ti: sapphire laser system operating at 10 Hz repetition rate. Opt. Lett., 1998, 23(18): 1468~1470
20　Deng P Z. Investigation on improvement of laser quality of tunable $Al_2O_3:Ti^{3+}$ crystals. SPIE Optoelectronic Device and Applications, 1990, 1338: 207~215